高等教育“十二五”精品规划教材

自动控制原理

田思庆　李艳辉　主编

化学工业出版社
·北京·

本书系统地介绍了自动控制理论的基本内容，着重于基本概念、基本理论和基本分析方法，内容包括控制系统概论、控制系统的数学模型、线性系统的时域分析法、线性系统的根轨迹法、线性系统的频域分析法、线性系统的综合与校正、非线性系统的分析、线性离散系统的分析、Matlab语言与自动控制系统设计。

本书可以作为高等院校自动化、电气工程及其自动化、测控技术与仪器、计算机、电子信息工程、通信工程、生物医学工程、机械工程、能源与动力工程等专业的教材或教学参考书，还可供从事控制工程的科技人员自学与参考。本书电子教案可在 www.cipedu.com.cn 下载。

图书在版编目（CIP）数据

自动控制原理/田思庆，李艳辉主编．—北京：化学工业出版社，2015.2（2022.9 重印）
高等教育“十二五”精品规划教材
ISBN 978-7-122-22505-4

Ⅰ．①自… Ⅱ．①田…②李… Ⅲ．①自动控制理论-高等学校-教材 Ⅳ．①TP13

中国版本图书馆 CIP 数据核字（2014）第 288649 号

责任编辑：马　波　李玉晖
责任校对：宋　玮　　　　装帧设计：张　辉

出版发行：化学工业出版社（北京市东城区青年湖南街 13 号　邮政编码 100011）
印　　装：北京虎彩文化传播有限公司
787mm×1092mm　1/16　印张 23¼　字数 565 千字　2022 年 9 月北京第 1 版第 6 次印刷

购书咨询：010-64518888　　　　售后服务：010-64518899
网　　址：http://www.cip.com.cn
凡购买本书，如有缺损质量问题，本社销售中心负责调换。

定　　价：42.00 元

前言

自动控制技术以自动控制理论为基础和支撑，是生产过程中的关键技术，已广泛地应用于工农业生产、交通运输和国防建设等各个领域，在科学技术现代化发展的过程中，正在发挥着越来越重要的作用。

自动控制原理是自动化学科的重要理论基础，是自动化专业的核心课程，由于自动控制技术在各个行业的广泛渗透与应用，其控制理论已逐渐成为很多学科的专业基础课程，且愈来愈占有重要的位置。

本书介绍的经典控制理论是整个自动控制理论的基础，也是进一步学习和研究其他控制理论的“先行课程”。全书共分 9 章，其中前 6 章是线性定常连续系统的分析与综合，第 7 章讲述了非线性系统的分析方法，第 8 章讲述了线性离散系统的基本理论，第 9 章是关于 Matlab 控制软件的应用简介和实例。

本书在讲述方法上简明扼要、通俗易懂，具有条理清晰，层次分明等特点，在内容安排上注意各专业的通用性和便于不同教学时数的取舍。为了帮助读者掌握和运用所学理论，每章均备有大量的例题和习题。本书电子教案可在 www. cipedu. com. cn 下载。

本书由田思庆，李艳辉担任主编。其中王春红编写第 1 章和第 9 章，于长兴编写第 2 章，田思庆编写第 3 章，王淑玉编写第 4 章，王鹍编写第 5 章，梁秋艳编写第 6 章，李艳辉编写第 7 章，刘天编写第 8 章。全书由田思庆统稿，周经国、梁春英主审。

本书在编写过程中参考了该领域的优秀教材和著作，笔者向收录于参考文献中的一些专家、教授表示真诚的谢意。由于笔者水平有限，书中难免有不当之处，恳请使用本教材的教师、学生提出宝贵意见。有需要电子教案、习题解答等教学资源的教师可与笔者联系，邮件请寄 tian _ siqing@163. com。

编　者

2015 年 4 月

目录

第1章 自动控制系统概论

在现代科学技术的众多领域中，自动控制技术起着越来越重要的作用，目前，自动控制技术已广泛应用于工业、农业、国防和科学技术等领域。可以这样说，一个国家在自动控制方面水平的高低是衡量它的生产技术和科学技术先进与否的一项重要标志。

自动控制通常被称为“控制工程”，是一门理论与工程实践相结合的技术学科，学科的理论为“自动控制理论”。自动控制技术的广泛应用，不仅使生产过程实现了自动化，极大地提高了劳动生产率和产品质量，改善了劳动条件，并且在人类征服自然、探索新能源、发展空间技术和改善人民物质生活方面都起着极为重要的作用。从自动控制发展的现状与前景上看，它是极活跃、极富生命力的。控制理论不仅是一门重要的学科，而且也是科学方法论之一。本课程是一门非常重要的技术基础课，主要讲述自动控制的基本理论和分析、设计控制系统的基本方法。根据自动控制理论发展的不同阶段可分为经典控制理论和现代控制理论。随着控制理论的不断扩展和更新，经典控制理论和现代控制理论越来越趋于融合。

本章从工程实例出发，介绍自动控制的基本概念、基本方式和自动控制系统的分类，重点是自动控制系统的基本组成原理，核心是反馈控制，同时简单介绍了控制理论的发展历史。

【本章重点】

1）了解自动控制系统的工作原理、分类和特点；

2）掌握自动控制系统的组成，根据工作原理画出系统的方框图；

3）明确对自动控制系统的基本要求，熟悉自动控制系统的基本控制方式；

4）了解自动控制理论发展概况。

1.1 自动控制系统

所谓自动控制，就是指在没有人直接操作的情况下，通过控制器使一个装置或过程（统称为控制对象）自动地按照给定的规律运行，使被控物理量或保持恒定或按一定的规律变化，其本质在于无人干预。系统是指按照某些规律结合在一起的物体（元部件）的组合，它们互相作用、互相依存，并能完成一定的任务。为实现某一控制目标所需要的所有物理部件的有机组合体称为自动控制系统。例如，机械行业的热处理炉温度控制系统、数控车床按照预定程序自动切削工件的自动控制系统、火电厂锅炉蒸汽温度和压力的自动控制系统等。

反馈是控制理论中一个极其重要的概念，它是控制理论的基础。一个系统的输出信号直接地或经过中间变换后全部或部分地返回输入系统的过程，就称为反馈。根据反馈信号对输入信号的加强或减弱，反馈分为正反馈和负反馈。正反馈是由输出端返回来的物理量加强输入量的作用，系统不会稳定，可能产生自激振荡。负反馈由输出端返回来的物理量减弱输入量的作用，负反馈可以改善系统的动态特性，控制和减少干扰信号的影响。只有负反馈系统才具有自动调节能力。自动控制理论主要的研究对象一般都是闭环负反馈控制系统。

自动控制系统的种类较多，被控制的物理量有各种各样，如温度、压力、液位、电压、转速、位移和力等。组成控制系统的元部件虽然有较大的差异，但是组成系统的结构却基本相同。下面通过两个自动控制系统的实例，来讲述自动控制系统的工作过程。

锅炉是电厂和一些企业常见的生产蒸汽的设备。为了保证锅炉正常运行，需要维持锅炉汽包液位在正常值范围内。锅炉液位过低，易烧干锅而发生严重事故；锅炉液位过高，则易使蒸汽带水并有溢出危险。因此，必须通过调节器严格控制锅炉液位的高低，以保证锅炉正常地运行。图 1-1 为锅炉汽包液位控制系统示意图。

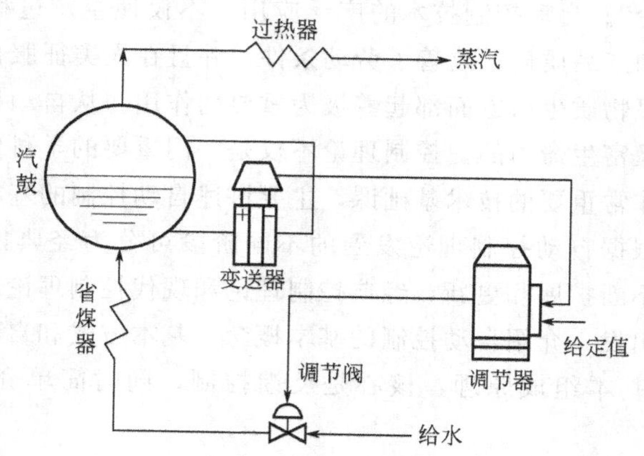

图 1-1　锅炉汽包液位控制系统示意图

当蒸汽的蒸发量与锅炉进水量相等时，液位保持为正常给定值。当锅炉的给水量不变，而蒸汽负荷突然增加或减少时，液位就会下降或上升；或者，当蒸汽负荷不变，而给水管道水压发生变化时，引起锅炉汽包液位发生变化。不论出现哪种情况，只要实际液位高度与正常给定液位之间出现偏差，调节器就应立即进行控制，去开大或关小给水阀门，以使锅炉汽包液位保持在给定值上。

图 1-2 是锅炉汽包液位控制系统方框图。图中，锅炉为被控对象，其输出量为被控参数汽包液位；作用于锅炉上的扰动量是指给水压力或蒸汽负荷的变化；差压变送器（测量变送器）用来测量锅炉液位，并转换为一定的信号输至调节器；调节器根据测量的实际液位与给定液位进行比较，得出偏差值，根据偏差值按一定的控制规律发出相应的输出信号去推动调节阀动作，以保证锅炉汽包液位控制在恒定给定值上。

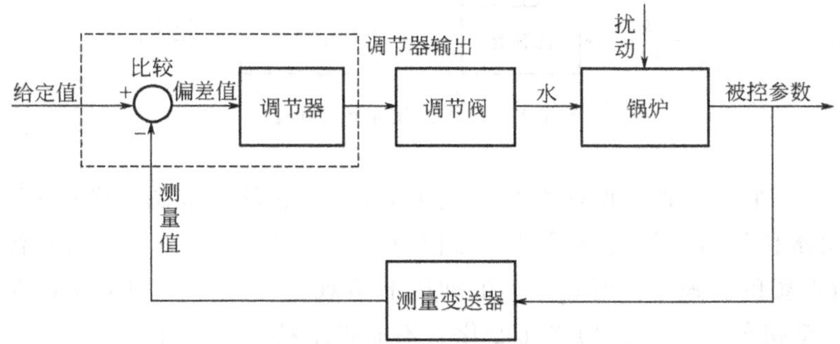

图 1-2　锅炉汽包液位控制系统方框图

下面再举一个电阻炉温度控制系统的例子，其系统如图 1-3 所示。炉温 T_c 的给定量由电位器滑动端位置所对应的电压值 U_g 给出，炉温的实际值由热电偶检测出来，并转换成电压 U_f，再把 U_f 反馈到系统的输入端与给定电压 U_g 相比较（通过二者极性反接实现）。由于扰动（例如电源电压波动或加热物件多少等）影响，炉温偏离了给定值，其偏差电压经过放大，控制可逆伺服电动机 M，带动自耦变压器的滑动端，改变电压 u_c，使炉温保持在给定温度值上。例如，当炉温 T_c 下降时，系统的自动调节过程可表示为

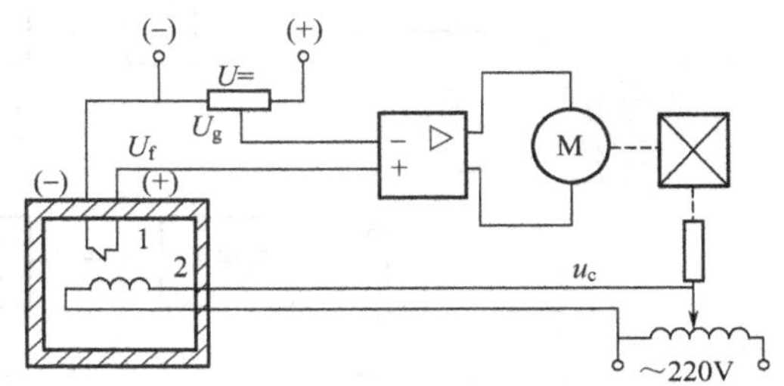

图 1-3　电阻炉温度控制系统

1—热电偶；2—加热器

$$T_c \downarrow \rightarrow U_f \downarrow \rightarrow \Delta U=(U_g-U_f)\uparrow \rightarrow u_c \uparrow \rightarrow T_c \uparrow$$

1.2　开环控制和闭环控制

控制系统按其结构可分为开环控制系统、闭环控制系统和复合控制系统。

1.2.1　开环控制

如果系统的输出量与输入量间不存在反馈通道，这种控制方式称为开环控制。在开环控制系统中，不需要对输出量进行测量，也不需要将输出量反馈到系统输入端与输入量进行比较。图 1-4 为开环控制系统方框图。由图可见，这种控制系统的特点是结构简单、所用的元器件少、成本低，系统一般也容易稳定。然而，由于开环控制系统没有对它的被控制量进行检测，所以当系统受到干扰作用后，被控制量一旦偏离了原有的平衡状态，系统就无法消除或减少误差，使被控制量稳定在给定值上，这是开环控制系统的一个最大缺点。正是这个缺点，大大限制了这种系统的应用范围。然而，对于控制精度不高的一些简单控制，开环控制也有其广泛的应用。例如，洗衣机就是开环控制系统的例子。浸湿、洗涤和漂清过程，在洗衣机中是依次进行的，在洗涤过程中，无需对其输出信号，即衣服的清洁程度进行测量。

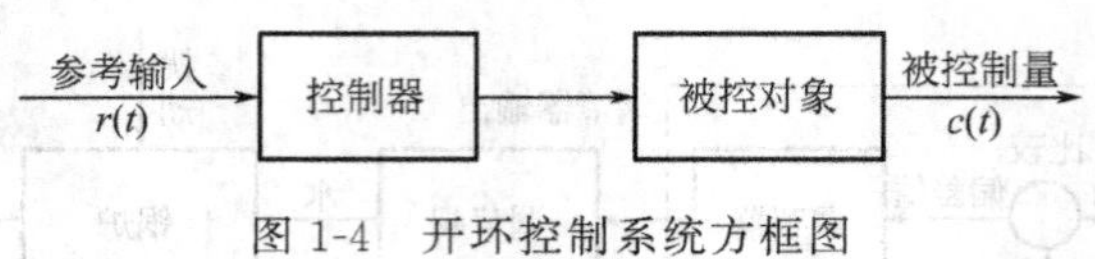

图 1-4 开环控制系统方框图

图 1-5(a) 为一个开环直流调速系统，图 1-5(b) 为它的方框图。图中 U_g 为给定的参考输入，它经触发器和晶闸管整流装置转变为相应直流电压 U_d，并供电给直流电动机，使其产生一个 U_g 所期望的转速 n。但是，当电动机的负载、交流电网的电压以及电动机的励磁稍有变化时，电动机的转速就会随之而变化，不能再维持 U_g 所期望的转速。

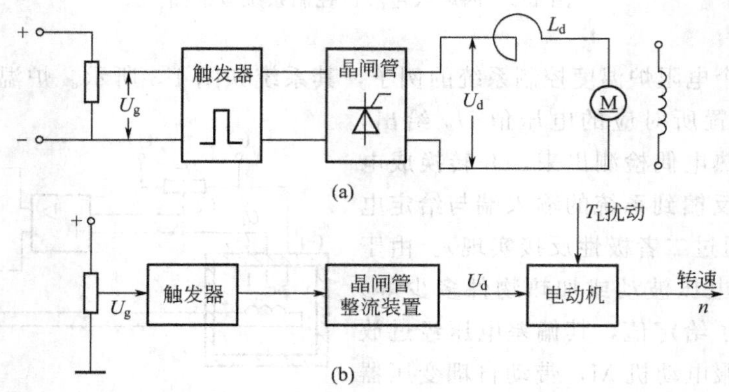

图 1-5 开环直流调速系统

图 1-6 为数控机床中广泛应用的定位系统框图。这也是一个开环控制系统，工作台的位移是该系统的被控制量，它是跟随着控制信号（控制脉冲）而变化的。显然这个系统没有抗扰动的功能。

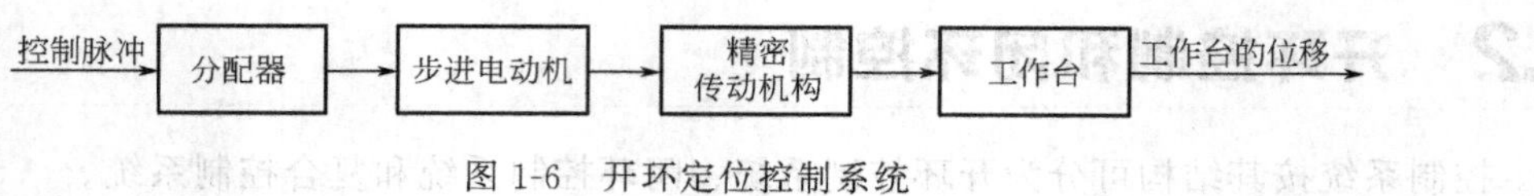

图 1-6 开环定位控制系统

如果系统的给定输入与被控制量之间的关系固定，且内部参数或外来扰动的变化都较小，或这些扰动因数可以事先确定并能给予补偿，则采用开环控制也能得到较为满意的控制效果。

1.2.2 闭环控制

若把系统的被控制量反馈到它的输入端，并与参考输入相比较，这种控制方式称为闭环控制。由于这种控制系统中存在着将被控制量经反馈环节到比较点的反馈通道，故闭环控制又称反馈控制，它是按偏差进行控制的。图 1-1 和图 1-3 所示的系统，都是闭环控制系统。这些系统的特点是：连续不断地对被控制量进行检测，把所测得的值与参考输入作减法运算，求得的偏差信号经控制器变换运算和放大器放大后，驱动执行元件，以使被控制量能完全按照参考输入的要求去变化。这种系统如果受到来自系统内部和外部干扰信号的作用时，通过闭环控制的作用，能自动地消除或削弱干扰信号对被控制量的影响。由于闭环控制系统具有良好的抗扰动功能，因而它在控制工程中得到了广泛的应用。

闭环控制是在开环控制基础上演变而来的。如果把图 1-5 所示的开环直流调速系统改接为图 1-7 所示的闭环系统则它就具有自动抗扰动的功能。例如当电动机的负载转矩 T_L 增大时，流经电动机电枢中的电流便相应地增大，电枢电阻上的压降也变大，从而导致电动机转速的降低；而转速的降低使测速发电机的输出电压 U_{fn} 减小，误差电压 ΔU 便相应地增大，经放大器放大后，使触发脉冲前移，晶闸管整流装置的输出电压 U_d 增大，从而补偿了由于负载转矩 T_L 的增大或电网电压 $u_{\sim}$ 的减小而造成的电动机转速的下降，使电动机的转速近似地保持不变。上述的调节过程表示为

$$\left.\begin{matrix} T_L \uparrow \\ u_{\sim} \downarrow \end{matrix}\right\} \rightarrow n \downarrow \rightarrow U_{fn} \downarrow \rightarrow \Delta U = (U_g - U_{fn}) \uparrow \rightarrow U_k \uparrow \rightarrow U_d \uparrow \rightarrow n \uparrow$$

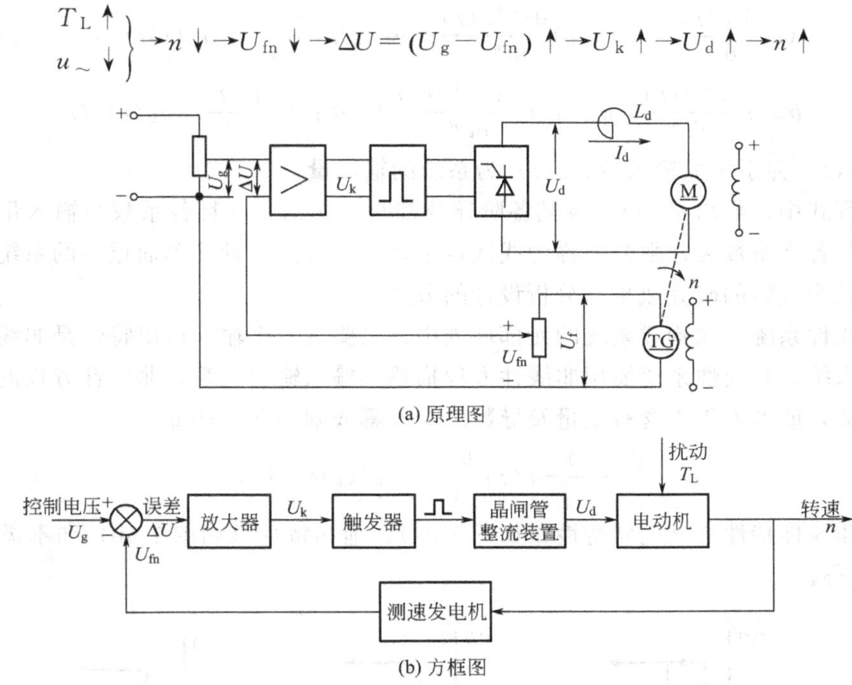

图 1-7　闭环直流调速系统

复合控制是由开环和闭环传递路径组成的混合控制系统，它兼有开环控制和闭环控制的特点。复合控制将在 3.8 中介绍。

1.3 控制系统的分类

自动控制系统有许多分类方法。根据系统元件特性是否线性而分为线性系统和非线性系统；根据系统参数是否随时间变化而分为时变系统和定常系统；根据系统内信号传递方式的不同而分为连续系统和离散系统；根据系统所使用的元件的不同而分为机电控制系统、液压控制系统、气动控制系统和生物控制系统等；根据参考输入信号，即被控制量所遵循的运动规律不同，自动控制系统又可分为恒值控制系统、随动控制系统和程序控制系统等。此外，根据被控制量是否存在稳态误差还可以分为有差系统和无差系统。为了更好地了解自动控制

系统的特点，下面介绍其中比较重要的几种控制系统分类。

1.3.1 线性系统和非线性系统

按描述系统运动方程分类，自动控制系统分为线性系统和非线性系统。

(1) 线性系统 线性系统是由线性元件组成的系统，其性能和状态可以用线性微分方程来描述，线性系统的特点是具有叠加性和齐次性，在数学上比较容易实现和处理。

叠加性：若干个输入信号同时作用于系统所产生的响应等于各个输入信号单独作用于系统所产生响应的代数和。

齐次性：当输入信号同时倍乘一常数时，那么响应也倍乘同一常数。

$$
\begin{aligned}
&a_n(t)\frac{\mathrm{d}^n c(t)}{\mathrm{d}t^n}+a_{n-1}(t)\frac{\mathrm{d}^{n-1}c(t)}{\mathrm{d}t^{n-1}}+\cdots a_1(t)\frac{\mathrm{d}c(t)}{\mathrm{d}t}+a_0(t)c(t)\\
&=b_m(t)\frac{\mathrm{d}^m r(t)}{\mathrm{d}t^m}+b_{m-1}(t)\frac{\mathrm{d}^{m-1}r(t)}{\mathrm{d}t^{m-1}}+\cdots b_1(t)\frac{\mathrm{d}r(t)}{\mathrm{d}t}+b_0(t)r(t)
\end{aligned}
\tag{1-1}
$$

式中，$r(t)$ 为系统的输入量，$c(t)$ 为系统的输出量。

在该方程式中，输出量 $c(t)$ 及其各阶导数都是一次的，并且各系数与输入量无关。线性微分方程的各项系数为常数时，称为线性定常系统。这是一种简单而重要的系统，关于这种系统已有较为成熟的研究成果和分析设计的方法。

(2) 非线性系统 在构成系统的元部件当中，只要有一个输入输出特性是非线性的，则称为非线性系统。非线性系统要用非线性方程描述其输入输出关系，非线性方程的特点是系数与变量有关，或者方程中含有变量及导数的高次幂或乘积项。例如

$$\frac{\mathrm{d}^2 c(t)}{\mathrm{d}t^2}+c(t)\frac{\mathrm{d}c(t)}{\mathrm{d}t}+c^2(t)=r(t)$$

典型的非线性特性有继电器特性（如图 1-8a)、饱和特性（如图 1-8b）和不灵敏区特性（如图 1-8c）等。

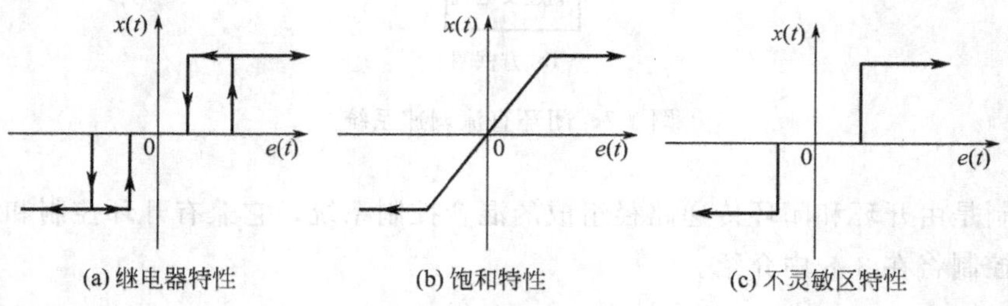

图 1-8 典型非线性环节特性

对于非线性控制系统的理论研究远不如线性系统那样完整，一般只能满足于近似的定性描述和数值计算。本书第 7 章将介绍有关非线性理论的描述函数法和相平面分析法等基本内容。

1.3.2 定常系统与时变系统

按照模型中参数是否随时间变化来分类，自动控制系统分为定常系统和时变系统。

如果控制系统的结构和参数在运行过程中不随时间变化，则称为定常系统或者时不变系统，否则，称为时变系统。

虽然时变线性系统仍然是线性系统，但对它的分析与研究要比定常系统复杂得多。

1.3.3　连续系统与离散系统

按系统中信号的性质分类，自动控制系统分为连续系统与离散系统。

(1) 连续系统　如果系统中传递的信号都是时间的连续信号即模拟信号，则称该系统为连续时间系统，简称为连续系统。图 1-1 和图 1-3 所示的系统就是连续系统。

(2) 离散系统　系统中只要有一个传递的信号是时间上断续的信号，即离散信号，则称该系统为离散时间系统，简称离散系统。

具有采样过程的离散控制系统通常又称为采样控制系统。若离散信号是以数字或数码形式传递的，则称为数字控制系统。计算机控制系统就是数字控制系统。采样系统与数字系统的分析和设计并无区别，所以，大部分控制理论著作中，都不对离散系统进行严格的区别，而是统称为离散系统。离散系统中存在采样、保持、数字处理等过程，具有一些独特的性能。离散系统通常用差分方程描述。离散系统将在第 8 章中介绍。

一般来说，同样是反馈闭环控制系统，数字控制的精度高于连续控制，因为数字信号远比模拟信号抗干扰能力强，因此，计算机控制系统具有广阔的前景。

1.3.4　恒值系统、随动系统和程序系统

按系统中给定信号的变化规律不同，自动控制系统分为恒值系统、随动系统和程序系统。

(1) 恒值系统　恒值系统的给定量是恒定不变的，这种系统的输出量也应是恒定不变。其特点是输入保持为常量，而系统的任务是克服和排除扰动的影响，以一定的准确度将输出量保持在期望的数值上。如果由于扰动的作用使输出偏离期望值出现偏差，控制系统会根据偏差产生控制作用，克服扰动的影响，使输出量恢复到与输入量相对应的期望的常值上。因此，恒值控制系统又称为自动调节系统。

在生产过程中这类系统非常多。例如，在冶金部门，要保持退火炉温度为某一个恒值；在石油化学工业部门，为保证工艺和安全运行，反应器要保持压力恒定等。一般像温度、压力、流量、液位等热工参数量的控制多属于恒值控制。

(2) 随动系统　随动系统又称为伺服系统或跟踪系统，其特点是给定值总在频繁或缓慢地变化，给定值的变化规律完全取决于事先不能确定的时间函数。要求系统的输出量能以一定精度跟随给定值的变化而变化。这类系统在航天、军工、机械、造船、冶金等部门应用广泛。

恒值系统和随动系统的控制任务是不一样的，恒值系统侧重于“抗扰”，随动系统侧重于“跟踪”。分析和设计这两种系统的理论和方法基本一致，只是在考虑着重点上略有差异。本书着重以恒值系统为例，来阐明自动控制系统的基本原理。

(3) 程序系统　自动控制系统的被控制量如果是根据预先编好的程序进行控制的，则该系统称为程序控制系统。在对化工、军事、冶金、造纸等生产过程进行控制时，常用到程序控制系统。如加热炉的温度控制就是在微机中按加热曲线编好程序而进行的；洲际弹道导弹也靠程序控制系统按事先设计给定的轨道飞行。在这类程序控制系统中，给定值是按预先的规律变化的，而程序控制系统则一直保持使被控制量和给定值的变化相适应。

1.3.5 单输入单输出系统与多输入多输出系统

根据输入输出信号的数量，自动控制系统分为单输入单输出系统与多输入多输出系统。

(1) 单输入单输出系统（SISO） 单输入单输出系统亦称单变量系统，这种系统只有一个输入信号（不包括扰动输入）和一个输出信号，系统结构简单，是经典控制理论的主要研究对象。直流电动机速度控制系统、锅炉温度控制系统、船舶航向保持控制系统和火炮跟踪控制系统等，都属于单输入单输出系统。

(2) 多输入多输出系统（MIMO） 多输入多输出系统亦称多变量系统，这种系统有多个输入信号和多个输出信号，系统结构复杂，回路多，其主要特点是输出量与输入量之间呈现多路耦合作用，即每个输入量对多个输出量都有控制作用，每个输出量又往往受多个输入量控制。多输入多输出系统的数学描述为状态空间，此内容将在现代控制理论中介绍。

1.3.6 确定性系统与不确定性系统

根据系统的结构参数和输入信号特征的不同，自动控制系统可以分为确定性系统与不确定性系统。

(1) 确定性系统 如果系统的结构和参数是确定的、已知的，系统的全部输入信号（输入信号和扰动）也都是确定的，可以用解析式或图表确切表示，则这种系统称为确定性系统。如果系统的输入信号基本上是确定的，但夹杂有不严重且影响可以忽略不计的噪声，则此系统也可以视为确定性系统。

(2) 不确定性系统 如果系统本身的结构或参数，或者作用于该系统的输入信号不确定，则该系统为不确定性系统，或称为随机控制系统。例如，系统的输入信号混有随机噪声，系统使用的元部件的特性有随机干扰等，就构成简单的不确定系统。若随机噪声能用统计特性表示其特征值时，可用概率论对不确定系统加以研究。

由于海浪干扰是随机过程，因此，航向控制系统、船载平台稳定控制系统均属不确定控制系统。

1.3.7 集中参数系统与分布参数系统

根据描述系统的数学模型能否用常微分方程描述，自动控制系统分为集中参数系统与分布参数系统。

(1) 集中参数系统 如果在系统分析与设计中，可以把一个系统看作有限个理想的分立部件的总体，这类系统称为集中参数系统，例如，电阻、电容、电感、阻尼、弹簧、质量等。集中参数系统能用常微分方程描述。这种系统中的参量或者是定常的，或者是时间的函数，系统的输入量、输出量和其他内部变量都只是时间的函数，因此，可以用时间作为变量的常微分方程描述其运动规律。

(2) 分布参数系统 如果系统只能看作由无穷多个无穷小的分离部件组成，该系统称为分布参数系统，它由偏微分方程来描述。例如，导线上的电压是时间和地点的函数，只能以偏微分方程描述，因此是一个分布参数系统。分布参数系统的分析和设计比较复杂，本书不涉及。

除了以上介绍的控制系统基本类型外，还可用别的分类方法进行分类。例如，根据受控对象的特征可分为运动控制系统和过程控制系统。运动控制系统的受控对象为各类电动机，图 1-7 所示的直流调速系统就是其中的一例。过程控制系统的被控量为生产过程的参数，如温度、压力、流量、液位等，图 1-3 所示的温度控制系统就是其中的一例。根据所使用的元器件又可分为机电系统、液压系统和气动系统等。

1.3.8　几种先进控制理论介绍

随着科学技术的迅速发展、社会需求的日益提高，以及计算机技术、信息技术、微电子技术等学科的交融与推动，自动控制学科迅速地向前发展，新的控制理论和方法以及新型的控制系统不断地涌现。

(1) 最优控制　根据每一时刻系统的各有关变量自动形成复杂的反馈信号和控制规律，使受控系统的性能指标达到最优。最优控制在航空航天飞行器的制导、导航和控制等方面获得了成功的应用，并且最优化的思想已为各个领域所接受。

(2) 自适应控制　从狭义上说，其特点是在系统的运行过程中能不断地辨识受控对象的结构、参数或性能，并根据预定的性能要求作出决策，自动地改变控制器的参数或控制律甚至控制器的结构，使得控制系统的性能在某种意义下达到最优（或次优）；从广义上说，自适应是生物的基本属性，将其引申到自动化学科，所谓自适应控制是指能自动地改变系统的参数甚至结构，使得控制系统在对象特性或环境条件大幅度变化时仍具有良好的性能。

(3) 鲁棒控制　由于控制系统在实际运行时不可避免地存在着扰动和不确定性因素的作用，在控制系统设计时必须加以考虑，从而提出了鲁棒控制问题。简单地说，鲁棒性（Robustness）就是系统的抗“扰动”能力，鲁棒控制就是要求所设计的控制系统当数学模型和系统参数不精确并可能在一定范围内变化时，仍能稳定地工作并具有较好的控制性能。因此鲁棒性问题是自动控制理论和方法能真正应用于工程实际问题的前提。

(4) 智能控制　基于数学模型的经典控制理论和“现代”控制理论通常称为传统控制理论。面对现代控制系统的高度复杂性和高度不确定性以及对其性能的高要求，传统控制已难以胜任，而智能控制正是满足“三高”的产物，是控制理论向纵深方向发展的必然结果。人是万物之灵，人类的控制功能是非常复杂和极其完美的。智能控制的特点是研究和模拟人类智能活动及其控制与信息传递、加工处理的机理，研制仿人智能的控制系统或信息处理系统，如模糊控制系统、人工神经网络和专家控制系统等。智能控制的建立和发展，需要高度地综合传统控制和相关学科的最新成果，特别是信息学科的计算机技术、网络技术和通信技术。可以说，自动化技术学科正向着智能化、网络化和集成化方向发展。

1.4　控制系统的组成及对控制系统性能的要求

1.4.1　控制系统的组成

尽管控制系统复杂程度各异，但基本组成是相同的，一个简单的闭环自动控制系统由四个基本部分组成（图 1-9）：控制对象、检测装置或传感器、控制器、执行器（执行机构）。

(1) 被控对象或调节对象　是指控制系统的工作对象，即进行控制的设备或过程。控制就是控制器对被控对象施加一种控制作用，以达到人们所期望的目标。例如，前面所举例子

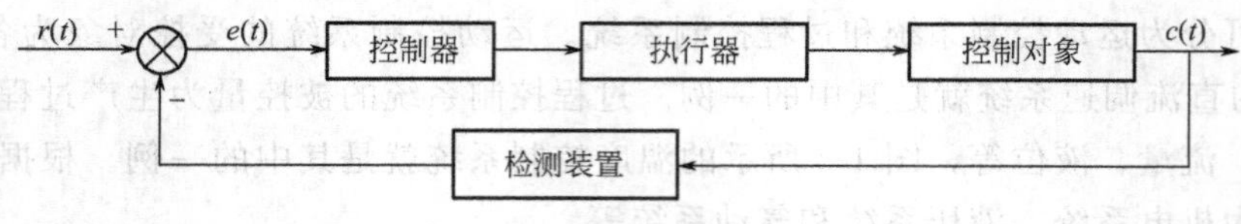

图 1-9　控制系统方框图

中的电阻炉、电动机等。控制系统所控制的某个物理量，就是系统的被控制量或输出量，例如电阻炉的温度和电动机的转速等。被控制的对象五花八门，从简单的温度、湿度到复杂工业过程控制；从民用过程的控制到导弹、卫星和飞船的发射及运行控制等。被控制对象的数学模型是控制系统设计的主要依据。被控制对象的动态行为可以用数学模型加以描述。

(2) 检测装置或传感器　能将一种物理量检测处理并转换成另一种容易处理和使用物理量的装置。例如压力传感器、热电偶、测速发电机等。如果把人看成一个被控制对象，那么人的眼睛、耳朵、鼻子、皮肤即是传感器。

(3) 控制器　接受传感器来的测量信号，并与被控制量的设定值进行比较，得到实际测量值与设定值的偏差，然后根据偏差信号的大小和被控对象的动态特性，经过思维和推理，决定采用什么样的控制规律，以使被控制量快速、平稳、准确地达到所预定的给定值。控制规律是自动化系统功能的主要体现，一般采用比例-积分-微分控制规律。控制器是自动化系统的大脑和神经中枢。控制器可以是电子-机械装置等。

(4) 执行器　也称执行机构，其直接作用于控制对象，使被控制量达到所要求的数值，它是自动化系统的手和脚。执行器（执行机构）可以是电动机、阀门或由它们所组成的复杂的电子-机械装置。

另外还有一些常用术语，随着控制理论的进一步学习，将会对这些概念有更深入的理解。

输入信号：由外部加到系统中的变量称为输入信号。

控制信号：由控制器输出的信号，它作用在执行元件控制对象上，影响和改变被控变量。

反馈信号：被控量经由传感器等元件变换并返回输入端的信号。主要与输入信号比较（相减）产生偏差信号。

扰动信号：是加在系统上不希望的外来信号，它对被控量产生不利影响。

被控量：被控对象的输出量，例如锅炉汽包液位、电阻炉温度和电动机转速等。

整定值：预先设定的被控量的目标值，例如所要控制的汽包液位、电阻炉温度的具体数值等。

偏差：被控量的给定值与实际值的差值。

闭环：传递信息的闭合通道。即获得被控量的信息后，经过反馈环节与给定值进行比较，产生偏差，该偏差又作用于控制器，控制被控对象，使其输出量按特定规律变化，这就形成了一个传递信息的闭合通道。

反馈控制：先从被控对象获得信息，然后把该信息馈送给控制器的控制方法。

1.4.2　对控制系统的性能要求

评价一个系统的好坏，其指标是多种多样的，但对控制系统的基本要求（即控制系统所需的基本性能）一般可归纳为稳定性、准确性和快速性，即“稳”“准”“快”。

(1) 稳定性　稳定性是保证系统正常工作的条件和基础。因为控制系统中都包含储能元件，若系统参数匹配不当，就可能引起振荡。稳定性就是指系统动态过程的振荡倾向及其能够恢复平衡状态的能力。对于稳定性满足要求的系统，当输出量偏离平衡状态时，应能随着时间的收敛并且最后回到初始状态。稳定性和系统的结构参数有关。

(2) 准确性　是指控制系统的控制精度，一般用稳态误差来衡量。稳态误差是指以一定的输入信号作用于系统后，当调整过程趋于稳定时，输出量的实际值与期望值之间的误差。显然，这种误差越小，表示系统的输出跟随参考输入的精度越高。

(3) 快速性　快速性是指当系统的输出量与输入量之间产生偏差时，系统消除这种偏差的快慢程度。快速性是在系统稳定的前提下提出的，它主要针对的是系统的过渡过程形式和快慢即系统的动态性能。

上述要求简称为稳、准、快。一个自动控制系统的最基本要求是稳定性，然后进一步要求快速性、准确性，当后两者存在矛盾时，设计自动控制系统要兼顾这两方面的要求。由于被控对象的具体情况不同，各种系统对稳、准、快的要求应有所侧重。例如，随动系统对快速性要求较高，而调速系统对稳定性提出较严格的要求。如何来分析和解决这些问题，将是本课程的重要内容。

1.5　控制理论发展简史

自动控制思想及其实践可以说历史悠久。它是人类在认识世界和改造世界的过程中产生的，并随着社会的发展和科学水平的进步而不断发展。依靠它，人类可以从笨重、重复性的劳动中解放出来，从事更富创造性的工作。自动化技术是当代发展迅速，应用广泛，最引人瞩目的高技术之一，是推动新的技术革命和新的产业革命的关键技术。自动化也即现代化。第二次世界大战前后，由于自动武器的需要，为控制理论的研究和实践提出了更大的需求，从而大大推动了自动控制理论的发展。概括地说，控制理论发展经过了三个时期。

第一时期是 20 世纪 40 年代末到 50 年代的古典控制论时期，着重研究单机自动化，解决单输入单输出（SISO，single input single output）系统的控制问题；它的主要数学工具是微分方程、拉普拉斯变换和传递函数；主要研究方法是时域法、根轨迹法和频域法；主要问题是控制系统的稳定性、快速性及其精度。

第二时期是 20 世纪 60 年代的现代控制理论时期，着重解决机组自动化和生物系统的多输入多输出（MIMO，multi-input multi-output）系统的控制问题；主要数学工具是一次微分方程组、矩阵论、状态空间法等；主要方法是变分法、极大值原理、动态规划理论等；重点是最优控制、随机控制和自适应控制；核心控制装置是电子计算机；

第三时期是 20 世纪 70 年代的大系统理论时期，着重解决生物系统、社会系统这样一些众多变量的大系统的综合自动化问题；方法是时域法为主；重点是大系统多级递阶控制和智能控制等；核心装置是网络化的电子计算机。

(1) 古典控制理论　1765 年瓦特（J. Watt）发明了蒸汽机。1770 年他又用离心式飞锤调速器构建了蒸汽机转速自动控制系统，使得蒸汽机转速在锅炉压力以及负荷变化的条件下维持在一定的范围之内，保证动力之源。以应用蒸汽动力装置为开端的自动化初级阶段的到来使人们在为之而欢快的同时亦为多数调速系统出现振荡问题而苦恼。于是唤起许多学者开始对控制系统稳定性的研究。1868 年，英国物理学家麦克斯韦（James Clerk Maxwell）的论文“论调节器”，首先解释了 Watt 转速控制系统中出现的不稳定性问题，通过线性微分方程的建立与分析，指出了振荡现象的出现同由系统导出的一个代数方程（即特征方程）的根的分布密切相关，从而开辟了用数学方法研究控制系统运行的途径。

1877 年英国数学家劳斯（E. J. Routh），1895 年德国数学家赫尔维茨（A. Hurwitz）各自独立地建立了直接根据代数方程（特征方程）的系数稳定性的准则，即代数判据（Routh—Hurwitz 判据）。这种方法不必求解微分方程式而直接从方程式的系数，也就是从“对象”的已知特性来判断系统的稳定性。该判据简单易行，至今仍广泛应用。

1892 年，俄罗斯数学力学家李雅普诺夫（A. M. Ляпунов）发表了其具有深远历史意义的博士论文“运动稳定性的一般问题”。他用严格的数学分析方法全面地论述了稳定性理论及方法，为控制理论奠定了坚实的基础。他的研究成果直到 20 世纪 50 年末才被引进自动控制系统理论领域。总之，这一时期的控制工程出现的问题多是稳定性问题，所用的数学工具是常系数微分方程。

1927 年，美国 Bell 实验室的电气工程师布莱克（H. S. Bleck）发明了负反馈放大器，在解决电子管放大器的失真问题时首先引入反馈的概念，这就为自动控制理论的形成奠定了概念上的基础。20 世纪 30 年代，美国贝尔实验室建设一个长距离电话网，需要配置高质量的高增益放大器。在使用中，放大器在某些条件下，会不稳定而变成振荡器。针对长距离电话线路负反馈放大器应用中出现的失真等问题，1932 年，奈奎斯特（Nyquist）提出了用频率特性图形判别系统稳定性的频域判据。此判据不仅可以判别系统稳定与否，而且给出稳定裕度。1940 年美国学者伯德（H. Bode）引入对数坐标系，使频率法更适合工程应用。20 世纪 40 年代初尼柯尔斯（N. B. Nichols）提出了 PID 参数整定方法，同时也进一步发展了频域响应分析法。1948 年伊文斯（W. R. Evans）提出了根轨迹法，即如何靠改变系统中的某些参数去改善反馈系统动态特性的方法。

1925 年，英国物理学家、电学家、电气工程师赫维塞德（Oliver Heabiside）把拉普拉斯变换应用到求解电网络的问题上，创立了运算微积分。不久就被应用到分析自动控制系统的问题上，并取得了显著的成就。

1942 年，哈里斯（H. Harris）引入了传递函数的概念，用方框图、环节、输入和输出等信息传输的概念来描述系统的性能和关系；把对具体物理系统，如力学、电学等的描述，统一用传递函数、频率响应等抽象的概念来研究，为理论研究创造了条件，也更具有普遍意义。实际上，这与 Oliver Heabiside 创立运算微积分的前期工作分不开的，此项工作为从微分方程到应用传递函数分析自动控制系统奠定了坚实的基础。H. Harris 引入的传递函数概念（复数域模型）和方框图，把通信工程的频域响应方法和机械工程的时域方法统一起来，人们称此方法为复域方法。如果把使用微分方程分析控制系统运动的思路称为“机械工程师思路”，那么从 20 世纪开始又形成了一种“通信工程师思路”。通信工程师思路是把系统的各个部分看成一些“盒子”或“框”之间的传递，由“框”中的“算子”对信号进行基于傅里叶分析的变换。

至此，对单输入单输出线性定常系统为主要研究对象，以传递函数作为系统基本的描述，以频率法和根轨迹法作为系统分析和设计方法的自动控制理论建立起来了，通常称其为经典控制理论（一个函数，两种方法）。在此期间，也产生了一些非线性系统的分析方法，如相平面法和描述函数法以及采样离散系统的分析方法。有了理论指导，这时期的工业生产得到很快的发展。尤其是二次世界大战期间，军事上如飞机的自动导航、情报雷达的研制、炮位跟踪系统等均应用了反馈控制理论。

1948 年，数学家维纳（N. Wiener）《控制论》一书的出版，标志着控制论的正式诞生。这个“关于在动物和机器中的控制和通信的科学”（Wiener 所下的经典定义）经过半个多世纪的发展，其研究内容及其研究方法都有了很大的变化。该书的内容覆盖了更广阔的领域，是一部继往开来、具有深远影响的名著，它是经典控制理论的辉煌总结。

(2) 现代控制理论　到了 20 世纪 50 年代，世界进入了一个和平发展时期。空间技术的发展迫切要求建立新的控制理论，以解决诸如把宇宙火箭和人造卫星用最少燃料或最短时间准确地发射到预定轨道一类的控制问题。这类控制问题十分复杂，采用经典控制理论难以解决，促使控制理论由经典控制理论向现代控制理论转变。在迅速兴起的空间技术的推动下现代控制理论发展起来了。

1954 年，中国学者钱学森在美国用英文发表的《工程控制论》一书，可以看作是由经典控制理论向现代控制理论发展的启蒙著作。1956 年，美国数学家贝尔曼（R. Bellman）提出了寻求最优控制的动态规划法；同年，苏联科学家庞特里亚金（Л. С. понтрягин）提出了极大值原理。极大值原理和动态规划为解决最优控制问题提供了理论工具。1959 年，美国数学家卡尔曼（R. Kalman）等人在控制系统的研究中成功地应用了状态空间法，提出了可控性和可观测性以及最优滤波理论等。1959 年在美国达拉斯（Dallas）召开的第一次自动控制年会上，卡尔曼（Kalman）及伯策姆（Bertram）严谨地介绍了非线性系统稳定性。在他们的论文中，用基于状态变量的系统方程来描述系统。他们讨论了自适应控制系统（Adaptive Control System）的问题，并首次提出了现代控制理论。几乎在同一时期内，贝尔曼、卡尔曼等人把状态空间法系统地引入控制理论中。状态空间法对揭示和认识控制系统的许多重要特性具有关键的作用。其中能控性和能观测性尤为重要，成为现代控制理论两个最基本的概念。到 20 世纪 60 年代，一套以状态方程作为描述系统的数学模型，以最优控制和卡尔曼滤波为核心的控制系统分析、设计的新的原理和方法已经确立，这标志着现代控制理论的形成。

现代控制理论是以状态变量概念为基础，利用现代数学方法和计算机来分析、综合复杂控制系统的新理论，适用于多输入、多输出，时变的或非线性系统。现代控制理论以状态空间描述（实际上是一阶微分或差分方程组）作为数学模型，利用计算机作为系统建模分析、设计乃至控制的手段。它在本质上是一种“时域法”，但并不是对经典频域法的从频率域回到时间域的简单再回归，而是立足于新的分析方法，有着新的目标的新理论。现代控制理论形成的主要标志是卡尔曼的滤波理论、庞特里亚金的极大值原理、贝尔曼的动态规划法。现代控制理论从理论上解决了系统的能控性、能观测性、稳定性以及许多复杂系统的控制问题。这一理论在航空、航天、导弹控制等实际应用中取得了很大的成功，在工业生产过程控制中得到逐步应用。现代控制理论研究内容非常广泛，主要包括多变量线性系统理论、最优控制理论以及最优估计与系统辨识理论。20 世纪 70 年代以来，随着技术革命和大规模复杂系统的发展，自动控制理论又向大系统理论和智能控制理论发展。

1.6 本课程的特点与学习方法

自动控制原理是一门理论性较强的课程，它是讨论各类自动控制系统共性问题的一门技术科学。作为机械、电气信息类等各专业的学科基础课，它既是基础课程向专业课程的深入，又是专业课程的理论基础，是新知识的增长点。本课程以数学、物理及有关学科为理论基础，以各种系统动力学为基础，运用信息的传递、处理与反馈进行控制的思维方法，将基础课程与专业课程紧密地联系在一起。

本课程同电工学、机械原理等技术基础课程相比较，更抽象，涉及的范围更广泛。其理论基础既涉及到高等数学、工程数学等知识，又要用到有关动力学和电路等理论。因此，在学习本课程之前，应有良好的数学、力学、电学基础及一些其他学科领域的知识。

自动控制原理作为控制学科相关专业的一门专业基础课，在学习中要注重学科的基本结构，控制系统的基本概念，物理含义、基本思路和应用条件，把学习重点放在自动控制原理的总体概念上；自动控制原理作为专业的“入门”课，对于没有接触过控制系统的初学者必然感到抽象，而且往往会为数学的理论推导所困惑。在学习中，要学会使用数学工具，在理论推导过程中不必过分追求数学的严密性，但一定要充分注意到数学结论的准确性与物理概念的明晰性；在学习中要注意理论联系实际，注重理论学习与实际控制系统和典型例题相联系，将“自动控制原理”与后续的控制工程系列课程，例如，运动控制系统、过程控制系统和计算机控制技术等课程相结合；充分利用计算机 Matlab 软件分析与设计控制系统。

控制理论不仅是一门重要的学科，而且是一门卓越的方法论。它分析与解决问题的方法是符合唯物辩证法的；它所研究的对象是“系统”；并且系统在不断地“运动”。所以，在学习本课程时，既要了解一般规律，提高抽象思维能力，又要结合专业实际，提高分析问题和解决问题的能力。总之，只有学好自动控制理论的思想方法，并打下坚实的基础，才能解决好实际的工程问题，这才是本课程的关键和目的。

小　结

本章以锅炉水位控制、电阻炉温度控制为例，简单介绍了自动控制系统的工作过程，并引出了控制理论的核心——反馈的概念。

本章以直流电动机调速为例，说明什么是开环控制和闭环控制及其区别，并指出实际生产过程的自动控制系统绝大多数是闭环控制系统，也就是负反馈控制系统。同时还介绍了自动控制系统的若干分类方法、控制系统的组成以及对自动控制系统的性能要求：稳定性、快速性和准确性。本章最后一节介绍了自动控制理论发展的历史阶段，以便激发同学们学习自动控制原理的热情。

可以相信，随着专业课的陆续学习，学生会对自动控制原理课程理解得更加深入，并将不断地深化和应用，解决工程实际问题。

术语和概念

自动化（automation）：通过自动方式对过程的控制，而非人工方式来完成。

闭环系统（closed-loop system）：将输出的测量值与期望的输出值相比较，产生偏差信号并将偏差信号作用于执行机构的反馈控制系统。

干扰信号（disturbance signal）：指不希望出现的输入信号，它影响系统的输出。

偏差信号（error signal）：预期的输出信号 $R(s)$ 与输出端的反馈信号 $Y(s)$ 之差，即 $E(s)=R(s)-Y(s)$。

开环系统（open-loop system）：没有反馈的系统，其输入信号直接产生输出信号。

控制系统（control system）：为了达到预期的目标（响应）而设计出来的系统，它由相互关联的部件组合而成。

反馈信号（feedback signal）：用于反馈控制的，对系统输出的测量信号。

负反馈（negative feedback）：指从参数输入信号中减去反馈信号，并以其差值作为控制器的输入信号的一种系统结构形式。

正反馈（positive feedback）：指将输出信号反馈回来，叠加在参考输入信号上。

开环控制系统（open-loop control system）：在没有反馈的情况下，利用执行机构直接控制受控对象的控制系统。在开环控制系统中，输出对受控对象的输入信号无影响。

被控过程（controlled process）：指受控的部件、对象或系统。

系统（system）：为实现预期的目标而将有关元部件互连在一起。，

执行机构（actuator）：为过程提供驱动力的设备。

控制与电气学科世界著名学者——麦克斯韦

麦克斯韦（1831—1879）是英国 19 世纪伟大的物理学家、数学家，经典电动力学的创始人，统计物理学的奠基人之一。麦克斯韦早在 1855 年时向剑桥哲学会提出《论法拉第力线》就开始研究电学和磁学。

他建立的电磁场理论，将电学、磁学、光学统一起来，是 19 世纪物理学发展的最光辉的成果。他的主要贡献是建立了麦克斯韦方程组，创立了经典电动力学，并且预言了电磁波的存在，提出了光的电磁说。麦克斯韦是电磁学理论的集大成者。

物理学历史上认为牛顿的经典力学打开了机械时代的大门，而麦克斯韦电磁学理论则为电气时代奠定了基石。

习　题

1-1　习题 1-1 图(a)和图(b)均为自动调压系统。设空载时，图(a)与图(b)发电机端电压均为 110V。试问带上负载后，图(a)与图(b)哪个系统能保持 110V 电压不变？哪个系统的电压会稍低于 110V？为什么？

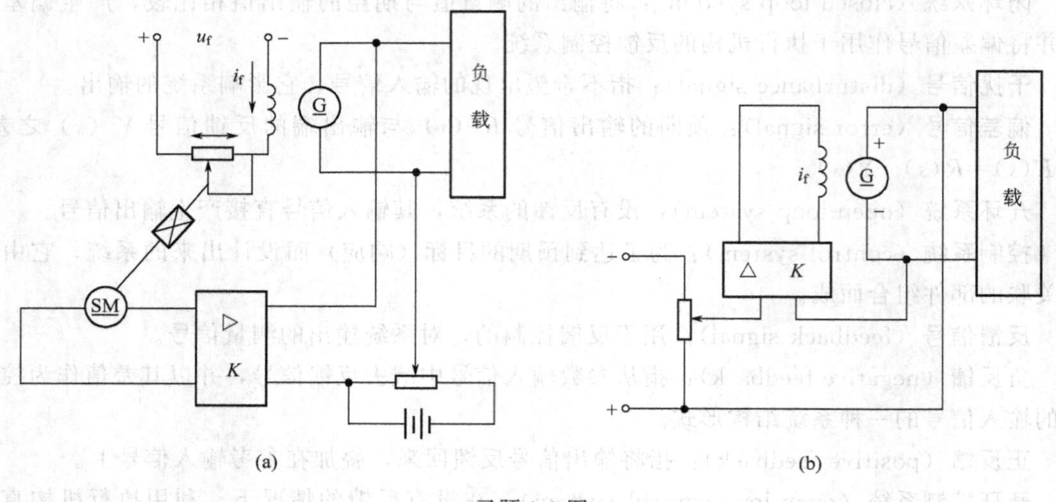

习题 1-1 图

1-2　习题 1-2 图表示一个机床控制系统，用来控制切削刀具的位移 x。说明它属于什么类型的控制系统，指出它的控制器、执行元件和被控变量。

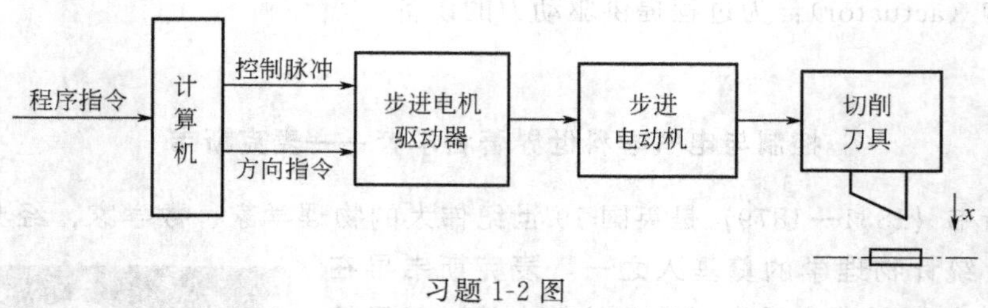

习题 1-2 图

1-3　习题 1-3 图是液位自动控制系统原理示意图。在任意情况下，希望液面高度 c 维持不变，试说明系统工作原理并画出系统方块图。

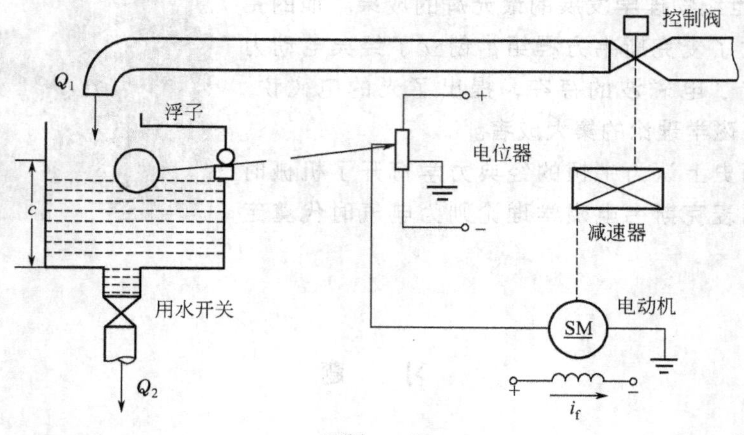

习题 1-3 图

1-4　习题 1-4 图是仓库大门自动控制系统原理示意图。试说明系统自动控制大门开闭的工作原理并画出系统方块图。

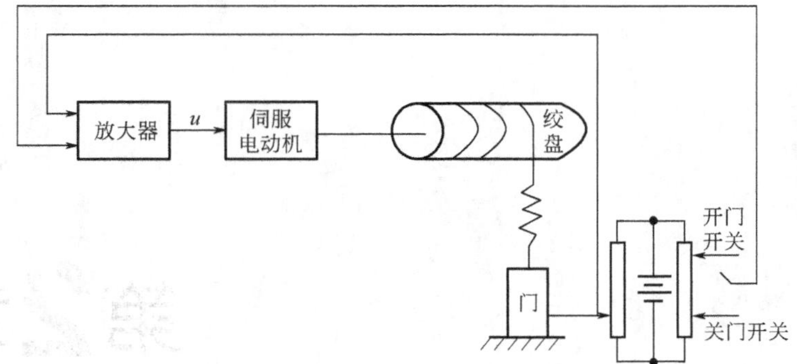

习题 1-4 图

1-5　习题 1-5 图是电阻炉温度自动控制系统示意图。分析系统保持炉温恒定的工作过程，指出系统的被控对象、被控量以及各部件的作用，画出系统的方框图，指出系统属于哪种类型？

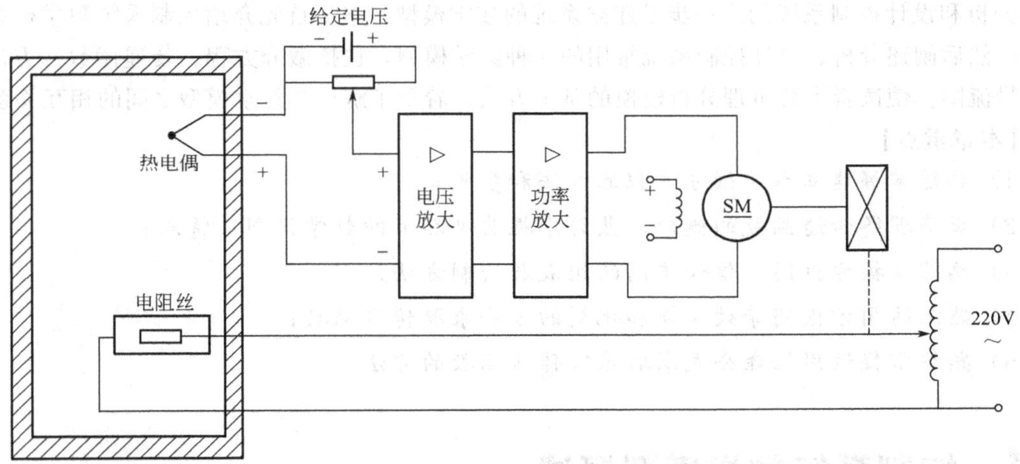

习题 1-5 图

1-6　判定下列方程描述的系统是线性定常系统、线性时变系统还是非线性系统。式中 $r(t)$ 是输入信号，$c(t)$ 是输出信号。

(1) $c(t)=2r(t)+t\dfrac{d^2r(t)}{d^2t}$　　(2) $c(t)=[r(t)]^2$

(3) $c(t)=5+r(t)\cos\omega t$　　(4) $\dfrac{d^3c(t)}{dt^3}+3\dfrac{d^2c(t)}{dt^2}+6\dfrac{dc(t)}{dt}+c(t)=r(t)$

第2章

控制系统的数学模型

分析和设计控制系统的第一步是建立系统的数学模型。本章首先介绍控制系统数学模型的概念，然后阐述分析、设计控制系统常用的几种数学模型，包括微分方程、传递函数、方框图和信号流图。使读者了解机理分析建模的基本方法，着重了解这些数学模型之间的相互关系。

【本章重点】

1）熟练掌握建立系统微分方程的方法和步骤；

2）正确理解传递函数的概念，熟练掌握典型环节的数学模型及特点；

3）熟练掌握方框图、信号流图的组成及绘制方法；

4）熟练运用方框图等效变换和化简的方法求取传递函数；

5）熟练掌握运用梅森公式求取系统传递函数的方法。

2.1 控制系统数学模型概述

为了从理论上对控制系统的性能进行分析，首要的任务就是建立系统的数学模型。经典控制理论和现代控制理论都以数学模型为基础。建立控制系统的数学模型是分析和设计控制系统的基础。系统的数学模型有多种形式。在时域中，数学模型一般采用微分方程、差分方程和状态方程表示；复数域中有传递函数、动态框图；在频域中则采用频率特性来表示。本章只介绍微分方程、传递函数和动态框图等数学模型的建立和应用。

2.1.1 数学模型的定义

控制系统的数学模型就是描述系统输入量、输出量以及内部各变量之间关系的数学表达式。要分析动态系统，首先应推导出它的数学模型。数学模型是用数学方法分析系统的基础，数学分析能够用准确的数学语言描述系统的工作过程和特性。

自动控制原理就是将实际控制系统进行抽象化，用数学符号来描述系统的工作过程和特性，用数学表达式来描述控制系统的原理，进而可以采用数学的方法对系统进行分析和设计。因此推导出一个合理的数学模型，是整个分析过程中最重要的环节。

数学模型可以有许多不同的形式。根据具体系统和条件的不同，一种数学模型可能比另一种更合适。例如，在单输入-单输出线性定常系统的瞬态响应或频率响应分析中，采用传递函数表达式可能比其他方法更为方便；在最佳控制问题中，采用状态空间表达式更有利。一旦获得了系统的数学模型，就可以用各种分析方法和计算机工具对系统进行分析和设计。

2.1.2　数学模型的简化性与分析准确性

实际系统往往是很复杂的，都具有不同程度的非线性、时变甚至还带有分布参数因素，很难准确地用数学表达式描述各个变量间的关系。在工程上为了寻求一种行之有效的方法，必须对问题进行简化，忽略一些次要因素，避免数学处理上的困难，同时又不影响分析系统的准确性。一般来说，在求解一个新问题时，常常需要建立一个简化的数学模型，以对问题的解能有一个一般的了解。然后，再建立系统的较完善的数学模型，并用来对系统进行比较精确的分析。

在推导合理的简化数学模型时，当忽略了非线性因素，并认为参数是集中、定常时，描述系统的数学模型为线性定常微分方程，而对应的系统就近似为线性系统，线性系统的特点之一就是可以应用叠加原理。若考虑了非线性因素，则数学模型就为非线性微分方程，对应的系统为非线性系统。若参数是非定常的，则对应的系统是时变系统。

线性定常参数模型只是在低频范围工作时才适合，当频率相当高时，由于被忽略的分布参数特性可能变为系统动态特性中的重要因素，所以仍作为线性定常参数模型来研究是不恰当的。例如，在低频范围工作时，弹簧的质量可以忽略，但在高频范围工作时，弹簧的质量却可能变成系统的重要性质。因此，数学模型的简化是在一定的条件下进行的。如果这些被忽略掉的因素对响应的影响较小，那么简化模型的分析结果与物理系统的实验研究结果将能很好地吻合。分析结果的准确程度，取决于数学模型对给定物理系统的近似程度，因此必须在模型的简化性和分析结果的准确性之间做出折中的考虑。

2.1.3　数学模型的分类

数学模型是对系统运动规律的定量描述，表现为各种形式的数学表达式。根据数学模型的功能不同，可以把数学模型分为以下几种类型。

(1) 静态模型与动态模型　描述系统静态（工作状态不变或慢变过程）特性的模型，称为静态数学模型。静态数学模型一般是以代数方程表示的，数学表达式中的变量不依赖于时间，是输入输出之间的稳态关系。

描述系统动态或瞬态特性的模型，称为动态数学模型。动态数学模型中的变量依赖于时间，一般是微分方程形式。静态数学模型可以看成是动态数学模型的特殊情况。

(2) 输入输出描述模型与内部描述模型　描述系统输入与输出之间关系的数学模型称为输入输出描述模型，如微分方程、传递函数、频率特性等数学模型。

状态空间模型描述了系统内部状态和系统输入输出之间的关系，所以称为内部描述模型。内部描述模型不仅描述了系统输入输出之间的关系，而且描述了系统内部信息传递关系。所以状态空间模型比输入输出模型更深入地揭示了系统的动态特性。

(3) 连续时间模型与离散时间模型　根据数学模型所描述的系统中的信号是连续信号还

是离散信号，数学模型分为连续时间模型和离散时间模型。连续数学模型有微分方程、传递函数、状态空间表达式等。离散数学模型有差分方程、脉冲传递函数、离散状态空间表达式等。

(4) 参数模型与非参数模型 从描述方式上看，数学模型分为参数模型和非参数模型两大类。

参数模型是用数学表达式表示的数学模型，如传递函数、差分方程、状态方程等。

非参数模型是直接或间接从物理系统的试验分析中得到的响应曲线表示的数学模型，如脉冲响应、阶跃响应、频率特性曲线等。

数学模型虽然有不同的表示形式，但它们之间可以互相转换，可以由一种形式的模型转换为另一种形式的模型。例如，一个集中参数的系统，可以用参数模型表示，也可以用非参数模型表示；可以用输入输出模型表示，也可以用状态空间模型表示；可以用连续时间模型表示，也可以用离散时间模型表示。在古典控制理论中着重研究单输入-单输出线性系统的输入量与输出量之间的对应关系，一般用输入输出描述。本章主要介绍这一类系统的建模问题。

2.1.4 控制系统的建模方法

建立系统的数学模型简称为建模。系统建模有两大类方法：一类是机理分析建模方法，称为分析法；另一类是实验建模方法，通常称为系统辨识。

(1) 分析法 机理分析建模方法是通过对系统内在机理的分析，运用各种物理、化学等定律，推导出描述系统的数学关系式，通常称为机理模型。采用机理建模必须清楚地了解系统的内部结构，所以，常称为“白箱”建模方法。机理建模得到的模型展示了系统的内在结构与联系，较好地描述了系统特性。但是，机理建模方法具有局限性，特别是当系统内部过程变化机理还不很清楚时，很难采用机理建模方法。而且，当系统结构比较复杂时，所得到的机理模型往往比较复杂，难以满足实时控制的要求。另一方面，机理建模总是基于许多简化和假设之上的，所以，机理模型与实际系统之间存在建模误差。机理分析法适用于简单、典型、通用常见的系统。

(2) 实验法 实验法也叫辨识法，是利用系统输入、输出的实验数据或者正常运行数据，构造数学模型的实验建模方法。因为系统建模方法只依赖于系统的输入输出关系，即使对系统内部机理不了解，也可以建立模型，所以常称为“黑箱”建模方法。由于系统辨识是基于建模对象的实验数据或者正常运行数据，所以，建模对象必须已经存在，并能够进行实验。而且，辨识得到的模型只反映系统输入输出的特性，不能反映系统的内在信息，难以描述系统的本质。通常在对系统一无所知的情况下，采用这种建模方法。

在一般情况下，最有效的建模方法是将机理分析建模方法与系统辩识方法结合起来．事实上，人们在建模时，对系统不是一点都不了解，只是不能准确地描述系统的定量关系，但了解系统的一些特性，例如系统的类型、阶次等，因此，系统像一只“灰箱”。实用的建模方法是尽量利用人们对物理系统的认识，由机理分析提出模型结构，然后用观测数据估计出模型参数，这种方法常称为“灰箱”建模方法，实践证明这种建模方法是非常有效的。

2.2 控制系统的时域数学模型

由上述分析可知，要想对系统进行分析和设计，首先要建立系统的数学模型。在自动控制理论中，系统的数学模型有多种形式。时域中常用的数学模型有微分方程、差分方程和状态方程。本节重点讲述以微分方程形式来描述的系统时间域数学模型。

2.2.1 控制系统微分方程的建立

微分方程是系统数学模型最基本的表达形式，利用它可以得到描述系统其他形式的数学模型。微分方程是在时域内描述系统或元件动态特性的数学表达式。通过求解微分方程，就可以获得系统在输入量作用下的输出量。

控制系统中的输出量和输入量通常都是时间 t 的函数。很多常见的元件或系统的输出量和输入量之间的关系都可以用一个微分方程表示，方程中含有输出量、输入量及它们对时间的导数或积分。这种微分方程又称为动态方程或运动方程。微分方程的阶数一般是指方程中最高导数项的阶数，又称为系统的阶数。

对于单变量线性定常系统，微分方程为

$$\begin{aligned} &a_n c^{(n)}(t)+a_{n-1}c^{(n-1)}(t)+a_{n-2}c^{(n-2)}(t)+\cdots+a_1\dot{c}(t)+a_0c(t) \\ &=b_m r^{(m)}(t)+b_{m-1}r^{(m-1)}(t)+b_{m-2}r^{(m-2)}(t)+\cdots+b_1\dot{r}(t)+b_0r(t) \end{aligned} \tag{2-1}$$

式中，$m\leqslant n$，$r(t)$ 是输入信号，$c(t)$ 是输出信号，$c^{(n)}(t)$ 表示 $c(t)$ 对 t 的 n 阶导数，$a_i(i=1,2,\cdots,n)$ 和 $b_i(i=0,1,\cdots,m)$ 为由系统结构参数决定的系数。

控制系统微分方程的建立步骤如下。

① 分析。根据系统的工作原理及其各变量之间的关系，确定系统或各元件的输入量、输出量及中间变量。

② 列写。根据系统中元件的具体情况，按照它们所遵循的学科规律，围绕输入量、输出量及有关中间量，列写微分方程组。方程的个数一般要比中间变量的个数多 1。为了整理方便，列写方程时可以从输入量或者从输出量开始，按照顺序列写。

③ 消去中间变量。整理出只含有输入量和输出量及其各阶导数的方程。

④ 将方程写成标准形式，即将输出量及其导数放在方程式左边，将输入量及其导数放在方程式右边，各阶导数项按阶次由高到低的顺序排列。

列写微分方程的关键是要了解元件或系统所属学科领域的有关规律而不是数学本身。当然，求解微分方程还是需要数学工具。

下面以电气系统和机械系统为例，说明如何列写系统或元件的微分方程式。

(1) 电气系统　电气系统中最常见的装置是由电阻、电感、电容、运算放大器等元件组成的电路，又称电气网络。像电阻、电感、电容这类本身不含有电源的器件称为无源器件，像运算放大器这种本身包含电源的器件称为有源器件。仅由无源器件组成的电气网络称为无源网络。如果电气网络中包含有源器件或电源，就称为有源网络。

电气网络的分析基础通常是根据基尔霍夫电流定律和电压定律写出微分方程式。

基尔霍夫电流定律：若电路有分支，它就有节点，则汇聚到某节点的所有电流之和应等

于零，即

$$\sum_{A} i(t)=0 \tag{2-2}$$

上式表示汇聚到节点 A 的电流的总和为零。

基尔霍夫电压定律：电网络的闭合回路中电势的代数和等于沿回路的电压降的代数和，即

$$\sum E=\sum Ri \tag{2-3}$$

应用此定律对回路进行分析时，必须注意元件中电流的流向及元件两端电压的参考极性。

列写方程时还经常用到理想电阻、电感、电容两端电压、电流与元件参数的关系，分别用下面各式表示

$$u=Ri$$

$$u=L\frac{\mathrm{d}i}{\mathrm{d}t}$$

$$i=C\frac{\mathrm{d}u}{\mathrm{d}t}$$

例 2-1 在图 2-1 所示的电路中，电压 $u_{\mathrm{i}}(t)$ 为输入量，$u_{\mathrm{o}}(t)$ 为输出量，列写该装置的微分方程式。

解 设回路电流 $i(t)$ 如图 2-1 所示。由基尔霍夫电压定律可得到

$$L\frac{\mathrm{d}i(t)}{\mathrm{d}t}+Ri(t)+u_{\mathrm{o}}(t)=u_{\mathrm{i}}(t) \tag{2-4}$$

式中，$i(t)$ 是中间变量。$i(t)$ 和 $u_{\mathrm{o}}(t)$ 的关系为

$$i(t)=C\frac{\mathrm{d}u_{\mathrm{o}}(t)}{\mathrm{d}t} \tag{2-5}$$

将式(2-5) 代入式(2-4)，消去中间变量 $i(t)$，可得

$$LC\frac{\mathrm{d}^2u_{\mathrm{o}}(t)}{\mathrm{d}t^2}+RC\frac{\mathrm{d}u_{\mathrm{o}}(t)}{\mathrm{d}t}+u_{\mathrm{o}}(t)=u_{\mathrm{i}}(t)$$

上式又可以写成

$$T_1T_2\frac{\mathrm{d}^2u_{\mathrm{o}}(t)}{\mathrm{d}t^2}+T_2\frac{\mathrm{d}u_{\mathrm{o}}(t)}{\mathrm{d}t}+u_{\mathrm{o}}(t)=u_{\mathrm{i}}(t)$$

其中，$T_1=L/R$，$T_2=RC$。这是一个典型的二阶线性常系数微分方程，对应的系统也称为二阶线性定常系统。

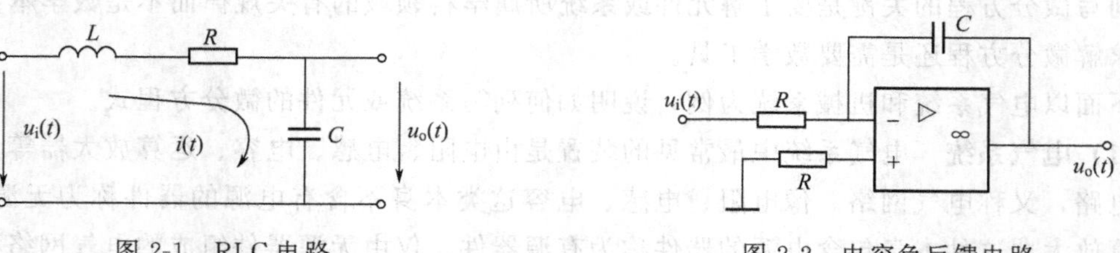

图 2-1 RLC 电路　　　　图 2-2 电容负反馈电路

例 2-2 由理想运算放大器组成的电路如图 2-2 所示，电压 $u_{\mathrm{i}}(t)$ 为输入量，$u_{\mathrm{o}}(t)$ 为输出量，求它的微分方程式。

解　理想运算放大器正、反相输入端的电位相同，且输入电流为零。根据基尔霍夫电流定律有

$$\frac{u_{\mathrm{i}}(t)}{R}+C\frac{\mathrm{d}u_{\mathrm{o}}(t)}{\mathrm{d}t}=0$$

整理后得

$$RC\frac{\mathrm{d}u_{\mathrm{o}}(t)}{\mathrm{d}t}=-u_{\mathrm{i}}(t)$$

或

$$T\frac{\mathrm{d}u_{\mathrm{o}}(t)}{\mathrm{d}t}=-u_{\mathrm{i}}(t)$$

式中，$T=RC$ 称为时间常数。这是一个典型的一阶线性常系数微分方程，对应的系统也称为一阶线性定常系统。

(2) 机械系统　机械系统指的是存在机械运动的装置，它们遵循物理学的力学定律。机械运动包括直线运动（相应的位移称为线位移）和转动（相应的位移称为角位移）两种。

做直线运动的物体要遵循的基本力学定律是牛顿第二定律

$$\sum F=m\frac{\mathrm{d}^2x}{\mathrm{d}t^2} \tag{2-6}$$

式中，F 为物体所受到的力，m 为物体质量，x 是线位移，t 是时间。

转动的物体要遵循如下的牛顿转动定律

$$\sum T=J\frac{\mathrm{d}^2\theta}{\mathrm{d}t^2} \tag{2-7}$$

式中，T 为物体所受到的力矩，J 为物体的转动惯量，θ 为角位移。

运动着的物体，一般都要受到摩擦力的作用，摩擦力 F_{c} 可表示为

$$F_{\mathrm{c}}=F_{\mathrm{B}}+F_{\mathrm{f}}=f\frac{\mathrm{d}x}{\mathrm{d}t}+F_{\mathrm{f}} \tag{2-8}$$

式中，x 为位移；$F_{\mathrm{B}}=f\dfrac{\mathrm{d}x}{\mathrm{d}t}$为黏性摩擦力，它与运动速度成正比；$f$ 为黏性阻尼系数；F_{f} 表示恒值摩擦力，又称库仑摩擦力。

对于转动的物体，摩擦力的作用体现为如下的摩擦力矩 T_{c}

$$T_{\mathrm{c}}=T_{\mathrm{B}}+T_{\mathrm{f}}=K_{\mathrm{c}}\frac{\mathrm{d}\theta}{\mathrm{d}t}+T_{\mathrm{f}} \tag{2-9}$$

式中，$T_{\mathrm{B}}=K_{\mathrm{c}}\dfrac{\mathrm{d}\theta}{\mathrm{d}t}$是黏性摩擦力矩，$K_{\mathrm{c}}$ 称为黏性阻尼系数，T_{f} 为恒值摩擦力矩。

例 2-3　一个由弹簧-质量-阻尼器组成的机械平移系统如图 2-3 所示。m 为物体质量，k 为弹簧系数，f 为黏性阻尼系数，外力 $F(t)$ 为输入量，位移 $y(t)$ 为输出量。列写系统的运动方程。

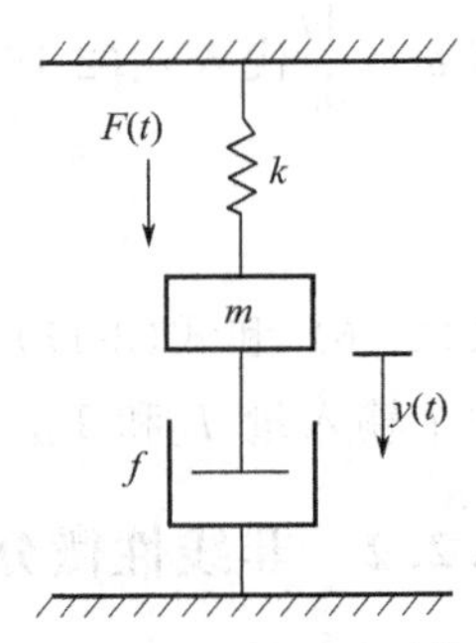

图 2-3　机械平移系统

解　取向下为力和位移的正方向。当 $F(t)=0$ 时物体的平衡位置为位移 y 的零点。该物体 m 受到四个力的作用：外力 $F(t)$、弹簧的弹力 F_{k}、黏性摩擦力 F_{B} 及重力 mg。F_{k}、F_{B} 向上为正方向。由牛

顿第二定律可知

$$F(t)-F_{\mathrm{k}}-F_{\mathrm{B}}+mg=m\frac{\mathrm{d}^2y(t)}{\mathrm{d}t^2} \tag{2-10}$$

且

$$F_{\mathrm{B}}=f\frac{\mathrm{d}y(t)}{\mathrm{d}t} \tag{2-11}$$

$$F_{\mathrm{k}}=k\left[y(t)+y_0\right] \tag{2-12}$$

$$mg=ky_0 \tag{2-13}$$

式中，y_0 为 $F=0$ 且物体处于静平衡位置时的伸长量，将式(2-11)～式(2-13) 代入式(2-10) 中，得到该系统的运动方程式

$$m\frac{\mathrm{d}^2y(t)}{\mathrm{d}t^2}+f\frac{\mathrm{d}y(t)}{\mathrm{d}t}+ky(t)=F(t)$$

或写成

$$\frac{m}{k}\frac{\mathrm{d}^2y(t)}{\mathrm{d}t^2}+\frac{f}{k}\frac{\mathrm{d}y(t)}{\mathrm{d}t}+y(t)=\frac{1}{k}F(t)$$

该系统是二阶线性定常系统。

从该例还可以看出，物体的重力不出现在运动方程中，重力对物体的运动形式没有影响。忽略重力的作用时，列出的方程就是系统的动态方程。

例 2-4 图 2-4 所示的机械转动系统包括一个惯性负载和一个黏性摩擦阻尼器，J 为转动惯量，f 为黏性摩擦系数，ω、θ 为角速度和角位移，T_{fz}为作用在该轴上的负载阻转矩，T 为作用在该轴上的主动外力矩。以 T 为输入量，分别列写出以 ω 为输出量和以 θ 为输出量的运动方程。

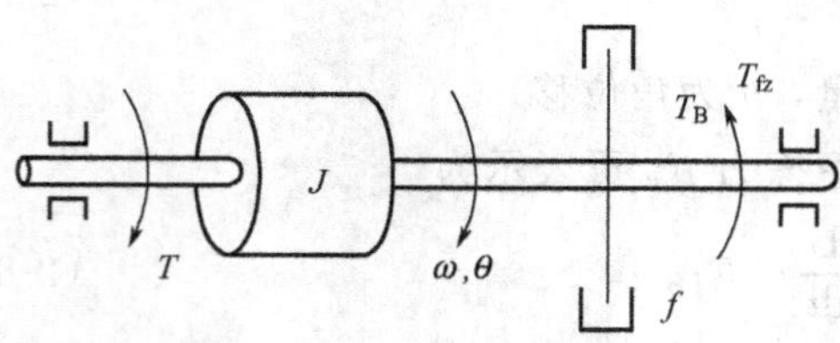

图 2-4 机械转动系统

解 根据牛顿转动定律有

$$J\frac{\mathrm{d}\omega}{\mathrm{d}t}=T-T_{\mathrm{B}}-T_{\mathrm{fz}} \tag{2-14}$$

T_{B} 为黏性摩擦力矩，且

$$T_{\mathrm{B}}=f\omega \tag{2-15}$$

将式(2-15) 代入式(2-14) 中可得

$$J\frac{\mathrm{d}\omega}{\mathrm{d}t}+f\omega=T-T_{\mathrm{fz}} \tag{2-16}$$

将 $\omega=\frac{\mathrm{d}\theta}{\mathrm{d}t}$代入式(2-16) 中可得

$$J\frac{\mathrm{d}^2\theta}{\mathrm{d}t^2}+f\frac{\mathrm{d}\theta}{\mathrm{d}t}=T-T_{\mathrm{fz}} \tag{2-17}$$

式(2-16) 和式(2-17) 分别是以 ω 为输出量和以 θ 为输出量的运动方程式。该装置实际上有两个输入量 T 和 T_{fz}。

2.2.2 非线性微分方程的线性化

以上推导的系统数学模型都是线性微分方程。通常把由线性微分方程描述的系统称为线

性系统。线性系统的一个最重要的特点是可以运用叠加原理。当系统同时有多个输入时，可以对每个输入单独考虑，得到与每个输入对应的输出响应。这就给系统的分析研究带来了极大的方便，并且线性系统的理论已经发展得相当成熟。

严格地说，实际元件的输入量和输出量都存在不同程度的非线性，所以，纯粹的线性系统几乎不存在。例如，元件的不灵敏区、机械传动的间隙与摩擦；电阻 R、电感 L 和电容 C 等参数值与周围环境（温度、湿度、压力等）及流过它们的电流有关，也不一定是常数；电动机本身的摩擦、死区等非线性因素会使其运动方程复杂化而成为非线性系统，它们的动态方程也应是非线性微分方程。严格地说，实际系统的数学模型一般都是非线性的，而非线性微分方程没有通用的求解方法。因此，控制工作者在研究系统时总是力图在合理、可能的条件下，做某些近似或缩小一些研究问题的范围，将非线性系统线性化，把非线性方程用线性方程代替。这样就可以用线性系统理论来分析和设计系统了。虽然这种方法是近似的，但它便于分析计算，在一定的范围内能反映系统的特性，在工程实践中具有实际意义。

控制系统中，有关非线性问题可以分为两大类：一类是元件本身存在的本质非线性，如饱和特性、继电器特性，具有这样元件的系统只能采用非线性的方法分析方法进行分析和设计；另一类是系统存在非本质的非线性问题，一般这类问题可以通过小偏差法或切线法进行线性化处理。

(1) 线性化定义　工程上，常常将非线性微分方程在一定条件下转化为线性微分方程的方法称为非线性微分方程的线性化。

利用计算机能对具体非线性问题计算出结果，但仍然难以求得一些符合各类非线性系统的普遍规律。因此在研究系统时力图将非线性在合理、可能的条件下简化为线性问题，即所谓非线性数学模型的线性化。如果作某种近似或缩小一些研究问题的范围，可以将大部分非线性方程在一定工作范围内用近似的线性方程来代替，这样就可以用线性理论来分析和设计系统。

虽然这种方法是近似的，但在一定的工作范围内能够反映系统的特性，在工程实践中具有很大的实际意义，便于分析和处理。

(2) 非线性微分方程线性化的基本假设　非线性微分方程能进行线性化的基本假设是变量偏离其预期工作点的偏差甚小。

自动控制系统在正常情况下都处于一个稳定的工作点（平衡点），也是预期工作点，系统的输入和输出变量不变化，即它们的各阶导数均为零。这时，控制系统也不进行控制作用，一旦被控量偏离期望值而产生偏差时，控制系统便开始控制动作，以便减少或消除这个偏差。因此，控制系统中被控量的偏差不会很大，只是小偏差。

(3) 线性化方法　线性化的关键是将其中的非线性函数线性化。线性化常用的方法为小偏差法或切线法。只要变量的非线性函数在工作点处有导数或偏导数存在，就可以将非线性函数展开成泰勒级数，分解成这些变量在工作点附近的小增量的表达式，然后省略去高于一次的小增量项，就可以获得近似的线性函数。

1）具有一个变量的非线性函数的线性化。

对于以一个自变量作为输入量的非线性函数 $y=f(x)$，在平衡工作点（x_0，y_0）附近展开成泰勒级数为

$$y=f(x)=f(x_0)+\left.\frac{\mathrm{d}f(x)}{\mathrm{d}x}\right|_{x=x_0}(x-x_0)+\frac{1}{2!}\left.\frac{\mathrm{d}^2 f(x)}{\mathrm{d}x^2}\right|_{x=x_0}(x-x_0)^2+\cdots$$

略去高于一次的增量项，得到非线性系统的线性化方程为

$$y=f(x_0)+\left.\frac{\mathrm{d}f(x)}{\mathrm{d}x}\right|_{x=x_0}(x-x_0)$$

写成增量方程，则为

$$y-y_0=\Delta y=K\Delta x$$

式中，$y_0=f(x_0)$ 为系统的静态方程；K 为比例系数，即函数在 x_0 点切线的斜率 $K=\left.\frac{\mathrm{d}f(x)}{\mathrm{d}x}\right|_{x=x_0}$；$\Delta x=x-x_0$。

2）具有两个变量的非线性函数的线性化。

若输出变量与两个输入变量 x_1、x_2 有非线性关系，即 $y=f(x_1,x_2)$，同样可以将方程在工作点（x_{10}，x_{20}）附近展开成泰勒级数，并忽略二阶和高阶导数项，便可得到 y 的线性化方程为

$$y=f(x_{10},x_{20})+\left.\frac{\partial f}{\partial x_1}\right|_{\substack{x_1=x_{10}\\x_2=x_{20}}}(x_1-x_{10})+\left.\frac{\partial f}{\partial x_2}\right|_{\substack{x_1=x_{10}\\x_2=x_{20}}}(x_2-x_{20})$$

写成增量方程则为

$$y-y_0=\Delta y=K_1\Delta x_1+K_2\Delta x_2$$

其中，$y_0=f(x_{10},x_{20})$ 为系统的静态方程；$K_1=\left.\frac{\partial f}{\partial x_1}\right|_{\substack{x_1=x_{10}\\x_2=x_{20}}}$；$K_2=\left.\frac{\partial f}{\partial x_2}\right|_{\substack{x_1=x_{10}\\x_2=x_{20}}}$。

在将非线性系统作线性化时，需要注意以下两点：

1）采用上述小偏差线性化的条件是在预期工作点的邻域内存在关于变量的各阶导数或偏导数。符合这个条件的非线性特性称为非本质非线性。不符合这个条件的非线性函数不能展开成泰勒级数，因此不能采用小偏差线性化方法，这种非线性特性称为本质非线性。本质非线性特性在控制系统中也经常遇到，可采用其他方法分析和研究本质非线性特性。

2）在很多情况下，对于不同的预期工作点，线性化后的方程的形式是一样的，但各项系数及常数项可能不同。

例 2-5 如图 2-5 为滑阀与油缸组合的液压伺服系统，试建立液压系统的数学模型。其工作原理为：当滑阀右移 x，即阀的开口量为 x 时，高压油进入油缸左腔（腔 1），低压油与右腔（腔 2）连通，活塞推动负载右移 y。图中 q_1 和 q_2 为负载流量，在不计油的压缩和泄漏的情况下，即为进入和流出油缸的流量，有 $q_1=q_2=q$；$p=p_1-p_2$ 为负载压降，即活塞两端单位面积上的压力差，它取决于负载；A 为活塞面积；f 为黏性阻尼系数。

解 当阀开口为 x 时，高压油进入油缸左腔，若不计油的压缩和泄漏，流体连续方程为

$$q=A\frac{\mathrm{d}y}{\mathrm{d}t} \tag{2-18}$$

作用在活塞上的力的平衡方程为

$$m\frac{\mathrm{d}^2y}{\mathrm{d}t^2}+f\frac{\mathrm{d}y}{\mathrm{d}t}=Ap \tag{2-19}$$

根据液体流经微小缝隙的流量特性，流量 q、压力 p 与阀的开口量 x 一般为非线性关系，即

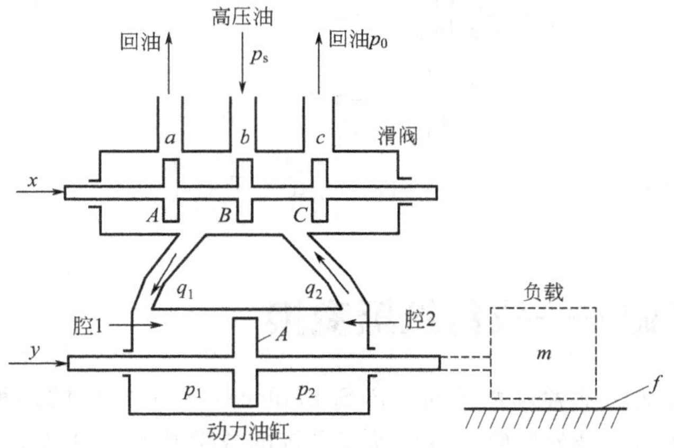

图 2-5　液压伺服机构原理图

$$q=q(x,p)$$

将该非线性方程在工作点（x_0，p_0）附近进行线性化处理，则得

$$q=q(x_0,p_0)+\left.\frac{\partial q}{\partial x}\right|_{x=x_0}(x-x_0)+\left.\frac{\partial q}{\partial p}\right|_{p=p_0}(p-p_0)$$

设在零位时，$x_0=0$，$p_0=0$，$q(x_0,p_0)=0$，则得

$$q=K_p x-K_c p \tag{2-20}$$

式中　$K_p=\left.\frac{\partial q}{\partial x}\right|_{x=x_0}$——流量增益，表示阀心位移引起的流量变化；

$K_c=-\left.\frac{\partial q}{\partial p}\right|_{p=p_0}$——流量-压力系数，表示由压力变化引起的流量变化，因为随负载压力增大负载流量变小，故有一个负号。

由式(2-20) 可得

$$p=\frac{1}{K_c}(K_p x-q) \tag{2-21}$$

将式(2-18) 代入式(2-21) 中可得

$$p=\frac{1}{K_c}\left(K_p x-A\frac{\mathrm{d}y}{\mathrm{d}t}\right) \tag{2-22}$$

将式(2-22) 代入式(2-19) 力平衡方程中，即得该液压伺服机构经线性化后的数学模型为

$$m\frac{\mathrm{d}^2 y}{\mathrm{d}t^2}+\left(f+\frac{A^2}{K_c}\right)\frac{\mathrm{d}y}{\mathrm{d}t}=A\frac{K_p}{K_c}x \tag{2-23}$$

例 2-6　将非线性方程式 $y=\ddot{x}+\frac{1}{2}\dot{x}+2x+x^2$ 在原点附近线性化。

解　线性化后的方程为

$$y=\left.\left(\frac{\partial y}{\partial x}\right)\right|_{x=0}x+\left.\left(\frac{\partial y}{\partial \dot{x}}\right)\right|_{x=0}\dot{x}+\left.\left(\frac{\partial y}{\partial \ddot{x}}\right)\right|_{x=0}\ddot{x}$$

其中

$$\left.\left(\frac{\partial y}{\partial x}\right)\right|_{x=0}=\left.(2+2x)\right|_{x=0}=2$$

$$\left(\frac{\partial y}{\partial \dot{x}}\right)\bigg|_{x=0}=\frac{1}{2}$$

$$\left(\frac{\partial y}{\partial \ddot{x}}\right)\bigg|_{x=0}=1$$

则将方程线性化为
$$y=2x+\frac{1}{2}\dot{x}+\ddot{x}$$

2.3 数学基础——拉普拉斯变换

拉普拉斯变换是法国学者拉普拉斯（P. S. Laplace）首先提出的一种积分变换。拉普拉斯变换（又称拉氏变换）是分析研究线性动态系统的数学基础。也是学习自动控制原理所涉及的主要数学工具。该变换可以将许多普通函数，如正弦函数、阻尼正弦函数和指数函数，转变为复变量 s 的代数函数。诸如微分和积分这样一些运算，可以用复数平面内的代数运算来取代。用拉氏变换法求解线性微分方程，即可将复杂的微积分运算转化为代数运算，使求解过程大为简化。它是求解线性常微分方程和建立线性系统的复频域数学模型——传递函数和频率特性的有力数学工具。本节只简单回顾拉氏变换的一些基本知识，详细可以参考积分变换相关教材。

2.3.1 拉普拉斯变换的定义

若 $f(t)$ 为实变量 t 的单值函数，且 $t<0$ 时 $f(t)=0$，$t\geqslant 0$ 时 $f(t)$ 在任一有限区间上连续或分段连续，则函数 $f(t)$ 的拉氏变换为

$$F(s)=L[f(t)]=\int_0^{\infty} f(t)\mathrm{e}^{-st}\,\mathrm{d}t \tag{2-24}$$

式中，s 为复变量，$s=\sigma+\mathrm{j}\omega$（$\sigma$、$\omega$ 均为实数）；$F(s)$ 是函数 $f(t)$ 的拉氏变换，它是一个复变函数，通常称 $F(s)$ 为 $f(t)$ 的象函数，而称 $f(t)$ 为 $F(s)$ 的原函数；L 是表示进行拉氏变换的符号。

拉氏反变换为

$$f(t)=L^{-1}[F(s)]=\frac{1}{2\pi\mathrm{j}}\int_{\sigma-\mathrm{j}\infty}^{\sigma+\mathrm{j}\infty} F(s)\mathrm{e}^{st}\,\mathrm{d}s \tag{2-25}$$

式中，L^{-1}表示进行拉氏反变换的符号。

由此可见，在一定条件下，拉氏变换能把一实数域中的实变函数 $f(t)$ 变换为一个在复数域内与之等价的复变函数 $F(s)$，反之亦然。

2.3.2 典型函数的拉氏变换

（1）单位阶跃函数 单位阶跃函数的定义为

$$1(t)=\begin{cases}0, & t<0\\ 1, & t\geqslant 0\end{cases}$$

单位阶跃函数的拉氏变换式为

$$L[1(t)]=\int_0^{\infty}1(t)e^{-st}dt=-\frac{e^{-st}}{s}\bigg|_0^{\infty}=\frac{1}{s} \tag{2-26}$$

单位阶跃函数如图 2-6 所示。

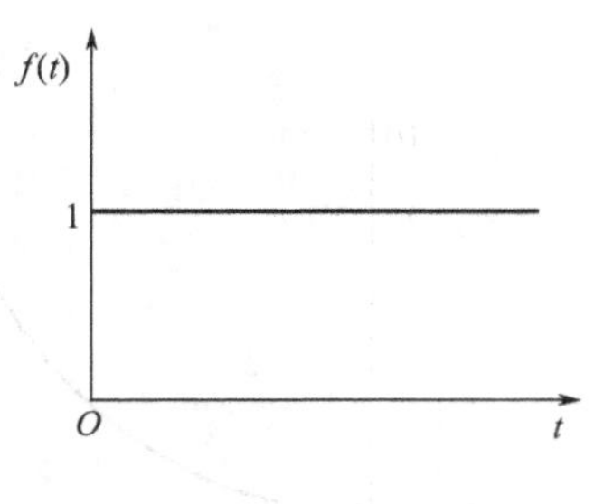

图 2-6　单位阶跃函数

图 2-7　单位脉冲函数

(2) 单位脉冲函数　单位脉冲函数的定义为

$$\delta(t)=\begin{cases}\infty, & t=0\\ 0, & t\neq 0\end{cases}$$

$$\int_0^{\infty}\delta(t)dt=1$$

且有特性

$$\int_{-\infty}^{\infty}\delta(t)f(t)dt=f(0)$$

$f(0)$ 为 $t=0$ 时刻 $f(t)$ 的值。

单位脉冲函数的拉氏变换式为

$$L[\delta(t)]=\int_0^{\infty}\delta(t)e^{-st}dt=e^{-st}\big|_{t=0}=1 \tag{2-27}$$

单位脉冲函数如图 2-7 所示。

(3) 单位斜坡函数　单位斜坡函数如图 2-8 所示，它的数学表示为

$$f(t)=\begin{cases}0, & t<0\\ t, & t\geqslant 0\end{cases}$$

为了得到单位斜坡函数的拉氏变换，利用分部积分公式

$$\int_a^b u\,dv=uv\bigg|_a^b-\int_a^b v\,du$$

得

$$L[f(t)]=\int_0^{\infty}te^{-st}dt=-t\frac{e^{-st}}{s}\bigg|_0^{\infty}-\int_0^{\infty}\left(-\frac{e^{-st}}{s}\right)dt=\int_0^{\infty}\frac{e^{-st}}{s}dt=-\frac{1}{s^2}e^{-st}\bigg|_0^{\infty}=\frac{1}{s^2} \tag{2-28}$$

(4) 指数函数　指数函数如图 2-9 所示，它的数学表示为

$$f(t)=e^{at},\qquad t\geqslant 0$$

它的拉氏变换为

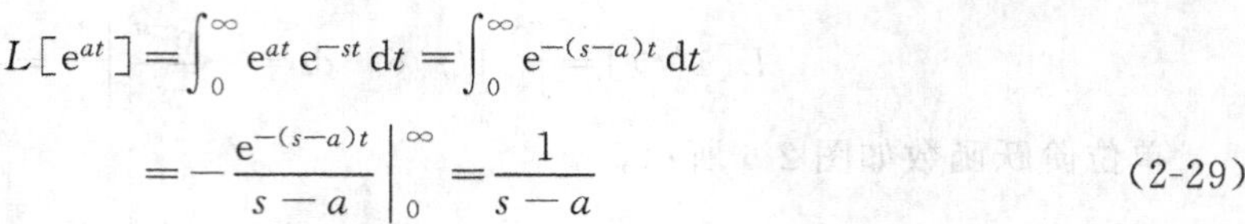

$$L[\mathrm{e}^{at}]=\int_0^{\infty}\mathrm{e}^{at}\,\mathrm{e}^{-st}\,\mathrm{d}t=\int_0^{\infty}\mathrm{e}^{-(s-a)t}\,\mathrm{d}t$$
$$=-\frac{\mathrm{e}^{-(s-a)t}}{s-a}\Bigg|_0^{\infty}=\frac{1}{s-a} \tag{2-29}$$

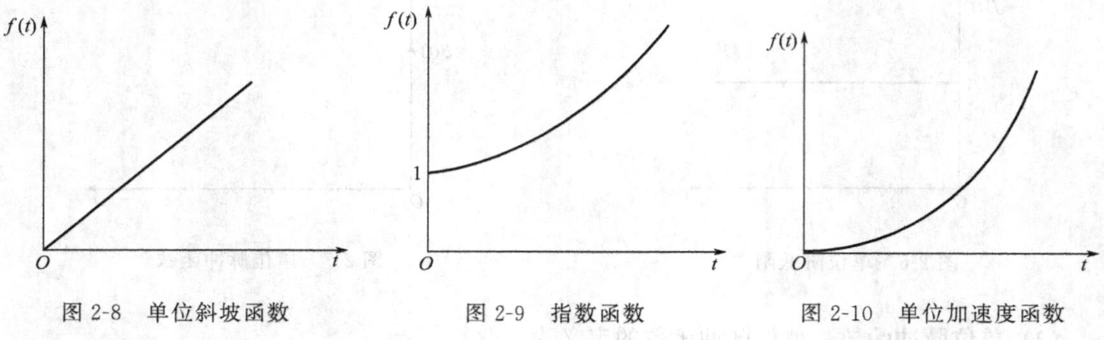

图 2-8　单位斜坡函数　　图 2-9　指数函数　　图 2-10　单位加速度函数

(5) 单位加速度函数　单位加速度函数如图 2-10 所示，它的数学表达式为

$$f(t)=\begin{cases}0, & t<0\\ \dfrac{1}{2}t^2, & t\geqslant 0\end{cases}$$

它的拉氏变换为

$$L[f(t)]=\int_0^{\infty}\frac{1}{2}t^2\mathrm{e}^{-st}\,\mathrm{d}t=\frac{1}{s^3} \tag{2-30}$$

(6) 正弦、余弦函数　正弦、余弦函数的拉氏变换可以利用指数函数的拉氏变换求得。由指数函数的拉氏变换，可以直接写出复指数函数的拉氏变换为

$$L[\mathrm{e}^{\mathrm{j}\omega t}]=\frac{1}{s-\mathrm{j}\omega}$$

因为

$$\frac{1}{s-\mathrm{j}\omega}=\frac{s+\mathrm{j}\omega}{(s+\mathrm{j}\omega)(s-\mathrm{j}\omega)}=\frac{s+\mathrm{j}\omega}{s^2+\omega^2}=\frac{s}{s^2+\omega^2}+\mathrm{j}\frac{\omega}{s^2+\omega^2}$$

由欧拉公式

$$\mathrm{e}^{\mathrm{j}\omega t}=\cos\omega t+\mathrm{j}\sin\omega t$$

有

$$L[\mathrm{e}^{\mathrm{j}\omega t}]=L[\cos\omega t+\mathrm{j}\sin\omega t]=\frac{s}{s^2+\omega^2}+\mathrm{j}\frac{\omega}{s^2+\omega^2}$$

分别取复指数函数的实部变换与虚部变换，则有正弦函数的拉氏变换为

$$L[\sin\omega t]=\frac{\omega}{s^2+\omega^2} \tag{2-31}$$

同时得到余弦函数的拉氏变换为

$$L[\cos\omega t]=\frac{s}{s^2+\omega^2} \tag{2-32}$$

实际应用中通常不需要根据拉氏变换定义来求解象函数和原函数，而从拉氏变换表中直接查出。常用函数的拉氏变换如表 2-1 所示。

表 2-1　常用函数的拉氏变换对照表

序　　号	$f(t)$	$F(s)$
1	$\delta(t)$	1
2	$1(t)$	$\frac{1}{s}$
3	t	$\frac{1}{s^2}$
4	e^{-at}	$\frac{1}{s+a}$
5	te^{-at}	$\frac{1}{(s+a)^2}$
6	$\sin\omega t$	$\frac{\omega}{s^2+\omega^2}$
7	$\cos\omega t$	$\frac{s}{s^2+\omega^2}$
8	$t^n(n=1,2,3,\cdots)$	$\frac{n!}{s^{n+1}}$
9	$t^n e^{-at}(n=1,2,3,\cdots)$	$\frac{n!}{(s+a)^{n+1}}$
10	$\frac{1}{b-a}(e^{-at}-e^{-bt})$	$\frac{1}{(s+a)(s+b)}$
11	$\frac{1}{b-a}(be^{-bt}-ae^{-at})$	$\frac{s}{(s+a)(s+b)}$
12	$\left[1+\frac{1}{a-b}(be^{-bt}ae^{-at})\right]$	$\frac{1}{s(s+a)(s+b)}$
13	$e^{-at}\sin\omega t$	$\frac{\omega}{(s+a)^2+\omega^2}$
14	$e^{-at}\cos\omega t$	$\frac{s+a}{(s+a)^2+\omega^2}$
15	$\frac{1}{a^2}(at-1+e^{-at})$	$\frac{1}{s^2(s+a)}$
16	$\frac{\omega_n}{\sqrt{1-\xi^2}}e^{-\xi\omega_n t}\sin\omega_n\sqrt{1-\xi^2}\,t$	$\frac{\omega_n^2}{s^2+2\xi\omega_n s+\omega_n^2}$
17	$-\frac{1}{\sqrt{1-\xi^2}}e^{-\xi\omega_n t}\sin(\omega_n\sqrt{1-\xi^2}\,t-\theta)$ $\theta=\arctan\frac{\sqrt{1-\xi^2}}{\xi}$	$\frac{s}{s^2+2\xi\omega_n s+\omega_n^2}$
18	$1-\frac{1}{\sqrt{1-\xi^2}}e^{-\xi\omega_n t}\sin(\omega_n\sqrt{1-\xi^2}\,t+\theta)$ $\theta=\arctan\frac{\sqrt{1-\xi^2}}{\xi}$	$\frac{\omega_n^2}{s(s^2+2\xi\omega_n s+\omega_n^2)}$

2.3.3 拉氏变换的基本性质

拉氏变换建立了信号的时域描述和复频率域（简称复频域）描述之间的关系。当信号在一个域内有所变化时，在另一个域内依然呈现相应的变化，拉氏变换的性质（或定理）反映了这些变化的规律。利用这些性质不仅可以简便拉氏变换的运算，而且将给系统的分析研究带来方便。

(1) 线性性质 若有常数 K_1、K_2，函数 $f_1(t)$、$f_2(t)$，则有

$$L[K_1f_1(t)+K_2f_2(t)]=K_1L[f_1(t)]+K_2L[f_2(t)]=K_1F_1(s)+K_2F_2(s) \tag{2-33}$$

线性定理表明，时间函数和的拉氏变换等于每个时间函数拉氏变换之和。

(2) 微分性质 若 $L[f(t)]=F(s)$，则有

$$L\left[\frac{\mathrm{d}f(t)}{\mathrm{d}t}\right]=sF(s)-f(0) \tag{2-34}$$

式中，$f(0)$ 是函数 $f(t)$ 在 $t=0$ 时刻的值，即为 $f(t)$ 的初始值。

同理，可得 $f(t)$ 的各阶导数的拉氏变换式为

$$L\left[\frac{\mathrm{d}^2f(t)}{\mathrm{d}t^2}\right]=s^2F(s)-sf(0)-\dot{f}(0)$$

$$L\left[\frac{\mathrm{d}^3f(t)}{\mathrm{d}t^3}\right]=s^3F(s)-s^2f(0)-s\dot{f}(0)-\ddot{f}(0)$$

$$\vdots$$

$$L\left[\frac{\mathrm{d}^nf(t)}{\mathrm{d}t^n}\right]=s^nF(s)-s^{n-1}f(0)-s^{n-2}\dot{f}(0)-\cdots-f^{(n-1)}(0)$$

式中，$\dot{f}(0)$、$\ddot{f}(0)$、…是原函数各阶导数在 $t=0$ 时刻的值。

如果函数 $f(t)$ 及各阶导数在 $t=0$ 时刻的值均为零，即在零初始条件下，则函数 $f(t)$ 的各阶导数的拉氏变换可以写成

$$L[\dot{f}(t)]=sF(s)$$

$$L[\ddot{f}(t)]=s^2F(s)$$

$$\vdots$$

$$L[f^{(n)}(t)]=s^nF(s)$$

(3) 积分性质 若 $L[f(t)]=F(s)$，则有

$$L\left[\int f(t)\mathrm{d}t\right]=\frac{1}{s}F(s)+\frac{1}{s}f^{(-1)}(0) \tag{2-35}$$

式中，$f^{(-1)}(0)$ 是积分$\int f(t)\mathrm{d}t$ 在 $t=0$ 时刻的值。

当初始条件为零时，则有

$$L\left[\int f(t)\mathrm{d}t\right]=\frac{1}{s}F(s) \tag{2-36}$$

多重积分的拉氏变换式是

$$L\left[\underbrace{\int\cdots\int}_{n}f(t)\mathrm{d}t\right]=\frac{1}{s^n}F(s)+\frac{1}{s^n}f^{(-1)}(0)+\cdots+\frac{1}{s}f^{-(n-1)}(0) \tag{2-37}$$

当初始条件为零时，则有

$$L[\underbrace{\int\cdots\int}_{n} f(t)\mathrm{d}t = \frac{1}{s^n}F(s) \tag{2-38}$$

(4) 平移定理　若 $L[f(t)]=F(s)$，则有

$$L[\mathrm{e}^{-at}f(t)]=F(s+a) \tag{2-39}$$

平移定理说明，在时域中 $f(t)$ 乘以 e^{-at} 的结果，是其在复变量域中把 s 平移到 $s+a$，对求解 $\mathrm{e}^{-at}f(t)$ 之类函数的拉氏变换很方便。

(5) 延时定理　若 $L[f(t)]=F(s)$，且 $t<0$ 时，$f(t)=0$，则有

$$L[f(t-\tau)]=\mathrm{e}^{-\tau s}F(s) \tag{2-40}$$

式中，函数 $f(t-\tau)$ 较原函数 $f(t)$ 沿时间轴延迟了 τ。

(6) 终值定理　若 $L[f(t)]=F(s)$，并且 $\lim\limits_{t\to\infty}f(t)$ 存在，则有

$$\lim_{t\to\infty}f(t)=f(\infty)=\lim_{s\to 0}sF(s) \tag{2-41}$$

即原函数的终值等于 s 乘以象函数的初值。

(7) 初值定理　若 $L[f(t)]=F(s)$，则有

$$\lim_{t\to 0}f(t)=\lim_{s\to\infty}sF(s) \tag{2-42}$$

即原函数的初值等于 s 乘以象函数的终值。终值定理对于求瞬态响应的稳态值是很有用的。

(8) 卷积定理　若 $L[f_1(t)]=F_1(s)$，$L[f_2(t)]=F_2(s)$，则有

$$L\left[\int_0^{\infty} f_1(t-\tau)f_2(\tau)\mathrm{d}\tau\right]=F_1(s)F_2(s) \tag{2-43}$$

式中，$\int_0^{\infty} f_1(t-\tau)f_2(\tau)\mathrm{d}\tau]$ 称为函数 $f_1(t)$ 和 $f_2(t)$ 的卷积，简记为 $f(t)=f_1(t)*f_2(t)$。卷积满足交换定律 $f_1(t)*f_2(t)=f_2(t)*f_1(t)$，即

$$\int_0^{\infty} f_1(t-\tau)f_2(\tau)\mathrm{d}\tau=\int_0^{\infty} f_2(t-\tau)f_1(\tau)\mathrm{d}\tau$$

卷积定理表明：两个时间函数 $f_1(t)$、$f_2(t)$ 卷积的拉氏变换等于两个时间函数的拉氏变换的乘积。卷积定理在拉氏变换中可以简化计算。

2.3.4 拉氏反变换

由象函数 $F(s)$ 求其原函数 $f(t)$，可用下列拉氏反变换公式

$$f(t)=L^{-1}[F(s)]=\frac{1}{2\pi \mathrm{j}}\int_{\sigma-j\infty}^{\sigma+j\infty}F(s)\mathrm{e}^{st}\mathrm{d}s \tag{2-44}$$

其积分路径是 s 平面上平行于虚轴的直线 $\sigma=c>\sigma_c$，σ_c 为 $F(s)$ 的收敛横坐标。式(2-44)右边的积分称为拉氏反演积分。式(2-44) 是求拉氏反变换的一般公式，但它是一个复变函数的积分，计算较困难，一般不太使用。控制工程中常遇到的 $F(s)$ 是有理分式函数，对于简单的象函数，直接地使用拉氏变换对照表（表 2-1）和拉氏变换的性质便可求得其原函数；对于复杂的象函数，通常采用部分分式展开法求取原函数。即将复杂的象函数 $F(s)$ 分解成一些简单的基本象函数之和，而这些基本象函数的拉氏反变换通过查拉氏变换表易于求得，根据拉氏交换的线性性质，这些基本象函数的拉氏反变换叠加起来则可求得 $F(s)$ 的原函数。现就部分分式展开法［也称海维赛（Heaviside）展开定理］简介如下。

象函数 $F(s)$ 通常为 s 的有理分式，一般可以可以表示为

$$F(s)=\frac{B(s)}{A(s)}=\frac{b_m s^m+b_{m-1}s^{m-1}+\cdots+b_1 s+b_0}{s^n+a_{n-1}s^{n-1}+\cdots+a_1 s+a_0} \tag{2-45}$$

式中，m 和 n 为正整数，通常 $m\leqslant n$；系数 $a_i(i=1,2,\cdots,n-1)$，$b_i(i=0,1,\cdots,m)$ 为常实数。首先将分母多项式因式分解

$$F(s)=\frac{b_m s^m+b_{m-1}s^{m-1}+\cdots+b_1 s+b_0}{(s-p_1)(s-p_2)\cdots(s-p_n)}$$

式中，p_1，p_2，…，p_n 是 $A(s)=0$ 的根，也称为 $F(s)$ 的极点。根据这些根的性质不同，分以下几种情况讨论。

（1）$F(s)$ 的极点为各不相同的实数

$$F(s)=\frac{b_m s^m+b_{m-1}s^{m-1}+\cdots+b_1 s+b_0}{(s-p_1)(s-p_2)\cdots(s-p_n)}=\frac{A_1}{s-p_1}+\frac{A_2}{s-p_2}+\cdots+\frac{A_n}{s-p_n}=\sum_{i=1}^{n}\frac{A_i}{s-p_i}$$

式中，A_i 是待定系数，它是 $s=p_i$ 处的留数，其求法是

$$A_i=[F(s)(s-p_i)]_{s=p_i}$$

根据拉氏变换的线性定理，可求得原函数 $f(t)$ 为

$$f(t)=L^{-1}[F(s)]=L^{-1}\left[\sum_{i=1}^{n}\frac{A_i}{s-p_i}\right]=\sum_{i=1}^{n}A_i e^{p_i t}$$

例 2-7 求 $F(s)=\dfrac{s+1}{s^2+5s+6}$ 的原函数 $f(t)$。

解 将 $F(s)$ 分解为部分分式有

$$F(s)=\frac{s+1}{s^2+5s+6}=\frac{s+1}{(s+2)(s+3)}=\frac{A_1}{s+2}+\frac{A_2}{s+3}$$

$$A_1=[F(s)(s+2)]_{s=-2}=\left.\frac{s+1}{s+3}\right|_{s=-2}=-1$$

$$A_2=[F(s)(s+3)]_{s=-3}=\left.\frac{s+1}{s+2}\right|_{s=-3}=2$$

得分解式为

$$F(s)=\frac{-1}{s+2}+\frac{2}{s+3}$$

求反变换得

$$f(t)=L^{-1}[F(s)]=L^{-1}\left[\frac{-1}{s+2}+\frac{2}{s+3}\right]=-e^{-2t}+2e^{-3t}$$

（2）$F(s)$ 含有共轭极点 $F(s)$ 有一对共轭复数极点 p_1、p_2，其余极点均为各不相同的实数极点。将 $F(s)$ 展开成

$$F(s)=\frac{b_m s^m+b_{m-1}s^{m-1}+\cdots+b_1 s+b_0}{(s-p_1)(s-p_2)\cdots(s-p_n)}=\frac{A_1 s+A_2}{(s-p_1)(s-p_2)}+\frac{A_3}{s-p_3}+\cdots+\frac{A_n}{s-p_n}$$

式中，A_1 和 A_2 可按下式求解

$$\left.[F(s)(s-p_1)(s-p_2)]\right|_{\substack{s=p_1\\ 或s=p_2}}=\left.\left[\frac{A_1 s+A_2}{(s-p_1)(s-p_2)}+\frac{A_3}{s-p_3}+\cdots+\frac{A_n}{s-p_n}\right](s-p_1)(s-p_2)\right|_{\substack{s=p_1\\ 或s=p_2}}$$

即
$$[F(s)(s-p_1)(s-p_2)]\Big|_{\substack{s=p_1\\ 或s=p_2}}=[A_1s+A_2]\Big|_{\substack{s=p_1\\ 或s=p_2}}$$
因为 p_1 和 p_2 是复数，上式两边都应该是复数，令等号两边的实部和虚部分别相等，可得两个方程式，联立求解即得 A_1 和 A_2 这两个系数。

(3) $F(s)$ 中含有重极点　设 $A(s)=0$ 有 r 个重根，则
$$F(s)=\frac{b_ms^m+b_{m-1}s^{m-1}+\cdots+b_1s+b_0}{(s-p_0)^r(s-p_{r+1})\cdots(s-p_n)}$$
将上式展开成部分分式得
$$F(s)=\frac{A_{01}}{(s-p_0)^r}+\frac{A_{02}}{(s-p_0)^{r-1}}+\cdots+\frac{A_{0r}}{(s-p_0)}+\frac{A_{r+1}}{(s-p_{r+1})}+\cdots+\frac{A_n}{(s-p_n)}$$
式中，A_{r+1}，A_{r+2}，…，A_n 的求法与单实数极点的情况相同。

A_{01}，A_{02}，…，A_{0r} 的求法如下
$$A_{01}=[F(s)(s-p_0)^r]_{s=p_0}$$
$$A_{02}=\left[\frac{\mathrm{d}}{\mathrm{d}s}F(s)(s-p_0)^r\right]_{s=p_0}$$
$$A_{03}=\frac{1}{2!}\left[\frac{\mathrm{d}^2}{\mathrm{d}s^2}F(s)(s-p_0)^r\right]_{s=p_0}$$
$$\vdots$$
$$A_{0r}=\frac{1}{(r-1)!}\left[\frac{\mathrm{d}^{(r-1)}}{\mathrm{d}s^{(r-1)}}F(s)(s-p_0)^r\right]_{s=p_0}$$
则
$$f(t)=L^{-1}[F(s)]=\left[\frac{A_{01}}{(r-1)!}t^{(r-1)}+\frac{A_{02}}{(r-2)!}t^{(r-2)}+\cdots+A_{0r}\right]\mathrm{e}^{p_0t}+A_{r+1}\mathrm{e}^{p_{r+1}t}+\cdots+A_n\mathrm{e}^{p_nt}\,(t\geqslant0)$$

2.3.5　应用拉氏变换解线性微分方程

微分方程的求解方法，可以采用数学分析的方法来求解，也可以采用拉氏变换法来求解。采用拉氏变换法求解微分方程是带初值进行运算的，许多情况下应用更为方便。

用拉氏变换解线性微分方程，首先通过拉氏变换将微分方程化为象函数的代数方程，然后解出象函数，最后由拉氏反变换求得微分方程的解，具体步骤如下：

1）在方程两端作拉氏变换，将时域的微分方程转化为复数域中的代数方程。

2）对变换后的代数方程求解得到输出量。

3）对代数方程的输出量进行部分因式展开。

4）从拉普拉斯变换表得到输出量的拉普拉斯反变换。

例 2-8　设系统微分方程为
$$\frac{\mathrm{d}^2c(t)}{\mathrm{d}t^2}+5\frac{\mathrm{d}c(t)}{\mathrm{d}t}+6c(t)=r(t)$$
若 $r(t)=1(t)$，初始条件 $c_0(0)=\dot{c}_0(0)=0$，试求 $c(t)$。

解　将方程左边进行拉氏变换得
$$L\left[\frac{\mathrm{d}^2c(t)}{\mathrm{d}t^2}+5\frac{\mathrm{d}c(t)}{\mathrm{d}t}+6c(t)\right]$$

$$=(s^2+5s+6)C(s)-[(s+5)c_0(0)+\dot{c}_0(0)]$$
$$=(s^2+5s+6)C(s)$$

将方程右边进行拉氏变换得

$$L[r(t)]=L[1(t)]=\frac{1}{s}$$

将方程两边整理得

$$C(s)=\frac{1}{s^2+5s+6}\frac{1}{s}$$

利用部分分式将上式展开得

$$C(s)=\frac{1}{s(s+2)(s+3)}=\frac{A_1}{s}+\frac{A_2}{s+2}+\frac{A_3}{s+3}$$

确定系数 A_1、A_2、A_3 得

$$A_1=\left.\frac{1}{s(s+2)(s+3)}s\right|_{s=0}=\frac{1}{6}$$

$$A_2=\left.\frac{1}{s(s+2)(s+3)}(s+2)\right|_{s=-2}=-\frac{1}{2}$$

$$A_3=\left.\frac{1}{s(s+2)(s+3)}(s+3)\right|_{s=-3}=\frac{1}{3}$$

代入原式得

$$C(s)=\frac{\frac{1}{6}}{s}+\frac{-\frac{1}{2}}{s+2}+\frac{\frac{1}{3}}{s+3}$$

查拉氏变换表得

$$c(t)=\frac{1}{6}-\frac{1}{2}\mathrm{e}^{-2t}+\frac{1}{3}\mathrm{e}^{-3t}\ (t\geqslant 0)$$

2.4 控制系统的复域数学模型

经典控制理论研究的主要内容之一，就是系统输出和输入的关系，或者说如何由已知的输入量求输出量。微分方程虽然可以表示输出和输入之间的关系，但由于微分方程的求解比较困难，所以微分方程所表示的变量间的关系总是显得很复杂。传递函数是在用拉普拉斯变换方法求解线性系统常微分方程过程中引出来的复频域中的数学模型，它等同于微分方程反映系统输入、输出的动态特性，更主要的特点是简单明了。它能间接地反映结构、参数变化时对系统输出的影响，而由此找出改善系统品质的方法。同时，由此发展出了用传递函数的零极点分布、频率特性等间接地分析和设计控制系统的工程方法——根轨迹法和频率特性法。

2.4.1 传递函数

(1) 传递函数的定义 设线性定常系统的输入信号和输出信号分别为 $r(t)$ 和 $c(t)$，则

这个系统的动态方程可用下列线性常系数微分方程表示

$$\begin{aligned}&a_n c^{(n)}(t)+a_{n-1}c^{(n-1)}(t)+a_{n-2}c^{(n-2)}(t)+\cdots+a_1\dot{c}(t)+a_0c(t)\\&=b_m r^{(m)}(t)+b_{m-1}r^{(m-1)}(t)+b_{m-2}r^{(m-2)}(t)+\cdots+b_1\dot{r}(t)+b_0r(t)\end{aligned}\tag{2-46}$$

式中，m 和 n 为正整数，通常 $m\leqslant n$；系数 $a_i(i=1,2,\cdots,n-1)$，$b_i(i=0,1,\cdots,m)$为常实数；$c^n(t)$ 表示$\frac{\mathrm{d}^n c(t)}{\mathrm{d}t^n}$。线性微分方程中，各变量及其各阶导数的幂次数不超过 1。

令 $r(t)$ 和 $c(t)$ 及其各阶导数的初始条件为零，对式(2-46) 取拉氏变换得

$$\begin{aligned}&(a_ns^n+a_{n-1}s^{n-1}+a_{n-2}s^{n-2}+\cdots+a_1s+a_0)C(s)\\&=(b_ms^m+b_{m-1}s^{m-1}+\cdots+b_1s+b_0)R(s)\end{aligned}$$

式中，s 为拉氏变换中的复数参变量，变量的拉氏变换式用大写字母表示。于是有

$$\frac{C(s)}{R(s)}=\frac{b_ms^m+b_{m-1}s^{m-1}+\cdots+b_1s+b_0}{a_ns^n+a_{n-1}s^{n-1}+a_{n-2}s^{n-2}+\cdots+a_1s+a_0}$$

传递函数定义：在初始条件（状态）为零时，线性定常系统或元件输出信号的拉氏变换式 $C(s)$ 与输入信号的拉氏变换式 $R(s)$ 之比，称为该系统或元件的传递函数。记为

$$G(s)=\frac{C(s)}{R(s)}=\frac{L[c(t)]}{L[r(t)]}\tag{2-47}$$

因此，知道了系统的传递函数和输入信号的拉氏变换式，根据 $C(s)=G(s)R(s)$就很容易求得初始条件为零时系统输出信号的拉氏变换，然后运用拉氏反变换求得输出$c(t)$的时域解。

由上述可见，求系统传递函数的一个方法，就是利用它的微分方程式并取拉氏变换。

例 2-9　求图 2-1 所示的 RLC 电路的传递函数。

解　由例 2-1 知该电路的微分方程是

$$LC\frac{\mathrm{d}^2u_\mathrm{o}(t)}{\mathrm{d}t^2}+RC\frac{\mathrm{d}u_\mathrm{o}(t)}{\mathrm{d}t}+u_\mathrm{o}(t)=u_\mathrm{i}(t)$$

在零初始条件下对方程两边取拉氏变换得

$$(LCs^2+RCs+1)U_\mathrm{o}(s)=U_\mathrm{i}(s)$$

因此有

$$G(s)=\frac{C(s)}{R(s)}=\frac{U_\mathrm{o}(s)}{U_\mathrm{i}(s)}=\frac{1}{LCs^2+RCs+1}$$

例 2-10　求图 2-3 所示的机械系统的传递函数。

解　由例 2-3 知该电路的微分方程是

$$m\frac{\mathrm{d}^2y(t)}{\mathrm{d}t^2}+f\frac{\mathrm{d}y(t)}{\mathrm{d}t}+ky(t)=F(t)$$

在零初始条件下对其取拉氏变换得

$$(ms^2+fs+k)Y(s)=F(s)$$

因此有

$$G(s)=\frac{C(s)}{R(s)}=\frac{Y(s)}{F(s)}=\frac{1}{ms^2+fs+k}=\frac{\frac{1}{k}}{\frac{m}{k}s^2+\frac{f}{k}s+1}$$

(2) 传递函数的表达形式

1) 传递函数有理分式形式(多项式形式)

$$G(s)=\frac{C(s)}{R(s)}=\frac{b_m s^m+b_{m-1}s^{m-1}+\cdots+b_1 s+b_0}{a_n s^n+a_{n-1}s^{n-1}+a_{n-2}s^{n-2}+\cdots+a_1 s+a_0}=\frac{M(s)}{D(s)} \tag{2-48}$$

式中，$m\leqslant n$，$D(s)=a_n s^n+a_{n-1}s^{n-1}+a_{n-2}s^{n-2}+\cdots+a_1 s+a_0$

传递函数分母多项式 $D(s)$ 称为系统的特征多项式，$D(s)=0$ 称为系统的特征方程，$D(s)=0$ 的根称为系统的特征根或极点。

2) 传递函数的零极点形式——首 1 标准型　将传递函数的分子、分母多项式 $M(s)$、$N(s)$变为首 1 多项式，然后在复数范围内因式分解，可得

$$G(s)=\frac{b_m(s-z_1)(s-z_2)\cdots(s-z_m)}{a_n(s-p_1)(s-p_2)\cdots(s-p_n)}=\frac{k\prod_{j=1}^{m}(s-z_j)}{\prod_{i=1}^{n}(s-p_i)} \tag{2-49}$$

式中　z_j——分子多项式的零点，也称为传递函数的零点。

p_i——分母多项式的零点，也称为传递函数的极点；在零极点图上，用“×”表示极点，用“○”表示零点。

k——零极点形式的传递函数增益，当 k 不变时，对应固定的零极点，当其变化时，会引起零极点的相关运动，使其分布发生变化，进而影响系统的稳定性和动态性能，此时称为根轨迹增益，将在第 4 章中介绍。

3) 时间常数形式——尾 1 标准型　将传递函数的分子、分母多项式变为尾 1 多项式，然后在复数范围内因式分解，可得

$$G(s)=\frac{K\prod_{j=1}^{m}(\tau_j s+1)}{\prod_{i=1}^{n}(T_i s+1)} \tag{2-50}$$

式中，$\tau_j=\dfrac{1}{z_j}$；$T_i=\dfrac{1}{p_i}$。τ_j，T_i 分别称为时间常数，K 称为放大倍数。

显然放大倍数 K 和根轨迹增益 k 具有数量关系

$$k=K\frac{\prod_{j=1}^{m}(\tau_j)}{\prod_{i=1}^{n}(T_i)}\quad 或\quad K=k\frac{\prod_{j=1}^{m}(-z_j)}{\prod_{i=1}^{n}(-p_i)}$$

一般传递函数的通式可以写为

$$G(s)=\frac{K}{s^v}\frac{\prod_{j=1}^{m_1}(\tau_j s+1)\prod_{k=1}^{m_2}(\tau_k^2 s^2+2\xi_k\tau_k s+1)}{\prod_{i=1}^{n_1}(T_i s+1)\prod_{l=1}^{n_2}(T_l^2 s^2+2\xi_l T_l s+1)} \tag{2-51}$$

式中，$m_1+2m_2=m$；$v+n_1+2n_2=n$。

(3) 有关传递函数的说明

1) 传递函数只适用于线性定常系统，它与线性常系数微分方程一一对应。只有线性系

统具有传递函数。

2）传递函数反映线性定常系统或元件本身的固有特性，由系统或元件的结构和参数决定，与输入信号的形式无关。

3）同一个系统或元件若选择不同的变量做输入和输出信号，所得到的传递函数可能不同。

4）传递函数不能反映系统或元件的学科属性和物理性质。物理性质和学科类别截然不同的系统可能具有完全相同的传递函数。研究某一种传递函数所得到的结论，可以适用于具有这种传递函数的各种系统，不管它们的学科类别和工作机理如何不同。这就极大地提高了工作效率。今后，在确定了系统或元件的传递函数以后，将不再考虑系统的具体属性，而只研究传递函数本身。

5）在实际系统中 $n \geqslant m$。这是因为实际系统或元件总具有惯性及能源有限的缘故。当输入发生变化时，由于有惯性输出还没有来得及变化，而导数代表的是变化率，即输入的变化率大于等于输出的变化率。输入是分母，输出是分子，因此 $n \geqslant m$。或者可以理解为，系统的输出不能立即完全复现输入信号，只有经过一定的时间过程后，输出量才能达到输入量所要求的数值。传递函数分母多项式中 s 的最高阶次 n，等于输出量最高导数的阶次，因此称为是 n 阶系统。

6）传递函数若有复数零点或极点，则它们必为共轭。

7）传递函数与微分方程有相通性。在传递函数 $G(s)$ 中，自变量是复变量 s，称传递函数是系统的复域描述；在微分方程中，自变量是时间 t，称微分方程是系统的时域描述。在进行拉氏变换时，所有初始状态均为零，传递函数与微分方程一一对应。传递函数中 s 置换成微分方程中的$\frac{\mathrm{d}}{\mathrm{d}t}$，就可以将传递函数转变为微分方程。

8）传递函数 $G(s)$ 的拉氏反变换是脉冲响应函数 $g(t)$。脉冲响应（也称脉冲传递函数）$g(t)$ 是系统在单位脉冲 $\delta(t)$ 输入时的响应。系统脉冲响应 $g(t)$ 反映系统本身的固有特性。

由于
$$R(s)=L[\delta(t)]=1；\ C(s)=G(s)R(s)=G(s)$$
则有
$$c(t)=g(t)$$

2.4.2　典型环节的传递函数

应用因式分解，可以将线性系统的传递函数写成简单传递函数的乘积形式，这表明整个系统是由几种类型的典型环节组成的。就数学意义上而言，线性定常连续系统的传递函数总是由这些典型的因子组成，称这些因子为基本环节，或者称为典型环节。应该指出，典型环节是按照数学模型的共性划分的，它和具体元件不一定是一一对应的。或者说，典型环节只代表一种特定的数学规律，也不一定是具体的元件。

从控制工程的角度出发，控制系统通常由一些元件按一定形式组合连接而成。物理本质和工作原理不同的元件，若动态特性相同，就可以用同一数学模型描述。通常将具有某种确定信息传递关系的元件或元件的一部分称为一个环节，把经常遇到的环节称为典型环节。因此，任何复杂的系统都可归结为由一些典型环节组成，这给建立数学模型、研究系统特性带来了极大方便。当弄清了这些基本环节的特性后，对任何系统也就容易分析其特性了。下面介绍几种最常见的典型环节。

以下叙述中设 $r(t)$ 为环节的输入信号，$c(t)$ 为输出信号，$G(s)$ 为传递函数。

(1) 比例环节（放大环节） 输出量不失真、无惯性地跟随输入量，且两者成比例关系的环节，称为比例环节。

动态方程
$$c(t)=Kr(t)$$

传递函数
$$G(s)=\frac{C(s)}{R(s)}=K$$

式中，K 为常数，称为比例系数或放大系数。

几乎每一个控制系统中都有比例环节。例如运算放大器、齿轮减速器、旋转变压器、电位器、光电码盘等。在控制系统中，输入量和输出量有不同的量纲，因此比例系数是可以有量纲的。

(2) 惯性环节 输出量与输入量之间能用一阶线性微分方程描述的环节称为惯性环节。

动态方程
$$T\frac{\mathrm{d}c(t)}{\mathrm{d}t}+c(t)=r(t)$$

传递函数
$$G(s)=\frac{C(s)}{R(s)}=\frac{1}{Ts+1}$$

式中，T 称为惯性环节的时间常数。若 $T=0$，该环节就变成比例环节。

特点：含一个储能元件，对突变的输入其输出不能立即复现，输出无振荡。

例如 RC 网络，直流电动机的传递函数也包含这一环节。

(3) 积分环节 输出量等于输入量对时间积分的环节称为积分环节。

动态方程
$$c(t)=\int r(t)\mathrm{d}t$$

传递函数
$$G(s)=\frac{C(s)}{R(s)}=\frac{1}{s}$$

特点：输出量与输入量的积分成正比。当输入信号变为零后，积分环节的输出信号将保持输入信号变为零时刻的值不变。即输入消失后，输出具有记忆功能。

例如电动机角速度与角度间的传递函数，直线运动体的速度与位移之间的传递函数。

(4) 纯微分环节 输出量等于输入量的微分的环节称为纯微分环节，往往简称为微分环节。

动态方程
$$c(t)=\frac{\mathrm{d}r(t)}{\mathrm{d}t}$$

传递函数
$$G(s)=\frac{C(s)}{R(s)}=s$$

特点：输出量正比输入量的变化的速度，能预示输入信号的变化趋势。

例如电路中电感元件的两端电压与输入电流之间的关系；测速发电机输出电压与输入角度间的传递函数即为微分环节。

纯微分环节的输出是输入的微分，当输入为单位阶跃函数时，输出就是脉冲函数，这在实际中是不可能的。工程上无法实现传递函数为微分环节的元件和装置，故纯微分环节在系统中不会单独出现。但实际中有些环节，当其惯性很小时，它们的传递函数可以近似地看成微分环节。

(5) 二阶振荡环节　含有两个独立的储能元件，并且所储存的能量能够相互转换，从而导致输出带有振荡性质的环节称为振荡环节。

动态方程　$$T^2\frac{\mathrm{d}^2c(t)}{\mathrm{d}t^2}+2\xi T\frac{\mathrm{d}c(t)}{\mathrm{d}t}+c(t)=r(t)\quad(0\leqslant\xi<1)$$

传递函数　$$G(s)=\frac{C(s)}{R(s)}=\frac{1}{T^2s^2+2\xi Ts+1}=\frac{\omega_n^2}{s^2+2\xi\omega_n s+\omega_n^2}\quad(0\leqslant\xi<1)$$

式中，T、ξ、ω_n 皆为常数，且 $\omega_n=1/T$。T 为该环节的时间常数，ω_n 为无阻尼自然振荡角频率，ξ 为阻尼比。

通常把能用二阶线性微分方程描述的系统称为二阶系统。当二阶系统的阻尼比满足 $0\leqslant\xi<1$ 时，其特征方程的根为共轭复根，这时的二阶系统才能称为振荡系统。当 $\xi>1$ 时，其特征方程有两个实根，这时的二阶系统由两个惯性环节串联而成。振荡环节的实例如 2.2 节中所列举的 RLC 电路和由弹簧—质量—阻尼器组成的机械平移系统。

(6) 一阶微分环节

一阶微分环节又称实际微分环节。

动态方程　$$c(t)=\tau\frac{\mathrm{d}r(t)}{\mathrm{d}t}+r(t)$$

传递函数　$$G(s)=\frac{C(s)}{R(s)}=\tau s+1$$

式中，τ 称为该环节的时间常数。

特点：微分环节的输出反映了输入信号的变换趋势，这等于将有关输入的变化预告给控制系统，因此微分环节具有预测作用，常用来改善控制系统的动态性能。

(7) 二阶微分环节

动态方程　$$c(t)=\tau^2\frac{\mathrm{d}^2r(t)}{\mathrm{d}t^2}+2\xi\tau\frac{\mathrm{d}r(t)}{\mathrm{d}t}+r(t)$$

传递函数　$$G(s)=\frac{C(s)}{R(s)}=\tau^2s^2+2\xi\tau s+1$$

式中，τ 是常数，称为该环节的时间常数，ξ 也是常数称为阻尼比。

只有当上式中右边项等于零时的方程具有一对共轭复根时，该环节才能称为二阶微分环节。如果具有两个实根，则认为该环节是由两个一阶微分环节串联而成的。在控制系统中引入二阶微分环节主要是用于改善系统的动态性能。

(8) 延迟环节（又称滞后环节）　输入量作用后，输出量要等待一段时间 τ 后，才能不失真地复现输入，把这种环节称为延迟环节。

动态方程　$$c(t)=r(t-\tau)$$

传递函数　$$G(s)=\frac{C(s)}{R(s)}=\mathrm{e}^{-\tau s}$$

式中，τ 称为延时时间。

特点：输出量能准确复现输入，但须延迟 τ 个时间单位。

例如温度，管道压力、流量等物理量的控制，其数学模型就包含有延迟环节。

延迟环节在实际中不单独存在，一般与其他环节同时出现。延迟环节与惯性环节的区别在于：惯性环节从输入开始时刻起就已有输出，只因惯性，输出要滞后一段时间才接近所要求的输出值；延迟环节从输入开始，在 $0\sim\tau$ 内，并无输出，但在 $t=\tau$ 时刻起，输出就完全等于输入。

应该说明的是，环节是根据运动微分方程划分的，一个环节不一定代表一个元件，或许是几个元件之间的运动特性才组成一个环节。

引进系统的基本环节概念，可以引进结构图、信号流图等各种能表示系统结构的数学模型，从而能对系统做更详细的分析。

2.4.3 电气网络的运算阻抗与传递函数

求传递函数一般都要先列写微分方程。然而对于电气网络，采用电路理论中的运算阻抗的概念和方法，不列写微分方程也可以方便地求出相应的传递函数。

这里首先介绍运算阻抗的概念。电阻 R 的运算阻抗就是电阻 R 本身。电感 L 的运算阻抗是 Ls，电容 C 的运算阻抗是 $\frac{1}{Cs}$，其中，s 是拉氏变换的复参量。把普通电路中的电阻 R、电感 L、电容 C 全换成相应的运算阻抗，把电流 $i(t)$ 和电压 $u(t)$ 全换成相应的拉氏变换式 $I(s)$ 和 $U(s)$，把运算阻抗当成普通电阻。那么从形式上看，在零初始条件下，电路中的运算阻抗和电流、电压的拉氏变换式 $I(s)$、$U(s)$ 之间的关系满足各种电路规律，如欧姆定律、基尔霍夫电流定律和电压定律。于是采用普通的电路定律，经过简单的代数运算，就可能求解 $I(s)$、$U(s)$ 及相应的传递函数。采用运算阻抗的方法又称为运算法，相应的电路图称为运算电路。

例 2-11 在图 2-11(a) 中，电压 u_1 和 u_2 分别是输入量和输出量，求该电路的传递函数 $G(s)=\frac{U_2(s)}{U_1(s)}$。

解 将电路图 2-11(a) 变成运算电路图 2-11(b)，R 与 $\frac{1}{Cs}$ 组成简单的串联电路，于是

$$G(s)=\frac{U_2(s)}{U_1(s)}=\frac{\frac{1}{Cs}}{R+\frac{1}{Cs}}=\frac{1}{RCs+1}$$

这是一个惯性环节。

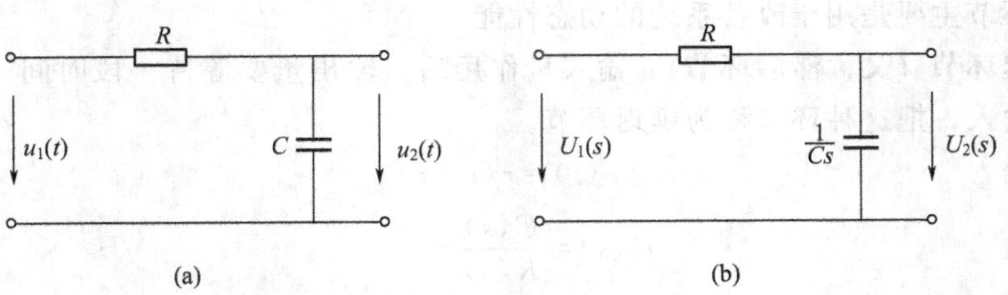

图 2-11 RC 电路

例 2-12 图 2-12 为积分电路，图 2-13 为微分电路中，电压 u_1 和 u_2 分别是输入量和输出量，是分别求积分和微分电路的传递函数 $G(s)=\frac{U_2(s)}{U_1(s)}$。

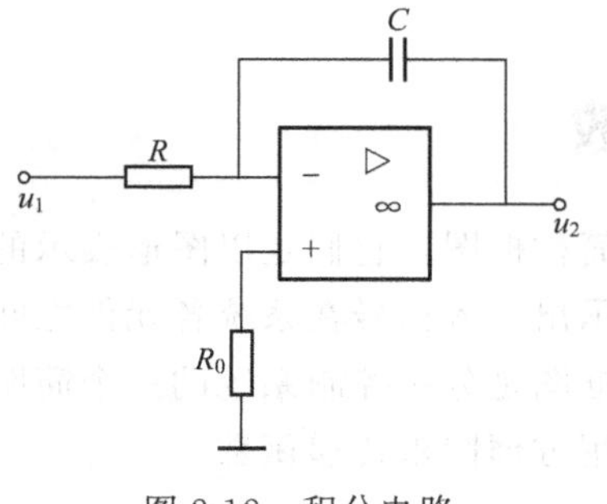

图 2-12　积分电路

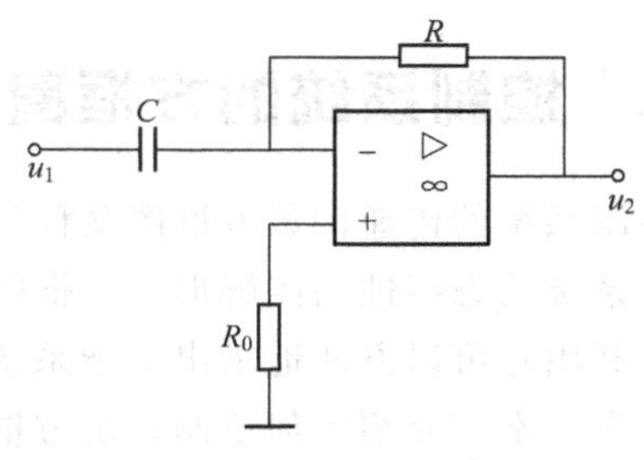

图 2-13　微分电路

解　① 图 2-12 积分电路中，电容 C 的运算阻抗是$\dfrac{1}{Cs}$。这是运算放大器的反相输入，故有

$$G(s)=\frac{U_2(s)}{U_1(s)}=-\frac{\frac{1}{Cs}}{R}=-\frac{1}{RCs}$$

该电路包含一个积分环节，故称为积分电路。

② 图 2-13 微分电路中

$$G(s)=\frac{U_2(s)}{U_1(s)}=-\frac{R}{\frac{1}{Cs}}=-RCs$$

这个环节是由纯微分环节和比例环节组成，称为理想微分环节。这个传递函数是在理想运算放大器及理想的电阻、电容基础上推导出来的，对于实际元件来说，它只是在一定的限制条件下才成立。

例 2-13　在图 2-14 中，电压 u_i 和 u_o 分别是输入量和输出量，求传递函数 $G(s)=\dfrac{U_o(s)}{U_i(s)}$。

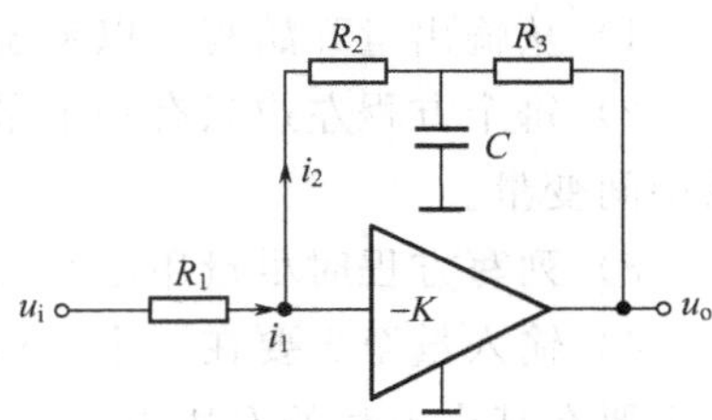

图 2-14　有源网络图

由图可得

$$I_1(s)=\frac{U_i(s)}{R_1}$$

$$I_2(s)=-\frac{U_o(s)}{R_3+R_2//\frac{1}{Cs}}\times\frac{\frac{1}{Cs}}{R_2+\frac{1}{Cs}}$$

$$=-\frac{U_o(s)}{R_3+\frac{R_2\frac{1}{Cs}}{R_2+\frac{1}{Cs}}}\times\frac{\frac{1}{Cs}}{R_2+\frac{1}{Cs}}=-\frac{U_o(s)}{R_2R_3Cs+R_2+R_3}$$

$$I_1(s)=I_2(s)$$

三式联立，解得

$$\frac{U_o(s)}{U_i(s)}=-\frac{R_2R_3Cs+R_2+R_3}{R_1}$$

2.5 控制系统的方框图和传递函数

控制系统的传递函数方框图又称为动态结构图，简称框图，它们是以图形表示的数学模型，是系统动态特性的图解形式。框图非常清楚地表示出输入信号在系统各元件之间的传递过程，利用它可以方便地求出复杂系统的传递函数。框图是分析控制系统的一个简明而又有效的工具。本节介绍如何绘制系统方框图以及如何利用方框图求传递函数。

2.5.1 方框图的概念

系统的方框图包括函数方框、信号流线、相加点、分支点等图形符号，如图 2-15 所示。

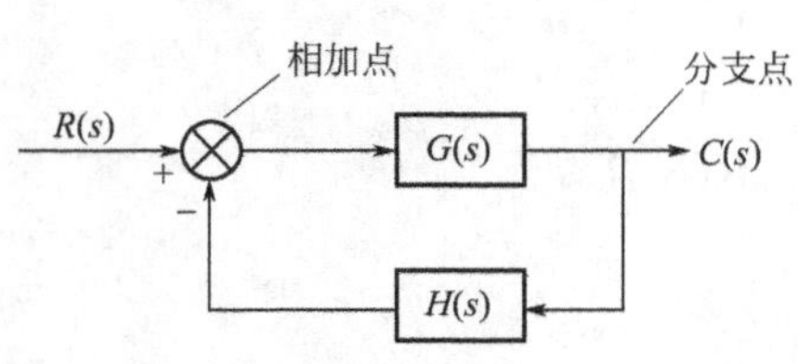

图 2-15 反馈系统方框图

框图是传递函数的图解化，框图中各变量均以 s 为自变量。把一个环节的传递函数写在一个方框里面所组成的图形就叫函数方框。在方框的外面画上带箭头的线段表示这个环节的输入信号和输出信号。这些带箭头的线段称为信号流线。函数方框和它的信号流线就代表系统中的一个环节。符号“⊗”称为相加点或综合点，它表示求输入信号的代数和。框图中引出信号的点称为分支点或引出点。在框图中，可以从一条信号流线上引出另一条或几条信号流线，需注意的是，无论从一条信号流线或一个分支点引出多少条信号流线，它们都代表一个信号，就等于原信号的大小。框图中信号的传递方向是单向的。

根据系统各个环节的动态微分方程及其拉氏变换式绘制系统方框图的步骤如下：

1）从输出量开始写，以系统输出量作为第一个方程左边的量。

2）每个方程左边只有一个量。从第二个方程开始，每个方程左边的量是前面方程右边的中间变量。

3）列写方程时尽量用已经出现过的量。

4）输入量至少要在一个方程的右边出现；除输入量外，在方程右边出现过的中间变量一定要在某个方程的左边出现。

一个系统可以具有不同的框图，但输出和输入信号的关系都是相同的。

例 2-14 在图 2-16(a) 中，电压 $u_1(t)$ 和 $u_2(t)$ 分别为输入量和输出量，绘制系统的方框图。

解 图 2-16(a) 所对应的运算电路如图 2-16(b) 所示。设中间变量 $I_1(s)$、$I_2(s)$ 和 $U_3(s)$ 如图所示。从输出量 $U_2(s)$ 开始按上述步骤列写系统方程式如下：

$$U_2(s)=\frac{1}{C_2 s}I_2(s)$$

$$I_2(s)=\frac{1}{R_2}[U_3(s)-U_2(s)]$$

$$U_3(s)=\frac{1}{C_1(s)}[I_1(s)-I_2(s)]$$

$$I_1(s)=\frac{1}{R_1}[U_1(s)-U_3(s)]$$

按着上述方程的顺序，从输出量开始绘制系统方框图，如图 2-16(c) 所示。

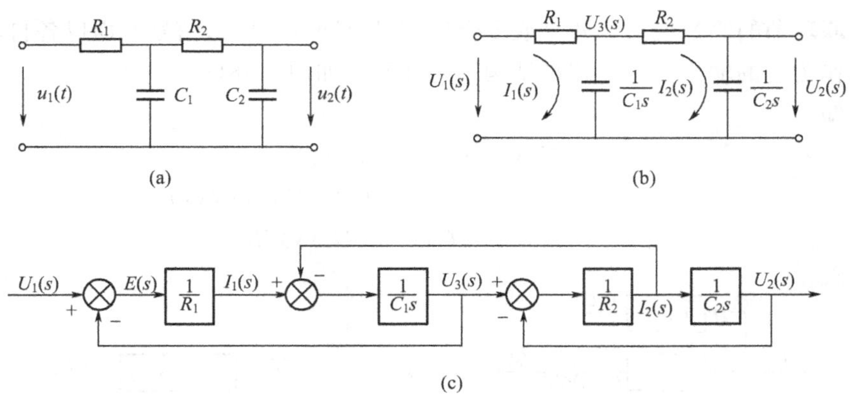

图 2-16　RC 滤波电路框图

2.5.2　方框图的基本变换

方框图有一套简易的等效变换规则。应用这些规则可以避免抽象的复杂数学运算，将一个复杂的结构图通过逐步的变换化简，从而求得系统或任意两个变量之间的传递函数。方框图等效变换使系统结构起到简化的作用，方框图进行变换要遵循等效原则。

等效原则： 对方框图的任一部分进行变换时，变换前后该部分的输入量、输出量及其相互之间的数学关系保持不变。下面根据等效原则推导方框图基本变换规则。

(1) 串联环节的等效变换　如果几个函数方框首尾相连，前一个方框的输出是后一个方框的输入，称这种结构为串联环节。如图 2-17(a)。

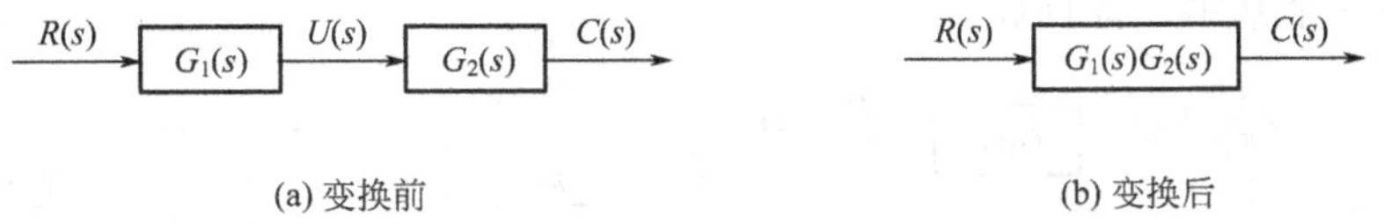

(a) 变换前　　(b) 变换后

图 2-17　两个环节串联

由图可知

$$U(s)=G_1(s)R(s) \qquad C(s)=G_2(s)U(s)$$

消去中间变量 $U(s)$ 得

$$C(s)=G_1(s)G_2(s)R(s)$$

故两个串联环节等效传递函数为

$$G(s)=\frac{C(s)}{R(s)}=G_1(s)G_2(s) \tag{2-52}$$

根据式(2-52) 可以画出两个环节串联结构的简化框图，如图 2-17 (b) 所示，原来的两个函数方框简化成一个函数方框。

推论：n 个环节串联的等效传递函数等于它们 n 个传递函数的乘积。

$$G(s)=G_1(s)G_2(s)\cdots G_n(s)=\prod_{i=1}^{n}G_i(s) \tag{2-53}$$

(2) 并联环节的等效变换 两个或多个环节具有同一个输入信号，而以各自环节输出信号的代数和作为总的输出信号，这种结构称为并联。如图 2-18(a)。

由图可知

$$\begin{aligned}C(s)&=C_1(s)+C_2(s)\\&=G_1(s)R(s)+G_2(s)R(s)\\&=[G_1(s)+G_2(s)]R(s)\end{aligned}$$

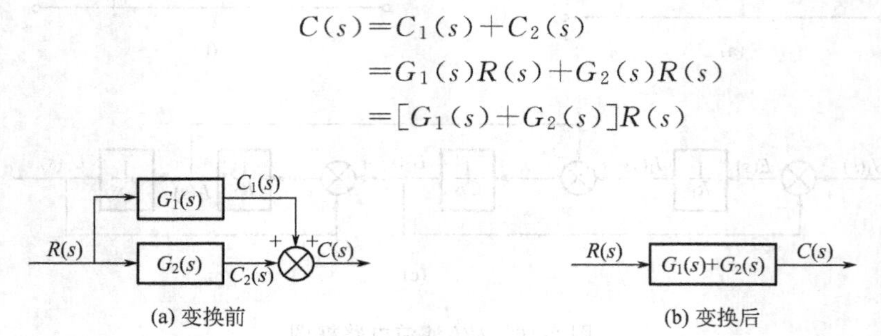

图 2-18 两个环节并联

故两个的并联环节等效传递函数为

$$G(s)=\frac{C(s)}{R(s)}=G_1(s)+G_2(s) \tag{2-54}$$

根据式(2-54) 可以画出两个环节并联结构的简化框图，如图 2-18(b) 所示，原来的两个函数方框和一个相加点简化成了一个函数方框。

推论：*n* 个环节并联的等效传递函数等于它们 *n* 个传递函数的代数和。

$$G(s)=G_1(s)+G_2(s)+\cdots+G_n(s)=\sum_{i=1}^{n}G_i(s)$$

(3) 反馈回路的等效变换 将一个对象的输出信号反送到输入端的连接方式称为反馈。图 2-19(a) 是一个基本反馈回路。

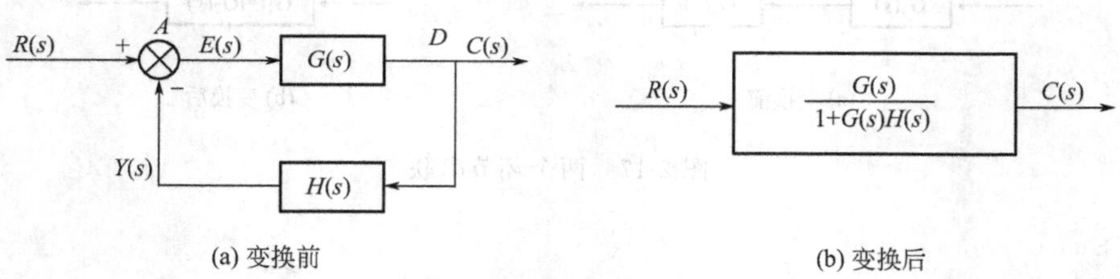

图 2-19 负反馈回路的简化

图中，$R(s)$ 是输入信号，$C(s)$ 是输出信号，$Y(s)$ 为反馈信号，$E(s)$ 为偏差信号，A 为相加点，D 为分支点。由偏差信号 $E(s)$ 至输出信号 $C(s)$ 的通道称为前向通道，传递函数 $G(s)$ 称为前向通道传递函数。由输出信号 $C(s)$ 至反馈信号 $Y(s)$ 的通道称为反馈通道，传递函数 $H(s)$ 称为反馈通道传递函数。一般输入信号 $R(s)$ 在相加点前取“+”号。此时，若反馈信号 $Y(s)$ 在相加点前取“+”号，称为正反馈；取“−”号，称为负反馈。通常相加点前的“+”可以省略，但“−”号不可以省略。

负反馈是自动控制系统中最常用的基本连接形式。对于负反馈系统由图 2-19(a) 可知

$$C(s)=G(s)E(s)=G(s)[R(s)-Y(s)]$$

$$=G(s)[R(s)-H(s)C(s)]$$
$$=G(s)R(s)-G(s)H(s)C(s)$$

负反馈回路的等效传递函数为

$$\Phi(s)=\frac{C(s)}{R(s)}=\frac{G(s)}{1+G(s)H(s)} \tag{2-55}$$

根据式(2-55) 可以绘出负反馈回路简化后的框图，如图 2-19(b) 所示。

在反馈回路中，$\Phi(s)$ 称为闭环传递函数。前向通道传递函数 $G(s)$ 与反馈通道传递函数 $H(s)$ 的乘积 $G(s)H(s)$ 称为开环传递函数，它等于把反馈通道在输入端的相加点之前断开之后，所形成的开环结构的传递函数。所以，单回路负反馈系统的闭环传递函数可表示为

$$\Phi(s)=\frac{C(s)}{R(s)}=\frac{\text{前向通道传递函数}}{1+\text{开环传递函数}}$$

正反馈系统的闭环传递函数为

$$\Phi(s)=\frac{C(s)}{R(s)}=\frac{G(s)}{1-G(s)H(s)} \tag{2-56}$$

应注意并联与反馈的区别：环节并联，各并联环节信号的流向是相同的，没有反馈，不构成回路。

2.5.3　反馈系统的传递函数

图 2-20 所示为控制工程中反馈控制系统的典型结构。在实际工作中，反馈控制系统一般有两类输入信号。一类是有用信号，包括参考输入、控制输入、指令输入及给定值，通常加在系统的输入端；另一类是扰动信号，一般是作用在控制对象上，也可能出现在其他元部件中，甚至夹杂在指令信号中。基于实际系统的需要，下面介绍几个系统传递函数的概念。

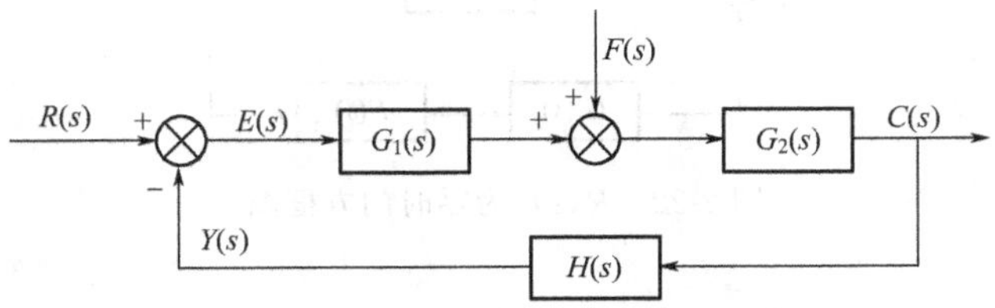

图 2-20　反馈控制系统的典型结构

图 2-20 中，$R(s)$ 为参考输入信号，$F(s)$ 为扰动输入信号，$Y(s)$ 为反馈信号，$E(s)$ 为偏差信号。

(1) 系统的开环传递函数　若 $F(s)=0$，将反馈信号 $Y(s)$ 在相加点前断开后，反馈信号 $Y(s)$ 与偏差信号 $E(s)$ 之比，称为系统的开环传递函数。

系统的前向通道传递函数

$$G(s)=G_1(s)G_2(s) \tag{2-57}$$

系统的开环传递函数

$$\frac{Y(s)}{E(s)}=G_1(s)G_2(s)H(s) \tag{2-58}$$

结论：开环传递函数等于前向通道传递函数与反馈通道传递函数的乘积。

(2) 输出信号 $C(s)$ 对于输入信号 $R(s)$ 的闭环传递函数 若 $F(s)=0$，则系统的输出信号的拉氏变换 $C(s)$ 与输入信号 $R(s)$ 之比，称为输出信号 $c(t)$ 对于输入信号 $r(t)$ 的闭环传递函数。这时图 2-20 可变成图 2-21。

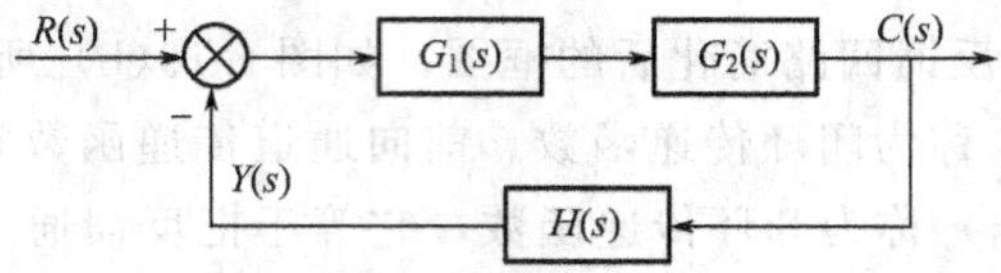

图 2-21 $F(s)$为零时的方框图

$$\Phi(s)=\frac{C(s)}{R(s)}=\frac{G_1(s)G_2(s)}{1+G_1(s)G_2(s)H(s)}=\frac{G(s)}{1+G(s)H(s)} \tag{2-59}$$

当 $H(s)=1$ 时，称为单位反馈，这时有

$$\Phi(s)=\frac{G_1(s)G_2(s)}{1+G_1(s)G_2(s)}=\frac{G(s)}{1+G(s)} \tag{2-60}$$

$$C(s)=\Phi(s)R(s)=\frac{G_1(s)G_2(s)}{1+G_1(s)G_2(s)H(s)}R(s)=\frac{G(s)}{1+G(s)H(s)}R(s) \tag{2-61}$$

(3) 输出信号 $C(s)$ 对于扰动信号 $F(s)$ 的闭环传递函数 为了解扰动信号对系统输出的影响，需要求出输出信号 $c(t)$ 与扰动信号 $f(t)$ 之间的关系。令 $R(s)=0$，则系统输出信号的拉氏变换 $C(s)$ 与干扰信号 $F(s)$ 之比，称为输出信号 $C(s)$ 对于扰动信号 $F(s)$ 的闭环传递函数。这时把扰动信号 $F(s)$ 看成输入信号，由于 $R(s)=0$，所以图 2-20 可变成图 2-22。因此有

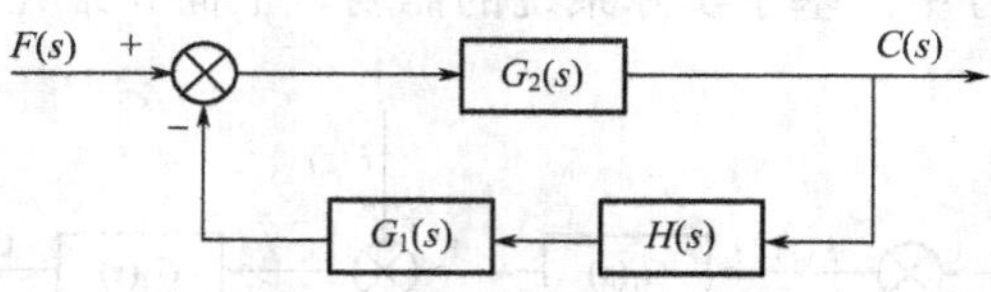

图 2-22 $R(s)$ 为零时的方框图

$$\Phi_F(s)=\frac{C(s)}{F(s)}=\frac{G_2(s)}{1+G_1(s)G_2(s)H(s)}=\frac{G_2(s)}{1+G(s)H(s)} \tag{2-62}$$

$$C(s)=\Phi_F(s)F(s)=\frac{G_2(s)}{1+G_1(s)G_2(s)H(s)}F(s)=\frac{G_2(s)}{1+G(s)H(s)}F(s) \tag{2-63}$$

(4) 系统的总输出 根据线性系统的叠加原理，当 $R(s)\neq0$、$F(s)\neq0$ 时，系统输出 $C(s)$应等于它们各自单独作用时的输出之和。所以有

$$\begin{aligned}C(s)&=\Phi(s)R(s)+\Phi_F(s)F(s)\\&=\frac{G_1(s)G_2(s)}{1+G_1(s)G_2(s)H(s)}R(s)+\frac{G_2(s)}{1+G_1(s)G_2(s)H(s)}F(s)\end{aligned} \tag{2-64}$$

(5)偏差信号 $E(s)$对于输入信号 $R(s)$的闭环传递函数 偏差信号 $e(t)$的大小反映误差的大小,所以有必要了解偏差信号与参考输入和扰动信号之间的关系。

令 $F(s)=0$，则系统偏差信号 $E(s)$ 与输入信号 $R(s)$ 只比，称为偏差信号 $E(s)$ 对于

输入信号 $R(s)$ 的闭环传递函数。这时图 2-20 可变换成图 2-23，$R(s)$ 是输入量，$E(s)$ 是输出量，前向通路传递函数是 1。

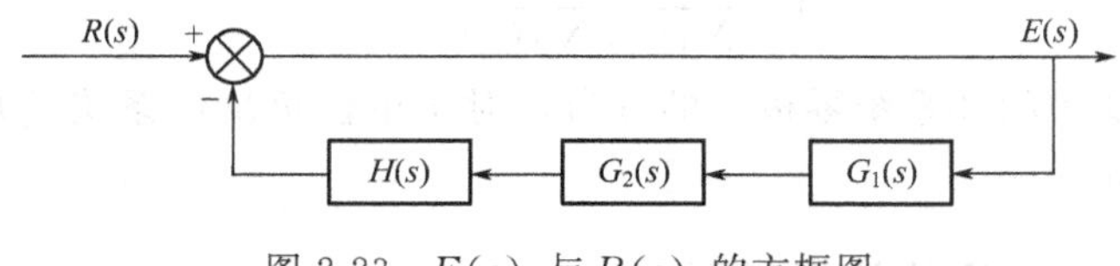

图 2-23　$E(s)$ 与 $R(s)$ 的方框图

$$\Phi_{\mathrm{ER}}(s)=\frac{E(s)}{R(s)}=\frac{1}{1+G_1(s)G_2(s)H(s)}=\frac{1}{1+G(s)H(s)} \tag{2-65}$$

(6) 偏差信号 $E(s)$ 对于扰动信号 $F(s)$ 的闭环传递函数　令 $R(s)=0$，则系统偏差信号 $E(s)$ 与扰动信号 $F(s)$ 只比，称为偏差信号 $E(s)$ 对于扰动信号 $F(s)$ 的闭环传递函数。这时图 2-20 可变换成图 2-24，$F(s)$ 是输入量，$E(s)$ 是输出量。

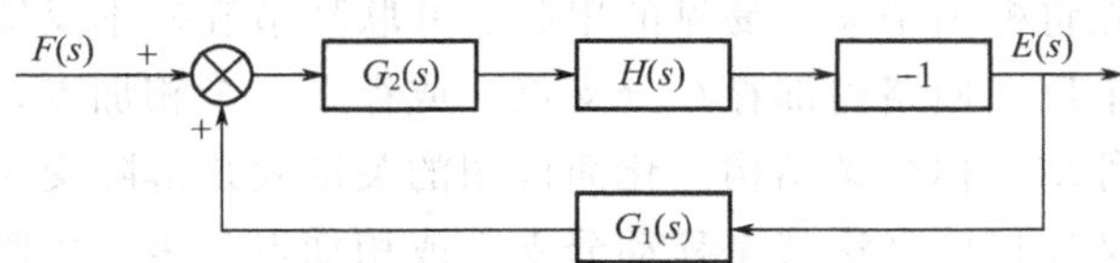

图 2-24　$E(s)$ 与 $F(s)$ 的方框图

$$\Phi_{\mathrm{EF}}(s)=\frac{E(s)}{F(s)}=\frac{-G_2(s)H(s)}{1+G_1(s)G_2(s)H(s)}=\frac{-G_2(s)H(s)}{1+G(s)H(s)} \tag{2-66}$$

(7) 系统的总偏差　根据叠加原理，当 $R(s)\neq 0$、$F(s)\neq 0$ 时，系统的总偏差为

$$\begin{aligned}E(s)&=\Phi_{\mathrm{ER}}(s)R(s)+\Phi_{\mathrm{EF}}(s)F(s)\\&=\frac{1}{1+G(s)H(s)}R(s)-\frac{G_2(s)H(s)}{1+G(s)H(s)}F(s)\end{aligned} \tag{2-67}$$

综上分析可以看到：

1）系统闭环特征方程以及它的特征根是不变的，是由其系统本身决定的。比较上面几个闭环传递函数 $\Phi(s)$、$\Phi_{\mathrm{F}}(s)$、$\Phi_{\mathrm{ER}}(s)$、$\Phi_{\mathrm{EF}}(s)$，可以看出它们的分母是相同的，都是 $1+G_1(s)G_2(s)H(s)=1+G(s)H(s)$，即系统闭环特征表达式是相同的。同时，系统闭环特征方程 $1+G(s)H(s)=0$ 也是不变的，是由其系统本身决定的，这是闭环传递函数的普遍规律。

2）闭环系统的特征多项式为其开环传递函数的分母多项式与分子多项式之和，闭环零点由前向通道传递函数零点和反馈通道传递函数极点所组成。此结论对于扰动输入而言，结论不变。

设前向通道传递函数 $G(s)$ 和反馈通道传递函数 $H(s)$ 分别为

$$G(s)=\frac{M_1(s)}{N_1(s)},\quad H(s)=\frac{M_2(s)}{N_2(s)}$$

则开环传递函数为

$$G(s)H(s)=\frac{M_1(s)M_2(s)}{N_1(s)N_2(s)} \tag{2-68}$$

闭环传递函数为

$$\Phi(s)=\frac{G(s)}{1+G(s)H(s)}=\frac{\dfrac{M_1(s)}{N_1(s)}}{1+\dfrac{M_1(s)}{N_1(s)}\dfrac{M_2(s)}{N_2(s)}}=\frac{M_1(s)N_2(s)}{M_1(s)M_2(s)+N_1(s)N_2(s)} \tag{2-69}$$

反馈的引入改变了闭环系统零极点的分布，对于单位负反馈系统［$H(s)=1$］，其闭环零点与开环零点相同。

2.5.4 方框图的化简及其传递函数

方框图变换与简化是控制理论中的基本问题。简化结构图最常用的方法是采用结构图变换原则，将结构图变换为只有一个方框，从而得到系统的总传递函数。

在方框图化简过程中，一般应遵循以下两条原则：

1）方框图化简前后其前向通路中的传递函数的乘积必须保持不变；

2）方框图化简前后其回路中的传递函数的乘积必须保持不变。

化简框图时，首先将框图中显而易见的串联、并联环节和基本反馈回路用一个等效的函数框图代替。如果一个反馈回路内部存在分支点，或存在一个相加点，就称这个回路与其他回路有交叉连接，这种结构称交叉结构。化简框图的关键就是解除交叉结构，形成无交叉的多回路结构。解除交叉连接的办法就是移动分支点或相加点。表 2-2 列出了方框图的变换规则。这些规则很容易从它代表的数学表达式来证明。

表 2-2　方框图的变换规则

变　换	原方框图	等效方框图
分支点前移	A → G → AG；AG	A → G → AG；A → G → AG
分支点后移	A → G → AG；A	A → G → AG；AG → 1/G → A
相加点前移	A → G → AG，AG（+）与 B（−）相加 → AG−B	A（+）与 B/G（−）相加 → A−B/G → G → AG−B；B → 1/G
相加点后移	A（+）与 B（−）相加 → A−B → G → AG−BG	A → G → AG（+）；B → G → BG（−）；相加 → AG−BG
消去反馈回路	A（+）→ ⊗ → G → B，B → H → ⊗（−）	A → 1/H → ⊗（+）→ H → G → B，B → ⊗（−）

方框图化简具体步骤如下：

1）确定输入量与输出量；

2）若结构图中有交叉联系，应运用移动规则，首先将交叉消除，化为无交叉的结构；

3）对多回路结构，可由里向外进行变换，直至变换为一个等效的方框，即所求得的传递函数。

结构图化简时要注意：有效输入信号所对应的相加点尽量不要移动；分支点之间移动，相加点之间移动，尽量避免相加点和分支点之间的移动。

例 2-15　简化图 2-25(a) 所示的多回路系统，求闭环传递函数$\frac{C(s)}{R(s)}$及$\frac{E(s)}{R(s)}$。

解　该框图有 3 个反馈回路，由 $H_1(s)$ 组成的回路称为主回路，另 2 个回路是副回路。由于存在着由分支点和相加点形成的交叉点 A 和 B，首先要解除交叉。可以将分支点 A 后移到 $G_4(s)$ 的输出端，或将相加点 B 前移到 $G_2(s)$ 的输入端后再交换相邻相加点的位置，或同时移动 A 和 B。这里采用将分支点 A 后移的方法将图（a）化为图（b）。化简 G_3、G_4、H_3 副回路后得到图（c）。对于图（c）中的副回路再进行串联和反馈简化得到图（d）。由该图求得

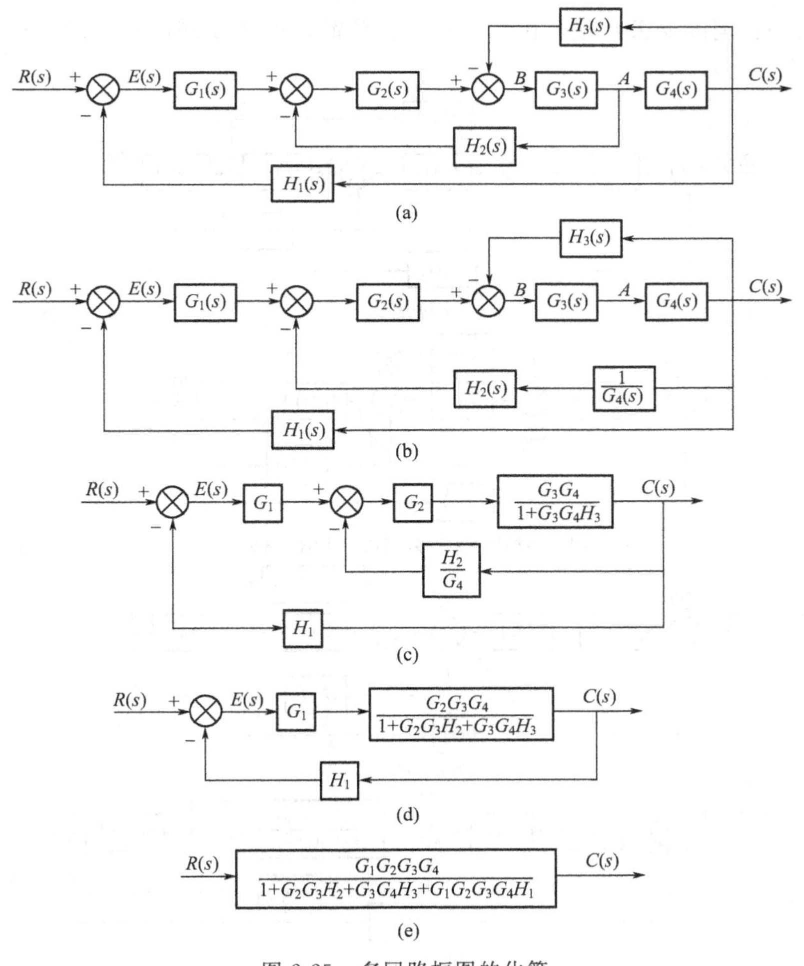

图 2-25　多回路框图的化简

$$\frac{C(s)}{R(s)}=\frac{\dfrac{G_1G_2G_3G_4}{1+G_2G_3H_2+G_3G_4H_3}}{1+\dfrac{G_1G_2G_3G_4H_1}{1+G_2G_3H_2+G_3G_4H_3}}=\frac{G_1G_2G_3G_4}{1+G_2G_3H_2+G_3G_4H_3+G_1G_2G_3G_4H_1} \tag{2-70}$$

$$\frac{E(s)}{R(s)}=\frac{1}{1+\dfrac{G_1G_2G_3G_4H_1}{1+G_2G_3H_2+G_3G_4H_3}}=\frac{1+G_2G_3H_2+G_3G_4H_3}{1+G_2G_3H_2+G_3G_4H_3+G_1G_2G_3G_4H_1} \tag{2-71}$$

利用式(2-70) 和图 2-25(d) 也可求$\dfrac{E(s)}{R(s)}$，由图知

$$E(s)=R(s)-H_1(s)C(s)=R(s)\left[1-H_1(s)\frac{C(s)}{R(s)}\right]$$

$$\frac{E(s)}{R(s)}=1-H_1(s)\frac{C(s)}{R(s)} \tag{2-72}$$

将式(2-70) 代入式(2-72) 即可求出$\dfrac{E(s)}{R(s)}$，结果与式(2-71) 相同。另外，也可用下节介绍的梅森增益公式求此两个传递函数，将更容易。

例 2-16 系统结构图如图 2-26(a) 所示，试求系统的传递函数 $C(s)/R(s)$。

解题方法一：消除交叉链接，由内向外逐步化简，如图 2-26(b)～(g) 所示。

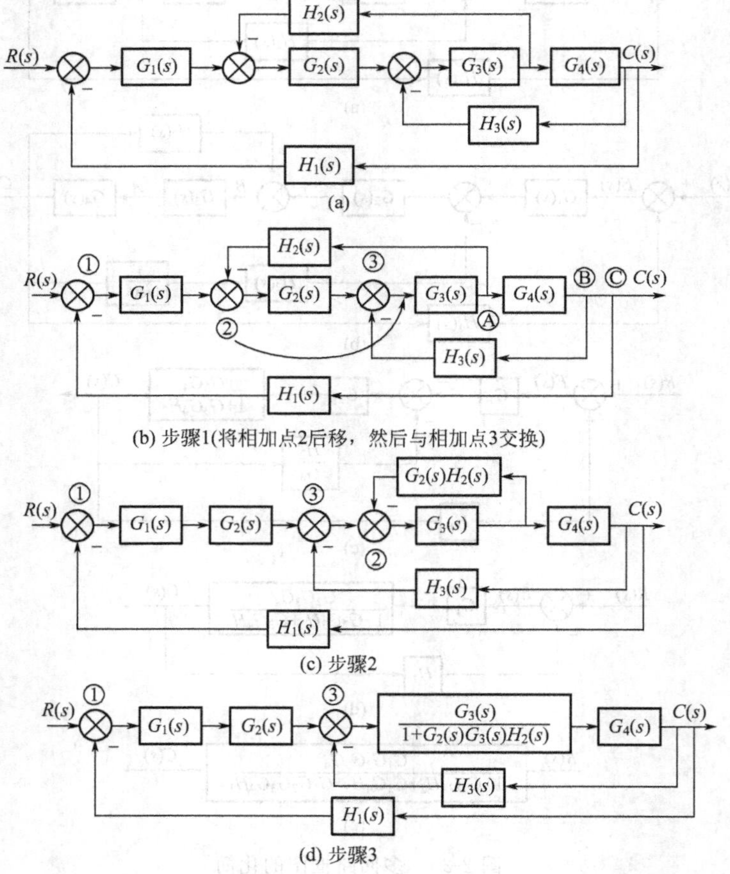

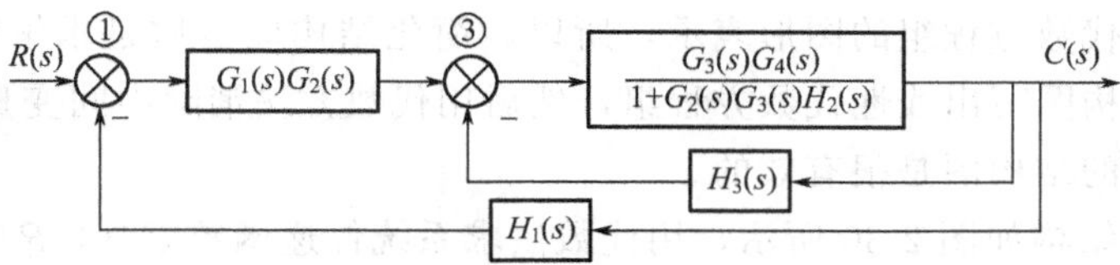

(e) 步骤4(串联环节等效变换)

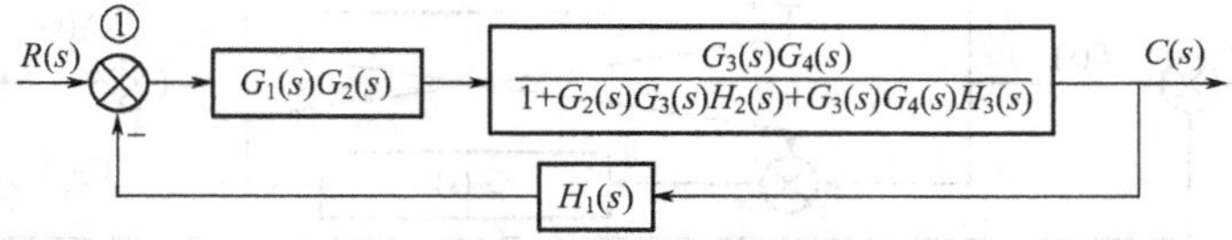

(f) 步骤5(内反馈环节等效变换)

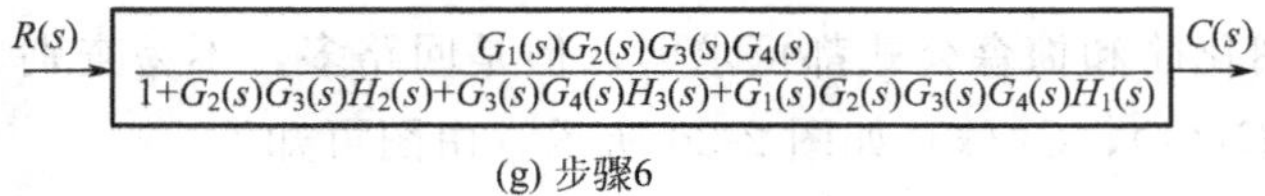

(g) 步骤6

图 2-26　多回路框图的化简（一）

解题方法二：将相加点③前移，然后与相加点②交换。如图 2-27 所示。

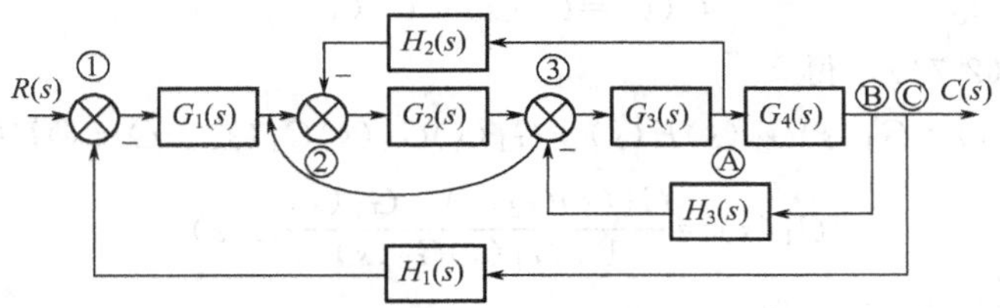

图 2-27　多回路框图的化简（二）

解题方法三：分支点 A 后移。如图 2-28 所示。

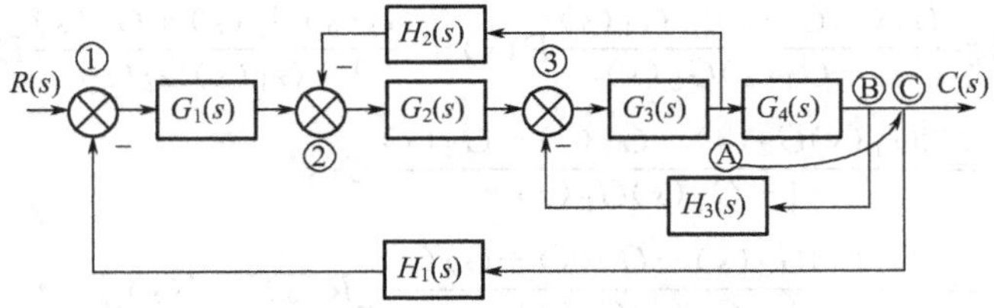

图 2-28　多回路框图的化简（三）

解题方法四：分支点 B 前移。如图 2-29 所示。

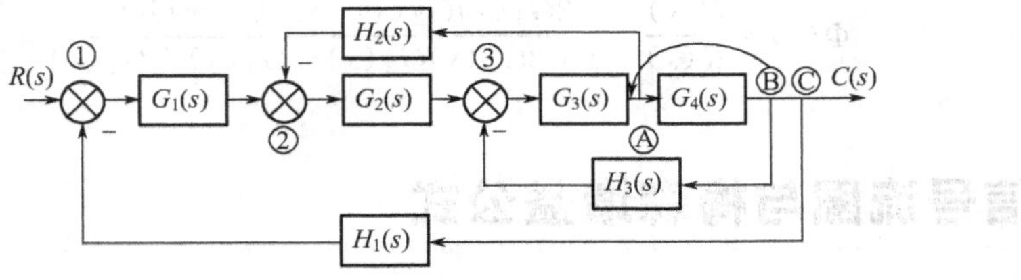

图 2-29　多回路框图的化简（四）

结构图是线性代数方程组的图形表示，所以，简化结构图本质是求解线性代数方程组。代数法就是根据结构图写出线性代数方程组，然后用代数方法消除中间变量。代数法对环节少、信号传递复杂的结构图是很有效的。

例 2-17 系统结构如图 2-30 所示，用代数法求系统传递函数 $C(s)/R(s)$。

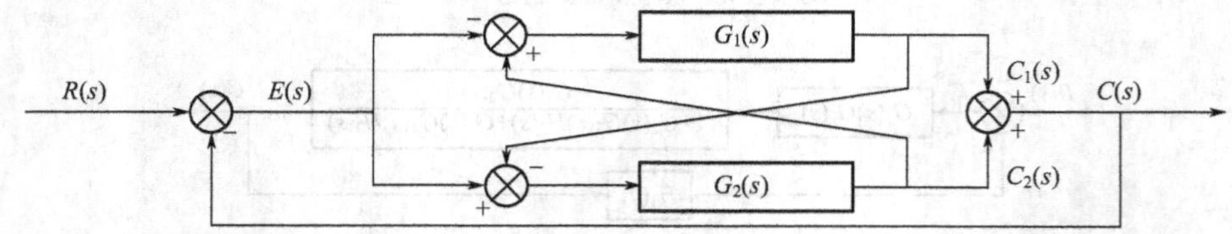

图 2-30 系统方框图

解 采用方框图化简和梅森公式都可求解，但是回路多，不易查别、容易出错。

设变量 $E(s)$、$C_1(s)$、$C_2(s)$ 如图 2-30 所示。由图可知

$$E(s)=R(s)-C(s) \tag{2-73}$$

$$C_1(s)=G_1(s)[C_2(s)-E(s)] \tag{2-74}$$

$$C_2(s)=G_2(s)[E(s)-C_1(s)] \tag{2-75}$$

$$C(s)=C_1(s)+C_2(s) \tag{2-76}$$

将式(2-75) 代入式(2-74)，得

$$C_1(s)=G_1(s)G_2(s)E(s)-G_1(s)G_2(s)C_1(s)-G_1(s)E(s)$$

则
$$C_1(s)=\frac{G_1(s)G_2(s)-G_1(s)}{1+G_1(s)G_2(s)}E(s)$$

将 $C_1(s)$ 代入式(2-75)，得

$$C_2(s)=G_2(s)\left[E(s)-\frac{G_1(s)G_2(s)-G_1(s)}{1+G_1(s)G_2(s)}E(s)\right]=\frac{G_1(s)G_2(s)+G_2(s)}{1+G_1(s)G_2(s)}E(s)$$

将 $C_1(s)$ 和 $C_2(s)$ 代入式(2-76)，得

$$\begin{aligned}C(s)&=\frac{G_1(s)G_2(s)-G_1(s)}{1+G_1(s)G_2(s)}E(s)+\frac{G_1(s)G_2(s)+G_2(s)}{1+G_1(s)G_2(s)}E(s)\\&=\frac{2G_1(s)G_2(s)-G_1(s)+G_2(s)}{1+G_1(s)G_2(s)}E(s)\\&=\frac{2G_1(s)G_2(s)-G_1(s)+G_2(s)}{1+G_1(s)G_2(s)}[R(s)-C(s)]\\&=\frac{2G_1(s)G_2(s)-G_1(s)+G_2(s)}{1+3G_1(s)G_2(s)-G_1(s)+G_2(s)}R(s)\end{aligned}$$

因此，系统的传递函数为

$$\Phi(s)=\frac{C(s)}{R(s)}=\frac{2G_1(s)G_2(s)-G_1(s)+G_2(s)}{1+3G_1(s)G_2(s)-G_1(s)+G_2(s)}$$

2.6 信号流图与梅森增益公式

方框图是控制系统中经常采用的一种用图解表示控制系统的有效方法，但当系统较复杂

时，对方框图的化简和推导它的传递函数就很麻烦。

1953 年，美国学者梅森（Mason）在线性系统分析中首次引进了信号流图，从而用图形表示线性代数方程组。当这个方程组代表一个物理系统时，正如它的名称的含义一样，信号流图描述了信号从系统上一点到另一点的流动情况。因为信号流图从直观上表示了系统变量间的因果关系，所以它是线性系统分析中一个有用的工具。1956 年，梅森在他发表的一篇论文中提出了一个增益公式，解决了复杂系统信号流图的化简问题，从而完善了信号流图方法。利用这个公式，对复杂系统的信号流图可以不经过任何结构变换，就能直接迅速地写出系统的传递函数。

信号流图是图论的一个重要分支，它已经被成功地应用到很多工程领域，在自动控制理论中也获得了广泛的应用，尤其是在计算机辅助分析和设计中非常有用。下面介绍信号流图的基本理论及其在自动控制理论中的应用。

2.6.1　信号流图

图 2-31(a)、(b) 所示为反馈系统的方框图和与它对应的信号流图。由图可以看出，信号流图中的网络是由一些定向线段将一些节点连接而成的。下面介绍有关信号流图的常用术语。

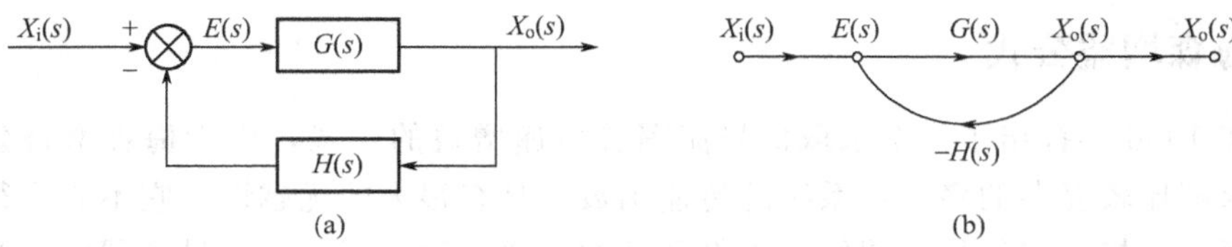

图 2-31　系统方框图与信号流图

1）节点。表示变量或信号的点称为节点。在图中用“○”表示，在“○”旁边注上信号的代号。

2）输入节点。只有输出的节点，又称为源点。例如图 2-31 中的 $X_i(s)$ 是输入节点。

3）输出节点。只有输入的节点，又称为汇点。例如图 2-31 中的 $X_o(s)$ 是输出节点。

4）混合节点。既有输入又有输出的节点称为混合节点。例如图 2-31 中的 $E(s)$ 是一个混合节点。

5）支路。定向线段称为支路，其上的箭头表明信号的流向，各支路上还标明了增益，即支路的传递函数。例如图 2-31 中从节点 $E(s)$ 到 $X_o(s)$ 为一支路，其中 $G(s)$ 为该支路的增益。

6）通路。沿支路箭头方向穿过各相连支路的路径称为通路。

7）前向通路。从输入节点到输出节点的通路上通过任何节点不多于一次的通路称为前向通路。例如图 2-31 中的 $X_i(s)$ 到 $E(s)$ 再到 $X_o(s)$ 是前向通路。

8）回路。始端与终端重合且与任何节点相交不多于一次的通道称为回路。例如图 2-31 中的 $E(s)$ 到 $X_o(s)$ 再到 $E(s)$ 是一条回路。

9）不接触回路。没有任何公共节点的回路称为不接触回路。

10）自回路。只与一个节点相交的回路称为自回路。

为了从信号流图求出系统的传递函数，需要将信号流图等效简化。表 2-3 所示为信号流图的基本简化规则。

表 2-3　信号流图的基本简化规则

支路串联	X_1 a X_2 b X_3	X_1 ab X_3
支路并联	X_1 a b X_2	X_1 $a+b$ X_2
消去节点	X_1 a X_2 b X_3 c X_4	X_1 ac X_2 bc X_4
反馈回路的简化	X_1 a X_2 b X_3 c	X_1 $\frac{ab}{1-bc}$ X_3
自回路的简化	X_1 a X_2 b	X_1 $\frac{a}{1-b}$ X_2

2.6.2　梅森增益公式

梅森在 1956 年提出了一个求取信号流图总传递增益的公式，称为梅森增益公式。这个公式对于求解比较复杂的多回环系统的传递函数，具有很大的优越性。它不必进行费时的简化过程，而是直接观察信号流图便可求得系统的传递函数。因此，信号流图的绘制是应用梅森公式的重要前提，在绘制信号流图是应注意以下几点：

1）从系统的结构图绘制信号流图时，应尽量精简节点数；

2）支路增益为 1 的相邻两个节点，一般可以合并成一个节点，但对于输入节点和输出节点却不可以合并；

3）在结构图比较点之前没有引出点时，只需在比较点后设置一个节点即可；

4）在结构图比较点之前有引出点时，需要在引出点和比较点各设置一个节点，分别标志两个变量，它们之间的支路增益为 1。

梅森按照克莱姆规则求解线性联立方程时，将解出的分子分母多项式与信号流图的拓扑图之间巧妙联系，从而得出了梅森公式。具体证明可参考有关书籍，这里只给出梅森公式的一般形式、各符号的意义及其应用。

梅森公式的一般形式为

$$\Phi(s)=\frac{\sum_{k=1}^{n}P_k\Delta_k}{\Delta} \tag{2-77}$$

式中　$\Phi(s)$——系统的输出信号和输入信号之间的传递函数；

n——系统前向通路个数；

P_k——从输入端到输出端的第 k 条前向通路上各传递函数之积；

Δ_k——在 Δ 中，将与第 k 条前向通路相接触的回路所在项除去后所余下的部分，称余因子式。

Δ 称为特征式，且

$$\Delta = 1 - \sum L_i + \sum L_i L_j - \sum L_i L_j L_k + \cdots$$

式中　$\sum L_i$ ——所有各回路的“回路传递函数”之和；

$\sum L_i L_j$ ——两两互不接触的回路，其“回路传递函数”乘积之和；

$\sum L_i L_j L_k$ ——所有的三个互不接触的回路，其“回路传递函数”乘积之和。

“回路传递函数”指的是反馈回路的前向通路和反馈通路的传递函数的乘积，并且包括相加点前的代表反馈极性的正、负号。“相接触”指的是在框图上具有共同的重合部分，包括共同的函数方框，或共同的相加点，或共同的信号流线。框图中的任何一个变量均可作为输出信号，但输入信号必须是不受框图中其他变量影响的量。

应用梅森公式求解信号流图传递函数的具体步骤如下：

1）观察并写出所有从输入节点到输出节点的前向通道的增益；

2）观察信号流图，找出所有的回路，并写出它们的回路增益 L_1，L_2，$L_3\cdots$；

3）找出所有可能组合的 2 个、3 个、…互不接触（无公共节点）回路，并写出回路增益；

4）写出信号流图特征式；

5）分别写出与第 k 条前向通道不接触部分信号流图的特征式；

6）代入梅森增益公式。

下面举例说明应用梅森增益公式由信号流图求取控制系统传递函数的过程。

例 2-18　用梅森公式求图 2-32 所示信号流图的总传输增益。

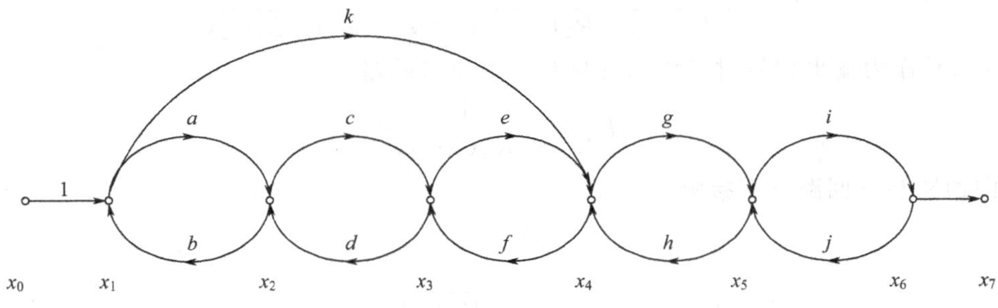

图 2-32　例 2-18 的信号流图

解　此系统有六个回环，即 ab、cd、ef、gh、ij、$kfdb$，因此

$$\Sigma L_1 = ab + cd + ef + gh + ij + kfdb$$

两个互不接触的回环有七种组合，即 $ab-ef$、ab-gh、$ab-ij$、$cd-gh$、$cd-ij$、$ef-ij$、$kfdb-ij$，所以　$\Sigma L_2 = abef + abgh + abij + cdgh + cdij + efij + kfdbij$

三个互不接触的回环只有 $ab-ef-ij$，故　$\Sigma L_3 = abefij$

由此可得特征式　$\Delta = 1 - \Sigma L_1 + \Sigma L_2 - \Sigma L_3$

从源节点到汇节点有两条前向通道。一条为 $acegi$，它与所有的回环均接触，因此

$$p_1 = acegi,\ \Delta_1 = 1$$

另一条前向通道为 kgi，它不与回路 cd 接触，因此

$$p_2 = kgi,\ \Delta_2 = 1 - cd$$

由此可求得系统的总传输增益为

$$T=\frac{x_7}{x_0}=\frac{\sum_{k=1}^{n}P_k\Delta_k}{\Delta}$$

$$=\frac{acegi+kgi(1-cd)}{1-(ab+cd+ef+gh+ij+kfdb)+(abef+abgh+abij+cdgh+adij+kfabij)-abefij}$$

例 2-19 对于图 2-16(c)，求 $\Phi(s)=U_o(s)/U_i(s)$ 和 $\Phi_E(s)=E(s)/U_i(s)$。

解 系统的信号流图为图 2-33，该图有 3 个反馈回路

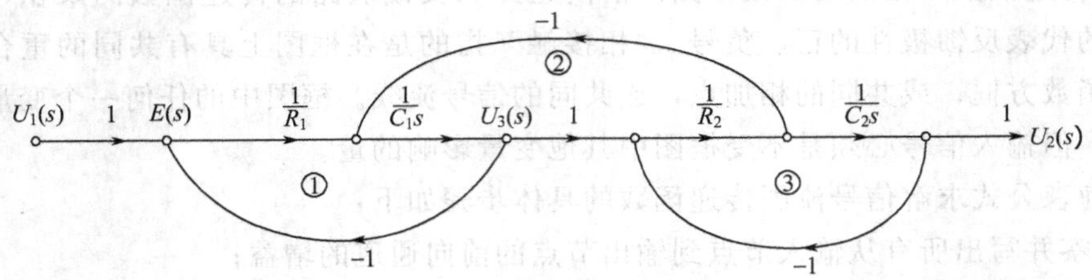

图 2-33 例 2-19 的信号流图

$$\sum_{i=1}^{3}L_i=L_1+L_2+L_3=-\frac{1}{R_1C_1s}-\frac{1}{R_2C_1s}-\frac{1}{R_2C_2s}$$

回路 1 和回路 3 不接触，所以

$$\sum L_iL_j=L_1L_3=\frac{1}{R_1R_2C_1C_2s^2}$$

$$\Delta=1+\frac{1}{R_1C_1s}+\frac{1}{R_2C_1s}+\frac{1}{R_2C_2s}+\frac{1}{R_1R_2C_1C_2s^2}$$

① 以 $U_2(s)$ 作为输出信号时，该系统只有一条前向通路。且有

$$P_1=\frac{1}{R_1R_2C_1C_2s^2}$$

这条前向通路与各回路都有接触，所以

$$\Delta_1=1$$

故
$$\Phi(s)=\frac{U_o(s)}{U_i(s)}=\frac{\frac{1}{R_1R_2C_1C_2s^2}}{1+\frac{1}{R_1C_1s}+\frac{1}{R_2C_1s}+\frac{1}{R_2C_2s}+\frac{1}{R_1R_2C_1C_2s^2}}$$

$$=\frac{1}{R_1R_2C_1C_2s^2+(R_1C_1+R_1C_2+R_2C_2)s+1}$$

② 以 $E(s)$ 为输出时，该系统也是只有一条前向通路，且 $P_1=1$，这条前向通路与回路 1 相接触，与回路 2、回路 3 不接触，故

$$\Delta_1=1+\frac{1}{R_2C_1s}+\frac{1}{R_2C_2s}$$

所以有

$$\Phi_E(s)=\frac{E(s)}{U_1(s)}=\frac{1+\frac{1}{R_2C_1s}+\frac{1}{R_2C_2s}}{1+\frac{1}{R_1C_1s}+\frac{1}{R_2C_1s}+\frac{1}{R_2C_2s}+\frac{1}{R_1R_2C_1C_2s^2}}$$

$$=\frac{R_1R_2C_1C_2s^2+(R_1C_1+R_1C_2)s}{R_1R_2C_1C_2s^2+(R_1C_1+R_1C_2+R_2C_2)s+1}$$

例 2-20　求图 2-34 所示系统的传递函$\frac{C(s)}{R(s)}$。

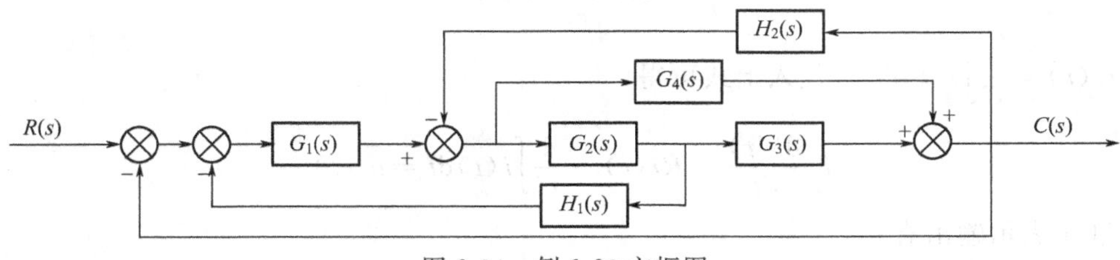

图 2-34　例 2-20 方框图

解　根据方框图（图 2-34）画出系统信号流图（图 2-35）。

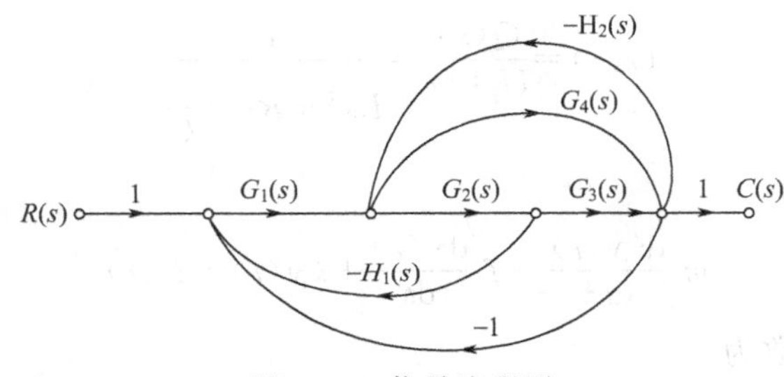

图 2-35　信号流程图

从信号流图 2-35 可见，有 5 个单独回路，没有不接触回路，回路增益为

$$L_1=-G_1G_2H_1，L_2=-G_1G_2G_3，L_3=-G_1G_4，L_4=-G_2G_3H_2，L_5=-G_4H_2$$

输入节点 $R(s)$ 到输出节点 $C(s)$ 有两条前向通道，即 $n=2$，且所有回路均与两条前向通道接触，因此

$$P_1=G_1G_2G_3 \qquad \Delta_1=1$$

$$P_2=G_1G_4 \qquad \Delta_2=1$$

特征式　$\Delta=1-(L_1+L_2+L_3+L_4+L_5)=1+G_1G_2H_1+G_1G_2G_3+G_1G_4+G_2G_3H_2+G_4H_2$

$$\frac{C(s)}{R(s)}=\frac{\sum_{k=1}^{2}P_k\Delta_k}{\Delta}=\frac{P_1\Delta_1+P_2\Delta_2}{\Delta}=\frac{G_1G_2G_3+G_1G_4}{1+G_1G_2H_1+G_1G_2G_3+G_1G_4+G_2G_3H_2+G_4H_2}$$

2.7　相似原理

从前面对控制系统的传递函数的研究中可以看出，对不同的物理系统（环节）可用形式相同的微分方程与传递函数来描述，即可以用形式相同的数学模型来描述。一般称能用形式相同的数学模型来描述的物理系统（环节）为相似系统（环节），称在微分方程和传递函数中占相同位置的物理量为相似量。所以，这里讲的“相似”，只是就数学形式而不是就物理实质而言的。

由于相似系统（环节）的数学模型在形式上相同，因此，可用相同的数学方法对相似系统加以研究；可以通过一种物理系统去研究另一种相似的物理系统。在工程应用中，常常使用机械、电气、液压系统或它们的联合系统，下面就讨论一下它们的相似性。

在例 2-1 和例 2-3 中分别研究了一个电网络系统和一个机械系统。对例 2-1 中的系统有

$$L\frac{\mathrm{d}i(t)}{\mathrm{d}t}+Ri(t)+u_{\mathrm{o}}(t)=u_{\mathrm{i}}(t)$$

式中，$u_{\mathrm{o}}(t)=\frac{1}{C}\int i(t)\mathrm{d}t$ ，代入上式可得

$$L\frac{\mathrm{d}i(t)}{\mathrm{d}t}+Ri(t)+\frac{1}{C}\int i(t)\mathrm{d}t=u_{\mathrm{i}}(t)$$

如以电量 q 表示输出有

$$L\frac{\mathrm{d}^2q(t)}{\mathrm{d}t^2}+R\frac{\mathrm{d}q(t)}{\mathrm{d}t}+\frac{1}{C}q(t)=u_{\mathrm{i}}(t)$$

则得系统的传递函数为

$$G(s)=\frac{Q(s)}{U_i(s)}=\frac{1}{Ls^2+Rs+\frac{1}{C}}$$

对例 2-3 中的系统有

$$m\frac{\mathrm{d}^2y(t)}{\mathrm{d}t^2}+f\frac{\mathrm{d}y(t)}{\mathrm{d}t}+ky(t)=F(t)$$

因此可得系统的传递函数为

$$G(s)=\frac{Y(s)}{F(s)}=\frac{1}{ms^2+fs+k}$$

显然，这两个系统为相似系统，其相似量列于表 2-4 中。这种相似称为力一电压相似。同类的相似系统很多，表 2-5 中列举了几个例子。

表 2-4 电网络系统与机械系统中的对应量

机 械 系 统	电网络系统	机 械 系 统	电网络系统
力 F(力矩 M)	电压 u	弹簧刚度 k	电容的倒数$\frac{1}{C}$
质量 m(转动惯量 J)	电感 L	位移 y(角位移 θ)	电量 q
黏性阻尼系数 f	电阻 R	速度 $\dot{y}$(角速度 $\dot{\theta}$)	电流 i(或 $\dot{q}$)

表 2-5 力-电压相似系统举例

电 系 统	机 械 系 统

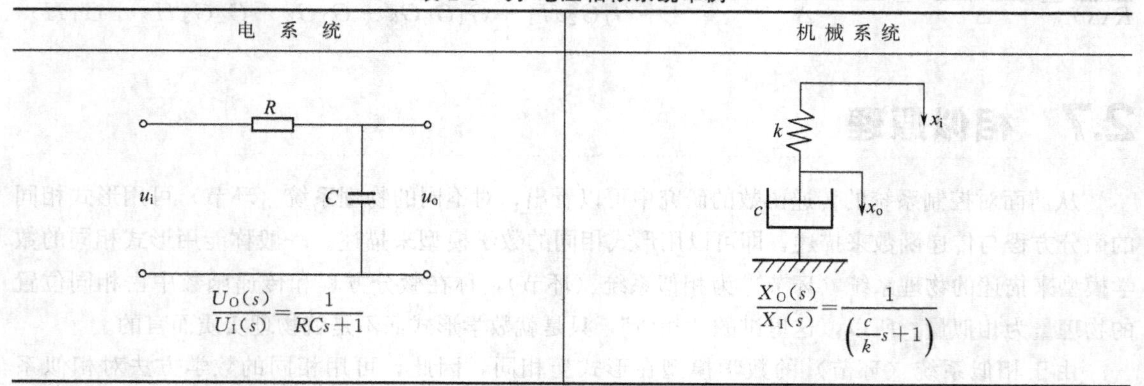

续表

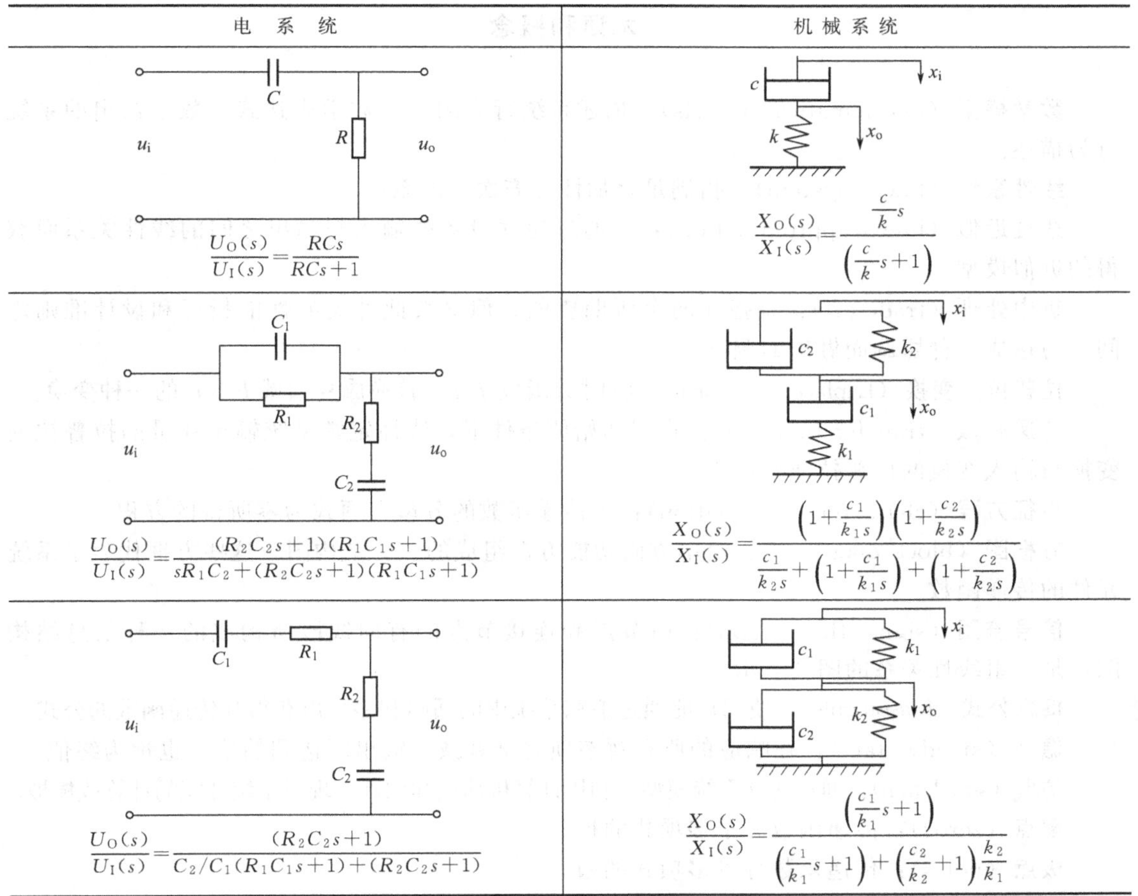

电系统	机械系统
$\dfrac{U_O(s)}{U_I(s)}=\dfrac{RCs}{RCs+1}$	$\dfrac{X_O(s)}{X_I(s)}=\dfrac{\frac{c}{k}s}{\left(\frac{c}{k}s+1\right)}$
$\dfrac{U_O(s)}{U_I(s)}=\dfrac{(R_2C_2s+1)(R_1C_1s+1)}{sR_1C_2+(R_2C_2s+1)(R_1C_1s+1)}$	$\dfrac{X_O(s)}{X_I(s)}=\dfrac{\left(1+\frac{c_1}{k_1s}\right)\left(1+\frac{c_2}{k_2s}\right)}{\frac{c_1}{k_2s}+\left(1+\frac{c_1}{k_1s}\right)+\left(1+\frac{c_2}{k_2s}\right)}$
$\dfrac{U_O(s)}{U_I(s)}=\dfrac{(R_2C_2s+1)}{C_2/C_1(R_1C_1s+1)+(R_2C_2s+1)}$	$\dfrac{X_O(s)}{X_I(s)}=\dfrac{\left(\frac{c_1}{k_1}s+1\right)}{\left(\frac{c_1}{k_1}s+1\right)+\left(\frac{c_2}{k_2}+1\right)\frac{k_2}{k_1}}$

在机械、电气、液压系统中，阻尼、电阻、流阻都是耗能元件；而质量、电感、流感与弹簧、电容、流容都是储能元件，前三者可称为惯性或感性储能元件，后三者称为弹性或容性储能元件。每当系统中增加一个储能元件时，其内部就增加一层能量的交换，即增多一层信息的交换，一般来讲，系统的微分方程就增高一阶。但是，采用此办法辨别系统的微分方程阶数时，一定要注意每一弹性元件、每一惯性元件是否是独立的。实际中的机械、电气、液压系统或它们混合的系统是很复杂的，往往不能凭表面上的储能元件的个数来决定系统微分方程的阶数，但此办法还是可以帮助列写系统微分方程的。

小　结

本章讲述了自动控制系统的数学模型的建立过程，主要介绍了控制系统的微分方程、传递函数、方框图、信号流图等。这些数学模型是进行系统分析的数学基础。学习本章要求掌握系统微分方程的建立方法，通过拉普拉斯变换把微分方程变换到复频域，从而求得系统的传递函数；掌握各类典型环节传递函数的表达式，能够通过控制系统的原理图绘制系统方框图，并熟练运用等效变换原则和梅森公式化简方框图进而求得系统的传递函数；掌握自动控制系统和系统方框图以及信号流图中的相关概念。

术语和概念

数学模型（mathematical models）：描述系统行为的一组数学表达式。数学给出的系统行为描述。

线性系统（linear system）：指满足叠加性和齐次性的系统。

线性近似（linear approximation）：指通过建立设备的输入与输出之间的线性关系而获得的近似模型。

折中处理（trade-off）：是指在两个所期望的、但又彼此冲突的性能指标和设计准则之间，为达成某种协调而做出的调整。

拉普拉斯变换（Laplace transform）：将时域函数 $f(t)$ 转换成复频域 $F(s)$ 的一种变换。

传递函数（transfer function）：在零初始值条件下，线性定常系统输出变量的拉普拉斯变换与输入变量的拉普拉斯变换之比。

特征方程（characteristic equation）：令传递函数的分母多项式为零所得的方程。

方框图（block diagrams）：由单方向功能方框组成的一种结构图，这些方框代表了系统元件的传递函数。

信号流图（signal-flow graph）：由节点和连接节点的有向线段所构成的一种信息结构图，是一组线性关系的图解表示。

梅森公式（Mason rule）：使用户能通过追踪系统中的回路和路径以获得其传递函数的公式。

稳态（steady state）：在响应的所有暂态项完全衰减后输出所达到的值，也称为终值。

仿真（simulation）：通过建立系统模型，利用计算机算法和软件实现对系统性能的计算或模拟。

零点（zeros）：传递函数分子多项式的根。

极点（poles）：传递函数分母多项式的根。

控制与电气学科世界著名学者——维纳

维纳（1894—1964）是美国应用数学家，控制论的创始人。他是随机过程和噪声过程的先驱，也是信息论的创始人之一。

维纳对科学发展所做出的最大贡献，是创立控制论。1948年维纳出版《控制论》，宣告了这门新兴学科的诞生。这是一门以数学为纽带，把研究自动调节、通信工程、计算机和计算技术以及神经生理学学科共同关心的共性问题联系起来而形成的边缘学科。它揭示了机器中的通信和控制机能与人的神经、感觉机能的共同规律；为现代科学技术研究提供了崭新的科学方法；它从多方面突破了传统思想的束缚，有力地促进了现代科学思维方式和当代哲学观念的一系列变革。

维纳在其70年的科学生涯中，先后涉足哲学、数学、物理学和生物学等学科，并取得了丰硕成果，称得上是20世纪多才多艺和学识渊博的科学巨人。

习　题

2-1　什么是系统的数学模型？系统数学模型有哪些表示方法？

2-2　什么是线性系统？线性系统有什么重要性质？

2-3　已知系统的微分方程式，求出系统的传递函数$\frac{C(s)}{R(s)}$。

(1) $\frac{d^3c(t)}{dt^3}+15\frac{d^2c(t)}{dt^2}+50\frac{dc(t)}{dt}+500c(t)=\frac{d^2r(t)}{dt^2}+2r(t)$

(2) $5\frac{d^2c(t)}{dt^2}+25\frac{dc(t)}{dt}=0.5\frac{dr(t)}{dt}$

(3) $\frac{d^2c(t)}{dt^2}+25c(t)=0.5r(t)$

(4) $\frac{d^2c(t)}{dt^2}+3\frac{dc(t)}{dt}+6c(t)+4\int c(t)dt=4r(t)$

2-4　求习题 2-4 图所示机械系统的微分方程式和传递函数。图中位移 x_i 为输入量，位移 x_o 为输出量，k 为弹簧的弹性系数，f 为黏滞阻尼系数。图（1）的重力忽略不计。

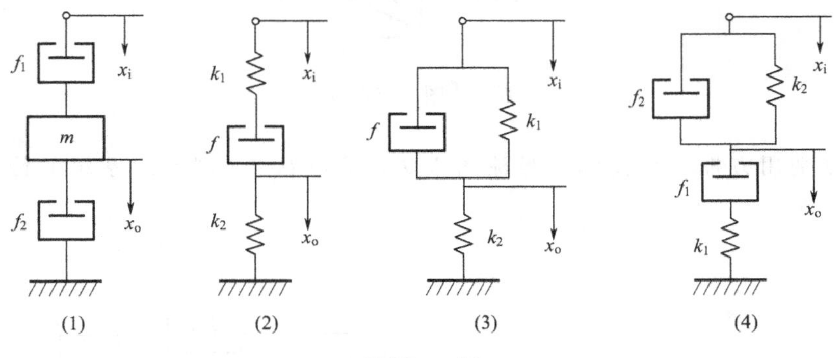

习题 2-4 图

2-5　求习题 2-5 图所示机械系统的运动方程式，图中力 F 为输入量，位移 y_1、y_2 是输出量，m 为质量，k 为弹簧的弹性系数，f 为黏滞阻尼系数。

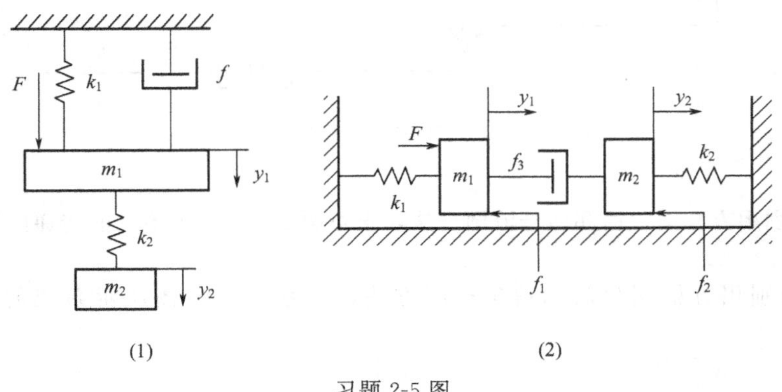

习题 2-5 图

2-6 求习题 2-6 图所示电网络的传递函数。图中 $u_i(t)$ 为输入量，$u_o(t)$ 为输出量。

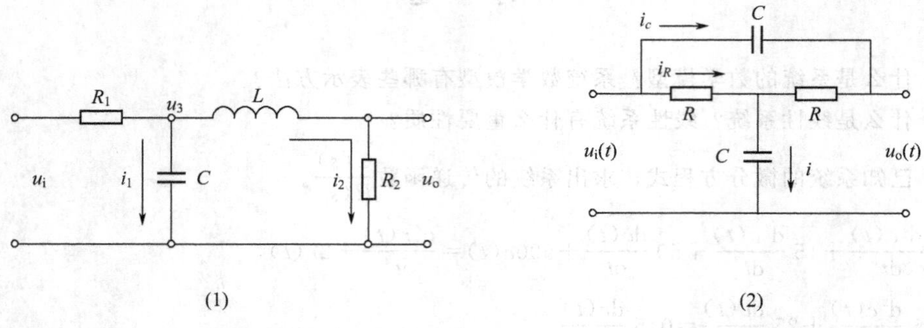

习题 2-6 图 电网络

2-7 求习题 2-7 图所示电路的传递函数 $U_o(s)/U_i(s)$。

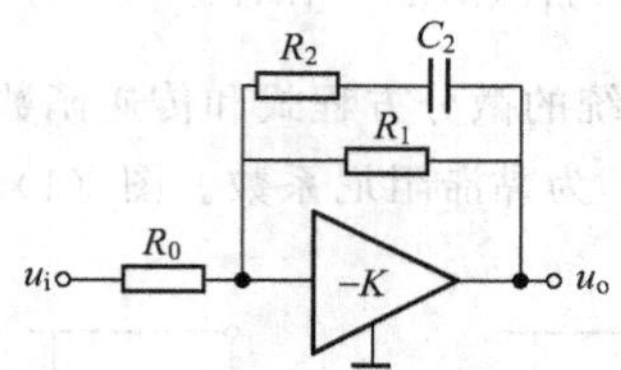

习题 2-7 图 有源网络

2-8 试分别用方框图化简和信号流图方法，求习题 2-8 图所示系统的传递函数 $\frac{C(s)}{R(s)}$ 和 $\frac{E(s)}{R(s)}$。

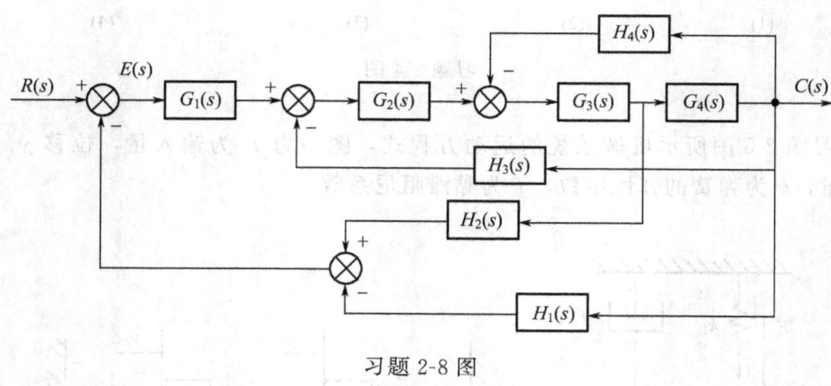

习题 2-8 图

2-9 试分别用方框图化简和信号流图方法，求习题 2-9 图所示系统的传递函数 $\frac{C(s)}{R(s)}$。

2-10 试分别用方框图化简和信号流图方法，求习题 2-10 图所示系统的传递函数 $\frac{C(s)}{R(s)}$ 和 $\frac{E(s)}{R(s)}$。

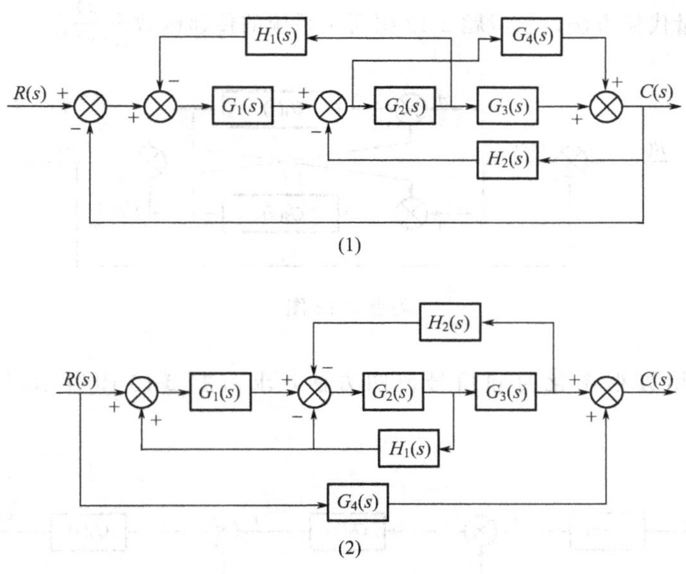

习题 2-9 图

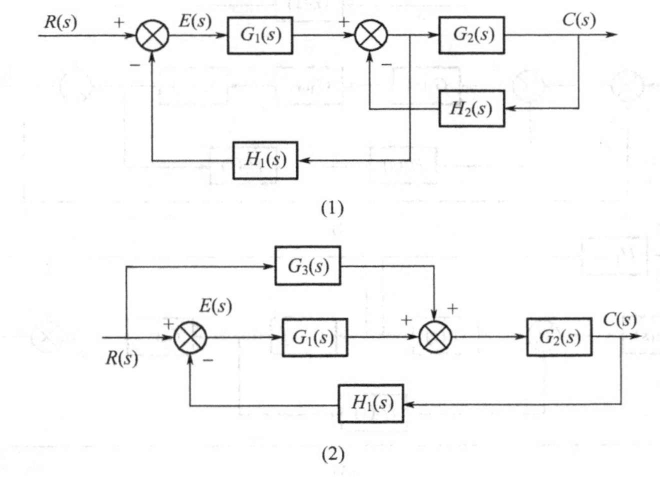

习题 2-10 图

2-11　试分别用信号流图和变量代换方法，求习题 2-11 图所示系统的传递函数$\dfrac{C(s)}{R(s)}$。

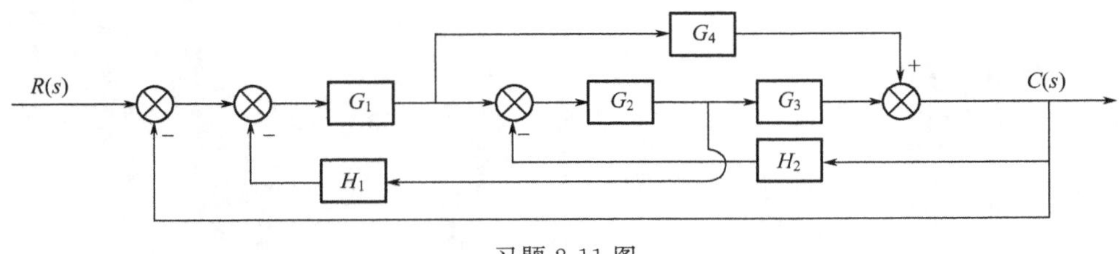

习题 2-11 图

2-12　试用变量代换方法，求习题 2-12 图所示系统的传递函数$\dfrac{C(s)}{R(s)}$。

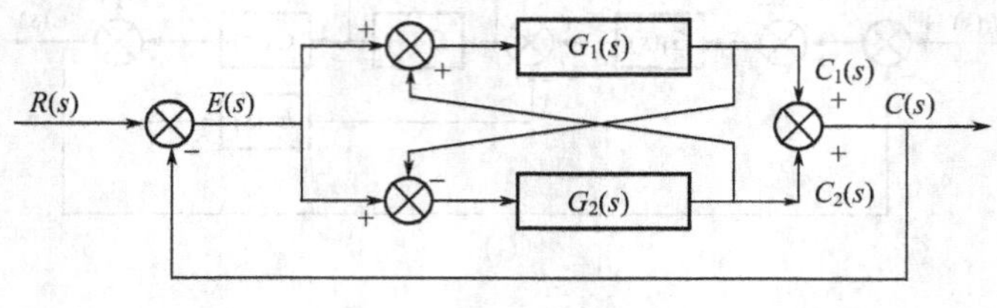

习题 2-12 图

2-13　试分别用方框图化简和信号流图方法，求习题 2-13 图所示三个系统的传递函数$\dfrac{C(s)}{R(s)}$。

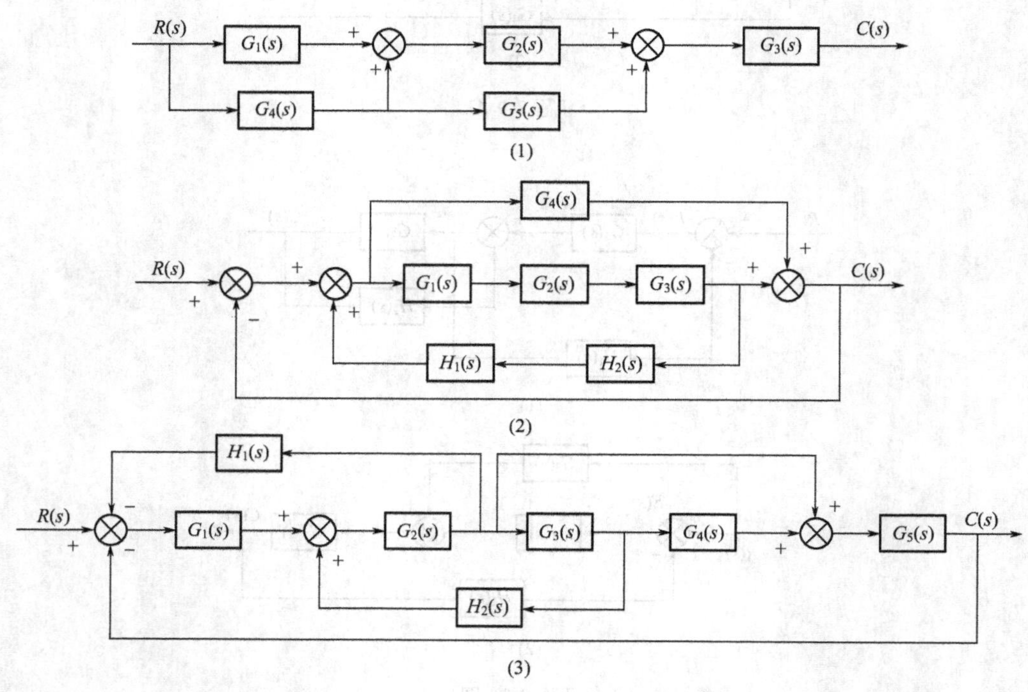

习题 2-13 图

第3章 线性控制系统的时域分析法

控制系统数学模型建立之后，就可以通过数学工具对控制系统的性能进行分析，本章着重分析和研究控制系统的动态性能、稳定性和稳态性能。在古典控制理论中，针对控制系统的性能分析常用的有本章介绍的时域分析法，第 4 章介绍的复域根轨迹法和第 5 章介绍的频域分析法。

时域分析法是一种在时间域中对系统进行分析的方法，一般在输入端给系统施加典型信号，而用系统响应输出分析系统的品质。由于系统的输出一般是时间的函数，故称这种响应为时域响应。时域分析法可以提供系统时间性响应的全部信息，具有直观、准确等特点，但有时较繁琐。

本章主要围绕时域中线性控制系统的动态性能、稳态性能和稳定性展开，分别研究一阶系统、二阶系统以及高阶系统的时域响应。同时介绍控制系统的稳定性概念、劳斯-赫尔维茨稳定判据、稳态误差的计算方法以及消除或减少稳态误差的方法等。

对于稳定的控制系统，其稳态性能一般是根据系统在典型输入信号作用下引起的稳态误差作为评价指标。因此，稳态误差是系统控制准确度的一种度量。对于一个控制系统，只有在满足控制精度要求的前提下，再对它进行过渡过程的分析才具有实际价值。

【本章重点】

本章内容主要包括：时域分析、稳定性分析和稳态误差分析。

1）掌握典型一阶系统、二阶系统的数学模型及其主要参数；

2）熟练掌握二阶系统欠阻尼下的响应分析及其主要动态性能指标计算；

3）了解高阶系统阶跃响应及其与闭环零点、极点的关系，掌握闭环主导极点的概念；

4）熟悉系统稳定性的定义，熟练掌握线性定常系统稳定的充要条件及劳斯稳定判据；

5）熟练掌握稳态误差的概念、计算方法和减小稳态误差的措施。

3.1 典型输入信号及系统性能指标

时域分析法中，控制系统的性能可以通过系统对输入信号的输出时间响应过程来评价。一个系统的时间响应，不仅取决于系统本身的特性，还与输入信号的形式有关。

3.1.1 典型输入信号

一般情况下，控制系统的外加输入信号具有随机性而无法预先知道，而且其瞬时函数关系往往又不能以解析形式来表达，只有在一些特殊情况下，控制系统的输入信号才是确知的。为了对各种控制系统的性能进行比较，需要有一个共同的基准，即预先规定的一些具有特殊形式的试验信号作为系统的输入，然后比较各种系统对这些输入信号的反应。将便于进行分析和设计，同时也为了便于对各种控制系统性能的比较而确定的一些基本的输入信号或者函数，称为典型信号。

选取试验信号应遵循以下原则：1）信号在现场或实验室中容易得到。2）选取的输入信号的典型形式应反映系统工作的大部分实际情况。3）外加输入信号尽可能简单，便于理论计算和分析处理。4）应选取那些能使系统工作在最不利情况下的输入信号作为典型的试验信号。简言之，这些典型的信号应是众多而复杂的信号的一种近似和抽象。它的选择不仅应使数学运算简单，而且还应便于用实验来验证。理论工作者相信它，是因为它是一种实际情况的分解和近似；实际工作者相信它是因为实验证明它确是一种有效的手段。常用的典型信号有以下 5 种。

(1) 阶跃信号 阶跃信号如图 3-1(a) 所示，其数学表达式为

$$r(t)=\begin{cases}0, & t<0\\ R, & t\geqslant 0\end{cases}$$

式中，R 为常数，当 $R=1$ 时，称为单位阶跃信号，记为 $1(t)$，其数学表达式为

$$r(t)=\begin{cases}0, & t<0\\ 1, & t\geqslant 0\end{cases}$$

单位阶跃函数的拉普拉斯变换为

$$R(s)=L[1(t)]=\frac{1}{s}$$

如指令的突然转换，电源的突然接通，开关、继电器接点的突然闭合，负荷的突变等，均可视为阶跃信号。阶跃信号是评价系统动态性能时应用较多的一种典型信号。

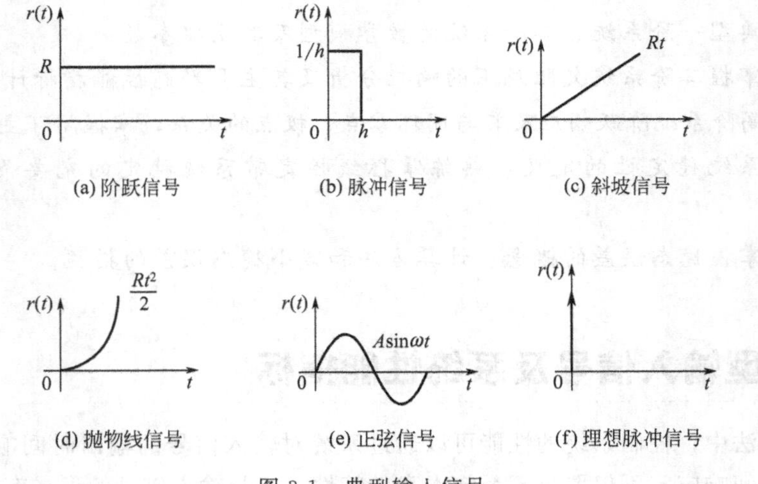

图 3-1 典型输入信号

(2) 脉冲信号　脉冲信号如图 3-1(b) 所示，其数学表达式为

$$r(t)=\begin{cases}\dfrac{1}{h}, & 0\leqslant t\leqslant h\\ 0, & t<0,t>h\end{cases}$$

式中，h 为脉冲宽度，当 $h\to 0$ 时，称为理想单位脉冲信号，记为 $\delta(t)$，其数学表达式为

$$\delta(t)=\begin{cases}\infty, & t=0\\ 0, & t\neq 0\end{cases}$$

且
$$\int_{-\infty}^{\infty}\delta(t)\mathrm{d}t=1$$

单位脉冲函数的拉普拉斯变换为　$R(s)=L[\delta(t)]=1$

单位理想脉冲函数如图 3-1(f) 所示。

脉动电压信号、冲击力、阵风中大气湍流等都可近似为脉冲信号。

(3) 斜坡信号（速度信号）　斜坡信号如图 3-1(c) 所示，其数学表达式为

$$r(t)=\begin{cases}0, & t<0\\ Rt, & t\geqslant 0\end{cases}$$

式中，R 为常数，当 $R=1$ 时，称为单位斜坡信号，记为 t，其数学表达式为

$$r(t)=\begin{cases}0, & t<0\\ t, & t\geqslant 0\end{cases}$$

单位斜坡函数的拉普拉斯变换为

$$R(s)=L[t]=\frac{1}{s^2}$$

在实际系统中，这意味着一个随时间变化及恒定速率增长的信号。大型船闸的匀速升降，列车的匀速前进，主拖动系统发出的位置信号，数控机床加工斜面时的进给指令等都可看成速度信号。

(4) 抛物线信号（加速度信号）　抛物线信号如图 3-1(d) 所示，其数学表达式为

$$r(t)=\begin{cases}0, & t<0\\ \dfrac{R}{2}t^2, & t\geqslant 0\end{cases}$$

式中，R 为常数，当 $R=1$ 时，称为单位抛物线信号，记为$\frac{1}{2}t^2$，其数学表达式为

$$r(t)=\begin{cases}0, & t<0\\ \dfrac{1}{2}t^2, & t\geqslant 0\end{cases}$$

单位抛物线函数的拉普拉斯变换为

$$R(s)=L\left[\frac{1}{2}t^2\right]=\frac{1}{s^3}$$

(5) 正弦信号 $A\sin\omega t$　正弦信号如图 3-1(e) 所示，其数学表达式为

$$r(t)=A\sin\omega t$$

式中，A 为振幅，ω 为角频率。

正弦函数的拉普拉斯变换为

$$R(s)=L[A\sin\omega t]=\frac{A\omega}{s^2+\omega^2}$$

在实际控制过程中，如海浪对舰船的扰动力、机车上设备受到的振动力、伺服振动台的输入指令、电源及机械振动的噪声等，均可近似为正弦信号。

一个系统的时间响应 $c(t)$ 除取决于系统本身的结构参数及系统输入信号外，还与系统的初始状态有关。这里对系统的初始状态也做一下典型化的处理，即所谓典型初始状态。

典型初始状态：系统的初始状态均为零状态，即在 $t=0^-$ 时，系统的时间响应 $c(0^-)=\dot{c}(0^-)=\ddot{c}(0)=\cdots=0$。这表明在系统输入信号加于系统的瞬时（$t=0^-$）之前，系统是相对静止的，被控制量及其各阶导数相对于平衡工作点的增量为零。

3.1.2 系统时域性能指标

稳定是系统工作的前提，只有系统是稳定的，分析系统的动态性能和稳态性能以及性能指标才有意义。控制系统的时域性能指标分为动态性能指标和稳态性能指标。

(1) 动态性能和稳态性能 在典型信号输入作用下，任何一个控制系统的时间响应从时间顺序上都可以划分为动态过程和稳态过程。

动态过程：系统在某一输入信号的作用下其输出量从初始状态到稳定状态的响应过程，也称瞬态响应、动态响应、暂态响应或过渡过程。

稳态过程：当某一信号输入时，系统在时间趋于无穷大时的输出状态，又称稳态响应。

设系统在零初始条件下，其闭环传递函数为 $\Phi(s)$，典型输入信号作用下的时间响应为

$$C(s)=\Phi(s)R(s) \tag{3-1}$$

对上式取拉氏反变换，则得典型信号作用下的时间响应为

$$c(t)=L^{-1}[C(s)]=c_{\mathrm{tt}}(t)+c_{\mathrm{ss}}(t) \tag{3-2}$$

式中，$c_{\mathrm{tt}}(t)$ 为动态响应；$c_{\mathrm{ss}}(t)$ 为稳态响应。

由此可见，控制系统在典型信号作用下的响应，通常由动态响应和稳态响应两部分组成。

(2) 动态性能指标和稳态性能指标 以控制系统的性能指标来说明系统响应的性能优劣，一般有动态性能指标和稳态性能指标。

1) 动态性能指标 一般认为，阶跃输入对系统来说是最严峻的工作状态，如果系统在阶跃函数作用下的暂态性能满足要求，那么系统在其他形式函数作用下的暂态响应也是令人满意的。为此，通常在阶跃函数作用下，测定或计算系统过程的动态性能。或者说，控制系统的暂态性能指标是通过系统的阶跃响应的特征来定义的。稳定的控制系统的阶跃响应分为单调变化和衰减振荡两种情况，如图 3-2 所示。

① **上升时间 t_r**：对于无振荡的系统，响应从终值的 10%上升到 90%所需的时间；对于有振荡的系统，响应曲线从零第一次上升到稳态值所需的时间。

② **峰值时间 t_p**：阶跃响应曲线超过其稳态值而达到第一个峰值所需要的时间。

③ **最大超调量 σ_p**：系统响应的最大值 $c(t_p)$ 超出稳态值 $c(\infty)$ 的百分数。

$$\sigma\%=\frac{c(t_p)-c(\infty)}{c(\infty)}\times 100\% \tag{3-3}$$

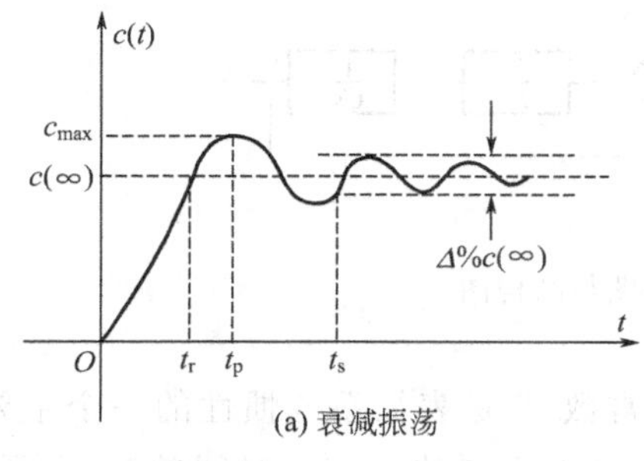

(a) 衰减振荡

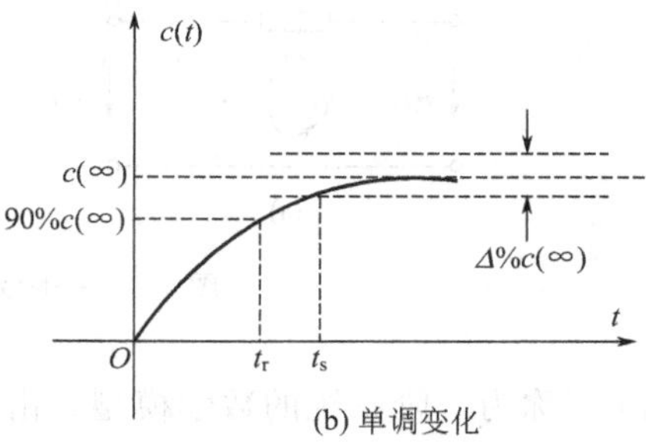

(b) 单调变化

图 3-2　控制系统的阶跃响应

④ **调节时间 t_s**：当系统的阶跃响应曲线衰减到允许的误差带内，并且以后不再超出该误差带的最小时间。即响应曲线满足式(3-4) 的时间。

$$\frac{|c(t)-c(\infty)|}{c(\infty)} \leqslant \Delta \tag{3-4}$$

式中，允许误差带 $\Delta=5\%$ 或 $\Delta=2\%$。

⑤ **振荡次数 N**：在调节时间内，响应曲线 $c(t)$ 围绕终值 $c(\infty)$ 变化的周期数。或者说，响应 $c(t)$ 穿越其稳态值 $c(\infty)$ 次数的一半。

2）稳态性能指标　稳态误差 e_{ss} 是衡量系统控制精度或抗干扰能力的一种度量。工程上指控制系统进入稳态后（$t\to\infty$）期望的输出与实际输出的差值，差值越小，控制精度越高。

3.2　一阶系统的时域分析

由于计算高阶微分方程的时间解比较复杂，因此时域分析法通常用于分析一、二阶系统。工程上，许多高阶系统常常具有一、二系统的时间响应，高阶系统也常常被简化成一、二阶系统。因此深入研究一、二阶系统有着广泛的实际意义。

控制系统的过渡过程，凡可用一阶微分方程描述的，称做一阶系统。一阶系统在控制工程实践中应用广泛。一些控制元部件及简单系统，如 RC 网络、发电机、空气加热器、液面控制系统等都可看作为一阶系统。

3.2.1　一阶系统的数学模型

典型时间响应：初始状态为零的系统，在典型信号作用下的输出响应。

如图 3-3(a) 所示的 RC 电路，其微分方程为

$$T\frac{\mathrm{d}c(t)}{\mathrm{d}t}+c(t)=r(t) \tag{3-5}$$

式中，$c(t)$ 为电路输出电压；$r(t)$ 为电路输入电压；$T=RC$ 为时间常数。当该电路的初始条件为零时，典型一阶系统的闭环传递函数为

$$\Phi(s)=\frac{C(s)}{R(s)}=\frac{1}{Ts+1} \tag{3-6}$$

相应的结构图如图 3-3(b) 所示。

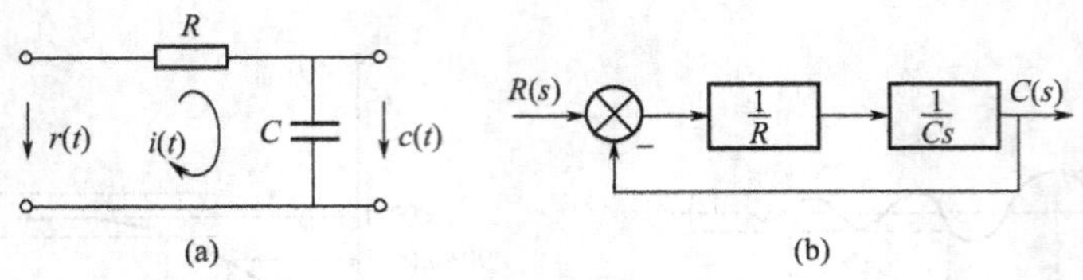

图 3-3　一阶系统电路图与结构图

式(3-6) 称为一阶系统的数学模型。由于时间常数 T 是表征系统惯性的一个主要参数，所以一阶系统有时也被称为惯性环节。应该注意，对于不同的环节，时间常数 T 可能具有不同的物理意义，但有一点是共同的，就是它总是具有时间“秒”的量纲。

3.2.2　一阶系统的单位阶跃响应

当系统的输入信号为单位阶跃函数，系统的输出就是单位阶跃响应。

由 $r(t)=1(t)$，$R(s)=\dfrac{1}{s}$，得系统输出的拉氏变换式为

$$C(s)=\Phi(s)R(s)=\frac{1}{Ts+1}\frac{1}{s} \tag{3-7}$$

取 $C(s)$ 的拉氏反变换，可得单位阶跃响应为

$$c(t)=L^{-1}\left[\frac{1}{Ts+1}\frac{1}{s}\right]=L^{-1}\left[\frac{1}{s}-\frac{T}{Ts+1}\right]=L^{-1}\left[\frac{1}{s}-\frac{1}{s+\frac{1}{T}}\right]$$

$$c(t)=1-\mathrm{e}^{-\frac{t}{T}}=c_{\mathrm{ss}}+c_{\mathrm{tt}}\quad(t\geqslant 0) \tag{3-8}$$

式中，$c_{\mathrm{ss}}=1$ 为输出的稳态分量；$c_{\mathrm{tt}}=-\mathrm{e}^{-\frac{t}{T}}$ 为输出的暂态分量。

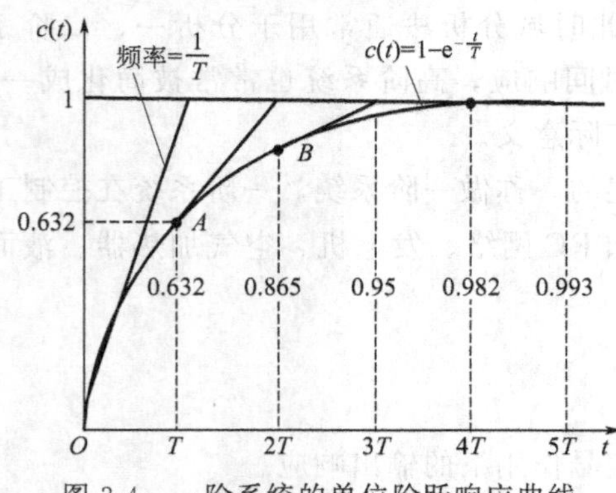

图 3-4　一阶系统的单位阶跃响应曲线

当时间 t 趋于无穷大时，c_{tt} 衰减为零。显然，一阶系统的单位阶跃响应曲线是一条由零开始，按指数规律单调上升，最终趋于 1 的曲线，如图 3-4 所示。从图 3-4 可知一阶系统单位阶跃响应特点如下。

(1) 时间常数 T 是表征时间响应特性的唯一参数。当 $t=T$ 时，$c(T)=1-\mathrm{e}^{-1}\approx 0.632$，此刻系统输出达到过渡过程总变化量的 63.2%，可用实验方法求取一阶系统的时间常数 T。

(2) 在 $t=0$ 处系统响应的切线斜率等于 $\dfrac{1}{T}$，即

$$\left.\frac{\mathrm{d}c(t)}{\mathrm{d}t}\right|_{t=0}=\left.\frac{1}{T}\mathrm{e}^{-\frac{t}{T}}\right|_{t=0}=\frac{1}{T} \tag{3-9}$$

一阶系统的单位阶跃响应的斜率，随着时间的推移是单调下降的。

(3) 当误差带 $\Delta=5\%$时，调节时间 $t_{\mathrm{s}}=3T$；当误差带 $\Delta=2\%$时，$t_{\mathrm{s}}=4T$。显然，系统的时间常数越小，调节时间 t_{s} 越小，响应过程的快速性也越好。

例 3-1　一阶系统其结构如图 3-5 所示。(1) 试求该系统单位阶跃响应的调节时间 t_s；(2) 若要求 $t_s \leqslant 0.1\mathrm{s}$，问系统的反馈系数应取多少？

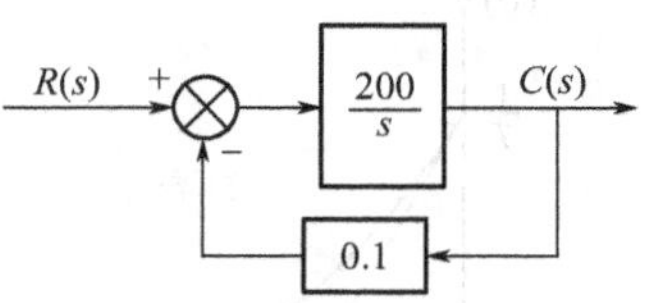

图 3-5　例 3-1 系统结构图

解　① 首先根据系统的结构图，写出闭环传递函数

$$\Phi(s)=\frac{C(s)}{R(s)}=\frac{\dfrac{200}{s}}{1+\dfrac{200}{s}\times 0.1}=\frac{10}{0.05s+1}$$

由闭环传递函数可知时间常数 $T=0.05\mathrm{s}$，由此可得

$$t_s=3T=0.15\mathrm{s}\quad(\text{误差带 }\Delta=5\%)$$

$$t_s=4T=0.20\mathrm{s}\quad(\text{误差带 }\Delta=2\%)$$

闭环传递函数分子上的数值 10 称为放大系数，相当于串接了一个 $K=10$ 的放大器，故调节时间 t_s 与它无关，只取决于时间常数 T。

② 假设反馈系数为 K_i ($K_i>0$)，即在图 3-5 中把反馈回路中的 0.1 换成 K_i，那么同样可由结构图写出闭环传递函数

$$\Phi(s)=\frac{C(s)}{R(s)}=\frac{\dfrac{200}{s}}{1+\dfrac{200}{s}K_i}=\frac{\dfrac{1}{K_i}}{\dfrac{1}{200K_i}s+1}$$

由闭环传递函数可得　$T=\dfrac{1}{200K_i}$

据题意要求 $t_s\leqslant 0.1\mathrm{s}$，则　$t_s=3T=\dfrac{3}{200K_i}\leqslant 0.1$

解得反馈系数为　$K_i\geqslant 0.15$

3.2.3　一阶系统的单位脉冲响应

当输入信号是单位脉冲时，系统的输出就是单位脉冲响应。

由 $r(t)=\delta(t)$，$R(s)=1$，由式(3-1) 可得一阶系统的输出响应为

$$C(s)=\Phi(s)R(s)=\frac{1}{Ts+1}R(s)=\frac{1}{Ts+1}$$

取 $C(s)$ 的拉氏反变换，得一阶系统的单位脉冲响应为

$$c(t)=L^{-1}\left[\frac{1}{Ts+1}\right]=L^{-1}\left[\frac{\dfrac{1}{T}}{s+\dfrac{1}{T}}\right]=\frac{1}{T}\mathrm{e}^{-\frac{t}{T}}\qquad(3\text{-}10)$$

由式(3-10) 可知，

$$\text{当 } t=0 \text{ 时}\quad c(0)=\frac{1}{T}$$

$$\text{当 } t=T \text{ 时}\quad c(T)=\frac{1}{T\mathrm{e}}$$

$$\text{当 } t=\infty \text{ 时}\quad c(\infty)=0$$

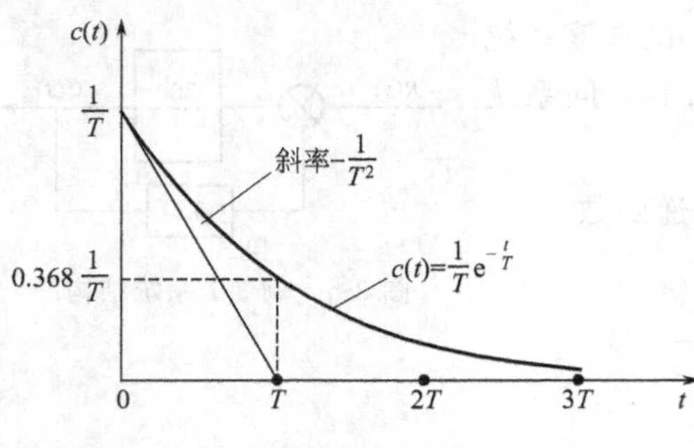

图 3-6　一阶系统的单位脉冲响应曲线

一阶系统的单位脉冲响应曲线如图 3-6 所示。从该图可知一阶系统单位脉冲响应特点如下。

1）一阶系统的单位脉冲响应为一条单调下降的指数曲线。输出量的初始值为$\frac{1}{T}$，时间$t\to\infty$时，输出量趋于零，所以不存在稳态分量。

2）定义上述指数曲线衰减到其初值的 2% 为过渡过程时间 t_s（又称调节时间），则 $t_s=4T$。时间常数 T 反映了系统响应过程的快速性，T 越小，系统的惯性越小，过渡过程的持续时间越短，即系统响应输入信号的快速性越好。

3）鉴于工程上理想的单位脉冲函数不可能得到，而是以具有一定脉宽和有限幅度的脉冲来代替。因此，为了得到近似精度较高的单位脉冲响应，要求实际脉冲函数的宽度 τ 与系统的时间常数 T 相比应足够小，一般要求 $\tau<0.1T$。

3.2.4　一阶系统的单位斜坡响应

当系统的输入信号为单位斜坡信号时，系统输出就是单位斜坡响应。

由 $r(t)=t$，$R(s)=\frac{1}{s^2}$，由式(3-1) 可得一阶系统的输出响应为

$$C(s)=\Phi(s)R(s)=\frac{1}{Ts+1}\,\frac{1}{s^2}$$

取 $C(s)$ 的拉氏反变换，得一阶系统的单位斜坡响应为

$$c(t)=L^{-1}\left[\frac{1}{Ts+1}\,\frac{1}{s^2}\right]=L^{-1}\left[\frac{1}{s^2}-\frac{T}{s}+\frac{T}{s+\frac{1}{T}}\right]$$

$$=t-T+Te^{-\frac{t}{T}}=c_{ss}+c_{tt}\quad(t\geqslant 0)\tag{3-11}$$

式中，$c_{ss}=t-T$ 为输出的稳态分量；$c_{tt}=Te^{-\frac{t}{T}t}$ 为输出的暂态分量，时间 t 趋于无穷衰减为零。

一阶系统单位斜坡响应曲线如图 3-7 所示。从该图可知一阶系统单位斜坡响应特点如下。

1）响应的初始速度为

$$\left.\frac{dc(t)}{dt}\right|_{t=0}=1-e^{-\frac{t}{T}}\big|_{t=0}=0$$

2）一阶系统的单位斜坡响应有误差。根据式(3-11) 得

$$e(t)=r(t)-c(t)=t-(t-T+Te^{-\frac{t}{T}})=T(1-e^{-\frac{t}{T}})$$

即一阶系统在斜坡输入下输出与输入的斜率相等，只是滞后一个时间 T。或者说总存在着一个跟踪位置误差，其数值与时间常数 T 的数值相等。因此，时间常数 T 越小，则

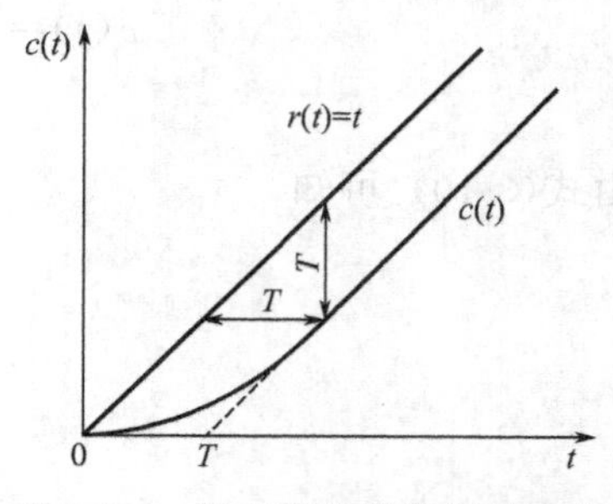

图 3-7　一阶系统的单位斜坡响应

响应越快，误差越小，输出量对输入信号的滞后时间也越小。

3）比较图 3-4 和图 3-7 可以发现，在图 3-4 的阶跃响应曲线中，输出量 $c(t)$ 与输入量 $r(t)$ 之间的位置误差随时间增长而减小，最终趋于零。而在图 3-7 的斜坡响应曲线中，初始状态位置误差最小，随着时间的增长，输出量 $c(t)$ 与输入量 $r(t)$ 之间的位置误差逐渐加大，最后趋于常值 T。

3.2.5　三种响应之间的关系

表 3-1　一阶系统对典型信号的响应

输入信号 $r(t)$	输出信号 $c(t)$	输入信号 $r(t)$	输出信号 $c(t)$
$\delta(t)$	$\frac{1}{T}e^{-\frac{t}{T}}$	t	$t-T+Te^{-\frac{t}{T}}$
$1(t)$	$1-e^{-\frac{t}{T}}$		

表 3-1 表明了线性定常系统的一个重要特性：若输入信号之间呈导数或积分关系，则其对应的输出信号也呈导数或积分关系。此性质适用于任意阶线性定常系统。因此，研究线性定常系统的时间响应，不必对每种输入信号的响应进行数学推导，而可以根据输入信号之间的关系确定输出响应，这给问题研究带来了极大的便利。

3.3　二阶系统的时域分析

凡可用二阶微分方程描述的系统，称为二阶系统。二阶系统在控制工程中应用极为广泛。例如，RLC 网络、忽略了电枢电感 L 后的电动机、具有质量的物体的运动等。此外，在分析和设计系统时，二阶系统的响应特性常被视为一种基准。因为除二阶系统外，三阶或更高阶系统有可能用二阶系统去近似，或者其响应可以表示为一、二阶系统响应的合成。所以，详细讨论和分析二阶系统的特性具有极为重要的实际意义。

3.3.1　二阶系统的数学模型

(1) 典型二阶系统的数学模型　典型 RLC 电路如图 3-8（a）所示，系统是一个二阶系统，其运动方程为

$$LC\frac{d^2u_0(t)}{dt^2}+RC\frac{du_0(t)}{dt}+u_0(t)=u_i(t) \tag{3-12}$$

式中，R、L、C 分别为电阻、电感和电容参数。在零初始条件下，输出电压和输入电压的闭环传递函数为

$$\Phi(s)=\frac{U_o(s)}{U_i(s)}=\frac{1}{LCs^2+RCs+1} \tag{3-13}$$

为了研究结果具有普遍意义，通常把二阶系统的闭环传递函数写成标准形式

$$\Phi(s)=\frac{C(s)}{R(s)}=\frac{\omega_n^2}{s^2+2\xi\omega_n s+\omega_n^2} \tag{3-14}$$

式中，ξ 为阻尼比；ω_n 为无阻尼自然振荡频率。其相对应的结构如图 3-8(b) 所示。

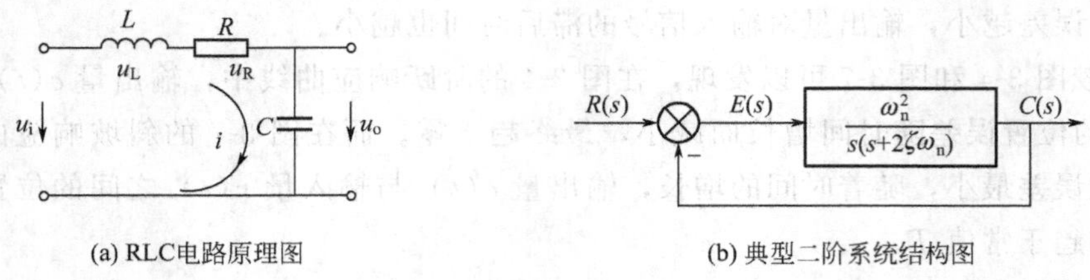

(a) RLC电路原理图　　(b) 典型二阶系统结构图

图 3-8　二阶系统电路图与结构图

将上述 RLC 系统的闭环传递函数化为标准形式，则可求得相对应的 ξ 和 ω_n 值。

$$\frac{C(s)}{R(s)}=\frac{1}{LCs^2+RCs+1}=\frac{\frac{1}{LC}}{s^2+\frac{R}{L}s+\frac{1}{LC}}=\frac{\omega_n^2}{s^2+2\xi\omega_n s+\omega_n^2} \tag{3-15}$$

由式(3-15) 分母一一对应可求得

$$2\xi\omega_n=\frac{R}{L},\quad \omega_n=\sqrt{\frac{1}{LC}}$$

令式(3-14) 的闭环传递函数的分母多项式等于零，可得二阶系统的闭环特征方程

$$s^2+2\xi\omega_n s+\omega_n^2=0 \tag{3-16}$$

可得二阶系统的两个特征根（即闭环极点）为

$$s_{1,2}=-\xi\omega_n\pm\omega_n\sqrt{\xi^2-1} \tag{3-17}$$

由此可见，二阶系统的时间响应取决于 ξ 和 ω_n 这两个参数。随着阻尼比 ξ 取值的不同，二阶系统的特征根（闭环极点）也不相同，系统的时间响应也不一样。对于不同的二阶系统，ξ 和 ω_n 的物理意义也不同。

(2) 阻尼比不同时典型二阶系统的特征根　式(3-17) 表明，典型二阶系统的特征根取决于阻尼比 ξ 值的大小。阻尼比 ξ 不同，二阶系统的特征根分布不同，其动态响应也不一样，如图 3-9 所示。

1) **过阻尼 ($\xi>1$)**　当 $\xi>1$ 时，特征方程具有两个不同的负实根 $s_{1,2}=-\xi\omega_n\pm\omega_n\sqrt{\xi^2-1}$，特征根是位于 s 平面负实轴上的两个不相等的负实极点。与临界阻尼响应曲线相同。其上升时间要比临界阻尼响应上升的慢。

2) **临界阻尼 ($\xi=1$)**　当 $\xi=1$ 时，特征方程具有两个相同的负实根 $s_{1,2}=-\omega_n$，特征根是位于 s 平面负实轴上两个相等的负实极点。单位阶跃响应是无超调、无振荡和单调上升的收敛曲线。

3) **欠阻尼 ($0<\xi<1$)**　当 $0<\xi<1$ 时，特征方程具有一对共轭复根 $s_{1,2}=-\xi\omega_n\pm j\omega_n\sqrt{1-\xi^2}$，特征根是位于 s 平面左半部的一对共轭极点。单位阶跃响应是振幅随时间按指数函数规律衰减的正弦函数曲线。

4) **无阻尼 ($\xi=0$)**（欠阻尼的特殊情况）　当 $\xi=0$ 时，特征方程具有一对共轭纯虚根 $s_{1,2}=\pm j\omega_n$，特征根位于 s 平面的虚轴上。单位阶跃响应是等幅振荡的正弦函数曲线。

5) **负阻尼 ($-1<\xi<0$)**　当 $-1<\xi<0$ 时，特征方程具有一对正实部的共轭复根 $s_{1,2}=-\xi\omega_n\pm j\omega_n\sqrt{1-\xi^2}$，特征根是位于 s 平面右半部的一对共轭极点。单位阶跃响应是发散振荡的正弦函数曲线，系统不稳定。

6）**负阻尼（$\xi<-1$）** 当 $\xi<-1$ 时，特征方程具有两个不同的正实根 $s_{1,2}=-\xi\omega_n\pm\omega_n\sqrt{\xi^2-1}$，特征根是位于 s 平面正实轴上的两个不相等的正实极点。单位阶跃响应是单调上升、发散曲线，系统不稳定。

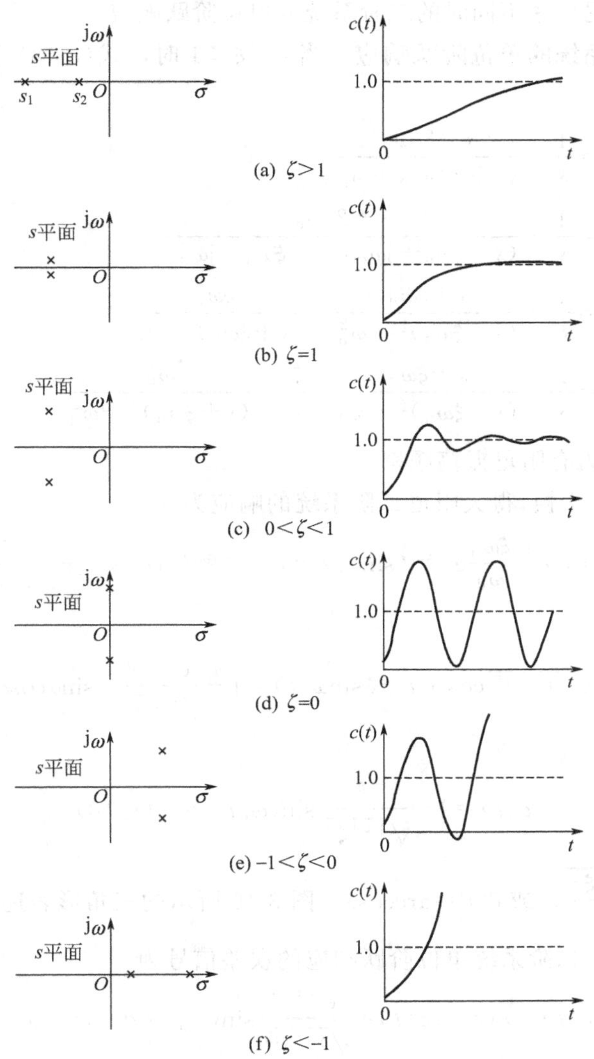

图 3-9　闭环极点分布与单位阶跃响应

下面根据式(3-14)，研究二阶系统的时间响应及动态性能指标计算。无特殊说明时，假设系统的初始条件为零，即当控制信号 $r(t)$ 作用于系统之前，系统处于静止状态。

3.3.2　二阶系统的单位阶跃响应

令 $r(t)=1(t)$，即 $R(s)=\dfrac{1}{s}$，由式(3-14) 求得二阶系统单位阶跃响应的拉氏变换为

$$C(s)=\frac{\omega_n^2}{s^2+2\xi\omega_n s+\omega_n^2}\,\frac{1}{s} \tag{3-18}$$

对上式进行拉氏反变换，便得二阶系统的单位阶跃响应

$$c(t)=L^{-1}[C(s)] \tag{3-19}$$

不同的阻尼比 ξ，对应不同的特征根分布，其对输入信号的时间响应也呈现不同的特性。下面分别讨论阻尼比 ξ 不同时的二阶系统的单位阶跃响应。

(1) 欠阻尼二阶系统的单位阶跃响应 当 $0<\xi<1$ 时，式(3-18) 可以展成如下的部分分式

$$\begin{aligned} C(s)&=\frac{1}{s}-\frac{s+2\xi\omega_n}{s^2+2\xi\omega_n s+\omega_n^2} \\ &=\frac{1}{s}-\frac{s+2\xi\omega_n}{(s+\xi\omega_n+j\omega_d)(s+\xi\omega_n-j\omega_d)} \\ &=\frac{1}{s}-\frac{s+\xi\omega_n}{(s+\xi\omega_n)^2+\omega_d^2}-\frac{\xi\omega_n}{(s+\xi\omega_n)^2+\omega_d^2} \\ &=\frac{1}{s}-\frac{s+\xi\omega_n}{(s+\xi\omega_n)^2+\omega_d^2}-\frac{\xi\omega_n}{\omega_d}\frac{\omega_d}{(s+\xi\omega_n)^2+\omega_d^2} \end{aligned} \tag{3-20}$$

式中，$\omega_d=\omega_n\sqrt{1-\xi^2}$ 为有阻尼振荡频率。

对式(3-20)进行拉氏反变换，得欠阻尼二阶系统的响应为

$$c(t)=1-e^{-\xi\omega_n t}\cos\omega_d t-\frac{\xi\omega_n}{\omega_d}e^{-\xi\omega_n t}\sin\omega_d t=1-e^{-\xi\omega_n t}\left(\cos\omega_d t+\frac{\xi}{\sqrt{1-\xi^2}}\sin\omega_d t\right)\ (t\geqslant 0)$$

上式还可改写为

$$c(t)=1-\frac{e^{-\xi\omega_n t}}{\sqrt{1-\xi^2}}(\sqrt{1-\xi^2}\cos\omega_d t+\xi\sin\omega_d t)=1-\frac{e^{-\xi\omega_n t}}{\sqrt{1-\xi^2}}(\sin\theta\cos\omega_d t+\cos\theta\sin\omega_d t)$$

最后推导为

$$c(t)=1-\frac{e^{-\xi\omega_n t}}{\sqrt{1-\xi^2}}\sin(\omega_d t+\theta)\ (t\geqslant 0) \tag{3-21}$$

式中，$\theta=\arctan\frac{\sqrt{1-\xi^2}}{\xi}$，或者 $\theta=\arccos\xi$。图 3-10 所示的三角形表述了欠阻尼二阶系统各特征参数关系。此时，二阶系统单位阶跃响应的误差信号为

$$e(t)=r(t)-c(t)=\frac{e^{-\xi\omega_n t}}{\sqrt{1-\xi^2}}\sin(\omega_d t+\theta)\ (t\geqslant 0) \tag{3-22}$$

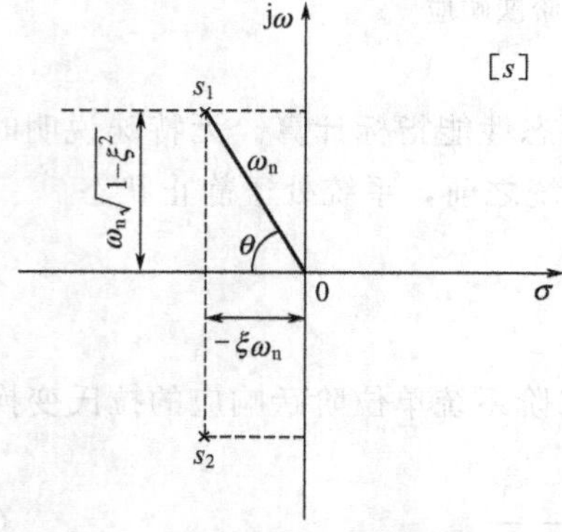

图 3-10 欠阻尼二阶系统各特征参数关系

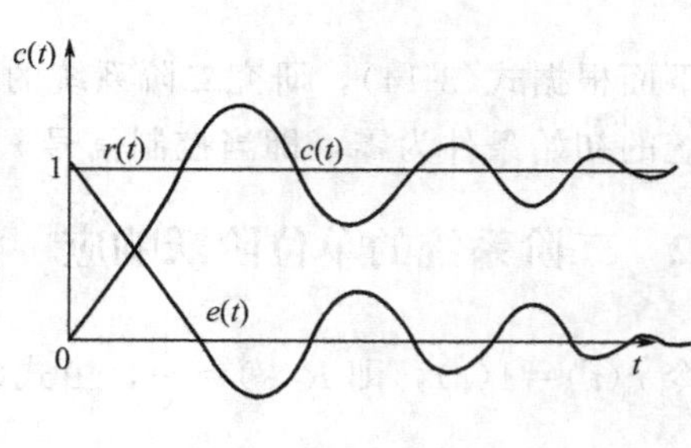

图 3-11 欠阻尼二阶系统单位阶跃响应及误差曲线

从式(3-21) 和式(3-22) 可以得出欠阻尼二阶系统单位阶跃响应的特点如下。

1) 欠阻尼二阶系统的输出响应 $c(t)$ 及误差信号 $e(t)$ 为衰减的正弦振荡曲线，如图 3-11 所示。

2) 欠阻尼二阶系统的单位阶跃响应由暂态分量和稳态分量两部分组成。暂态分量是一个衰减的正弦振荡，衰减振荡频率是有阻尼振荡频率 ω_d，衰减振荡周期为 $T_d=\dfrac{2\pi}{\omega_d}$。曲线衰减速度取决于 $\xi\omega_n$ 值的大小，$\xi\omega_n$ 越大系统的闭环极点距离虚轴越远，暂态分量衰减越快。

3) 暂态分量衰减到零后，系统的输出值达到稳态值 1，系统的稳态误差为零。

(2) 无阻尼二阶系统的单位阶跃响应　令 $\xi=0$，即无阻尼。在这种情况下，式(3-18) 为

$$C(s)=\frac{1}{s}\frac{\omega_n^2}{s^2+\omega_n^2}=\frac{1}{s}-\frac{s}{s^2+\omega_n^2}$$

对上式进行拉氏反变换，得无阻尼二阶系统的单位阶跃响应为

$$c(t)=1-\cos\omega_n t\quad(t\geqslant 0)\tag{3-23}$$

此时的响应称为无阻尼响应。

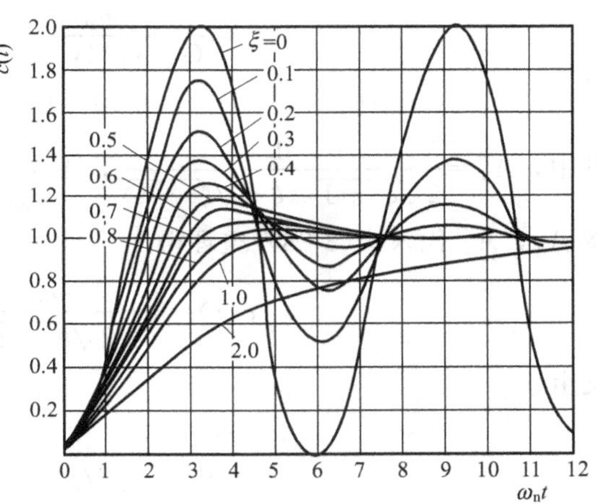

图 3-12　不同阻尼比的二阶系统单位阶跃响应曲线

式(3-23) 表明，无阻尼二阶系统的单位阶跃响应是一条围绕给定值 1 的正弦、余弦形式的等幅振荡曲线，如图 3-12 所示。其振荡频率为 ω_n，无阻尼振荡频率的名称由此而来。实际上，$\xi=0$ 是欠阻尼的一种特殊情况，将 $\xi=0$ 代入式(3-21)，也可直接得到无阻尼振荡响应 $c(t)$。

还可以看出频率 ω_n 和 ω_d 的物理意义。ω_n 是 $\xi=0$ 时二阶系统的振荡频率。ω_n 的取值完全取决于系统本身的结构参数，是系统的固有频率，也称为自然频率。ω_d 是欠阻尼 ($0<\xi<1$) 时，二阶系统响应为衰减的正弦振荡的角频率，称为有阻尼自然振荡频率。而 $\omega_d=\omega_n\sqrt{1-\xi^2}$，显然 $\omega_d\leqslant\omega_n$，且随着 ξ 值增大，ω_d 的值将减小。当 $\xi>1$ 时，$\omega_d=0$，意味着系统的输出响应将不再振荡。

(3) 临界阻尼二阶系统的单位阶跃响应　当 $\xi=1$ 时，式(3-18) 可以展成如下的部分分式

$$C(s)=\frac{\omega_n^2}{(s+\omega_n)^2}\frac{1}{s}=\frac{1}{s}-\frac{1}{s+\omega_n}-\frac{\omega_n}{(s+\omega_n)^2}\tag{3-24}$$

对式(3-24) 进行拉氏反变换，得临界阻尼二阶系统的单位阶跃响应为

$$c(t)=1-e^{-\omega_n t}(1+\omega_n t)\quad(t\geqslant 0)\tag{3-25}$$

此时的响应称为临界阻尼响应。

由式(3-25) 看出，临界阻尼二阶系统单位阶跃响应是一条无超调的单调上升曲线，其曲线介于欠阻尼和过阻尼曲线之间，如图 3-12 所示。又由于

$$\frac{\mathrm{d}c(t)}{\mathrm{d}t}=\omega_n^2 t\mathrm{e}^{-\omega_n t}\ (t\geqslant 0) \tag{3-26}$$

$$\left.\frac{\mathrm{d}c(t)}{\mathrm{d}t}\right|_{t=0}=0,\ \left.\frac{\mathrm{d}c(t)}{\mathrm{d}t}\right|_{t=\infty}=0,\ c(\infty)=1$$

因此，$c(t)$ 在 $t=0$ 时与横轴相切，随着时间的推移，响应过程的变化率为正，曲线单调上升；当时间趋于无穷时，变化率趋于0，响应过程趋于常值1。一阶系统单位阶跃响应曲线在 $t=0$ 时，斜率为$\frac{1}{T}$，根据二者响应曲线可以区分是一阶系统还是二阶临界阻尼系统。

(4) 过阻尼二阶系统的单位阶跃响应　当阻尼比 $\xi>1$ 时，称其为过阻尼。这时二阶系统具有两个不相同的负实根，即

$$s_1=-\xi\omega_n-\omega_n\sqrt{\xi^2-1}$$

$$s_2=-\xi\omega_n+\omega_n\sqrt{\xi^2-1}$$

式(3-18) 可展成如下的部分分式

$$C(s)=\frac{\omega_n^2}{(s-s_1)(s-s_2)}\times\frac{1}{s}=\frac{1}{s}+\frac{A_1}{s-s_1}+\frac{A_2}{s-s_2} \tag{3-27}$$

$$c(t)=1+A_1\mathrm{e}^{s_1 t}+A_2\mathrm{e}^{s_2 t} \tag{3-28}$$

其中，$A_1=\frac{1}{2\sqrt{\xi^2-1}\ (\xi+\sqrt{\xi^2-1})}$，$A_2=-\frac{1}{2\sqrt{\xi^2-1}\ (\xi-\sqrt{\xi^2-1})}$

将 A_1，A_2 代入式(3-28) 整理得

$$c(t)=1+\frac{\omega_n}{2\sqrt{\xi^2-1}}\left(\frac{\mathrm{e}^{s_2 t}}{s_2}-\frac{\mathrm{e}^{s_1 t}}{s_1}\right)\quad (t\geqslant 0) \tag{3-29}$$

又由于

$$\frac{\mathrm{d}c(t)}{\mathrm{d}t}=\frac{\omega_n}{2\sqrt{\xi^2-1}}(\mathrm{e}^{s_2 t}-\mathrm{e}^{s_1 t})\quad (t\geqslant 0)$$

$$\left.\frac{\mathrm{d}c(t)}{\mathrm{d}t}\right|_{t=0}=0,\ \left.\frac{\mathrm{d}c(t)}{\mathrm{d}t}\right|_{t=\infty}=0,\ c(\infty)=1$$

因此，响应曲线 $c(t)$ 在 $t=0$ 时与横轴相切，随着时间 t 的增加单调上升；当时间趋于无穷时，变化率趋于0，响应过程趋于常值1。

由式(3-29) 可知，$\xi>1$ 时，过阻尼二阶系统的阶跃响应是一条含有两个衰减指数项的无超调单调上升的曲线，如图3-12所示。当 ξ 远大于1时，如图3-9(a) 中，闭环极点 s_1 将比 s_2 距虚轴远得多，包含 s_1 的指数项要比包含 s_2 的指数项衰减得快，而且与 s_1 对应项的系数也小于 s_2 对应项的系数，所以 s_1 对系统响应的影响比 s_2 对系统响应的影响要小得多。因此，在求取输出信号 $c(t)$ 的近似解时，可以忽略 s_1 对系统的影响，把二阶系统近似看成一阶系统。

下面证明当 $\xi\gg 1$ 时，二阶系统近似为一阶系统的传递函数为$\frac{C(s)}{R(s)}=\frac{-s_2}{s-s_2}$

当 $\xi\gg 1$，$|s_1|\gg|s_2|$时，

$$\frac{C(s)}{R(s)}=\frac{\omega_n^2}{s^2+2\xi\omega_n s+\omega_n^2}=\frac{\omega_n^2}{(s-s_1)(s-s_2)}$$

$$=\frac{\omega_n^2}{s_1-s_2}\frac{1}{s-s_1}+\frac{\omega_n^2}{s_2-s_1}\frac{1}{s-s_2}$$

若忽略 s_1 极点的影响，即省掉$\frac{1}{s-s_1}$项，则得

$$\frac{C(s)}{R(s)}=\frac{\omega_n^2}{s_2-s_1}\frac{1}{s-s_2}=\frac{\omega_n}{2\sqrt{\xi^2-1}}\ \frac{1}{s-s_2}=\frac{\omega_n}{2\sqrt{\xi^2-1}(-s_2)}\ \frac{1}{\frac{1}{-s_2}s+1}$$

$$=\frac{1}{2\sqrt{\xi^2-1}(\xi-\sqrt{\xi^2-1})}\ \frac{1}{\frac{1}{-s_2}s+1}=\frac{1}{2(\xi\sqrt{\xi^2-1}-\xi^2+1)}\ \frac{1}{\frac{1}{-s_2}s+1}$$

$$=\frac{1}{2(\xi^2\sqrt{1-\frac{1}{\xi^2}}-\xi^2+1)}\ \frac{1}{\frac{1}{-s_2}s+1}$$

用幂级数展开，得$\sqrt{1-\frac{1}{\xi^2}}\approx 1-\frac{1}{2\xi^2}$，代入上式得

$$\frac{C(s)}{R(s)}=\frac{1}{2\left[\xi^2(1-\frac{1}{2\xi^2})-\xi^2+1\right]}\ \frac{1}{\frac{1}{-s_2}s+1}=\frac{1}{\frac{1}{-s_2}s+1}=\frac{-s_2}{s-s_2}=\frac{1}{Ts+1} \tag{3-30}$$

式中，$T=\frac{1}{-s_2}$。由式(3-30) 可见，$\xi\gg 1$ 时，二阶系统可转化为一阶系统。

由式(3-30) 可知近似的一阶单位阶跃时间响应 $c(t)$ 为

$$c(t)=1-e^{-\frac{t}{T}}=1-e^{s_2 t}=1-e^{-(\xi\omega_n-\omega_n\sqrt{\xi^2-1})t}\ (t\geqslant 0) \tag{3-31}$$

当 $\xi=2$，$\omega_n=1$ 时，近似时间特性及准确时间特性均画在图 3-13 中。

这时系统的近似解为　　$c(t)=1-e^{-0.27t}\quad (t\geqslant 0)$

系统的准确解为　$c(t)=1+0.077e^{-3.73t}-1.077e^{-0.27t}\quad (t\geqslant 0)$

准确曲线和近似曲线之间，只是在响应曲线的起始段上有比较显著的差别。这说明只要 $\xi>2$，应用式(3-31) 表示的近似响应都可得到满意的结果。

(5) 负阻尼二阶系统的单位阶跃响应　当系统的阻尼比 ξ 为负时，称系统处于负阻尼状态。在这种情况下的响应称为负阻尼响应。例如，当 $-1<\xi<0$ 时，二阶系统负阻尼的单位阶跃响应为

$$c(t)=1-\frac{e^{-\xi\omega_n t}}{\sqrt{1-\xi^2}}\sin(\omega_d t+\theta)\quad (t\geqslant 0) \tag{3-32}$$

式中，$\omega_d=\omega_n\sqrt{1-\xi^2}$；$\theta=\arccos\xi$。

从形式上看，式(3-32) 与欠阻尼表达式(3-21) 相同，但由于阻尼比为负，指数因子 $e^{-\xi\omega_n t}$ 具有正的幂指数，因此，单位阶跃响应发散振荡。同理，$\xi\leqslant -1$时，系统也呈发散状态。由此可见，负阻尼比时，系统不稳定，也就没有研究此系统的意义了。

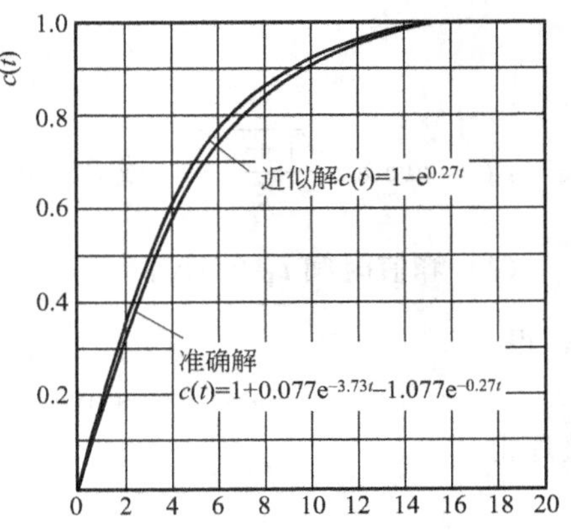

图 3-13　二阶系统的响应（$\xi=2$）

从响应曲线图 3-13 可以看出，当 $\xi\geqslant 1$ 时，即在临界阻尼或过阻尼的情况下，二阶系统的单位阶

跃响应是无超调的单调上升曲线。在这两种情况下，临界阻尼的调节时间 t_s 为最短；对于欠阻尼，即 $0<\xi<1$ 的情况，二阶系统的单位阶跃响应是衰减振荡的正弦曲线。随着阻尼比 ξ 的减小，振荡程度越加严重，当 $\xi=0$ 时出现等幅振荡，当 $\xi<0$ 时，为发散振荡。

阻尼比 ξ 对系统的响应影响非常大。在自然振荡频率相同的条件下，阻尼比越小，超调量越大，上升时间越短，振荡特性越强，平稳性越差。阻尼比越大，过渡过程越慢，快速性越差，而平稳性增强。在工程控制中，一般要兼顾快速性和平稳性。当 $\xi=0.4\sim0.8$ 时，响应曲线振荡不严重，又有较短的调节时间。因此，设计时一般将参数 ξ 选在这个区间。但并不排除在某些情况下（例如在包含低增益、大惯性的温度控制系统设计中）需要采用过阻尼系统。此外，在有些不允许时域特性出现超调，而又希望过渡过程较快完成的情况下，例如在指示仪表系统和记录仪表系统中，需要采用临界阻尼系统。

3.3.3 欠阻尼二阶系统的动态性能指标

评价控制系统动态性能的好坏，是通过系统对单位阶跃响应函数的特征量来表示的。因此，以欠阻尼二阶系统为例，计算各项动态性能指标，其中主要有上升时间 t_r、峰值时间 t_p、调节时间 t_s、最大超调量 σ_P（见图 3-14）和振荡次数等 N，并分析它们与 ξ、ω_n 之间的关系。

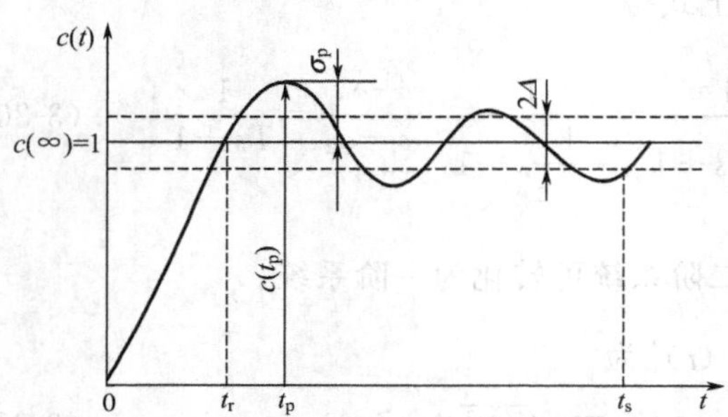

图 3-14 控制系统的单位阶跃响应性能指标

(1) 上升时间 t_r

根据定义，当 $t=t_r$ 时，$c(t_r)=1$。由式 (3-21) 得

$$c(t_r)=1-\frac{e^{-\xi\omega_n t_r}}{\sqrt{1-\xi^2}}\sin(\omega_d t_r+\theta)=1$$

即

$$\frac{e^{-\xi\omega_n t_r}}{\sqrt{1-\xi^2}}\sin(\omega_d t_r+\theta)=0$$

因为

$$\frac{e^{-\xi\omega_n t_r}}{\sqrt{1-\xi^2}}\neq0$$

所以

$$\sin(\omega_d t_r+\theta)=0$$

由上式得 $\omega_d t_r+\theta=\pi$，因此，上升时间为

$$t_r=\frac{\pi-\theta}{\omega_d}=\frac{\pi-\theta}{\omega_n\sqrt{1-\xi^2}} \tag{3-33}$$

式中，$\theta=\arctan\dfrac{\sqrt{1-\xi^2}}{\xi}$，或 $\theta=\arccos\xi$。其中 θ 与 $\xi\omega_n$、ω_d 以及 ξ 等的关系见图 3-15。

(2) 峰值时间 t_p 的计算 将式(3-21) 对时间 t 求导，并令其等于零，即 $\left.\dfrac{dc(t)}{dt}\right|_{t=t_p}=0$，得

$$\xi\omega_n e^{-\xi\omega_n t_p}\sin(\omega_d t_p+\theta)-\omega_d e^{-\xi\omega_n t_p}\cos(\omega_d t_p+\theta)=0$$

整理得

$$\tan(\omega_d t_p+\theta)=\frac{\sqrt{1-\xi^2}}{\xi}$$

根据图 3-15 中的 θ 与 ξ 的关系，有 $\tan\theta=\dfrac{\sqrt{1-\xi^2}}{\xi}$

即 $\tan(\omega_d t_p+\theta)=\tan(\theta+l\pi) \quad (l=1,2,3\cdots)$

由于峰值时间 t_p 是响应 $c(t)$ 达到第一个峰值所对应的时间，故取 $\omega_d t_p+\theta=\theta+\pi$，则有

$$t_p=\frac{\pi}{\omega_d}=\frac{\pi}{\omega_n\sqrt{1-\xi^2}} \tag{3-34}$$

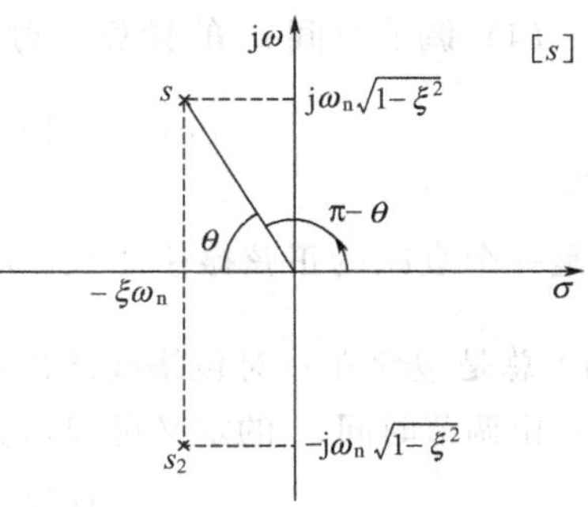

图 3-15 θ 角的定义

(3) 最大超调量 σ_p 的计算 超调量发生在峰值时间 t_p 时刻，则

$$c(t_p)=1-\frac{e^{-\xi\omega_n t_p}}{\sqrt{1-\xi^2}}\sin(\omega_d t_p+\theta)=1-\frac{e^{-\xi\omega_n\times\frac{\pi}{\omega_n\sqrt{1-\xi^2}}}}{\sqrt{1-\xi^2}}\sin\left(\omega_d\frac{\pi}{\omega_d}+\theta\right)$$

$$=1-\frac{e^{-\frac{\xi\pi}{\sqrt{1-\xi^2}}}}{\sqrt{1-\xi^2}}\sin(\pi+\theta)=1+\frac{e^{-\frac{\xi\pi}{\sqrt{1-\xi^2}}}}{\sqrt{1-\xi^2}}\sin\theta$$

$$=1+e^{-\frac{\xi\pi}{\sqrt{1-\xi^2}}}$$

根据 $c(\infty)=1$ 和超调量的定义可得

$$\sigma_p=\frac{c(t_p)-c(\infty)}{c(\infty)}\times 100\%=e^{-\frac{\xi\pi}{\sqrt{1-\xi^2}}}\times 100\% \tag{3-35}$$

或

$$\sigma_p=e^{-\pi\cot\theta}\times 100\% \tag{3-36}$$

由式(3-35) 看出，最大超调 σ_p 只是阻尼比 ξ 的函数，与 ω_n 无关。当二阶系统的阻尼比 ξ 确定后，即可求得相对应的超调量 σ_p 。反之，如果给出了超调量 σ_p 的要求值，也可求出相对应的阻尼比 ξ 的数值。图 3-16 给出了 σ_p 与 ξ 的关系曲线。一般为了获得良好的过渡过程，选 $\xi=0.4\sim0.8$，则其相应的超调量 $\sigma_p=25\%\sim2.5\%$ 。小的 ξ 值，例如 $\xi<0.4$ 时会造成系统响应严重超调；而大的 ξ 值，例如 $\xi>0.8$ 时，将使系统的调节时间变长。当 ω_n 一定时，$\xi=0.7$ 附近，σ_p 较小，平稳性也好，因此，在设计二阶系统时一般选取 $\xi=0.707$ 为最佳阻尼比，此时系统的调节时间最短，超调量 $\sigma_p=4\%$ ，对应的 $\theta=45°$ 。

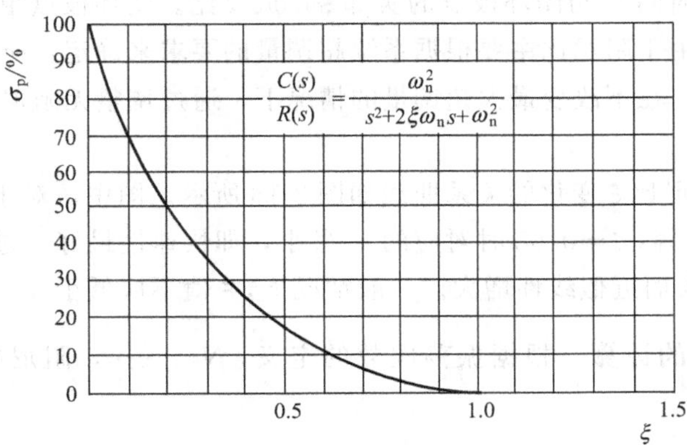

图 3-16 σ_p 与 ξ 的关系曲线

(4) 调节时间 t_s 的计算 对于欠阻尼二阶系统的单位阶跃响应可用式(3-18)表示为

$$c(t)=1-\frac{e^{-\xi\omega_n t}}{\sqrt{1-\xi^2}}\sin(\omega_d t+\theta) \qquad (t\geqslant 0)$$

这是一个衰减的正弦振荡曲线。曲线 $1\pm\frac{1}{\sqrt{1-\xi^2}}e^{-\xi\omega_n t}$ 为该系统响应 $c(t)$ 的包络线。即响应 $c(t)$ 总是包含在一对包络线之内，如图 3-17 所示。包络线的衰减速度取决于 $\xi\omega_n$ 值。

由调节时间 t_s 的定义可知，t_s 是包络线衰减到 Δ 区域所需的时间，此时 $c(\infty)=1$，则有

$$\frac{|c(t_s)-c(\infty)|}{c(\infty)}\leqslant\Delta \qquad (t\geqslant t_s)$$

$$\frac{e^{-\xi\omega_n t_s}}{\sqrt{1-\xi^2}}\sin(\omega_d t+\theta)\leqslant\Delta \qquad (t\geqslant t_s) \tag{3-37}$$

用包络线代替衰减的正弦振荡曲线，得

$$\frac{e^{-\xi\omega_n t_s}}{\sqrt{1-\xi^2}}\leqslant\Delta \qquad (t\geqslant t_s)$$

解得

$$t_s\geqslant\frac{1}{\xi\omega_n}\left(\ln\frac{1}{\Delta}+\ln\frac{1}{\sqrt{1-\xi^2}}\right) \tag{3-38}$$

式中，若取 $\Delta=5\%$ 和 $\Delta=2\%$ 时，分别得到 t_s 的计算式

$$t_s\geqslant\frac{3+\ln\frac{1}{\sqrt{1-\xi^2}}}{\xi\omega_n} \qquad (\Delta=5\%)$$

$$t_s\geqslant\frac{4+\ln\frac{1}{\sqrt{1-\xi^2}}}{\xi\omega_n} \qquad (\Delta=2\%)$$

对于欠阻尼二阶系统，当阻尼比满足 $0<\xi<0.9$ 时，$\ln\frac{1}{\sqrt{1-\xi^2}}$ 值很小，可以忽略，则得

$$t_s=\frac{3}{\xi\omega_n} \qquad (\Delta=5\%) \tag{3-39}$$

$$t_s=\frac{4}{\xi\omega_n} \qquad (\Delta=2\%) \tag{3-40}$$

上式表明，调节时间 t_s 与闭环极点的实部 $\xi\omega_n$ 成反比。闭环极点距虚轴的距离越远，系统的调节时间越短。由于阻尼比主要根据系统超调量的要求来确定，所以调节时间主要由无阻尼自振荡频率决定。在不改变最大超调量的情况下，通过调整无阻尼自然振荡频率可以改变控制系统的快速性。

调节时间 t_s 随阻尼比 ξ 变化的关系曲线如图 3-18 所示。图中，对于 $\Delta=2\%$，$\xi=0.76$ 时对应的 t_s 最小；$\Delta=5\%$，$\xi=0.68$ 时对应的 t_s 最小，即快速性最好。过了曲线 $t_s(\xi)$ 的最低点，t_s 将随着 ξ 的增大而近似线性增大。一般情况下，ξ 值不应低于 0.5。

(5) 振荡次数 N 的计算 根据振荡次数的定义，$N=\frac{t_s}{T_d}$，阻尼振荡周期 $T_d=\frac{2\pi}{\omega_d}=\frac{2\pi}{\omega_n\sqrt{1-\xi^2}}$。

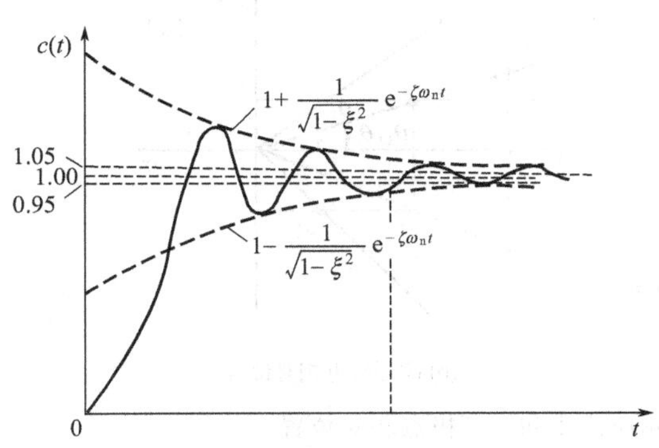

图 3-17　二阶系统单位阶跃响应的包络线

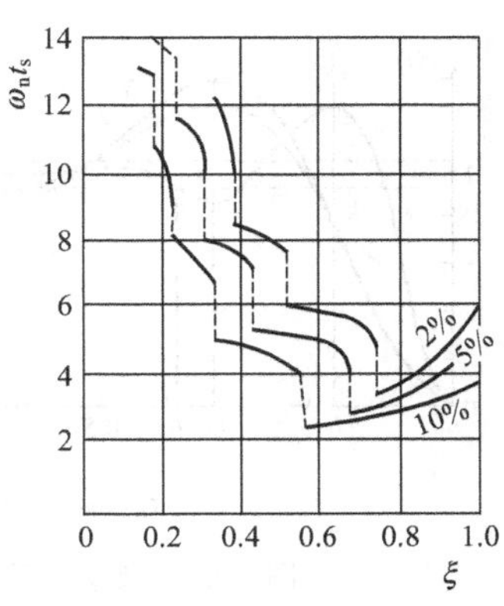

图 3-18　二阶系统 t_s 与 ξ 的关系曲线

当 $\Delta=2\%$时，$t_s=\dfrac{4}{\xi\omega_n}$ ；当 $\Delta=5\%$时，$t_s=\dfrac{3}{\xi\omega_n}$

则有

$$N=\frac{1.5\sqrt{1-\xi^2}}{\pi\xi} \quad (\Delta=5\%) \tag{3-41}$$

$$N=\frac{2\sqrt{1-\xi^2}}{\pi\xi} \quad (\Delta=2\%) \tag{3-42}$$

若已知 σ_p ，考虑到 $\sigma_p=e^{-\frac{\xi\pi}{\sqrt{1-\xi^2}}}$ ，则

$$\ln\sigma_p=-\frac{\pi\xi}{\sqrt{1-\xi^2}}$$

求得振荡次数 N 与 σ_p 超调量的关系为

$$N=\frac{-1.5}{\ln\sigma_p} \quad (\Delta=5\%) \tag{3-43}$$

$$N=\frac{-2}{\ln\sigma_p} \quad (\Delta=2\%) \tag{3-44}$$

如果用上式计算得到的 N 值为非整数，则振荡次数只取其整数即可，小数的振荡次数没有实际意义。振荡次数 N 只与 ξ 有关，N 与 ξ 的关系曲线如图 3-19 所示。

从上述各项性能指标的计算式看出，欲使二阶系统具有满意的性能指标，必须选取合适的阻尼比 ξ 和无阻尼振荡频率 ω_n 。提高 ω_n 可以提高系统的响应速度；增大 ξ 可以提高系统的平稳性，使超调量和振荡系数减少。一般来说，在系统的响应速度和阻尼程度之间存在着一定的矛盾。对于既要增强系统的阻尼程度，同时又要求其具有较高响应速度的设计方案，只有通过合理的折衷才能实现。

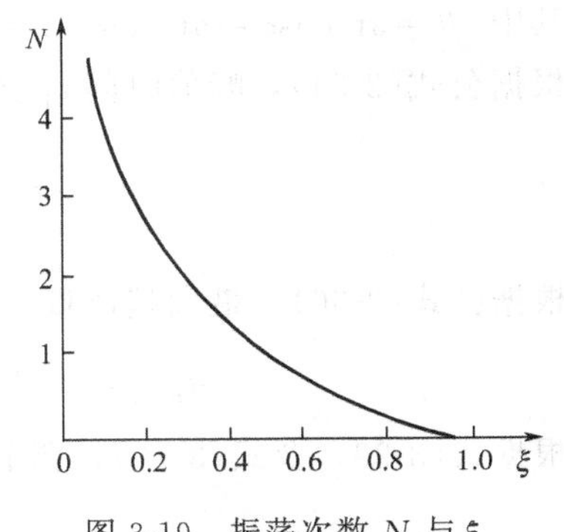

图 3-19　振荡次数 N 与 ξ 的关系曲线

例 3-2　三个典型二阶系统的单位阶跃响应曲线如图 3-20(a) 中的 1，2，3 所示。其中 t_{s1} ，t_{s2} 分别是系统 1 和 2 的调整时间；t_{p1} ，t_{p2} ，t_{p3} 分别是系统 1、2 和 3 的峰值时间。试在同一 s 平面上画出三个系统的闭环极点的相对位置。

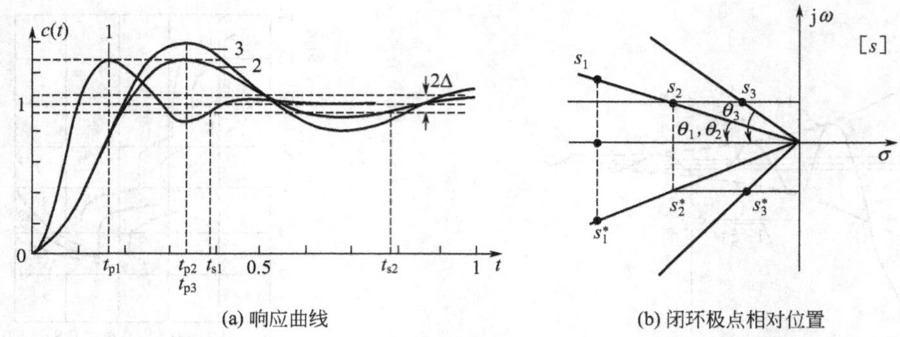

(a) 响应曲线 (b) 闭环极点相对位置

图 3-20 典型二阶系统单位阶跃响应曲线和闭环极点相对位置

解 设三个系统对应的闭环极点分别是 s_1，s_1^*；s_2，s_2^*；s_3，s_3^*，由图 3-20(a) 曲线 1，2，3 可知：

1）系统 1 和系统 2 对应的响应曲线 1、2 的最大超调量相等 $\sigma_{p1}=\sigma_{p2}$，则阻尼比 $\xi_1=\xi_2$，即对应的 $\theta_1=\theta_2$，所以 s_1，s_2 在同一阻尼比线上。

2）系统 1 和系统 2 对应的响应曲线 1、2 的自然振荡频率 $\omega_{n1}>\omega_{n2}$（$t_{s1}<t_{s2}$），又 $\xi_1=\xi_2$ $\left(t_s=\dfrac{3\sim4}{\xi\omega_n}\right)$，故有 $\xi_1\omega_{n1}>\xi_2\omega_{n2}$，所以 s_1 离虚轴比 s_2 远，可给出 s_1，s_1^*；s_2，s_2^* 的相对位置如图 3-20(b) 所示。

3）系统 2 和系统 3 对应的响应曲线 2、3 的峰值时间 $t_{p2}=t_{p3}$，由 $t_p=\dfrac{\pi}{\omega_d}$，得 $\omega_{d2}=\omega_{d3}$，则 s_2 与 s_3 的虚部相同。因系统 2 和系统 3 最大超调量 $\sigma_{p3}>\sigma_{p2}$，故 $\xi_3<\xi_2$，即 $\theta_3>\theta_2$。综合以上条件可画出满足要求的三个系统的闭环极点如图 3-20(b) 所示。

例 3-3 典型二阶系统，其阻尼比 $\xi=0.6$，自然振荡频率 $\omega_n=5\text{rad/s}$。试计算系统单位阶跃响应的动态性能指标 t_r、σ_p、t_p、t_s 和 N 的数值。

解 可直接应用二阶系统单位阶跃响应的动态性能指标的计算公式求解。

根据公式(3-33)，上升时间 t_r 为

$$t_r=\frac{\pi-\theta}{\omega_n\sqrt{1-\xi^2}}=\frac{3.14-0.93}{5\sqrt{1-0.6^2}}=0.55\text{s}$$

其中，$\theta=\arccos\xi=\arccos0.6=0.93\text{rad}$（$53.1°$）

根据公式(3-34)，峰值时间 t_p 为

$$t_p=\frac{\pi}{\omega_n\sqrt{1-\xi^2}}=\frac{3.14}{4}=0.785\text{s}$$

根据公式(3-36)，最大超调量 σ_p 为

$$\sigma_p=e^{-\pi\cot\theta}\times100\%=e^{-3.14\cot53.1°}\times100\%=9.5\%$$

根据式(3-39) 及式(3-40)，调节时间为

$$t_s=\frac{3}{\xi\omega_n}=1\text{s}\qquad(\Delta=5\%)$$

$$t_s = \frac{4}{\xi\omega_n} = 1.33\text{s} \qquad (\Delta = 2\%)$$

根据式(3-41) 及式(3-42)，振荡次数为

$$N = \frac{1.5\sqrt{1-\xi^2}}{\pi\xi} = 0.6 \quad (\Delta = 5\%)$$

$$N = \frac{2\sqrt{1-\xi^2}}{\pi\xi} = 0.8 \quad (\Delta = 2\%)$$

振荡次数 $N < 1$，说明响应只存在一次超调现象。这是因为过渡过程在一个有阻尼振荡周期内便可结束。即

$$t_s < T_d = \frac{2\pi}{\omega_d}$$

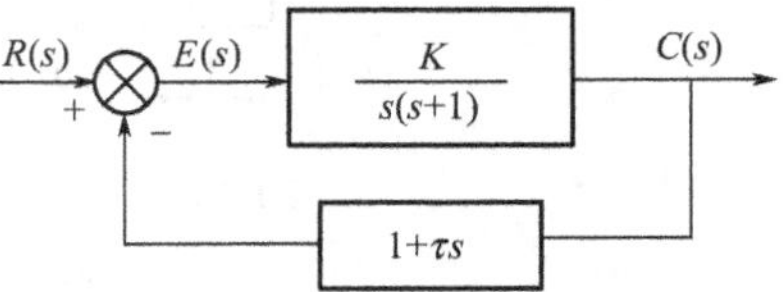

图 3-21　控制系统方框图

例 3-4　设一个带速度反馈的随动系统，其方块图如图 3-21 所示。要求系统的动态性能指标为 $\sigma_p = 20\%$，$t_p = 1\text{s}$。试确定系统的 K 值和 τ 值，并计算响应的特征值 t_r、t_s 及 N 的值。

解　1）根据要求的超调量 $\sigma_p = 20\%$，求取相应的阻尼比 ξ 值。即由

$$\sigma_p = e^{-\pi\cot\theta} = 0.2 \qquad \ln\sigma_p = -\pi\cot\theta$$

解得

$$\theta = 62.86° \qquad \xi = \cos\theta = 0.456$$

2）由已知条件 $t_p = 1\text{s}$ 及已求出的 $\xi = 0.456$，求无阻尼自然振荡频率 ω_n。即由

$$t_p = \frac{\pi}{\omega_d} = \frac{\pi}{\omega_n\sqrt{1-\xi^2}}$$

解得

$$\omega_n = \frac{\pi}{t_p\sqrt{1-\xi^2}} = 3.53(\text{rad/s})$$

3）将此二阶系统的闭环传递函数与标准形式进行比较，求 K 及 τ 值。

$$\frac{C(s)}{R(s)} = \frac{K}{s^2 + (1+K\tau)s + K} = \frac{\omega_n^2}{s^2 + 2\xi\omega_n s + \omega_n^2}$$

由上式得

$$1 + K\tau = 2\xi\omega_n \qquad K = \omega_n^2$$

所以

$$K = \omega_n^2 = 12.5$$

$$\tau = \frac{2\xi\omega_n - 1}{K} = 0.178$$

4）计算 t_r、t_s 及 N。

$$\theta = \arctan\frac{\sqrt{1-\xi^2}}{\xi} = 1.1\text{rad}$$

$$t_r = \frac{\pi - \theta}{\omega_n\sqrt{1-\xi^2}} = 0.65\text{s}$$

$$t_s \approx \frac{3}{\xi\omega_n} = 1.86\text{s} \quad (\Delta = 5\%), \quad t_s \approx \frac{4}{\xi\omega_n} = 2.48\text{s} \quad (\Delta = 2\%)$$

$$N = \frac{1.5\sqrt{1-\xi^2}}{\pi\xi} = 0.93 \quad (\Delta = 5\%), \quad N = \frac{2\sqrt{1-\xi^2}}{\pi\xi} = 1.24 \quad (\Delta = 2\%)$$

例 3-5　图 3-22(a) 是一个机械平移系统，当有 3 牛顿（3N）的力阶跃输入作用于系

统时，系统中的质量 m 作图 3-22(b) 所示的运动，试根据这个过渡过程曲线，确定质量 m、黏性摩擦系数 f 和弹簧刚度 K 的数值。

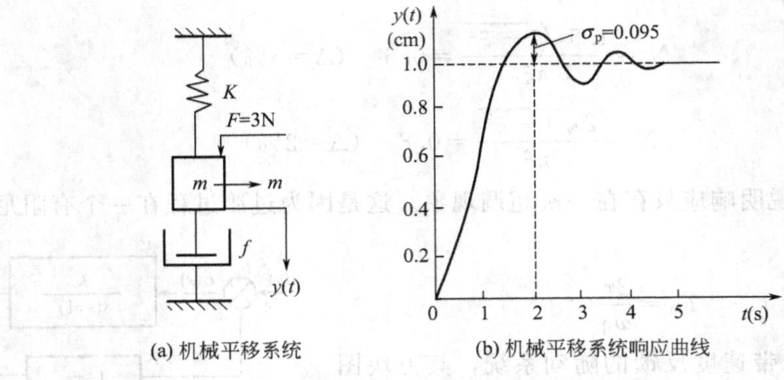

图 3-22 机械平移系统及其响应曲线

解 根据牛顿第二定律可得系统的微分方程为

$$m\frac{\mathrm{d}^2y}{\mathrm{d}t^2}+f\frac{\mathrm{d}y}{\mathrm{d}t}+Ky=F$$

上式经拉氏变换求得系统的传递函数为

$$\frac{Y(s)}{F(s)}=\frac{1}{ms^2+fs+K} \tag{3-45}$$

当输入信号 $F(t)=3\mathrm{N}$ 时，输出量的拉氏变换式为

$$Y(s)=\frac{1}{ms^2+fs+K}\ \frac{3}{s}$$

用终值定理求 $y(t)$ 的稳态终值

$$y(\infty)=\lim_{t\to\infty}y(t)=\lim_{s\to 0}sY(s)=\lim_{s\to 0}s\ \frac{1}{ms^2+fs+K}\ \frac{3}{s}=\frac{3}{K}$$

由图 3-22(b) 知，$y(\infty)=0.01\mathrm{m}$ 所以

$$\frac{3}{K}=0.01\ ,\ K=300\mathrm{N/m}$$

由题中已知条件 $\sigma_{\mathrm{p}}=9.5\%$，求得 $\xi=0.6$。又由图 3-22(b) 知 $t_{\mathrm{p}}=2\mathrm{s}$，即

$$t_{\mathrm{p}}=\frac{\pi}{\omega_{\mathrm{n}}\sqrt{1-\xi^2}}=2$$

解得

$$\omega_{\mathrm{n}}=\frac{\pi}{2\sqrt{1-\xi^2}}=1.96\mathrm{s}^{-1}$$

将 $K=300$ 代入式(3-45) 中得

$$\frac{Y(s)}{F(s)}=\frac{1}{ms^2+fs+300}=\frac{1}{300}\ \frac{\frac{300}{m}}{s^2+\frac{f}{m}s+\frac{300}{m}}$$

$$\omega_{\mathrm{n}}^2=\frac{300}{m}\qquad 2\xi\omega_{\mathrm{n}}=\frac{f}{m}$$

解得 $m=78\mathrm{kg}$，$f=2\xi\omega_{\mathrm{n}}m=183.46\mathrm{N\cdot s/m}$

3.3.4　二阶系统的单位脉冲响应

令 $r(t)=\delta(t)$，则有 $R(s)=1$。因此，对于具有标准形式闭环传递函数的二阶系统，其脉冲响应的拉氏变换式为

$$C(s)=\frac{\omega_n^2}{s^2+2\xi\omega_n s+\omega_n^2}$$

对上式进行拉氏反变换，便可得到不同阻尼比情况下的脉冲响应函数。

欠阻尼（$0<\xi<1$）时的脉冲响应为

$$c(t)=\frac{\omega_n}{\sqrt{1-\xi^2}}e^{-\xi\omega_n t}\sin\omega_n\sqrt{1-\xi^2}\,t \qquad (t\geqslant 0) \tag{3-46}$$

无阻尼（$\xi=0$）时的脉冲响应为

$$c(t)=\omega_n\sin\omega_n t \qquad (t\geqslant 0) \tag{3-47}$$

临界阻尼（$\xi=1$）时的脉冲响应为

$$c(t)=\omega_n^2 t e^{-\omega_n t} \qquad (t\geqslant 0) \tag{3-48}$$

过阻尼（$\xi>1$）时的脉冲响应为

$$c(t)=\frac{\omega_n}{2\sqrt{\xi^2-1}}\left[e^{-(\xi-\sqrt{\xi^2-1})\omega_n t}-e^{-(\xi+\sqrt{\xi^2-1})\omega_n t}\right] \qquad (t\geqslant 0) \tag{3-49}$$

上述各种情况下的脉冲响应曲线示于图 3-23 中。

单位脉冲函数是单位阶跃函数对时间的导数，所以脉冲响应，除了从 $C(s)=G(s)$ 的拉氏反变换求得外，还可以通过对单位阶跃响应的时间函数求导数而得到。

从图 3-23 可见，临界阻尼和过阻尼时的脉冲响应函数总是正值，或者等于零。对于欠阻尼情况，脉冲响应函数是围绕横轴振荡的函数，它有正值，也有负值。因此，可以得到如下结论：如果系统脉冲响应函数不改变符号，系统或处于临界阻尼状态或处于过阻尼状态。这时，相应的反映阶跃函数的响应过程不具有超调现象，而是单调地趋于某一常值。

为区分欠阻尼单位脉冲响应和欠阻尼单位阶跃响应，设 $c_1(t)$ 为欠阻尼单位阶跃响应，$c_2(t)$ 为欠阻尼单位脉冲响应。其相应的性能指标下标也一样。

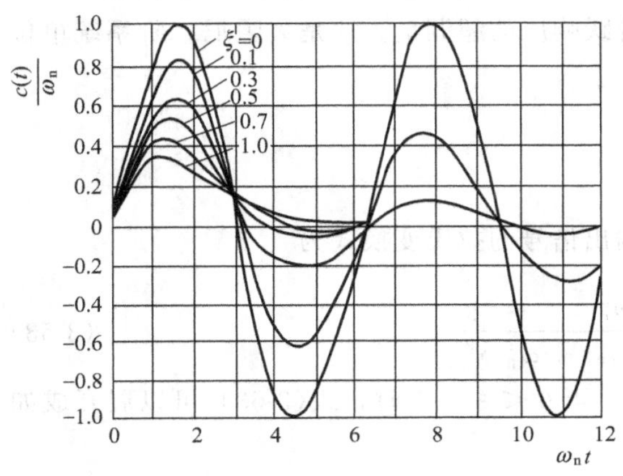

图 3-23　二阶系统的脉冲响应函数

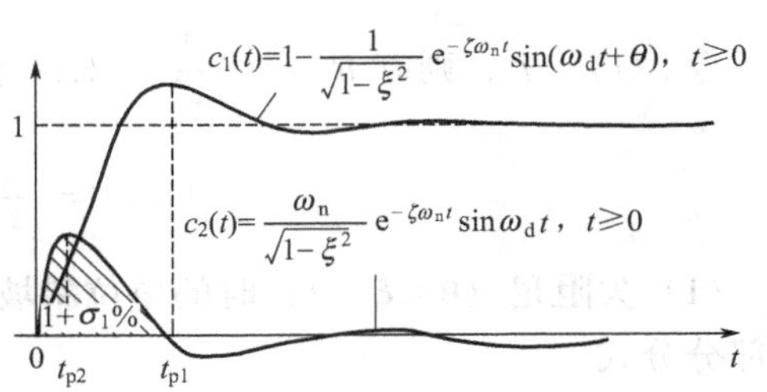

图 3-24　二阶系统的欠阻尼脉冲响应与单位阶跃响应

对于欠阻尼系统，对式(3-46)求导，并令其导数等于零，可求得脉冲响应函数的最大超调量发生的时间 t_{p2}，即令

$$\left.\frac{dc_2(t)}{dt}\right|_{t=t_{p2}}=\frac{d}{dt}\left(\frac{\omega_n}{\sqrt{1-\xi^2}}e^{-\xi\omega_n t}\sin\omega_n\sqrt{1-\xi^2}\,t\right)\bigg|_{t=t_{p2}}=0$$

解得

$$t_{p2}=\frac{\arctan\dfrac{\sqrt{1-\xi^2}}{\xi}}{\omega_n\sqrt{1-\xi^2}}\quad(0<\xi<1)\tag{3-50}$$

将 t_{p2} 代入式(3-46)得最大超调量为

$$\sigma_{p2}=c_2(t)\Big|_{t=t_{p2}}=\omega_n e^{-\frac{\xi}{\sqrt{1-\xi^2}}\arctan\sqrt{\frac{1-\xi^2}{\xi}}}$$

设 t_2 为单位脉冲响应响应 $c_2(t)$ 第一次过零的时刻。则

$$c_2(t)\Big|_{t=t_2}=0$$

根据式(3-46)，得

$$c_2(t_2)=\frac{\omega_n}{\sqrt{1-\xi^2}}e^{-\xi\omega_n t_2}\sin\omega_n\sqrt{1-\xi^2}\,t_2=0$$

则有

$$\sin\omega_n\sqrt{1-\xi^2}\,t_2=0$$

$$\omega_n\sqrt{1-\xi^2}\,t_2=\pi$$

$$t_2=\frac{\pi}{\omega_n\sqrt{1-\xi^2}}\tag{3-51}$$

由式(3-51)可见，欠阻尼单位脉冲响应 $c_2(t)$ 第一次过零的时刻 t_2 与其欠阻尼单位阶跃响应 $c_1(t)$ 的峰值时间 t_{p1} 完全相等。此时，对欠阻尼脉冲响应 $c_2(t)$ 从 0 到 t_{p1} 积分，可得

$$\int_0^{t_{p1}}c_2(t)dt=\int_0^{t_{p1}}\frac{\omega_n}{\sqrt{1-\xi^2}}e^{-\xi\omega_n t}\sin\omega_n\sqrt{1-\xi^2}\,t\,dt=1+e^{-\frac{\pi\xi}{\sqrt{1-\xi^2}}}=1+\sigma_{p1}\tag{3-52}$$

在图 3-24 中，由 $t=0$ 到 $t=t_{p1}$ 段的时间内，单位脉冲响应函数与横轴所包围的面积等于 $1+\sigma_{p1}$。其中，σ_{p1} 为欠阻尼二阶系统单位阶跃响应的超调量。这是欠阻尼二阶系统单位脉冲响应与单位阶跃响应特征量之间的重要关系。

3.3.5 二阶系统的单位斜坡响应

令 $r(t)=t$，则有 $R(s)=\dfrac{1}{s^2}$，对应系统输出信号的拉氏变换式为

$$C(s)=\frac{\omega_n^2}{s^2+2\xi\omega_n s+\omega_n^2}\,\frac{1}{s^2}\tag{3-53}$$

(1) 欠阻尼 (0<ξ<1) 时的单位斜坡响应 当 $0<\xi<1$ 时，式(3-53)可以展开成如下部分分式

$$C(s)=\frac{1}{s^2}-\frac{\frac{2\xi}{\omega_n}}{s}+\frac{\frac{2\xi}{\omega_n}(s+\xi\omega_n)+(2\xi^2-1)}{s^2+2\xi\omega_n s+\omega_n^2}$$

对上式两边取拉氏反变换得

$$\begin{aligned}c(t)&=t-\frac{2\xi}{\omega_n}+e^{-\xi\omega_n t}\left(\frac{2\xi}{\omega_n}\cos\omega_d t+\frac{2\xi^2-1}{\omega_d}\sin\omega_d t\right)\\&=t-\frac{2\xi}{\omega_n}+\frac{e^{-\xi\omega_n t}}{\omega_d}\sin\left(\omega_d t+\arctan\frac{2\xi\sqrt{1-\xi^2}}{2\xi^2-1}\right)\\&=t-\frac{2\xi}{\omega_n}+\frac{e^{-\xi\omega_n t}}{\omega_d}\sin(\omega_d t+2\theta)(t\geqslant 0)\end{aligned}\tag{3-54}$$

式中，$\omega_d=\omega_n\sqrt{1-\xi^2}$，$\theta=\arctan\frac{\sqrt{1-\xi^2}}{\xi}$，$\arctan\frac{2\xi\sqrt{1-\xi^2}}{2\xi^2-1}=2\arctan\frac{\sqrt{1-\xi^2}}{\xi}$

此时

$$e(t)=r(t)-c(t)=\frac{2\xi}{\omega_n}-\frac{e^{-\xi\omega_n t}}{\omega_d}\sin(\omega_d t+2\theta)\qquad(t\geqslant 0)$$

当 $t\to\infty$ 时，欠阻尼二阶系统斜坡响应的稳态误差为

$$e_{ss}=\lim_{t\to\infty}e(t)=\frac{2\xi}{\omega_n}$$

关于稳态误差等内容可详见 3.7 节。

(2) 临界阻尼 ($\xi=1$) 时的单位斜坡响应　当 $\xi=1$ 时，式(3-53) 可以展开成如下部分分式

$$C(s)=\frac{1}{s^2}-\frac{\frac{2}{\omega_n}}{s}+\frac{1}{(s+\omega_n)^2}+\frac{\frac{2}{\omega_n}}{s+\omega_n}$$

对上式两边取拉氏反变换得

$$c(t)=t-\frac{2}{\omega_n}+\frac{2}{\omega_n}\left(1+\frac{1}{2}\omega_n t\right)e^{-\omega_n t}\qquad(t\geqslant 0)\tag{3-55}$$

此时

$$e(t)=r(t)-c(t)=\frac{2}{\omega_n}-\frac{2}{\omega_n}\left(1+\frac{1}{2}\omega_n t\right)e^{-\omega_n t}$$

当 $t\to\infty$ 时，临界阻尼二阶系统斜坡响应的稳态误差为

$$e_{ss}=\lim_{t\to\infty}e(t)=\frac{2}{\omega_n}$$

(3) 过阻尼 ($\xi>1$) 时的单位斜坡响应

$$\begin{aligned}c(t)=&t-\frac{2\xi}{\omega_n}+\frac{2\xi^2-1-2\xi\sqrt{\xi^2-1}}{2\omega_n\sqrt{\xi^2-1}}e^{-(\xi+\sqrt{\xi^2-1})\omega_n t}\\&+\frac{2\xi^2-1+2\xi\sqrt{\xi^2-1}}{2\omega_n\sqrt{\xi^2-1}}e^{-(\xi-\sqrt{\xi^2-1})\omega_n t}\qquad(t\geqslant 0)\end{aligned}\tag{3-56}$$

此时

$$e(t)=r(t)-c(t)$$

$$e(t)=\frac{2\xi}{\omega_n}+\frac{2\xi^2-1-2\xi\sqrt{\xi^2-1}}{2\omega_n\sqrt{\xi^2-1}}e^{-(\xi+\sqrt{\xi^2-1})\omega_n t}-\frac{2\xi^2-1+2\xi\sqrt{\xi^2-1}}{2\omega_n\sqrt{\xi^2-1}}e^{-(\xi-\sqrt{\xi^2-1})\omega_n t}$$

当 $t\to\infty$ 时，过阻尼二阶系统斜坡响应的稳态误差也为

$$e_{ss}=\lim_{t\to\infty}e(t)=\frac{2\xi}{\omega_n}$$

二阶系统单位斜坡函数的响应还可以通过对其单位阶跃函数的响应积分求得，其中积分常数可根据 $t=0$ 时响应 $c(t)$ 的初始条件来确定。

上述三种不同阻尼状态下，当 t 趋于无穷大时，得到的稳态误差 e_{ss} 完全相同，即

$$e_{ss}=\lim_{t\to\infty}e(t)=\frac{2\xi}{\omega_n} \tag{3-57}$$

此式说明，二阶系统在跟踪单位速度函数时，稳态误差 e_{ss} 是一个常数，其值与 ω_n 成反比，与 ξ 成正比。于是，欲减少系统的稳态误差值，需要增大 ω_n 或减小 ξ，但减小 ξ 值会使反应单位阶跃函数响应的超调量 σ_p 增大。因此，设计二阶系统时，需要在速度函数作用下的稳态误差与反映单位阶跃函数响应的超调量之间进行折衷考虑，以便确定一个合理的设计方案。二阶系统斜坡响应曲线如图 3-25 所示，图中 K_1、K_2、K_3 为同一系统的不同开环放大倍数。K 值越大，稳态误差越小。

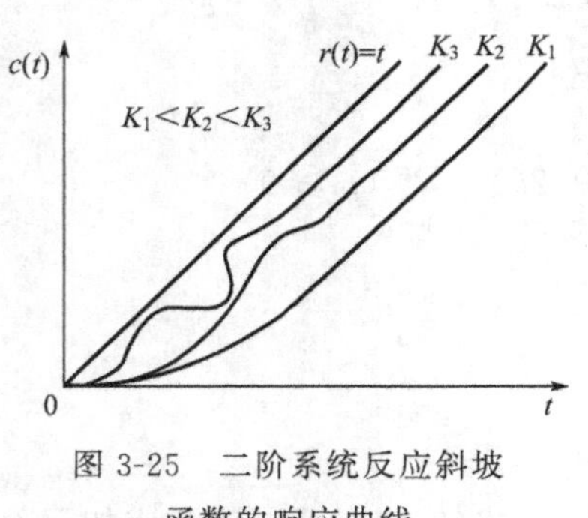

图 3-25　二阶系统反应斜坡函数的响应曲线

3.3.6　非零初始条件下的二阶系统响应

在上面分析二阶系统的响应时，曾假设系统的初始条件为零。但实际上在输入信号作用于系统的瞬间，初始条件并不一定为零，这就需要考虑初始条件的影响。本节将以二阶系统为例介绍。

设二阶系统的运动方程具有如下形式

$$a_2\ddot{c}(t)+a_1\dot{c}(t)+a_0c(t)=b_0r(t) \tag{3-58}$$

对上式进行拉氏变换，并考虑初始条件，得

$$a_2[s^2C(s)-sc(0)-\dot{c}(0)]+a_1[sC(s)-c(0)]+a_0C(s)=b_0R(s)$$

或

$$C(s)=\frac{b_0}{a_2s^2+a_1s+a_0}R(s)+\frac{a_2[c(0)s+\dot{c}(0)]+a_1c(0)}{a_2s^2+a_1s+a_0}$$

可将上式写成如下标准形式

$$C(s)=\frac{b_0}{a_0}\frac{\omega_n^2}{s^2+2\xi\omega_ns+\omega_n^2}R(s)+\frac{c(0)(s+2\xi\omega_n)+\dot{c}(0)}{s^2+2\xi\omega_ns+\omega_n^2} \tag{3-59}$$

式中，$\omega_n^2=\frac{a_0}{a_2}$，$2\xi\omega_n=\frac{a_1}{a_2}$

对式(3-59) 取拉氏反变换，便得到在控制信号 $r(t)$ 作用下反映初始条件影响的过渡过程

$$c(t)=\frac{b_0}{a_0}c_1(t)+c_2(t)$$

式中，$c_1(t)$ 为零初始条件下反映输入信号的响应分量；$c_2(t)$ 为反映初始条件 $c(0)$、$\dot{c}(0)$ 对系统响应的分量。关于 $c_1(t)$ 分量，在上面的分析中已作了详尽的讨论，这里只对分量

$c_2(t)$ 进行重点分析。

当（$0<\xi<1$）时，由式(3-59) 求得

$$c_2(t)=L^{-1}\left[\frac{c(0)(s+2\xi\omega_n)+\dot{c}(0)}{s^2+2\xi\omega_n s+\omega_n^2}\right]$$

$$=e^{-\xi\omega_n t}\left[c(0)\cos\omega_d t+\frac{c(0)\xi\omega_n+\dot{c}(0)}{\omega_n\sqrt{1-\xi^2}}\sin\omega_d t\right]$$

$$=\sqrt{[c(0)]^2+\left[\frac{c(0)\xi\omega_n+\dot{c}(0)}{\omega_n\sqrt{1-\xi^2}}\right]^2}e^{-\xi\omega_n t}\sin(\omega_d t+\theta)\quad (t\geqslant 0)\tag{3-60}$$

式中，$\theta=\arctan\dfrac{\omega_n\sqrt{1-\xi^2}}{\xi\omega_n+\dfrac{\dot{c}(0)}{c(0)}}$

当 $\xi=0$ 时，由式(3-60) 直接得

$$c_2(t)=\sqrt{[c(0)]^2+\left[\frac{\dot{c}(0)}{\omega_n}\right]^2}\sin\left[\omega_n t+\arctan\frac{\omega_n}{\dfrac{\dot{c}(0)}{c(0)}}\right]\quad (t\geqslant 0)\tag{3-61}$$

从式(3-60) 及式(3-61) 看出，系统响应中与初始条件有关的分量 $c_2(t)$ 的振荡特性和分量 $c_1(t)$ 一样，取决于系统阻尼比 ξ 。ξ 值越大，则 $c_2(t)$ 的振荡特性表现得越弱。反之 ξ 值越小，则 $c_2(t)$ 的振荡特性表现得越强。当 $\xi=0$ 时，$c_2(t)$ 变为等幅振荡，其振幅与初始条件有关；当 $0<\xi<1$，且 $t\to\infty$ 时，分量 $c_2(t)$ 衰减到零。分量 $c_2(t)$ 的衰减速度取决于 $\xi\omega_n$ 的大小。

由上分析可知，对控制分量 $c_1(t)$ 研究所得的结论与非零初始条件下对系统响应的另一个分量 $c_2(t)$ 所得的结论相同。因此，在很多情况下，可不考虑非零初始条件对响应过程的影响，而只需深入研究零初始条件下的控制分量的影响即可。实际上，正是因为分量 $c_2(t)$ 与分量 $c_1(t)$ 的特征方程相同，或者说闭环极点相同，因此关于分量 $c_2(t)$ 所得的各项结论和分析分量 $c_1(t)$ 时所得到的结论完全相同。

3.4 高阶系统的时域分析

控制系统中的输出信号与输入信号之间的关系由三阶或三阶以上的高阶微分方程描述的系统，称为高阶系统。

在控制工程中，几乎所有的控制系统都是高阶系统。在分析系统时，要抓住主要矛盾，忽略次要因素，使分析过程简化。例如，火炮随机系统的过程类似于二阶系统的响应过程，因此，可以将火炮高阶系统近似于二阶系统，用二阶系统的分析方法来分析火炮高阶系统。对于不能用一、二阶系统近似的高阶系统来说，其动态性能指标的确定是比较复杂的。工程上常采用闭环主导极点的概念对高阶系统进行近似分析。

3.4.1 三阶系统的单位阶跃响应

下面以 s 左半平面具有一对共轭复数极点和一个实极点的分布模式为例，分析三阶系统

的单位阶跃响应。其闭环传递函数的一般形式为

$$\Phi(s)=\frac{C(s)}{R(s)}=\frac{\omega_n^2 s_0}{(s+s_0)(s^2+2\xi\omega_n s+\omega_n^2)} \tag{3-62}$$

式中，$s=-s_0$ 为三阶系统的闭环负实数极点（$s_0>0$）。

对于 $0<\xi<1$ 欠阻尼系统，当输入为单位阶跃函数时，其输出响应 $c(t)$ 的传递函数为

$$C(s)=\frac{\omega_n^2 s_0}{(s+s_0)(s^2+2\xi\omega_n s+\omega_n^2)}\frac{1}{s}$$

经拉普拉斯反变换整理得

$$c(t)=1-a_1\mathrm{e}^{-s_0t}-a_2\mathrm{e}^{-\xi\omega_n t}\cos\omega_d t-a_3\mathrm{e}^{-\xi\omega_n t}\sin\omega_d t \quad (t\geqslant 0) \tag{3-63}$$

式中，$a_1=\dfrac{1}{b\xi^2(b-2)+1}$，$a_2=\dfrac{b\xi^2(b-2)}{b\xi^2(b-2)+1}$，$a_3=\dfrac{b\xi[\xi^2(b-2)+1]}{[b\xi^2(b-2)+1]\sqrt{1-\xi^2}}$，

$b=\dfrac{s_0}{\xi\omega_n}$，$\omega_d=\omega_n\sqrt{1-\xi^2}$

为了比较三级系统与二阶系统在单位阶跃作用下的输出响应，现将二阶系统的输出响应式(3-21) 重写于此

$$c(t)=1-\frac{\mathrm{e}^{-\xi\omega_n t}}{\sqrt{1-\xi^2}}(\sqrt{1-\xi^2}\cos\omega_d t+\xi\sin\omega_d t) \quad (t\geqslant 0)$$

将式(3-63) 与式(3-21) 比较可以得出三阶系统与二阶系统单位阶跃响应比较的特点如下。

1）三阶系统与二阶系统的单位阶跃响应的稳态分量是一样的，都是 1。这是因为作用于两个系统的输入信号相同。

2）三阶系统与二阶系统的单位阶跃响应的过渡过程都包括一个正弦和余弦衰减项，这是因为三阶系统与二阶系统都有一对共轭复数闭环极点。

3）三阶系统比二阶系统的单位阶跃响应的过渡过程多一项指数衰减项（$a_1\mathrm{e}^{-s_0t}$）。

由于

$$b\xi^2(b-2)+1=\xi^2(b-1)^2+(1-\xi^2)>0$$

所以不论闭环实数极点在共轭复数极点的左边或右边，即 b 不论大于或是小于 1，e^{-s_0t} 系数总是负数。因此，实数极点 $s=-s_0$ 可使单位阶跃响应的超调量下降，并使调节时间增加。

图 3-26 为阻尼比 $\xi=0.5$ 时三阶系统的单位阶跃响应，当系统阻尼比 ξ 不变时，随着实数极点向虚轴方向移动，即随着 b 值的下降，响应的超调量不断下降，而峰值时间、上升时间和调节时间则不断加长。在 $b\leqslant 1$ 时，即闭环实数极点的数值小于或等于闭环复数极点的实部数值时，三阶系统将表现出明显的过阻尼特性。

实际上，三阶系统可看成是附加一个闭环极点的二阶系统。在欠阻尼情况下，三阶系统的极点分别是一个负实极点 s_0 和一对共轭复数极点 $s_{1,2}=-\xi\omega_n\pm \mathrm{j}\omega_n\sqrt{1-\xi^2}$，三个极点的实部之比 $b=\dfrac{s_0}{\xi\omega_n}$ 反映了它们距 s 平面虚轴的远近程度，极点分布如图 3-27 所示。

1）当 $s_0>\xi\omega_n$ 时，设 $b=\dfrac{s_0}{\xi\omega_n}>5$，如图 3-27(a) 所示。此时，$\mathrm{e}^{-s_0t}$ 项衰减得快，闭环

共轭复数极点 $s_{1,2}=-\xi\omega_n\pm j\omega_n\sqrt{1-\xi^2}$ 将起主导作用，三阶系统的单位阶跃响应近似于二阶系统的波形，即为衰减的正弦振荡曲线。

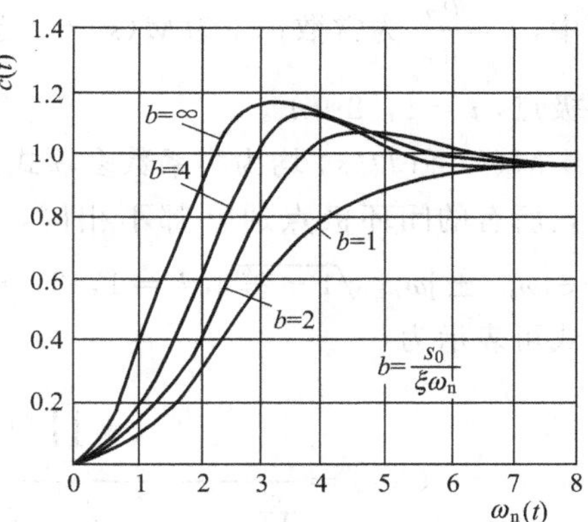

图 3-26　三阶系统单位阶跃响应曲线（$\xi=0.5$）

2）当 $s_0<\xi\omega_n$ 时，设 $b=\dfrac{s_0}{\xi\omega_n}<\dfrac{1}{5}$，如图 3-27(b) 所示。此时，$e^{-s_0t}$ 项衰减得慢，闭环负实极点将起主导作用，三阶系统的单位阶跃响应近似于一阶系统的波形，即为无超调的单调上升曲线。

3）当 $s_0\approx\xi\omega_n$ 时，如图 3-27(c) 所示。此时，三阶系统不存在闭环主导极点。但是，由于输入为单位阶跃函数，经过一阶系统后成为无超调量的单调上升曲线，后经二阶系统的控制作用变得缓慢了，故输出为响应速度明显减慢的衰减正弦振荡曲线。

综上所述，与二阶系统的单位阶跃响应相比，三阶系统中的附加闭环极点将最终导致其单位阶跃响应速度明显减慢。

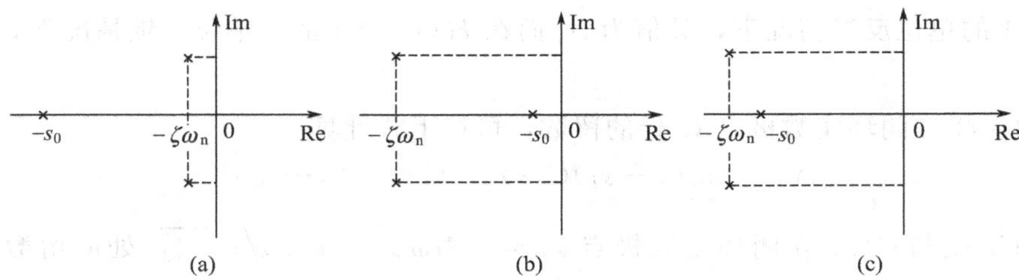

图 3-27　三阶系统的极点分布

3.4.2　高阶系统的单位阶跃响应

高阶闭环系统的传递函数为

$$\Phi(s)=\frac{C(s)}{R(s)}=\frac{G(s)}{1+G(s)H(s)} \tag{3-64}$$

在一般情况下，$G(s)$ 和 $H(s)$ 都是 s 的多项式之比，故式(3-64) 可以改写为多项式形式

$$\Phi(s)=\frac{C(s)}{R(s)}=\frac{b_ms^m+b_{m-1}s^{m-1}+\cdots+b_1s+b_0}{a_ns^n+a_{n-1}s^{n-1}+\cdots+a_1s+a_0}=\frac{M(s)}{D(s)}\quad (m\leqslant n) \tag{3-65}$$

为了便于求出高阶系统的单位阶跃响应，将式(3-65) 的分子多项式和分母多项式进行因式分解。写成闭环传递函数零极点的形式，即

$$\frac{C(s)}{R(s)}=\frac{k\prod_{j=1}^{m}(s-z_j)}{\prod_{i=1}^{n}(s-s_i)} \tag{3-66}$$

式中，$k=\frac{b_m}{a_n}$为常数；z_j 为$M(s)=0$之根，闭环零点，$j=1$，$2\cdots m$；s_i 为$D(s)=0$之根，闭环极点，$i=1$，$2\cdots n$。

$M(s)$和$D(s)$均为实系数多项式，故z_j和s_i可能是实数或共轭复数。在实际控制系统中，所有的闭环极点通常都不相同，设有q个负实数极点，有r对共轭复数极点，$s_k=-\xi_k\omega_{\mathrm{nk}}\pm \mathrm{j}\omega_{nk}\sqrt{1-\xi_k^2}$，$k=1$，$2$，$\cdots r$，因此在输入为单位阶跃函数时，输出量的拉氏变换式可表示为

$$C(s)=\frac{k\prod_{j=1}^{m}(s-z_j)}{\prod_{i=1}^{q}(s-s_i)\prod_{k=1}^{r}(s^2+2\xi_k\omega_{\mathrm{nk}}s+\omega_{\mathrm{nk}}^2)}\times\frac{1}{s}\qquad(q+2r=n)\tag{3-67}$$

当$0<\xi_k<1$时，将上式展成部分分式，可得

$$C(s)=\frac{A_0}{s}+\sum_{i=1}^{q}\frac{A_i}{s-s_i}+\sum_{k=1}^{r}\frac{B_k s+C_k}{s^2+2\xi_k\omega_{\mathrm{nk}}s+\omega_{\mathrm{nk}}^2}\tag{3-68}$$

式中，A_0是$C(s)$在输入极点处的留数，其值为闭环传递函数式(3-65)中的常数项比值，即

$$A_0=\lim_{s\to 0}sC(s)=\frac{b_0}{a_0}\tag{3-69}$$

在$H(s)=1$的单位反馈情况下，其值为1；而在$H(s)\neq 1$的非单位反馈情况下，其值未必为1。

A_i是$C(s)$在闭环实数极点s_i处的留数，可按下式计算

$$A_i=\lim_{s\to s_i}(s-s_i)C(s)\qquad(i=1,2,\cdots,q)\tag{3-70}$$

B_k和C_k是与$C(s)$在闭环复数极点$s_k=-\xi_k\omega_{\mathrm{nk}}\pm\mathrm{j}\omega_{\mathrm{nk}}\sqrt{1-\xi_k^2}$处的留数有关的常系数。

将式(3-68)进行拉氏反变换，并设初始条件全部为零，可得高阶系统的单位阶跃响应

$$c(t)=A_0+\sum_{i=1}^{q}A_i\mathrm{e}^{s_it}+\sum_{k=1}^{r}D_k\mathrm{e}^{-\xi_k\omega_{\mathrm{nk}}t}\sin(\omega_{\mathrm{dk}}t+\theta_k)\tag{3-71}$$

当$A_0=1$，单位负反馈时

$$c(t)=1+\sum_{i=1}^{q}A_i\mathrm{e}^{s_it}+\sum_{k=1}^{r}D_k\mathrm{e}^{-\xi_k\omega_{\mathrm{nk}}t}\sin(\omega_{\mathrm{dk}}t+\theta_k)\tag{3-72}$$

式中，$\theta_k=\arctan\frac{B_k\omega_{\mathrm{dk}}}{C_k-B_k\xi_k\omega_{\mathrm{nk}}}$，$D_k=\sqrt{B_k^2+\left(\frac{C_k-\xi_k\omega_{\mathrm{nk}}B_k}{\omega_{\mathrm{dk}}}\right)^2}$，$\omega_{\mathrm{dk}}=\omega_{\mathrm{nk}}\sqrt{1-\xi_k^2}$

高阶系统的暂态响应是由多个一阶系统和二阶系统暂态分量的合成，据此得出如下结论：

1）如果高阶系统所有闭环极点都具有负实部，即所有闭环极点都位于s左半平面，那么随着时间t的增长，式(3-71)的指数项和阻尼正弦项均趋于零，高阶系统是稳定的，其稳态输出量为A_0。

2）对于稳定的高阶系统，闭环极点的负实部s_i和$-\xi_k\omega_{\mathrm{nk}}$的绝对值越大，其对应的响应分量衰减得越快；反之，则衰减缓慢。

3）高阶系统暂态响应各分量的系数A_i和D_k不仅取决于闭环极点的性质和大小，而且

与闭环零点也有关。闭环极点全都包含在指数项和阻尼正弦项的指数中，闭环零点，虽不影响这些指数，但却影响各瞬态分量系数，即留数的大小和符号，而系统的时间响应曲线，既取决于指数项和阻尼正弦项的指数，又取决于这些项的系数。若某极点远离原点，则其相应瞬态响应分量的系数很小，该分量对暂态响应的影响就小；若某极点接近一零点，而又远离其他极点和原点，则相应瞬态响应分量的系数很小，该分量对暂态响应的影响就小；若某极点远离零点而又接近原点和其他极点，则相应瞬态响应分量的系数比较大，该分量对暂态响应的影响就大；若有一对相距很近的零、极点，它们之间的距离比它们本身的模值小一个数量级，则这一对零、极点称为偶极子。偶极子对系统的瞬态相应可以忽略不计，但会影响系统的稳态性能。具体可参阅 4.5 节内容。

系数大而且衰减慢的分量在瞬态响应过程中起主要作用，系数小而且衰减快的分量在瞬态响应过程中的影响很小。因此在控制工程中对高阶系统进行性能估算时，通常将系数小而且衰减快的那些瞬态响应分量略去，于是高阶系统的响应可以由低阶系统的响应去近似。

例 3-6　设三阶系统闭环传递函数为

$$\Phi(s)=\frac{5(s^2+5s+6)}{s^3+6s^2+10s+8}$$

试确定其单位阶跃响应。

解　将 $\Phi(s)$ 进行因式分解，可得

$$\Phi(s)=\frac{5(s+2)(s+3)}{(s+4)(s^2+2s+2)}$$

由于 $R(s)=\dfrac{1}{s}$，所以

$$C(s)=\frac{5(s+2)(s+3)}{s(s+4)(s+1+\mathrm{j})(s+1-\mathrm{j})}$$

其部分分式为

$$C(s)=\frac{A_0}{s}+\frac{A_1}{s+4}+\frac{A_2}{s+1+\mathrm{j}}+\frac{\widetilde{A}_2}{s+1-\mathrm{j}}$$

式中，A_2 与 $\widetilde{A}_2$ 共轭。由式(3-69) 和式(3-70) 可以算出，$A_0=\dfrac{15}{4}$，$A_1=-\dfrac{1}{4}$，$A_2=\dfrac{-7+\mathrm{j}}{4}$，$\widetilde{A}_2=\dfrac{-7-\mathrm{j}}{4}$

得
$$c(t)=\frac{1}{4}[15-\mathrm{e}^{-4t}-10\sqrt{2}\,\mathrm{e}^{-t}\cos(t-8°)]$$

3.4.3　闭环主导极点

(1) 闭环主导极点的概念　如果闭环极点中，有一对共轭复数极点，或者一个实数极点距虚轴最近并且周围没有零点，同时其他极点到虚轴的距离都比该极点到虚轴的距离大 5 倍以上，则这对或这个距虚轴最近的极点称为高阶系统的闭环主导极点。

闭环主导极点在单位阶跃响应中对应的瞬态响应分量衰减最慢且系数很大，因此它对高阶系统瞬态响应起主导作用。除闭环主导极点外，所有其他闭环极点由于其对应的响应分量

随时间的推移而迅速衰减，对系统的时间响应过程影响甚微，因而统称为非主导极点。对于具有主导极点的高阶系统，分析它的动态过程时，可以由只有一对复数极点的二阶系统来近似，或者由一个实数主导极点的一阶系统来近似，这样其性能指标就可以由二阶或一阶系统的性能指标来估算。

高阶系统简化为低阶系统的具体步骤是，首先确定系统的主导极点，然后将高阶系统的传递函数写为时间常数形式，再将小时间常数项略去。经过这样的处理，可以确保简化前后的系统具有基本一致的动态性能和相同的稳态性能。

例如，某高阶系统的闭环传递函数为

$$\Phi(s)=\frac{10\omega_n^2}{(s^2+2\xi\omega_n s+\omega_n^2)(s+s_0)} \qquad (s_0>0)$$

如果系统极点 $s=-s_0$，满足 $s_0>5\xi\omega_n$，则该系统闭环主导极点为 $s_{1,2}=-\xi\omega_n\pm j\omega_n\sqrt{1-\xi^2}$，此三阶系统系统可简化为二阶系统，即

$$\Phi(s)=\frac{10\omega_n^2}{s_0(s^2+2\xi\omega_n s+\omega_n^2)\left(\frac{1}{s_0}s+1\right)}\approx\frac{10\omega_n^2}{s_0(s^2+2\xi\omega_n s+\omega_n^2)}$$

假设输入信号为单位阶跃信号，简化之前三阶系统的稳态值为

$$\lim_{s\to 0}=s\,\frac{1}{s}\,\frac{10\omega_n^2}{(s^2+2\xi\omega_n s+\omega_n^2)(s+s_0)}=\frac{10}{s_0}$$

简化之后二阶系统的稳态值为

$$\lim_{s\to 0}=s\,\frac{1}{s}\,\frac{10\omega_n^2}{s_0(s^2+2\xi\omega_n s+\omega_n^2)}=\frac{10}{s_0}$$

可见，简化前后系统的稳态值是相等的。同时，也可以给定 ξ、ω_n 和 s_0 值，通过 Matlab 软件验证简化前、后系统的动态性能指标是否近似相等。

(2) 闭环主导极点位置与系统动态性能指标的关系 在设计系统时，对系统动态过程的要求一般为超调量 σ_p 和调整时间 t_s。根据欠阻尼二阶系统极点位置与动态性能指标的关系，将对 σ_p 和 t_s 的设计要求转化为对闭环主导极点位置的要求。

1）要求系统稳定，则必须使所有的闭环极点位于 s 左半平面。

2）要求系统快速性好，根据 $t_s=\frac{3\sim 4}{\xi\omega_n}$，可以将对 t_s 的要求转化为对闭环主导极点位置的要求。注意到 $-\xi\omega_n$ 是闭环主导极点的实部。因此，闭环主导极点必须在图 3-28（a）中垂直线的左侧，即画有阴影线的部分。

3）要求系统平稳性好，即阶跃响应没过大的超调量，根据 $\sigma_p=e^{-\pi\cot\theta}$ 可以将对 σ_p 的要求转化为对闭环主导极点位置的要求。由于 $\cos\theta=\xi$，由 ξ 求出图 3-28(b) 中的角 θ。闭环极点应在图 3-28(b) 中画有阴影线的区域内。

4）若系统的动态性能指标应同时满足 t_s 和 σ_p 的设计要求，闭环主导极点应在图 3-28（c）中画有阴影线的区域内。

5）若靠近虚轴有闭环零点，且闭环零点附近又没有闭环极点，则会引起超调量 σ_p 增

大。这时可以适当的减小 θ 角，以保证 σ_p 满足设计要求。

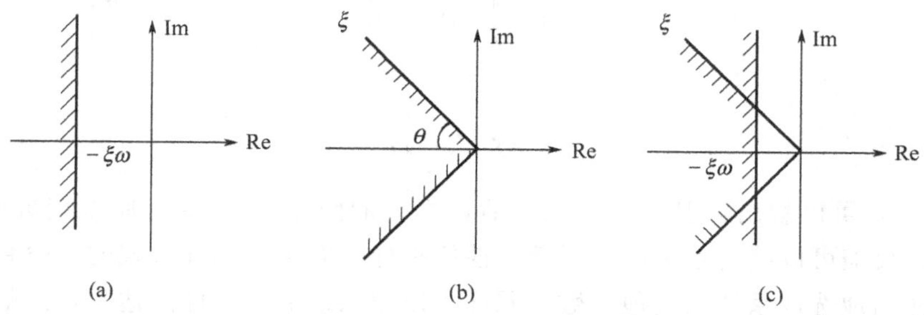

图 3-28　闭环主导极点的位置

3.5 改善控制系统动态性能的方法

利用时域分析方法可以求出系统的动态性能指标，若动态性能指标不能满足设计要求，则要寻求改善控制系统动态性能的方法。本节只介绍两种简单的时域的综合方法，更为复杂、更有效的方法将在以后的章节或其他课程中介绍。

3.5.1 速度反馈

典型二阶系统的开环传递函数标准形式为

$$G(s)=\frac{\omega_n^2}{s(s+2\xi\omega_n)} \tag{3-73}$$

如果可以对被控制量 $c(t)$ 的速度进行测量，并将输出量的速度信号反馈到系统的输入端，与偏差信号相比较，则构成带有速度反馈的二阶系统，如图 3-29 所示。

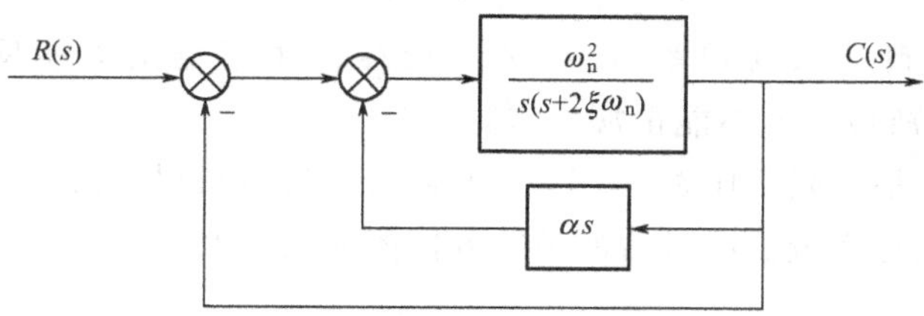

图 3-29　带有速度反馈的二阶系统

如果是二阶伺服系统，输出量是机械转角，可以用测速发电机得到正比于角速度的电压；如果被控制量是温度、压力等物理量，对其测量的结果是变化的电压或电流，可以用 RC 无源网络或 RC 和运算放大器组成的有源网络得到输出变量的微分信号。

引入速度反馈后，系统的闭环传递函数为

$$\Phi(s)=\frac{C(s)}{R(s)}=\frac{\dfrac{\omega_n^2}{s^2+2\xi\omega_n s}}{1+(1+\alpha s)\dfrac{\omega_n^2}{s^2+2\xi\omega_n s}}=\frac{\omega_n^2}{s^2+(2\xi\omega_n+\alpha\omega_n^2)s+\omega_n^2}$$

$$\Phi(s)=\frac{\omega_{\mathrm{n}}^{2}}{s^{2}+2\left(\xi+\frac{1}{2}\alpha\omega_{\mathrm{n}}\right)\omega_{\mathrm{n}}s+\omega_{\mathrm{n}}^{2}}=\frac{\omega_{\mathrm{n}}^{2}}{s^{2}+2\xi'\omega_{\mathrm{n}}s+\omega_{\mathrm{n}}^{2}} \tag{3-74}$$

由此得出

$$\xi'=\xi+\frac{1}{2}\alpha\omega_{\mathrm{n}} \tag{3-75}$$

由式(3-75) 可以看出，引入速度反馈后，系统的阻尼比 ξ' 要比原系统的阻尼比 ξ 大，因而利用速度反馈可以改善系统的各项动态性能指标。对于非标准形式的二阶系统，引入速度反馈，并适当地选取系统的其他参数，同样可以使系统的动态性能达到预定的指标。

例 3-7 已知系统方框图如图 3-30(a) 所示。试分析该系统能否正常工作？若要求系统最佳阻尼比 $\xi=0.707$，系统应如何改进？

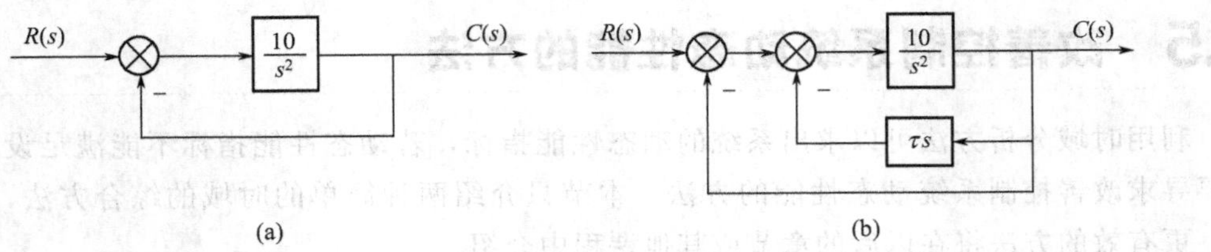

图 3-30 系统方框图

解 ① 由图3-30(a) 求得系统的闭环传递函数为

$$\frac{C(s)}{R(s)}=\frac{G(s)}{1+G(s)}=\frac{\frac{10}{s^{2}}}{1+\frac{10}{s^{2}}}=\frac{10}{s^{2}+10}$$

由系统的闭环传递函数得出 $2\xi\omega_{\mathrm{n}}=0$，$\omega_{\mathrm{n}}^{2}=10$

阻尼系数 $\xi=0$，系统为无阻尼、等幅振荡，系统临界稳定，其单位阶跃响应 $c(t)=1-10\cos\sqrt{10}t$，无阻尼自然振荡频率 $\omega_{\mathrm{n}}=\sqrt{10}\,\mathrm{rad/s}$。由于输出不能反映或跟随控制信号 $r(t)=1(t)$ 的规律，所以系统不能正常工作。

② 欲使系统满足最佳阻尼比 $\xi=0.707$ 的要求，可以通过加入速度反馈，即引入传递函数 τs 微分环节来改进原系统。改进后的系统方框图如图 3-30(b)。改进后系统传递函数为

$$\frac{C(s)}{R(s)}=\frac{G(s)}{1+G(s)H(s)}=\frac{\frac{10}{s^{2}}}{1+\frac{10}{s^{2}}(1+\tau s)}=\frac{10}{s^{2}+10\tau s+10}$$

由系统的闭环传递函数得出 $2\xi\omega_{\mathrm{n}}=10\tau$，$\omega_{\mathrm{n}}^{2}=10$

由已知 $\xi=0.707$ 和上列两式解出反馈系数 $\tau=\frac{2\xi\omega_{\mathrm{n}}}{10}=0.447$

此时说明，加入速度负反馈后，系统的单位阶跃响应将由无阻尼时的等幅振荡转化为最佳阻尼比的振荡过程。这时超调量 σ_{p} 由 100%降低到 4.3%，速度负反馈提高了系统的阻尼程度。

例 3-8 1) 当不加速度反馈时二阶系统的方框图如图 3-31(a) 所示。求此时系统的超调

量 σ_p 、峰值时间 t_p 和调节时间 t_s 。

2）若加速度反馈时，要求闭环系统的超调量 $\sigma_p = 16.3\%$ ，峰值时间 $t_p = 1s$ ，求放大器的放大倍数 K 和速度反馈系数 τ 。

解　1）图 3-31(a) 无速度反馈时系统的闭环传递函数为

$$\frac{C(s)}{R(s)} = \frac{G(s)}{1+G(s)} = \frac{\dfrac{10}{s(s+1)}}{1+\dfrac{10}{s(s+1)}} = \frac{10}{s^2+s+10}$$

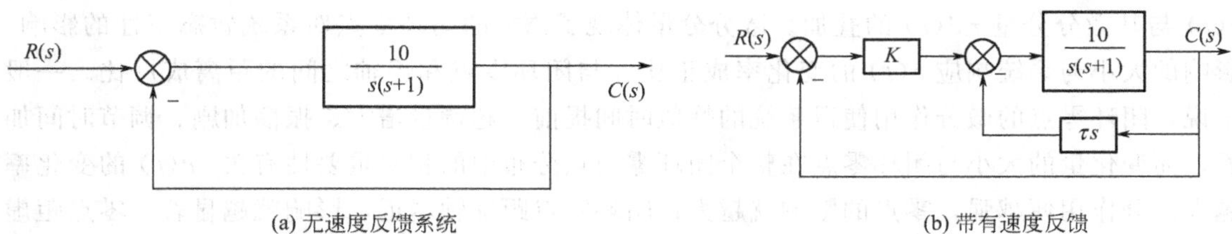

图 3-31　二阶系统

由系统的闭环传递函数可以得出　$2\xi\omega_n = 1$　　$\omega_n^2 = 10$

解得　　$\omega_n = 3.16\text{rad/s}$　　$\xi = 0.16$　　$\theta = \arccos\xi = 80.79°$

由此可得 $\sigma_p = e^{-\pi\cot\theta} = 60\%$　　$t_p = \dfrac{\pi}{\omega_n\sqrt{1-\xi^2}} = 1$　　$t_s = \dfrac{3}{\xi\omega_n} = 5.93s$

2）图 3-31(b) 带有速度反馈系统的开环传递函数 $G(s)$ 和闭环传递函数分别是

$$G(s) = K\frac{\dfrac{10}{s(s+1)}}{1+\dfrac{10}{s(s+1)}\tau s} = \frac{10K}{s^2+(1+10\tau)s}$$

$$\Phi(s) = \frac{C(s)}{R(s)} = \frac{G(s)}{1+G(s)} = \frac{10K}{s^2+(1+10\tau)s+10K}$$

由系统的闭环传递函数可以得出　$2\xi\omega_n = 1+10\tau$　　$\omega_n^2 = 10K$

由题目给定的动态性能指标　$\sigma_p = e^{-\xi\pi/\sqrt{1-\xi^2}} = 0.163$　　$t_p = \dfrac{\pi}{\omega_n\sqrt{1-\zeta^2}} = 1$

求得　　$\xi = 0.5$　　$\omega_n = 3.63\text{rad/s}$　　$t_s = \dfrac{3}{\xi\omega_n} = 1.65s$

由此得出　　$K = 1.32$　　$\tau = 0.263$

由以上计算可以看出，加入速度反馈之后系统的超调量大大减少，当参数匹配合理时，过渡过程速度不仅没有减少反而加快。

3.5.2　添加零点对系统暂态特性的影响

（1）添加闭环零点对系统暂态特性的影响　若在原来二阶系统的基础上添加一个闭环零点 $\tau s+1\left(s=-\dfrac{1}{\tau}\right)$，则系统的闭环传递函数为

$$\frac{C(s)}{R(s)} = \frac{\omega_n^2(\tau s+1)}{s^2+2\xi\omega_n s+\omega_n^2} \tag{3-76}$$

$$=\frac{\omega_n^2}{s^2+2\xi\omega_n s+\omega_n^2}+\tau s\frac{\omega_n^2}{s^2+2\xi\omega_n s+\omega_n^2}$$

具有闭环零点二阶系统的单位阶跃响应为

$$C_z(s)=\frac{\omega_n^2}{s(s^2+2\xi\omega_n s+\omega_n^2)}+\tau s\frac{\omega_n^2}{s(s^2+2\xi\omega_n s+\omega_n^2)} \tag{3-77}$$

或

$$c_z(t)=c(t)+\tau\dot{c}(t) \tag{3-78}$$

式(3-78) 表明，具有闭环零点二阶系统的单位阶跃响应，是二阶标准系统单位阶跃响应 $c(t)$ 与其微分分量 $\tau\dot{c}(t)$ 的叠加。微分分量体现了添加的闭环零点对系统暂态特性的影响，影响的大小与系统响应 $c(t)$ 的变化率成正比，与闭环零点和虚轴之间的距离成反比。一般来说，闭环零点的微分作用使得系统的峰值时间提前、超调量增大、振荡加剧、调节时间加长，而变化量的大小与闭环零点在整个闭环零极点分布中的相对重要性有关。$c(t)$ 的变化率越大微分作用便越强，零点的影响就越大；闭环零点距虚轴越近，影响就越显著，零点距虚轴越远则影响就越弱。

(2) 添加开环零点对系统暂态特性的影响（比例微分 PD 控制） 对于二阶系统，如果在原系统的前向通道加入比例微分环节，如图 3-32 所示，此时系统的开环传递函数变为

$$G(s)=\frac{\omega_n^2(\tau s+1)}{s(s+2\xi\omega_n)} \tag{3-79}$$

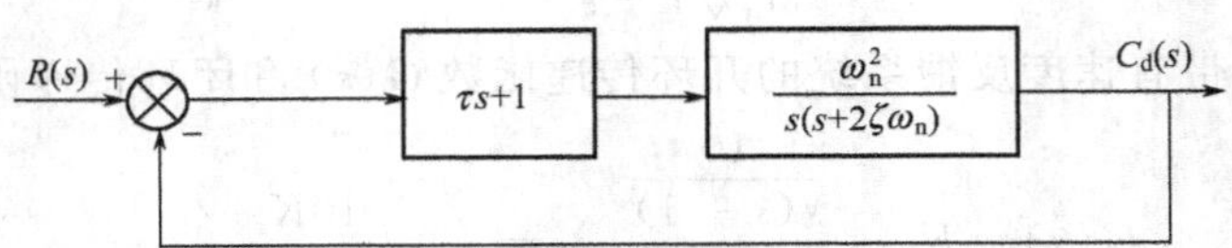

图 3-32 有比例微分控制的二阶系统

其闭环传递函数为

$$\frac{C(s)}{R(s)}=\frac{G(s)}{1+G(s)}=\frac{\omega_n^2(\tau s+1)}{s^2+2\xi'\omega_n s+\omega_n^2} \tag{3-80}$$

式中，$\xi'=\xi+\frac{\tau\omega_n}{2}$

由式(3-79) 和式(3-80) 可以看到：在前向通道添加的开环零点 $(\tau s+1)$ 也是系统的闭环零点；零点的这种双重性决定了它的作用也有两个方面：一方面作为闭环零点使得系统响应加快、振荡加剧；另一方面作为开环零点使得系统的阻尼比 ξ' 增大、改善了暂态响应的平稳性，系统的无阻尼振荡频率没有变化，合成的结果使得系统响应加快的同时，又减小了超调量，从而有效地改善了系统的暂态特性。

但是由于添加的是零点，无论是闭环零点还是开环零点，对输入端的噪声都有明显的放大作用，从而对系统的抗干扰性能是不利的。所以在实际控制系统中，通常比例微分中的微分作用，或者说零点的作用不宜过强。

下面再定量详细地分析加入比例微分作用后的单位阶跃响应及其性能变化。

当输入为单位阶跃信号 $r(t)=1, R(s)=\frac{1}{s}$ 时，由式(3-80) 可得系统的响应输出为

$$
\begin{aligned}
C_{\mathrm{pd}}(s) &= \frac{\omega_n^2(\tau s+1)}{s^2+2\xi'\omega_n s+\omega_n^2}\times\frac{1}{s} \\
&= \frac{\omega_n^2}{s(s^2+2\xi'\omega_n s+\omega_n^2)}+\frac{\tau\omega_n^2}{s^2+2\xi'\omega_n s+\omega_n^2} \\
&= \frac{\omega_n^2}{s(s^2+2\xi'\omega_n s+\omega_n^2)}+\tau s\,\frac{\omega_n^2}{s(s^2+2\xi'\omega_n s+\omega_n^2)} \\
&= C'(s)+\tau s C'(s)
\end{aligned}
\tag{3-81}
$$

其时间响应为

$$
c_{\mathrm{pd}}(t)=c'(t)+\tau\dot{c}'(t) \tag{3-82}
$$

式(3-82) 由两部分组成，$c'(t)$ 是阻尼比为 ξ' 的单位阶跃响应，$\tau\dot{c}'(t)$ 是其脉冲响应的 τ 倍。图 3-33 为加入比例微分环节前、后二阶系统的响应图。通过前后响应 $c(t)$ 与 $c_{\mathrm{pd}}(t)$ 图的比较，可以看到系统的前向通道中加入比例微分环节后，将使系统的阻尼比增大，因此可以有效地减小原二阶系统的阶跃响应的超调量 σ_p；又由于微分的作用，使系统阶跃响应的速度提高了，从而缩短了调节时间 t_s。可见，定量分析和上述加入零点的双重作用的定性分析结果是一致的。

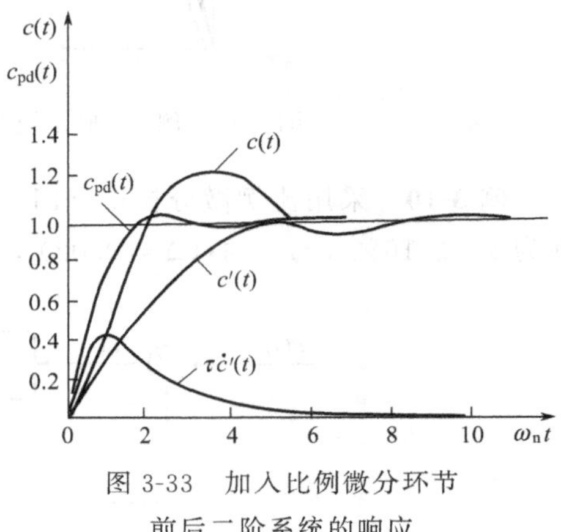

图 3-33　加入比例微分环节前后二阶系统的响应

例 3-9　原二阶系统开环传递函数为 $G(s)=\dfrac{4}{s(s+2)}$，试分析比较原系统与加入开环零点、闭环零点（$0.25s+1$）之后的各动态响应。

解　① 原二阶系统开环传递函数为 $G(s)=\dfrac{4}{s(s+2)}$

则其闭环传递函数为　$\Phi(s)=\dfrac{G(s)}{1+G(s)}=\dfrac{4}{s^2+2s+4}=\dfrac{2^2}{s^2+2\times0.5\times2s+2^2}$

其中，$\xi=0.5$，$\omega_n=2\mathrm{rad/s}$，响应曲线为 1(图 3-34)。

② 加入开环极点（$0.25s+1$），比例微分作用后，开环传递函数为 $G(s)=\dfrac{4(0.25s+1)}{s(s+2)}$

则其闭环传递函数变为

$$
\Phi(s)=\frac{G(s)}{1+G(s)}=\frac{\dfrac{4(0.25s+1)}{s(s+2)}}{1+\dfrac{4(0.25s+1)}{s(s+2)}}=\frac{4(0.25s+1)}{s^2+3s+4}=\frac{2^2(0.25s+1)}{s^2+2\times0.75\times2s+2^2}
$$

其中，$\xi=0.75$，$\omega_n=2\mathrm{rad/s}$，响应曲线为 2（图 3-34）。

通过曲线 2 与曲线 1 比较可以看出，加入开环零点（比例微分）后与原系统相比，阻尼比增加，自然振荡频率没有变，系统超调量减小，并且微分控制使得系统快速性变好。

③ 加入闭环零点（$0.25s+1$）之后，系统的闭环传递函数为

$$
\Phi(s)=\frac{4(0.25s+1)}{s^2+2s+4}=\frac{4(0.25s+1)}{s^2+2\times0.5\times2s+2^2}
$$

其中，$\xi=0.5$，$\omega_n=2\text{rad/s}$，响应曲线为 3（图 3-34）。

通过曲线 3 与曲线 1 比较可以看出，加入闭环零点后与原系统相比，阻尼比没有变，自然振荡频率没有变，但由于微分控制使得系统快速性提高，系统振荡加快，超调量加大。

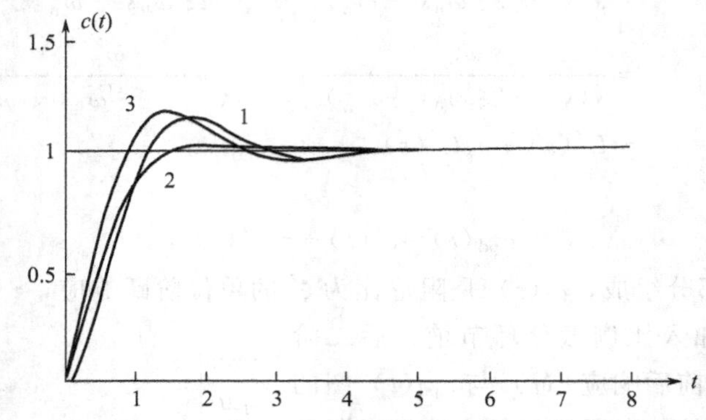

图 3-34　例 3-9 原系统及其加开环零点、闭环零点单位阶跃响应

例 3-10　采用比例微分校正（PD）的控制系统如图 3-35 所示。要求系统的动态过程指标为 $\sigma_p\leqslant 16\%$，$t_s\leqslant 4s(\Delta=0.02)$，求 PD 控制器的校正参数 K_p 和 K_d。

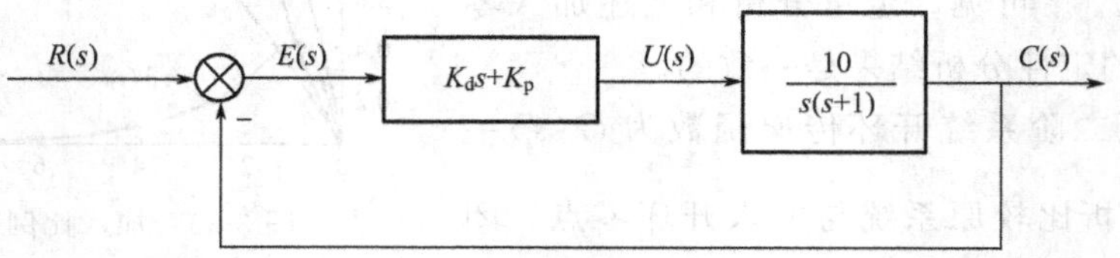

图 3-35　PD 校正的控制系统

解　在没有控制器的情况下，系统的闭环传递函数是

$$\Phi(s)=\frac{10}{s^2+s+10}$$

相应的参数是　　$2\xi\omega_n=1$　　$\omega_n^2=10$

解得　　$\omega_n=3.16$　　$\xi=0.158$

求出系统的动态性能指标　　$\sigma_p=60\%$　　$t_s=8\text{s}$

显然，动态过程指标不满足要求。

采用 PD 控制器后，系统的闭环传递函数为

$$\Phi(s)=\frac{(K_ds+K_p)\dfrac{10}{s(s+1)}}{1+(K_ds+K_p)\dfrac{10}{s(s+1)}}=\frac{10(K_ds+K_p)}{s^2+(10K_d+1)s+10K_p}$$

$$=\frac{10K_p(\tau s+1)}{s^2+(10K_p\tau+1)s+10K_p}\quad\left(\tau=\frac{K_d}{K_p}\right)$$

对应的参数是　　$\omega_n=\sqrt{10K_p}$　　$\xi=\dfrac{10K_p\tau+1}{2\sqrt{10K_p}}$

为了满足动态性能指标 $T_s\leqslant 4s$ 和 $\sigma_p\leqslant 16\%$，按二阶系统计算，系统参数应满足的条

件是

$$\omega_n \geqslant 2 \qquad \xi \geqslant 0.5$$

解出

$$K_p \geqslant 0.4 \qquad \tau \geqslant 0.25$$

若取 $K_p = 0.4$，$\tau = 0.25$，则 $K_d = 0.1$。

PD 校正后，闭环传递函数中增加了一个零点。对具有零点的二阶系统的动态性能指标没有准确简捷的计算方法，利用一些近似公式只能做估算。也可以用 Matlab 软件做出 PD 校正后系统的单位阶跃响应，并求出相应的动态性能指标，如果与要求的指标略有差别，可以适当地调整 PD 校正参数，使系统满足性能要求。

3.6 线性控制系统的稳定性分析

在线性控制系统中，最重要的问题是稳定性问题。只有稳定的系统才能正常工作。因此，稳定性是控制系统正常工作的条件，也是控制系统的重要性能。分析控制系统的稳定性，并提出确保系统稳定的条件是自动控制理论的基本任务之一。本节只讨论线性定常系统稳定性的概念、线性定常系统稳定的条件和劳斯-赫尔维茨稳定判据。更复杂系统的稳定性将在后续课程研究。

3.6.1 稳定的概念

(1)平衡点　下面以力学系统为例，说明平衡点及其稳定性。力学系统中，位移保持不变的点称为平衡点(位置)，此时位移对时间的各阶导数为零。当所有的外部作用力为零时，位移保持不变的点称为原始平衡点(位置)。

所谓的稳定性，是指控制系统偏离平衡点后，系统自动恢复到平衡状态的能力。

图 3-36(a)表示一个悬挂的单摆，其垂直位置 a 是原始平衡点。若在外力作用下，单摆偏离了原始平衡点 a 到达新位置 b 或 c 。当外力去掉后，在系统内部作用力(重力)作用下，单摆将向原始平衡点 a 运动。由于有摩擦力、空气阻力等作用，单摆最后将回到原始平衡点 a 。这样的平衡位置 a 称为**稳定平衡点**。图 3-28(b)表示的摆的支撑点在下方，称倒立摆。垂直位置 d 也是一个原始平衡点。但是，若外力 F 使其偏离垂直位置，当外力消失时，依靠自身的能力，倒立摆不可能回到原始平衡点 d 。这样的平衡位置称为**不稳定平衡点**。

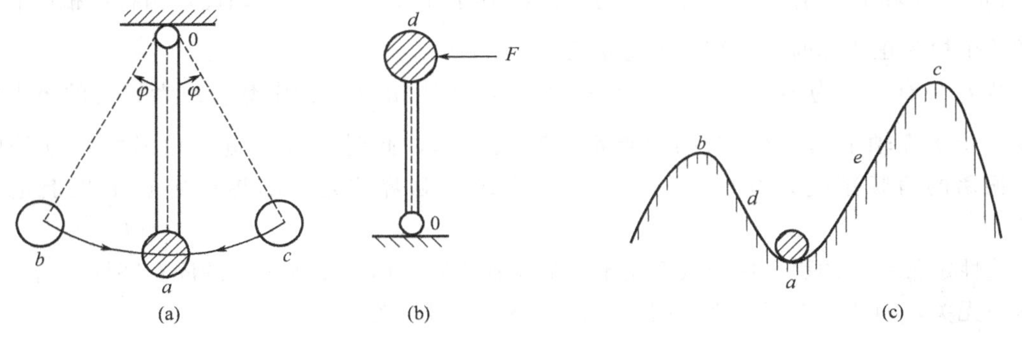

图 3-36　平衡位置点

图 3-28(c)表示一个曲面和小球装置。对于小球来说，b，c 为不稳定平衡点，a 为稳定平衡点。

上述实例,说明系统稳定性反映在干扰信号消失后的过渡过程的性质上。与上述力学系统相似,一般的自动控制系统中也存在平衡点。平衡点的稳定性取决于输入信号为零时的系统在非零初始条件作用下是否能自行返回到平衡点。

对于一个控制系统,当所有的输入信号为零,而系统输出信号保持不变的点称为平衡点。线性系统只有一个平衡点,并且取平衡点时系统的输出信号为零。

(2)稳定性定义 设线性定常系统处于某一平衡状态,当系统受到扰动作用后离开了原来的平衡状态,扰动消失后,如果系统的输出响应经过足够长的时间后,最终能够回到原先的平衡状态,则称系统是稳定的。否则,称系统是不稳定的。

3.6.2 线性系统稳定的充要条件

稳定性讨论的是系统在没有输入作用或者输入作用消失以后的自由运动状态。所以,通常通过分析系统的零输入响应,或者脉冲响应来分析系统的稳定性。

设线性定常系统微分方程为

$$a_n c^{(n)}(t)+a_{n-1}c^{(n-1)}(t)+a_{n-2}c^{(n-2)}(t)+\cdots+a_1\dot{c}(t)+a_0c(t)$$
$$=b_m r^{(m)}(t)+b_{m-1}r^{(m-1)}(t)+b_{m-2}r^{(m-2)}(t)+\cdots+b_1\dot{r}(t)+b_0r(t)$$

初始条件为 0 时，系统的闭环传递函数为

$$\Phi(s)=\frac{C(s)}{R(s)}=\frac{b_m s^m+b_{m-1}s^{m-1}+\cdots+b_1 s+b_0}{a_n s^n+a_{n-1}s^{n-1}+\cdots+a_1 s+a_0}$$

系统的特征方程为

$$D(s)=a_n s^n+a_{n-1}s^{n-1}+a_{n-2}s^{n-2}+\cdots a_1 s+a_0=0 \tag{3-83}$$

若对高阶系统的单位阶跃响应式(3-72) 求导则得单位脉冲响应式(3-84)。设特征方程有 q 个实根 s_i，r 对共轭复根$\sigma_i \pm \mathrm{j}\omega_{\mathrm{d}i}$ 。σ_i 和 $\omega_{\mathrm{d}i}$ 表示特征根的实部和虚部。

$$c(t)=\sum_{i=1}^{q}C'_i\mathrm{e}^{s_i t}+\sum_{k=1}^{r}\mathrm{e}^{\sigma_i t}(A'_i\cos\omega_{\mathrm{d}k}t+B'_i\sin\omega_{\mathrm{d}k}t) \tag{3-84}$$

从式(3-84) 可以看出：

1）若 s_i 和σ_i 均为负实部，则有 $\lim\limits_{t\to\infty}c(t)=0$，因此，当所有特征根的实部为负时，系统是稳定的。

2）若 s_i 和σ_i 中有一个或者几个为正值，则有 $\lim\limits_{t\to\infty}c(t)=\infty$，因此，当特征根中有一个或者几个根为正实部时，系统是不稳定的。

若 s_i 中有一个为零，而其他 s_i 和 σ_i 均为负，则 $\lim\limits_{t\to\infty}c(t)$ 为常数；或者，有的极点实部为零（位于虚轴上），而其余的极点都具有负实部，此时系统的输出信号将出现等幅振荡，振荡的角频率就是纯虚根的正虚部，系统为临界稳定。临界稳定在工程上是不稳定的。

线性定常系统的稳定性由其系统本身的参数决定，即是系统本身的固有特性，与外界输入信号无关，而非线性系统则不同，常常与外界信号有关。

线性定常系统输出信号 $c(t)$ 对脉冲输入信号 $r(t)=\delta(t)$ 的响应称作系统的脉冲响应，

记作 $k(t)$。判断线性定常系统是否稳定的依据是 $\lim\limits_{t\to\infty}k(t)=0$。如果满足此式，该系统是稳定的，否者该系统不稳定。当 $t\to\infty$ 时，上述各项趋于零的充要条件是 $s_i<0$ 和 $\sigma_i<0$。

综上所述，**线性定常系统稳定的充分必要条件**是系统的全部特征根或闭环极点都具有负实部，或者说都位于 s 平面的左半部。

3.6.3　劳斯稳定判据

线性定常系统的稳定性取决于闭环系统极点的分布，于是判断一个系统的稳定性问题便成为如何确定闭环系统极点分布的问题。确定系统极点的方法有两类：一类是直接求解特征方程的根找出极点分布；另一类是不必求解特征方程，而是通过其他方法确定极点分布，从而判断系统的稳定性，如各种稳定性判据（劳斯判据、奈奎斯特判据等）以及第四章介绍的根轨迹法等，这些方法在工程上得到了广泛的应用。

英国数学家劳斯（Routh）和德国数学家赫尔维茨（Hurwitz）分别于 1877 年和 1895 年各自独立地提出了一种稳定性判据，又称为代数稳定判据。这两种判据实质上是一致的，都是根据系统特征方程系数用代数方法来判别特征根在 s 平面的位置，从而判断系统的稳定性。由于不必求解方程，为系统稳定性的判断带来了极大的便利。

(1) 劳斯稳定判据　设控制系统的特征方程式为

$$D(s)=a_ns^n+a_{n-1}s^{n-1}+a_{n-2}s^{n-2}+\cdots+a_1s+a_0=0 \tag{3-85}$$

劳斯稳定判据要求将特征多项式的系数排成下面形式的表，即劳斯表

s^n	a_n	a_{n-2}	a_{n-4}	a_{n-6}	…
s^{n-1}	a_{n-1}	a_{n-3}	a_{n-5}	a_{n-7}	…
s^{n-2}	b_1	b_2	b_3	b_4	…
s^{n-3}	c_1	c_2	c_3	c_4	…
s^{n-4}	d_1	d_2	d_3	d_4	…
…	…	…			
s^2	e_1	e_2			
s^1	f_1				
s^0	g_1				

其中，b_1、b_2、b_3 等系数可以根据下列公式进行计算

$$b_1=\frac{a_{n-1}a_{n-2}-a_na_{n-3}}{a_{n-1}};\ b_2=\frac{a_{n-1}a_{n-4}-a_na_{n-5}}{a_{n-1}};\ b_3=\frac{a_{n-1}a_{n-6}-a_na_{n-7}}{a_{n-1}};\cdots$$

系数 b 的计算，一直进行到其余的 b 值全部等于零时为止，同样用上面两行系数交叉相乘的方法，可以计算 c、d、e 等各行的系数，即

$$c_1=\frac{b_1a_{n-3}-a_{n-1}b_2}{b_1};\ c_2=\frac{b_1a_{n-5}-a_{n-1}b_3}{b_1};\ c_3=\frac{b_1a_{n-7}-a_{n-1}b_4}{b_1};\cdots$$

$$d_1=\frac{c_1b_2-b_1c_2}{c_1};\ d_2=\frac{c_1b_3-b_1c_3}{c_1};\cdots$$

这种过程一直进行到第 $n+1$ 行计算完为止。其中第 $n+1$ 行仅第 1 列有值，且正好是方程最后一项系数 a_0。劳斯表中系数排列呈现倒三角形。

线性定常系统稳定的必要条件：系统特征方程式所有系数均为正值，且特征方程式不

缺项。

劳斯稳定判据：线性定常系统稳定的充分必要条件是劳斯表的第一列各项元素均为正数。如果劳斯表中的第一列元素有负数，则系统不稳定，并且劳斯表中第一列元素自上而下符号改变的次数等于系统正实部特征根的个数。

在计算劳斯表时，用同一个正数去乘（或除）某一行的各元素，不改变稳定性判据结果。这样可以简化运算。

例 3-11 设控制系统的特征方程为

$$D(s)=s^5+2s^4+s^3+3s^2+4s+5=0$$

应用劳斯稳定判据判断系统的稳定性。

解 方程中不缺项、各项系数均为正值，满足系统稳定的必要条件。列劳斯表如下

s^5	1	1	4	
s^4	2	3	5	
s^3	-1	3	0	（各元素乘以 2）
s^2	9	5	0	
s^1	32			（各元素乘以 9）
s^0	5			

劳斯表第 1 列不全是正数，符号改变两次（$2\to-1\to9$），说明闭环系统有两个正实部的根，即在 s 右半平面有两个闭环极点，所以系统不稳定。

(2) 劳斯稳定判据的特殊情况 运用劳斯稳定判据分析系统的稳定性时，若劳斯表中某一行第一列元素为 0，则系统不稳定或者临界稳定。

1）在劳斯表的任一行中，出现第一个元素为零，而其余各元素均不为零，或部分不为零的情况。遇到此种情况，可用一个很小的正数 ε 代替零元素，然后继续进行计算，完成劳斯表。

例 3-12 设控制系统的特征方程为

$$D(s)=s^4+2s^3+3s^2+6s+1=0$$

应用劳斯稳定判据判断系统的稳定性。

解 方程中不缺项、各项系数均为正值，满足稳定的必要条件。列劳斯表如下

s^4	1	3	1
s^3	1	3	（同除以 2）
s^2	$0(\varepsilon)$	1	
s^1	$\dfrac{3\varepsilon-1}{\varepsilon}(-\infty)$	$\lim\limits_{\varepsilon\to0}\dfrac{3\varepsilon-1}{\varepsilon}=-\infty$	
s^0	1		

因为劳斯表第一列元素符号改变两次（$\varepsilon=0^+\to-\infty\to+1$），所以系统不稳定，且有两个正实部的特征根。

2）在劳斯表的任一行中，出现所有元素均为零的情况。此时，可用全零行的上一行元素构成一个辅助方程，并将辅助方程对 s 求导，然后用求导后的方程系数代替全零行的元素，继续计算劳斯表。辅助方程的次数总是偶数，或者存在两个大小相等符号相反的实根，或者存在两个共轭纯虚根。通过辅助方程求得的这些根，都是特征方程的根，或者说是系统的闭环极点。

例 3-13　设控制系统的特征方程为

$$D(s)=s^3+2s^2+s+2=0$$

应用劳斯稳定判据判断系统的稳定性。

解　方程中各项系数均为正值，满足稳定的必要条件。其劳斯表为

s^3	1	1	
s^2	2	2	→ 构造辅助方程 $2s^2+2=0$
s^1	4	0	← 辅助方程求导后的系数
s^0	2		

由上看出，劳斯表第一列元素符号相同，故系统不含具有正实部的根，而含一对纯虚根，可由辅助方程 $2s^2+2=0$ 解出 $s_{1,2}=\pm\mathrm{j}$。根据韦达定理得知第三个根 $s_3=-2$。

例 3-14　已知系统的特征方程为

$$D(s)=s^6+2s^5+8s^4+12s^3+20s^2+16s+16=0$$

试根据辅助方程求特征根。

解　方程中各项系数均为正值，满足稳定的必要条件。劳斯表中 $s^6\sim s^3$ 各项为

s^6	1	8	20	16	
s^5	2	12	16	0	
s^4	1	6	8		（各元素除以 2）
s^3	0	0	0		

由劳斯表看出，s^3 行的各项全为零。为了求出 $s^3\sim s^0$ 各行，将 s^4 行的个项系数构造辅助方程 $F(s)=s^4+6s^2+8=0$

将辅助方程 $F(s)$ 对 s 求导数，得

$$\frac{\mathrm{d}F(s)}{\mathrm{d}s}=4s^3+12s$$

用上式中的各项系数作为 s^3 行的各项系数，继续计算以下各行的系数，得劳斯表为

s^6	1	8	20	16
s^5	2	12	16	0
s^4	1	6	8	
s^3	4	12		
s^2	3	8		
s^1	$\frac{4}{3}$			
s^0	8			

从上表的第一列可以看出，各项符号没有改变，因此可以确定系统在右半平面没有极点。另外，由于 s^3 行的各项系数皆为零，这表明在虚轴上存在共轭纯虚根。在实际中，这个系统是不稳定的。由辅助方程

$$s^4+6s^2+8=(s^2+4)(s^2+2)=0$$

可求得极点为

$$s_{1,2}=\pm\mathrm{j}\sqrt{2}\ ,\ s_{3,4}=\pm\mathrm{j}2$$

由韦达定理可知

$$s_5+s_6=-2\ ,\ s_5s_6=2$$

根据

$$s^2+2s+2=0$$

解得

$$s_{5,6}=-1\pm \mathrm{j}$$

例 3-15 已知系统的特征方程为

$$D(s)=s^5+2s^4+3s^3+6s^2-4s-8=0$$

试根据辅助方程求特征根。

解 方程中各项系数不同号，不满足系统稳定的必要条件，系统不稳定，右半平面有根。

s^5	1	3	-4	
s^4	2	6	-8	辅助方程 $2s^4+6s^2-8=0$
s^3	8	12	0	← 辅助方程求导后的系数
s^2	3	-8		
s^1	$\frac{100}{3}$	0		
s^0	-8			

第一列元素符号变化一次，说明有一个正实部的根，可根据辅助方程

$$2s^4+6s^2-8=(2s^2-2)(s^2+4)=0$$

解得

$$s_{1,2}=\pm 1\ ;\ s_{3,4}=\pm \mathrm{j}2$$

特征方程中各项系数不同号，系统肯定不稳定。劳斯表第一列元素符号改变一次，有一个特征根在 s 平面的右半部。由辅助方程求得的根，$s_{1,2}=\pm 1$；$s_{3,4}=\pm \mathrm{j}2$ 关于原点对称，由韦达定理可知另一个根为 $s_5=-2$。

(3) 劳斯稳定判据的应用 应用劳斯判据不仅可以判断系统的稳定性及特征根中具有正实部根的个数，还可以用来分析系统参数变化对系统稳定性的影响，从而给出使系统稳定的参数范围。

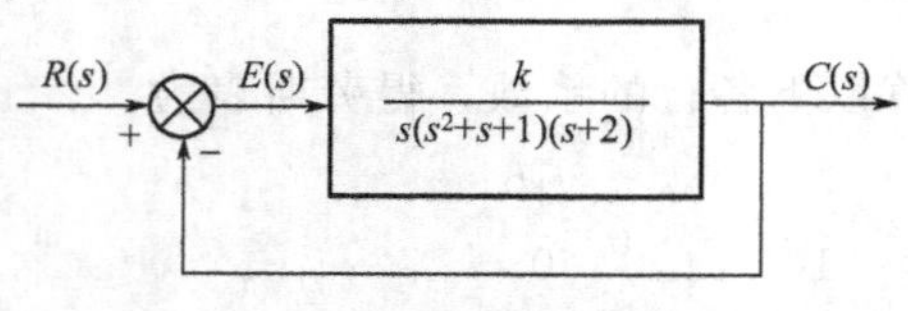

图 3-37 控制系统框图

例 3-16 已知控制系统的框图如图 3-37 所示，确定系统稳定时的 k 的取值范围。

解 系统的闭环传递函数为

$$\frac{C(s)}{R(s)}=\frac{k}{s(s^2+s+1)(s+2)+k}$$

由上式得系统的特征方程为

$$D(s)=s^4+3s^3+3s^2+2s+k=0$$

欲满足系统稳定的必要条件，必须使 $k>0$。列劳斯表如下

s^4	1	3	k		
s^3	3	2	0		
s^2	7	$3k$		（各元素乘以 3）	辅助方程 $7s^2+3k=0$
s^1	$\frac{14-9k}{7}$				
s^0	$3k$				

要使系统稳定，必须满足

$$\begin{cases} k > 0 \\ 14 - 9k > 0 \end{cases}$$

k 的取值范围是

$$0 < k < \frac{14}{9}$$

当 $k = \frac{14}{9}$ 时，劳斯表 s^1 中行的所有元素都为 0，由上一行 s^2 构造辅助方程 $7s^2 + 3k = 0$，解得 $s_{1,2} = \pm j\frac{\sqrt{6}}{3}$。即当 $k = \frac{14}{9}$ 时，系统等幅振荡，振荡频率为 $\omega_n = \frac{\sqrt{6}}{3}\text{rad/s}$。

3.6.4　赫尔维茨稳定判据

设系统的特征方程为

$$D(s) = a_n s^n + a_{n-1}s^{n-1} + a_{n-2}s^{n-2} + \cdots + a_1 s + a_0 = 0$$

线性控制系统稳定的充分必要条件：特征方程的系数 a_i 为正，且由 a_i 组成的主行列式 (3-86) 及其顺序主子行列式 $\Delta_i (i = 1, \cdots, n-1)$ 全部为正。即

$$\Delta_n = \begin{vmatrix} a_{n-1} & a_{n-3} & a_{n-5} & \cdots & 0 & 0 \\ a_n & a_{n-2} & a_{n-4} & \cdots & 0 & 0 \\ 0 & a_{n-1} & a_{n-3} & \cdots & 0 & 0 \\ 0 & a_n & a_{n-2} & \cdots & 0 & 0 \\ 0 & 0 & a_{n-1} & \cdots & 0 & 0 \\ 0 & 0 & a_n & \cdots & 0 & 0 \\ \vdots & \vdots & \vdots & \ddots & \vdots & \vdots \\ 0 & \cdots & \cdots & \cdots & a_0 & 0 \\ 0 & \cdots & \cdots & \cdots & a_1 & 0 \\ 0 & \cdots & \cdots & \cdots & a_2 & a_0 \end{vmatrix}_{n\times n} > 0 \tag{3-86}$$

$$\Delta_1 = a_{n-1}, \Delta_2 = \begin{vmatrix} a_{n-1} & a_{n-3} \\ a_n & a_{n-2} \end{vmatrix}, \Delta_3 = \begin{vmatrix} a_{n-1} & a_{n-3} & a_{n-5} \\ a_n & a_{n-2} & a_{n-4} \\ 0 & a_{n-1} & a_{n-3} \end{vmatrix} \cdots \Delta_n > 0$$

显然，当系统特征方程高于 3 次时，赫尔维茨判据的计算量很大。后来李纳德 (Lienard) 证明，当所有 $\Delta_{2k+1} > 0$ 时，系统是稳定的。

注意，赫尔维茨行列式的特点是第一行为第二项、第四项等偶数项的系数，第二行则为第一行、第三行等奇数项的系数；第三、第四行则重复上两行的排列，向右移动一列，而前一列则以 0 代替；以下各行，以此类推。

按照赫尔维茨稳定判据，对于 $n \leqslant 3$ 的线性控制系统，其稳定的充分必要条件还可以表示如下简单形式：

对于 $n = 2$ 的系统，$a_2 > 0$，$a_1 > 0$，$a_0 > 0$。

对于 $n = 3$ 的系统，$a_3 > 0$，$a_2 > 0$，$a_1 > 0$，$a_0 > 0$，$a_2 a_1 - a_3 a_0 > 0$。

例 3-17 四阶系统特征方程为 $2s^4+s^3+3s^2+5s+10=0$，试用赫尔维茨判据判断系统的稳定性。

解 由特征方程已知各项系数为 $a_4=2$，$a_3=1$，$a_2=3$，$a_1=5$，$a_0=10$，赫尔维茨行列式 Δ_4 为

$$\Delta_4=\begin{vmatrix}1&5&0&0\\2&3&10&0\\0&1&5&0\\0&2&3&10\end{vmatrix}$$

于是

$$\Delta_1=1>0$$

$$\Delta_2=\begin{vmatrix}1&5\\2&3\end{vmatrix}=-7<0$$

由于 $\Delta_2<0$，不满足赫尔维茨行列式全部为正的条件，所以系统不稳定。Δ_3，Δ_4 可以不必再进行计算。

例 3-18 四阶系统特征方程为 $s^4+3s^3+3s^2+2s+1=0$，试用赫尔维茨判据判断系统的稳定性。

解 $n=4$，列出系数行列式

$$\Delta_4=\begin{vmatrix}3&2&0&0\\1&3&1&0\\0&3&2&0\\0&1&3&1\end{vmatrix}$$

由此计算

$$\Delta_1=3>0$$

$$\Delta_3=\begin{vmatrix}3&2&0\\1&3&1\\0&3&2\end{vmatrix}=5>0$$

根据赫尔维茨判据，当 $n>3$ 时，若 $\Delta_{2k+1}>0$，系统是稳定的。由此判定该闭环系统是稳定的。

3.7 线性控制系统的稳态性能分析

控制系统的性能包括暂态性能和稳态性能，对暂态过程关心的是系统的最大偏差和调节时间，所以用超调量、上升时间、调节时间等指标来描述系统的暂态性能。当系统的过渡过程结束后，系统就进入稳态运行状态，这时关心的是系统的输出是否是期望的输出，相差多少，其偏差量称为稳态误差。稳态误差描述了控制系统的控制精度。由于控制系统一般都工作在稳态，稳态精度直接影响产品的质量，所以，稳态误差在控制系统分析与设计中，是一项重要的性能指标。

控制系统中元件的不完善，如摩擦、间隙、零点漂移、元件老化等都会造成系统的误差，这种误差称静差。静差在一般情况下都可以根据具体情况计算出来，故本节不对上述原

因造成的静差作为研究对象。只研究由于系统不能很好跟踪输入信号而引起的稳态误差，即原理性误差。系统结构引起的误差，主要取决于系统开环传递函数的形式，能够消除这个误差的唯一方法是改变系统的结构。本节将探讨系统结构引起的稳态误差以及消除稳态误差的方法。

3.7.1 控制系统误差与稳态误差

控制系统的框图如图 3-38 所示。图中 $G_1(s)$ 代表放大元件、补偿元件的传递函数，$G_2(s)$ 代表功率放大元件、执行元件和控制对象的传递函数，$F(s)$ 代表扰动信号。$R(s)$ 为参考输入信号，$C(s)$ 为输出信号，也是被控变量。另外，设 $c_r(t)$ 表示被控变量的期望值。

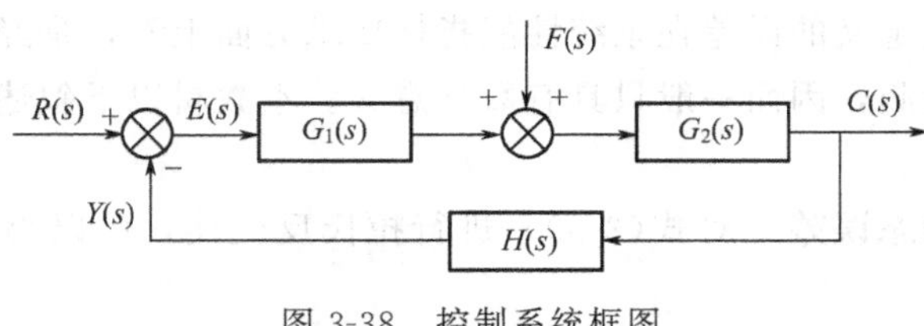

图 3-38　控制系统框图

(1) 误差的两种定义　系统的误差为期望值与实际值之差。记为 $e(t)$，即

误差值=期望值—实际值

1）从输出端定义误差　一般是指反馈控制系统输出的期望值与实际值之差。记为 $E_{出}(s)$，即

$$e_{出}(t)=c_r(t)-c(t) \tag{3-87}$$

$$E_{出}(s)=C_r(s)-C(s)$$

式中，$C_r(s)$ 为反馈控制系统响应输入信号 $r(t)$ 对应的期望输出信号；$C(s)$ 是响应输入信号 $r(t)$ 对应的实际输出信号。

2）从输入端定义误差　是指反馈控制系统的给定输入信号与主反馈信号之差。为了区别，从系统输入端定义的误差通常称为偏差。记为 $E_{入}(s)$，即

$$e_{入}(t)=r(t)-y(t) \tag{3-88}$$

$$E_{入}(s)=R(s)-Y(s)$$

输入端误差

$$E_{入}(s)=R(s)-H(s)C(s)=R(s)-H(s)\frac{G(s)}{1+G(s)H(s)}R(s)$$

$$=\frac{1}{1+G(s)H(s)}R(s)$$

$$=\Phi_e(s)R(s) \tag{3-89}$$

式中，$G(s)=G_1(s)G_2(s)$，$\Phi_e(s)=\dfrac{1}{1+G(s)H(s)}$ 为系统误差的传递函数

输出端误差　　$C_r(s)H(s)=R(s)$　　$C_r(s)=\dfrac{R(s)}{H(s)}$

$$E_{出}(s)=C_r(s)-C(s)=\frac{1}{H(s)}R(s)-\frac{G(s)}{1+G(s)H(s)}R(s)$$

$$=\frac{1}{1+G(s)H(s)}\frac{1}{H(s)}R(s)=E_{入}(s)\frac{1}{H(s)}$$

由此得出输入端误差与输出端误差的关系为

$$E_{入}(s)=H(s)E_{出}(s) \tag{3-90}$$

当系统为单位负反馈，即 $H(s)=1$ 时，输出端误差与输入端误差大小相等，由于传感器的作用，单位不一样。对于非单位负反馈系统，$H(s)\neq 1$。此时，输出端误差与输入端误差大小不相等。

上述两种误差的定义，分别从系统的输出端和输入端、间接和直接地体现了系统输出的期望值和实际值之间的差别。从输入端定义的误差在实际系统中是可以量测的，具有一定的物理意义。而从输出端定义的误差在系统性能指标要求方面上看，是经常使用的，但在实际控制系统中有时无法量测，因而一般只具有数学意义。本教材以下叙述中，若没有特殊说明均指输入端定义的误差。

(2) 动态误差与稳态误差　对式(3-89) 进行拉氏反变换，可以得到时域中的误差表达式为

$$e(t)=L^{-1}[E(s)]=L^{-1}[\Phi_e(s)R(s)]$$

由拉氏变换理论可知，$e(t)$ 包含暂态分量 $e_{st}(t)$ 和稳态分量 $e_{ss}(t)$ 两部分，即 $e(t)=e_{st}(t)+e_{ss}(t)$ 。系统误差信号的暂态分量 $e_{st}(t)$ 称为动态误差；稳态分量 $e_{ss}(t)$ 称为稳态误差，即稳定的系统在 $t>t_s$ 瞬态过程结束后系统的期望值和实际值之差。

$e(t)$ 也常被称为系统的误差响应，它反映了系统在跟踪输入信号和干扰信号的整个过程中的精度。求解误差响应与系统输出一样，对于高阶系统的求解比较困难。动态误差实际上反映了系统的暂态性能，最大误差实际上已经由超调量等暂态性能指标描述了，不再讨论。一般情况下，只关心系统控制平稳下来以后的误差，即系统误差响应的瞬态分量消失后的稳态误差。对于不稳定的系统，系统不能正常工作，误差的瞬态分量很大，这时研究和减小稳态误差就没有实际意义。所以只研究稳定系统的稳态误差。

当参考输入信号 $R(s)$ 和扰动信号 $F(s)$ 都存在时，可以采用叠加原理求总的误差。

3.7.2　控制系统型别

控制系统可以按照它们跟踪阶跃输入、斜坡输入、抛物线输入等信号的能力来分类。由于系统跟踪输入信号的能力主要取决于开环传递函数中所含的积分环节的数目。所以，可以按照开环传递函数含有的积分环节的个数 v 进行分类。

当开环传递函数写成时间常数形式(3-91) 时，若含有 v 个积分环节，或者含有 v 个 $s=0$ 的极点个数，则称系统为 v 型系统。$v=0$，称为 0 型系统；$v=1$，称为Ⅰ型系统；$v=2$，称为Ⅱ型系统。当 $v>2$ 时，除采用复合控制以外，一般情况下系统很难稳定，控制精度与系统的稳定性相矛盾。所以，Ⅲ型及其以上系统在实际控制中几乎不使用。

$$G(s)H(s)=\frac{K\prod_{j=1}^{m}(T_js+1)}{s^v\prod_{i=1}^{n}(T_is+1)}\qquad m\leqslant n \tag{3-91}$$

式中，K 为系统的开环增益；T_j 、T_i 为时间常数；v 为积分环节个数，称系统型别或无差度。

系统型别的另一种定义是，系统误差信号 $E(s)$ 对参考输入信号 $R(s)$ 的闭环传递函数中 $\Phi_e(s)$，$s=0$ 的零点的个数 v 就是系统型别数。因为当设系统的开环传递函数 $G(s)H(s)=\dfrac{KN(s)}{s^v D(s)}$ 时，式中，$N(0)=D(0)=1$。

$$\Phi_e(s)=\frac{1}{1+G(s)}=\frac{s^v D(s)}{s^v D(s)+KN(s)}$$

可见，$\Phi_e(s)$ 中 $s=0$ 的零点个数也是开环传递函数 $G(s)$ 中 $s=0$ 的极点个数 v 。

3.7.3 终值定理法求稳态误差

求稳态误差时，常常只求稳态误差的终值 $e_{ss}=\lim\limits_{t\to\infty}e(t)$ 。这时可利用拉普拉斯变换的终值定理。**终值定理法**：设 $sE(s)$ 在 s 右半平面及虚轴上（除原点外）没有极点，则稳态误差终值 $e_{ss}(\infty)$ 为

$$e_{ss}=e(\infty)=\lim_{t\to\infty}e(t)=\lim_{s\to 0}sE(s) \tag{3-92}$$

由系统方框图比较容易求得 $E(s)$ 的表达式。下面举几个例子说明终值定理法的应用条件及其如何求取稳态误差。

例 3-19 已知单位负反馈系统的开环传递函数为 $G(s)=\dfrac{10}{s(s+4)}$，求当系统输入分别为阶跃信号、速度信号和加速度信号时的稳态误差终值。

解 系统误差信号为

$$E(s)=\frac{1}{1+G(s)}R(s)=\frac{1}{1+\dfrac{10}{s(s+4)}}R(s)=\frac{s(s+4)}{s^2+4s+10}R(s)$$

① 当输入阶跃信号 $r(t)=R$ 时，$R(s)=\dfrac{R}{s}$

$$E(s)=\frac{s(s+4)}{s^2+4s+10}\frac{R}{s}=\frac{R(s+4)}{s^2+4s+10}$$

$$sE(s)=\frac{Rs(s+4)}{s^2+4s+10}$$

$sE(s)$ 有两个极点 $s_{1,2}=-2\pm j\sqrt{6}$，且位于 s 平面的左半部，满足终值定理条件，所以

$$e_{ss}(\infty)=\lim_{s\to 0}sE(s)=\lim_{s\to 0}\frac{Rs(s+4)}{s^2+4s+10}=0$$

② 当输入速度信号 $r(t)=Rt$ 时，$R(s)=\dfrac{R}{s^2}$

$$E(s)=\frac{s(s+4)}{s^2+4s+10}\frac{R}{s^2}=\frac{R(s+4)}{s(s^2+4s+10)}$$

$$sE(s)=\frac{R(s+4)}{s^2+4s+10}$$

$sE(s)$ 满足终值定理条件，所以

$$e_{ss}(\infty)=\lim_{s\to 0}sE(s)=\lim_{s\to 0}\frac{R(s+4)}{s^2+4s+10}=\frac{4R}{10}=\frac{2R}{5}$$

③ 当输入加速度信号 $r(t)=\frac{1}{2}Rt^2$ 时，$R(s)=\frac{R}{s^3}$

$$E(s)=\frac{s(s+4)}{s^2+4s+10}\frac{R}{s^3}=\frac{R(s+4)}{s^2(s^2+4s+10)}$$

$$sE(s)=\frac{R(s+4)}{s(s^2+4s+10)}$$

可见，$sE(s)$ 有两个极点位于 s 平面左半平面，有一个位于坐标原点。如果有理函数 $sE(s)$ 除了在原点有唯一的极点外，在 s 平面右半部及虚轴解析，即 $sE(s)$ 的极点均位于 s 平面的左半部（包括坐标原点），则也可以根据拉氏变换的终值定理求出系统的稳态误差。

$$e_{ss}(\infty)=\lim_{s\to 0}sE(s)=\lim_{s\to 0}\frac{R(s+4)}{s(s^2+4s+10)}=\infty$$

实际上，$sE(s)$ 并不满足在虚轴上解析的条件。严格说，此时不能采用终值定理计算稳态误差；如果使用，也只能得到无穷大的结果，而这一无穷大的结果恰与实际结果相一致，因此，从便于使用的观点出发，把 $sE(s)$ 位于原点的极点划到 s 平面左半部内进行处理。

例 3-20 已知单位反馈系统的开环传递函数为

$$G(s)=\frac{1}{Ts}$$

试求输入信号分别为 $r(t)=\frac{1}{2}t^2$ 和 $r(t)=\sin\omega t$ 时系统的稳态误差。

解 系统误差闭环传递函数为 $\Phi_e(s)=\frac{E(s)}{R(s)}=\frac{1}{1+\frac{1}{Ts}}=\frac{Ts}{Ts+1}$

① 当 $r(t)=\frac{1}{2}t^2$ 时，$R(s)=\frac{1}{s^3}$，则误差信号的拉氏变换式为

$$E(s)=\Phi_e(s)R(s)=\frac{Ts}{Ts+1}\frac{1}{s^3}=\frac{T}{s^2}-\frac{T^2}{s}+\frac{T^2}{s+\frac{1}{T}}$$

对上式进行拉氏反变换，得误差响应为 $e(t)=T^2e^{-\frac{t}{T}}+T(t-T)$

当 $t\to\infty$ 时，$e(t)=T(t-T)$，表明稳态误差 $e_{ss}(\infty)=\infty$。

显然，$sE(s)$ 在 $s=0$ 处有一个极点（原点），则利用终值定理，有

$$e_{ss}(\infty)=\lim_{s\to 0}sE(s)=\lim_{s\to 0}s\frac{T}{Ts+1}\frac{1}{s^2}=\infty$$

可见，两种方法结论一致。

② 当 $r(t)=\sin\omega t$，$R(s)=\frac{\omega}{s^2+\omega^2}$ 时，误差传递函数为

$$E(s)=\Phi_e(s)R(s)=\frac{\omega Ts}{(Ts+1)(s^2+\omega^2)}$$

$$=-\frac{T\omega}{T^2\omega^2+1}\times\frac{1}{s+\frac{1}{T}}+\frac{T\omega}{T^2\omega^2+1}\times\frac{s}{s^2+\omega^2}+\frac{T^2\omega^2}{T^2\omega^2+1}\times\frac{\omega}{s^2+\omega^2}$$

$$e(t)=-\frac{T\omega}{T^2\omega^2+1}e^{-\frac{t}{T}}+\frac{T\omega}{T^2\omega^2+1}\cos\omega t+\frac{T^2\omega^2}{T^2\omega^2+1}\sin\omega t$$

$$e_{ss}(t)=\frac{T\omega}{T^2\omega^2+1}\cos\omega t+\frac{T^2\omega^2}{T^2\omega^2+1}\sin\omega t$$

$$=\frac{T\omega}{\sqrt{T^2\omega^2+1}}\sin(\omega t+\theta)\qquad\left(\theta=\arctan\frac{1}{T\omega}\right)$$

显然，$e_{ss}(\infty)\neq 0$，误差终值是一个不断振荡的正弦曲线。本题也可以用第 5 章频率特性法的知识求解。

下式，$sE(s)$ 在虚轴上存在极点，不满足终值定理条件，如果用终值定理，则得到下列错误结果。所以，在应用终值定理求稳态误差终值时，一定要注意其适用条件。

$$e_{ss}(\infty)=\lim_{s\to 0}sE(s)=\lim_{s\to 0}s\frac{\omega Ts}{(Ts+1)(s^2+\omega^2)}=0$$

例 3-21　已知单位负反馈控制系统的开环传递函数为

$$G(s)=\frac{0.5}{s(s+1)(s^2+s+1)}$$

求当速度信号 $r(t)=t$ 时，系统的稳态误差终值 $e_{ss}(\infty)$。

解　误差传递函数为

$$E(s)=\frac{1}{1+G(s)}R(s)=\frac{1}{1+\dfrac{0.5}{s(s+1)(s^2+s+1)}}\times\frac{1}{s^2}=\frac{s(s+1)(s^2+s+1)}{s(s+1)(s^2+s+1)+0.5}\times\frac{1}{s^2}$$

$$sE(s)=\frac{(s+1)(s^2+s+1)}{s(s+1)(s^2+s+1)+0.5}$$

可用劳斯判据判断 $sE(s)$ 是否满足终值定理条件，即判断

$$s(s+1)(s^2+s+1)+0.5=0$$

是否具有正实部和纯虚根。

$$s^4+2s^3+2s^2+s+0.5=0$$

列劳斯表

s^4	1	2	0.5
s^3	2	1	
s^2	3	1	
s^1	1		
s^0	1		

劳斯表第一列均为正数，没有正实根；且没有出现某一行均为 0，所以没有纯虚根。系统稳定，因此 $sE(s)$ 满足终值定理的条件。稳态误差终值为

$$e_{ss}(\infty)=\lim_{s\to 0}sE(s)=\frac{1}{0.5}=2$$

3.7.4　静态误差系数法求稳态误差

设 $sE(s)$ 满足终值定理条件。下面分别讨论阶跃信号输入、斜坡信号输入、抛物线信号

输入时一般系统的稳态误差终值，从而得到误差系数的概念。

(1) 阶跃信号输入时系统的稳态误差

$$E(s)=\frac{1}{1+G(s)H(s)}R(s)=\frac{1}{1+G(s)H(s)}\times\frac{R}{s}$$

则

$$e_{ss}(\infty)=\lim_{s\to 0}sE(s)=\lim_{s\to 0}\frac{R}{1+G(s)H(s)}=\frac{R}{1+\lim\limits_{s\to 0}G(s)H(s)}=\frac{R}{1+K_P}$$

其中

$$K_p=\lim_{s\to 0}G(s)H(s)\tag{3-93}$$

称为系统的**静态位置误差系数**。

对 0 型系统，假设系统的开环传递函数为时间常数形式，即

$$G(s)H(s)=\frac{K(\tau_1 s+1)(\tau_2 s+1)\cdots}{(T_1 s+1)(T_2 s+1)\cdots}$$

则

$$K_P=\lim_{s\to 0}G(s)H(s)=\lim_{s\to 0}\frac{K(\tau_1 s+1)(\tau_2 s+1)\cdots}{(T_1 s+1)(T_2 s+1)\cdots}=K$$

$$e_{ss}(\infty)=\frac{R}{1+K}$$

对Ⅰ型或高于Ⅰ型的系统

$$K_P=\lim_{s\to 0}G(s)H(s)=\lim_{s\to 0}\frac{K(\tau_1 s+1)(\tau_2 s+1)\cdots}{s^v(T_1 s+1)(T_2 s+1)\cdots}=\infty\qquad(v\geqslant 1)$$

$$e_{ss}(\infty)=\frac{R}{1+K_P}=0$$

(2) 斜坡信号输入时系统的稳态误差

$$E(s)=\frac{1}{1+G(s)H(s)}\times\frac{R}{s^2}$$

$$e_{ss}(\infty)=\lim_{s\to 0}sE(s)=\lim_{s\to 0}s\frac{1}{1+G(s)H(s)}\times\frac{R}{s^2}$$

$$=\lim_{s\to 0}\frac{R}{s+sG(s)H(s)}=\frac{R}{\lim\limits_{s\to 0}s+\lim\limits_{s\to 0}sG(s)H(s)}$$

$$=\frac{R}{\lim\limits_{s\to 0}sG(s)H(s)}=\frac{R}{K_v}$$

其中

$$K_v=\lim_{s\to 0}sG(s)H(s)\tag{3-94}$$

称为系统的**静态速度误差系数**。

对 0 型系统

$$K_v=\lim_{s\to 0}sG(s)H(s)=\lim_{s\to 0}s\frac{K(\tau_1 s+1)(\tau_2 s+1)\cdots}{(T_1 s+1)(T_2 s+1)\cdots}=0$$

$$e_{ss}(\infty)=\frac{R}{K_v}=\infty$$

对Ⅰ型系统

$$K_v = \lim_{s\to 0} sG(s)H(s) \lim_{s\to 0} s\frac{K(\tau_1 s+1)(\tau_2 s+1)\cdots}{s(T_1 s+1)(T_2 s+1)\cdots} = K$$

$$e_{ss}(\infty) = \frac{R}{K_v} = \frac{R}{K}$$

对Ⅱ型系统或高于Ⅱ型的系统

$$K_v = \lim_{s\to 0} sG(s)H(s) = \lim_{s\to 0} s\frac{K(\tau_1 s+1)(\tau_2 s+1)\cdots}{s^v(T_1 s+1)(T_2 s+1)\cdots} = \infty \qquad (v \geqslant 2)$$

$$e_{ss}(\infty) = \frac{R}{K_v} = 0$$

(3) 抛物线信号输入时系统的稳态误差

$$E(s) = \frac{1}{1+G(s)H(s)} \times \frac{R}{s^3}$$

$$e_{ss}(\infty) = \lim_{s\to 0} sE(s) = \lim_{s\to 0} s\frac{1}{1+G(s)H(s)} \times \frac{R}{s^3} = \lim_{s\to 0}\frac{R}{s^2+s^2G(s)H(s)}$$

$$= \frac{R}{\lim\limits_{s\to 0} s^2 + \lim\limits_{s\to 0} s^2G(s)H(s)} = \frac{R}{\lim\limits_{s\to 0} s^2G(s)H(s)} = \frac{R}{K_a}$$

$$K_a = \lim_{s\to 0} s^2G(s)H(s) \tag{3-95}$$

称为系统的**静态加速度误差系数**。

对 0 型系统 $K_a = \lim\limits_{s\to 0} s^2G(s)H(s) = \lim\limits_{s\to 0} s^2\dfrac{K(\tau_1 s+1)(\tau_2 s+1)\cdots}{(T_1 s+1)(T_2 s+1)\cdots} = 0$

$$e_{ss}(\infty) = \frac{R}{K_a} = \infty$$

对Ⅰ型系统 $K_a = \lim\limits_{s\to 0} s^2G(s)H(s) = \lim\limits_{s\to 0} s^2\dfrac{K(\tau_1 s+1)(\tau_2 s+1)\cdots}{s(T_1 s+1)(T_2 s+1)\cdots} = 0$

$$e_{ss}(\infty) = \frac{R}{K_a} = \infty$$

对Ⅱ型系统 $K_a = \lim\limits_{s\to 0} s^2G(s)H(s) = \lim\limits_{s\to 0} s^2\dfrac{K(\tau_1 s+1)(\tau_2 s+1)\cdots}{s^2(T_1 s+1)(T_2 s+1)\cdots} = K$

$$e_{ss}(\infty) = \frac{R}{K_a} = \frac{R}{K}$$

对Ⅲ型系统或高于Ⅲ型的系统

$$K_a = \lim_{s\to 0} s^2G(s)H(s) = \lim_{s\to 0} s^2\frac{K(\tau_1 s+1)(\tau_2 s+1)\cdots}{s^v(T_1 s+1)(T_2 s+1)\cdots} = \infty \qquad (v \geqslant 3)$$

$$e_{ss}(\infty) = \frac{R}{K_a} = 0$$

以上的分析结果列于表 3-2 中。采用上述稳态误差系数求稳态误差的方法适用于求误差的终值，适用于输入信号是阶跃函数、斜坡函数、加速度函数及它们的线性组合的情况。

表 3-2 表明，同一个系统，在不同形式的输入信号作用下具有不同的稳态误差。从表中可以得出以下**系统稳态误差的结论**：

1）在相同的输入信号作用下，增加开环传递函数中积分环节个数 v，即增大系统型别，可以大幅度改善系统的稳态误差。

2）对于相同型别的系统，提高系统的开环放大系数可以改善系统的稳态误差。

3）提高系统的型别 v 和增大系统的开环放大倍数 K 可以改善系统的稳态性能，但往往会使系统的动态性能变坏，甚至变得不稳定。

表 3-2　参考输入的稳态误差

系统类型 \ e_{ss} \ $r(t)$	R	Rt	$\frac{1}{2}Rt^2$
0	$\frac{R}{1+K_p}=\frac{R}{1+K}$	∞	∞
Ⅰ	0	$\frac{R}{K_v}=\frac{R}{K}$	∞
Ⅱ	0	0	$\frac{R}{K_a}=\frac{R}{K}$

例 3-22　单位负反馈系统的开环传递函数为

$$G(s)=\frac{25}{s(s+5)}$$

试求各静态误差系数和 $r(t)=1+2t+0.5t^2$ 时的稳态误差 e_{ss}。

解　该系统是稳定的，系统为Ⅰ型系统

$$G(s)=\frac{25}{s(s+5)}=\frac{5}{s(0.2s+1)}$$

静态位置误差系数　$K_p=\lim\limits_{s\to 0}G(s)=\lim\limits_{s\to 0}\frac{25}{s(s+5)}=\infty$

静态速度误差系数　$K_v=\lim\limits_{s\to 0}sG(s)=\lim\limits_{s\to 0}\frac{25}{s+5}=5$

静态加速度误差系数　$K_a=\lim\limits_{s\to 0}s^2G(s)=\lim\limits_{s\to 0}\frac{25s}{s+5}=0$

当 $r_1(t)=1(t)$ 时，$e_{ss1}=\frac{1}{1+K_p}=0$

当 $r_2(t)=2t$ 时，$e_{ss2}=\frac{R}{K_v}=\frac{2}{5}=0.4$

当 $r_3(t)=0.5t^2$ 时，$e_{ss3}=\frac{R}{K_a}=\frac{1}{0}=\infty$

由叠加原理得　$e_{ss}=e_{ss1}+e_{ss2}+e_{ss3}=\infty$

例 3-23　调速系统的方框图如图 3-39 所示。$K_c=0.05\text{V}/(\text{r/min})$，输出信号为 $c(t)(\text{r/min})$。求 $r(t)=1\text{V}$ 时，系统输出端稳态误差。

解　系统开环传递函数为

$$G(s)=\frac{0.1}{(0.07s+1)(0.24s+1)}$$

系统为 0 型稳定系统，$K_p=\lim\limits_{s\to 0}G(s)=0.1$

当 $r(t)=1$ 时，系统输入端误差 e 为

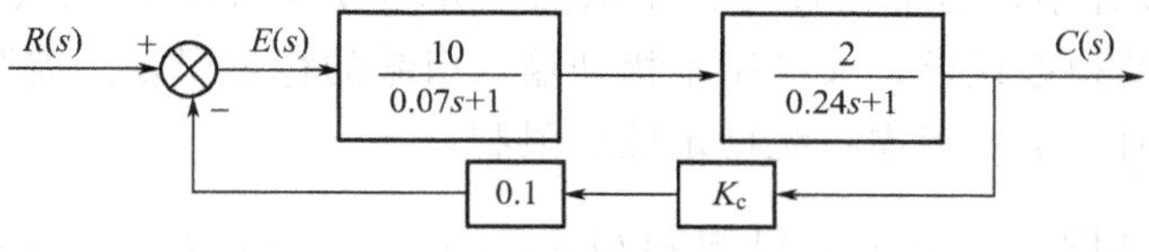

图 3-39　调速系统方框图

$$e(\infty)=\frac{1}{1+K_{\mathrm{p}}}=\frac{1}{1+0.1}=\frac{1}{1.1}(\mathrm{V})$$

系统反馈通路传递函数为常数 $H=0.1K_{\mathrm{c}}=0.005\mathrm{V}/(\mathrm{r/min})$。

系统输出端稳态误差 $e'(\infty)$ 为

$$e'_{\mathrm{ss}}(\infty)=\frac{e_{\mathrm{ss}}(\infty)}{H}=\frac{1}{0.005\times 1.1}=181.8\mathrm{r/min}$$

3.7.5　扰动信号作用下的稳态误差

前面已经介绍了系统在输入信号作用下的误差信号和稳态误差终值的计算。但是，所有控制系统除承受输入信号作用外，还经常处于各种扰动作用之下，如负载力矩的变动；放大器的零位和噪声；电源电压和频率的波动；环境温度的变化等。这些扰动将使系统输出量偏离期望值，造成误差。

给定输入信号作用产生的误差通常称为给定误差，简称误差；而扰动信号作用产生的误差称为系统扰动误差。

对于图 3-38 所示系统，系统总的误差为

$$\begin{aligned}E(s)&=\Phi_{\mathrm{ER}}(s)R(s)+\Phi_{\mathrm{EF}}(s)F(s)\\&=\frac{1}{1+G_1(s)G_2(s)H(s)}R(s)-\frac{G_2(s)H(s)}{1+G_1(s)G_2(s)H(s)}F(s)\end{aligned}$$

式中，$\Phi_{\mathrm{ER}}(s)$ 为误差信号 $E(s)$ 对于输入信号 $R(s)$ 的闭环传递函数；$\Phi_{\mathrm{EF}}(s)$ 为误差信号 $E(s)$ 对于扰动信号 $F(s)$ 的闭环传递函数。

应用叠加定理，系统总的误差等于输入信号和扰动信号分别引起的误差代数和，可以分别计算。计算系统扰动作用下的稳态误差可以应用终值定理法，尽量不使用误差系数法。

输入端误差信号 $E(s)$ 对于扰动信号 $F(s)$ 的闭环传递函数 $\Phi_{\mathrm{EF}}(s)$ 为

$$\Phi_{\mathrm{EF}}(s)=\frac{E(s)}{F(s)}=\frac{-G_2(s)H(s)}{1+G_1(s)G_2(s)H(s)}$$

设

$$G_1(s)=\frac{K_1N_1(s)}{s^{v_1}D_1(s)}\qquad G_2(s)=\frac{K_2N_2(s)}{s^{v_2}D_2(s)}$$

$$N_1(0)=N_2(0)=D_1(0)=D_2(0)=1$$

$H(s)$ 是常数 H，则有

$$\Phi_{\mathrm{EF}}(s)=\frac{E(s)}{F(s)}=\frac{-K_2s^{v_1}N_2(s)D_1(s)H}{s^{v_1+v_2}D_1(s)D_2(s)+K_1K_2N_1(s)N_2(s)H}\tag{3-96}$$

由式(3-96) 可见，在 $s=0$ 时，分母第 1 项为 0，因此扰动作用下的稳态误差只与扰动作用点之前的传递函数 $G_1(s)$ 的积分环节的个数 v_1 和放大倍数 K_1 有关。而参考输入下的稳态误差与系统开环传递函数 $G_1(s)G_2(s)H(s)$ 的积分环节个数 v_1、v_2 和放大倍数 K_1、

K_2 有关。在系统设计中，通常在 $G_1(s)$ 中增加积分环节 v_1 和增大放大倍数 K_1，这样既抑制了参考输入引起的稳态误差，又抑制了扰动输入引起的稳态误差。需要注意的是，在提高系统稳态性能的同时，也要考虑系统稳定性的限制。

例 3-24 系统如图 3-40 所示，已知 $r(t)=t$，$f(t)=-1$，$G_1(s)=\dfrac{5}{0.02s+1}$，$G_2(s)=\dfrac{2}{s(s+1)}$，试计算系统的稳态误差终值。

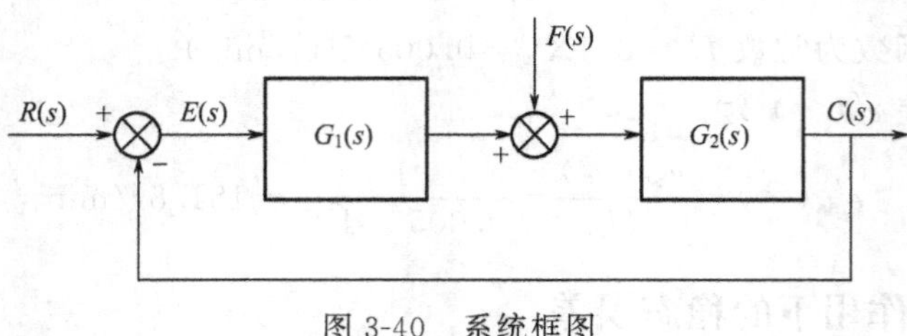

图 3-40 系统框图

解 用劳斯稳定判据可知系统是稳定的，$sE(s)$ 的极点全都具有负实部，可以按照终值定理求系统的稳态误差。

设输入信号 $R(s)$ 产生的误差信号为 $E_R(s)$，$R(s)=\dfrac{1}{s^2}$

$$E_R(s)=\frac{1}{1+G_1(s)G_2(s)}R(s)=\frac{1}{1+\dfrac{5}{0.02s+1}\times\dfrac{2}{s(s+1)}}\frac{1}{s^2}$$

$$=\frac{s(0.02s+1)(s+1)}{s(0.02s+1)(s+1)+10}\frac{1}{s^2}$$

$$e_{ssr}=\lim_{t\to\infty}e_r(t)=\lim_{s\to 0}sE_R(s)=\lim_{s\to 0}s\frac{s(0.02s+1)(s+1)}{s(0.02s+1)(s+1)+10}\frac{1}{s^2}=0.1$$

设干扰信号 $F(s)$ 产生的误差信号为 $E_F(s)$，$F(s)=-\dfrac{1}{s}$

$$E_F(s)=\frac{-G_2(s)}{1+G_1(s)G_2(s)}F(s)=\frac{-\dfrac{2}{s(s+1)}}{1+\dfrac{5}{0.02s+1}\dfrac{2}{s(s+1)}}\left(-\frac{1}{s}\right)$$

$$=\frac{-2(0.02s+1)}{s(0.02s+1)(s+1)+10}\left(-\frac{1}{s}\right)$$

$$e_{ssf}=\lim_{s\to 0}sE_F(s)=\lim_{s\to 0}s\frac{-2(0.02s+1)}{s(0.02s+1)(s+1)+10}\left(-\frac{1}{s}\right)=0.2$$

$$e_{ss}(t)=e_{ssr}(t)+e_{ssf}(t)=0.1+0.2=0.3$$

3.7.6 动态误差系数法求动态误差

用动态误差系数法求稳态误差的关键是将误差（或偏差）传递函数展开成 s 的幂级数。这种方法的特点是能求出稳态误差的时间表达式 $e_{ss}(t)$。

对于图 3-38 所示系统，由参考输入引起的误差记为 $E(s)$，将误差传递函数 $\Phi_{ER}(s)=$

$\frac{E(s)}{R(s)}$ 在 $s=0$ 的邻域内展开成泰勒级数，得

$$\Phi_E(s)=\frac{E(s)}{R(s)}=\frac{1}{1+G_1(s)G_2(s)H(s)}$$
$$=\Phi_E(0)+\dot{\Phi}_E(0)s+\frac{1}{2!}\ddot{\Phi}_E(0)s^2+\cdots+\frac{1}{l!}\Phi_E^{(l)}(0)s^l+\cdots \tag{3-97}$$

式中
$$\Phi_E^{(l)}(0)=\left.\frac{\mathrm{d}^l\Phi_E(s)}{\mathrm{d}s^l}\right|_{s=0}$$

于是误差信号 $E(s)$ 可以表示为如下级数

$$E(s)=\Phi_E(0)R(s)+\dot{\Phi}_E(0)sR(s)+\frac{1}{2!}\ddot{\Phi}_E(0)s^2R(s)+\cdots+\frac{1}{l!}\Phi_E^{(l)}(0)s^lR(s)+\cdots \tag{3-98}$$

上述无穷级数收敛于 $s=0$ 的邻域，相当于在时间域 $t\to\infty$ 时成立。设初始条件均为零，并忽略 $t=0$ 时的脉冲，对式(3-98) 取拉氏反变换，便得到输入误差信号稳态分量的时间函数。

$$e_{ss}(t)=c_0r(t)+c_1\dot{r}(t)+c_2\ddot{r}(t)+\cdots=\sum_{i=0}^{\infty}c_ir^{(i)}(t)$$

式中

$$c_i=\frac{1}{i!}\Phi_E^{(i)}(0)\qquad i=0,\ 1,\ 2,\ 3,\ \cdots$$

系数 c_i 称为动态误差系数。关键是将 $E_{ss}(s)$ 传递函数展开成 s 的幂级数。

动态误差系数法特别适用于输入信号和扰动信号是时间 t 的有限项的幂级数的情况。此时误差传递函数的幂级数也只需要取几项就足够了。

利用式(3-97) 将传递函数展开成幂级数的方法往往很麻烦。常用的方法是多项式除法，将传递函数的分子、分母多项式按 s 的升幂排列，再作多项式除法，结果仍按 s 的升幂排列。

例 3-25　已知单位负反馈系统的开环传递函数为 $G(s)=\frac{10}{(0.1s+1)(0.5s+1)}$

求：①各静态误差系数和输入信号分别为 $r(t)=1(t)$，$r(t)=t$ 时的稳态误差终值 e_{ss}。②分别求输入信号 $r(t)=1(t)$，$r(t)=t$ 时的稳态误差的时间函数。

解　① 根据劳斯判据可得知系统是稳定的。

静态位置误差系数 $K_p=\lim\limits_{s\to 0}G(s)=\lim\limits_{s\to 0}\frac{10}{(0.1s+1)(0.5s+1)}=10$

静态速度误差系数 $K_v=\lim\limits_{s\to 0}sG(s)=\lim\limits_{s\to 0}s\frac{10}{(0.1s+1)(0.5s+1)}=0$

静态加速度误差系数 $K_a=\lim\limits_{s\to 0}s^2G(s)=\lim\limits_{s\to 0}s^2\frac{10}{(0.1s+1)(0.5s+1)}=0$

当 $r(t)=1(t)$ 时，$e_{ss}=\frac{1}{1+K_p}=\frac{1}{1+10}=\frac{1}{11}=0.091$

当 $r(t)=t$ 时，$e_{ss}=\frac{1}{K_v}=\infty$。

② 求系统的动态误差。

$$\Phi_{\mathrm{E}}(s)=\frac{E(s)}{R(s)}=\frac{1}{1+G(s)}$$

$$=\frac{(0.1s+1)(0.5s+1)}{(0.1s+1)(0.5s+1)+10}$$

$$=\frac{1+0.6s+0.05s^2}{11+0.6s+0.05s^2}$$

$$=\frac{20+12s+s^2}{220+12s+s^2}$$

$$=0.091+0.05s+\cdots$$

$$\begin{array}{r@{\,}l} & 0.091+0.05s+\cdots \\ 220+12s+s^2 \,\big) & 20+\ \ 12s+\qquad s^2 \\ & \underline{20+1.1s+0.091s^2} \\ & 10.9s+0.909s^2 \end{array}$$

$$E(s)=0.091R(s)+0.05sR(s)+\cdots$$

$$e_{\mathrm{ss}}(t)=0.091r(t)+0.05\dot{r}(t)+\cdots$$

当 $r(t)=1$ 时，$\dot{r}(t)=0$，$e_{\mathrm{ss}}(t)=0.091$，当 $t\rightarrow\infty$ 时，系统的稳态误差为 $e_{\mathrm{ss}}=0.091$。

当 $r(t)=t$ 时，$\dot{r}(t)=1$，$\ddot{r}(t)=0$，$e_{\mathrm{ss}}(t)=0.091t+0.05$，当 $t\rightarrow\infty$ 时，系统的稳态误差 $e_{\mathrm{ss}}=\infty$。

用动态误差系数法求得的当时间 $t\rightarrow\infty$ 时的稳态误差与用静态误差系数法求得的结果是一致的。

例 3-26 单位负反馈系统的开环传递函数为

$$G(s)=\frac{5}{s(s+1)(s+2)}$$

求当输入信号 $r(t)=4+6t+3t^2$ 时，稳态误差的时间函数 $e_{\mathrm{ss}}(t)$。

解 系统是单位负反馈的稳定系统。

$$\Phi_{\mathrm{ER}}(s)=\frac{E(s)}{R(s)}=\frac{1}{1+G(s)}$$

$$=\frac{s(s+1)(s+2)}{s(s+1)(s+2)+5}$$

$$=\frac{2s+3s^2+s^3}{5+2s+3s^2+s^3}$$

$$=0.4s+0.44s^2+\cdots$$

$$\begin{array}{r@{\,}l} & 0.4s+0.44s^2+\cdots \\ 5+2s+3s^2+s^3 \,\big) & 2s+\ \ 3s^2+\qquad s^3 \\ & \underline{2s+0.8s^2+1.2s^3+0.4s^4} \\ & 2.2s^2-0.2s^3-0.4s^4 \end{array}$$

$$E(s)=0.4sR(s)+0.44s^2R(s)+\cdots$$

$$e_{\mathrm{ss}}(t)=0.4\dot{r}(t)+0.44\ddot{r}(t)+\cdots$$

当 $r(t)=4+6t+3t^2$ 时，$\dot{r}(t)=6+6t$，$\ddot{r}(t)=6$，$\dddot{r}(t)=0\cdots$

$$e_{\mathrm{ss}}(t)=0.4(6+6t)+0.44\times 6=5.04+2.4t$$

3.8 减小或消除稳态误差的方法

当系统在输入信号或干扰信号作用下稳态误差不能满足设计要求时，要设法减小或消除误差。

3.8.1　增大开环放大倍数

由表 3-2 得知，增大开环放大倍数 K，可以减小 0 型系统在阶跃信号作用下的稳态误差；可以减小Ⅰ型系统在速度信号作用下的稳态误差；可以减小Ⅱ型系统在加速度信号作用下的稳态误差；所以，增大开环放大倍数 K，可以有效地减小稳态误差。但是也要注意：增大系统的开环放大倍数，只能减小某种输入信号作用下的稳态误差的数值，不能改变稳态误差的性质，对于稳态误差是 0 或者是 ∞ 的情况，增大 K 仍不能改变稳态误差是 0 或者是 ∞，但是可以减缓稳态误差趋于 ∞ 的变化速度。

对于图 3-38 所示系统，增大干扰作用点以前的增益 K_1，可以有效地减小阶跃干扰所引起的稳态误差；增大干扰作用点以后的增益 K_2，对阶跃干扰所引起的误差没有影响。

适当地增加开环增益可以减小稳态误差，但往往会影响到闭环系统的稳定性和动态性能。因此，必须在保证系统稳定和满足动态性能指标的范围内，采用增大放大倍数方法来减小系统的稳态误差。

3.8.2　增加串联积分环节

由表 3-2 得知，在控制系统的开环传递函数中，加入积分环节，可以提高系统的型别，改变稳态误差的性质，有效地减小稳态误差。采用 PI 和 PID 控制，是在系统中增加串联积分环节，可以减小或消除输入作用下的稳态误差。

对于图 3-38 所示系统，在干扰信号作用点之前增加串联积分环节，可以提高干扰信号的稳态误差的型别。可以使阶跃干扰信号作用下的稳态误差由常值变为 0。如果把积分环节加在干扰作用点之后，则对于干扰作用的稳态误差没有影响。因此，在抑制干扰产生的稳态误差时，要注意串联积分环节的位置。

在系统中增加串联积分环节，会影响系统的稳定性，并使系统的动态过程变坏。因此，必须在保证系统满足动态性能指标的前提下，增加串联积分环节。

3.8.3　复合控制

复合控制是减小和消除稳态误差的有效方法，在高精度伺服系统中有着广泛的应用。复合控制是在负反馈控制的基础上增加了前（顺）馈补偿环节，形成了由输入信号或扰动信号到被控变量的前（顺）馈通路。所以复合控制是反馈控制与前（顺）馈控制的结合，而其中的前馈控制属于开环控制方法。复合控制的优点是不改变系统的稳定性，缺点是要使用微分环节。复合控制包括按输入补偿和按扰动补偿两种情况。

(1) 按输入补偿的复合控制　图 3-41 是按输入补偿的复合控制系统框图。图中 $G_r(s)$ 是前馈补偿环节。$G_r(s)R(s)$ 称为前馈补偿信号。

系统的误差传递函数为

$$\Phi_E(s)=\frac{E(s)}{R(s)}=\frac{1-G_r(s)G_2(s)}{1+G_1(s)G_2(s)}$$

当取

$$G_r(s)=\frac{1}{G_2(s)}$$

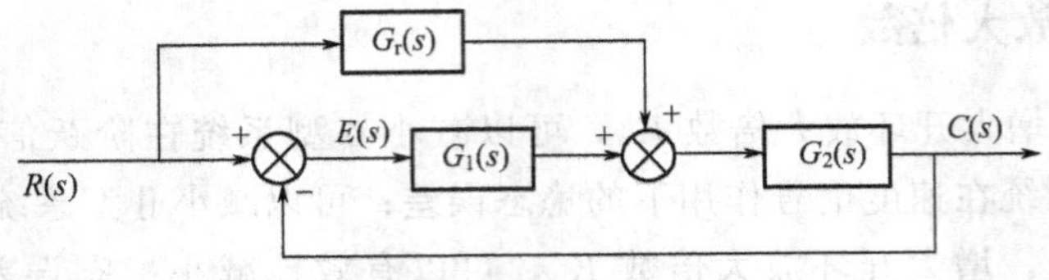

图 3-41　复合控制系统框图（一）

时，$\Phi_E(s)=0$，从而 $E(s)=0$。系统的误差为零，这就是对输入信号的误差全补偿。

前馈信号也可加到系统的输入端，如图 3-42 所示。此时误差传递函数为

$$\Phi_E(s)=\frac{E(s)}{R(s)}=\frac{1-G_r(s)G(s)}{1+G(s)}$$

全补偿条件为

$$G_r(s)=\frac{1}{G(s)}$$

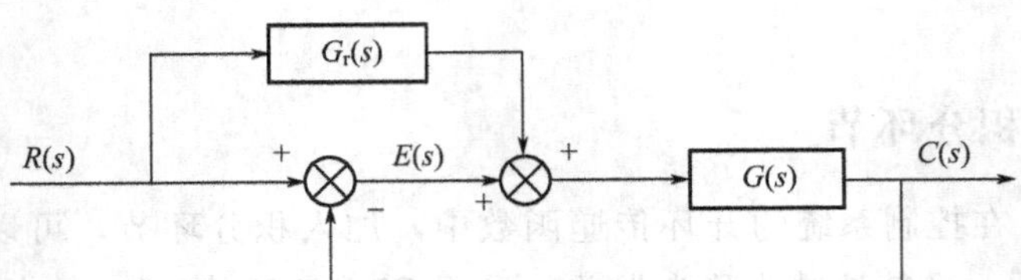

图 3-42　复合控制系统框图（二）

从前馈补偿环节传递函数看，在实现全补偿时，图 3-41 的结构对应的传递函数简单。但从功率角度看，需要前馈补偿装置具有较大的输出功率，因而补偿装置的结构较复杂。如果采用图 3-42 的结构，并采用简单的部分补偿的前馈环节，可以使前馈装置简单。全补偿的前馈环节结构复杂，不易实现，实践中常常采用部分补偿方法。

(2) 按扰动补偿的复合控制　若扰动信号可以测量到，也可以采用前馈补偿方法减小和消除误差。图 3-43 表示按扰动补偿的复合控制系统框图。由图可见，误差对扰动的传递函数为

$$\Phi_{EF}(s)=\frac{E(s)}{F(s)}=\frac{-G_2(s)-G_1(s)G_2(s)G_f(s)}{1+G_1(s)G_2(s)}$$

若取

$$G_f(s)=-\frac{1}{G_1(s)}$$

则 $\Phi_E(s)=0$，$E(s)=0$ 实现了对扰动的误差全补偿。

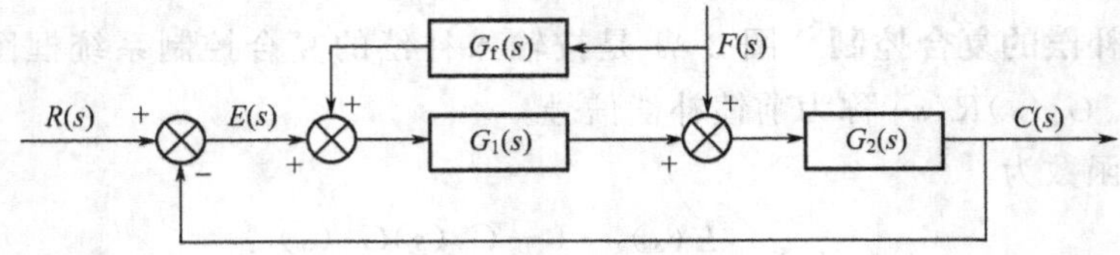

图 3-43　复合控制系统框图（三）

有上式可知，前馈控制不改变系统闭环传递函数的分母，不改变特征方程。这是因为前馈环节处于原系统各回路之外，也没有形成新的闭合回路。因此采用前馈补偿的复合控制不

改变系统的稳定性。

小 结

本章是根据系统的响应去分析系统的暂态和稳态性能及稳定性，着重在时域范围内对系统的响应特性进行分析。主要内容介绍了典型输入信号及动态响应，一阶、二阶系统的时域分析及性能指标，高阶系统分析的方法，系统的稳定性、稳态误差及改善稳态误差精度的方法。主要从快速性、稳定性和准确性三方面展开对系统的分析和研究。学习本章要求掌握系统在典型信号输入下一、二阶系统响应的相关问题，以及如何对高阶系统进行分析，熟练应用劳斯判据判断线性系统是否稳定，掌握对稳态误差的计算及相关的概念。

术语和概念

暂态响应（transient response）：作为时间函数的系统响应，一般指当时间趋于无穷时系统输出量中趋于零的那部分时间响应。

稳态误差（steady-state error）：指系统瞬态响应消失后，偏离预期响应的持续差值。

性能指标（performance index）：系统性能的定量度量。

设计指标（design specifications）：指一组规定的性能指标值。

测试输入信号（test input signal）：足以对系统响应性能进行典型测试的输入信号。

超调量（overshoot）：指系统输出响应的最大峰值与终值的差与终值比的百分数，用符号 σ_p（%）表示。

峰值时间（peak time）：系统对阶跃输入开始响应并上升到峰值所需的时间。

上升时间（rise time）：系统对阶跃输入的响应从某一时刻到稳态输出值一定百分比所需的时间。上升时间 t_r 一般用输出从阶跃输入的 10%上升到 90%所需的时间来度量。在工程上对欠阻尼系统，可用系统响应从开始到稳态输出值所需的时间来度量。

调节时间（settling time）：指系统输出达到并维持在稳态输出值的某个百分比范围内所需的时间。

阻尼比（damping ratio）：阻尼强度的度量标准，为二阶无量纲参数。

阻尼振荡（damped oscillation）：指幅值随时间而衰减的振荡。

自然振荡频率（natural frequency）：当阻尼系数为零时，由共轭虚极点引起的振荡频率。

临界阻尼（critical damping）：指阻尼介于过阻尼和欠阻尼之间的边界情形。

主导极点（dominant roots）：对系统瞬态响应起主导作用的特征根。

稳定性（stability）：一种重要的系统性能。如果系统传递函数的所有极点均具有负实部，则系统是稳定的。

绝对稳定性（absolute stability）：揭示系统是否稳定而不考虑诸如稳定度这样的其他系统特性的系统描述。

相对稳定性（relative stability）：由特征方程的每个或每对根的实部所度量的系统稳定特性。

临界稳定（marginally stable）：一个系统是临界稳定的，当且仅当零输入响应在 $t \to \infty$ 时保持有界。

稳定系统（stable system）：在有界输入作用下，其输出响应也有界的动态系统。

劳斯-赫尔维茨判据（Routh-Hurwitz criterion）：通过研究线性定常系统特征方程的系数来确定系统稳定性的判据。该判据指出：特征方程的正实部根的个数同劳斯判定表第 1 列中系数的符号改变的次数相等。

辅助多项式(auxiliary polynomial)：劳斯判定表中，零元素行的上面一行的多项式。

系统型数（type number）：传递函数 $G(s)$ 在原点的极点个数 ν 。其中 $G(s)$ 是前向通路传递函数。

速度误差系数 K_{v} (velocity error constant)：可用 $\lim\limits_{s \to 0}|sG(s)|$ 来估计的常数。系统对坡度为 A 的斜坡输入的稳态跟踪误差为 $\dfrac{A}{K_{\mathrm{v}}}$ 。

控制与电气学科世界著名学者——李雅普诺夫

李雅普诺夫（1857～1918）是俄罗斯数学家、物理学家、力学家。

1892 年，李雅普诺夫发表了具有深远历史意义的博士论文“运动稳定性的一般问题”(The General Probiem of the Staility of Motion，1892)。李雅普诺夫稳定性理论能同时适用于分析线性系统和非线性系统、定常系统和时变系统的稳定性，是更为一般的稳定性分析方法。

李雅普诺夫是一位天才的数学家。他曾从师于大数家切比雪夫，他的建树涉及到多个领域，尤以概率论、微分方程和数学物理最有名。以他的姓氏命名的定理和条件有多种：李雅普诺夫第一法、第二法，李雅普诺夫函数，李雅普诺夫曲线、曲面、球面和李雅普诺夫系统、李雅普诺夫稳定性等。

习　题

3-1　设系统的初始条件为零，其微分方程式如下

(1) $0.2\dot{c}(t)=2r(t)$　　(2) $0.04\ddot{c}(t)+0.24\dot{c}(t)+c(t)=r(t)$

试求：①系统的单位脉冲响应；②系统单位阶跃响应及其最大超调 σ_{p} 、峰值时间 t_{p} 、调节

时间 t_s 。

3-2 控制系统的微分方程为 $T\frac{\mathrm{d}c(t)}{\mathrm{d}t}+c(t)=Kr(t)$ ，其中，$T=2s$ ，$K=10$，试求：①系统在单位阶跃函数作用下，$c(t_1)=9$ 时的 t_1 值。②系统在单位脉冲函数作用下，$c(t_2)=1$ 时的 t_2 值。

3-3 一阶系统结构图如习题 3-3 图(a) 所示。要求系统闭环增益 $K=2$，且系统阶跃响应如习题 3-3 图(b) 所示，试确定参数 K_1、K_2 和调节时间 t_s 的值（误差带 5%）。

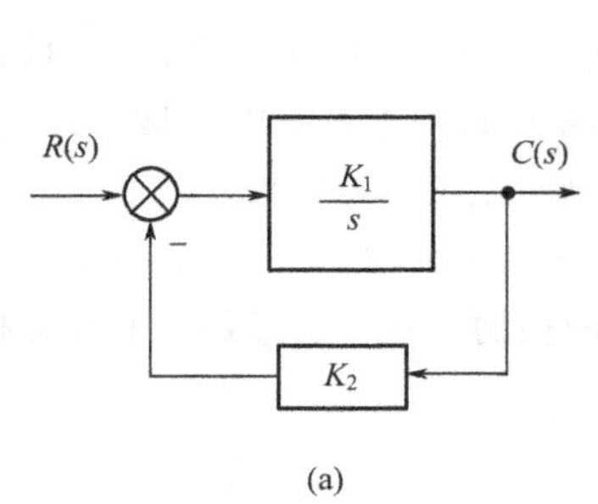

(a)

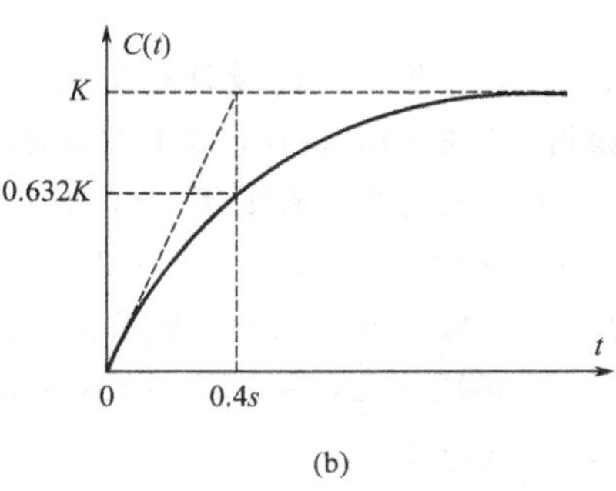

(b)

习题 3-3 图

3-4 已知单位负反馈二阶系统的闭环传递函数为 $\Phi(s)=\frac{25}{s^2+6s+25}$ ，试求单位阶跃响应的性能指标，上升时间 t_r 、峰值时间 t_p 、调节时间 t_s 和超调量 σ_p 。

3-5 设系统的闭环传递函数为 $\frac{C(s)}{R(s)}=\frac{\omega_n^2}{s^2+2\xi\omega_n s+\omega_n^2}$ ，为使系统阶跃响应的有 5%的最大超调和 2s 的调节时间，试求 ξ 和 ω_n 。

3-6 已知二阶系统的单位阶跃响应为 $c(t)=10-12.5e^{-1.2t}\sin(1.6t+53.1°)$ ，试求系统的超调量 σ_p 、峰值时间 t_p 和调节时间 t_s 。

3-7 由实验测得二阶系统的单位阶跃响应曲线 $c(t)$ 如习题 3-7 图所示，试求系统的阻尼比 ξ 及自然振荡频率 ω_n 。

3-8 某单位负反馈二阶系统由典型环节组成。它对单位阶跃输入的响应曲线如题 3-8 图所示，试求该系统的开环传递函数及其参数。

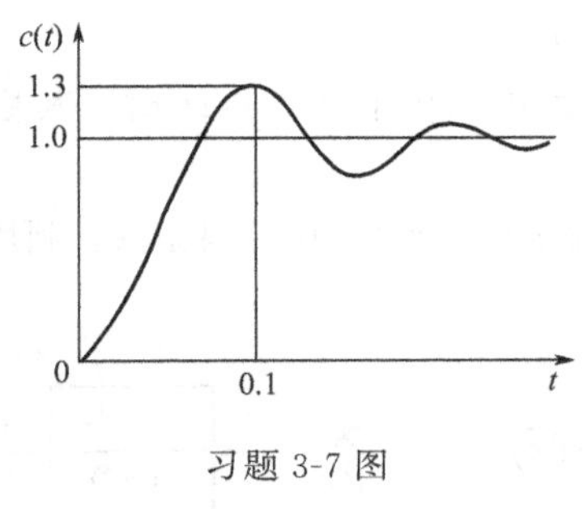

习题 3-7 图

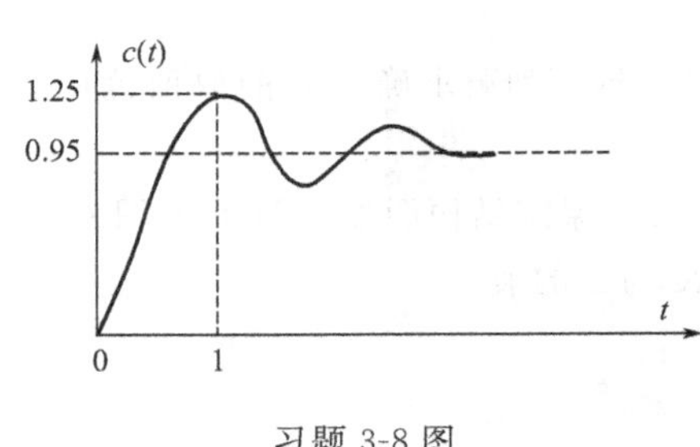

习题 3-8 图

3-9 已知控制系统方框图如题 3-9 图所示。要求该系统的单位阶跃响应 $c(t)$ 具有超调量 $\sigma_p=16.3\%$ ，峰值时间 $t_p=1s$ 。试确定前置放大器的增益 K 及内反馈系数 τ 。

3-10 系统结构如习题 3-10 图所示，若系统在单位阶跃输入作用下，其输出以 $\omega_n=2\text{rad/s}$ 的频率做等幅振荡，试确定此时的 K 和 a 值。

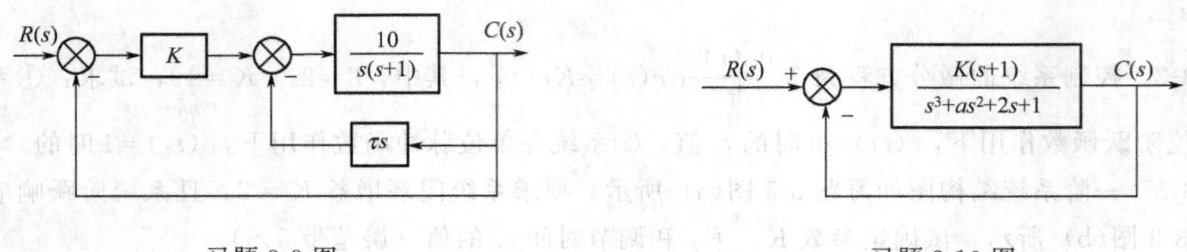

习题 3-9 图　　　　习题 3-10 图

3-11　给定典型二阶系统的设计指标为：超调量 $\sigma_p \leqslant 5\%$，调节时间 $t_s < 3\text{s}$，峰值时间 $t_p < 1\text{s}$，为获得预期的响应特性，试在坐标轴上画出系统闭环极点的分布区域。

3-12　已知系统的特征方程如下，试利用劳斯判据判断系统的稳定性。

(1) $s^6+30s^5+20s^4+10s^3+5s^2+20=0$　　(2) $s^5+s^4+2s^3+2s^2+3s+5=0$

3-13　已知系统特征方程如下，试求在 s 右半平面的根的个数以及虚轴上的纯虚根。

(1) $s^6+2s^5+8s^4+12s^3+20s^2+16s+16=0$

(2) $s^5+2s^4-s-2=0$

3-14　确定习题 3-14 图所示系统的稳定性。

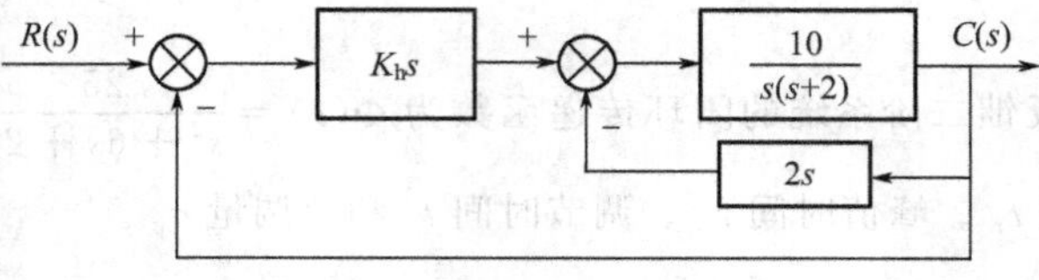

习题 3-14 图

3-15　已知单位负反馈系统的开环传递函数为 $G(s)=\dfrac{k}{s(s+1)(s+2)}$

试应用劳斯判据确定使闭环系统稳定时开环放大系数 k 的取值范围。

3-16　设单位负反馈系统的开环传递函数为 $G(s)=\dfrac{k}{(s+2)(s+4)(s^2+6s+25)}$

试应用劳斯判据确定 k 为多大值时，将使系统振荡，并求出振荡频率。

3-17　已知单位负反馈系统的开环传递函数为

$$G(s)=\frac{k}{s(s^2+8s+25)}$$

试根据下列要求确定 k 的取值范围：①使闭环系统稳定；②当 $r(t)=2t$ 时，其稳态误差 $e_{ss}(t) \leqslant 0.5$。

3-18　系统结构图如习题 3-18 图所示。若系统以 $\omega=2\text{rad/s}$ 的频率作等幅振荡，利用劳斯判据求 K 与 a 的值。

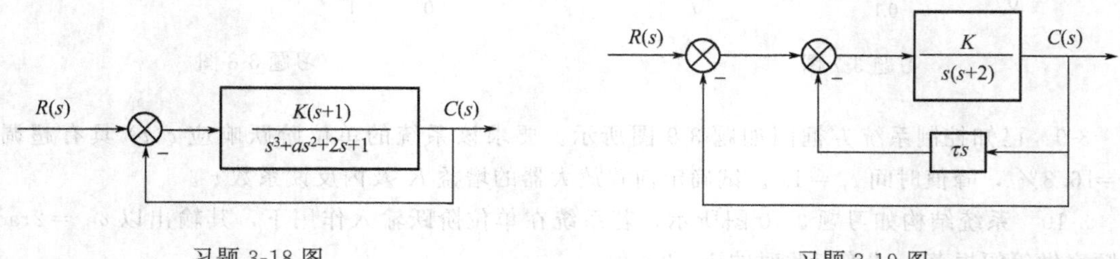

习题 3-18 图　　　　习题 3-19 图

3-19 某控制系统的方框图如习题3-19图所示，试求：

① 该系统的开环传函 $G(s)$、闭环传递函数 $\frac{C(s)}{R(s)}$ 和误差传递函数 $\frac{E(s)}{R(s)}$。

② 若保证阻尼比 $\xi=0.7$ 和单位斜坡响应的稳态误差 $e_{ss}=0.25$，求系统参数 K 和 τ 值。

3-20 系统如习题3-20图所示，输入斜坡函数 $r(t)=at$，试证明通过适当调节 K_i 值，使系统对斜坡输入的稳态误差为零。[$E(s)=R(s)-C(s)$]。

3-21 假设可用传递函数 $\frac{C(s)}{R(s)}=\frac{1}{Ts+1}$ 描述温度计的特性，现在用温度计测量盛在容器内的水温，需要一分钟才能指出实际水温98%的数值。如果给容器加热，使水温以10℃/min的速度线性变化，问温度计的稳态误差有多大？

3-22 设控制系统如习题3-22图所示，输入信号 $r(t)=2+3t$，试求使 $e_{ss}<0.5$ 的 K 值范围。

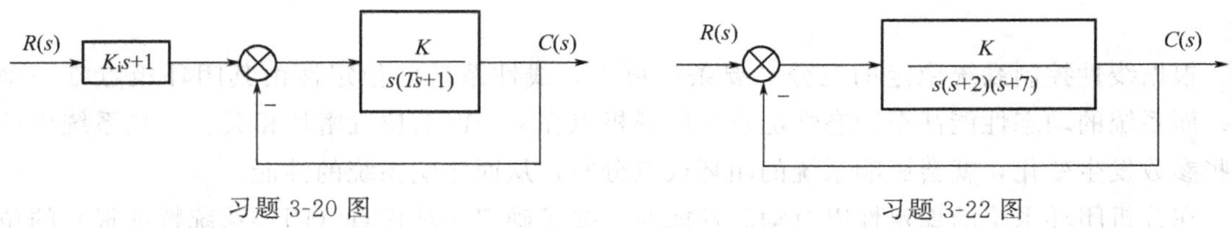

习题3-20图　　　习题3-22图

3-23 单位反馈系统的开环传递函数为 $G(s)=\frac{25}{s(s+5)}$，试求：

① 各静态误差系数和 $r(t)=1+2t+0.5t^2$ 时的稳态误差 e_{ss}。

② 求当输入信号 $r(t)=1+2t+0.5t^2$，时间 $t=10\text{s}$ 时的动态误差。

3-24 已知单位负反馈系统的开环传递函数为 $G(s)=\frac{100}{s(0.1s+1)}$

试求当输入信号 $r(t)=\sin 5t$ 时，系统的稳态误差。

第4章 线性系统的根轨迹法

根据线性控制系统稳定的充分必要条件可知，线性系统的稳定性由其闭环极点唯一确定；而系统的动态性能甚至稳态性能也与闭环极点在 s 平面的位置密切相关。一旦系统中的某些参数发生变化，就会影响系统的闭环极点分布，从而影响系统的性能。

在分析闭环系统的稳定性以及动态性能时，要求确定闭环极点（闭环系统特征根）的位置。根轨迹图是分析线性控制系统的工程方法，它是一种利用已知的开环传递函数的极点和零点，求取闭环极点的几何作图法。这种方法可以很方便地确定系统的闭环极点，便于从图上分析系统的性能。本章主要介绍根轨迹的概念，绘制根轨迹的原则，以及广义根轨迹等。

【本章重点】

1）正确理解根轨迹的概念；

2）掌握根轨迹图的绘制规则，能熟练绘制180°根轨迹图、0°根轨迹图及参数根轨迹图；

3）能用根轨迹法分析系统的稳定性和动态性能；

4）掌握闭环零、极点和开环零、极点分布对系统性能的影响。

4.1 控制系统的根轨迹

反馈系统的闭环极点就是该系统特征方程的根。由已知反馈系统的开环传递函数确定其闭环极点分布，实际上就是解决系统特征方程的求根问题。系统的稳定性完全由它的特征根所决定，而特征方程的根又与系统参数密切相关。然而对于高阶系统来说，求根过程较为复杂。尤其是当系统的参数发生变化时，闭环特征根需要重复计算，而且不易直观看出系统参数变化对系统闭环极点分布的影响。那么如果系统中某个参数发生变化，特征方程的根会怎样变化，系统的稳定性又会怎样变化？当特征方程阶次较高时，手工求解方程相当繁琐。1948年，伊文思（W. R. Evans）在“控制系统的图解分析”一文中，提出一种参数变化时，系统特征根在 s 平面上的变化轨迹的方法，简称根轨迹法。

根轨迹法是在已知反馈控制系统的开环零、极点分布基础上，根据一些简单规则，利用系统参数变化图解特征方程，即根据参数变化研究闭环极点分布的一种图解方法。应用根轨迹法可以确定系统的闭环极点分布，并同时可以看出参数变化对闭环极点分布的影响。这种图解分析法避免了复杂的数学计算，是分析控制系统的有效方法，在分析与设计反馈系统等方面具有重要意义。

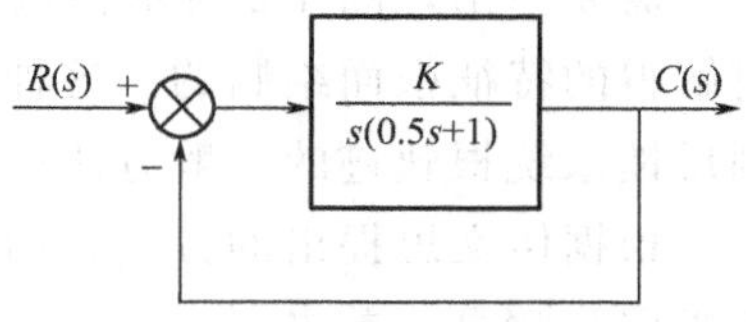

图 4-1　控制系统框图

下面结合具体例子说明根轨迹的概念。控制系统框图如图 4-1 所示，其开环传递函数为

$$G(s)=\frac{K}{s(0.5s+1)} \tag{4-1}$$

式中，K 为开环增益。将开环传递函数 $G(s)$ 分母多项式化为零极点形式

$$G(s)=\frac{2K}{s(s+2)}=\frac{k}{s(s+2)} \tag{4-2}$$

式中，$k=2K$，此式便是通过零、极点表达的开环传递函数的另一种重要形式。

由式(4-2) 解得两个开环极点：$p_1=0$，$p_2=-2$，绘于图 4-2 中。由式(4-2) 求得闭环传递函数为

$$\Phi(s)=\frac{C(s)}{R(s)}=\frac{G(s)}{1+G(s)}=\frac{k}{s^2+2s+k} \tag{4-3}$$

于是得到闭环系统的特征方程为

$$D(s)=s^2+2s+k=0 \tag{4-4}$$

由特征方程 (4-4) 可解出两个特征跟，或两个闭环极点，它们分别是

$$\begin{cases} s_1=-1+\sqrt{1-k} \\ s_2=-1-\sqrt{1-k} \end{cases} \tag{4-5}$$

下面将说明，当参数 k 从 $0\to\infty$ 变化时对系统闭环极点 s_1，s_2 分布的影响。

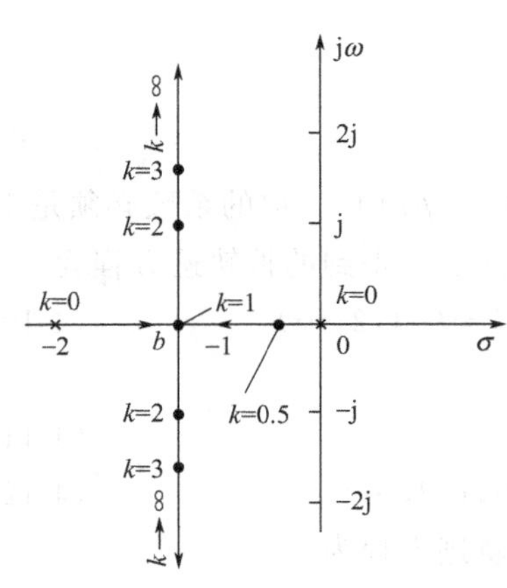

图 4-2　二阶控制系统的根轨迹图

当 $k=0$ 时，系统的两个闭环极点分别为 $s_1=0$ 及 $s_2=-2$，此时闭环极点就是开环极点。当 $0<k<1$ 时，两个闭环极点 s_1 及 s_2 均为负实数，分布在（−2，0）段负实数轴上。当 $k=1$ 时，$s_1=s_2=-1$，两个负实数闭环极点重合在一起于点“b”上。当 $1<k<\infty$ 时，两个闭环极点变为一对共轭复数极点 $s_{1,2}=-1\pm \mathrm{j}\sqrt{k-1}$，由于共轭复极点的实部为负，所以这时的闭环极点 $s_{1,2}$ 分布在 s 平面左半部的第Ⅱ、Ⅲ象限。又因为共轭复极点的实部为常值−1，故对应 $k>1$ 的闭环极点都分布在通过点（−1，j0）且平行于虚轴的直线上。最后，当 $k\to\infty$ 时，两个闭环极点沿上述平行于虚轴的直线从正、负两个方向趋于无穷远。随参数 k 的变化，给定系统闭环极点 s_1 及 s_2 的取值，及其在 s 平面的分布如图 4-2 所示。

图 4-2 所示为反馈系统的闭环极点随参数 k 的变化改变其在 s 平面上分布位置的轨迹。这种反映闭环极点随系统参数变化而改变其在 s 平面分布的轨迹图，称为反馈系统的根轨迹。根轨迹图表示了系统参数由 0 变至无穷大时闭环极点在 s 平面上所有可能的分布。因此，根轨迹图全面说明了系统参数变化对闭环极点分布的影响。

需要指出，图 4-2 所示根轨迹是通过直接求解系统的特征方程，并根据参数 k 取不同值时解得的特征根而绘制的。这种绘制方法虽然简单，但对高阶系统是不适宜的。下面介绍绘制反馈系统根轨迹的一般方法——伊文思法。

根据伊文思提出的方法，用来绘制反馈系统根轨迹的方程式称为根轨迹方程。根轨迹方程求取步骤是，首先写出系统的特征方程，即

$$1 \pm G(s)H(s) = 0 \tag{4-6}$$

式中 $G(s)$——反馈系统的前向通道传递函数；

$H(s)$——反馈系统主反馈通道传递函数；

$G(s)H(s)$——反馈系统的开环传递函数；"+"号对应负反馈系统；"−"号对应正反馈系统。

将式(4-6) 改写成

$$G(s)H(s) = -1 \tag{4-7}$$

$$G(s)H(s) = +1 \tag{4-8}$$

式(4-7) 及式(4-8) 便是用来绘制反馈系统根轨迹的根轨迹方程。

式(4-7) 为绘制负反馈系统的根轨迹方程，而式(4-8) 则是绘制正反馈系统的根轨迹方程。

应用根轨迹方程 (4-7) 或式(4-8) 绘制反馈系统根轨迹之前，需对根轨迹方程中的开环传递函数 $G(s)H(s)$ 化成零、极标准形式，即

$$G(s)H(s) = \frac{k(s-z_1)(s-z_2)\cdots(s-z_m)}{(s-p_1)(s-p_2)\cdots(s-p_n)} \tag{4-9}$$

式中，k 为绘制根轨迹的可变参数，对于此式称为根轨迹增益，如上例中的 $k=2K$，它的取值范围是 $0 \leqslant k < \infty$；$p_i(i=1, 2, \cdots, n)$ 为系统的开环极点；$z_j(j=1, 2, \cdots, m)$ 为系统的开环零点。

式(4-9) 所示开环传递函数的标准形式必须具有下列特征：

1) 参变量 k 必须是 $G(s)H(s)$ 分子连乘因子中的一个；

2) $G(s)H(s)$ 必须通过其极点与零点来表示；

3) 构成 $G(s)H(s)$ 分子、分母的每个因子 $(s-z_j)$ 及 $(s-p_i)$ 中 s 项的系数必须是 1。

对于负反馈系统，开环传递函数 $G(s)H(s)$ 化成标准形式后，得到的根轨迹方程为

$$G(s)H(s) = -1 = 1 \times e^{\pm j180^\circ(2l+1)} \quad (l=0,1,2,\cdots) \tag{4-10}$$

等价为以下应满足的两个条件，即

幅值条件 $$|G(s)H(s)| = 1 \tag{4-11}$$

相角条件 $$\angle G(s)H(s) = \pm 180^\circ(2l+1) \quad (l=0,1,2,\cdots) \tag{4-12}$$

对于正反馈系统，具有标准形式的 $G(s)H(s)$ 求得的根轨迹方程为

$$G(s)H(s) = +1 = 1 \times e^{\pm j180^\circ(2l)} \quad (l=0,1,2,\cdots) \tag{4-13}$$

或等价为

幅值条件 $$|G(s)H(s)| = 1$$

相角条件 $$\angle G(s)H(s) = \pm 180^\circ(2l) \quad (l=0,1,2,\cdots) \tag{4-14}$$

此时，绘制根轨迹的相角条件如式(4-14) 所示，而幅值条件与式(4-11) 所示相同。

在上列各式中 $|G(s)H(s)|$ 及 $\angle G(s)H(s)$ 分别为开环传递函数的模与相角，由式(4-9) 求得为

$$|G(s)H(s)|=\frac{k\prod_{j=1}^{m}|s-z_j|}{\prod_{i=1}^{n}|s-p_i|} \tag{4-15}$$

$$\angle G(s)H(s)=\sum_{j=1}^{m}\angle(s-z_j)-\sum_{i=1}^{n}\angle(s-p_i) \tag{4-16}$$

式中，$|s-z_j|$，$|s-p_i|$ 为复向量差 $s-z_j$，$s-p_i$ 之模；$\angle(s-z_j)$，$\angle(s-p_i)$ 为复向量差 $s-z_j$，$s-p_i$ 之相角或幅角。

综上分析得知，凡同时满足相角条件与幅值条件的复数，就是在给定参数下反馈系统特征方程的根，或为反馈系统的闭环极点。由于根轨迹包含参变量 k 在 $0\sim\infty$ 范围内变化时反馈系统特征方程的全部根，所以在 s 平面上只要能满足相角条件的点 s_i 都将是对应一定参变量 k_i 的系统特征方程的根。也就是说，在 s 平面上，凡能满足相角条件的点所描绘的图形便是系统的根轨迹图。这说明，绘制反馈系统根轨迹图所依据的仅是其根轨迹方程的相角条件。而根轨迹方程的幅值条件，只用于计算根轨迹上确定点 s_i 对应的参变量值 k_i。

另外，还需注意两个问题：

1）反馈系统的根轨迹是根据根轨迹方程的相角条件绘制的，但相角条件有二，于是相应的根轨迹也有两种形式。按相角条件式(4-12）绘制的根轨迹称为 180°根轨迹，而按相角条件式(4-14）绘制的根轨迹则称为 0°根轨迹。

2）反馈系统的根轨迹反映参变量在 $0\sim\infty$ 区间上的变化，根轨迹上的每一点都与参变量在 $[0,\infty)$ 上的一个取值相对应，所以绘制完整的根轨迹图离不开由系统参数决定的参变量。但需指出，参变量并非一定是系统的开环增益，它还可以是反馈系统的其他参数，如某个环节的时间常数。然而，不论参变量由系统的哪一个参数来决定，只要能从特征方程求出式(4-10）或式(4-13）所示的根轨迹方程，其中的开环传递函数 $G(s)H(s)$ 必须具有式(4-9）所要求的形式，便都可以根据相应的相角条件绘制出反馈系统的根轨迹。为区别于以开环增益为参变量的一般根轨迹，将以系统其他参数为参变量的根轨迹称为参量根轨迹。

4.2 绘制 180° 根轨迹的基本规则

下面介绍基于给定反馈系统的开环传递函数 $G(s)H(s)$，根据根轨迹方程的相角条件绘制根轨迹的基本规则。

设已知反馈系统的开环传递函数零、极点标准形式为

$$G(s)H(s)=\frac{k\prod_{j=1}^{m}(s-z_j)}{\prod_{i=1}^{n}(s-p_i)}=\frac{k(s-z_1)(s-z_2)\cdots(s-z_m)}{(s-p_1)(s-p_2)\cdots(s-p_n)}\quad(n\geqslant m) \tag{4-17}$$

式中，$s=z_j(j=1,2,\cdots,m)$ 为系统的开环零点；$s=p_i(i=1,2,\cdots,n)$ 为系统的开环极点。画根轨迹图时，用“×”表示极点，用“○”表示零点。

假若根轨迹的参变量由系统的开环增益来决定时，则式(4-17) 中的参变量 k 与开环位置增益 K_p，开环速度增益 K_v 及开环加速度增益 K_a 间的关系分别是

$$K_p=\lim_{s\to 0}G(s)H(s)=k\frac{\prod_{j=1}^{m}(-z_j)}{\prod_{i=1}^{n}(-p_i)} \tag{4-18}$$

$$K_v=\lim_{s\to 0}sG(s)H(s)=k\frac{\prod_{j=1}^{m}(-z_j)}{\prod_{i=2}^{n}(-p_i)} \tag{4-19}$$

$$K_a=\lim_{s\to 0}s^2G(s)H(s)=k\frac{\prod_{j=1}^{m}(-z_j)}{\prod_{i=3}^{n}(-p_i)} \tag{4-20}$$

基于式(4-17) 所示的开环传递函数，按相角条件式(4-12) 绘制 180°根轨迹其相角条件为

$$\angle G(s)H(s)=\sum_{j=1}^{m}\angle(s-z_j)-\sum_{i=1}^{n}(s-p_i)=\pm(2l+1)\pi \quad (l=0,1,2,\cdots)$$

下面介绍绘制 180°根轨迹的基本规则。

规则 1　根轨迹分支数。根轨迹在 s 平面上的分支数等于控制系统特征方程式的阶次 n，即等于闭环极点数目，亦等于开环极点数。

按定义，反馈系统的根轨迹是其特征方程的根随系统参数的变化而改变其在 s 平面分布格局的曲线。显然，若系统的特征方程为 n 阶而有 n 个根，则必然存在反映这 n 个根随参变量 k 的变化在 s 平面上描绘的 n 条根轨迹线。

对于式(4-17)，系统的闭环特征方程 $1+G(s)H(s)=0$ 为

$$\prod_{i=1}^{n}(s-p_i)+k\prod_{j=1}^{m}(s-z_j)=0 \tag{4-21}$$

当 $m\leqslant n$ 时，显然闭环系统特征方程为 n 阶系统，系统有 n 个解，根轨迹的分支数即是 n，也是开环极点数。

规则 2　根轨迹的连续性和对称性。根轨迹连续且对称于实轴。

由方程式(4-21) 可见，闭环系统特征方程的根是参数 k 的函数。当根轨迹增益 k 从零到无穷大变化时，特征方程的根也是连续变化的，因此，根轨迹具有连续性。

由于反馈系统特征方程的系数仅与系统参数有关，而对实际的物理系统来说，系统参数又都是实数，从而特征方程的系数也必然是实数。因为具有实系数的代数方程的根如为复数，则必为共轭复数，所以实际物理系统的轨迹必然是对称于实轴的曲线。

规则 3　根轨迹的起点和终点。根轨迹起始于开环极点，终止于开环零点。当 $m<n$ 时，则有 $(n-m)$ 条根轨迹终止于 s 平面无穷远处。

根轨迹的起点是指 $k=0$ 时特征根在 s 平面上的位置。根轨迹的终点是指 $k\to\infty$ 时特征

根在 s 平面上的位置。

基于式(4-7) 及式(4-17)，系统的根轨迹方程可写成如下形式。

$$\frac{\prod_{i=1}^{n}(s-p_i)}{\prod_{j=1}^{m}(s-z_j)}=-k \tag{4-22}$$

1）当 $k=0$ 时，根轨迹方程的解为 $s=p_i$。这说明，在 $k=0$ 时，闭环极点与开环极点相等，即根轨迹起始于开环极点。

2）当 $k\to\infty$ 时，根轨迹方程的解为 $s=z_j$。这意味着参变量 k 趋于无穷大时，闭环极点与开环零点相重合。如果开环零点数目 m 小于开环极点数目 n 时，则可认为有 $n-m$ 个开环零点处于 s 平面上的无穷远处。因此，在 $m<n$ 情况下，当 $k\to\infty$ 时，将有 $n-m$ 个闭环极点分布在 s 平面的无穷远处。

由于实际物理系统的开环零点数目 m 通常小于或最多只能等于其开环极点数目 n，所以闭环极点数目与开环极点数目 n 相等。这样，起始于 n 个开环极点的 n 条根轨迹，便构成了反馈系统根轨迹图的全部分支。

规则 4　实轴上的根轨迹。实轴上某区段存在根轨迹的条件是其右侧的开环实极点与开环实零点的总数为奇数。共轭复数开环极点、零点对确定实轴上的根轨迹无影响。

例如，设开环传递函数 $G(s)H(s)=\dfrac{k(s-z_1)}{(s-p_1)(s-p_2)(s-p_3)}$，开环极点、零点在 s 平面上的位置如图 4-3 所示，其中 p_1、p_2 是共轭复数极点，p_3、z_1 在负实轴上。

在实极点 p_3 与实零点 z_1 间选试验点 s_1，则有

$$\begin{aligned}\angle G(s_1)H(s_1)&=\angle(s_1-z_1)-\angle(s_1-p_1)-\angle(s_1-p_2)-\angle(s_1-p_3)\\&=0^\circ-(-\theta)-\theta-180^\circ=-180^\circ\end{aligned}$$

s_1 点满足幅角定理，说明 s_1 是根轨迹上的点。

在 $(-\infty,\ z_1)$ 中间取实验点 s_2，则有

$$\begin{aligned}\angle G(s_2)H(s_2)&=\angle(s_2-z_1)-\angle(s_2-p_1)-\angle(s_2-p_2)-(s_2-p_3)\\&=\angle(s_2-z_1)-\angle(s_2-p_3)=180^\circ-180^\circ=0^\circ\end{aligned}$$

s_2 点不满足幅角定理，说明 s_2 不是根轨迹上的点。从图 4-3 还可看到，任何一个实向量 s，例如 s_1 和共扼复向量 p_1、p_2 构成的差向量 (s_1-p_1)、(s_1-p_2) 与实轴正方向的夹角大小相等，符号相反。于是，二者之和为零。

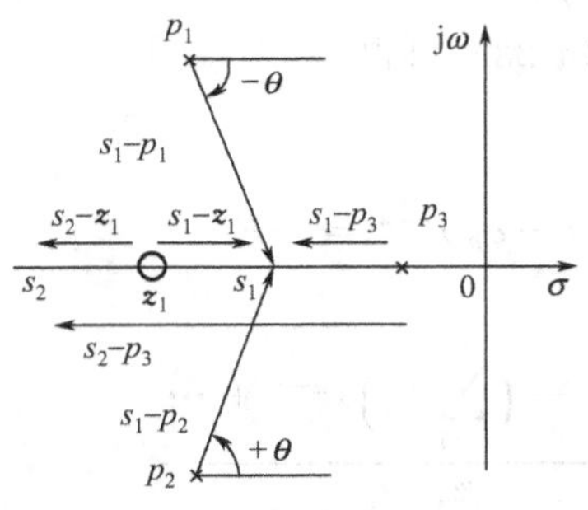

图 4-3　确定实轴上的根轨迹

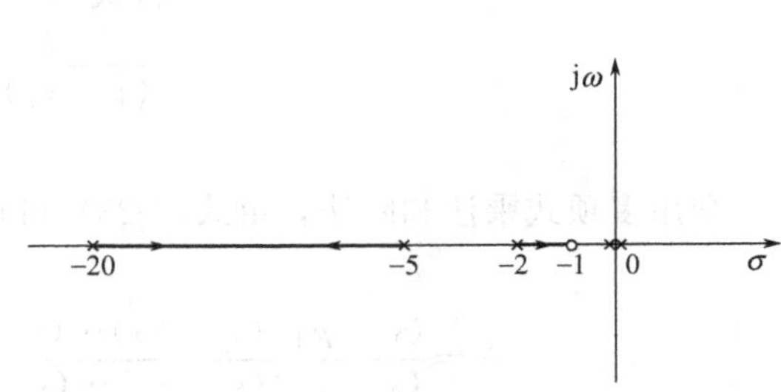

图 4-4　系统的开环零极点

例 4-1 设系统的开环传递函数为 $G(s)=\dfrac{k(s+1)}{s^2(s+2)(s+5)(s+20)}$，试画出其实轴上的根轨迹。

解 系统的开环零极点如图 4-4 所示，开环零点为 -1，开环极点为 -2，-5，-20 以及有两个开环极点位于原点。

区间 $[-20,\ -5]$ 右边的开环零点数和极点数总和为 5，区间 $[-2,\ -1]$ 右边的开环零点数和极点数总和为 3，故实轴上的根轨迹在上述两区间内。

规则 5 根轨迹的渐近线。如果控制系统的开环零点数目 m 小于开环极点数目 n，当 $k\to\infty$ 时，伸向无穷远处根轨迹的渐近线共有 $n-m$ 条。这些渐近线在实轴上交于一点，其坐标是 $(\sigma_a,\ \mathrm{j}0)$，而 $\sigma_a=\dfrac{\sum\limits_{i=1}^{n}(p_i)-\sum\limits_{j=1}^{m}(z_j)}{n-m}$；$n-m$ 条渐近线与实轴正方向的夹角是 $\varphi_a=\pm\dfrac{180^\circ(2l+1)}{n-m},(l=0,1,2,\cdots)$。

设根轨迹上存在一点，且它与 s 平面上的有限开环零点和极点相距无穷远。

(1) 渐近线与实轴正方向的夹角 可以认为，从有限的开环零、极点到位于渐近线上无穷远处一点的向量的相位角是近似相等的，用 φ_a 表示。因此相角条件可改写为

$$\sum_{j=1}^{m}\angle(s-z_j)-\sum_{j=1}^{n}(s-p_j)=(m-n)\varphi_a=\pm180^\circ(2l+1)\qquad(l=0,1,2,\cdots)$$

由此可得渐近线与实轴正方向的夹角为

$$\varphi_a=\pm\frac{180^\circ(2l+1)}{n-m},(l=0,1,2,\cdots)$$

(2) 渐近线与实轴相交点的坐标 从无穷远处看，有限开环零点和极点都近似重叠在一点，设为实数 σ_a，$s-\sigma_a$ 的向量如图 4-5 所示。

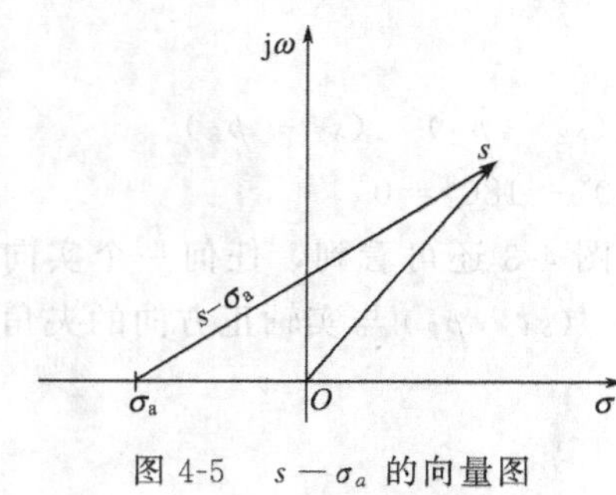

图 4-5 $s-\sigma_a$ 的向量图

$$\sigma_a=p_i=z_j\quad(i=1,2,\cdots,n;\ j=1,2,\cdots,m)$$

由式(4-7) 及式(4-17) 求得

$$k\frac{(s-z_1)(s-z_2)\cdots(s-z_m)}{(s-p_1)(s-p_2)\cdots(s-p_n)}=-1\qquad(4\text{-}23)$$

当 $s\to\infty$ 时，可以认为分子分母中各个一次因式项相等，即对于渐近线上的点，有

$$s-z_1=s-z_2=\cdots=s-z_m=s-p_1\cdots=s-p_n=s-\sigma_a\qquad(4\text{-}24)$$

将式(4-24) 代入式(4-23) 可得

$$\frac{k}{(s-\sigma_a)^{n-m}}=-1$$

$$(s-\sigma_a)^{n-m}=-k\qquad(4\text{-}25)$$

利用多项式乘法和除法，由式(4-23) 可得

$$-k=\frac{(s-p_1)(s-p_2)\cdots(s-p_n)}{(s-z_1)(s-z_2)\cdots(s-z_m)}=\frac{s^n-\left(\sum\limits_{i=1}^{n}p_i\right)s^{n-1}+\cdots}{s^m-\left(\sum\limits_{j=1}^{m}z_j\right)s^{m-1}+\cdots}$$

$$=s^{n-m}+\left(\sum_{j=1}^{m}z_j-\sum_{i=1}^{n}p_i\right)s^{n-m-1}+\cdots \tag{4-26}$$

联立式(4-25) 和式(4-26) 可得

$$(s-\sigma_a)^{n-m}=s^{n-m}+\left(\sum_{j=1}^{m}z_j-\sum_{i=1}^{n}p_i\right)s^{n-m-1}+\cdots$$

将 $(s-\sigma_a)^{n-m}$ 利用二项式定理展开后，上式变为

$$s^{n-m}-(n-m)\sigma_a s^{n-m-1}+\cdots=s^{n-m}+\left(\sum_{j=1}^{m}z_j-\sum_{i=1}^{n}p_i\right)s^{n-m-1}+\cdots \tag{4-27}$$

式(4-27) 两边 s^{n-m-1} 的系数对应相等，故有

$$\sigma_a=\frac{\sum_{i=1}^{n}p_i-\sum_{j=1}^{m}z_j}{n-m} \tag{4-28}$$

若开环传递函数无零点，取 $\sum_{j=1}^{m}z_j=0$。

例 4-2　已知控制系统的开环传递函数为 $G(s)=\dfrac{k(s+1)}{s(s+4)(s^2+2s+2)}$，试确定根轨迹的数目、起点和终点。若终点在无穷远处，试确定渐近线和实轴的交点，以及渐近线的倾斜角。

解　由于在给定系统中 $n=4$，$m=1$，根轨迹有四条，起点分别在 $p_1=0$，$p_2=-4$，$p_3=-1+\mathrm{j}$ 和 $p_4=-1-\mathrm{j}$ 处。$n-m=3$，所以四条根轨迹的终点有一条终止于 $z_1=-1$，其余三条趋向无穷远处。渐近线与实轴的交点 σ_a 及倾斜角分别为

$$\sigma_a=\frac{\sum_{i=1}^{4}p_i-z_1}{n-m}=\frac{0-4-1+\mathrm{j}-1-\mathrm{j}-(-1)}{4-1}=-1.67$$

$$\varphi_a=\pm\frac{180^\circ(2l+1)}{n-m}=\pm\frac{180^\circ(2l+1)}{3}$$

当 $l=0,1$ 时，φ_1，φ_2，φ_3 分别为 $\pm60^\circ$，180°。根轨迹的起点和三条渐近线如图 4-6 所示。

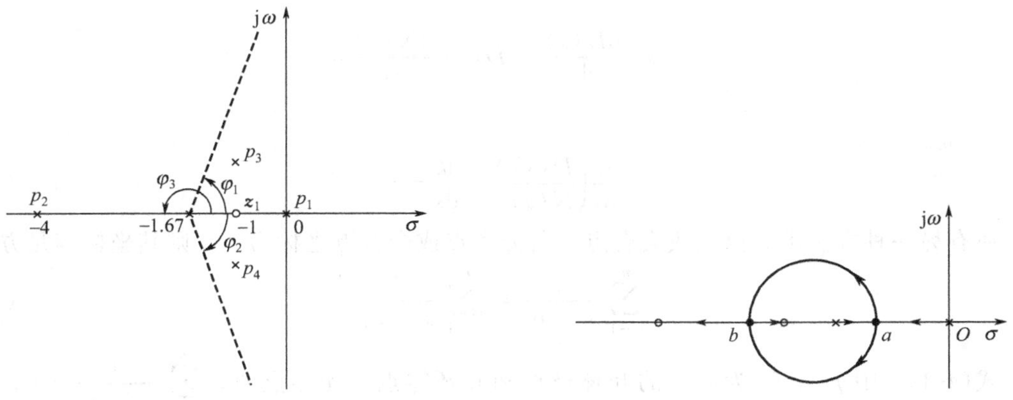

图 4-6　根轨迹的起点和渐近线

图 4-7　分离点与会合点

规则 6　根轨迹在实轴上的分离点与会合点。根轨迹在实轴上的分离点或会合点的坐标应满足方程$\frac{\mathrm{d}k}{\mathrm{d}s}=0$，或　$\sum_{i=1}^{n}\frac{1}{s-p_i}=\sum_{j=1}^{m}\frac{1}{s-z_j}$。

图 4-7 的根轨迹中的点 A 和点 B 分别是根轨迹在实轴上的分离点和会合点，显然分离点与会合点是特征方程的实数重根。

对于某些负反馈系统，当参变量取值较小时，闭环极点中的全部或一部分为实数，如图 4-2 所示，但当参变量超过某值后，闭环极点当中原有实极点中的一些极点将变为共轭复极点，也就是在这种情况下原处于实轴上的根轨迹分支将离开实轴而进入复平面。例如，图 4-2有两条分别从开环极点 $p_1=0$ 和 $p_2=-2$ 点出发，随着根轨迹增益 k 的增大向 b 点移动，当 $k=k_b=1$ 时，这两条分支会合于 b 点，出现重根。当 $k>k_b=1$ 后，这两个分支离开实轴进入复平面，出现一对共轭复根。由此可见，对于实轴上 0 至 -2 线段的实数根而言，其对应的 k 值在 b 点为极大值（如果看 b 点附近的共轭部分，则 b 点对应的 k 值为最小值）。因此可以根据 $\frac{\mathrm{d}k}{\mathrm{d}s}=0$ 的方程求解分离点 b 的坐标。下面从理论上进一步分析。

设开环传递函数为　$$G(s)H(s)=\frac{kN(s)}{D(s)}$$

其中，$N(s)=\prod_{j=1}^{m}(s-z_j)$，$D(s)=\prod_{i=1}^{n}(s-p_i)$

特征方程为
$$f(s)=1+G(s)H(s)=D(s)+kN(s)=0 \tag{4-29}$$

设特征方程有 2 重根 s_1，则有
$$f(s)=D(s)+kN(s)=(s-s_1)^2p(s)$$

式中，$p(s)$ 是 s 的 $n-2$ 次多项式。
$$\frac{\mathrm{d}f(s)}{\mathrm{d}s}=\frac{\mathrm{d}D(s)}{\mathrm{d}s}+k\frac{\mathrm{d}N(s)}{\mathrm{d}s}=2(s-s_1)p(s)+(s-s_1)^2\frac{\mathrm{d}p(s)}{\mathrm{d}s}$$

所以重根及分离点、会合点满足方程
$$\frac{\mathrm{d}f(s)}{\mathrm{d}s}=\frac{\mathrm{d}D(s)}{\mathrm{d}s}+k\frac{\mathrm{d}N(s)}{\mathrm{d}s}=0 \tag{4-30}$$

由式(4-29) 得 $k=-\frac{D(s)}{N(s)}$，代入式(4-30) 得
$$N(s)\frac{\mathrm{d}D(s)}{\mathrm{d}s}-D(s)\frac{\mathrm{d}N(s)}{\mathrm{d}s}=0$$

即
$$\frac{\mathrm{d}}{\mathrm{d}s}\left(\frac{D(s)}{N(s)}\right)=\frac{\mathrm{d}k}{\mathrm{d}s}=0 \tag{4-31}$$

还有另一种方法求分离点或会合点。若分离点或会合点坐标为 s，则其坐标满足方程
$$\sum_{i=1}^{n}\frac{1}{s-p_i}=\sum_{j=1}^{m}\frac{1}{s-z_j} \tag{4-32}$$

式(4-32) 中 p_i，z_j 为系统的开环极点和开环零点。无零点时，$\sum_{i=1}^{n}\frac{1}{s-p_j}=0$，证明从略。

式(4-31) 和式(4-32) 是分离点和会合点应满足的方程。它们的根中，经检验确实处于实轴的根轨迹上，并使 k 为正实数的根，才是实际的分离点或会合点。

例 4-3 设已知某反馈系统的开环传递函数为 $G(s)H(s)=\dfrac{k(s+1)}{s^2+3s+3.25}$，试计算其根轨迹与实轴的会合点坐标。

解 由已知开环传递函数求得该系统的开环极点为 $p_1=-1.5+\mathrm{j}$，$p_2=-1.5-\mathrm{j}$，开环零点为 $z_1=-1$。给定反馈系统的开环极点与零点分布如图 4-8 所示。因为开环极点的数目 $n=2$，所以系统的根轨迹图有两个根轨迹分支。因为开环零点的数目 $m=1$，所以当 $k\to\infty$ 时，一个根轨迹分支将沿实轴终止于开环零点 z_1，而另一个根轨迹分支则沿实轴负方向伸向无穷远。因此，始于开环极点 p_1、p_2 的两个根轨迹分支，在参变量 k 取某一特定值 $k_1(0<k_1<\infty)$时，将由复平面进入实轴，其会合点坐标按式(4-31) 求得

$$\frac{\mathrm{d}k}{\mathrm{d}s}=\frac{\mathrm{d}}{\mathrm{d}s}\left[\frac{s^2+3s+3.25}{s+1}\right]=0$$

$$s^2+2s-0.25=0$$

得到

$$s_1=-2.12,\ s_2=0.12$$

显见，实数 s_1 是给定系统根轨迹与实轴的会合点坐标，s_2 不在根轨迹上，舍去。给定系统的根轨迹图如图 4-8 所示。

例 4-4 某单位负反馈系统的开环传递函数为 $G(s)H(s)=\dfrac{k}{s(s+1)(s+2)}$，试绘制该反馈系统的根轨迹。

解 由开环传递函数表达式可知，系统的三个开环极点分别为 $p_1=0$，$p_2=-1$，$p_3=-2$；开环极点数 $n=3$，开环极零点数 $m=0$。由此可得

1) 根轨迹分支数为 3 条。

2) 三条根轨迹的起点分别是 (0, j0)，(−1, j0)，(−2, j0)，终点均处于无穷远处。

3) 根轨迹的渐近线：由于 $n=3$，$m=0$，所以该系统的根轨迹共有三条渐近线，它们在实轴上的交点坐标是

$$\sigma_a=\frac{\sum_{i=1}^{n}(p_i)-\sum_{j=1}^{m}(z_j)}{n-m}=\frac{0-1-2-0}{3}=-1$$

渐近线与实轴正方向的夹角是

$$\varphi_a=\pm\frac{180^\circ(2l+1)}{n-m}=\pm\frac{180^\circ(2l+1)}{3}$$

当 $l=0$，1 时，φ_1，φ_2，φ_3 分别为 $\pm60^\circ$，180°。

4) 实轴上的根轨迹：$(-\infty,\ -2]$ 及 $[-1,\ 0]$。

5) 根轨迹与实轴的分离点坐标：

闭环系统的特征方程为

$$s^3+3s^2+2s+k=0$$

由 $\dfrac{\mathrm{d}k}{\mathrm{d}s}=3s^2+6s+2=0$

解得 $s_1=-0.42$，$s_2=-1.58$

由前面分析可知，s_2 不是根轨迹上的点，故舍去，$s_1=-0.42$ 是根轨迹与实轴分离点坐标。最后画出根轨迹如图 4-9 所示。

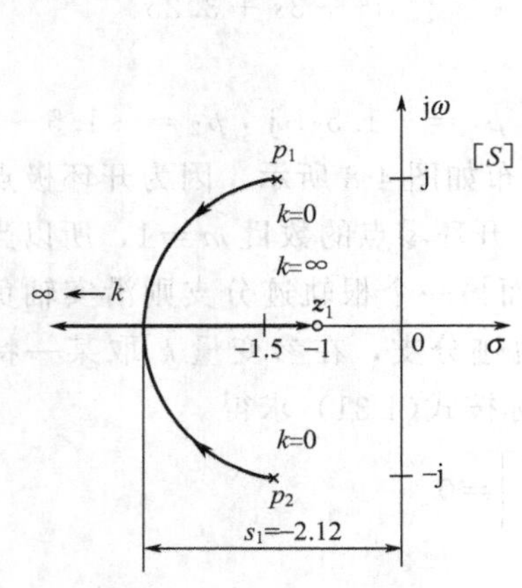

图 4-8　反馈系统的根轨迹图

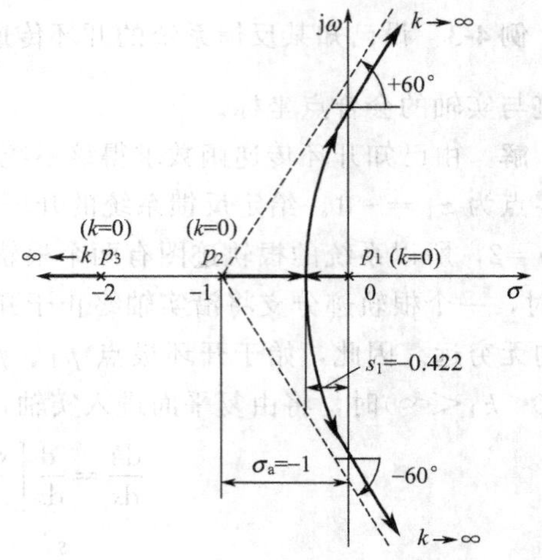

图 4-9　例 4-4 系统根轨迹

规则 7　根轨迹与虚轴的交点。

根轨迹与虚轴相交，意味着闭环极点中的一部分位于虚轴之上，即反馈系统特征方程含有纯虚根 $s=\pm j\omega$。将 $s=j\omega$ 代入系统特征方程 $1+G(s)H(s)=0$，令实部与虚部为零

$$\begin{cases}\mathrm{Re}[1+G(j\omega)H(j\omega)]=0\\ \mathrm{Im}[1+G(j\omega)H(j\omega)]=0\end{cases} \tag{4-33}$$

由方程组（4-33）解出根轨迹与虚轴的交点坐标 ω 以及与交点对应的参变量临界值 k_c。也可根据劳斯判据求得。

根轨迹与虚轴相交，表明闭环系统存在纯虚根，这意味着 k 的数值使闭环系统处于临界稳定状态。因此令劳斯表第一列中包含 k 的项为零，即可确定根轨迹与虚轴交点上的 k 值。此外，因为一对纯虚根是数值相同、符号相反的根，所以特征方程的劳斯表中必然会出现全零行，可以利用劳斯表中全零行的上一行构造辅助方程，令其辅助方程等于零，求得纯虚根的数值，这一数值就是根轨迹与虚轴交点上的 ω 值。如果根轨迹与正虚轴（或者负虚轴）有一个以上交点，则应采用劳斯表中幂大于 2 的 s 偶次方行的系数构造辅助方程。

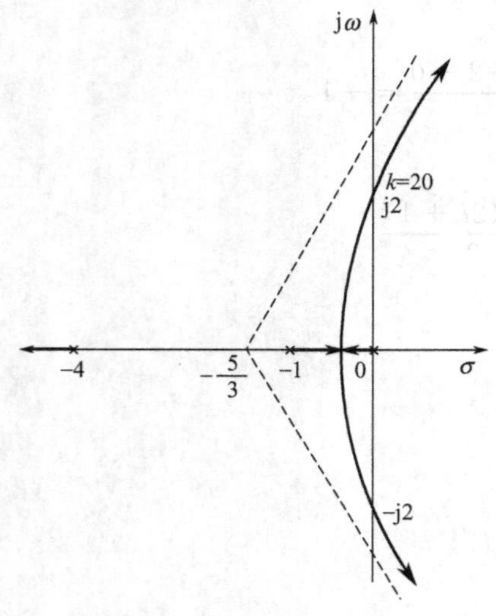

图 4-10　例 4-5 系统根轨迹

例 4-5　已知系统的开环传递函数为

$$G(s)=\frac{k}{s(s+1)(s+4)}$$

求系统根轨迹与虚轴的交点。

解　系统的闭环特征方程为

$$D(s)=s(s+1)(s+4)+k=0$$

方法 1：令 $s=j\omega$，代入 $D(s)=0$ 中，得 $j\omega(j\omega+1)(j\omega+4)+k=0$，化简为

$$k-5\omega^2+j(4\omega-\omega^3)=0$$

分别令实部和虚部为零有 $\begin{cases} k-5\omega^2=0 \\ 4\omega-\omega^3=0 \end{cases}$

解得 $\omega=\pm 2$，$k=20$，根轨迹与虚轴的交点为 $\pm \mathrm{j}2$，系统的临界根轨迹增益为 $k=20$。

方法 2：采用劳斯判据，系统的闭环特征方程为

$$D(s)=s(s+1)(s+4)+k=s^3+5s^2+4s+k=0$$

列劳斯表如下

$$\begin{array}{lll} s^3 & 1 & 4 \\ s^2 & 5 & k \\ s^1 & \dfrac{20-k}{5} & \\ s^0 & k & \end{array}$$

令 $\dfrac{20-k}{5}=0$，解得根轨迹增益 $k=20$。

将 $k=20$ 代入辅助方程 $5s^2+k=0$ 中，解得 $s=\pm \mathrm{j}2$，即为根轨迹与虚轴的交点坐标。

例 4-5 系统根轨迹如图 4-10 所示。

规则 8 根轨迹的出射角与入射角。

根轨迹离开开环复极点处的切线方向与实轴正方向的夹角，称为出射角，如图 4-11 中的 θ_{p_1}，θ_{p_2}。根轨迹进入开环复零点处的切线方向与实轴正方向的夹角，如图 4-11 中的 θ_{z_1}，θ_{z_2}。根轨迹的出射角按式(4-34) 计算，根轨迹的入射角按式(4-35) 计算。

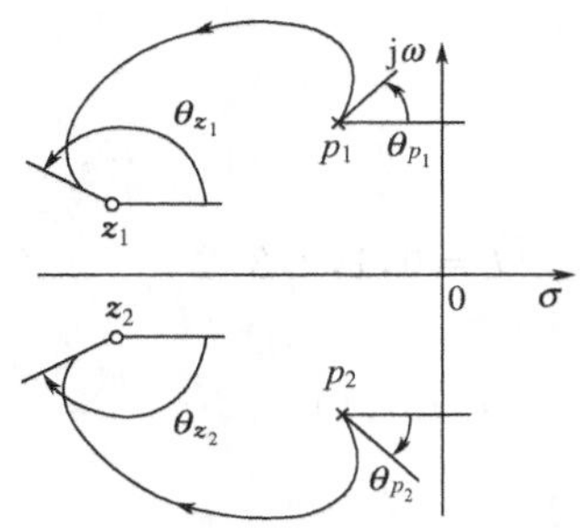

图 4-11 根轨迹的出射角与入射角

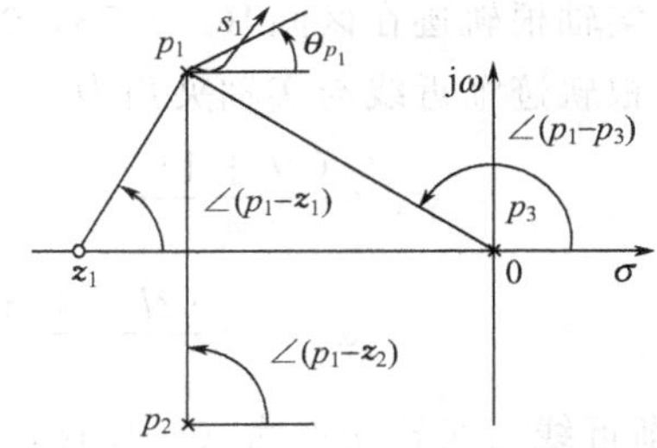

图 4-12 出射角 θ_{p_1} 的求取

因为 $\theta_{p_1}=-\theta_{p_2}$，$\theta_{z_1}=-\theta_{z_2}$，所以只求 θ_{p_1}，θ_{z_1} 即可。下面以图 4-12 所示开环极点与开环零点分布为例，说明如何求取出射角 θ_{p_1}。

在图 4-12 所示的根轨迹上取一试验点 s_1，使 s_1 无限地靠近开环复数极点 p_1，即认为 $s_1=p_1$，这时 $\angle(s_1-p_1)=\theta_{p_1}$，依据相角条件

$$\angle G(s_1)H(s_1)=\angle(p_1-z_1)-\theta_{p_1}-\angle(p_1-p_2)-\angle(p_1-p_3)=\pm 180^\circ(2l+1)$$

由上式求得出射角 θ_{p_1} 为

$$\theta_{p_1}=\mp 180^\circ(2l+1)+\angle(p_1-z_1)-\angle(p_1-p_2)-\angle(p_1-p_3)$$

计算根轨迹出射角的一般表达式为

$$\theta_{p_q}=\mp 180^\circ(2l+1)+\sum_{j=1}^{m}\angle(p_q-z_j)-\sum_{\substack{i=1 \\ i\neq q}}^{n}\angle(p_q-p_i) \qquad (l=0,1,2,\cdots) \tag{4-34}$$

同理可求出根轨迹入射角的计算公式为

$$\theta_{z_q}=\pm 180^\circ(2l+1)+\sum_{i=1}^{n}\angle(z_q-p_i)-\sum_{\substack{j=1\\ j\neq q}}^{m}\angle(z_q-z_j)\qquad(l=0,1,2,\cdots)\quad(4\text{-}35)$$

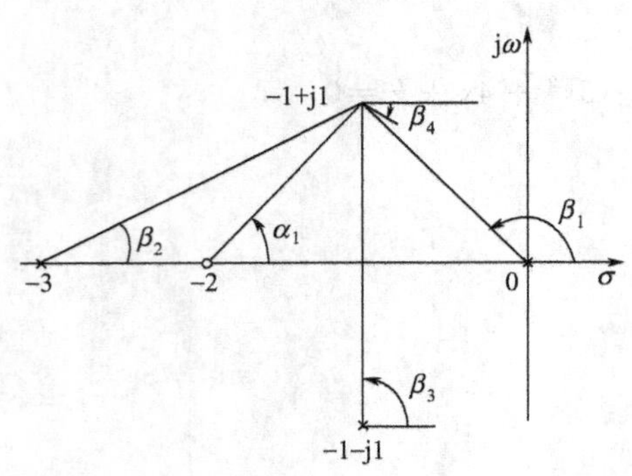

图 4-13 例 4-6 系统根轨迹

例 4-6 已知开环传递函数为 $G(s)=\dfrac{k(s+2)}{s(s+3)(s^2+2s+2)}$，它的开环零、极点位置如图 4-13 所示。现计算极点 $-1+\text{j}1$ 的出射角。

解 根据题意，在 4-13 图中的 α_1，β_1，β_2 和 β_3 就是开环零、极点到起点 $-1+\text{j}1$ 的矢量相角，由图得 $\alpha_1=45^\circ$，$\beta_1=135^\circ$，$\beta_2=26.6^\circ$，$\beta_3=90^\circ$。

根据出射角公式(4-34)，得起点 $-1+\text{j}1$ 的出射角为

$$\begin{aligned}\beta_4&=180^\circ+\alpha_1-\beta_1-\beta_2-\beta_3\\&=180^\circ+45^\circ-135^\circ-26.6^\circ-90^\circ=-26.6^\circ\end{aligned}$$

例 4-7 已知负反馈系统的开环传递函数为 $G(s)H(s)=\dfrac{k}{s(s+2.73)(s^2+2s+2)}$，试做出该系统的根轨迹图。

解 1）系统的开环极点为 $p_1=0$，$p_2=-1+\text{j}$，$p_3=-1-\text{j}$，$p_4=-2.73$。

2）根轨迹的 4 个起始点为 0，−2.73，和 $-1\pm\text{j}$。因为 $n=4$，$m=0$，不存在有限开环零点，所以 4 个根轨迹终点都趋向于无穷远处。

3）实轴根轨迹在区间（−2.73，0）上。

4）根轨迹渐近线与实轴夹角为

$$\varphi_{\text{a}}=\frac{(2l+1)\pi}{4}=45^\circ,135^\circ,225^\circ,315^\circ\qquad(l=0,1,2,3)$$

或者
$$\varphi_{\text{a}}=\pm\frac{(2l+1)\pi}{4}=\pm 45^\circ,\pm 135^\circ\qquad(l=0,1)$$

根轨迹渐近线与实轴交点为（−1.18，0）

$$\sigma_{\text{a}}=\frac{\sum_{i=1}^{n}p_i-\sum_{j=1}^{m}z_j}{n-m}=\frac{0-2.73-1+\text{j}1-1-\text{j}1}{4}=-1.18$$

5）求实轴上的分离点。

$$\frac{\text{d}}{\text{d}s}[s(s+2.73)(s^2+2s+2)]=0$$

得
$$4s^3+14.19s^2+14.92s+5.46=0$$

可以用试探法得到一个实根 $s=-2.06$，所以 $s=-2.06$ 是实轴上的分离点。

6）根轨迹的出射角
$$\begin{aligned}\theta_{p_2}&=180^\circ-\angle(p_2-p_1)-\angle(p_2-p_3)-\angle(p_2-p_4)\\&=180^\circ-135^\circ-90^\circ-30^\circ=-75^\circ\end{aligned}$$

$$\theta_{p_3}=75^\circ$$

7）求根轨迹与虚轴的交点。从渐近线的方向可以判断，根轨迹与虚轴相交。特征方程为 $f(s)=s^4+4.73s^3+7.46s^2+5.46s+k=0$

令 $s=\mathrm{j}\omega$，代入 $f(s)=0$ 中得

$$\omega^4-\mathrm{j}4.73\omega^3-7.46\omega^2+\mathrm{j}5.46\omega+k=0$$

令式中的实部和虚部分别等于 0，则有

$$\begin{cases}k+\omega^4-7.46\omega^2=0\\5.46\omega-4.73\omega^3=0\end{cases}$$

解得 $\omega_c=\pm1.07$，$k_c=7.28$。即临界稳定时的根轨迹增益 $k_c=7.28$。

8）画根轨迹，如图 4-14。

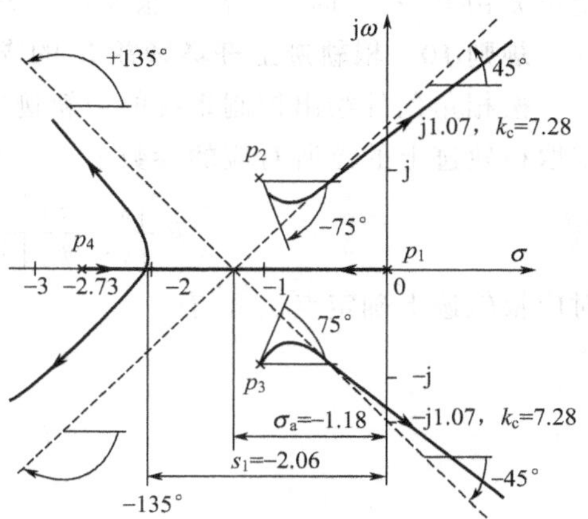

图 4-14　例 4-7 系统根轨迹

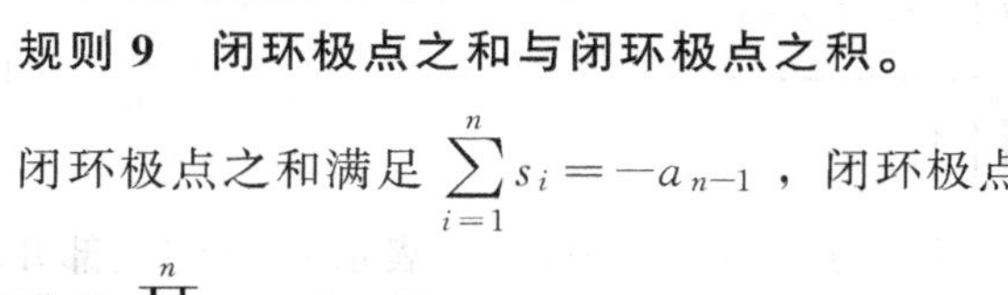

规则 9　闭环极点之和与闭环极点之积。

闭环极点之和满足 $\sum_{i=1}^{n}s_i=-a_{n-1}$，闭环极点之积满足 $\prod_{i=1}^{n}s_i=(-1)^n a_0$。

设控制系统特征方程式(4-21) 的 n 个根为 s_1，s_2，$\cdots s_n$，则有

$$s^n+a_{n-1}s^{n-1}+\cdots+a_1s+a_0=(s-s_1)(s-s_2)\cdots(s-s_n)=0$$

根据代数方程根与系数的关系，可写出

$$\sum_{i=1}^{n}s_i=-a_{n-1}\tag{4-36}$$

$$\prod_{i=1}^{n}(-s_i)=a_0$$

$$\prod_{i=1}^{n}s_i=(-1)^n a_0\tag{4-37}$$

对于稳定的控制系统，式(4-37) 也可写成

$$\prod_{i=1}^{n}|s_i|=a_0\tag{4-38}$$

根据式(4-36)、式(4-37) 或式(4-38) 可在已知某些较简单系统的部分闭环极点的情况下，比较容易地确定其余闭环极点在 s 平面上的分布位置以及对应的参数值 k。

另外，当控制系统开环传递函数式(4-17) 的分母分子阶数差大于等于 2 时，闭环极点之和保持一个常值。设 $n-m=2$，开环传递函数式(4-17) 表示为

$$GH(s)=\frac{k(s-z_1)\cdots(s-z_m)}{(s-p_1)\cdots(s-p_n)}=\frac{k(s^m+b_1s^{m-1}+\cdots+b_m)}{s^n+c_1s^{n-1}+\cdots+c_n}$$

则闭环特征方程为

$$\begin{aligned}D(s)=s^n+c_1s^{n-1}\quad&+c_2s^{n-2}\quad+\quad c_3s^{n-3}+\cdots+c_n\\&+ks^{n-2}\quad\ +kb_1s^{n-3}\ +\cdots+kb_{n-2}\\\hline=s^n+c_1s^{n-1}&+(c_2+k)s^{n-2}+(c_3+kb_1)s^{n-3}+\cdots+(c_n+kb_{n-2})\end{aligned}$$

$$D(s)=(s-s_1)(s-s_2)\cdots(s-s_n)=0$$

由代数定理得
$$\sum_{i=1}^{n}s_i=-a_{n-1}=-c_1=\sum_{i=1}^{n}p_i$$

即若 $n-m\geqslant2$ 时，则系统闭环极点之和总是等于其开环极点之和，即 $\sum_{i=1}^{n}s_i=\sum_{i=1}^{n}p_i$。当参

变量 k 由 $0 \to \infty$ 时，一部分根左移，另一部分根必右移，且移动总量为零。

规则 10　根轨迹上开环增益 K 的求取。

按相角条件绘出控制系统的根轨迹后，还需标出根轨迹上的某些点所对应的参数 k 值。求取根轨迹上的点所对应的参数值 k，要用式(4-15) 给出的幅值条件，即

$$k\frac{|s-z_1||s-z_2|\cdots|s-z_m|}{|s-p_1||s-p_2|\cdots|s-p_n|}=1$$

对应根轨迹上确定点 s_l，有

$$k_l=\frac{\prod_{i=1}^{n}|s_l-p_i|}{\prod_{j=1}^{m}|s_l-z_j|} \tag{4-39}$$

式中，$|s_l-p_i|$　$(i=1,2,\cdots,n)$，$|s_l-z_j|$　$(j=1,2,\cdots,m)$ 表示 s_l 点到全部开环极点和开环零点的几何长度。无零点时上式分母为 1。

根轨迹增益 k 与开环增益 K 可以相互转化，详见 2.4.1 传递函数内容。

$$k=K\frac{\prod_{j=1}^{m}(\tau_j)}{\prod_{i=1}^{n}(T_i)}\qquad \text{或}\qquad K=k\frac{\prod_{j=1}^{m}(-z_j)}{\prod_{i=1}^{n}(-p_i)}$$

根据上述 10 条绘制根轨迹规则，可大致绘制出根轨迹图形。为便于查阅，将所有绘制 180°根轨迹规则统一纳入表 4-1 中。对于一般系统的根轨迹，只需应用规则 1 到规则 8 即可。

表 4-1　绘制 180°根轨迹的基本规则

规则	内　容	基本规则
1	根轨迹的分支数	根轨迹的分支数等于控制系统特征方程式的阶次 n
2	根轨迹的对称性	根轨迹连续且对称于实轴
3	根轨迹的起点和终点	根轨迹起始于 n 个开环极点，终止于 m 个开环零点和 $(n-m)$ 个无穷远处
4	实轴上的根轨迹	实轴上某区段存在根轨迹的条件是其右侧的开环实极点与开环实零点的总数为奇数
5	根轨迹的渐近线	$n-m$ 条根轨迹渐近线在实轴上交于一点，且渐近线与实轴正方向的夹角 $\varphi_a=\pm\frac{180°(2l+1)}{n-m}$ $(l=0,1,2,\cdots,n-m-1)$ 渐近线与实轴交点坐标 $(\sigma_a,j0)$，$\sigma_a=\frac{\sum_{i=1}^{n}(p_i)-\sum_{j=1}^{m}(z_j)}{n-m}$
6	根轨迹在实轴上的分离点与会合点	根轨迹在实轴上的分离点或会合点的坐标应满足方程 $\frac{dk}{ds}=0$， 或 $\sum_{i=1}^{n}\frac{1}{s-p_i}=\sum_{j=1}^{m}\frac{1}{s-z_j}$
7	根轨迹与虚轴的交点	将 $s=j\omega$ 代入特征方程中，令实部与虚部方程为零，求得交点上的 k 值和 ω 值，也可利用劳斯判据求得
8	根轨迹的出射角与入射角	出射角与入射角计算公式为 $\theta_{p_q}=\mp 180°(2l+1)+\sum_{j=1}^{m}(p_q-z_j)-\sum_{i=1, i\neq q}^{n}(p_q-p_i)$　$(l=0,1,2,\cdots)$ $\theta_{z_q}=\pm 180°(2l+1)+\sum_{i=1}^{n}\angle(z_q-p_i)-\sum_{j=1, j\neq q}^{m}\angle(z_q-z_j)$　$(l=0,1,2,\cdots)$

续表

规则	内　容	基本规则
9	闭环极点之和与闭环极点之积	$\sum_{i=1}^{n} s_i = -a_{n-1}$　$\prod_{i=1}^{n} s_i = (-1)^n a_0$
10	根轨迹增益 k 与开环增益 K	$K = k\dfrac{\prod_{j=1}^{m}(-z_j)}{\prod_{i=1}^{n}(-p_i)}$

常见系统的根轨迹图见表 4-2。

表 4-2　常见系统的根轨迹图

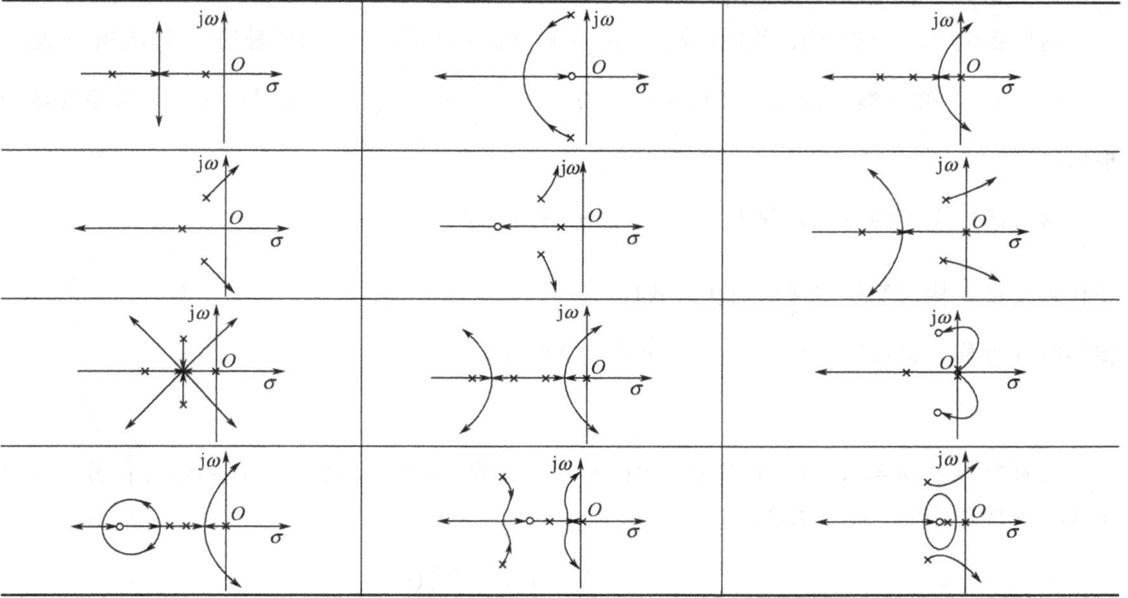

4.3 广义根轨迹

4.3.1 参数根轨迹

前面讨论了以 k 作为参变量绘制根轨迹。但在实际系统中，还有许多种类的根轨迹，例如参数根轨迹、零度根轨迹等，统称为广义根轨迹。把不是以 k 为变量，选择系统的其他参数作为参变量来绘制的根轨迹，称为参数根轨迹。常用的系统参数如时间常数或反馈系数等。

绘制参数根轨迹的法则与绘制以 k 为参变量的常规根轨迹的法则完全相同。在绘制以 k 为参变量的常规根轨迹时，是以系统的闭环特征方程

$$1+G(s)H(s)=1+\frac{k\prod_{j=1}^{m}(s-z_j)}{\prod_{i=1}^{n}(s-p_i)}=1+\frac{kN(s)}{D(s)}=0 \tag{4-40}$$

为依据的。其中 $N(s)$ 和 $D(s)$ 分别为 s 的多项式。

如果选择系统的其他参数为参变量，需要将特征方程变换一下形式，构造一个等效的传递函数。即用所选的参变量 α 代替 k 的位置，即特征方程整理成如下形式的根轨迹方程

$$\frac{\alpha P(s)}{Q(s)}=\pm 1 \tag{4-41}$$

式中，$P(s)$，$Q(s)$ 是不含参变量 α 的复变量 s 的首 1 多项式，即需将 $\frac{\alpha P(s)}{Q(s)}$ 化成式（4-9）所示标准形式。其次根据根轨迹方程式(4-41）按绘制 180°根轨迹（对应 -1）或按绘制 0°根轨迹（对应 $+1$）的基本规则，同绘制以开环增益为参变量的普通根轨迹图一样，来绘制参变量 $\alpha=0\sim\infty$ 的参量根轨迹图。

这样变换后，以前介绍的绘制根轨迹的各项规则仍然适用，可以很容易的绘出参数根轨迹。

例 4-8 已知反馈系统的开环传递函数为 $G(s)=\frac{1}{s(s+a)}$，试绘制系统以 a 为参变量的根轨迹。

解 给定系统的特征方程为 $1+\frac{1}{s(s+a)}=0$

经代数变换，构造等效传递函数化成式(4-41）的形式 $1+\frac{as}{s^2+1}=0$

根据特征方程，就可以画出以 a 为参变量的根轨迹。

$$\frac{as}{s^2+1}=-1$$

开环零点数 $m=1$，且零点为 $z_1=0$；开环极点数 $n=2$，且极点为 $p_{1,2}=\pm\mathrm{j}$；分支数等于 2；整个负实轴都有根轨迹。

渐近线与实轴交点坐标为 $\sigma_a=\frac{\sum_{i=1}^{n}(p_i)-\sum_{j=1}^{m}(z_j)}{n-m}=\frac{\mathrm{j}-\mathrm{j}-0}{2-1}=0$

渐近线与实轴正方向夹角为 $\varphi_a=\frac{180^\circ(2l+1)}{2-1}=180^\circ$

会合点 $\sum_{i=1}^{n}\frac{1}{s-p_i}=\sum_{j=1}^{m}\frac{1}{s-z_j}$

$$\frac{1}{s-\mathrm{j}}+\frac{1}{s+\mathrm{j}}=\frac{1}{s}$$

解得 $s=\pm 1$，其中 $s=1$ 不在根轨迹上，舍去；$s=-1$ 是会合点。

出射角 $\theta_{p_1}=180^\circ(2l+1)+90^\circ-90^\circ=180^\circ$

$$\theta_{p_2}=-180^\circ$$

与虚轴交点特征方程 $s^2+as+1=0$，代入 $s=\mathrm{j}\omega$，再分别令实部、虚部为零有

$$\begin{cases}-\omega^2+1=0\\ a\omega=0\end{cases}$$

解得 $\omega_1=0$，$\omega_{2,3}=\pm 1$，即为根轨迹与虚轴交点。最后得到系统以 a 为参变量的根轨迹如图 4-15 所示。

4.3.2　0°根轨迹

在一个较为复杂的自动控制系统中，主反馈一般均为负反馈，而局部反馈有可能出现正反馈，其结构如图 4-16 所示。这种局部正反馈的结构可能是控制对象本身的特性，也可能是为满足系统的某些性能要求在设计系统时引入的。因此在利用根轨迹对系统进行分析和综合时，有时需要绘制正反馈系统的根轨迹。

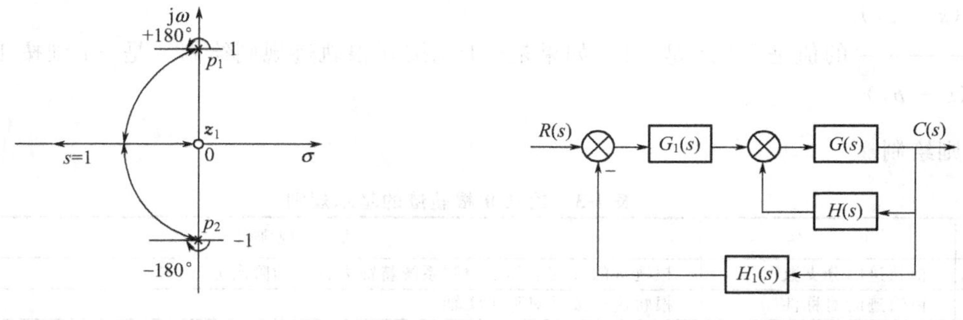

图 4-15　例 4-8 的参数根轨迹图　　图 4-16　局部正反馈

正反馈系统的根轨迹方程如式(4-16) 所示，对应的 0°根轨迹需按相角条件式(4-14) 绘制。因此，它与绘制 180°根轨迹不同之处主要在和相角条件有关的一些基本规则上。具体来说需做如下修改。

1）根轨迹渐近线与实轴正方向的夹角为

$$\varphi_a = \pm\frac{180^\circ(2l)}{n-m} \qquad (l=0,1,\cdots,n-m-1) \tag{4-42}$$

2）实轴上的根轨迹为：在实轴上取试验点 s ，若其右侧的开环实极点数目与开环实零点数目的总和等于偶数时，则该试验点所在线段隶属于 0°根轨迹。

3）根轨迹的出射角和入射角如下。

出射角

$$\theta_{p_q} = \pm 180^\circ(2l) + \sum_{j=1}^{m}\angle(p_q - z_j) - \sum_{\substack{i=1\\ i\neq q}}^{n}\angle(p_q - p_i) \qquad (l=0,1,2,\cdots) \tag{4-43}$$

入射角

$$\theta_{z_q} = \pm 180^\circ(2l) + \sum_{i=1}^{n}\angle(z_q - p_i) - \sum_{\substack{j=1\\ j\neq q}}^{m}\angle(z_q - z_j) \qquad (l=0,1,2,\cdots) \tag{4-44}$$

4）0°根轨迹与虚轴的交点坐标及参变量的临界值为方程组式(4-45) 的解。

$$\begin{cases}\mathrm{Re}[1-G(\mathrm{j}\omega)H(\mathrm{j}\omega)]=0\\ \mathrm{Im}[1-G(\mathrm{j}\omega)H(\mathrm{j}\omega)]=0\end{cases} \tag{4-45}$$

除上列各项基本规则需作必要修改外，其余基本规则，对于绘制 0°根轨迹也是适用的。见表 4-3 所示。

在应用中，除了上述正反馈时用到零度根轨迹之外，对于 s 平面右半平面有开环零极点的系统（非最小相位系统）绘制根轨迹时，也可能用到零度根轨迹。另外，由于参量根轨迹的引入使得变形以后的根轨迹方程也可能出现 $\dfrac{k\prod_{j=1}^{m}(s+z_j)}{\prod_{i=1}^{n}(s+p_i)}=1$ 的情形，也要按 0°根轨迹规则绘制。

区别是 0°还是 180°根轨迹在于看由特征方程、给定开环传递函数及 k 值变化范围确定的 $\dfrac{k\prod_{j=1}^{m}(s+z_j)}{\prod_{i=1}^{n}(s+p_i)}$ 的值是+1 还是−1。如果是+1 就按 0°根轨迹规则绘制，是−1 则按 180°根轨迹规则绘制。

表 4-3 绘制 0°根轨迹的基本规则

序号	内 容	基本规则
1	根轨迹的分支数	根轨迹的分支数等于控制系统特征方程式的阶次 n
2	根轨迹的对称性	根轨迹连续且对称于实轴
3	根轨迹的起点和终点	根轨迹起始于 n 个开环极点，终止于 m 个开环零点和 $(n-m)$ 个无穷远处
4	实轴上的根轨迹	实轴上某区段存在根轨迹的条件是其右侧的开环实极点与开环实零点的总数为偶数
5	根轨迹的渐近线	$n-m$ 条根轨迹渐近线在实轴上交于一点，且渐近线与实轴正方向的夹角 $\varphi_a=\dfrac{\pm180°(2l)}{n-m}(l=0,1,2,\cdots n-m-1)$ 渐近线与实轴交点坐标 $(\sigma_a,\mathrm{j}0)$，$\sigma_a=\dfrac{\sum_{i=1}^{n}(p_i)-\sum_{j=1}^{m}(z_j)}{n-m}$
6	根轨迹在实轴上的分离点与会合点	根轨迹在实轴上的分离点或会合点的坐标应满足方程 $\dfrac{\mathrm{d}k}{\mathrm{d}s}=0$， 或 $\sum_{i=1}^{n}\dfrac{1}{s-p_i}=\sum_{j=1}^{m}\dfrac{1}{s-z_j}$
7	根轨迹与虚轴的交点	将 $s=\mathrm{j}\omega$ 代入特征方程中，令实部与虚部方程为零，求得交点上的 k_c 值和 ω 值，也可利用劳斯判据求得
8	根轨迹的出射角与入射角	出射角与入射角计算公式为 $\theta_{p_q}=\pm180°(2l)+\sum_{j=1}^{m}(p_q-z_j)-\sum_{i=1,i\neq q}^{n}(p_q-p_i)\quad(l=0,1,2,\cdots)$ $\theta_{z_q}=\pm180°(2l)+\sum_{i=1}^{n}\angle(z_q-p_i)-\sum_{j=1,j\neq q}^{m}\angle(z_l-z_j)\quad(l=0,1,2,\cdots)$
9	根之和与根之积	$\sum_{i=1}^{n}s_i=-a_{n-1}\qquad\prod_{i=1}^{n}s_i=(-1)^n a_0$
10	根轨迹增益 k 与开环增益 K	$K=k\dfrac{\prod_{j=1}^{m}(-z_j)}{\prod_{i=1}^{n}(-p_i)}$

例 4-9 设某正反馈系统的开环传递函数为 $G(s)H(s)=\dfrac{k(s+2)}{(s+3)(s^2+2s+2)}$，试绘制该系统的根轨迹图。

解 1）系统的开环极点数 $n=3$，开环极点分别为 $p_1=-1+\mathrm{j}$，$p_2=-1-\mathrm{j}$，$p_3=-3$；开环零点数 $m=1$，零点为 $z_1=-2$。

2）根轨迹起始于 3 个开环极点。由于 $n-m=2$，随着参变量 $k\to\infty$，其中一条根轨迹止于开环零点 $z_1=-2$，其余两条伸向 s 平面的无穷远处。

3）实轴根轨迹在区间 $[-2,+\infty]$ 及 $[-3,-\infty]$ 上。

4）根轨迹渐近线与实轴正方向夹角为 $\varphi_a=\dfrac{180°(2l)}{2}=0°,\ 180°\quad(l=0,1)$

注意，如本例所见，仅有两条渐近线且都与实轴重合的情况，计算渐近线在实轴上的交点坐标已无意义，故从略。

5）求实轴上的分离点

$$\frac{\mathrm{d}}{\mathrm{d}s}\left[\frac{(s+3)(s^2+2s+2)}{(s+2)}\right]=0$$

得出 $s=-0.8$，并且

$$k_1=\frac{|s-p_1|\times|s-p_2|\times|s-p_3|}{|s-z_1|}$$

$|s-p_1|=|s-p_2|=1.02$，$|s-p_3|=2.2$，$|s-z_1|=1.2$，解得 $k_1=1.9$。

6）根轨迹的出射角

$$\begin{aligned}\theta_{p1}&=0°+\angle(p_1-z_1)-\angle(p_1-p_2)-\angle(p_1-p_3)\\&=0°+45°-90°-27°=-72°\end{aligned}$$

$$\theta_{p2}=+72°$$

7）求根轨迹与虚轴的交点。

将 $s=\mathrm{j}\omega$ 代入特征方程 $1-G(s)H(s)=0$ 中得

$$(s+3)(s^2+2s+2)-k(s+2)=0$$

$$s^3+5s^2+8s+6-ks-2k=0$$

$$-\mathrm{j}\omega^3-5\omega^2+8\mathrm{j}\omega+6-\mathrm{j}k\omega-2k=0$$

$$(-5\omega^2+6-2k)+\mathrm{j}(-\omega^3+8\omega-k\omega)=0$$

令实部和虚部分别等于 0，则有

$$-5\omega^2+(6-2k)=0$$

$$-\omega^3+(8-k)\omega=0$$

得出一个根轨迹分支与虚轴的交点坐标 $\omega=0$，临界值 $k_c=3$。

8）画根轨迹，如图 4-17 所示。

综上分析，当 $k<k_c=3$ 时，系统是稳定的；当 $k\geqslant k_c=3$ 时，系统是不稳定的。由此

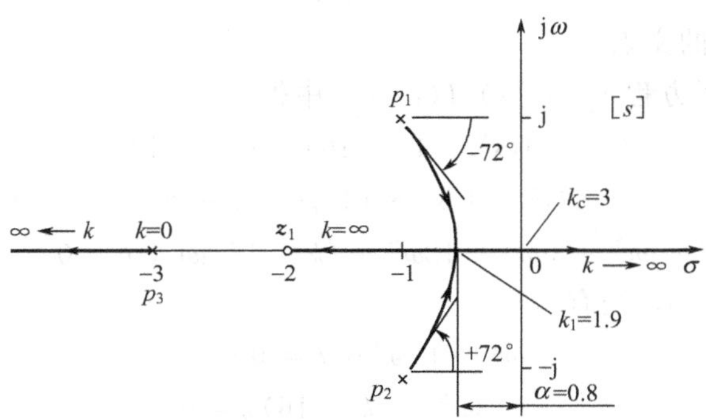

图 4-17 例 4-9 系统根轨迹图

可见，给定的正反馈系统并不是绝对不稳定，当参变量 k 的取值介于 0 与 k_c 之间时，即使是正反馈系统，系统仍能稳定地工作，只有当 $k > k_c$ 时系统才变为不稳定。

例 4-10 已知非最小相位负反馈系统的开环传递函数为 $G(s)H(s)=\dfrac{k(s+1)}{s(s-1)(s^2+4s+16)}$，试绘制该系统的根轨迹图。

解 因为给定的非最小相位系统为负反馈系统，故根轨迹方程为

$$\frac{k(s+1)}{s(s-1)(s^2+4s+16)}=-1$$

1）系统的开环极点数 $n=4$，开环极点分别为 $p_1=0$，$p_2=+1$，$p_{3、4}=-2\pm j2\sqrt{3}$；开环零点数 $m=1$，开环零点为 $z_1=-1$。

2）实轴根轨迹在区间 $[0,\ +1]$ 与 $[-1,\ -\infty)$ 上。

3）根轨迹渐近线与实轴夹角

$$\varphi_a=\pm\frac{180°(2l+1)}{n-m}=\pm\frac{180°(2l+1)}{4-1}=\pm 60°,\ 180° \quad (l=0,\ 1)$$

根轨迹渐近线在实轴上的交点坐标

$$\sigma_a=\frac{\sum_{i=1}^{n}(p_i)-\sum_{j=1}^{m}(z_j)}{n-m}=\frac{0+1-2+j2\sqrt{3}-2-j2\sqrt{3}-(-1)}{4-1}=-\frac{2}{3}$$

4）实轴上的分离点及会合点坐标

由特征方程 $1+G(s)H(s)=0$ 得

$$k=-\frac{s(s-1)(s^2+4s+16)}{(s+1)}$$

$$\frac{dk}{ds}=\frac{d}{ds}\left[-\frac{s(s-1)(s^2+4s+16)}{(s+1)}\right]=0$$

解得 $s_1=0.46$（分离点），$s_2=-2.22$（会合点），$s_{3,4}=-0.76\pm j3.7$（舍去）

5）根轨迹的出射角

$$\begin{aligned}\theta_{p_3}&=180°+\angle(p_3-z_1)-\angle(p_3-p_1)-\angle(p_3-p_2)-\angle(p_3-p_4)\\&=180°+(180°-\arctan 2\sqrt{3})-(180°-\arctan\sqrt{3})-(180°-\arctan\frac{2\sqrt{3}}{3})-90°\\&=-54.8°\end{aligned}$$

$$\theta_{p_4}=+54.8°$$

6）根轨迹与虚轴的交点

将 $s=j\omega$ 代入特征方程 $1+G(s)H(s)=0$ 中得

$$s(s-1)(s^2+4s+16)+k(s+1)$$

$$s^4+3s^3+12s^2+(k-16)s+k=0$$

$$\omega^4-3j\omega^3-12\omega^2+(k-16)j\omega+k=0$$

令实部和虚部分别等于 0，则有

$$\omega^4-12\omega^2+k=0$$

$$-3\omega^3+(k-16)\omega=0$$

由上解得 $\omega_1=0(k=0)$，$\omega_{2,3}=\pm 1.56\text{rad/s}(k_{c1}=23.3)$，$\omega_{4,5}=\pm 2.56\text{rad/s}(k_{c2}=35.7)$。

由于反馈系统的开环增益 $K>0$，所以应用式(4-18)～式(4-20) 根据参变量 k 计算相应的非最小相位系统的开环增 K 时，需将式中的开环极点 $-p_i$ 及开环零点 $-z_j$ 改取其绝对值 $|-p_i|(i=1,2,\cdots,n)$ 及 $|-z_j|(j=1,2,\cdots,m)$。因为给定非最小相位系统为 I 型，故应用式(4-19) 由 $k_{c1}=23.3$ 及 $k_{c2}=35.7$ 求得给定系统的开环速度增益 K_v 的临界值 K_{vc} 为

$$K_{vc1}=k_{c1}\frac{\prod\limits_{i=1}^{m}|-z_i|}{\prod\limits_{i=2}^{n}|-p_i|}=\frac{k_{c1}}{16}=1.46s^{-1}$$

$$K_{vc2}=k_{c2}\frac{\prod\limits_{i=1}^{m}|-z_i|}{\prod\limits_{i=2}^{n}|-p_i|}=\frac{k_{c2}}{16}=2.22s^{-1}$$

7) 画根轨迹，如图 4-18 所示。

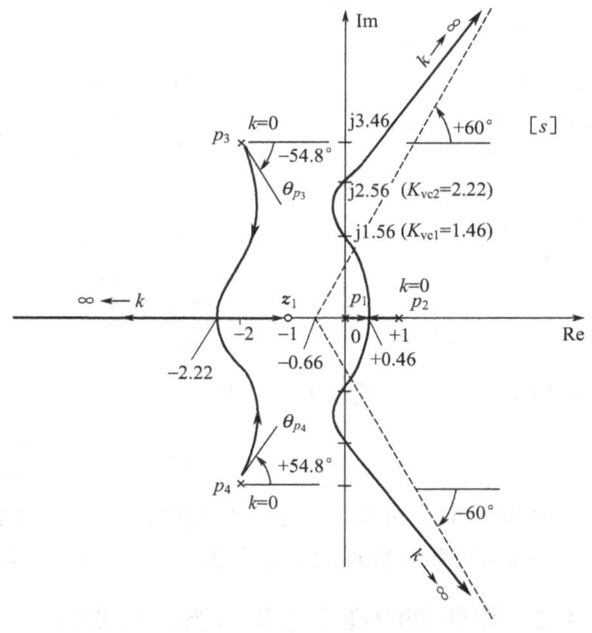

图 4-18　例 4-10 系统根轨迹图

4.4 闭环零、极点分布对系统性能的影响

根据根轨迹的绘制规则绘制出控制系统的根轨迹后，即可利用根轨迹对系统进行定性或定量的分析。借助系统的根轨迹，得到系统参数的变化对系统闭环极点影响的趋势，从而根据闭环极点的位置确定系统在某参数下系统的稳定性、动态性能和稳态性能等。

4.4.1 系统闭环零、极点分布与阶跃响应的关系

设 n 阶系统的闭环传递函数为

$$\Phi(s)=\frac{C(s)}{R(s)}=\frac{k\prod\limits_{j=1}^{m}(s-z_j)}{\prod\limits_{i=1}^{n}(s-s_i)} \tag{4-46}$$

式中，k 为系统的根轨迹增益；z_i 闭环零点；s_i 闭环极点。

在单位阶跃 $r(t)=1(t)$ 的输入下，其输出的拉氏变换为

$$C(s)=\Phi(s)R(s)=\frac{k\prod\limits_{j=1}^{m}(s-z_j)}{\prod\limits_{i=1}^{n}(s-s_i)}\times\frac{1}{s} \tag{4-47}$$

设在 $\Phi(s)$ 中无重极点（不失一般性，此假设只是为了简化推导过程）则用部分分式法

可将 $C(s)$ 分解成

$$C(s)=\frac{A_0}{s}+\frac{A_1}{s-s_1}+\cdots+\frac{A_n}{s-s_n}=\frac{A_0}{s}+\sum_{l=1}^{n}\frac{A_l}{s-s_l} \tag{4-48}$$

式中

$$A_0=\left.\frac{k\prod_{j=1}^{m}(s-z_j)}{\prod_{i=1}^{n}(s-s_i)}\right|_{s=0}=\frac{k\prod_{j=1}^{m}(-z_j)}{\prod_{i=1}^{n}(-s_i)} \tag{4-49}$$

$$A_l=\left.\frac{k\prod_{j=1}^{m}(s-z_j)}{s\prod_{\substack{i=1\\i\neq l}}^{n}(s-s_i)}\right|_{s=s_l}=\frac{k\prod_{j=1}^{m}(s_l-z_j)}{s\prod_{\substack{i=1\\i\neq l}}^{n}(s_l-s_i)} \tag{4-50}$$

对式(4-48) 进行拉氏反变换，得

$$c(t)=A_0+\sum_{l=1}^{n}A_l e^{s_l t} \tag{4-51}$$

由式(4-51) 可知，系统的单位阶跃响应将由系统的闭环极点 s_l 及其系数 A_l 确定，而系数 A_l 也与闭环零极点的分布有关。因此，闭环零、极点分布将影响着闭环系统的性能。

4.4.2 根轨迹的稳定性和动态性能分析

根轨迹是系统的闭环极点随参变量变化时所经过的轨迹，因此，根据线性控制系统稳定性的充要条件，可以得出关于根轨迹稳定性的结论；从控制系统性能角度讲，希望系统的输出尽可能复现输入，即要求系统动态过程的快速性和平稳性好，要达到这一要求，闭环零极点在 s 平面的分布也应符合以下几点要求。

1）当系统参变量从零趋于无穷大时，如果系统的根轨迹始终位于 s 左半平面，则表明系统稳定；如果系统的根轨迹始终位于 s 右半平面，表明系统不稳定；如果系统的根轨迹始终位于虚轴上，表明系统临界稳定。

2）当系统参变量从零趋于无穷大过程中，不同参变量使得根轨迹位于 s 平面的不同位置，则使系统根轨迹位于 s 左半平面的参变量就是使得系统稳定的参变量；使得系统根轨迹位于 s 右半平面的参变量就是使系统不稳定的参变量：当根轨迹与虚轴相交时对应的临界根轨迹参变量就是使得系统处于临界稳定状态的参变量。凡参变量在某一范围稳定的系统称为条件稳定系统。此时，如果设根轨迹的参变量为 k，则使得系统稳定的参变量范围就是 $(0,k)$。

3）要求系统快速性好，由式(4-51) 可知，应使阶跃响应式中的每个瞬态分量 $A_l e^{s_l t}$ 衰减得快，有两条途径：s_l 的绝对值大且为负实部，即闭环极点应远离虚轴；A_l 要小，从式(4-50) 的 A_l 表达式知，应使式(4-50) 中的分子小，分母大，即闭环零点与闭环极点应该成对地靠近（使 s_l-z_j 即分子变小)，且闭环极点间的距离要大（使 s_l-s_i 即分母变大)。

4）要求系统平稳性好，即阶跃响应没大的超调，则要求复数极点最好设置在 s 平面左半平面的 ξ 线与负实轴成 $\pm45°$ 夹角线附近。这是由于 $\cos\theta=\xi$，当 $\theta=\pm45°$ 时，$\xi=0.707$（称为最佳阻尼比)，对应的超调量 $\sigma_p=5\%$。

这些关于闭环零、极点合理分布的结论，为利用闭环零、极点直接对系统动态过程的性能进行定性分析提供了有力的依据。

例 4-11　设某负反馈系统的开环传递函数为$G(s)H(s)=\dfrac{k}{s(s+4)(s^2+4s+20)}$，试绘制该系统的根轨迹图。

解　该系统的根轨迹可按照 180°根轨迹规则绘制。

1）系统的开环极点数 $n=4$，开环零点数 $m=0$；开环极点分别为 $p_1=0$，$p_2=-4$，$p_{3、4}=-2\pm \mathrm{j}4$。

2）根轨迹起始点为 $p_1=0$，$p_2=-4$，$p_{3、4}=-2\pm \mathrm{j}4$；因为 $m=0$，所以根轨迹将随着参变量 $k\to\infty$ 而伸向 s 平面的无穷远。

3）实轴根轨迹在区间［0，－4］上。

4）根轨迹渐近线与实轴夹角为

$$\varphi_{\mathrm{a}}=\pm\frac{180°(2l+1)}{n-m}=\pm 45°,\pm 135°\quad(l=0,1)$$

根轨迹渐近线与实轴上的交点坐标为

$$\sigma_{\mathrm{a}}=\frac{\sum\limits_{i=1}^{n}p_i-\sum\limits_{j=1}^{m}z_j}{n-m}=-2\ ,$$

5）求实轴上的分离点。

$$\frac{\mathrm{d}k}{\mathrm{d}s}=\frac{\mathrm{d}}{\mathrm{d}s}[-s(s+4)(s^2+4s+20)]=0$$

得出 $s=-2$。

6）根轨迹的出射角

$$\theta_{p3}=180°-\angle(p_3-p_1)-\angle(p_3-p_2)-\angle(p_3-p_4)=-90°$$

$$\theta_{p4}=+90°$$

对于给定的负反馈系统，两个始于开环实极点 p_1、p_2 的根轨迹分支在分离点（－2，j0）离开实轴伸向复平面后，随参变量 k 的逐渐增大，与起始于开环共轭复极点 p_3、p_4 的两个根轨迹分支在过点（－2，j0）且平行虚轴的直线上分别于点 A 及 B 相遇，并随 k 的继续增大，4 个根轨迹分支将分别离开点 A 及 B 沿 4 条渐近线趋向无穷远，见图 4-19。

设点 A 坐标为 $-2+\mathrm{j}b$，则与其共轭的点 B 坐标为 $-2-\mathrm{j}b$，其中纵坐标 b 可按下述方法计算。因为有两个根轨迹分支分别从 A 与 B 分离，在点 A 处有两重复极点（$-2+\mathrm{j}b$），而在点 B 处有两重复极点（$-2-\mathrm{j}b$）存在。于是，有下列等式成立，即

$$(s+2-\mathrm{j}b)^2\times(s+2+\mathrm{j}b)^2=s(s+4)(s^2+4s+20)+k$$

$$[(s+2-\mathrm{j}b)\times(s+2+\mathrm{j}b)]^2=s^4+8s^3+36s^2+80s+k$$

$$[(s+2)^2+b^2]^2=s^4+8s^3+36s^2+80s+k$$

$$s^4+8s^3+(24+2b^2)s^2+(32+8b^2)s+b^4+8b^2+16=s^4+8s^3+36s^2+80s+k$$

根据等号两边复变量 s 同次幂项的系数相等，联立上式可得

$$\begin{cases}24+2b^2=36\\ b^4+8b^2+16=k\end{cases}\Rightarrow\begin{cases}b=\pm\sqrt{6}=\pm 2.45\\ k_{\mathrm{A}}=k_{\mathrm{B}}=100\end{cases}$$

由参变量 $k=100$ 求得根轨迹上的点 A 及 B 处对应的开环速度增益 K_{v}

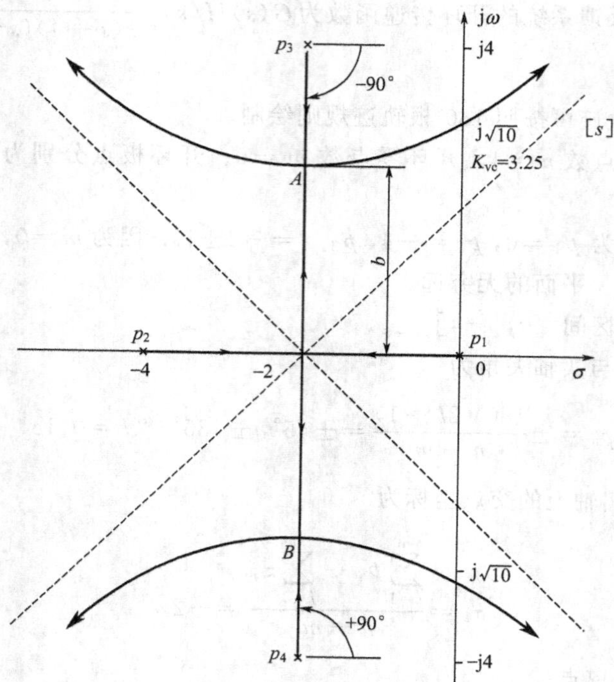

图 4-19　例 4-11 系统根轨迹图

$$G(s)H(s)=\frac{k}{s(s+4)(s^2+4s+20)}=\frac{\frac{1}{80}k}{s\left(\frac{1}{4}s+1\right)\left(\frac{1}{20}s^2+\frac{1}{5}s+1\right)}$$

$$K_{\text{v}}=\frac{1}{80}k=1.25s^{-1}$$

7) 根轨迹与虚轴的交点。

系统的特征方程为 $1+G(s)H(s)=0$，即

$$1+\frac{k}{s(s+4)(s^2+4s+20)}=0$$

$$s^4+8s^3+36s^2+80s+k=0$$

将 $s=\mathrm{j}\omega$ 代入特征方程中得，$\omega^4-8\mathrm{j}\omega^3-36\omega^2+80\mathrm{j}\omega+k=0$

令实部和虚部分别等于 0，则有

$$\omega^4-36\omega^2+k=0$$

$$-8\omega^3+80\omega=0$$

两个根轨迹分支与虚轴的交点坐标 ω 及相应参变量的临界值 k_{c} 为 $\omega_1=0$（$k=0$），$\omega_{2,3}=\pm\sqrt{10}$ rad/s（$k_{\text{c}}=260$）。

系统的临界开环增益为 $K_{\text{vc}}=\frac{k_{\text{c}}}{80}=3.25s^{-1}$

根据图 4-19 可见，当 $0<K_{\text{vc}}<3.25$ 时系统稳定；当 $K_{\text{vc}}=3.25$ 时系统临界稳定，系统处于等幅振荡状态；当 $K_{\text{vc}}>3.25$ 时系统不稳定，发散振荡。

4.4.3 利用主导极点估算系统的性能指标

离虚轴最近的闭环极点对系统动态过程性能的影响最大，起着主要的决定作用。如果满足实部相差 5 倍以上的条件（工程上可小些），则远离虚轴的闭环极点所产生的影响可以被忽略，离虚轴最近的一个（或一对）闭环极点称为闭环主导极点。闭环主导极点在动态过程中起主导作用，因此计算性能指标时，在一定条件下就可以只考虑暂态分量中主导极点所对应的分量，把高阶系统近似成一阶或二阶系统，直接应用一阶或二阶系统的动态性能指标公式进行计算。

例 4-12　已知负反馈系统的开环传递函数为 $G(s)H(s)=\dfrac{K}{s(s+1)(0.5s+1)}$，试应用根轨迹法分析系统的稳定性和动态性能，并计算闭环主导极点具有 $\xi=0.5$ 阻尼比时的性能指标。

解　首先把开环传递函数的典型环节形式化成零极点形式

$$G(s)=\frac{2K}{s(s+1)(s+2)}=\frac{k}{s(s+1)(s+2)}$$

式中，k 是根轨迹增益，K 是系统的开环放大倍数，其中 $k=2K$。

1）作根轨迹图

① 开环极点个数 $n=3$，开环零点个数 $m=0$，开环极点分别为 $p_1=0$，$p_2=-1$，$p_3=-2$，有三条根轨迹，起点分别是 $p_1=0$，$p_2=-1$，$p_3=-2$，终点均为无穷远。实轴上 $[0,-1)$，$(-2,-\infty)$ 区段存在根轨迹。

② 渐近线与实轴的交点为　$\sigma_a=\dfrac{\sum\limits_{i=1}^{n}p_i-\sum\limits_{j=1}^{m}z_j}{n-m}=\dfrac{-1-2}{3-0}=-1$

③ 渐近线与实轴正方向的夹角为　$\varphi_a=\dfrac{\pm180°\ (2k+1)}{n-m}=\pm60°,\ 180°$

④ 分离点坐标　$k=-s(s+1)(s+2)\ =-(s^3+3s^2+2s)$

$$\frac{dk}{ds}=3s^2+6s+2=0$$

解得　$s_1=-0.42$，$s_2=-1.58$（舍去），分离点为 $s_1=-0.42$。

分离点对应的 k 值为

$k=|s_1||s_1+1||s_1+2|=|-0.42||-0.42+1||-0.42+2|=0.38$

⑤ 求与虚轴的交点。

采用劳斯稳定判据方法。特征方程为 $s^3+3s^2+2s+k=0$，劳斯表为

$$\begin{array}{lll} s^3 & 1 & 2 \\ s^2 & 3 & k \\ s^1 & \dfrac{6-k}{3} & \\ s^0 & k & \end{array}$$

令$\frac{6-k}{3}=0$，解得 $k_c=6$

将 $k_c=6$ 代入辅助方程 $3s^2+k_c=0$ 中，解得 $s_{1,2}=\pm j\sqrt{2}$，$\omega_{1,2}=\pm\sqrt{2}$。即根轨迹与虚轴的交点坐标为（0，$\pm j\sqrt{2}$），其对应的 $k_c=6$（$K=3$）。画出根轨迹如图 4-20 所示。

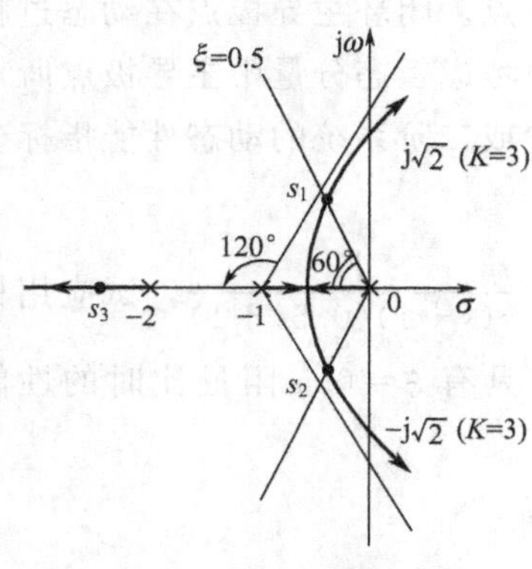

图 4-20　例 4-12 根轨迹图

2）系统稳定性和动态性能分析。

根轨迹与虚轴交点对应的 $k_c=6$，所以，系统稳定的根轨迹增益范围是 $0<k<6$。

根轨迹分离点 $s=-0.42$，其对应的 $k=0.38$。所以，当 $0<k<0.38$ 时，系统为过阻尼状态；当 $0.38<k<6$ 时，系统为欠阻尼状态；当 $k=6$（$K=3$）时，有两个闭环极点在纯虚轴上，系统为临界稳定，等幅振荡；当 $k>6$（$K>3$）时，有两条根轨迹分支进入 s 右半平面，系统变为不稳定。

3）根据对阻尼比的要求，确定闭环主导极点 s_1、s_2。

由 $\xi=0.5$，$\cos\theta=\xi$ 解得 $\theta=60°$。在图 4-20 中画出 $\xi=0.5$阻尼线，并量得 $s_{1,2}=-0.33\pm j0.57$（也可设 $s_{1,2}=a\pm j\sqrt{3}a$，代入特征方程中求得）。根据韦达定理，由 $s_1+s_2+s_3=-3$，解得 $s_3=-2.34$。极点 s_3 距虚轴的距离 2.34 是极点 $s_{1,2}$ 距虚轴距离 0.33 的 7 倍以上，因此可以确认 $s_{1,2}$ 是系统的闭环主导极点，系统可近似为二阶系统，其二级闭环极点为 $s_{1,2}=-\xi\omega_n\pm j\omega_n\sqrt{1-\xi^2}=-0.33\pm j0.57$，由此可根据二阶系统的动态性能指标公式求得

调节时间
$$t_s=\frac{3}{\xi\omega_n}=\frac{3}{0.33}=9.1\mathrm{s}$$

超调量
$$\sigma=e^{-\frac{\xi\pi}{\sqrt{1-\xi^2}}}\Big|_{\xi=0.5}=16.3\%$$

4.5　添加开环零、极点对根轨迹的影响

开环零极点的位置，决定了根轨迹的形状，而根轨迹的形状又与系统的控制性能密切相关，因而在控制系统的设计中，一般就是用改变系统的零、极点配置的方法来改变根轨迹的形状，以达到改善系统控制性能的目的。

4.5.1　添加开环零点对根轨迹的影响

先以例 4-13 来看添加开环零点对根轨迹形状产生的影响。

例 4-13　设系统的开环传递函数为

$$G(s)=\frac{k}{s^2(s+a)}$$

试绘制根轨迹图并讨论增加零点 $s=-z$ 对根轨迹的影响。

解　原系统开环极点数 $n=3$，开环零点数 $m=0$，极点分别为 $p_{1,2}=0$，$p_3=-a$。实轴上根轨迹区段为（$-\infty$，$-a$）。

渐近直线与实轴交点坐标为

$$\sigma_a=\frac{\prod_{i=1}^{n}p_i-\prod_{j-1}^{m}z_j}{n-m}=\frac{-a}{3}$$

渐近直线与实轴夹角为 $\varphi_a=\pm\frac{180°(2l+1)}{n-m}=\pm60°,180°\quad(l=0,1)$

根轨迹与虚轴只有一个交点，$\omega=0$。其根轨迹如图 4-21 所示。

增加开环零点后，开环传递函数变为 $G(s)=\frac{k(s+z)}{s^2(s+a)}$

分以下两种情况讨论。

1）当 $|z|>|a|$ 时，$p_{1,2}=0$，$p_3=-a$，开环极点数 $n=3$；$z_1=-z$，开环零点数 $m=1$ 实轴上根轨迹区段为 $(-z,\ -a)$。

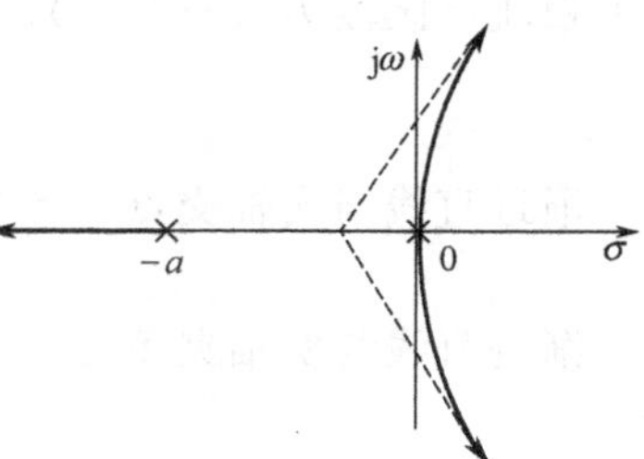

图 4-21　例 4-13 根轨迹图

渐近直线与实轴交点坐标为

$$\sigma_a=\frac{\prod_{i=1}^{n}p_i-\prod_{j-1}^{m}z_j}{n-m}=\frac{-a+z}{2}>0$$

渐近直线与实轴夹角为 $\varphi_a=\pm\frac{180°(2l+1)}{n-m}=\pm90°\quad(l=0)$

与虚轴只有一个交点，$\omega=0$。其根轨迹如图 4-22（a）所示。

2）当 $|z|<|a|$ 时，$p_{1,2}=0$，$p_3=-a$，开环极点数 $n=3$；开环零点数 $m=1$；$z_1=-z$，实轴上根轨迹区段为 $(-a,\ -z)$。

渐近线与实轴交点坐标为 $\sigma_a=\frac{\prod_{i=1}^{n}p_i-\prod_{j-1}^{m}z_j}{n-m}=\frac{-a+z}{2}>0$

渐近线与实轴夹角为 $\varphi_a=\pm\frac{180°\ (2l+1)}{n-m}=\pm90°\quad(l=0)$

与虚轴只有一个交点，$\omega=0$。其根轨迹如图 4-22（b）所示。

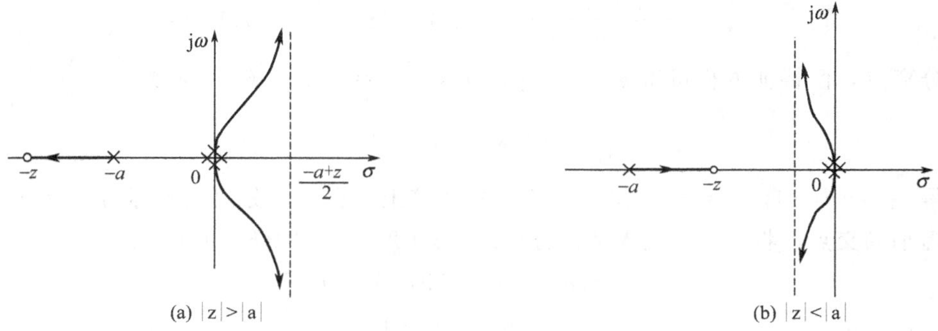

图 4-22　增加开环零点后的根轨迹

从此例可以看出，若增加的开环零点适当，则系统的根轨迹左移，系统的动态性能和稳定性变好。

4.5.2 添加开环极点对根轨迹的影响

添加开环极点对根轨迹产生的影响，仍用一个例子加以说明。

例 4-14 系统的开环传递函数为 $G(s)=\dfrac{k}{s(s+2)}$，讨论增加一个开环极点 $s=-p$ 对根轨迹的影响。

解 原系统开环极点数 $n=2$，开环零点数为 $m=0$，极点分别为 $p_1=0$，$p_2=-2$。实轴上根轨迹区段为（-2，0）。

渐近直线与实轴交点坐标为 $\sigma_a=\dfrac{\prod\limits_{i=1}^{n}p_i-\prod\limits_{j-1}^{m}z_j}{n-m}=\dfrac{-2}{2}=-1$

渐进直线与实轴夹角为 $\varphi_a=\pm\dfrac{180°(2l+1)}{n-m}=\pm90°\quad(l=0)$

求分离点，由特征方程得 $k=-s(s+2)$，$\dfrac{dk}{ds}=-(2s+2)=0$

解得分离点坐标为 $s=-1$。其根轨迹如图 4-23 所示。可见，未增加开环极点前，是一个绝对稳定的系统。

1）若增加开环极点 $s=-4$，开环传递函数变为

$$G(s)=\frac{k}{s(s+2)(s+4)}$$

则其开环极点数 $n=3$，开环零点数 $m=0$，开环极点分别为 $p_1=0$，$p_2=-2$，$p_3=-4$。实轴上根轨迹区段为（$-\infty$，-4），（-2，0）。

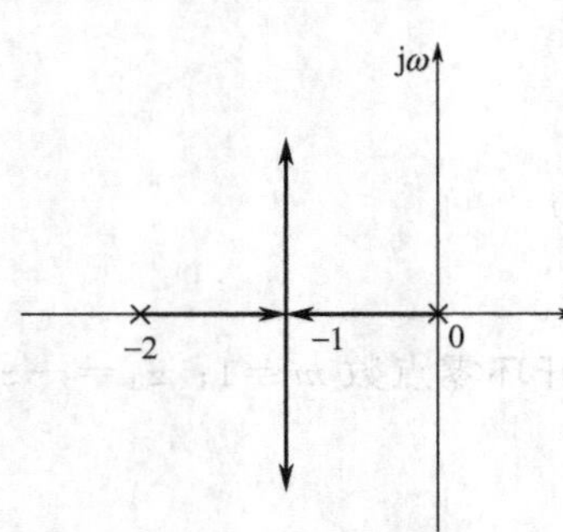

图 4-23 例 4-14 原系统的根轨迹图

渐近线与实轴交点坐标为

$$\sigma_a=\frac{\prod\limits_{i=1}^{n}p_i-\prod\limits_{j=1}^{m}z_j}{n-m}=\frac{0-2-4}{3}=-2$$

渐近线与实轴夹角为

$$\varphi_a=\pm\frac{180°(2l+1)}{n-m}=\pm60°,180°\quad(l=0,1)$$

求分离点，由特征方程可得 $k=-s(s+2)(s+4)=-(s^3+6s^2+8s)$

$$\frac{dk}{ds}=-(3s^2+12s+8)=0$$

解得 $s_1=-0.84$，$s_2=-3.15$。s_2 不在根轨迹上，舍弃。分离点坐标为 $s_1=-0.84$。

与虚轴的交点，将 $s=j\omega$ 代入特征方程式 $s(s+2)(s+4)+k=0$ 中，得

$$-j\omega^3-6\omega^2+8j\omega+k=0$$

令实部和虚部分别为零得
$$\begin{cases}-6\omega^2+k=0\\-\omega^3+8\omega=0\end{cases}$$

解之得 $\omega_1=0$，$\omega_{2,3}=\pm\sqrt{8}$ 为根轨迹与虚轴的交点。其根轨迹如图 4-24（a）所示。这时系统是有条件稳定的。

2）若增加开环极点 $s=0$，开环传递函数变为

$$G(s)=\frac{k}{s^2(s+2)}$$

则其开环极点数 $n=3$，开环零点数 $m=0$，开环极点分别为 $p_1=0$，$p_2=0$，$p_3=-2$。实轴上根轨迹区段为（$-\infty$，-2）。

渐近线与实轴交点坐标为 $\sigma_a=\dfrac{\prod\limits_{i=1}^{n}p_i-\prod\limits_{j-1}^{m}z_j}{n-m}=\dfrac{-2}{3}$

渐近线与实轴夹角为 $\varphi_a=\pm\dfrac{180°(2l+1)}{n-m}=\pm 60°, 180°\quad(l=0,1)$

根轨迹与虚轴只有一个交点 $\omega=0$。其根轨迹如图 4-24（b）所示。这时系统是绝对不稳定的。即不论 k 取何值，系统均不稳定。

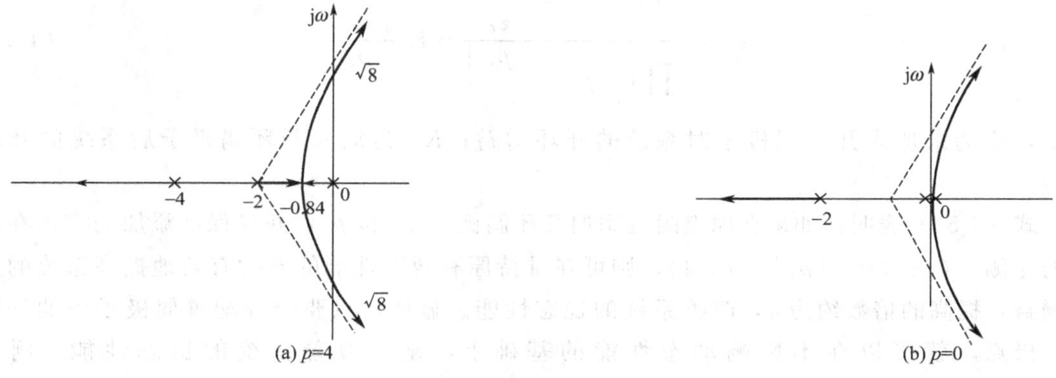

图 4-24　增加开环极点后的根轨迹

总之，增加开环极点，将使根轨迹产生向右弯曲的倾向，对稳定性产生不利的影响。这一结论，也可以由渐近线与实轴正方向的夹角的公式中看出，增加开环极点 n 变大，φ 角变小，根轨迹必向右弯曲。

4.5.3　添加开环偶极子对根轨迹的影响

所谓偶极子是指在控制系统中与其他零、极点之间的距离相比较，相距很近的一对零点和极点。由式（4-50）及其分析得知，当闭环极点 s_i 与闭环零点 z_j 靠得很近时，对应的 A_l 很小，也就是相当于 $c(t)$ 中的这个分量可以忽略。在实际中，可以有意识地在系统中加入适当的零点，以抵消对动态过程影响较大的不利极点，使系统的动态过程的性能获得改善。

如果在系统的开环传递函数中添加一对开环偶极子 z_c 和 p_c，由于这对开环零点和极点重合或相近，到其他较远处根轨迹上点的向量可近似视为相等，也就是 $|s-z_c|\approx|s-p_c|$，$\angle(s-z_c)\approx\angle(s-p_c)$。所以它们在幅值和幅角条件中将相互抵消。这就是说，开环偶极子几乎不影响较远处根轨迹的形状和根轨迹增益值。

若添加的开环偶极子靠近原点，则它们将基本上不影响根轨迹主分支以及位于其上的闭环主导极点的位置和相应的开环根轨迹增益，因而对系统的暂态特性不会产生较大的影响。下面考察这对靠近原点的开环偶极子对控制系统稳态特性的影响问题。

设系统的开环传递函数为

$$G(s)H(s)=\frac{k\prod_{j=1}^{m}(s-z_j)}{s^v\prod_{i=1}^{n-v}(s-p_i)} \quad 或 \quad G(s)H(s)=\frac{K\prod_{j=1}^{m}(\tau_j s+1)}{s^v\prod_{i=1}^{n-v}(T_i s+1)}$$

式中，系统的开环增益 K 和根轨迹增益 k 之间的关系为

$$K=\lim_{s\to 0}s^vG(s)H(s)=\lim_{s\to 0}\frac{k\prod_{j=1}^{m}(s-z_j)}{\prod_{i=1}^{n-v}(s-p_i)}=\frac{k\prod_{j=1}^{m}(-z_j)}{\prod_{i=1}^{n-v}(-p_i)}$$

如果在原系统开环零极点的基础上增加一对离坐标原点很近的零、极点 z_c 和 p_c，并且并且保证添加的零点在极点的左侧，即 $|z_c|>|p_c|$，则添加偶极子后系统的开环增益变为

$$K_c=\frac{k\prod_{j=1}^{m}(-z_j)}{\prod_{i=1}^{n-v}(-p_i)}\frac{|z_c|}{|p_c|}=K\frac{|z_c|}{|p_c|} \tag{4-52}$$

式中，K 为未加入开环偶极子时系统的开环增益；K_c 为加入开环偶极子后系统的开环增益。

式 (4-52) 表明：如果在原点附近添加开环偶极子 z_c 和 p_c，并且保证添加的零点在极点的左侧，($|z_c|=\alpha|p_c|$，$\alpha>1$)，则可在维持原有暂态性能的同时有效地提高系统的开环增益，提高的倍数约为 α，改善系统的稳态性能。显然，只要合理配置偶极子中的开环零、极点，就可以在不影响动态性能的基础上，显著改善系统的稳态性能。例如 $|z_c-p_c|$ 虽然很小，但若取 $z_c=10p_c$，则开环增益可以提高 10 倍，稳态误差可以减小（或近似减小）10 倍。

例如，系统的开环传递函数为 $G(s)=\frac{k}{s(s+1)(s+2)}$，其根轨迹如图 4-25。当增加偶极子后系统的开环传递函数为 $G(s)=\frac{k(s+0.1)}{s(s+1)(s+2)(s+0.01)}$，其根轨迹如图4-26。

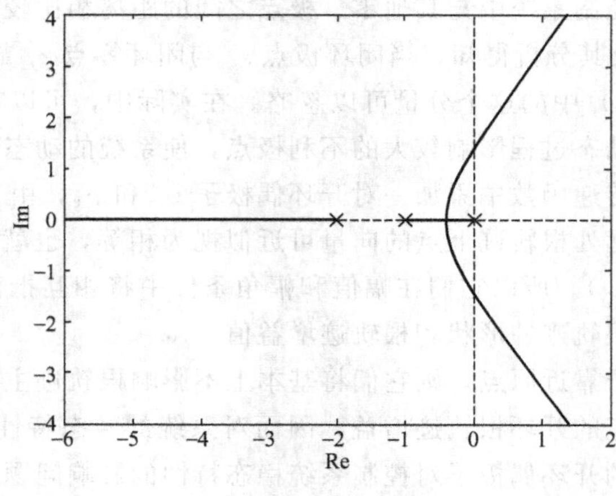

图 4-25 根轨迹图

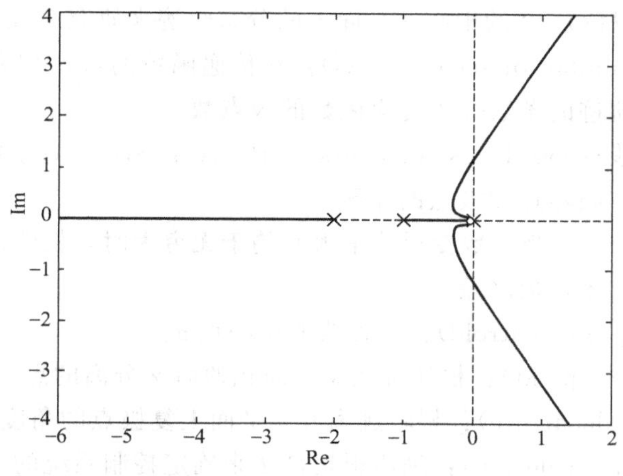

图 4-26　增加偶极子后根轨迹图

从图 4-25 和图 4-26 的对比中可以看出，在系统原点附近添加偶极子，可以在保持系统稳定性和暂态性能基本不变的情况下，显著改善系统的稳态性能，加入偶极子的系统稳态误差，比原系统稳态误差小 10 倍。在上述讨论中，强调添加的偶极子应该位于原点的附近，彼此之间必须靠得很近，以便对主导极点处的根轨迹影响很小；同时要求零点 $|z_c|$ 与极点 $|p_c|$ 的比值拉大，以使增益提高的倍数增大。第 5 章的频域滞后校正也是基于这个思想来提高系统的稳态性能的。尽管在分析系统的动态性能指标时可以近似认为这对偶极子相互抵消，但是在分析系统的稳态性能时，要考虑所有闭环零、极点的影响，不能忽略像偶极子这样的零、极点对消的影响。

小　　结

根轨迹是当系统的某一参数从零到无穷大变化时，闭环系统特征方程的根在复平面 s 上运动的轨迹。根轨迹法是依据根轨迹在 s 平面上的分布及变化趋向对系统的稳定性、动态性能和稳态性能进行分析的方法。绘制根轨迹的依据是根轨迹方程，由根轨迹方程可推出根轨迹的幅值条件和相角条件。在绘制系统某一参数从零变化到无穷的根轨迹时，只需由相角条件就可得到根轨迹图，即凡是满足相角条件的点都是根轨迹上的点。那么，当参数一定时，可根据幅值条件在根轨迹上确定与之相应的点（特征方程的根）。

通过学习本章，要掌握根轨迹的概念，绘制根轨迹的基本规则（180°根轨迹、0°根轨迹及参数根轨迹），增加系统开环传递函数的零、极点对根轨迹形状的影响及利用根轨迹对系统性能进行分析的方法。

术语和概念

轨迹（locus）：随着参数而变化的路径或轨线。

根轨迹（root locus）：系统某一参数变化时，闭环系统特征方程的根在 s 平面上移动的轨迹或路径。

根轨迹法（root locus method）：通常指当系统增益 k 从 0 变化到无穷时，确定闭环系

统特征方程 $1+G(s)H(s)=0$ 的根在 s 平面上的分布轨迹来研究系统性能的方法。

根轨迹的条数（number of separate loci）：在传递函数的极点数大于或等于传递函数的零点数的条件下，根轨迹的条数等于传递函数的极点数。

实轴上的根轨迹段（root locus segments on the real axis）：对于负反馈系统，实轴上的根轨迹段位于奇数个有限零点和极点的左侧。

渐近线（asymptote）：当参数变得非常大并趋于无穷大时，根轨迹所趋近的直线。渐近线的条数等于极点数与零点数之差。

渐近中心（asymptote centroid）：渐近线的中心点 σ_a。

分离点（breakaway point）：根轨迹在 s 平面相遇后又分离的点。

出射角（angle of departure）：根轨迹离开 s 平面上复极点的角度。

参数设计（parameter design）：利用根轨迹法来确定控制系统的一个或两个系统参数的设计方法。

控制与电气学科世界著名学者——伊文思

伊文思（1920—1999）是美国著名的控制理论家和根轨迹的创始人。

在经典控制理论中，根轨迹法占有十分重要的地位，它同时域法、频域法可称是三分天下。伊文思所从事的飞机导航和控制领域中，涉及到许多动态系统的稳定性问题。麦克斯韦和劳斯曾做过对特征方程根的研究工作。但伊文思另辟新径，利用系统参数变化时特征方程根的变化轨迹来研究系统的性能，开创了新的思维和研究方法。伊文思的根轨迹方法一提出即受到控制领域学者的广泛重视，并应用至今。

由于在控制领域的突出贡献，伊文思于 1987 年获得了美国机械工程师学会 Rufus Oldenburger 奖章，1988 年获得了美国控制学会 Richard E. Bellman Control Heritage 奖章。

习　题

4-1　某反馈系统的方框图如习题 4-1 图所示。试绘制 K 从 0 变到∞时该系统的根轨迹图。

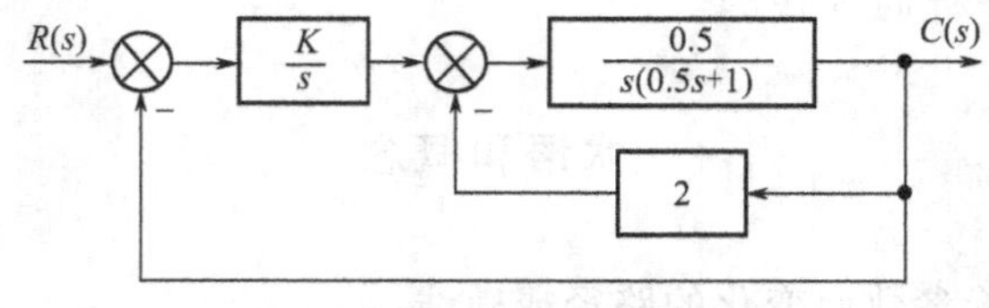

习题 4-1 图　反馈系统方框图

4-2　已知单位负反馈系统的开环传递函数为 $G(s)=\dfrac{k}{(s+1)^2(s+4)^2}$，试绘制 k 由 0→∞

时变化的闭环根轨迹图，并求出使系统闭环稳定的 K 值的范围。

4-3　已知某负反馈系统的前向通道及反馈通道的传递函数分别为

$G(s)=\dfrac{k(s+0.1)}{s^2(s+0.01)}$，$H(s)=0.6s+1$，试绘制该系统的根轨迹图。

4-4　系统的开环传递函数为 $G(s)=\dfrac{k(s+1)}{s(s+2)}$，试用相角条件和幅值条件证明 $s_1=-1+j\sqrt{8}$ 是否是 $K=1.5$ 时系统的特征根。

4-5　设单位反馈控制系统开环传递函数如下，试概略画出响应的闭环根轨迹图（要求算出起始角 θ_{p_1}）。

(1) $G(s)=\dfrac{k(s+2)}{(s+1+j2)(s+1-j2)}$　　(2) $G(s)=\dfrac{k(s+20)}{(s+10+j10)(s+10-j10)}$

4-6　负反馈系统的开环传递函数为 $G(s)=\dfrac{k}{(s+1)(s+2)(s+4)}$，试证明 $s_1=-1+j\sqrt{3}$ 是在该系统的根轨迹上，并求出相应的 k 值。

4-7　设某反馈系统的特征方程为 $s^2(s+a)+k(s+1)=0$，试确定以 k 为参变量的根轨迹与负实轴无交点、有一个交点与有两个交点时的参量 a，并绘制相应的根轨迹图。

4-8　设单位负反馈系统的开环传递函数为 $G(s)=\dfrac{k}{s^2(s+2)}$。

(1) 试绘制系统闭环根轨迹的大致图形，并对系统的稳定性进行分析。

(2) 若增加一个零点，试问根轨迹图有何变化？对系统稳定性有何影响？

4-9　已知某正反馈系统的开环传递函数为 $G(s)H(s)=\dfrac{k}{(s+1)^2(s+4)^2}$，试绘制以 k 为参变量的根轨迹图。

4-10　已知某正反馈系统的开环传递函数为 $G(s)H(s)=\dfrac{k}{(s+1)(s-1)(s+4)^2}$，试绘制该系统的根轨迹图。

4-11　已知非最小相位负反馈系统的开环传递函数为 $G(s)H(s)=\dfrac{k(1-s)}{s(s+2)}$，试绘制该系统的根轨迹图。

4-12　设某反馈系统的方框图如习题 4-12 图所示。试绘制以下各种情况下的根轨迹图：

(1) $H(s)=1$　　(2) $H(s)=s+1$

(3) $H(s)=s+2$

分析比较这些根轨迹图，说明开环零点对系统相对稳定性的影响。

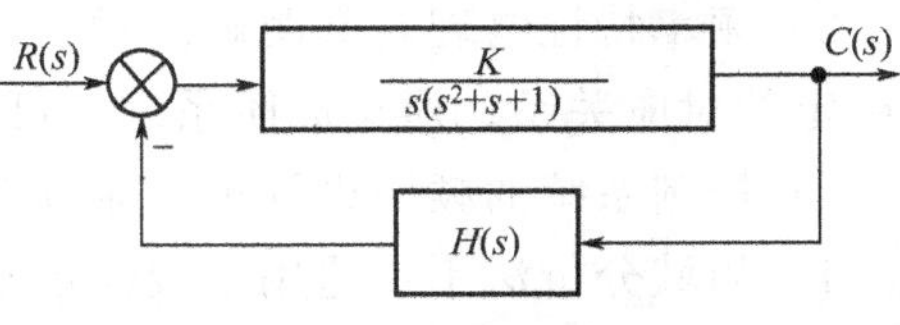

习题 4-12 图　反馈系统方框图

第5章 线性系统的频域分析法

采用频率特性作为数学模型来分析和设计系统的方法称为频率特性法，又称频率响应法。频率响应法的基本思想是把控制系统中的各个变量看成一些信号，而这些信号又是由许多不同频率的正弦信号合成的；各个变量的运动就是系统对各个不同频率的信号的响应的总和。这种观察问题和处理问题的方法起源于通信科学。在通信科学中，各种音频信号（电话、电报）和视频信号都被看作由不同频率的正弦信号成分合成的，并按此观点进行处理和传递。本世纪 30 年代，这种观点被引进控制科学，对控制理论的发展起了强大的推动作用。它克服了直接用微分方程研究系统的种种困难，解决了许多理论问题和工程问题，迅速形成了分析和综合控制系统的一整套方法。

频率特性法是以传递函数为基础的又一种图解法。它同根轨迹法一样卓有成效地用于线性定常系统的分析和设计。频率特性法有着重要的工程价值和理论价值，应用十分广泛，频域方法和时域方法同为控制理论中两个重要方法，彼此互相补充，互相渗透。

频率特性法具有下述优点。

1）控制系统及其元部件的频率特性可以运用分析法和实验方法获得，并可用多种形式的曲线表示，因而系统分析和控制器设计可以应用图解法进行。

2）频率特性物理意义明确。对于一阶系统和二阶系统，频域性能指标和时域性能指标有确定的对应关系；对于高阶系统，可建立近似的对应关系。

3）控制系统的频域设计可以兼顾动态响应和噪声抑制两方面的要求。

4）频域分析法不仅适用于线性定常系统，还可以推广应用于某些非线性控制系统。

本章介绍频率特性的基本概念和频率持性曲线的绘制方法，研究频域稳定判据和频域性能指标的估算。控制系统的频域校正问题，将在第 6 章介绍。

【本章重点】

1）正确理解频率特性的概念、频率特性与传递函数的关系；

2）熟练掌握典型环节的频率特性，由开环系统传递函数能熟练绘制出其幅相图（奈奎斯特曲线）和对数频率特性；

3）熟练运用奈奎斯特稳定判据进行稳定性分析；

4）由最小相位系统的频率特性求出系统的开环传递函数；

5）理解相对稳定性的概念，掌握稳定裕度的计算；

6）掌握最小相位系统时域指标与频域指标的关系。

5.1 频率特性的基本概念和表示方法

5.1.1 频率特性的定义

线性系统的输入为正弦信号，系统的稳态输出和输入是同一频率的正弦信号，但其振幅和相位一般不同于输入，且随着输入信号频率的变化而变化，如图 5-1 所示。上述结论，除了用实验方法证明外，还可以从理论上给予证明。

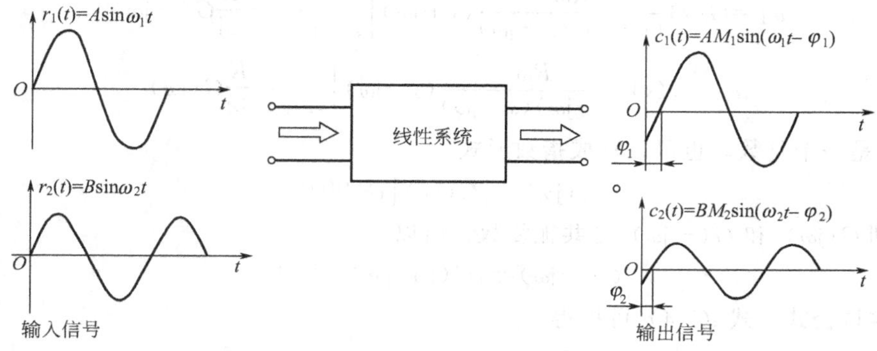

图 5-1　频率响应示意图

下面分析输入量是正弦信号时，稳定的线性定常系统输出量的稳态分量。设线性定常系统的传递函数是 $G(s)$，输入量和输出量分别为 $r(t)$ 和 $c(t)$，t 表示时间，则有

$$G(s)=\frac{C(s)}{R(s)}=\frac{b_m s^m+b_{m-1}s^{m-1}+\cdots+b_1 s^1+b_0}{a_n s^n+a_{n-1}s^{n-1}+\cdots+a_1 s+a_0}=\frac{M(s)}{D(s)} \tag{5-1}$$

特征方程为　$D(s)=a_n s^n+a_{n-1}s^{n-1}+\cdots+a_1 s+a_0=(s-p_1)(s-p_2)\cdots(s-p_n)$

式中，p_1，$p_2\cdots p_n$ 是系统的极点，可以是实数极点，也可以是共轭复数极点。

若系统是稳定的，则极点 p_1，$p_2\cdots$，p_n 均具有负实部，这里假定它们是互不相同的。

设输入量 $r(t)$ 是正弦信号，即 $r(t)=R\sin\omega t$

式中，R 为正弦信号的幅值；ω 为正弦信号的角频率。

输入量的拉普拉斯变换式为　$R(s)=\dfrac{R\omega}{(s+\mathrm{j}\omega)(s-\mathrm{j}\omega)}$

则输出量的拉普拉斯变换式为

$$C(s)=G(s)R(s)=\frac{M(s)}{(s-p_1)(s-p_2)\cdots(s-p_n)}\,\frac{R\omega}{(s+\mathrm{j}\omega)(s-\mathrm{j}\omega)}$$

展成部分分式和的形式，得

$$C(s)=\frac{a_1}{s+\mathrm{j}\omega}+\frac{a_2}{s-\mathrm{j}\omega}+\frac{b_1}{s-p_1}+\frac{b_2}{s-p_2}+\cdots+\frac{b_n}{s-p_n} \tag{5-2}$$

式中，a_1，a_2 及 b_1，$b_2\cdots$，b_n 为待定系数。

对式（5-2）进行拉普拉斯反变换，可得系统对正弦输入信号的响应为

$$c(t)=a_1\mathrm{e}^{-\mathrm{j}\omega t}+a_2\mathrm{e}^{\mathrm{j}\omega t}+\sum_{i=1}^{n}b_i\mathrm{e}^{p_i t} \tag{5-3}$$

因为 p_i 具有负实部，所以$\lim\limits_{t\to\infty}\mathrm{e}^{p_i t}=0$，即当 $t\to\infty$时，系统响应中与负实部极点有关的指数项都将衰减至零。因此，系统的输入量是正弦信号 $R\sin\omega t$ 时，当 $t\to\infty$，输出的稳态分量（称稳态响应）$c_{ss}(t)$ 为

$$c_{ss}(t)=\lim_{t\to\infty}c(t)=a_1\mathrm{e}^{-\mathrm{j}\omega t}+a_2\mathrm{e}^{\mathrm{j}\omega t} \tag{5-4}$$

若系统传递函数中有重极点 p_j，当 p_j 具有负实部时，暂态分量同样趋于零。所以，对于稳定的线性定常系统，式（5-4）总是成立的。由数学知识可知，待定系数 a_1，a_2 为

$$a_1=G(s)\frac{R\omega}{(s+\mathrm{j}\omega)(s-\mathrm{j}\omega)}(s+\mathrm{j}\omega)\bigg|_{s=-\mathrm{j}\omega}=-\frac{R}{2\mathrm{j}}G(-\mathrm{j}\omega) \tag{5-5}$$

$$a_2=G(s)\frac{R\omega}{(s+\mathrm{j}\omega)(s-\mathrm{j}\omega)}(s-\mathrm{j}\omega)\bigg|_{s=\mathrm{j}\omega}=\frac{R}{2\mathrm{j}}G(\mathrm{j}\omega) \tag{5-6}$$

$G(\mathrm{j}\omega)$是一个复数，也可以写成指数形式

$$G(\mathrm{j}\omega)=|G(\mathrm{j}\omega)|\mathrm{e}^{\mathrm{j}\angle G(\mathrm{j}\omega)} \tag{5-7}$$

考虑到 $G(\mathrm{j}\omega)$ 和 $G(-\mathrm{j}\omega)$ 是共轭复数，所以

$$G(-\mathrm{j}\omega)=|G(\mathrm{j}\omega)|\mathrm{e}^{-\mathrm{j}\angle G(\mathrm{j}\omega)} \tag{5-8}$$

利用欧拉公式，式（5-4）可推得

$$c_{ss}(t)=R|G(\mathrm{j}\omega)|\sin[\omega t+\angle G(\mathrm{j}\omega)] \tag{5-9}$$

由此可得以下结论：

1）对于稳定的线性定常系统，若传递函数为 $G(s)$，当输入量 $r(t)=R\sin\omega t$ 时，其稳态输出量 $c_{ss}(t)$ 也是同一频率的正弦信号，但振幅和相位不同。

2）正弦稳态输出与正弦输入的幅值之比为$|G(\mathrm{j}\omega)|$，是复数量 $G(\mathrm{j}\omega)$ 的模或称作幅值，是频率 ω 的函数，因此称作幅频特性函数，简称幅频特性。

3）正弦稳态输出与正弦输入的相位之差为$\angle G(\mathrm{j}\omega)$，是复数量 $G(\mathrm{j}\omega)$ 的相位，也是频率 ω 的函数，因此称作相频特性函数，简称相频特性。

频率特性定义：线性系统（或环节）在正弦信号作用下，其输出信号的正弦稳态分量的复向量与输入信号的复向量之比，表示为 $G(\mathrm{j}\omega)$，包括幅频特性和相频特性。

另外，如果已知系统的传递函数 $G(s)$，用 $\mathrm{j}\omega$ 代替 s，可直接得到频率特性

$$G(\mathrm{j}\omega)=G(s)|_{s=\mathrm{j}\omega} \tag{5-10}$$

频率特性 $G(\mathrm{j}\omega)$ 是一复变量，除了可以写成指数式外，一般还可以表示成实部与虚部相加的形式

$$G(\mathrm{j}\omega)=P(\omega)+\mathrm{j}Q(\omega) \tag{5-11}$$

式中，$P(\omega)$为频率特性 $G(\mathrm{j}\omega)$的实部，称为实频特性；$Q(\omega)$为 $G(\mathrm{j}\omega)$的虚部，称为虚频特性。

令 $A(\omega)=|G(\mathrm{j}\omega)|$，表示 $G(\mathrm{j}\omega)$ 的幅频特性，$\varphi(\omega)=\angle G(\mathrm{j}\omega)$表示 $G(\mathrm{j}\omega)$ 的相频特性，则有

$$A(\omega)=\sqrt{P^2(\omega)+Q^2(\omega)} \tag{5-12}$$

$$\varphi(\omega)=\begin{cases}\arctan\dfrac{Q(\omega)}{P(\omega)} & [P(\omega)>0]\\ \pi-\arctan\dfrac{Q(\omega)}{P(\omega)} & [P(\omega)<0]\end{cases} \tag{5-13}$$

一般取 $-180°<\varphi(\omega)\leqslant 180°$。

根据上述分析，频率特性和微分方程以及传递函数一样，也是系统或环节的一种数学模型，这三种数学模型之间的关系如图 5-2 所示。

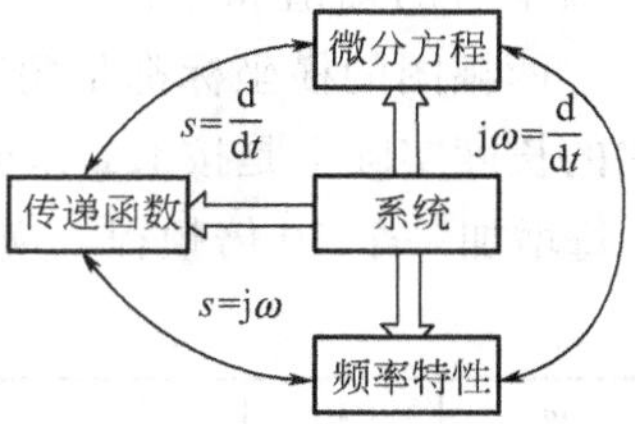

图 5-2　线性系统三种数学模型之间的关系

5.1.2　频率特性的几何表示

在工程分析和设计中，通常将线性控制系统的频率特性绘制成曲线，并根据这些曲线运用图解法对系统进行分析和研究。这些反映频率响应的幅值、相位与频率之间关系的频率特性曲线称为频率特性的几何表示。常用的图形有幅相频率特性图、对数频率特性图和尼柯尔斯图。

(1) 幅相频率特性图　幅相频率特性图又称为奈奎斯特（Nyquist）图或极坐标图。频率特性 $G(j\omega)=A(\omega)e^{j\varphi(\omega)}$ 是个复变量，在复平面上可以用一个点或一个矢量表示。在直角坐标或极坐标平面上，以频率 ω 为参变量，当 ω 由 $-\infty$ 变化到 $+\infty$ 时，$G(j\omega)$ 矢量的端点走过的轨迹，称为幅相频率特性图。因此，画极坐标图有两种方法：一种是求出每个 ω 对应的实部和虚部并在图中标出相应位置；第二种是求出每个 ω 对应的幅值和相位，在图中标出相应位置，如图 5-3 所示。

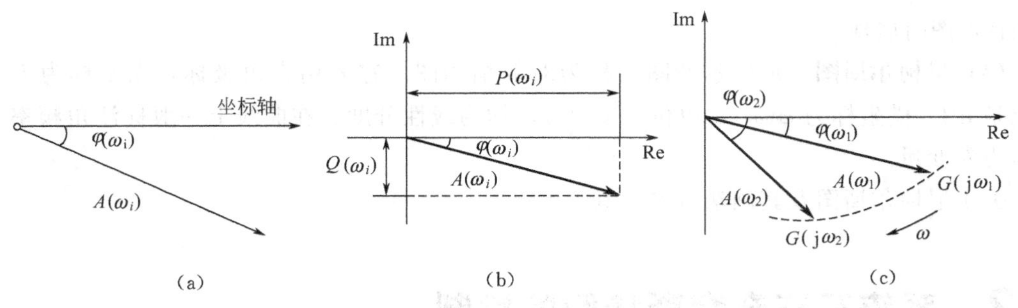

图 5-3　幅相频率特性表示法

由于幅频特性是 ω 的偶函数，相频率特性是 ω 的奇函数，因此，绘制图形时，利用对称性原理，一般只绘制 ω 从 $0\to+\infty$ 的幅相频率特性曲线，一般用小箭头表示频率 ω 增大的变化方向。绘制幅相频率特性图需要取 ω 的增量逐点作出，因此不便于手工作图。一般情况下，依据作图原理，粗略地绘制幅相频率特性图的概略图。需要准确作图时，可以借助 Matlab 软件完成。可见，极坐标图的优点是：在一张图上就可以较容易地得到全部频率范围内的频率特性。

(2) 对数频率特性图　对数频率特性图又称为伯德（Bode）图。对数频率特性图由对数幅频特性图和对数相频特性图两幅图组成，分别表示频率特性的幅值和相位与角频率之间的关系，在工程中应用十分广泛。画图时，两幅图经常按频率上下对齐，因此容易看出同一角频率时的幅值和相位。

两幅图的横坐标都是角频率 ω（rad/s），采用对数分度，即横轴上标示的是角频率 ω，但它的长度实际上是按 $\lg\omega$ 来分度的。频率由 ω 变到 10ω 的频带宽度称为 10 倍频程，记为 dec。ω 每增加一个 10 倍频程，横坐标就增加一个单位长度。10 倍频程中的对数分度见表 5-1。

表 5-1　10 倍频程中的对数分度

ω	1	2	3	4	5	6	7	8	9	10
$\lg\omega$	0	0.301	0.477	0.602	0.699	0.788	0.845	0.903	0.954	1

由于 $\lg 0=-\infty$，所以横轴上画不出频率为 0 的点，因此，应指出的是，在坐标原点处的 ω 值不得为零，而是一个非零的正值。具体作图时，横坐标轴的最低频率要根据所研究的频率范围选定，图 5-4 为对数坐标刻度图。

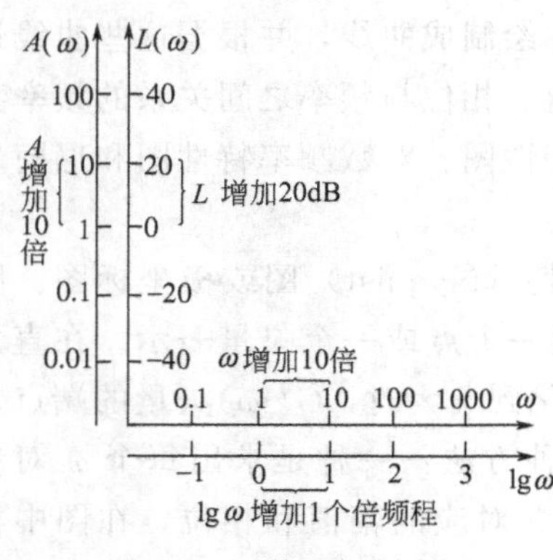

图 5-4　对数坐标刻度图

对数幅频特性图纵坐标是 $L(\omega)=20\lg A(\omega)$，单位为分贝（dB），采用线性分度，即与给定值成比例分纵坐标刻度；对数相频特性图的纵坐标是 $\varphi(\omega)$，单位是度（°）或弧度（rad），线性分度。由于纵坐标是线性分度，横坐标是对数分度，由此构成的坐标系是半对数坐标系，所以对数频率特性图是绘制在半对数坐标系上。

伯德图采用对数分度，实现了横坐标的非线性压缩，便于在较大频率范围反映频率特性的变化情况，高频压缩，低频展开；利用对数运算可将幅值的乘除运算化为加减运算，并且可以用简便的方法绘制近似的对数幅频特性图，从而使绘制过程大为简化。它的优点将在求系统对数幅频特性图时展现。

(3) 尼柯尔斯图　尼柯尔斯图又称为对数幅相图。它采用直角坐标，纵坐标为 $L(\omega)$，单位是 dB，横坐标为 $\varphi(\omega)$，单位是度（°），均为线性分度。在曲线上一般标注角频率 ω 的值作为参变量。

关于尼柯尔斯图及其画法可参见其他参考书。

5.2 系统开环奈奎斯特图的绘制

5.2.1 典型环节

一般地，系统的开环传递函数经过因式分解，总可以分成一些典型的环节。典型环节可分为两类，一类为最小相位环节，另一类为非最小相位环节。

最小相位环节有下列 7 种：

① 比例环节　K（$K>0$）

② 惯性环节　$\dfrac{1}{Ts+1}$（$T>0$）

③ 一阶微分环节　$Ts+1$（$T>0$）

④ 振荡环节　$\dfrac{1}{T^2s^2+2\xi Ts+1}$（$T>0$，$0\leqslant\xi<1$）

⑤ 二阶微分环节　$\tau^2s^2+2\xi\tau s+1$（$\tau>0$，$0\leqslant\xi<1$）

⑥ 积分环节 $1/s$

⑦ 微分环节 s

非最小相位环节共有 5 种：

① 比例环节置　K（$K<0$）

② 惯性环节　$\dfrac{1}{-Ts+1}$（$T>0$）

③ 一阶微分环节　$-Ts+1$（$T>0$）

④ 振荡环节　$\dfrac{1}{T^2s^2-2\xi Ts+1}$（$T>0$，$0<\xi<1$）

⑤ 二阶微分环节　$\tau^2s^2-2\xi\tau s+1$（$\tau>0$，$0<\xi<1$）

除了比例环节外，非最小相位环节和与之相对应的最小相位环节的区别在于开环零极点的位置。非最小相位②～⑤环节对应于 s 右半平面的开环零点或极点，而最小相位②～⑤环节对应 s 左半面的开环零点或极点。

5.2.2　最小相位环节奈奎斯特图的绘制

绘制奈奎斯特图，一般只画出它的大致形状和几个关键点的准确位置。主要绘制根据是相频特性，同时参考幅频特性。有时也要利用实频特性和虚频特性。

（1）比例环节

传递函数　　$G(s)=K$

频率特性　　$G(\mathrm{j}\omega)=K=K+\mathrm{j}0^\circ$

K 与 ω 自变量无关，幅值为恒值 K；相位为 0°与 ω 自变量无关，因此比例环节的奈奎斯特图是实轴上的一条直线，如图 5-5 所示。

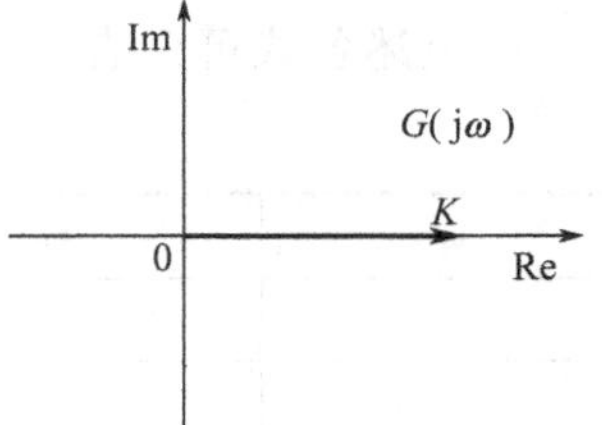

图 5-5　比例环节的奈奎斯特图

（2）惯性环节

传递函数　　$G(s)=\dfrac{1}{Ts+1}$

频率特性　　$G(\mathrm{j}\omega)=\dfrac{1}{\mathrm{j}\omega T+1}=\dfrac{1}{\sqrt{\omega^2T^2+1}}\angle-\arctan T\omega$

当 $\omega=0$ 时，$A(\omega)=1$，$\varphi(\omega)=0^\circ$

当 $\omega\to\infty$ 时，$A(\omega)=0$，$\varphi(\omega)=-90^\circ$

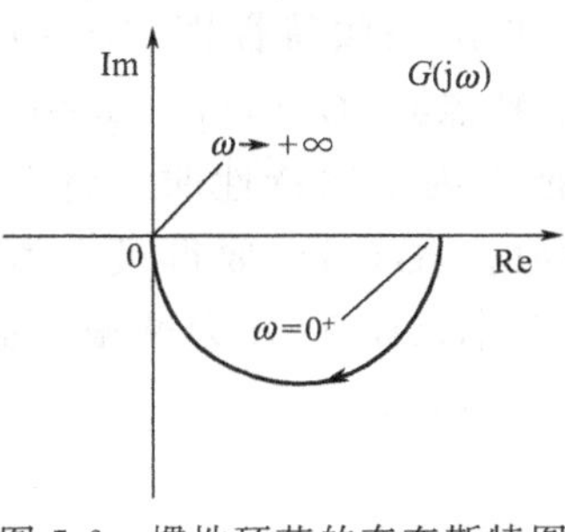

图 5-6　惯性环节的奈奎斯特图

当 ω 由 $0\to\infty$ 时，幅值由 1 变到 0，相位由 0°转到－90°。可知简图在第四象限，并可根据实频、虚频关系得出惯性环节的奈奎斯特图为一半圆，如图 5-6 所示。

（3）积分环节

传递函数　　$G(s)=\dfrac{1}{s}$

频率特性　　$G(\mathrm{j}\omega)=\dfrac{1}{\mathrm{j}\omega}=\dfrac{1}{\omega}\angle-90^\circ$

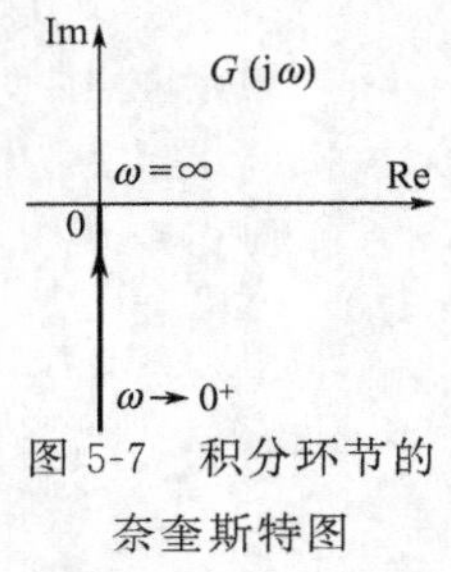

图 5-7 积分环节的奈奎斯特图

当 $\omega\to 0$ 时，$A(\omega)\to\infty$；当 $\omega\to\infty$ 时，$A(\omega)=0$

当 ω 由 $0^+\to\infty$ 时，其相位 $\varphi(\omega)$ 恒为 $-90°$，幅值大小与 ω 成反比，在负虚轴上由无穷远止于原点，因此积分环节的奈奎斯特图是一条与负虚轴重合的直线，如图 5-7 所示。

(4) 振荡环节

传递函数 $$G(s)=\frac{1}{T^2s^2+2\xi Ts+1}=\frac{\omega_n^2}{s^2+2\xi\omega_n s+\omega_n^2} \tag{5-14}$$

式中，$T>0$，为振荡环节的时间常数，$0\leqslant\xi<1$，$T\omega_n=1$。若 $\xi\geqslant 1$，它是两个惯性环节相串联。振荡环节的频率特性为

$$G(j\omega)=\frac{1}{(1-T^2\omega^2)+j2\xi T\omega} \tag{5-15}$$

$$\angle G(j\omega)=\begin{cases}-\arctan\dfrac{2\xi T\omega}{1-T^2\omega^2} & \omega\leqslant\dfrac{1}{T}\\ -180°+\arctan\dfrac{2\xi T\omega}{T^2\omega^2-1} & \omega>\dfrac{1}{T}\end{cases} \tag{5-16}$$

$$|G(j\omega)|=\frac{1}{\sqrt{(1-T^2\omega^2)^2+(2\xi T\omega)^2}} \tag{5-17}$$

$$P(\omega)=\frac{1-T^2\omega^2}{(1-T^2\omega^2)^2+(2\xi T\omega)^2} \tag{5-18}$$

$$Q(\omega)=\frac{-2\xi T\omega}{(1-T^2\omega^2)^2+(2\xi T\omega)^2} \tag{5-19}$$

由上述各式可列表 5-2。

表 5-2 振荡环节频率特性表

ω	$\angle G(j\omega)$	$\|G(j\omega)\|$	$P(\omega)$	$Q(\omega)$
0	0°	1	1	0
$1/T$	−90°	$1/2\xi$	0	$-1/2\xi$
∞	−180°	0	0	0

由表 5-2 可绘制出振荡环节的奈奎斯特图，如图 5-8 所示。可见，曲线起始于正实轴的 (1，j0) 点，顺时针经第四象限后交负虚轴于 $\left(0,\ -j\dfrac{1}{2\xi}\right)$，然后图形进入第三象限，在原点与负实轴相切并终止于坐标原点。

利用图 5-8 或式 (5-17)，在 $\omega-|G(j\omega)|$ 的直角坐标上可画出幅频特性图 $|G(j\omega)|$，其中两种典型的曲线形状如图 5-9 中曲线 a、b 所示。曲线 a 的特点是 $|G(j\omega)|$ 从 $\omega=0$ 的最大值 $G(0)=1$ 开始单调衰减。曲线 b 的特点是，$0\leqslant\omega<\infty$ 范围内幅频特性曲线将会出现大于起始值 $G(0)$ 的波峰。这时称这个振荡环节产生谐振现象。$|G(j\omega)|$ 取得最大值时的频率称为谐振频率，记为 ω_r，ω_r 所对应的频率特性最大幅值 $|G(j\omega_r)|$ 称为谐振峰值，记为 M_r。

利用式 (5-17)，取 $\dfrac{d|G(j\omega)|}{d\omega}=0$，可求得

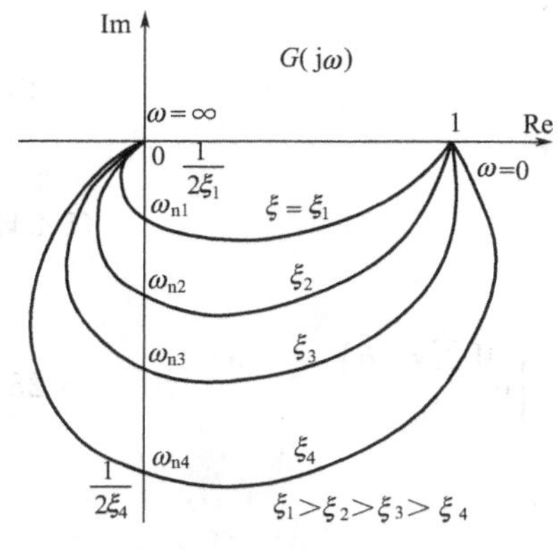

图 5-8　振荡环节的奈奎斯特图

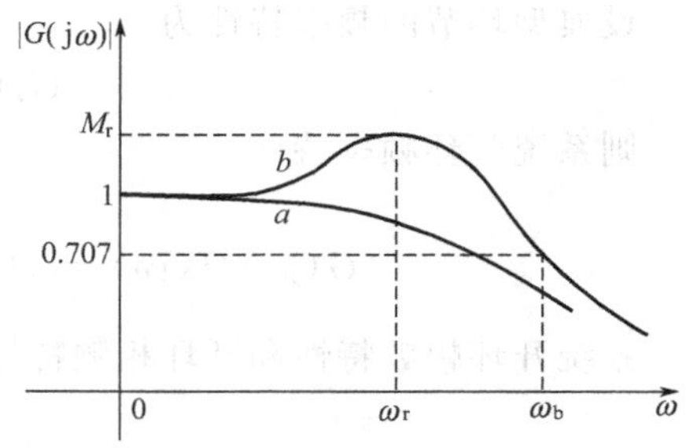

图 5-9　振荡环节的幅频特性图

$$\omega_{\mathrm{r}}=\frac{1}{T}\sqrt{1-2\xi^2}=\omega_{\mathrm{n}}\sqrt{1-2\xi^2} \tag{5-20}$$

$$M_{\mathrm{r}}=|G(\mathrm{j}\omega)|=\frac{1}{2\xi\sqrt{1-\xi^2}} \tag{5-21}$$

由式（5-20）可知，当

$$0<\xi<\frac{1}{\sqrt{2}}\quad(0<\xi<0.707) \tag{5-22}$$

振荡环节将出现谐振现象，谐振频率和峰值满足式（5-20）和式（5-21）。当 $\xi\geqslant 1/\sqrt{2}$，由式（5-20）求得的 ω_{r} 为虚数或零，这表明振荡环节这时不会出现谐振现象，$|G(\mathrm{j}\omega)|$ 最大值位于 $\omega=0$ 处，幅频特性曲线是单调衰减的。但只要 $\xi<1$，振荡环节的阶跃响应仍会出现超调和振荡现象。

（5）纯微分环节、一阶微分环节、二阶微分环节　根据绘制积分、惯性、振荡环节奈奎斯特图的方法，同样可以绘制出纯微分环节、一阶微分环节、二阶微分环节的奈奎斯特图，在此不再赘述，给出图形如图 5-10～图 5-12 所示。

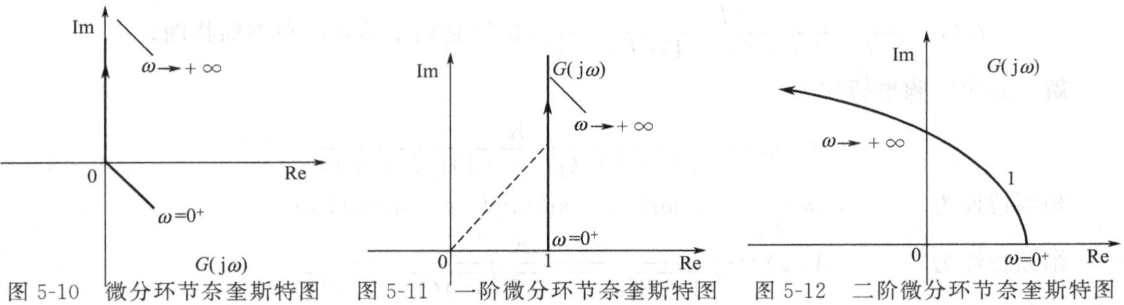

图 5-10　微分环节奈奎斯特图　图 5-11　一阶微分环节奈奎斯特图　图 5-12　二阶微分环节奈奎斯特图

5.2.3　开环奈奎斯特图的绘制

根据系统开环频率特性的表达式通过取点、计算和作图能够绘制出系统的开环奈奎斯特图。在控制工程中，一般只画出奈奎斯特图的大致形状，绘图的过程中要把握好“三点一限”，即起点、终点、与负实轴的交点以及图形所经过的象限。

开环传递函数通常可以写成若干个典型环节相乘的形式

$$G(s)H(s)=\prod_{i=1}^{n}G_i(s) \tag{5-23}$$

设典型环节的频率特性为

$$G_i(\mathrm{j}\omega)=A_i(\omega)\mathrm{e}^{\mathrm{j}\varphi_i(\omega)} \tag{5-24}$$

则系统开环频率特性

$$G(\mathrm{j}\omega)H(\mathrm{j}\omega)=A(\omega)\mathrm{e}^{\mathrm{j}\varphi(\omega)}=\left[\prod_{i=1}^{n}A_i(s)\right]\mathrm{e}^{\mathrm{j}\left[\sum_{i=1}^{n}\varphi_i(\omega)\right]} \tag{5-25}$$

系统开环幅频特性和开环相频特性为

$$\begin{cases}A(\omega)=\prod_{i=1}^{n}A_i(\omega)\\ \varphi(\omega)=\sum_{i=1}^{n}\varphi_i(\omega)\end{cases} \tag{5-26}$$

开环系统的幅频特性等于各环节的幅频特性之积，开环相频特性等于各环节的相频特性之和，开环系统频率特性可以理解为各个典型环节频率特性的合成。有了各 ω 值下的幅值和相位的数据，系统的开环奈奎斯特图就可以绘制出来。

开环系统典型环节分解和典型环节的奈奎斯特图的特点是绘制开环奈奎斯特图的基础。结合工程需要，本节重点介绍无零点系统开环奈奎斯特图的概略绘制方法。

设最小相位系统的开环传递函数为

$$G(s)=\frac{b_m s^m+b_{m-1}s^{m-1}+\cdots+b_0}{a_n s^n+a_{n-1}s^{n-1}+\cdots+a_0}=\frac{KN(s)}{s^{v}M(s)}$$

式中，K 为开环增益，v 为系统中积分环节的个数，当 $n\neq0$，$m=0$ 时，系统为无零点系统。

(1) $v=0$ 时，无零点系统开环奈奎斯特图的绘制。

例 5-1 某 0 型系统的开环传递函数为

$$G(s)=\frac{K}{(T_1s+1)(T_2s+1)(T_3s+1)}$$，试绘制系统的开环奈奎斯特图。

解 系统的频率特性为

$$G(\mathrm{j}\omega)=\frac{K}{(\mathrm{j}T_1\omega+1)(\mathrm{j}T_2\omega+1)(\mathrm{j}T_3\omega+1)}$$

相频特性为 $\varphi(\omega)=-\arctan T_1\omega-\arctan T_2\omega-\arctan T_3\omega$

幅频特性为 $A(\omega)=\dfrac{K}{\sqrt{(1+T_1^2\omega^2)(1+T_2^2\omega^2)(1+T_3^2\omega^2)}}$

在 $\omega=0$ 时，$A(0)=K$，$\varphi(0)=0°$，即奈奎斯特图的起点为实轴上的一点 $(K,0)$。在 $\omega\to\infty$ 时，$A(\infty)=0$，$\varphi(\infty)=(-90°)\times3=-270°$，即奈奎斯特图以 $-270°$ 终止于坐标原点。在 $0<\omega<\infty$ 的区段，相位移 $\varphi(\omega)$ 随 ω 增大始终都是负值且连续减小，当曲线顺时针由 $0°$ 减到 $-270°$ 进入坐标原点时，曲线必然经过四、三、二象限。

由 $\mathrm{Im}\left[G(\mathrm{j}\omega_x)\right]=0$，求出交点的频率 $\omega_x=\sqrt{\dfrac{T_1+T_2+T_3}{T_1T_2T_3}}$，代入 $\mathrm{Re}\left[G(\mathrm{j}\omega_x)\right]$，

可求得曲线与负实轴的交点坐标。由 Re $[G(j\omega_y)]=0$ 求出交点频率 ω_y，代入 Im $[G(j\omega_y)]$ 可求得曲线与负虚轴的交点坐标。这样可以绘出较准确的奈奎斯特图，如图 5-13 所示。

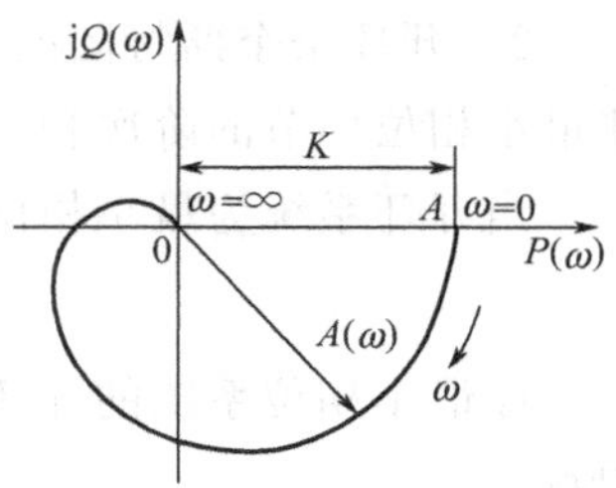

图 5-13 例 5-1 的 0 型系统奈奎斯特图

(2) $v \neq 0$ 时，无零点系统开环奈奎斯特图的绘制。

例 5-2 Ⅰ型系统的开环传递函数为 $G(s)=\dfrac{K}{s(Ts+1)}$，试绘制系统的开环奈奎斯特图。

解 由 $G(s)$表达式可知，频率特性为

$$G(j\omega)=\frac{K}{j\omega(jT\omega+1)}=\frac{-KT}{T^2\omega^2+1}-j\frac{K}{\omega(T^2\omega^2+1)}$$

$$\angle G(j\omega)=-90^\circ-\arctan T\omega$$

$$|G(j\omega)|=\frac{K}{\omega\sqrt{T^2\omega^2+1}}$$

由前边各式可得表 5-3。

表 5-3 系统频率特性相关取值

ω	$\angle G(j\omega)$	$\|G(j\omega)\|$	$P(\omega)$	$Q(\omega)$
0	-90°	∞	$-KT$	$-\infty$
∞	-180°	0	0	0

由表 5-3 中$\angle G(j\omega)$ 和$|G(j\omega)|$随 ω 变化的情况，可绘制出频率特性奈奎斯特简图，如图 5-14 (a) 所示。若知道参数 K、T 的数值，根据 $P(\omega)$ 和 $Q(\omega)$ 可绘制出频率特性较准确的图形，如图 5-14(b) 所示，图中的虚线为低频渐近线。图 5-14(a)、(b) 虽然有些差别，但它们所反映的系统特性却是一致的。$A(\omega)$ 的轨迹近似趋近于负虚轴，于是就得到了图 5-14(a)。由于利用开环奈奎斯特图对系统进行分析时不需要准确知道渐近线的位置，故一般取渐近线为坐标轴。

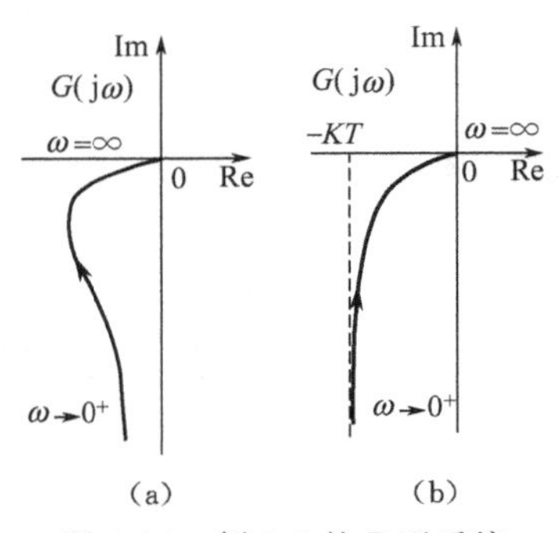

图 5-14 例 5-2 的Ⅰ型系统奈奎斯特图

总结：

系统开环传递函数一般形式为 $G(s)=\dfrac{K\prod_{j=1}^{m}(\tau_j s+1)}{s^v\prod_{i=1}^{n-v}(T_i s+1)}$

开环频率特性为 $G(j\omega)=\dfrac{K\prod_{j=1}^{m}(j\tau_j\omega+1)}{(j\omega)^v\prod_{i=1}^{n-v}(jT_i\omega+1)}$

绘制系统开环概略奈奎斯特图的规律如下。

1) 开环奈奎斯特图的起点：取决于比例环节 K 和系统积分或微分环节的个数 v。当 $\omega\to 0$ 时，对于最小相位系统，$v=0$，起点为实轴上点 K 处（K 为系统开环增益，注意 K 有正负之分）；$v\neq 0$，起始于 $-90^\circ v$（微分环节为$90^\circ v$）的无穷远处。对于非最小相位系统，应视非最小相位环节做具体分析。

2）开环奈奎斯特图的终点，取决于开环传递函数分子、分母多项式中最小相位环节和非最小相位环节的阶次和。

当开环系统为最小相位系统时，一般 $n>m$，故当 $\omega\to\infty$ 时，有

$$\lim_{\omega\to\infty}G(\mathrm{j}\omega)=0\angle(-90^\circ)(n-m)$$

即最小相位系统的开环奈奎斯特图是以顺时针方向并以 $(-90^\circ)(n-m)$ 的角度终止于原点。

3）开环奈奎斯特图与负实轴的交点的频率由虚部 $\mathrm{Im}[G(\mathrm{j}\omega)]=0$ 求出，代入实部 $\mathrm{Re}[G(\mathrm{j}\omega)]$，可得交点坐标。或者令 $\varphi(\omega)=-180^\circ$，解出交点频率，再代入 $A(\omega)$ 求得与负实轴交点坐标。

4）如果开环传递函数中无零点，则当 $\omega\to\infty$ 的过程中，相角连续减小，曲线平滑地变化。如果开环传递函数中有零点，则视这些时间常数的数值大小不同，相角的变化不是单调的，曲线会有凹凸现象。因为绘制的是概略奈奎斯特图，对系统定性分析影响不大，故这一现象无须准确反映。

对于最小相位系统的奈奎斯特图，其起点由系统的型决定；终点止于原点，其终点位置由 $n-m$ 决定，含有起始点和终点的最小相位系统奈奎斯特近似曲线如图 5-15 所示。

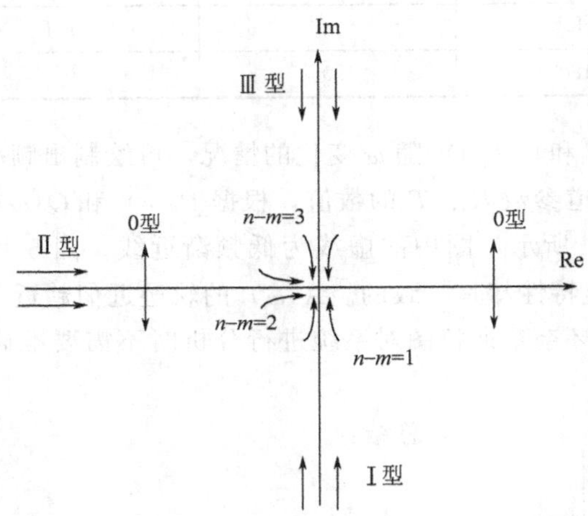

图 5-15　含有起始点、终点的奈奎斯特曲线近似图

5.3 系统开环对数频率特性图的绘制

5.3.1 典型环节的对数频率特性图

(1) 比例环节

传递函数　$G(s)=K$

比例环节的频率特性　$G(\mathrm{j}\omega)=K$

对数幅频特性　$$L(\omega)=20\lg A(\omega)=20\lg K \tag{5-27}$$

对数相频特性　$$\varphi(\omega)=\angle G(\mathrm{j}\omega)=0^\circ \tag{5-28}$$

比例环节的伯德图见图 5-16。对数幅频特性是平行于横轴的直线，经过纵坐标轴上的

20lg$K$(dB) 点。当 $K>1$ 时，直线位于横轴上方；$K<1$ 时，直线位于横轴下方。对数相频特性是与横轴相重合的直线（零度直线）。改变 K 值，对数幅频特性图中的直线 20lg$K$ 向上或向下平移，但对数相频特性不改变。

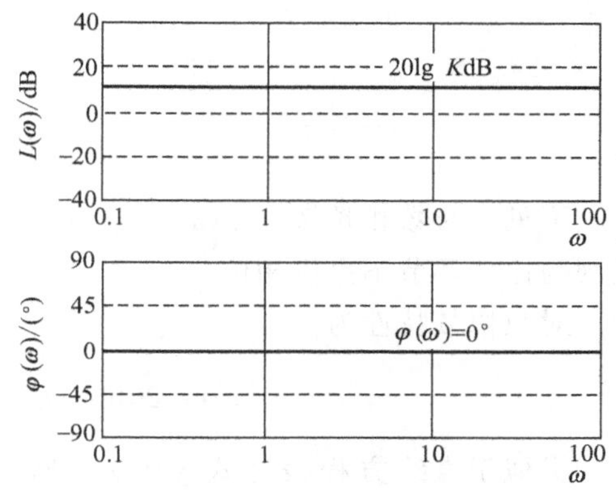

图 5-16　比例环节的伯德图（$K>1$）

（2）积分环节

传递函数　　$G(s)=\frac{1}{s}$

积分环节的频率特性

$$G(\mathrm{j}\omega)=\frac{1}{\mathrm{j}\omega}=\frac{1}{\omega}\mathrm{e}^{-\mathrm{j}90^\circ}$$

对数幅频特性

$$L(\omega)=20\lg A(\omega)=20\lg\frac{1}{\omega}=-20\lg\omega \tag{5-29}$$

对数相频特性　　$\varphi(\omega)=\angle G(\mathrm{j}\omega)=-90^\circ$

由于横坐标实际上是 $\lg\omega$，把 $\lg\omega$ 看成是横轴的自变量，而纵轴是函数 $L(\omega)$，可见式 (5-29) 是一条斜率为 -20dB/dec 的直线。当 $\omega=1$ 时，$L(\omega)=0$，所以该直线在 $\omega=1$ 处穿越横轴（或称 0dB 线）。由于

$$20\lg\frac{1}{10\omega}-20\lg\frac{1}{\omega}=-20\lg 10\omega+20\lg\omega=-20\text{dB}$$

在该直线上，频率由 ω 增大到 10 倍变成 10ω 时，纵坐标数值减少 20 dB，故记其斜率为 -20dB/dec。于是积分环节的对数幅频特性是过（1，0）点斜率为 -20dB/dec 的直线。

因为 $\varphi(\omega)=-90^\circ$，所以对数相频特性是通过纵轴上 -90° 且平行于横轴的直线。积分环节的伯德图如图 5-17 所示。

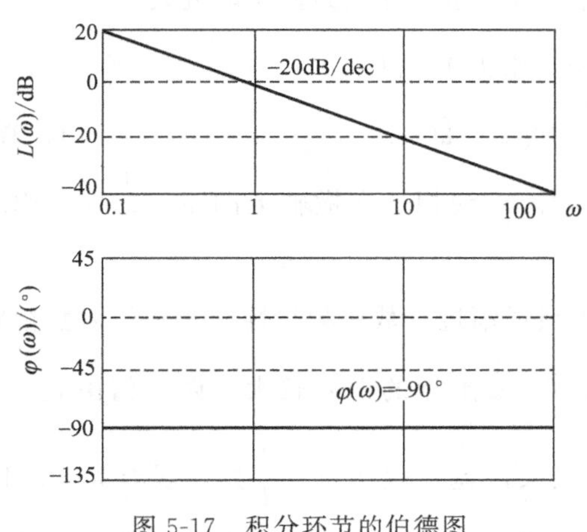

图 5-17　积分环节的伯德图

如果 v 个积分环节串联，则传递函数为

$$G(s)=\frac{1}{s^v}$$

其对数幅频特性为

$$L(\omega)=20\lg A(\omega)=20\lg\frac{1}{\omega^v}=-20v\lg\omega \tag{5-30}$$

$\omega=1$，$L(\omega)=0$dB，所以该对数幅频特性直线同样在 $\omega=1$ 处穿越横轴，只是斜率变为 $-20v$dB/dec。

因为

$$\varphi(\omega)=-90^\circ v \tag{5-31}$$

所以其对数相频特性是通过纵轴上 $-90^\circ v$ 且平行于横轴的直线。

如果一个比例环节 K 和 v 个积分环节串联，则整个环节的传递函数和频率特性分别为

$$G(s)=\frac{K}{s^{v}} \tag{5-32}$$

$$G(\mathrm{j}\omega)=\frac{K}{\mathrm{j}^{v}\omega^{v}} \tag{5-33}$$

可见，对数相频特性 $\varphi(\omega)=-90°v$ 与式(5-31)相同，也是一条平行于横轴的直线。那是因为比例环节不提供相位。

对数幅频特性为

$$L(\omega)=20\lg A(\omega)=20\lg\frac{K}{\omega^{v}}=20\lg K-20v\lg\omega \tag{5-34}$$

类似于直线方程表达式 $y=a+kx$，对数幅频特性是通过点（1，20lg$K$）斜率为$-20v$dB/dec 的直线；或者它也是穿越点（$\omega=\sqrt[v]{K}$，0），斜率为$-20v$dB/dec 的直线。

(3) 惯性环节

传递函数 $$G(s)=\frac{1}{Ts+1}$$

频率特性 $$G(\mathrm{j}\omega)=\frac{1}{\mathrm{j}T\omega+1}=\frac{1}{\sqrt{1+T^{2}\omega^{2}}}e^{-\mathrm{j}\arctan T\omega}$$

对数幅频特性 $$L(\omega)=20\lg A(\omega)=20\lg\frac{1}{\sqrt{T^{2}\omega^{2}+1}}=-20\lg\sqrt{T^{2}\omega^{2}+1} \tag{5-35}$$

由式（5-35）可见，对数幅频特性是一条比较复杂的曲线。为了简化，一般用直线近似地代替曲线。可以分段来讨论。当 $\omega T=1$，即 $\omega=\frac{1}{T}$时，该频率定义为惯性环节的转折频率。

1）低频段：当 $\omega T\ll 1$，即 $\omega\ll\frac{1}{T}$时，略去式（5-35）中 $T^{2}\omega^{2}$，得

$$L(\omega)\approx-20\lg 1=0\mathrm{dB} \tag{5-36}$$

在频率很低时，对数幅频特性可以近似用零分贝线表示，称之为低频渐近线。

2）高频段：当 $\omega T\gg 1$，即 $\omega\gg\frac{1}{T}$时，式（5-35）略去 1，得

$$L(\omega)\approx-20\lg T\omega=-20\lg T-20\lg\omega \tag{5-37}$$

这是一条斜率为-20dB/dec 的直线，它与低频渐近线相交在横轴上的 $\omega=\frac{1}{T}$处，称之为高频渐近线。

上述两条渐近线形成的折线为惯性环节的渐近线或渐近对数幅频特性。实际的对数幅频特性曲线与渐近线的图形见图 5-18。两条曲线在 $\omega=\frac{1}{T}$附近的误差较大，误差值由式（5-35）～式（5-37）计算，典型数值列于表 5-4 中，最大误差发生在 $\omega=\frac{1}{T}$处，误差为-3dB。渐近线容易画，误差不超过-3dB，在工程上是容许的，所以绘制惯性环节的对数幅频特性曲线时，一般都绘制渐近线。绘制渐近线的关键是找到转折频率 $\omega=\frac{1}{T}$。低于转折频率的频段，渐近线是 0dB 线；高于转折频率的部分，渐近线是斜率为-20dB/dec 的直线。必要时可根据表 5-4 或式（5-35）对渐近线进行修正而得到精确的对数幅频特性曲线。

表 5-4　惯性环节渐近幅频特性误差表

ωT	0.1	0.25	0.4	0.5	1.0	2.0	2.5	4.0	10
误差/dB	−0.04	−0.26	−0.65	−1.0	−3.01	−1.0	−0.65	−0.26	−0.04

对数相频特性按式 $\varphi(\omega)=-\arctan T\omega$ 绘制，如图 5-18 所示。对数相频特性曲线有 3 个关键点：

①当 $\omega\to 0$ 时，$\varphi(\omega)\to 0°$；

②当 $\omega=\dfrac{1}{T}$时，$\varphi(\omega)=-45°$；

③当 $\omega\to\infty$时，$\varphi(\omega)\to -90°$。

因为相位和频率是反正切函数关系，所以相位对于转折点$\left(\dfrac{1}{T},\ -45°\right)$是斜对称的。

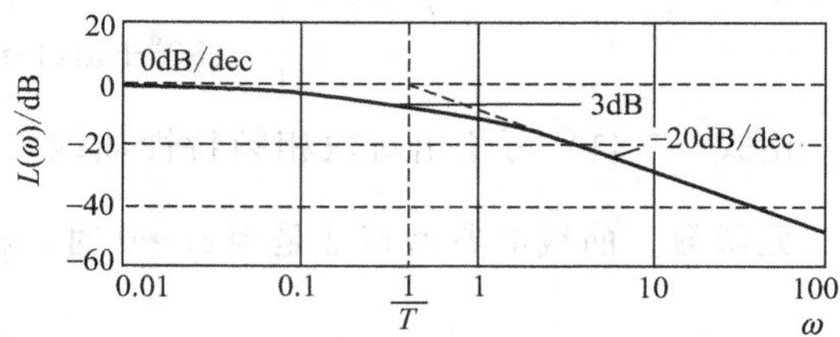

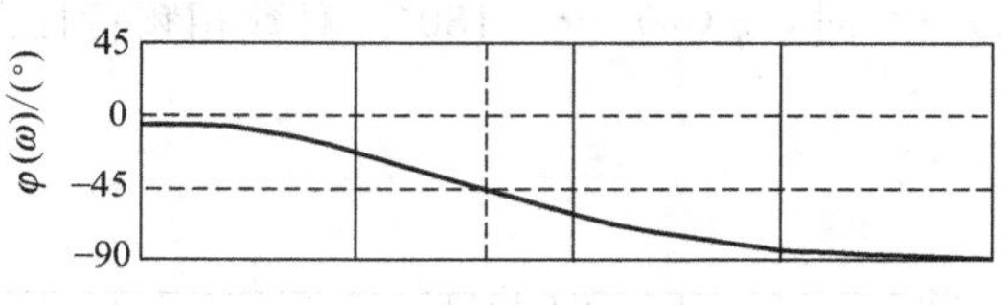

图 5-18　惯性环节的伯德图

(4) 振荡环节

传递函数

$$G(s)=\frac{1}{T^2s^2+2\xi Ts+1}$$

频率特性
$$G(\mathrm{j}\omega)=\frac{1}{1-T^2\omega^2+\mathrm{j}2\xi T\omega}$$

对数幅频特性
$$L(\omega)=20\lg A(\omega)=-20\lg\sqrt{(1-T^2\omega^2)^2+(2\xi T\omega)^2} \tag{5-38}$$

对数幅频特性是角频率 ω 和阻尼比 ξ 的二元函数，它的精确曲线相当复杂，一般以渐近线代替。当 $\omega T=1$，即 $\omega=\dfrac{1}{T}$时，称为振荡环节的转折频率。

1）低频段：当 $\omega T\ll 1$，即 $\omega\ll\dfrac{1}{T}$时，式（5-38）略去 $T^2\omega^2$ 及 $2\xi T\omega$ 项，可得

$$L(\omega)\approx -20\lg 1=0\mathrm{dB} \tag{5-39}$$

这是与横轴重合的直线。

2）高频段：当 $\omega T\gg 1$，即 $\omega\gg\dfrac{1}{T}$时，式（5-38）略去 1 和 $2\xi T\omega$，可得

$$\begin{aligned}L(\omega)&\approx -20\lg T^2\omega^2\\&=-40\lg T\omega=-40\lg T-40\lg\omega\ \mathrm{dB}\end{aligned} \tag{5-40}$$

这说明高频段是斜率为 −40dB/dec 的直线，它通过横轴上 $\omega=1/T=\omega_{\mathrm{n}}$ 处。

上述两条渐近线交于横轴上 $\omega=1/T$ 处，在绘制振荡环节对数频率特性时，这个频率是一个重要的参数。称这两条渐近线形成的折线为振荡环节的渐近线或渐近对数幅频特性，如图 5-19 所示。实际的对数幅频特性曲线如图 5-21 所示。

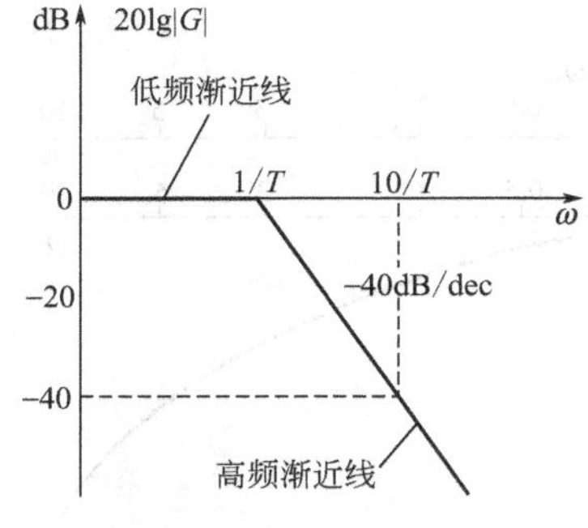

图 5-19　振荡环节的渐近幅频特性

用渐近线代替精确对数幅频特性曲线时，会带来误差，必要时进行修正，误差由式（5-38）～式（5-40）计算。它是 ω 与 ξ 的二元函数，如图 5-20 所示。可见这个误差值可能很大，特别是在转折频率处误差最大，所以往往要利用图 5-20

对渐近线进行修正，特别是在转折频率附近进行修正。$\omega=1/T$ 时的精确值是 $-20\lg 2\xi$dB。当 ξ 较小时，对数幅频特性有一高峰，称为谐振峰。出现谐振峰的频率称为谐振频率。

对数相频特性为

$$\varphi(\omega)=\begin{cases}-\arctan\dfrac{2\xi T\omega}{1-T^2\omega^2}, & \omega\leqslant\dfrac{1}{T}\\ -180^\circ+\arctan\dfrac{2\xi T\omega}{T^2\omega^2-1}, & \omega>\dfrac{1}{T}\end{cases}\tag{5-41}$$

由式（5-41）可绘出对数相频特性曲线，如图 5-21 所示。对数相频特性同样是 ω 与 ξ 的二元函数。曲线的典型特征是当 $\omega\to 0$ 时，$\varphi(\omega)\to 0^\circ$；当 $\omega=\dfrac{1}{T}=\omega_n$ 时，$\varphi(\omega)=-90^\circ$；当 $\omega\to\infty$ 时，$\varphi(\omega)\to -180^\circ$。对数相频特性曲线关于 $\left(\dfrac{1}{T},\ -90^\circ\right)$ 对称。

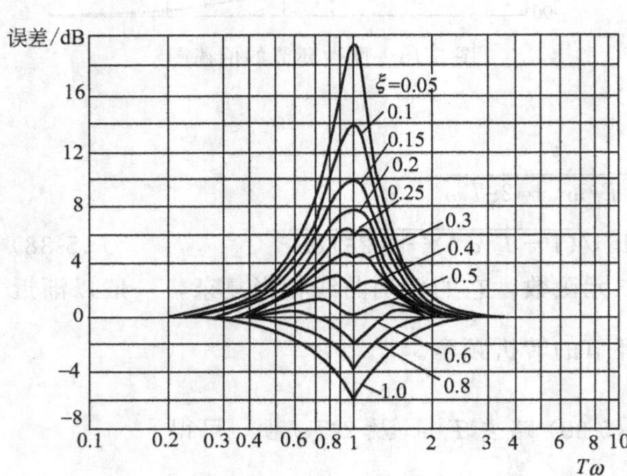

图 5-20 振荡环节对数幅频特性误差曲线

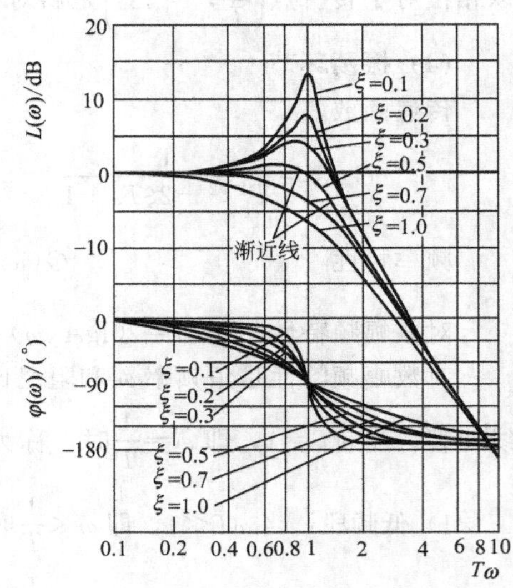

图 5-21 振荡环节的伯德图

（5）延迟环节

传递函数 $G(s)=e^{-\tau s}$

频率特性 $G(j\omega)=e^{-j\tau\omega}$ （5-42）

对数幅频特性

$L(\omega)=20\lg A(\omega)=20\lg 1=0$dB

对数相频特性

$\varphi(\omega)=-\tau\omega(\text{rad})=-57.3^\circ\tau\omega$ （5-43）

延迟环节对数幅频特性为零分贝直线，对数相频特性与角频率 ω 成非线性变化。当 $\tau=0.5$ 时可绘制出延迟环节的对数频率特性图，如图 5-22 所示。如果不采取对消措施，高频时将造成严重的相位滞后。这类延迟环节通常存在于热力、液压和气动等系统中。

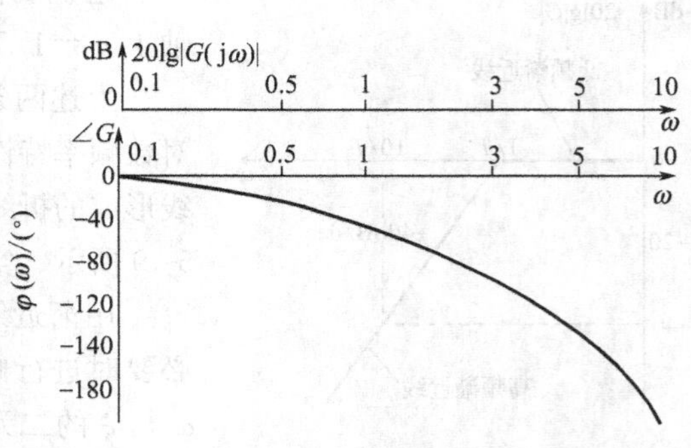

图 5-22 延迟环节的伯德图

(6) 微分环节　纯微分环节、一阶微分环节、二阶微分环节都属于微分环节。纯微分环节与积分环节、一阶微分环节与惯性环节、二阶微分环节与振荡环节的传递函数互为倒数，即有下述关系成立

$$G_2(s)=\frac{1}{G_1(s)}$$

设 $G_1(j\omega)=A_1(\omega)e^{j\varphi_1(\omega)}$ 则

$$\begin{cases} A_2(\omega)=\dfrac{1}{A_1(\omega)}, \quad \varphi_2(\omega)=-\varphi_1(\omega) \\ L_2(\omega)=20\lg A_2(\omega)=20\lg\dfrac{1}{A_1(\omega)}=-L_1(\omega) \end{cases}$$

由此可知，传递函数互为倒数的典型环节，对数幅频曲线关于 0dB 线对称，对数相频曲线关于 0°线对称。所以纯微分环节、一阶微分环节、二阶微分环节的伯德图如图 5-23 所示。

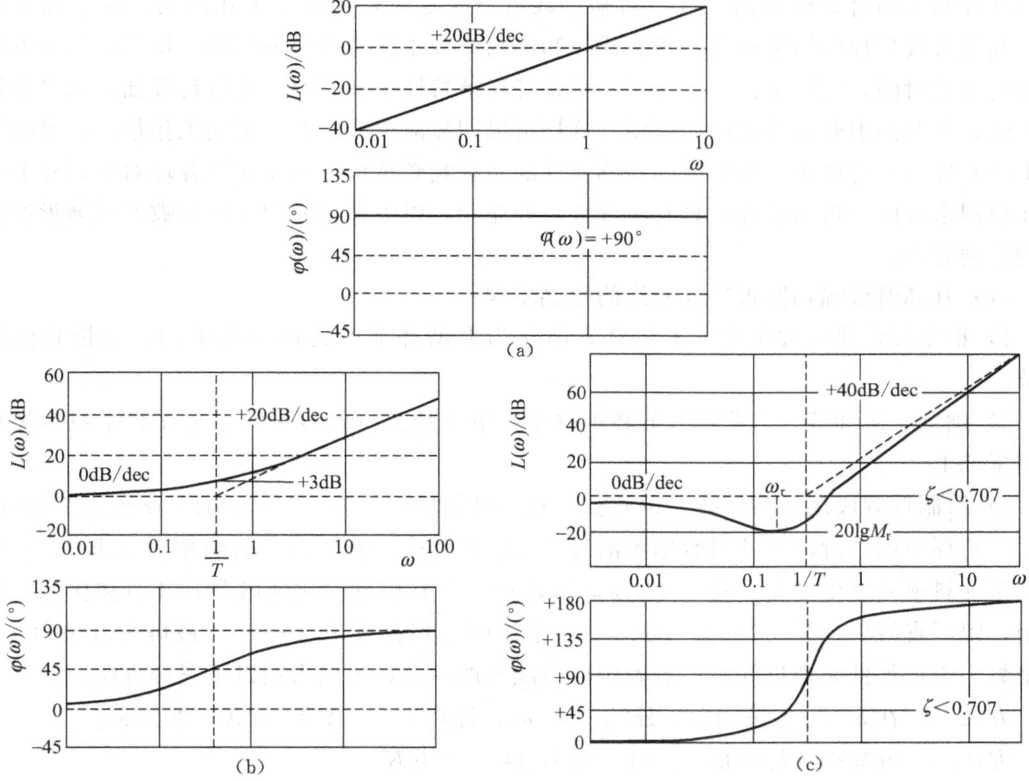

图 5-23　纯微分环节、一阶微分环节、二阶微分环节的伯德图

5.3.2　系统开环对数频率特性图的绘制

系统开环传递函数通常可以写成若干典型环节相乘的形式

$$G(s)H(s)=\prod_{i=1}^{n}G_i(s)$$

则系统开环频率特性为

$$G(j\omega)H(j\omega)=A(\omega)e^{j\varphi(\omega)}=\left[\prod_{i=1}^{n}A_i(s)\right]e^{j\left[\sum_{i=1}^{n}\varphi_i(\omega)\right]}$$

开环对数幅频特性

$$L(\omega)=20\lg A(\omega)=20\lg A_1(\omega)+20\lg A_2(\omega)+\cdots+20\lg A_n(\omega)=\sum_{i=1}^{n}L_i(\omega) \quad (5\text{-}44)$$

开环对数相频特性为

$$\varphi(\omega)=\sum_{i=1}^{n}\varphi_i(\omega)$$

可见，开环对数频率特性等于各组成环节的对数频率特性之和。在伯德图上，就是各个环节的对数幅频特性和对数相频特性曲线的叠加。因此，画出各个环节的对数幅频和相频特性曲线，然后将各分量的纵坐标进行叠加，就能画出整个系统的开环伯德图。在绘制对数幅频特性图时，往往用典型环节的频率特性渐近线代替其精确幅频特性，若对它们求和便可以得到开环系统的对数幅频渐近线。对渐近线进行叠加时，用到了下述规则：在平面坐标图上，几条直线相加的结果仍为一条直线，和的斜率等于各直线斜率之和。显然，这个方法既不便捷又费时间，实际工作中，可以不必将各环节特性单独画出，再进行叠加，而是常用下述方法，直接画出开环系统的伯德图。这样可以明显减少计算和绘图的工作量。必要时可以对折线渐近线进行修正，以便得到足够精确的对数幅频特性。鉴于系统开环对数幅频渐近特性在控制系统的分析和设计中具有十分重要的作用，以下着重介绍开环对数幅频渐近特性曲线的绘制方法。

(1) 开环对数幅频渐近特性曲线的绘制步骤

1）把系统传递函数化为标准形式，即化为典型环节的传递函数乘积，分析它的组成环节。

2）确定一阶环节、二阶环节的转折频率，由小到大将各转折频率标注在半对数坐标图的频率轴上。

3）绘制低频段渐近特性线：记 $\omega_{\min}$ 为最小转折频率，称 $\omega<\omega_{\min}$ 的频率范围为低频段。由于一阶环节或二阶环节的对数幅频渐近线在转折频率前幅值为零且斜率为 0dB/dec，到转折频率处斜率才发生变化，故在 $\omega<\omega_{\min}$ 频段内，只有积分（或纯微分）环节和比例环节起作用，因而直线斜率为 $-20v$dB/dec，v 为系统所含积分环节（$v>0$）或微分环节（$v<0$）的个数。为获得低频渐近线，还需确定该直线上的一点，可以采用以下三种方法。

方法一：在 $\omega<\omega_{\min}$ 范围内，任选一点 ω_0，计算 $L_a(\omega_0)=20\lg K-20v\lg\omega_0$

方法二：取频率为特定值 $\omega_0=1$，则 $L_a(1)=20\lg K$

方法三：取 $L_a(\omega_0)=0$ 的特殊点 ω_0，则有 $\frac{K}{\omega_0^v}=1$，即 $\omega_0=K^{\frac{1}{v}}$

过点 $[\omega_0, L_a(\omega_0)]$ 在 $\omega<\omega_{\min}$ 范围内作斜率为 $-20v$dB/dec 的直线，一般常用的方法是过点（1，$20\lg K$）作斜率为 $-20v$dB/dec 的斜直线。值得注意的是，若 $\omega_0>\omega_{\min}$，则点 $[\omega_0, L_a(\omega_0)]$ 位于低频幅频渐近特性直线的延长线上。

4）以低频段为起始段，从它开始每到一个转折频率，折线发生转折，斜率变化规律取决于该转折频率对应的典型环节的种类。如果遇到惯性环节，斜率增加 -20dB/dec；如果遇到一阶微分环节，斜率增加 $+20$dB/dec；如果遇到振荡环节，斜率增加 -40dB/dec；如果遇到二阶微分环节，斜率增加＋40dB/dec。值得注意的是，当系统的多个环节具有相同转折频率时，该转折频率处斜率的变化应为各个环节对应的斜率变化值的代数和，分段直线最后一段是对数幅频曲线的高频渐近线，其斜率为$-20(n-m)$dB/dec，其中 n 为$G(s)$分母的阶次，m 为$G(s)$分子的阶次。

5）如有必要，可利用误差修正曲线对系统对数幅频渐近特性曲线进行修正。通常只需修正转折频率附近的曲线即可。

（2）开环对数相频渐近特性曲线的绘制方法　叠加每一个环节的对数相频特性曲线，或直接利用 $\varphi(\omega)$ 表达式，在低频、中频、高频区域中取一些特征点计算相位，然后依其变化规律连成曲线。

例 5-3　已知系统开环传递函数为$G(s)=\dfrac{10(s+3)}{s(s+2)(s^2+s+2)}$，试绘制该系统的开环对数频率特性图。

解　1）将传递函数化为标准形式$G(s)=\dfrac{7.5\left(\dfrac{s}{3}+1\right)}{s\left(\dfrac{s}{2}+1\right)\left(\dfrac{s^2}{2}+\dfrac{s}{2}+1\right)}$

系统由比例、积分、一阶惯性、一阶微分、二阶振荡环节组成，即由 7.5，$\dfrac{1}{s}$，$\dfrac{1}{\dfrac{s}{2}+1}$，$\dfrac{s}{3}+1$，$\dfrac{1}{\dfrac{s^2}{2}+\dfrac{s}{2}+1}$传递函数构成。转折频率和渐近线斜率，按频率由低到高的顺序排列如下：比例环节与积分环节，－20dB/dec；振荡环节，$\omega_1=\sqrt{2}$ rad/s，－40dB/dec；惯性环节，$\omega_2=2$rad/s，－20dB/dec；一阶微分环节，$\omega_3=3$rad/s，20dB/dec。将各典型环节的转折频率依次标在频率轴上，如图 5-24 所示。

2）最低的转折频率为 $\omega_1=\sqrt{2}$。当 $\omega<\sqrt{2}$时，对数幅频特性就是$\dfrac{7.5}{s}$的对数幅频特性图。这是一条斜率为－20dB/dec 的直线。当 $\omega=1$ 时，直线纵坐标为 20lg7.5＝17.5dB，即过点（1，17.5）作－20dB/dec 的斜直线，此时当 $\omega=7.5$ 时，直线穿过 0dB 线，见图 5-24 所示。

3）将上述直线延长至第一个转折频率 $\omega_1=\sqrt{2}$处，是振荡环节转折频率，所以在此处直线斜率增加－40dB/dec，斜率变为－20－40＝－60dB/dec；将折线延长到下一个转折频率 $\omega_2=2$ 处，是惯性环节的转折频率，在此处斜率变为－60－20＝－80dB/dec；将折线延至 $\omega_3=3$ 处，一阶微分环节的转折频率，斜率变为－80＋20＝－60dB/dec。这样就得到了全部开环对数幅频渐近线，如图 5-24 所示。如果有必要，可对渐近线进行修正。

4）求出对数相频特性。对于本例，有

$$\varphi(\omega)=\arctan\frac{\omega}{3}-90^\circ-\arctan\frac{\omega}{2}+\angle G_1(\mathrm{j}\omega)$$

式中，$\angle G_1(\mathrm{j}\omega)$ 表示振荡环节的相频特性，且有

$$\angle G_1(\mathrm{j}\omega)=\begin{cases}-\arctan\dfrac{\omega}{2-\omega^2} & \omega\leqslant\sqrt{2}\\[2ex] -180^\circ+\arctan\dfrac{\omega}{\omega^2-2} & \omega>\sqrt{2}\end{cases}$$

根据上两式就可计算出各频率所对应的相位，从而画出相频特性曲线。当 $\omega\to 0$ 时，$\varphi(\omega)=-90^\circ$；当 $\omega\to\infty$ 时，$\varphi(\omega)=-(n-m)\times 90^\circ=-(4-1)\times 90^\circ=-270^\circ$。根据这些数据就可绘制出相频特性的近似图形，如图 5-24 所示。

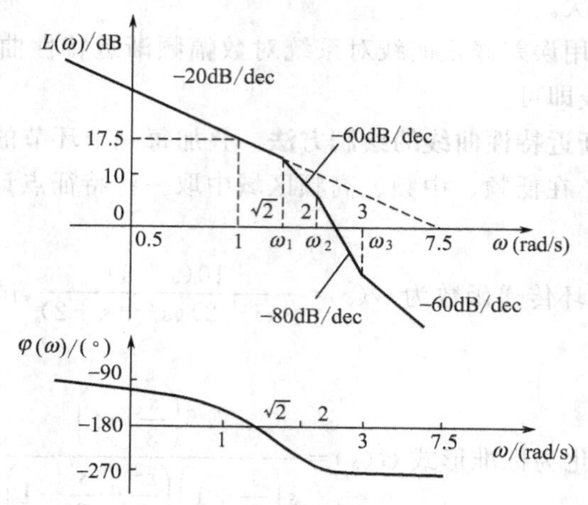

图 5-24　例 5-3 系统开环对数频率特性图

5.3.3　系统的类型与对数幅频特性曲线低频渐近线斜率的对应关系

对数幅频特性的低频段是由式 $\frac{K}{s^v}$ 来表征的。对于实际的控制系统，v 通常为 0、1 或 2。下面说明不同类型的系统与对数幅频特性曲线低频渐近线斜率的对应关系及开环增益 K 值的确定。

(1) 0 型系统　设 0 型系统的开环频率特性为

$$G(\mathrm{j}\omega)=\frac{K\prod_{j=1}^{m}(\mathrm{j}\omega\tau_j+1)}{\prod_{i=1}^{n}(\mathrm{j}\omega T_i+1)}$$

其对数幅频特性的低频部分如图 5-25 所示。

1) 在低频段，斜率为 0dB/dec。

2) 低频段的幅值为 $x=20\lg K$ dB，其对应的增益 $K=10^{\frac{x}{20}}$，由此可以确定静态位置误差系数 $K_{\mathrm{p}}=K$。

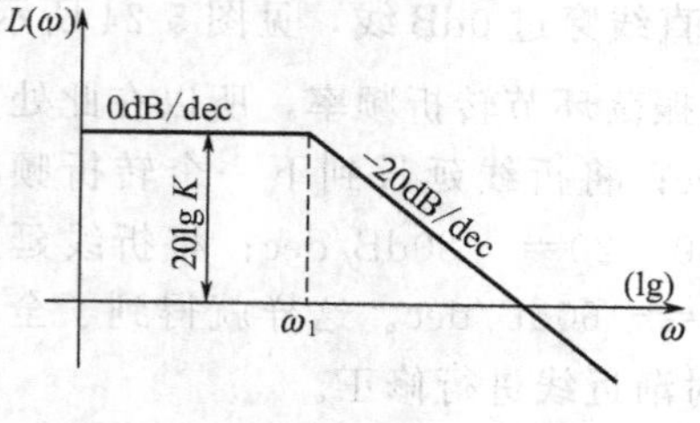

图 5-25　0 型系统对数幅频特性的低频段

(2) Ⅰ型系统　Ⅰ型系统的开环频率特性有如下形式

$$G(\mathrm{j}\omega)=\frac{K\prod_{j=1}^{m}(\mathrm{j}\omega\tau_j+1)}{\mathrm{j}\omega\prod_{i=1}^{n-1}(\mathrm{j}\omega T_i+1)}$$

其对数幅频特性的低频部分如图 5-26 所示。

低频对数幅频特性为

$$L(\omega)=20\lg K-20\lg\omega$$

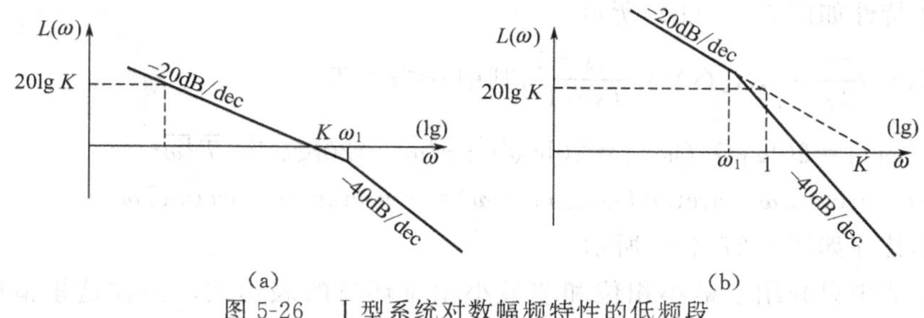

图 5-26　Ⅰ型系统对数幅频特性的低频段

由此可见：

1）在低频段，渐近线斜率为－20dB/dec。

2）低频渐近线（或其延长线）在 $\omega=1$ 处的纵坐标值为 $20\lg K$。即过点（1，$20\lg K$）作－20dB/dec 斜直线。

3）开环增益 K 在数值上也等于低频渐近线（或其延长线）与 0dB 线相交点的频率值，即 $K=\omega_c$。由此还可以确定稳态速度误差系数 $K_p=K$。

剪切频率 ω_c：系统开环对数幅频特性 $L(\omega)$ 通过 0 分贝线，即 $L(\omega_c)=0$ 或 $A(\omega_c)=1$ 时的频率，也称为幅值穿越频率。穿越频率是开环对数频率特性的一个重要的参数。

(3) Ⅱ型系统　设Ⅱ型系统的开环频率特性

$$G(j\omega)=\frac{K\prod_{j=1}^{m}(j\omega\tau_j+1)}{(j\omega)^2\prod_{i=1}^{n-2}(j\omega T_i+1)}$$

低频对数幅频特性为 $L(\omega)=20\lg K-20\lg\omega^2=20\lg K-40\lg\omega$

由此得：

1）在低频段，渐近线斜率为－40dB/dec。

2）低频渐近线（或其延长线）在 $\omega=1$ 处的纵坐标值为 $20\lg K$。即过点（1，$20\lg K$）作－40dB/dec 斜直线。

3）开环增益 K 在数值上也等于低频渐近线（或其延长线）与 0dB 线相交点的频率值的平方即 $K=\omega_c^2$。由此还可以确定稳态加速度误差系数 $K_a=K$。

5.4　最小相位系统

首先绘制和比较几个环节的对数频率特性图。

(1) $G_1(s)=\dfrac{1}{Ts+1},G_2(s)=\dfrac{1}{Ts-1}$

$20\lg|G_1(j\omega)|=20\lg|G_2(j\omega)|=-20\lg\sqrt{T^2\omega^2+1}$

$\angle G_1(j\omega)=-\arctan T\omega,\angle G_2(j\omega)=-180^\circ+\arctan T\omega$

对数频率特性如图 5-27（a）所示。

(2) $G_1(s)=1,G_2(s)=e^{-\tau s}$

$20\lg|G_1(j\omega)|=20\lg|G_2(j\omega)|=0\text{dB},\angle G_1(j\omega)=0,\angle G_2(j\omega)=-\tau\omega$

对数频率特性如图 5-27（b）所示。

（3）$G_1(s)=\dfrac{\tau s+1}{Ts+1}, G_2(s)=\dfrac{-\tau s+1}{Ts+1}$，其中 $0<\tau<T$

$$20\lg|G_1(j\omega)|=20\lg|G_2(j\omega)|=20\lg\sqrt{1+\tau^2\omega^2}-20\lg\sqrt{1+T^2\omega^2}$$

$$\angle G_1(j\omega)=\arctan\tau\omega-\arctan T\omega, \angle G_2(j\omega)=-\arctan\tau\omega-\arctan T\omega$$

对数频率特性如图 5-27（c）所示。

在 5.2.1 节中只介绍了最小相位和非最小相位环节的表达式，但在这里清晰可见其内涵。在幅频特性相同的环节之间，存在着不同的相频特性，其中相位移最小的称为最小相位环节，而其他相位移较大者称为非最小相位环节。对于每一种非最小相位的典型环节，都有一种最小相位环节与之对应，其特点是典型环节中的某个参数的符号相反。

最小相位系统的定义：从传递函数的角度看，对于闭环系统，如果它开环传函的极点和零点的实部小于或等于零，称该系统为最小相位系统。如果开环传函中有正实部的零点或极点，或有延迟环节，则称该系统为非最小相位系统。若把 $e^{-\tau s}$ 用零点和极点的形式近似表达时，会发现它具有正实部零点。

最小相位系统的特征：设系统（或环节）传递函数的分子、分母的最高阶次是 m 和 n，串联积分环节的个数是 v，对于最小相位系统，当 $\omega\to\infty$ 时，对数幅频特性的斜率为 $-20(n-m)$ dB/dec，相频特性为 $-90°(n-m)$。符合上述的特征的系统一定是最小相位系统。

数学上可以严格证明，对于最小相位系统，对数幅频特性和相频特性存在着唯一的对应关系。也就是说，如果已知对数幅频特性，可以唯一地确定相应的相频特性和估计出系统的传递函数。反之，亦然。所以两者包含的信息内容是相同的。从建立数学模型和分析、设计系统的角度看，只要详细地画出两者中的一个就足够了。由于对数幅频特性容易画，所以对于最小相位系统，通常只绘制详细的对数幅频特性图，而对于相频特性只绘制简图，或者甚至不画相频特性图。

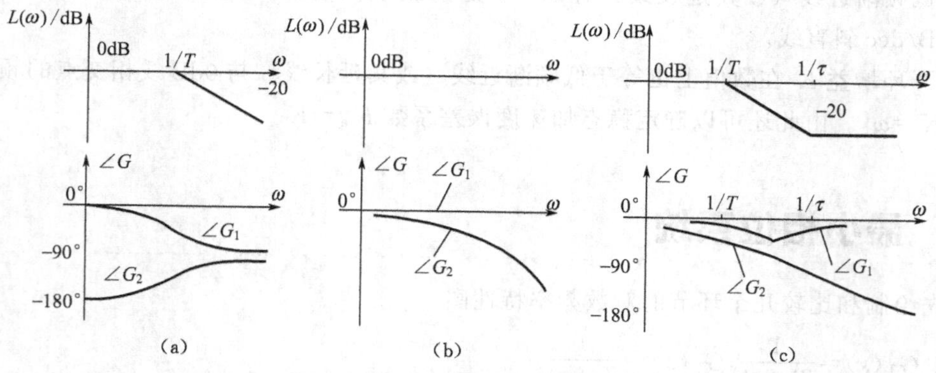

图 5-27　最小相位和非最小相位系统开环伯德图

5.5 传递函数的频域实验确定

稳定系统的频率响应为与输入同频率的正弦信号，而幅值衰减和相位滞后为系统的幅频特性和相频特性，因此可以运用频率响应实验确定稳定系统的数学模型。实验原理如图 5-28 所示。

估计被测系统的传递函数，具体步骤如下：

1）首先选择信号源的正弦信号的幅值，以使系统处于非饱和状态。在一定频率范围内，给被测系统输入不同频率的正弦信号，测量系统相应输出的稳态值和相位，作出系统的伯德图。

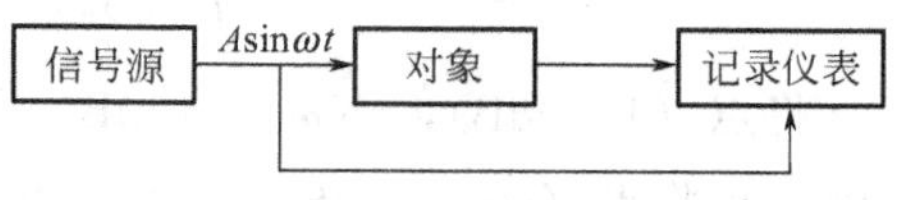

图 5-28　频率响应实验原理

2）将测得的对数幅频特性曲线用斜率为 0、±20dB/dec、±40dB/dec 等直线分段近似，求得系统的对数幅频特性曲线的渐近线。

3）先假设被测系统是最小相位型的。根据所求的对数幅频渐近线，确定环节和增益后写出系统的传递函数和相频特性的表达式（对数幅频渐近特性曲线确定最小相位系统的传递函数，这是绘制对数幅频渐近特性曲线的逆问题）再画出相频特性曲线。系统的传递函数虽然初步确定了，但还必须用实验得到的相频特性曲线来检验。把所求的相频特性曲线与由实验求得的相频特性曲线进行比较，若两曲线能很好地吻合，且在高频时它们的相位都趋于 $-90°(n-m)$，则表明所测的传递函数是最小相位型的，该传递函数就是所要求的系统的传递函数。否则表示所测得的传递函数是非最小相位型的。

下面举例说明其方法和步骤。

例 5-4　图 5-29 为由频率响应实验获得的某最小相位系统的对数幅频曲线和对数幅频渐近特性曲线，试确定系统传递函数。

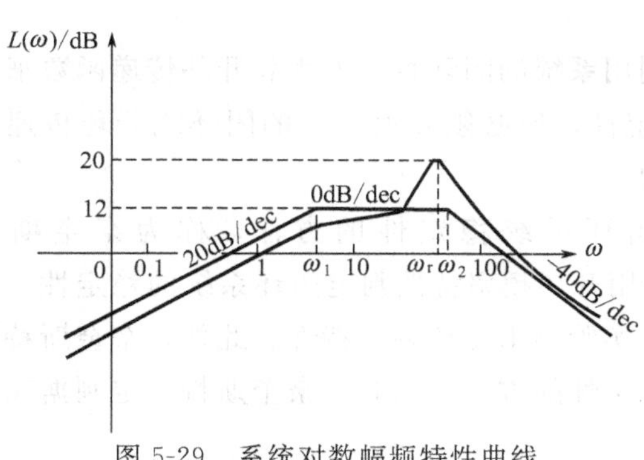

图 5-29　系统对数幅频特性曲线

解　1）确定系统积分或微分环节的个数。因为对数幅频渐近特性曲线的低频渐近线的斜率为 $-20v$dB/dec，而由图 5-29 知低频渐近线斜率为 +20dB/dec，故有 $v=-1$，系统含有一个微分环节。

2）确定系统传递函数表达式。由于对数幅频渐近特性曲线为分段折线，各转折点对应的频率为所含一阶环节或二阶环节的转折频率，每个转折频率处斜率的变化决定了典型环节的种类。图中有两个转折频率：在 ω_1 处，斜率变化 -20dB/dec，对应惯性环节；在 ω_2 处，斜率变化 -40dB/dec，且附近存在谐振现象，故对应振荡环节。因此所测系统应具有下述传递函数

$$G(s)=\frac{Ks}{\left(\frac{s}{\omega_1}+1\right)\left(\frac{s^2}{\omega_2^2}+2\xi\frac{s}{\omega_2}+1\right)}$$

式中，参数 ω_1、ω_2、ξ 及 K 待定。

3）由给定条件确定传递函数中的待定参数。

低频渐近线的方程为

$$L_a(\omega)=20\lg\frac{K}{\omega^v}=20\lg K-20v\lg\omega$$

由给定点 $\omega=1$，$L_a(\omega)=0$ 及 $v=-1$，得 $K=1$。

根据直线方程式

$$L_a(\omega_a)-L_a(\omega_b)=k(\lg\omega_a-\lg\omega_b) \tag{5-45}$$

将点（1，0dB），（ω_1，12dB）及斜率 $k=20$dB/dec 代入式（5-45），得 $\omega_1=10^{\frac{12}{20}}=3.98$；再将点（$\omega_2$，12dB）、（100，0dB），及斜率 $k=-40$dB/dec 代入式（5-45），得 $\omega_2=10^{(-\frac{12}{40}+\lg 100)}=50.1$。

在谐振频率 ω_r 处，实际曲线与渐近线的误差值为 $\Delta L(\omega)=20\lg\dfrac{1}{2\xi\sqrt{1-\xi^2}}=20-12=8$dB，故对应的 ξ 选 0.2。

所测系统的传递函数为

$$G(s)=\frac{s}{\left(\dfrac{s}{3.98}+1\right)\left(\dfrac{s^2}{50.1^2}+0.4\dfrac{s}{50.1}+1\right)}$$

值得注意的是，本题给定的是最小相位系统，而最小相位系统可以和某些非最小相位系统具有相同的对数幅频特性曲线，因此具有非最小相位环节和延迟环节的系统的传递函数，还需依据上述环节对相频特性的影响并结合实测相频特性予以确定。

5.6 奈奎斯特稳定判据

前面介绍了劳斯稳定判据和根轨迹图，分别用系统的闭环特征方程和开环传递函数来判别系统的稳定性。虽然它们可以判别系统的稳定性，但必须知道系统的闭环或开环传递函数，而有些实际系统的传递函数是列写不出来的。

1932 年，奈奎斯特提出了另一种判定闭环系统稳定性的方法，称为奈奎斯特（Nyquist）稳定判据。这个判据的主要特点是利用开环频率特性判定闭环系统的稳定性。开环频率特性容易画，若不知道传递函数，还可由实验测出开环频率特性。此外，奈奎斯特稳定判据还能够指出稳定的程度，提示改善系统稳定性的方法。因此，奈奎斯特稳定判据在频域控制理论中有重要的地位。

奈奎斯特稳定判据的数学基础是复变函数中的柯西幅角原理，基于该原理在一般复变函数教材中均有介绍，本小节的叙述仅属于说明性的而不进行数学证明。

5.6.1 幅角定理

先看一个自变量为 s 的复变函数

$$F(s)=1+\frac{2}{s} \tag{5-46}$$

因为 $s=\sigma+j\omega$ 为复变量，故 $F(s)$ 也是复变量，即

$$F(s)=1+\frac{2}{\sigma+j\omega}=1+\frac{2\sigma}{\sigma^2+\omega^2}-j\left(\frac{2\omega}{\sigma^2+\omega^2}\right) \tag{5-47}$$

$F(s)$ 的实部和虚部分别为

$$u=1+\frac{2\sigma}{\sigma^2+\omega^2}\qquad v=\frac{-2\omega}{\sigma^2+\omega^2}$$

如果 s 平面上的点 A 位于 $s=-1+\mathrm{j}$ 处，则相应的 $F(s)$ 平面上有 A' 点与之对应。它的 u 和 v 分别为

$$u=1-\frac{2}{2}=0\qquad v=-\frac{2}{2}=-1$$

图 5-30 表示出 s 与 $F(s)$ 两平面上的 A 点和 A' 点，用箭头说明了 A 点到 A' 点的映射。

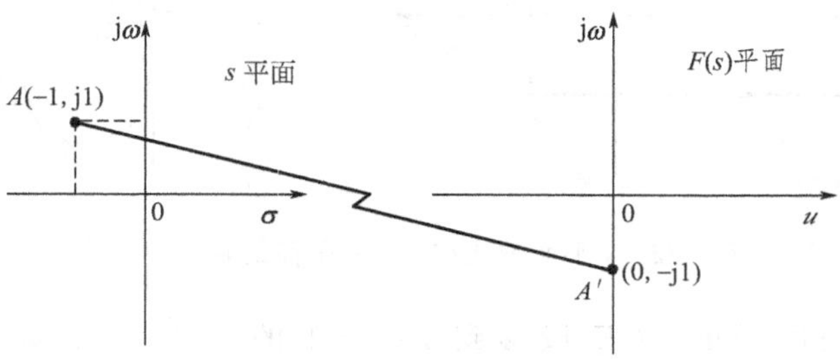

图 5-30　A 点到 A' 点的映射

进一步，考虑 s 平面上的一条围线（封闭曲线），如图 5-31（a）s 平面中的 $ABCDEFGHA$ 所示，要观察该围线在 $F(s)$ 平面上的映射，先求 A，C，E，G 四个点，有如下结果：

$$s_A=-1+\mathrm{j}1\qquad u_{A'}+\mathrm{j}v_{A'}=0-\mathrm{j}1$$
$$s_C=+1+\mathrm{j}1\qquad u_{C'}+\mathrm{j}v_{C'}=2-\mathrm{j}1$$
$$s_E=+1-\mathrm{j}1\qquad u_{E'}+\mathrm{j}v_{E'}=2+\mathrm{j}1$$
$$s_G=-1-\mathrm{j}1\qquad u_{G'}+\mathrm{j}v_{G'}=0+\mathrm{j}1$$

当然，仅此四点还不足以确定 $F(s)$ 平面上的全部映射围线，事实上，它是如图 5-31（b）所示的形状。

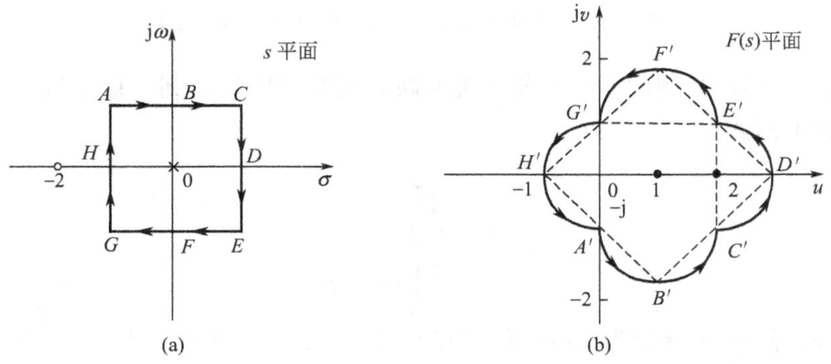

图 5-31　s 平面围线在 $F(s)$ 平面的映射（一）

现在来看一些重要的事实，如果把式（5-46）改写成

$$F(s)=\frac{s+2}{s}\tag{5-48}$$

可见 $F(s)$ 有一个极点 $s=0$ 和一个零点 $s=-2$。图 5-31（a）中，s 平面上的围线包围了 $F(s)$ 的极点（原点）而不包围其零点。若 s 沿 s 平面中的围线顺时针变化，则对应的映

射点沿围线 $A'B'C'D'E'F'G'H'$ 逆时针旋转并包围了 $F(s)$ 平面上的原点。

如果让 s 平面上的围线同时包围 $F(s)$ 的零点，如图 5-32 所示，把 AHG 段移到通过 $\sigma=-3$ 的 $A_1H_1G_1$，则新的映射围线在 $F(s)$ 平面上不包围原点。

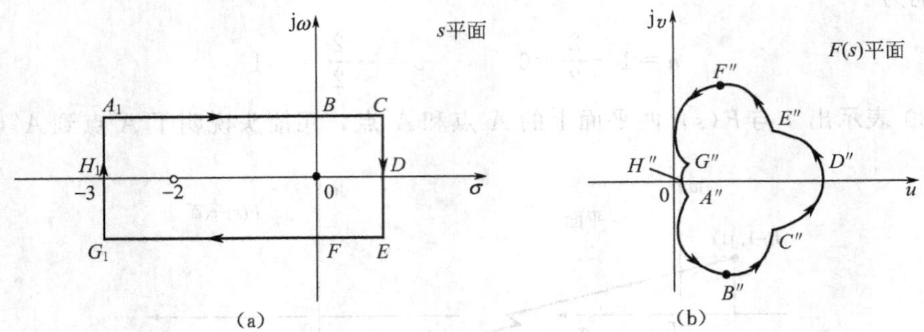

图 5-32　s 平面围线在 $F(s)$ 平面的映射（二）

如果再把 s 平面围线的 CDE 段移到 $\sigma=-1$ 的 $C_2D_2E_2$，如图 5-33 所示。这时 $A_1C_2D_2E_2G_1H_1$ 包围了 $F(s)$ 的零点，但不包围其极点。此时，$F(s)$ 平面上的围线包围了原点，而方向都是顺时针的。

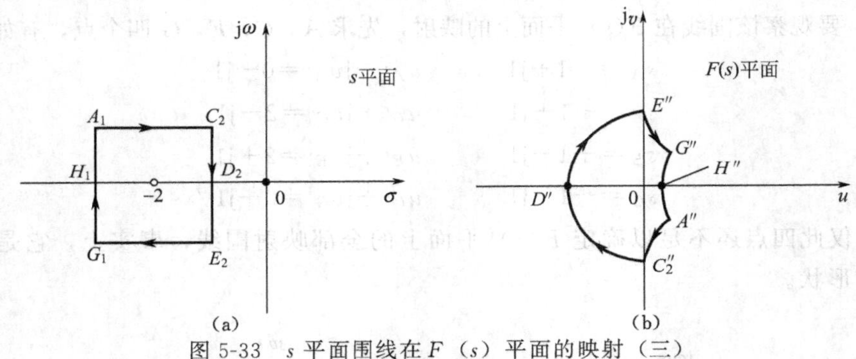

图 5-33　s 平面围线在 $F(s)$ 平面的映射（三）

上面以式（5-48）为例的 $F(s)$ 所表现的映射关系可以推广到一般情况。事实上，如果把 $F(s)$ 写成如下形式

$$F(s)=\frac{\prod_{j=1}^{m}(s+z_j)}{\prod_{i=1}^{n}(s+p_i)}$$

其中，$-z_j$ 和 $-p_i$ 分别为 $F(s)$ 的零点和极点，$F(s)$ 的幅角为

$$\angle F(s)=\sum_{j=1}^{m}\angle(s+z_j)-\sum_{i=1}^{n}\angle(s+p_i)$$

每一个 $\angle(s+z_j)$ 或 $\angle(s+p_i)$ 都是从零点或极点出发到 s 平面上某一点向量的幅角（见图 5-34）。当 s 沿围线 Γ 顺时针变化一周时，由各个零、极点出发的向量对 $\angle F(s)$ 的增量所提供的幅角贡献如下：

1）在 Γ 以内的零点对应的幅角贡献为 $-360°$。

2）在 Γ 以内的极点对应的幅角贡献为 $-360°$。

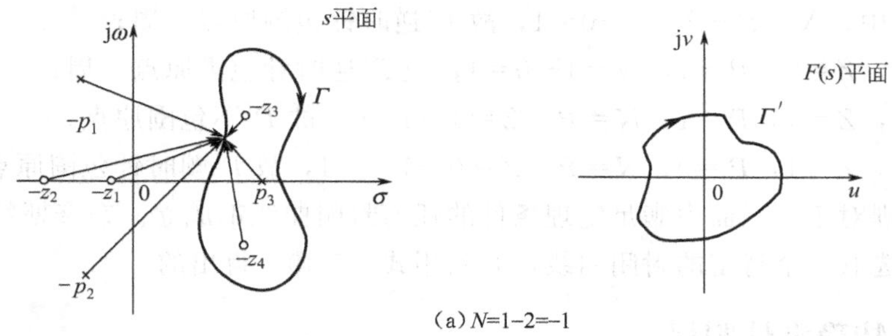

(a) $N=1-2=-1$

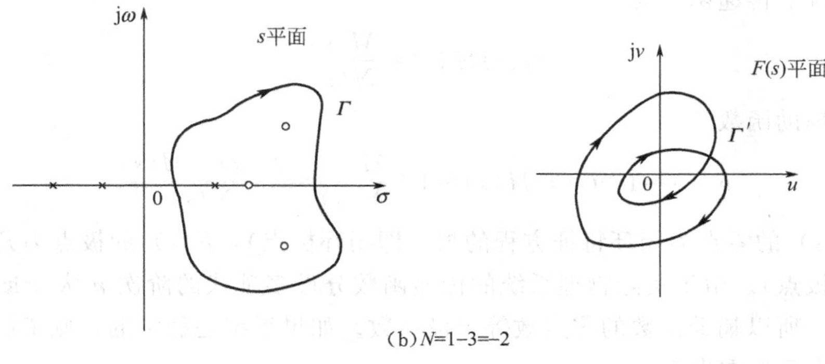

(b) $N=1-3=-2$

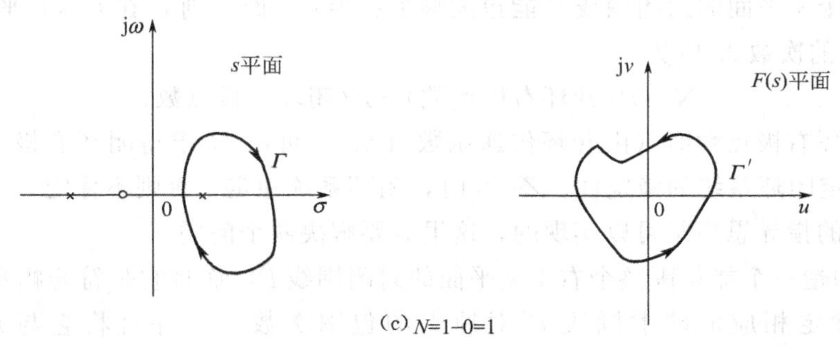

(c) $N=1-0=1$

图 5-34　幅角定理说明

3）在 Γ 以外的零点或极点对应的幅角贡献为零。

因此，如果 $F(s)$ 在围线 Γ 内有 Z 个零点和 P 个极点，则当 s 沿围线 Γ 顺时针变化一周时，映射围线 Γ'的幅角增量为

$$\Delta\angle F(s)=Z(-360^\circ)-P(-360^\circ)=(P-Z)(360^\circ)=N(360^\circ)$$

其中 $P-Z$ 表示映射围线 Γ'逆时针包围原点的次数。由此，可得柯西幅角定理如下：

设 $F(s)$ 在 Γ 上及 Γ 内除有限个数的极点外是处处解析的，$F(s)$ 在 Γ 上既无极点也无零点，则当围线 Γ 走向为顺时针时，有

$$N=P-Z \tag{5-49}$$

其中，Z 为 $F(s)$ 在 Γ 内的零点个数；P 为 $F(s)$ 在 Γ 内的极点个数；N 为映射围线 Γ'包围 $F(s)$ 原点的次数，以逆时针为正，顺时针为负。

图 5-34（a）中，$N=P-Z=1-2=-1$，故 Γ'顺时针包围原点一周；

图 5-34（b）中，$N=P-Z=1-3=-2$，故 Γ'顺时针包围原点两周；

图 5-34（c）中，$N=P-Z=1-0=1$，故 Γ' 逆时针包围原点一周；

在图 5-31 中，$Z=0$，$P=1$，$N=1-0=1$，故 Γ' 逆时针包围原点一周；

在图 5-32 中，$Z=1$，$P=1$，$N=P-Z=1-1=0$，故 Γ' 不包围原点；

在图 5-33 中，$Z=1$，$P=0$，$N=P-Z=0-1=-1$，故 Γ' 顺时针包围原点一周。

柯西幅角定理对于 s 平面中满足定理条件的任何封闭曲线都成立。奈奎斯特稳定性判据就是在 s 平面上选取一个特定的封闭曲线，并利用式（5-49）得出的。

5.6.2 奈奎斯特稳定性判据

设开环系统的传递函数为

$$G(s)H(s)=\frac{M(s)}{N(s)}$$

引入一个辅助函数

$$F(s)=1+G(s)H(s)=1+\frac{M(s)}{N(s)}=\frac{N(s)+M(s)}{N(s)} \tag{5-50}$$

显然，$F(s)$ 的零点为闭环特征方程的根（即闭环极点），$F(s)$ 的极点为开环特征方程的根（即开环极点）。由于实际物理系统的传递函数分母多项式的阶次 n 大于或等于分子多项式的阶次 m，所以辅助函数的零点数等于极点数。如果系统是稳定的，则 $F(s)$ 的零点必须全部位于 s 平面的左半部。

如果有一个 s 平面的封闭围线 Γ 能包围整个右半 s 平面，则 Γ 在 $F(s)$ 平面上的映射围线 Γ' 包围原点的次数 N 应为

$$N=P(\text{开环右极点数})-Z(\text{闭环右极点数})$$

当已知开环右极点数时（由开环传递函数可知），可由 N 求得闭环右极点数 Z，$Z=P-N$，从而确定闭环系统的稳定性。$Z=0$ 时，闭环系统稳定，否则不稳定。

以上提出的指导思想是可以实现的，这里需要解决两个问题。

1）如何构造一个能包围整个右半 s 平面的封闭围线 Γ，而且它是符合幅角定理条件的。

2）如何确定相应的映射围线 Γ' 对原点的包围次数 N，并且将它与开环频率特性 $G(\mathrm{j}\omega)H(\mathrm{j}\omega)$ 相联系。

(1) 虚轴上无开环极点时的奈奎斯特稳定判据 假定 $F(s)$ 在虚轴上没有零、极点。首先构造一条封闭曲线 Γ，如图 5-35 所示，它按顺时针方向包围整个右半 s 平面，称它为奈奎斯特围线。它可以分为以下三段：

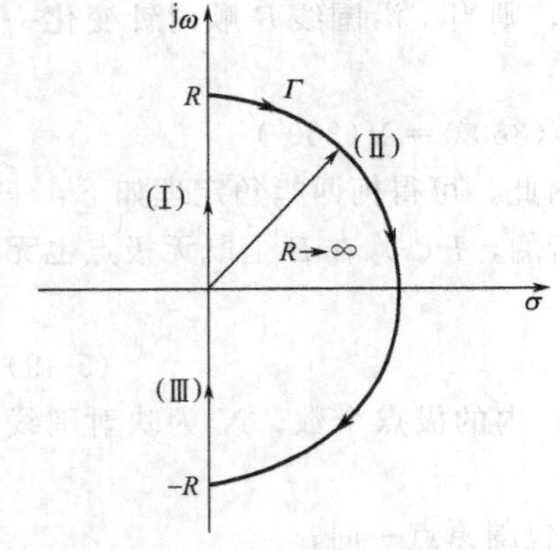

图 5-35　奈奎斯特围线

1）正虚轴 $s=\mathrm{j}\omega$，ω 由 0 变化到 $+\infty$。

2）半径为无限大的右半圆 $s=Re^{\mathrm{j}\theta}$，$R\to\infty$，θ 由 $\frac{\pi}{2}$ 变化到 $-\frac{\pi}{2}$。

3）负虚轴 $s=\mathrm{j}\omega$，ω 由 $-\infty$ 变化到 0。

如果已获得奈奎斯特围线 Γ 的 $F(s)$ 映射 Γ'，则可得知映射围线 Γ' 对原点的包围次数 N。根据幅角定理式（5-49），当 $F(s)$ 在右半 s 平面的零点数为 Z，极点数为

P 时，应有

$$N=P-Z \tag{5-51}$$

因此，若 P 已知，便可以根据 Γ' 对原点逆时针包围的次数 N 求得 Z，即闭环特征方程在右半 s 平面上的根。$Z=0$ 时系统稳定，否则不稳定。

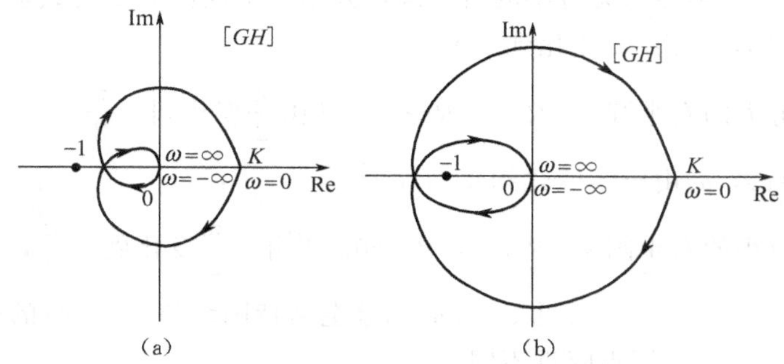

图 5-36　$v=0$ 时的开环奈奎斯特图

至此，虽然尚未与开环频率特性 $G(\mathrm{j}\omega)H(\mathrm{j}\omega)$ 直接联系起来，但结果已经很明显。由式（5-50）可以引出以下三点关系。

1）奈奎斯特围线 Γ 对 $F(s)$ 的映射可以由对 $G(s)H(s)$ 的映射求得，它们之间只相差一个右移单位。

2）Γ 在 $F(s)$ 平面上的映射围线，即 $1+G(s)H(s)$ 平面上对原点的包围，相当于 Γ 在 $G(s)H(s)$ 平面上的映射围线对 $(-1,\mathrm{j}0)$ 点的包围。把奈奎斯特围线 Γ 关于 $G(s)H(s)$ 的映射曲线 Γ' 称为奈奎斯特曲线，它实际上是系统开环频率特性极坐标图的扩展。映射围线对原点的包围次数 N 等于奈奎斯特曲线对（-1，j0）点的包围次数。

3）$F(s)$ 的极点就是 $G(s)H(s)$ 的极点，因此 $F(s)$ 在右半 s 平面的极点数 P 就是 $G(s)H(s)$ 的右极点数。

综上所述，得到虚轴上无开环极点时的奈奎斯特稳定判据：

若闭环系统在 s 右半平面上有 P 个开环极点，当 ω 从 $-\infty$ 变化到 $+\infty$ 时，奈奎斯特曲线 $G(\mathrm{j}\omega)H(\mathrm{j}\omega)$ 对（-1，j0）点的包围周数为 N（$N>0$ 为逆时针，$N<0$ 为顺时针），则系统在 s 右半平面上的闭环极点的个数为 $Z=P-N$，若 $Z=0$，则闭环系统稳定；否则不稳定。

奈奎斯特稳定判据又可叙述如下：若闭环系统有 P 个正实部的开环极点，当 ω 从 $-\infty$ 变化到 $+\infty$，闭环系统稳定的充要条件是奈奎斯特曲线逆时针方向包围（-1，j0）点 P 周，即 $N=P$。

例 5-5　两个开环稳定的系统，其奈奎斯特曲线如图 5-36 所示，判定闭环系统的稳定性。

解　系统开环稳定时，开环极点个数 $P=0$。

在图 5-36（a）中，ω 从 $-\infty$ 变化到 $+\infty$ 时，闭合的开环奈奎斯特曲线不包围（-1，j0）点，即 $N=0$，则闭环右极点个数为 $Z=P-N=0$，因此，该系统闭环稳定。

在图 5-36（b）中，闭合的开环奈奎斯特曲线顺时针包围（-1，j0）点 2 周，即 $N=-2$，则 $Z=P-N=0+2=2$，该系统在 s 右半平面上有两个闭环极点，所以闭环不稳定。

（2）虚轴上有开环极点时的奈奎斯特稳定判据 根据柯西幅角定理，s 平面奈奎斯特围线 Γ 上应当没有开环传递函数 $G(s)H(s)$ 的极点和零点，但实际控制系统的 $G(s)H(s)$ 中常常有积分环节，因而在 Γ 的路径上（s 平面的原点处）有极点，从而不能应用幅角定理。为了使奈奎斯特围线不经过原点而又能包围整个右半 s 平面，修正如下。

以原点为圆心作一半径为无穷小的右半圆，并用以下四段曲线构成奈奎斯特围线：

1）正虚轴 $s=\mathrm{j}\omega$，ω 由 0^+ 变化到 $+\infty$。

2）半径为无穷大的右半圆 $s=R\mathrm{e}^{\mathrm{j}\theta}$，$R\to\infty$，$\theta$ 由 $\dfrac{\pi}{2}$ 变化到 $-\dfrac{\pi}{2}$。

3）负虚轴 $s=\mathrm{j}\omega$，ω 由 $-\infty$ 变化到 0^-。

4）半径为无穷小的右半圆 $s=R'\mathrm{e}^{\mathrm{j}\theta'}$，$R'\to 0$。$\theta'$ 由 $-\dfrac{\pi}{2}$ 变化到 $+\dfrac{\pi}{2}$，如图 5-37 所示。

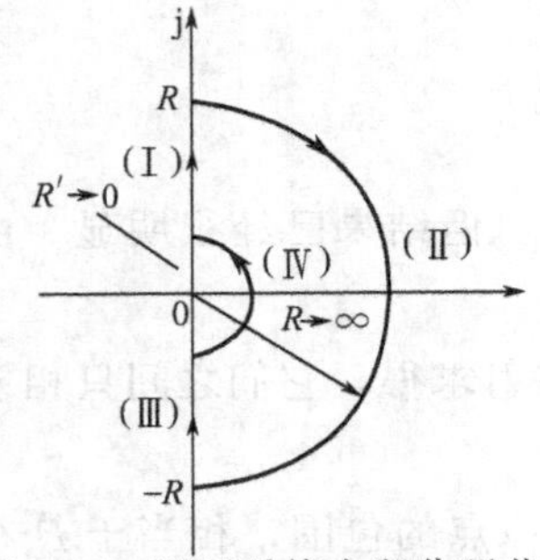

图 5-37 开环系统含积分环节的奈奎斯特围线

可见 $v\neq 0$ 时的奈奎斯特围线与 $v=0$ 时的奈奎斯特围线只在原点附近不同。

设开环系统的传递函数为

$$G(s)H(s)=\frac{K\prod_{j=1}^{m}(\tau_j s+1)}{s^v\prod_{i=1}^{n-v}(T_i s+1)} \qquad v\geqslant 1 \tag{5-52}$$

现在分析围线 Γ 在 GH 平面上的映射。

1）第Ⅰ段和第Ⅲ段，$s=\pm\mathrm{j}\omega$

$$G(s)H(s)\big|_{s=\mathrm{j}\omega}=|G(\mathrm{j}\omega)H(\mathrm{j}\omega)|\,\mathrm{e}^{\mathrm{j}\angle G(\mathrm{j}\omega)H(\mathrm{j}\omega)}$$

$$G(s)H(s)\big|_{s=-\mathrm{j}\omega}=|G(-\mathrm{j}\omega)H(-\mathrm{j}\omega)|\,\mathrm{e}^{\mathrm{j}\angle G(-\mathrm{j}\omega)H(-\mathrm{j}\omega)}=|G(\mathrm{j}\omega)H(\mathrm{j}\omega)|\,\mathrm{e}^{-\mathrm{j}\angle G(\mathrm{j}\omega)H(\mathrm{j}\omega)}$$

封闭围线 Γ 的第Ⅰ段在 GH 平面的映射正是前面所讲的 $\omega>0$ 时的开环频率特性的幅相曲线，而第Ⅲ段在 GH 平面的映射与第Ⅰ段的开环幅相曲线是关于实轴对称的。

2）当 s 在 Γ 的第Ⅱ段上运动时，它在 GH 平面的映射为一个点，即原点，原因如下。

$$G(s)H(s)\big|_{s=\lim\limits_{R\to\infty}R\mathrm{e}^{\mathrm{j}\theta}}=\frac{b_m s^m+b_{m-1}s^{m-1}+\cdots b_1 s+b_0}{a_n s^n+a_{n-1}s^{n-1}+\cdots+a_1 s+a_0}\Big|_{s=\lim\limits_{R\to\infty}R\mathrm{e}^{\mathrm{j}\theta}}=0\times\mathrm{e}^{-\mathrm{j}(n-m)\theta}\qquad(n>m)$$

3）第Ⅳ段半径为无穷小的右半圆

$$G(s)H(s)\big|_{s=\lim\limits_{R'\to\infty}R\mathrm{e}^{\mathrm{j}\theta}}=\lim_{R'\to 0}\frac{K}{R'^v}e^{-\mathrm{j}v\theta'}=\infty e^{-\mathrm{j}v\theta'}$$

θ' 由 $-\pi/2$ 变化到 $\pi/2$ 时，$-v\theta'$ 由 $v\pi/2\to 0\to -v\pi/2$，顺时针转动 $v\pi\mathrm{rad}$。

可见，第Ⅳ段半径为无穷小的右半圆在 GH 平面的映射为顺时针转动的无穷大圆弧，旋转的角度为 $v\pi\mathrm{rad}$。图 5-38 给出含有 1、2 和 3 个积分环节的奈奎斯特图。

综合以上三点：绘制奈奎斯特围线 Γ 的映射围线 Γ' 时，可以不必考虑 s 在无穷大半圆上变化时的情况，而认为 s 只在整个虚轴和原点或原点附近的小半圆上变化。需注意的是，若开环传递函数含有 v 个积分环节，ω 由 $-\infty\to\infty$，指的 ω 是由 $-\infty\to 0^-\to 0\to 0^+\to\infty$，此时，奈奎斯特曲线需要顺时针增补 $v\pi$ 角度的无穷大半径的圆弧。

虚轴上有开环极点时的奈奎斯特稳定判据：当 ω 由 $-\infty\to\infty$ 变化时，增补后的开环奈奎斯特曲线逆时针方向包围（-1，j0）点 P 周，当 $N=P$ 时，闭环系统稳定，否则不稳定。P 是开环传递函数正实部极点的个数。

考虑到 Γ' 曲线的对称性，在利用奈奎斯特图判别闭环系统稳定性时，为了简便起见，通常只绘制出 ω 从 $0\rightarrow0^+\rightarrow\infty$ 段的 $\frac{1}{2}\Gamma'$ 映射曲线，从而，$Z=P-2N$。N 是正频部分对应的奈奎斯特曲线包围（-1，j0）点的周数。虚轴上有开环极点时的奈奎斯特稳定判据又可表述如下：

闭环系统稳定的充要条件是：当 ω 由 $0\rightarrow0^+\rightarrow\infty$ 时，增补后的开环频率特性极坐标图按逆时针方向包围（-1，j0）点 $P/2$ 周，即 $N=P/2$。

因此使用奈奎斯特判据时，ω 由 $0\rightarrow0^+\rightarrow\infty$ 简称为 ω 由 $0\rightarrow\infty$。对于Ⅰ型以上的系统，需考虑 $0\rightarrow0^+$ 时与修正奈奎斯特围线的半径为无穷小的半圆上半部分相对应的曲线，否则可能出错。

例 5-6 三个系统开环传递函数的奈奎斯特图如图 5-38 所示，系统开环稳定，试判断三个闭环系统的稳定性。

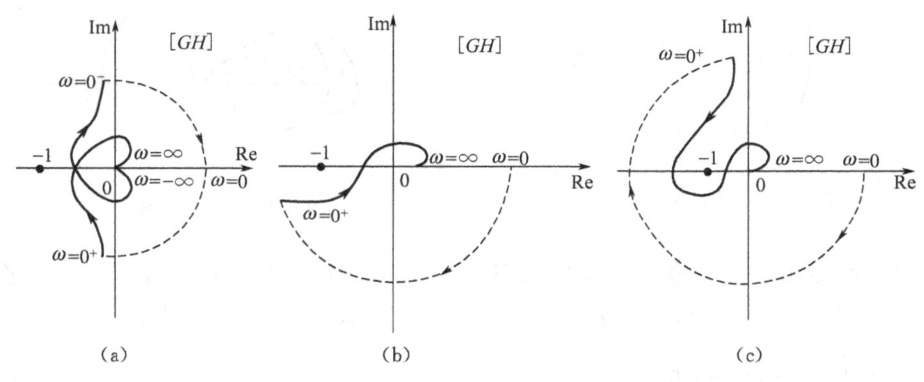

图 5-38 例 5-6 图

解 系统开环稳定，$P=0$，$P/2=0$。

在图 5-38（a）中，当 ω 由 $-\infty\rightarrow\infty$ 时，增补后的奈奎斯特曲线不包围（-1，j0）点，根据 $Z=P-N=0$ 或 $N=P$，所以该闭环系统稳定。

在图 5-38（b）、（c）中，当 ω 由 $0\rightarrow\infty$ 时，两个系统增补后的奈奎斯特图都不包围（-1，j0)点，即，$N=P/2=0$，所以两个闭环系统都稳定。其中图 5-38（c）中若不增补 $0\rightarrow0^+$ 对应的曲线，判别结果将出错。

(3) 利用穿越次数的奈奎斯特稳定判据 对于复杂的开环极坐标图，采用"包围周数"的概念判定闭环系统是否稳定比较麻烦，容易出错。开环频率特性轨迹包围（-1，j0）点，必然穿越 -1 到 $-\infty$ 这段负实轴。为了简化判定过程，引用正、负穿越的概念。正、负穿越的概念见图 5-39。如果开环极坐标图以逆时针方向包围（-1，j0）点一周，则此曲线必然从上向下穿越负实轴的（$-\infty$，-1）线段一次。由于这种穿越伴随着相角增加，故称为正穿越，表示为 N^+。反之，开环极坐标图按顺时针方向包围（-1，j0）点一周，则此曲线必然从下向上穿越负实轴的（$-\infty$，-1）线段一次。这种穿越伴随着相角减小，故称为负穿越，表示为N^-。由图5-36、图5-38可知，当ω变化时，开环极坐标图包围（-1，j0）点的周数正好等于极坐标图在（-1，j0）点左方正、负穿越负实轴次数之差，即$N=N^+-N^-$。

因此，利用穿越次数判定闭环系统稳定的充要条件是，当ω由$0\to\infty$时，开环奈奎斯特图在（-1，j0）点左方正、负穿越负实轴次数之差应为$P/2$，即$N=N^+-N^-=\dfrac{P}{2}$，或者$Z=P-2N=0$。P为开环传递函数正实部极点个数。

开环极坐标图还会出现一种情况，开环极坐标图起始于（或终止于）（-1，j0）点左侧的负实轴。其穿越的次数记为1/2次，称为半次穿越。若穿越方向为逆时针方向（从上向下）的，称为半次正穿越；若穿越方向为顺时针方向（从下向上），称为半次负穿越。

例5-7　系统开环传递函数有2个正实部极点，开环极坐标图如图5-40所示，闭环系统是否稳定？

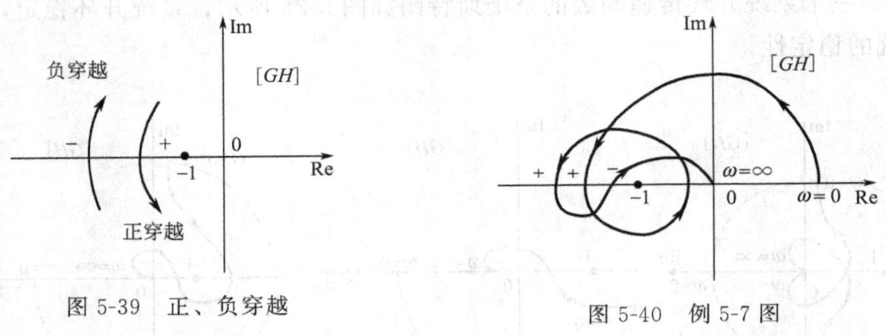

图5-39　正、负穿越　　图5-40　例5-7图

解　$P=2$，ω由$0\to\infty$变化，极坐标图在（-1，j0）点左方正负穿越负实轴次数之差是$N=N^+-N^-=2-1=1$，$Z=P-2N=2-2\times1=0$，所以闭环系统稳定。

5.6.3　对数频率稳定判据

在工程上，常用伯德图对控制系统进行分析和设计。把奈奎斯特稳定判据的条件直接“翻译”到伯德图上，应用伯德图来判别闭环系统的稳定性将更为方便。因此，对数频率稳定判据也称为伯德图在奈奎斯特稳定判据中的应用，是奈奎斯特稳定判据的另一种形式。

奈奎斯特图和相应的伯德图有如下的对应关系：

1）奈奎斯特图上的单位圆对应于伯德图上的0dB线，奈奎斯特图中单位圆以外的区域，对应于对数幅频特性中0dB线以上的区域。

2）奈奎斯特图上的负实轴对应于伯德图的$-180°$相位线。

奈奎斯特图在（-1，j0）点左方的正、负穿越在伯德图上的反映为：在$L(\omega)>0$dB的频段内，随着ω的增加，相频特性$\varphi(\omega)$曲线由下而上穿过$-180°$线，相位增加，称为正穿越。反之，相频特性$\varphi(\omega)$曲线由上而下穿越$-180°$线，相角减少，称为负穿越。

综上所述，对数频率稳定判据可表述如下：P为正实部的开环极点个数，Z为正实部闭环极点个数，当ω由$0\to\infty$变化时，在开环对数幅频特性大于0dB的所有频段内，增补后的相频特性曲线对$-180°$线的正、负穿越次数之差为N，即$N=N^+-N^-$，若$Z=P-2N=0$（$N=P/2$），闭环系统稳定，否则，闭环系统不稳定。

需要强调的是，当开环系统含有 v 个积分环节时，相频特性应增补 ω 由 $0\to0^+$ 部分的 $0°\to-90°v$ 线。

例 5-8　系统开环伯德图和开环正实部极点个数 P 如图 5-41 所示，判定闭环系统稳定性。

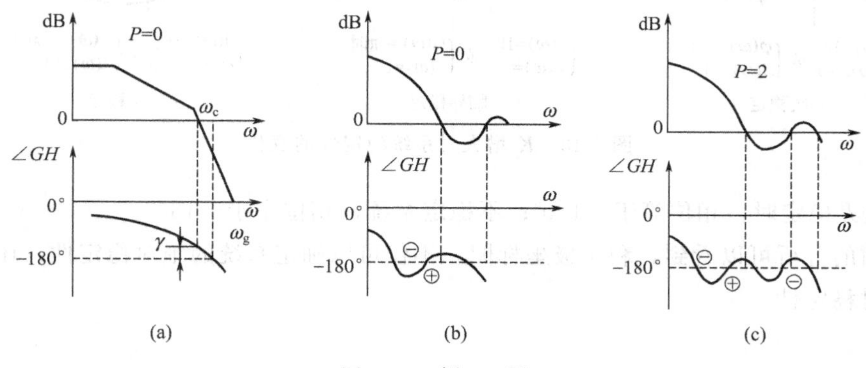

图 5-41　例 5-8 图

解　图 5-41（a）中，$P=0$，对数幅频特性 $L(\omega)>0$ 的频段内，相频特性曲线没有穿越 $-180°$ 线，$N=0$，$Z=P-2N=0$，故闭环系统稳定。

图 5-41（b）中，$P=0$，$P/2=0$，对数幅频特性 $L(\omega)>0$ 的所有频段内，相频特性曲线对 $-180°$ 线的正、负穿越次数之差为 $N=N^+-N^-=1-1=0$，$Z=P-2N=0$，故闭环系统稳定。

图 5-41（c）中，$P=2$，对数幅频特性 $L(\omega)>0$ 的所有频段内，相频特性曲线对 $-180°$ 线的正、负穿越次数之差 $N=N^+-N^-=1-2=-1$，$Z=P-2N=2-2\times(-1)=4$，故闭环系统不稳定。

例 5-9　某最小相位系统开环伯德图如图 5-42 所示，试判定闭环系统的稳定性。

解　由最小相位系统可知 $P=0$，$P/2=0$。由图形可知，该系统开环传递函数含有 2 个积分环节，且 $\omega\to0^+$ 时，$\varphi(0^+)\to-180°$；$\omega\to0$ 时，$\varphi(0)\to0°$。用虚线绘出相频特性的增补部分 $0°\to(-90°)\times2$。从增补后的伯德图看，在 $L(\omega)>0$dB 的频段内，相频特性对 $-180°$ 线有 1 次负穿越，即 $N=-1$，$Z=P-2N=2$，故闭环系统不稳定。

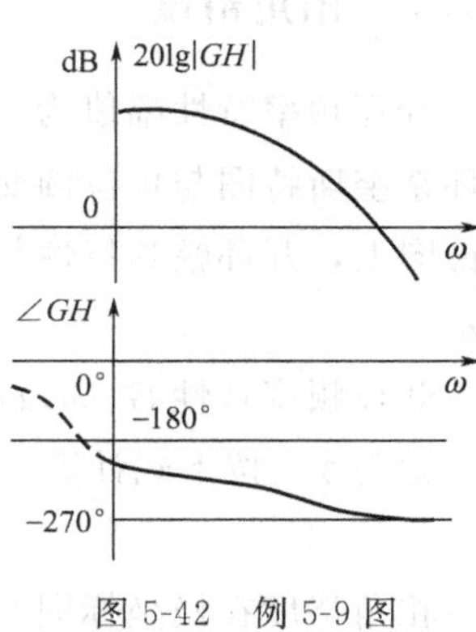

图 5-42　例 5-9 图

例 5-10　最小相位系统开环传递函数为

$$G(s)H(s)=\frac{K}{(T_1s+1)(T_2s+1)(T_3s+1)}$$

分析开环增益 K 大小对系统稳定性的影响（如图 5-43 所示）。

解　在图上可以看出，当 K 较小时极坐标图不包围（-1，j0）点，系统是稳定的；K 取临界值时，极坐标图穿过（-1，j0）点，系统是临界稳定的；当 K 再增大时，极坐标图包围了（-1，j0）点，系统不稳定。

从图上还可以看出，坐标图穿过单位圆时，即当模为 1 时，稳定系统，相位大于

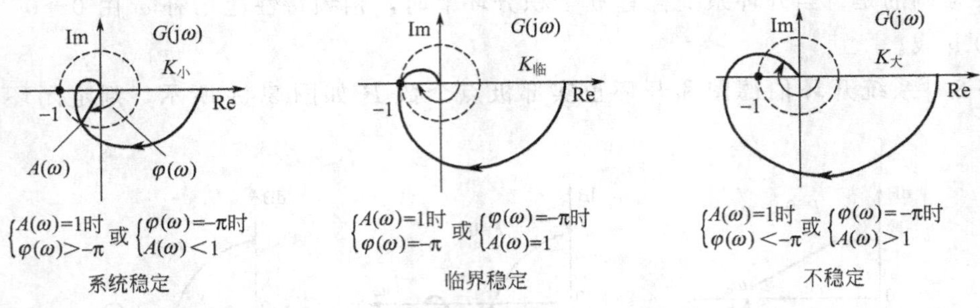

图 5-43　K 增大时系统稳定性的变化

−180°；临界稳定时，相位等于−180°；不稳定系统，相位小于−180°。

从上面的分析可以看到，利用极坐标图，不仅可以确定系统的绝对稳定性，还可以确定系统的相对稳定性。

5.7　控制系统的相对稳定性

前面介绍的稳定判据是分析系统是否稳定，称为绝对稳定性分析。对于实际的控制系统，不仅要求系统稳定，而且要求它具有足够的稳定程度或稳定裕度。确定系统的稳定裕度，称为相对稳定性分析。在稳定性研究中，(−1，j0) 是临界点，对于开环和闭环都稳定的系统，极坐标平面上的开环奈奎斯特图离 (−1，j0) 点越远，稳定裕度越大。一般采用相角裕度和幅值裕度来定量地表示相对稳定性。进一步分析和工程应用表明，系统的动态性能和稳定裕度的大小有着密切的关系，所以它们也是系统的动态性能指标。

5.7.1　相角裕度

开环频率特性幅值为 1 时所对应的角频率称为剪切频率，记为 ω_c。在极坐标平面上，开环奈奎斯特图与单位圆交点所对应的角频率就是剪切频率，如图 5-44 (a)、(b) 所示。在伯德图上，开环幅频特性与 0dB 线交点所对应的角频率就是剪切频率，如图 5-44 (c)、(d) 所示。

开环频率特性 $G(j\omega)H(j\omega)$ 在剪切频率 ω_c 处所对应的相角与−180°之差称为相角裕度，记为 γ。按下式计算

$$\gamma=\varphi(\omega_c)-(-180°)=180°+\varphi(\omega_c) \tag{5-53}$$

相角裕度在极坐标图和伯德图上的表示见图 5-44。

相角裕度的几何意义是：奈奎斯特图上，负实轴绕原点转到 $G(j\omega_c)H(j\omega_c)$ 重合时所转过的角度，逆时针转动为正，顺时针转动为负。开环奈奎斯特图正好通过 (−1，j0) 点时，称闭环系统是临界稳定的。相角裕度作为定量值指明了如果系统是稳定系统，那么系统的开环相频特性 $\varphi(\omega)$ 再减少多少度就不稳定了。

对于开环稳定的系统，欲使闭环系统稳定，其相角裕度必须为正，即 $\gamma>0$。一个良好的控制系统，通常要求 γ 在30°～60°之间。

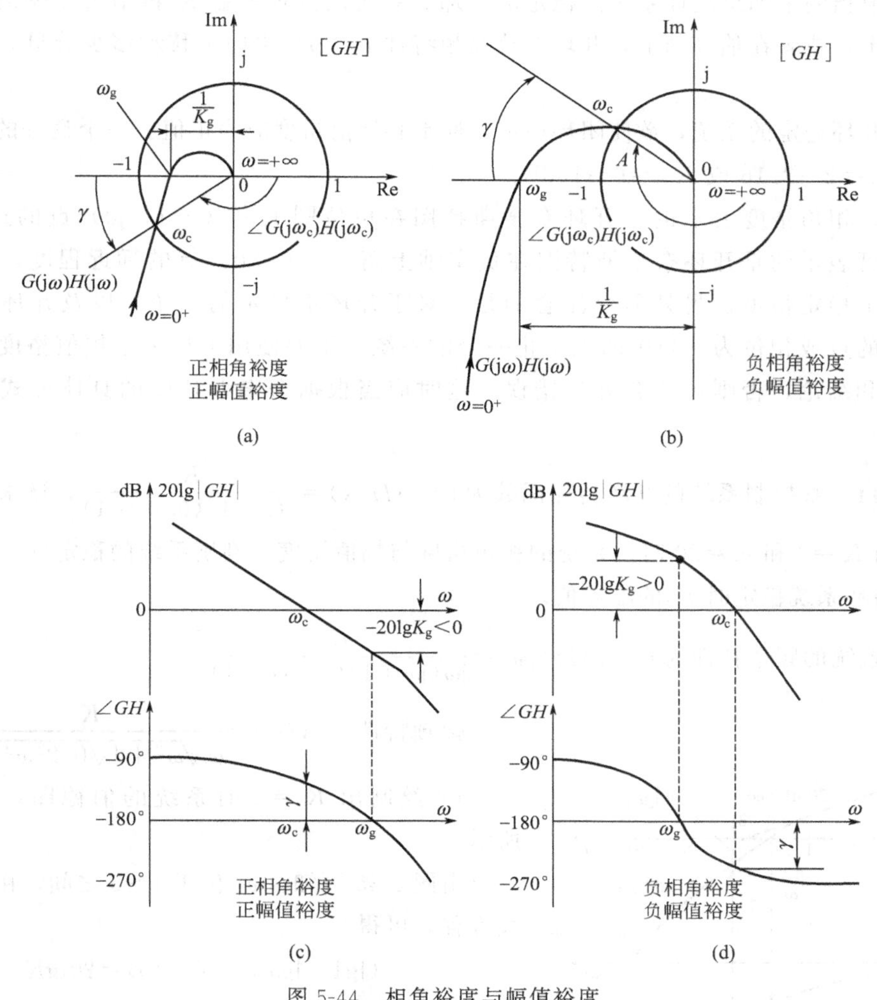

图 5-44　相角裕度与幅值裕度

5.7.2　幅值裕度

开环频率特性的相角等于−180°时所对应的角频率称为相角交越频率，记为 ω_g，即

$$\varphi(\omega_g)=-180^\circ \tag{5-54}$$

在 ω_g 处，幅值为 $A(\omega_g)$，增大 K_g 倍后为单位 1（穿过单位圆），即 $A(\omega_g)K_g=1$，称开环幅频特性幅值的倒数为控制系统的幅值裕度，记作

$$K_g=\frac{1}{|G(j\omega_g)H(j\omega_g)|}=\frac{1}{A(\omega_g)} \tag{5-55}$$

对式（5-54）两边取对数，得到幅值裕度为

$$20\lg K_g=-20\lg A(\omega_g)=-L(\omega_g) \tag{5-56}$$

若 $A(\omega_g)<1$ 则 $K_g>1$，$20\lg K_g>0\text{dB}$，称幅值裕度为正，反之称幅值裕度为负。如图 5-44 所示。

当开环放大系数变化而其他参数不变时，ω_g 不变但 $A(\omega_g)$ 变化。幅值裕度的含义是，作为定量值指明了如果闭环系统是稳定的，那么系统的开环增益 K 再增大多少倍系统就处于临界稳定，或者在伯德图上，开环对数幅频特性 $L_0(\omega)$ 再向上移动多少分贝，系统就不稳定了。

对于开环稳定的系统，欲使闭环稳定，通常其幅值裕度应为正值。一个良好的系统，一般要求 $K_g=2\sim3.16$ 或 $K_g=6\sim10\text{dB}$。

可见，相角裕度表示的是开环奈奎斯特图在单位圆上离（−1，j0）点的远近程度，而幅值裕度表示的是开环奈奎斯特图在负实轴上离（−1，j0）点的远近程度，不稳定的系统谈不上稳定裕度。另外需要注意的是，对于开环不稳定的系统，以及开环频率特性幅值为1的点或相位为−180°的点不止一个的系统，不要使用上述关于幅值裕度和相角裕度的定义和结论，否则可能会导致错误。这时应当根据奈奎斯特图的具体形式做适当的处理。

例 5-11 某控制系统的开环传递函数为 $G(s)H(s)=\dfrac{K}{s(s+1)(0.2s+1)}$，试求：

1）当 $K=2$ 和 $K=20$ 时，系统的相角裕度与幅值裕度，判别系统的稳定性。

2）闭环系统稳定时 K 的临界值。

解 系统的频率特性为 $G(\mathrm{j}\omega)H(\mathrm{j}\omega)=\dfrac{K}{\mathrm{j}\omega(\mathrm{j}\omega+1)(0.2\mathrm{j}\omega+1)}$

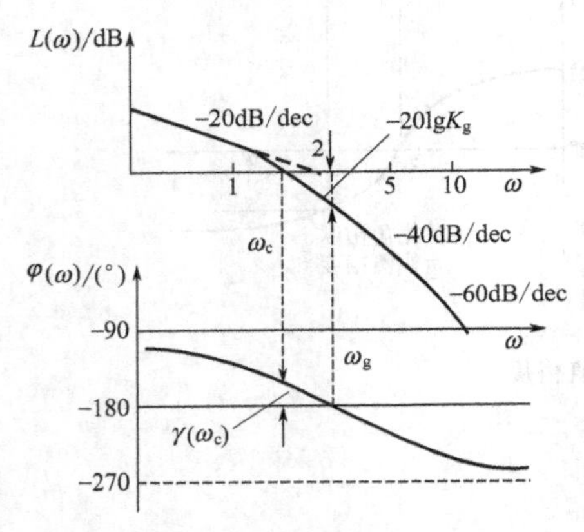

图 5-45 $K=2$ 时系统的伯德图

幅频特性为 $A(\omega)=\dfrac{K}{\omega\sqrt{\omega^2+1}\sqrt{0.2^2\omega^2+1}}$

1）绘制出 $K=2$ 时系统的伯德图，如图 5-45 所示。

由图 5-45 可知，ω_c 位于1～5之间，由该段的折线方程，可得

$$(\lg1-\lg\omega_c)\times(-40)=20\lg K$$

解得 $\omega_c=\sqrt{K}$。因此 $K=2$ 时，$\omega_c=\sqrt{2}$。

由于相角裕度

$$\begin{aligned}\gamma&=180°+\varphi(\omega_c)\\&=180°-90°-\arctan(\omega_c)-\arctan(0.2\omega_c)\end{aligned}$$

所以，当 $\omega_c=\sqrt{2}$ 时，$\gamma=90°-\arctan(\sqrt{2})-\arctan(0.2\times\sqrt{2})=19.5°$

再求 ω_g，由于 $\varphi(\omega_g)=-180°$，即 $-90°-\arctan(\omega_g)-\arctan(0.2\omega_g)=-180°$，整理得

$$90°-\arctan(\omega_g)=\arctan(0.2\omega_g)$$

等式两边取正切，可解得 $\omega_g=\sqrt{5}$。因此

$$A(\omega_g)=\frac{2}{\omega_g\sqrt{\omega_g^2+1}\sqrt{0.2^2\omega_g^2+1}}=\frac{1}{3}$$

$$K_g=\frac{1}{A(\omega_g)}=3，20\lg K_g=9.54\text{dB}$$

同理，当 $K=20$ 时，解得 $\omega_c=\sqrt{20}=4.47$，$\gamma=-29.2°$，$20\lg K_g=-10.46\text{dB}$。

可见，当 $K=2$ 时，$\gamma>0$，$20\lg K_g>0$，闭环系统稳定；当 $K=20$ 时，$\gamma<0$，$20\lg K_g<0$，闭环系统不稳定。

显然，如果系统开环放大倍数 K 选择的过大，就会对系统稳定性造成不利影响。减小 K 可使系统稳定裕度加大，但这样会使斜坡输入信号作用时的系统稳态误差增大。所以，工程上为了获得满意的系统动态过程，一般要求相角裕度 γ 在30°～60°之间，幅值裕度 $K_g>2$。同时，采取必要的校正措施，使系统兼顾稳态性能与动态性能的要求。

2）若相角裕度 $\gamma=0$ 时，系统处于临界稳定，即 $\gamma=180°+\varphi(\omega_c)=0°$，解得 $\omega_c=\omega_g=\sqrt{5}$，由 $\omega_c=\sqrt{K}$，求得闭环系统稳定的 K 的临界值为 $K=5$。

5.8　系统闭环频率特性与时域性能指标的关系

控制系统性能的优劣以性能指标来衡量。由于研究方法和应用领域的不同，性能指标有很多种，大体上可以归纳为两类：时域性能指标和频域性能指标。

时域性能指标包括静态性能指标和动态性能指标。静态性能指标包括稳态误差 e_{ss}、无差度 v 以及开环放大系数 K。动态性能指标包括过渡过程时间 t_s、上升时间 t_r、峰值时间 t_p、超调量 σ_p、振荡次数 N 等，常用的是 t_s 和 σ_p。

频域性能指标包括开环频域指标和闭环频域指标，如表 5-5 所示。开环频域指标有剪切频率 ω_c、相角裕度 γ、幅值裕度 K_g，常用的是 ω_c 和 γ。闭环频域指标有谐振角频率 ω_r、谐振峰值 M_r 和带宽频率 ω_b。虽然这些频域指标没有时域指标那样直观，但在二阶系统中，它们与时域指标有着确定的对应关系，在高阶系统中，也有着近似的对应关系。

根据开环频率特性来分析系统性能是控制系统分析和设计的一种主要方法，它的特点是简便实用。但在工程实际中，有时也需对闭环频率特性有所了解，并据此分析系统性能。

表 5-5　闭环系统的频域性能指标与时域暂态性能指标对照表

系统暂态响应特性	频域性能指标		时域暂态性能指标
	基于闭环频率特性	基于开环频率特性	
相对稳定性	谐振峰值 M_r	相角裕度 γ，幅值裕度 K_g，在剪切频率 ω_c 附近幅频曲线斜率为 −20dB/dec 频率宽度 h	超调量 σ_p，振荡次数 N
快速性	带宽频率 ω_b，谐振频率 ω_r	剪切频率 ω_c	调节时间 t_s，上升时间 t_r，峰值时间 t_p

5.8.1　闭环频率特性与频域性能指标

不失一般性，本节以单位负反馈系统作为讨论对象，介绍闭环频率特性的基本概念和二阶系统中闭环频域指标与时域指标的关系。设单位负反馈系统的开环传递函数为 $G(s)$，则闭环传递函数为 $\Phi(s)=\dfrac{G(s)}{1+G(s)}$

对应的闭环频率特性为

$$\Phi(j\omega)=\frac{G(j\omega)}{1+G(j\omega)}=A(\omega)e^{j\varphi(\omega)} \tag{5-57}$$

上式给出了闭环频率特性与开环频率特性的关系。如果已知 $G(j\omega)$ 曲线上的一点，便可由式（5-57）求得 Φ（jω）曲线上的一点，用这种方法可逐点绘制出闭环频率特性曲线。

控制系统的典型闭环幅频特性曲线如图 5-46 所示。衡量系统性能的闭环频率指标主要有以下内容。

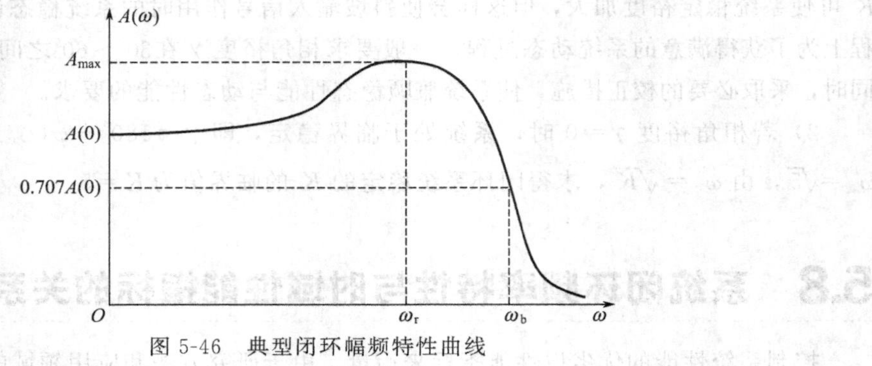

图 5-46　典型闭环幅频特性曲线

(1) 零频幅值 A(0)　$\omega=0$ 时的闭环幅频值称为零频幅值 $A(0)$。它表征了系统跟踪阶跃信号输入时的稳态精度。对于单位负反馈系统，设其开环传递函数为

$$G(s)=\frac{K\prod_{j=1}^{m}(\tau_j s+1)}{s^v\prod_{i=1}^{n-v}(T_i s+1)}=\frac{K}{s^v}G_0(s)$$

式中，v 为开环系统含有积分环节的个数，$\lim\limits_{s\to 0}G_0(s)=1$。

其闭环传递函数为　$\Phi(s)=\frac{G(s)}{1+G(s)}=\frac{KG_0(s)}{s^v+KG_0(s)}$

则其闭环频率特性为　$\Phi(\mathrm{j}\omega)=\frac{G(\mathrm{j}\omega)}{1+G(\mathrm{j}\omega)}=\frac{KG_0(\mathrm{j}\omega)}{s^v+KG_0(\mathrm{j}\omega)}$

当 $v=0$ 时　$$A(0)=\lim_{\omega\to 0}\left|\frac{KG_0(\mathrm{j}\omega)}{(\mathrm{j}\omega)^0+KG_0(\mathrm{j}\omega)}\right|=\frac{K}{1+K}<1 \tag{5-58}$$

$A(0)\neq 1$ 时，开环系统为 0 型，此时系统在阶跃信号作用下存在静差，即 $e_{ss}\neq 0$。$A(0)$越接近于 1（或者 0dB），说明 K 值越大，系统的稳态误差越小。

当 $v\geqslant 1$ 时　$$A(0)=\lim_{\omega\to 0}\left|\frac{KG_0(\mathrm{j}\omega)}{(\mathrm{j}\omega)^v+KG_0(\mathrm{j}\omega)}\right|=1 \tag{5-59}$$

$A(0)=1$ 时，此时开环系统为Ⅰ型及其以上的系统，此时系统在阶跃信号作用下没有静差，即 $e_{ss}=0$。

(2) 谐振频率 ω_r 和谐振峰值 $M_r=\frac{A_m}{A(0)}$　曲线的低频部分变化缓慢、平滑，随着频率的不断增加，曲线出现大于 $A(0)$ 的波峰，称这种现象为谐振。$A(\omega)$ 的最大值记为 A_m，对应的频率为谐振频率 ω_r。幅频特性最大值 A_m 与零频幅值 $A(0)$ 之比称为谐振峰值 $M_r=\frac{A_m}{A(0)}$。M_r 反映了系统的平稳性及稳定性，当 $v\geqslant 1$ 时，$A(0)=1$，即有 $M_r=A_m$。

(3) 带宽频率 ω_b　闭环幅频值 $A(\omega)$ 降到 $0.707A(0)$ 时对应的频率 ω_b 称为带宽频率，也称为闭环截止频率。频率范围 $0\leqslant\omega\leqslant\omega_b$ 称为系统的频带宽度，简称带宽。系统的带宽反映了系统复现输入信号的能力。带宽较宽，说明系统对高频信号的衰减小，跟踪变化信

号的能力强，即瞬态响应速度快。$\omega>\omega_r$，特别是 $\omega>\omega_b$ 后闭环幅频特性曲线以较大的陡度衰减至零，对高频信号有抑制作用。

综上所述，在已知系统稳定的条件下，可以根据系统的闭环幅频特性曲线，对系统进行定性分析。零频幅值 $A(0)$ 反映系统的稳态误差；谐振峰值 M_r 反映系统的平稳性；带宽频率 ω_b 反映系统的快速性；闭环幅频 $A(\omega)$ 在 ω_b 处的斜率反映系统抗干扰的能力。

5.8.2　二阶系统闭环频域指标与时域指标的关系

(1) 相对谐振峰值 M_r 与阻尼比 ξ、超调量 σ_p 的关系　二阶系统开环传递函数标准式为 $G(s)=\dfrac{\omega_n^2}{s(s+2\xi\omega_n)}$

对应的二阶系统闭环传递函数的标准式为 $\Phi(s)=\dfrac{C(s)}{R(s)}=\dfrac{\omega_n^2}{s^2+2\xi\omega_n s+\omega_n^2}\quad(0<\xi<1)$

对应的闭环频率特性为

$$\Phi(j\omega)=\frac{\omega_n^2}{(j\omega)^2+2\xi\omega_n(j\omega)+\omega_n^2}=\frac{\omega_n^2}{(\omega_n^2-\omega^2)+j2\xi\omega_n\omega}=A(\omega)e^{j\varphi(\omega)}$$

闭环幅频特性

$$A(\omega)=\frac{\omega_n^2}{\sqrt{(\omega_n^2-\omega^2)^2+(2\xi\omega_n\omega)^2}}\tag{5-60}$$

闭环相频特性

$$\varphi(\omega)=-\arctan\left(\frac{2\xi\omega_n\omega}{\omega_n^2-\omega^2}\right)\tag{5-61}$$

令 $\dfrac{dA(\omega)}{d\omega}=0$，求得谐振频率 ω_r 和谐振峰值 A_m 为

$$\omega_r=\omega_n\sqrt{1-2\xi^2}\quad\left(0\leqslant\xi\leqslant\frac{\sqrt{2}}{2}\right)\tag{5-62}$$

$$A_r=A_m=\frac{1}{2\xi\sqrt{1-\xi^2}}\quad\left(0\leqslant\xi\leqslant\frac{\sqrt{2}}{2}\right)\tag{5-63}$$

当 $\xi\geqslant\dfrac{\sqrt{2}}{2}$ 时，闭环幅频特性不出现谐振峰值，此时 $A_m=A(0)$。

开环传递函数中有一积分环节，$v=1$，因而其零频幅值 $A(0)=1$。此时，求得相对谐振峰值为

$$M_r=\frac{A_m}{A(0)}=\frac{1}{2\xi\sqrt{1-\xi^2}}\quad\left(0\leqslant\xi\leqslant\frac{\sqrt{2}}{2}\right)\tag{5-64}$$

由式 (5-64) 也可写出闭环幅频特性的相对谐振峰值 M_r 与阻尼比 ξ 的关系

$$\xi=\sqrt{\frac{1-\sqrt{1-\dfrac{1}{M_r^2}}}{2}}\quad(M_r\geqslant1)\tag{5-65}$$

根据二阶系统单位阶跃响应的超调量 σ_p 和阻尼比 ξ 的关系，即

$$\sigma_p=e^{-\frac{\xi\pi}{\sqrt{1-\xi^2}}}\times100\%$$

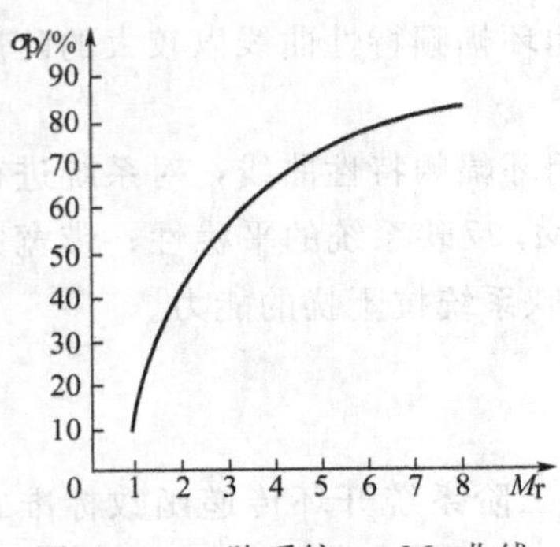

图 5-47 二阶系统 σ_p-M_r 曲线

确定相对谐振峰值 M_r 与二阶系统单位阶跃响应的超调量 σ_p 的关系为

$$\sigma_p = e^{-\pi\frac{\sqrt{M_r-\sqrt{M_r^2-1}}}{\sqrt{M_r+\sqrt{M_r^2-1}}}} \times 100\% \quad (M_r \geqslant 1) \tag{5-66}$$

由式（5-66）可以绘制由 M_r 确定的 σ_p 关系曲线，如图 5-47 所示。从图可见，$M_r=1.2\sim1.5$ 对应 $\sigma_p=20\%\sim30\%$。

由上述分析可见，对于二阶系统，当 $0\leqslant\xi\leqslant\frac{\sqrt{2}}{2}$时，幅频特性的谐振峰值 M_r 与系统阻尼比 ξ 具有单值对应关系，因而谐振峰值 M_r 和超调量 σ_p 一样，反映了系统的平稳性和相对稳定性。

(2) 闭环谐振频率 ω_r、带宽频率 ω_b 与调整时间 t_s 的关系 设 $A(0)=1$，根据 ω_b 的定义，有 $A(\omega_b)=\frac{\sqrt{2}}{2}A(0)=\frac{\sqrt{2}}{2}$，代入式（5-60），求得

$$\omega_b=\omega_n\sqrt{(1-2\xi^2)+\sqrt{2-4\xi^2+4\xi^4}} \tag{5-67}$$

二阶系统单位阶跃响应的调整时间 $t_s=\frac{3\sim4}{\xi\omega_n}$（$\Delta=5\%\sim2\%$）

二阶系统调节时间 t_s 与谐振频率 ω_r、带宽频率 ω_b 的关系为

$$t_s=\frac{3\sim4}{\omega_r}\times\frac{\sqrt{1-2\xi^2}}{\xi} \tag{5-68}$$

$$t_s=\frac{3\sim4}{\omega_b}\times\frac{\sqrt{(1-2\xi^2)+\sqrt{2-4\xi^2+4\xi^4}}}{\xi} \tag{5-69}$$

由以上两式可见，在 ξ 或者 M_r、σ_p 一定的情况下，ω_b 或者 ω_r 越大，t_s 就越小。因此，ω_b、ω_r 表征了控制系统的响应速度。在一般情况下，为提高系统的响应速度，要求系统具有较宽的带宽。但从抑制噪声角度来看，系统的带宽又不宜过宽。通常，在设计控制系统过程中，需在上述两个相互矛盾的方面折中考虑。

综上分析可见，二阶系统的闭环频域指标 M_r、ω_r 和 ω_b，与时域暂态性能指标 σ_p 和 t_s 之间具有确定的对应关系，如图 5-48 所示。

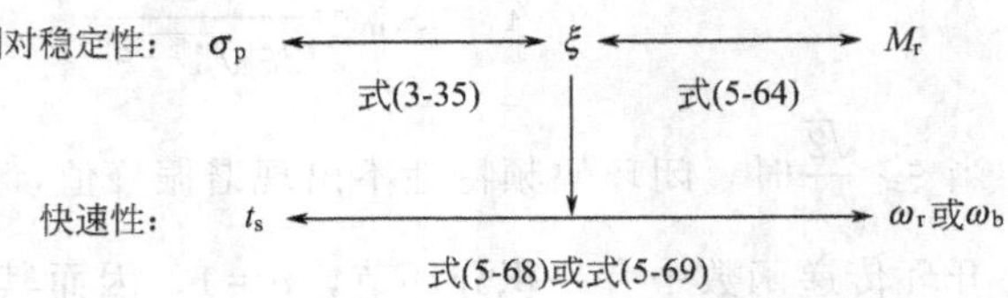

图 5-48 二阶闭环频域指标与时域指标的对应关系

5.9 系统开环频率特性与时域性能指标的关系

5.9.1 开环幅频特性“三频段”与闭环系统性能的关系

频率特性法的主要特点之一是，根据系统的开环频率特性分析闭环系统的性能。对最小相位系统进行分析时，通常只要关注其对数幅频特性。一般，将开环幅频特性分成低频、中频和高频。三个频段的划分不是很严格的。一般来说，第一个转折频率以前的部分称为低频

段，穿越频率 ω_c 附近的区段称为中频段，中频段以后的部分（$\omega > 10\omega_c$）称为高频段，为便于说明，给出某系统开环幅频特性如图 5-49 所示。为了分析方便，又不失一般性，在本节的讨论中均以单位负反馈系统作为讨论对象。下面分析各频段与系统性能之间的关系。

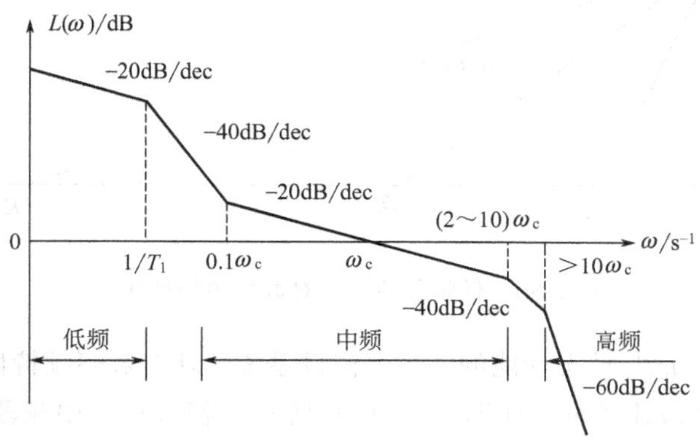

图 5-49　某系统开环幅频特性图

(1) 低频段与系统稳态性能的关系　低频段是指开环对数幅频特性曲线在第一个交接频率以前的区段，这一段的特性主要由积分环节 v 和开环增益 K 决定。设某单位反馈系统的传递函数为

$$G(s)=\frac{K\prod_{j=1}^{m}(\tau_j s+1)}{s^v\prod_{i=1}^{n-v}(T_i s+1)}\quad (n\geqslant m)$$

则当 $\omega\to 0$ 时（$s\to 0$），低频段的数学模型可近似表示为 $G(s)=\frac{K}{s^v}$，对应的频率特性为 $G(\mathrm{j}\omega)=\frac{K}{(\mathrm{j}\omega)^v}$。低频段的对数幅频特性为

$$L(\omega)=20\lg A(\omega)=20\lg\frac{K}{\omega^v}=20\lg K-v\times 20\lg\omega \tag{5-70}$$

低频段的开环对数幅频特性曲线如图 5-50 所示，渐近直线斜率与系统型别有关，斜率为 $-v\times 20\text{dB/dec}$。斜率为 0dB/dec 的直线对应 0 型系统，斜率为 -20dB/dec 的直线对应Ⅰ型系统，斜率为 -40dB/dec 的直线对应Ⅱ型系统。同时，$L(\omega)$ 低频渐近线（或其延长线），在 $\omega=1$ 处的纵坐标值为 $20\lg K$，K 对应系统的静态误差系数，从数值上看，低频渐近线（或其延长线）交于 0dB 线处的频率值 ω_0 和开环增益 K 的关系为 $K=\omega_0^v$，或者 $\omega_0=\sqrt[v]{K}$。

若已知低频段的开环对数幅频特性曲线，则很容易得到 K 值和积分环节个数 v，所以低频段的频率特性决定了系统的稳态性能。对数幅频特性曲线的位置越高，说明开环增益 K 越大；低频渐近线斜率越负，说明积分环节数越多，均表明系统稳态性能越好。

(2) 中频段与系统动态性能的关系　中频段是指开环对数幅频特性曲线在截止频率 ω_c 附近的频段，即 $L(\omega)$穿过 0dB 线的频段。中频段反映了系统动态响应的平稳性和快速性，即系统的动态性能。下面在假定闭环系统稳定的条件下，对中频段斜率分别为 -20dB/dec 和 -40dB/dec 两种情况及其动态特性进行分析。

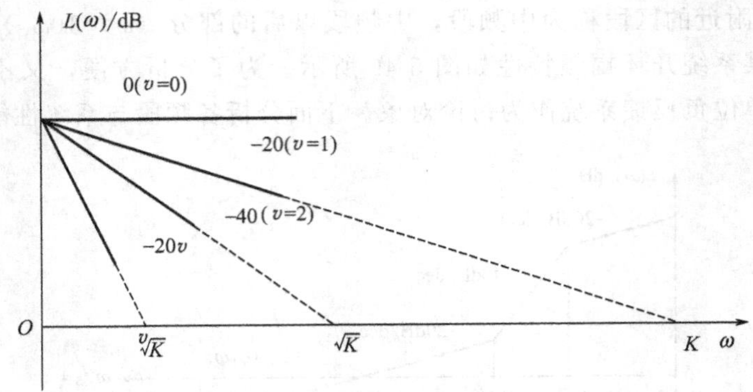

图 5-50　低频段的开环对数幅频特性曲线

1）幅值穿越频率 ω_c 与动态性能的关系　假设系统开环对数幅频特性曲线的中频段斜率为 −20dB/dec，且占据频段比较宽，如图 5-51（a）所示。若只从与中频段相关的平稳性和快速性来考虑，可近似认为整个曲线是一条斜率为 −20dB/dec 的直线。其对应的开环传递函数为

$$G(s)\approx\frac{K}{s}=\frac{\omega_c}{s}$$

闭环传递函数为
$$\Phi(s)=\frac{G(s)}{1+G(s)}=\frac{\frac{\omega_c}{s}}{1+\frac{\omega_c}{s}}=\frac{1}{\frac{1}{\omega_c}s+1}\tag{5-71}$$

这相当于一阶系统。其阶跃响应按指数规律变化，无振荡。

调节时间
$$t_s\approx3T=\frac{3}{\omega_c}$$

可见，在一定条件下，ω_c 越大，t_s 就越小，系统响应也就越快，既穿越频率 ω_c 反映了系统响应的快速性。

2）中频段的斜率与动态性能的关系　假设系统开环对数幅频特性曲线的中频段斜率为 −40dB/dec，且占据频段较宽，如图 5-51（b）所示。同理，可近似认为整个曲线是一条斜率为 −40dB/dec 的直线。其开环传递函数

$$G(s)\approx\frac{K}{s^2}=\frac{\omega_c^2}{s^2}$$

闭环传递函数为
$$\Phi(s)=\frac{G(s)}{1+G(s)}=\frac{\frac{\omega_c^2}{s^2}}{1+\frac{\omega_c^2}{s^2}}=\frac{\omega_c^2}{s^2+\omega_c^2}\tag{5-72}$$

可见，系统含有一对闭环共轭纯虚根 $\pm j\omega_c$，这相当于无阻尼二阶系统，系统处于临界稳定状态。

综上所述，开环对数幅频特性过 ω_c 的中频段斜率最好为 −20dB/dec，而且期望其长度尽可能长些，以确保系统具有足够的相角裕度。如果过 ω_c 的中频段斜率为 −40dB/dec，中频段占据的频率范围不宜过长，否则平稳性和快速性变差，即便稳定，裕度也不大。可进一步推知，若以 −60dB/dec 或更负的斜率穿越 ω_c，则系统难以稳定。故通常取中频段斜率为 −20dB/dec，且具有一定的中频宽，以期得到满意的平稳性，并通过提高 ω_c 来保证系统的快速性。

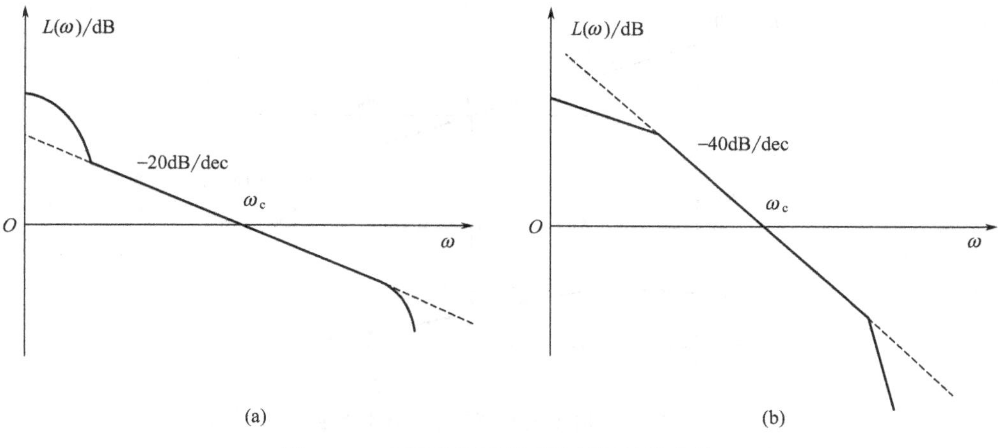

图 5-51 中频段的开环对数幅频特性曲线

(3) 高频段与抑制干扰 高频段是指开环对数幅频特性曲线在中频段以后的频段（一般 $\omega>10\omega_c$）。开环对数幅频特性在高频段的幅值，直接反映了系统对输入端高频干扰信号的抑制能力。

在开环幅频特性的高频段，一般 $L(\omega)=20\lg|G(j\omega)|\ll 0$，即 $|G(j\omega)|\ll 1$，故有

$$|\Phi(j\omega)|=\frac{|G(j\omega)|}{|1+G(j\omega)|}\approx|G(j\omega)| \tag{5-73}$$

可见，闭环幅频特性与开环幅频特性近似相等。因此，开环幅频特性高频段的分贝值越低，表明闭环系统对高频信号的抑制能力越强，即系统的抗干扰能力越强。高频段的转折频率对应着系统的小时间常数，因而对系统动态性能的影响不大。

应当指出，系统开环对数幅频特性的三个频段的划分并没有严格的确定准则，但是三频段的概念为直接运用开环特性判别稳定的闭环系统的动态性能指出了原则和方向。

5.9.2 二阶系统开环频率特性与时域性能指标的关系

典型二阶系统的开环传递函数为 $G(s)=\dfrac{\omega_n^2}{s(s+2\xi\omega_n)}$

系统的开环频率特性为 $$G(j\omega)=\frac{\omega_n^2}{j\omega(j\omega+2\xi\omega_n)}$$

幅频特性为 $$A(\omega)=\frac{\omega_n^2}{\omega\sqrt{\omega^2+(2\xi\omega_n)^2}}$$

相频特性为 $$\varphi(\omega)=-90^\circ-\arctan\frac{\omega}{2\xi\omega_n}$$

二阶系统的开环对数频率特性曲线如图 5-52 所示。在时域分析法中，二阶系统的性能分析中主要是用超调量 σ_p 来衡量系统的平稳性，用调节时间 t_s 来衡量系统的快速性。而在频率特性法中，常用相角裕度 γ 来衡量系统的相对稳定性，用穿越频率 ω_c 来反映系统的快速性。下面来分析它们之间的关系。

(1) 相角裕度 γ 和超调量 σ_p 之间的关系 计算二阶系统的剪切频率 ω_c，令

$$A(\omega_c)=\frac{\omega_n^2}{\omega_c\sqrt{\omega_c^2+(2\xi\omega_n)^2}}=1$$

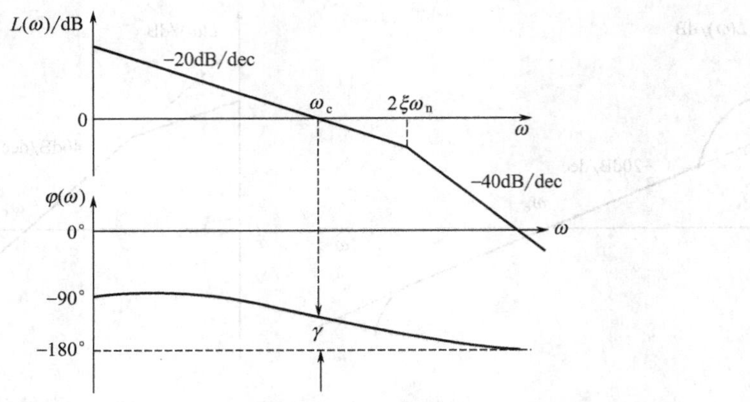

图 5-52 二阶系统开环对数频率特性曲线

即
$$\omega_c^4+4\xi^2\omega_n^2\omega_c^2-\omega_n^4=0$$

求得
$$\omega_c=\omega_n\sqrt{\sqrt{1+4\xi^4}-2\xi^2} \tag{5-74}$$

相角裕度
$$\gamma=180°+\varphi(\omega_c)=180°-90°-\arctan\left(\frac{\omega_c}{2\xi\omega_n}\right)$$
$$=\arctan\left(\frac{2\xi\omega_n}{\omega_c}\right)$$
$$=\arctan\left(\frac{2\xi}{\sqrt{\sqrt{1+4\xi^4}-2\xi^2}}\right) \tag{5-75}$$

可见，对于典型二阶系统，相角裕度 γ 只与系统的阻尼比 ξ 有关，它们之间的关系曲线如图 5-53 所示。从曲线可知，ξ 越大，则 γ 越大，系统的平稳性及相对稳定性越高。当 $0<\xi<0.707$ 时，即有

$$\xi=0.01\gamma \tag{5-76}$$

当 $\gamma=30°\sim60°$时，$\xi=0.3\sim0.6$，相应的超调量 $\sigma_p=37\%\sim9.5\%$。

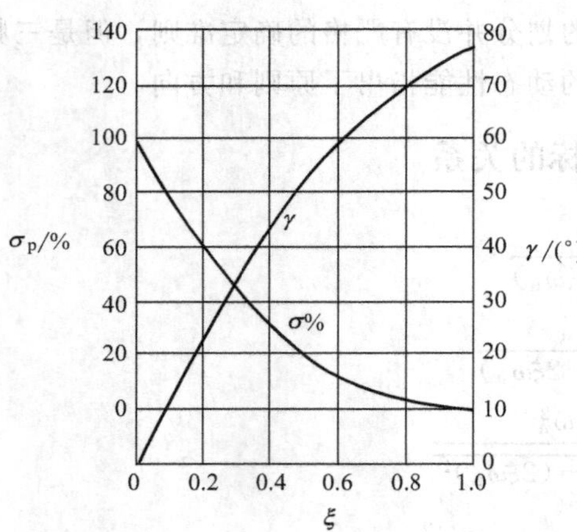

图 5-53 γ 与 ξ 之间，σ_p 与 ξ 之间的关系曲线

在时域分析中，典型二阶系统的超调量 σp 和阻尼比 ξ 的关系为

$$\sigma_p=e^{\frac{-\xi\pi}{\sqrt{1-\xi^2}}}\times100\%$$

σp、γ 与 ξ 之间的关系曲线如图 5-53 所示。开环频域指标相角裕度 γ 与时域指标超调量 σ_p 具有单值对应关系。相角裕度 γ 越大，阻尼比 ξ 越大，超调量 σ_p 越小，暂态响应的相对稳定性越好。故可用相角裕度 γ 来表征系统暂态响应的相对稳定性。

(2) 剪切频率 ω_c、相角裕度 γ 与调节时间 t_s 的关系 二阶时域分析系统中调节时间

$$t_s=\frac{3\sim4}{\xi\omega_n}$$

将式 (5-74) 所给出的 ω_c、ω_n 与 ξ 间的关系式代入上式中，得

$$t_s=\frac{(3\sim4)}{\omega_c}\frac{\sqrt{\sqrt{1+4\xi^4}-2\xi^2}}{\xi} \tag{5-77}$$

再将式（5-77）代入式（5-75）中，得

$$t_s=\frac{(6\sim8)}{\omega_c}\frac{1}{\tan\gamma} \tag{5-78}$$

由上式可知，调节时间 t_s 与 ω_c、γ 有关。$\omega_c t_s$ 与相角裕度 γ 成反比；在 γ 不变时，剪切频率 ω_c 越高，调节时间 t_s 越短，系统的响应速度越快。故可用剪切频率 ω_c 来表征系统暂态响应的快速性。

综上分析可见，二阶系统的开环频域指标 γ、ω_c，与时域暂态性能指标 σ_p、t_s 之间具有确定的对应关系，如图 5-54 所示。

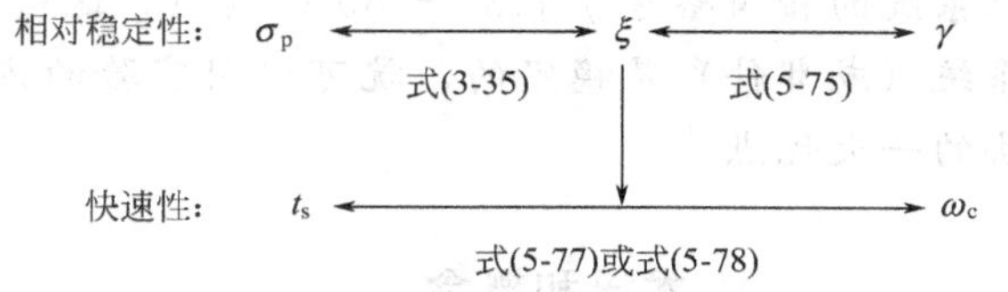

图 5-54　二阶开环频域指标与时域暂态指标的对应关系

5.9.3　高阶系统频率特性与时域性能指标的关系

二阶系统频域指标与时域指标有确定的单值对应关系，应用频率特性分析二阶系统的暂态特性是准确的。对于高阶系统，闭环频域特性的相对谐振峰值 M_r、谐振频率 ω_r、带宽 ω_b，开环频域特性的相角裕度 γ、剪切频率 ω_c 与时域特性的阻尼比 ξ（超调量 σ_p）、响应时间 t_s 的关系极为复杂，无法建立它们之间的准确解析关系。如果闭环系统的极点中，有一对复数极点构成主导极点，则可以根据二阶系统的计算公式，用闭环频域指标 M_r、ω_b、ω_r，开环频域指标 γ、ω_c，求出闭环系统的时域指标 σ_p、t_s。对于不能近似视为二阶系统的高阶系统，一般情况下，采用下面的经验公式近似表示高阶系统性能指标之间的关系。

$$M_r=\frac{1}{\sin\gamma}\ (\xi=0.01\gamma) \tag{5-79}$$

$$\sigma_p=0.16+0.4(M_r-1)=0.16+0.4\left(\frac{1}{\sin\gamma}-1\right)\quad (0\leqslant M_r\leqslant 1.8) \tag{5-80}$$

$$t_s=\frac{\pi}{\omega_c}\left[2+1.5(M_r-1)+2.5(M_r-1)^2\right]\quad (0\leqslant M_r\leqslant 1.8) \tag{5-81}$$

或

$$t_s=\frac{4\sim9}{\omega_c}$$

由上面这些近似关系不难看出，高阶系统的频域指标与时域指标之间的定性关系和变化趋势，与二阶系统相类似。式（5-79）表明，若系统的相角裕度 γ 较小，则阻尼比较小，谐振峰值 M_r 较大，系统容易振荡；当 $\gamma=0$ 时，则 $M_r\to\infty$，系统便处于不稳定的边缘。式（5-80）表明，系统暂态响应的超调量 σ_p 随着谐振峰值 M_r 的增大而增大。式（5-81）表明，系统暂态响应的调节时间 t_s，随着 M_r 的增大而拉长；并且 t_s 与剪切频率 ω_c 成反比。

小　结

频率特性是线性系统（或部件）在正弦输入信号作用下的稳态输出与输入之比。它和传递函数、微分方程一样能反映系统的动态性能，因而它是线性系统（或部件）的又一形式的数学模型。

传递函数的极点和零点均在 s 平面左方的系统称为最小相位系统。由于这类系统的幅频特性和相频特性之间有着唯一的对应关系，因而只要根据它的对数幅频特性曲线就能写出对应系统的传递函数。

奈奎斯特稳定判据是根据开环频率特性曲线围绕（-1，j0）点的周数（即 N 等于多少）和开环传递函数在 s 右半平面的极点数 p 来判别对应闭环系统的稳定性的。这种判据能从图形上直观地看出参数的变化对系统性能的影响，并提示改善系统性能的信息。

考虑到系统内部参数和外界环境变化对系统稳定性的影响，要求系统不仅能稳定地工作，而且还需有足够的稳定裕度。稳定裕度通常用相角裕量 γ 和幅值裕度 K_g 来表示。在控制工程中，一般要求系统的相角裕量 γ 在30°～60°范围内，这是十分必要的。

只要被测试的线性系统（或部件）是稳定的，就可以用实验的方法来估计它们的数学模型。这是频率响应法的一大优点。

术语和概念

傅里叶变换（Fourier transform）：从时间函数 $f(t)$ 到频率函数 $F(\omega)$ 的变换。

频率响应（frequency response）：系统对正弦输入信号的稳态响应。

频率特性函数（transfer function in the frequency domain）：当输入为正弦信号时，输出的傅里叶变换与输入的傅里叶变换之比，常记为 $G(\mathrm{j}\omega)$，简称频率特性或频率响应。该信号也可以为任意的非周期信号。

极坐标图（polar plot）：$G(\mathrm{j}\omega)$ 的实部和虚部的关系图，亦称为幅相特性曲线或奈奎斯特图。

分贝（decibel，dB）：对数增益的度量单位。

对数幅频（logarithmic magnitude）：频率特性幅值的对数，即 $20\lg|G(\mathrm{j}\omega)|$，其中，$G(\mathrm{j}\omega)$ 为频率特性函数。

伯德图（Bode digram）：频率特性的对数幅值和对数频率 ω 之间的关系图以及频率特性的相角与对数频率 ω 之间的关系图。

对数坐标图（logarithmic plot）：即伯德图（Bode digram）。

幅值穿越频率（gain crossover frequency）：幅频特性为 1 或伯德图幅频特性穿过 0dB 线时所对应的频率。

转折频率（corner frequency）：由于零点或极点的影响，对数幅频特性渐近线的斜率发生变化时的对应频率。转折频率又称为交接频率。

最小相位（minimum phase）：传递函数的所有零点和极点都在左半 s 平面，但可包括原点的零极点。

非最小相位（nonminimum phase）：传递函数有右半 s 平面或 $\mathrm{j}\omega$ 轴的极点或零点，当 s 从 0 变化到 $+\infty$ 时，它总有更大的相位变化。

幅角原理（principle of the argument）：如果闭合曲线沿顺时针方向包围复变函数 $F(s)$ 的 Z 个零点和 P 个极点，那么对应的 $F(s)$ 平面上的映射曲线将沿逆时针方向包围 $F(s)$ 平面的原点 $N=Z-P$（圈），也称为柯西（Cauchy）定理。

奈奎斯特稳定判据（Nyquist stability criterion）：如果系统的开环传递函数 $G(s)$ 在右半 s 平面的极点数为零，那么闭环控制系统稳定的充要条件为 $G(s)$ 平面上的映射曲线不包围或净包围（−1，j0）零圈。

如果系统的开环传递函数 $G(s)$ 在右半 s 平面有 P 个极点，那么闭环控制系统稳定的充要条件为 $G(s)$ 平面上的映射曲线逆时针方向包围（−1，j0）点 P 圈。

相角裕度（phase margin）：$G(s)$ 在 s 平面上的奈奎斯特映射曲线绕原点旋转到使它的单位幅值点与（−1，j0）点重合，导致闭环系统变为临界稳定时所需的相角移动量。

幅值裕度（gain margin）：使系统达到临界稳定所需的系统增益的放大倍数。

谐振频率（resonant frequency）：由共轭复极点引起的，闭环频率响应取得最大幅值时所对应的频率，用 ω_r 表示。

频率响应的最大值（maximum value of the frequency response）：由复极点对引起，出现在谐振频率点上的响应峰值，又称为谐振峰值 M_r。

带宽（bandwidth，BW）：从低频开始到频率响应的对数幅值下降 3dB 所对应的频率范围，表示为 BW 或 ω_b。

对数幅相特性图（Nichols Chart）：以相角为横坐标，对数幅值为纵坐标的开环频率特性 $G(j\omega)$ 和闭环频率特性 $M(j\omega)$ 曲线。

控制与电气学科世界著名学者——奈奎斯特

奈奎斯特（1889—1976）是美国物理学家，1917 年获得耶鲁大学哲学博士学位，曾在美国电信 AT&T 公司与贝尔实验室任职。

他总结的奈奎斯特采样定理是信息论、特别是通信与信号处理学科中的一个重要基本结论。1932 年奈奎斯特发表了著名的“奈奎斯特判据”（Nyquist criteion）的论文。“奈奎斯特判据”现在仍是自动控制理论方面一个主要的理论工具之一，影响深远。奈奎斯特在担任贝尔电话实验室的工程师的期间，在热噪声（Johnson-Nyquist noise）和反馈放大器稳定性方面做出了巨大的贡献。

奈奎斯特为近代信息理论做出了突出贡献，为后来香农的信息论奠定了基础。

习　题

5-1　设一单位反馈控制系统的开环传递函数为 $G(s)=\dfrac{9}{s+1}$，试求系统在下列输入信号作用下的稳态输出。

(1) $r(t)=\sin(t+30°)$　　(2) $r(t)=2\cos(2t+45°)$

5-2　画出下列传递函数的奈奎斯特图。这些曲线是否穿越复平面的负实轴？若穿越，则求出与负实轴交点的频率及相应的幅值 $|G(j\omega)|$。

(1) $G(s)=\dfrac{1}{s(1+s)(1+2s)}$　　(2) $G(s)=\dfrac{1}{s^2(1+s)(1+2s)}$

(3) $G(s)=\dfrac{s+2}{(s+1)(s-1)}$

5-3 画出下列开环传递函数对应的伯德图。

(1) $G(s)=\dfrac{10}{s(1+0.5s)(1+0.1s)}$ (2) $G(s)=\dfrac{75(1+0.2s)}{s(s^2+16s+100)}$

5-4 绘制下列传递函数的对数幅频特性图。

(1) $G(s)=\dfrac{1}{s(s+1)(2s+1)}$ (2) $G(s)=\dfrac{250}{s(s+5)(s+15)}$

(3) $G(s)=\dfrac{250(s+1)}{s^2(s+5)(s+15)}$ (4) $G(s)=\dfrac{500(s+2)}{s(s+10)}$

(5) $G(s)=\dfrac{2000(s-6)}{s(s^2+4s+20)}$ (6) $G(s)=\dfrac{2000(s+6)}{s(s^2+4s+20)}$

(7) $G(s)=\dfrac{2}{s(0.1s+1)(0.5s+1)}$ (8) $G(s)=\dfrac{2s^2}{(0.04s+1)(0.4s+1)}$

(9) $G(s)=\dfrac{50(0.6s+1)}{s^2(4s+1)}$ (10) $G(s)=\dfrac{7.5(0.2s+1)(s+1)}{s(s^2+16s+100)}$

5-5 已知最小相位系统的开环对数幅频特性曲线如习题 5-5 图所示，试写出它们的传递函数。

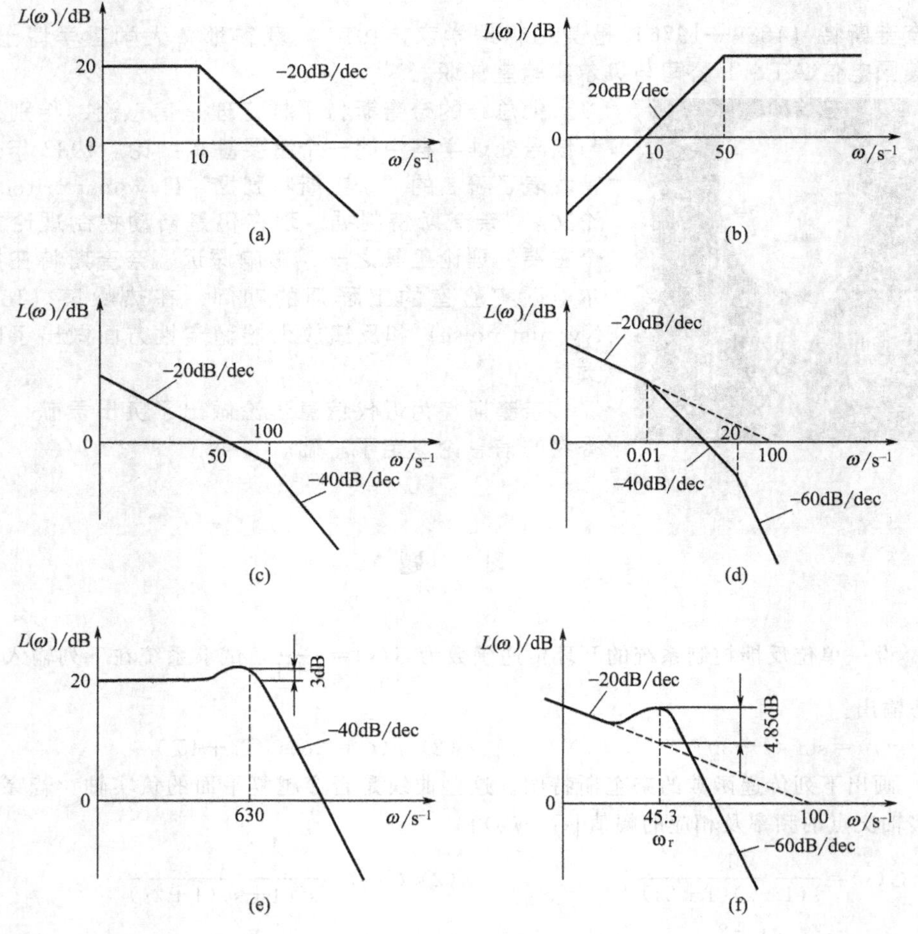

习题 5-5 图

5-6　已知三个最小相位系统的开环对数幅频渐近线如习题 5-6 图所示。试求：(1) 写出它们的传递函数；(2) 粗略地画出每一个传递函数所对应的对数相频特性曲线和奈奎斯特图。

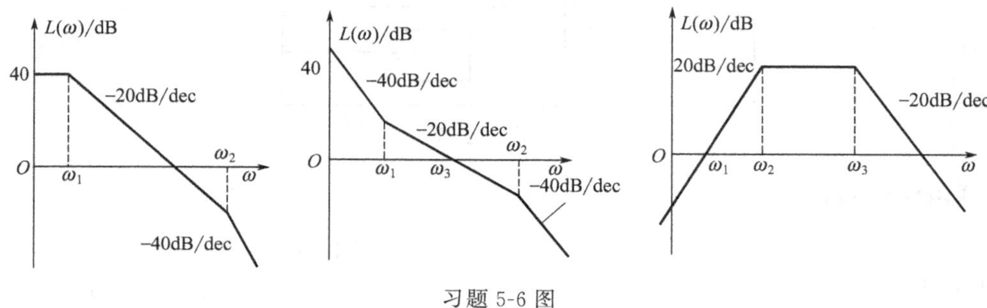

习题 5-6 图

5-7　用奈奎斯特判据判别下列开环传递函数对应的闭环系统的稳定性。如果系统不稳定，问有几个根在 s 平面的右方：

(1) $G(s)H(s)=\dfrac{1+4s}{s^2(1+s)(1+2s)}$　　　(2) $G(s)H(s)=\dfrac{1}{s(1+s)(1+2s)}$

5-8　典型二阶系统的传递函数为 $G(s)=\dfrac{\omega_n^2}{s^2+2\xi\omega_n s+\omega_n^2}$，习题 5-8 图给出该传递函数对应不同参数值时的三条对数幅频特性曲线 1、2 和 3。

(1) 在 [s] 平面上画出三条曲线所对应的传递函数极点（s_1，s_1^*；s_2，s_2^*；s_3，s_3^*）的相对位置。

(2) 比较三个系统的超调量(σ_{p1}、σ_{p2}、σ_{p3})和调整时间(t_{s1}、t_{s2}、t_{s3})的大小，并简要说明理由。

5-9　已知一单位反馈系统的开环传递函数为 $G(s)=\dfrac{1+as}{s^2}$，试求相角裕量等于45°时的 a 值。

5-10　已知控制系统的开环传递函数为 $G(s)H(s)=\dfrac{K}{s(1+s)(10+s)}$，(1) 求相角裕量等于60°的 K 值；(2) 在 (1) 所求的 K 值下，计算增益裕度 K_g。

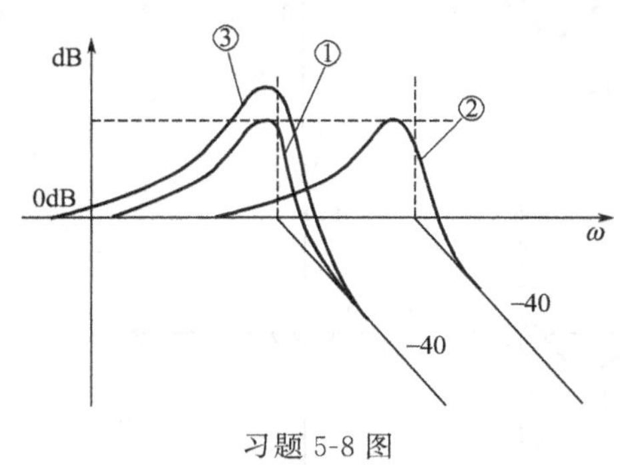

习题 5-8 图

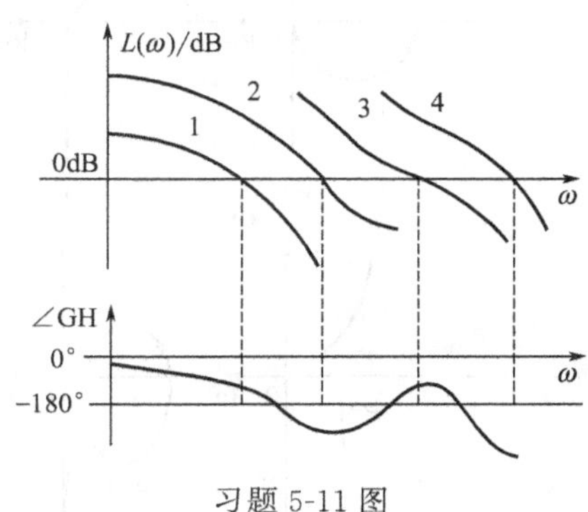

习题 5-11 图

5-11　一个最小相位系统的开环伯德图如习题 5-11 图所示，图中曲线 1、2、3 和 4 分别表示放大系数 K 为不同值时的对数幅频特性，判断对应的闭环系统的稳定性。

5-12　一小功率随动系统的框图如习题 5-12 图所示，试用两种方法判别它的稳定性。

5-13　已知一单位反馈系统的开环对数幅频特性如习题 5-13 图所示（最小相位系统）。试求：1) 单位阶跃输入时的系统稳态误差；2) 系统的闭环传递函数。

5-14　一单位反馈控制系统的闭环对数幅频特性如习题 5-14 图所示（最小相位系统），试求

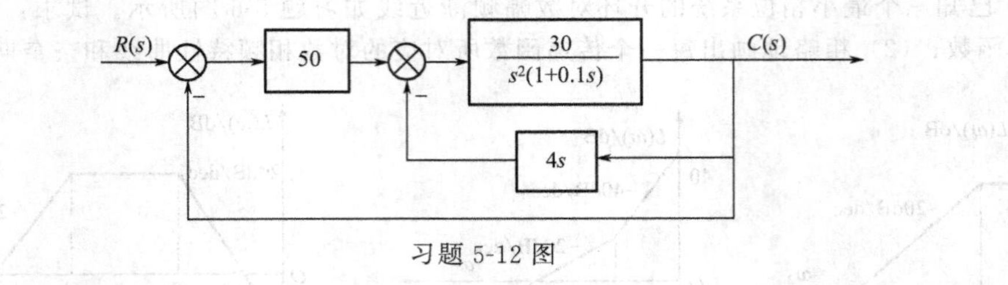

习题 5-12 图

开环传递函数 $G(s)$。

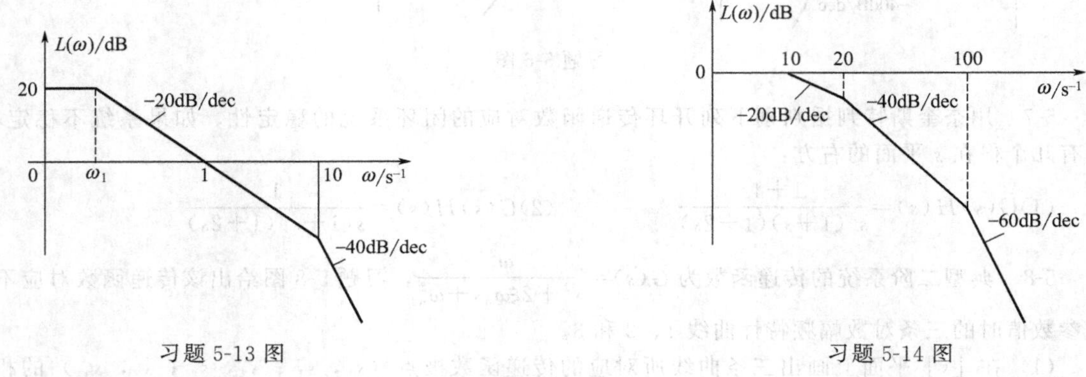

习题 5-13 图　　　　习题 5-14 图

5-15　绘制下列开环传递函数对应的伯德图；若 $\omega_c=5s^{-1}$，求系统的增益 K。

$$G(s)=\frac{Ks^2}{(1+0.2s)(1+0.02s)}$$

5-16　已知系统的开环频率特性的奈奎斯特曲线如习题 5-16 图所示，试判别系统的稳定性。其中，P 为开环不稳定极点的个数，v 为积分环节的个数。

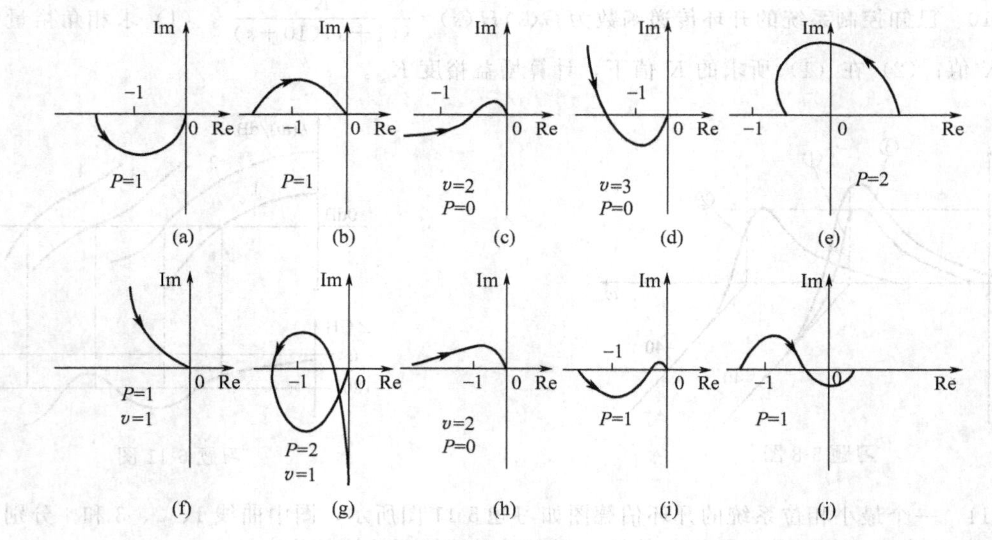

习题 5-16 图

第6章 线性系统的综合与校正

在前面各章中，较为详细地讨论了系统分析的方法。系统分析，就是在已经给定系统的结构、参数和工作条件下，对它的数学模型进行分析，包括稳定性分析、稳态性能分析和动态性能分析，以及分析某些参数变化对上述性能的影响。系统分析的目的是为了设计一个满意的控制系统，当现有系统不满足要求时，需要找到改善系统性能的方法，这就是系统的校正。

描述控制系统特性的方法有时域响应法、根轨迹法和频率特性法等。在系统分析的基础上将原有系统的特性加以修正与改造，利用校正装置使得系统能够实现给定的性能指标，这样的工程方法，称为系统的校正。经典控制理论中系统校正所采用的主要方法有根轨迹法和频率特性法。

【本章重点】

1）明确系统校正问题的一般概念；

2）熟练掌握基于频率法的串联超前校正、滞后校正、滞后超前校正的分析法设计和期望频率特性法设计；

3）了解反馈校正和前馈复合控制的基本原理及设计方法。

6.1 概述

6.1.1 系统校正的一般概念

自动控制系统一般由控制器及被控对象组成。当明确了被控对象后，就可根据给定的技术、经济等指标来确定控制方案，进而选择测量元件、放大器和执行机构等构成控制系统的基本部分，这些基本部分称为固有部分。当由系统固有部分组成的控制系统不能满足性能指标的设计要求时，在已选定系统固有部分基础上，还需要增加适当的元件，使重新组合起来的控制系统能全面满足设计要求的性能指标，这就是控制系统设计中的综合与校正。

控制系统的综合与校正，是在已知系统的固有部分和对控制系统提出的性能指标基础上进行的。**校正**就是在系统不可变部分的基础上，加入适当的校正装置，使系统整个特性发生变化，从而使系统满足给定的各项性能指标。校正要解决的问题就是增加必要的元件，使重新组合起来的控制系统能全面满足设计要求的性能指标。加入校正元件后，将使原系统在性能指标方面的缺陷得到补偿。

从数学角度看校正是改变了系统的传递函数，即系统的闭环零点和极点发生了变化，适当选取校正装置可以使系统具有期望的闭环零、极点，从而使系统达到期望的特性。而从物理角度来看校正是将原来的控制信号 $e(t)$ 转变为 $m(t)$，即变成了新的控制信号，如图 6-1 所示。

6.1.2 校正方式

在选择了校正装置后，就要知道校正装置应放在系统中什么位置，按照校正装置在系统中的连接方式，可分为串联校正、反馈校正和复合校正。

(1) 串联校正 把校正装置串接于系统前向通道之中，这种形式称为串联校正。为了避免功率损耗，应尽量选择小功率的校正元件，一般串联校正环节安置在前向通道中能量较低的部位上，如接在系统误差测量点和放大器之间，如图 6-1 所示。图中，$G(s)$、$H(s)$ 为系统的不可变部分，$G_c(s)$ 为校正部分。

校正前系统的闭环传递函数为 $\Phi(s)=\dfrac{G(s)}{1+G(s)H(s)}$

串联校正后系统的闭环传递函数为 $\Phi_c(s)=\dfrac{G_c(s)G(s)}{1+G_c(s)G(s)H(s)}$

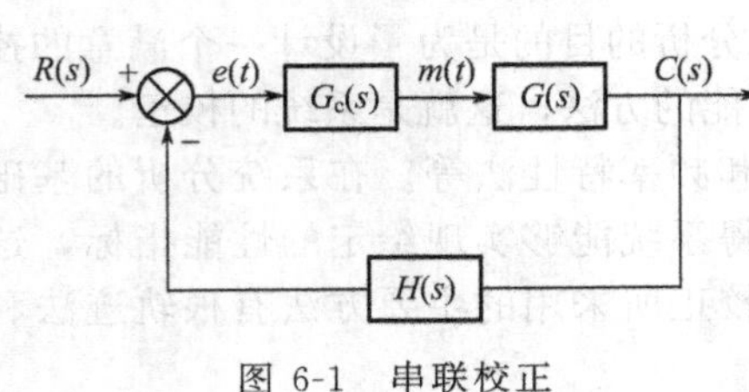

图 6-1 串联校正

串联校正分析简单，应用范围广，工程上较多采用串联校正。串联校正还可分为串联超前校正、串联滞后校正和串联滞后-超前校正；校正装置又分无源校正装置和有源校正装置两类。无源串联校正装置通常由 RC 网络组成，结构简单，成本低，但会使信号产生幅值衰减，因此常常附加放大器。有源串联校正装置由 RC 网络和运算放大器组成，参数可调，工业控制中常用的 PID 控制器就是一种有源串联校正装置。

(2) 反馈校正 校正装置接在系统的局部反馈通道中，称为反馈校正，连接方式如图 6-2 所示。校正环节一般位于内反馈通道中。

校正前系统的闭环传递函数为

$$\Phi(s)=\frac{G_1(s)G_2(s)}{1+G_1(s)G_2(s)H(s)}$$

反馈校正后系统的闭环传递函数为

$$\Phi_c(s)=\frac{G_1(s)G_2(s)}{1+G_2(s)G_c(s)+G_1(s)G_2(s)H(s)}$$

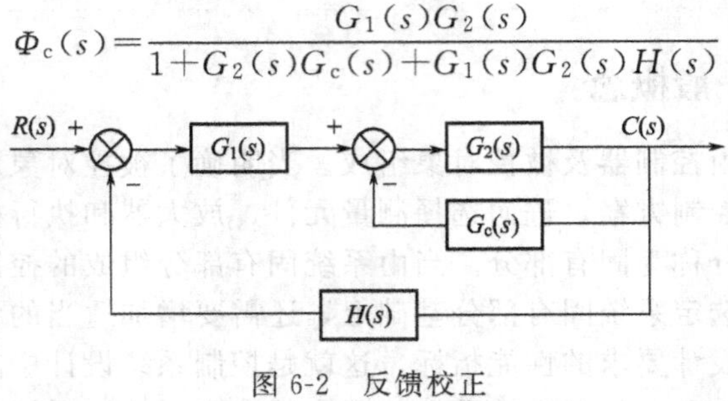

图 6-2 反馈校正

可见，反馈校正也改变了系统的闭环传递函数，选择适当的校正装置同样能使系统具有给定的性能指标。

反馈校正装置接在反馈通路中，接收的信号通常来自系统输出端或执行机构的输出端，即反馈校正的信号是从高功率点传向低功率点，因此，反馈校正一般无需附加放大器，也不宜采用有源元件。为了保证反馈回路稳定，反馈校正所包围的环节不宜过多，一般精度要求较高。反馈校正还能抑制反馈环内部参数波动或非线性因素对系统性能的不良影响。

串联校正和反馈校正是在系统主反馈回路内采用的校正方式，控制系统设计中，经常采用串联和反馈校正这两种方式，串联校正要比反馈校正设计简单，工程上采用串联校正方式更多一些。

(3) 复合校正　复合校正是指在系统中同时采用前馈校正和反馈校正的一种综合校正方式。

前馈校正又称为顺馈校正，是在系统主反馈回路之外采用的校正方式。校正方式不在控制回路中，主要针对可测扰动或输入信号进行设计。

前馈校正的作用通常有两种：1）对参考输入信号进行整形和滤波，即按输入补偿的前馈校正；2）对扰动信号进行测量、转换后接入系统，形成一条附加的对扰动影响进行补偿的通道，即按扰动补偿的前馈控制，分别如图 6-3（a）、6-3（b）所示。

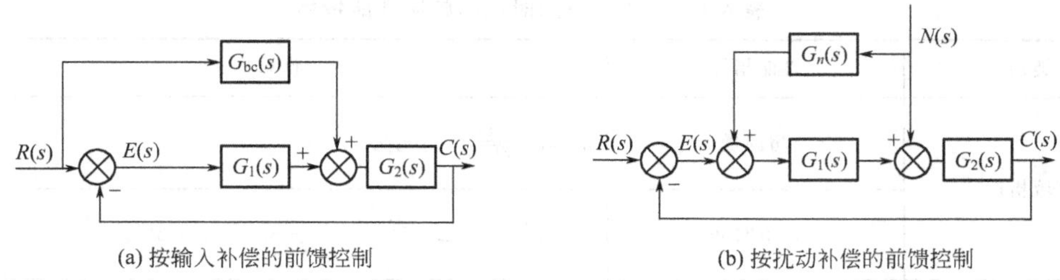

图 6-3　前馈控制

在系统设计中，具体采用何种校正方式，主要取决于系统结构的特点、采用的元件、信号的性质、经济条件以及设计者的经验等因素。除了上述几种校正方式外，也可以采用混合校正方式。例如，在串联校正的基础上再进行反馈校正，这样可以综合两种校正的优点。控制系统的校正不会像系统分析那样只有单一答案，能够满足性能指标的校正方案不是唯一的。

6.1.3　校正方法

确定了校正方案后，就是确定校正装置的结构和参数。目前主要有两大类校正方法：分析法和综合法。

分析法又称试探法，这种方法是把校正装置归结为易于实现的几种类型，例如，超前校正、滞后校正、滞后-超前校正等。它们的结构已知，而参数可调。设计者首先根据经验确定校正方案，然后根据系统的性能指标要求，恰当地选择某一类型的校正装置，然后再确定这些校正装置的结构和参数。分析试探法的优点是校正装置简单，可以设计成产品，例如，工业上常用的 PID 调节器等。因此，这种方法在工程上得到了广泛的应用。

综合法又称期望特性法，基本思想是按照设计任务所要求的性能指标，构造期望的数学模型，然后选择校正装置的数学模型，使系统校正后的数学模型等于期望的数学模型。

综合法虽然简单，但得到的校正环节的数学模型一般比较复杂，在实际应用中受到很大的限制，但仍然是一种重要的方法，尤其对校正装置的选择有很好的指导作用。

性能指标主要时域指标和频域指标。针对时域性能指标，在时域内进行的校正称为根轨迹法校正；针对频域性能指标，在频域内进行的校正称为频域法校正。根轨迹法校正是基于根轨迹分析法，通过增加新的，或者消去原有的开环零点或开环极点来改变原根轨迹走向，得到新的闭环极点，从而使系统实现给定的性能指标，达到设计要求。如果性能指标以时域特征量——阻尼比、自然振荡频率或超调量、调节时间、上升时间及稳态误差等给出时，避免指标换算，可以采用根轨迹法校正。频域法校正是基于开环频率特性的校正使闭环系统满足给定的动静态特性指标的要求。在控制系统设计中，如果性能指标以频域特征量——开环频率特性的相角裕度、截止频率以及开环增益 K、稳态误差等给出时，为了避免指标换算，一般采用频率特性法校正。

一般来说，用频域法进行校正比较简单。目前，工程技术上多习惯采用频率特性法进行设计。频域法的设计指标是间接指标，频域法虽然简单，但只是一种间接方法。时域指标和频域指标是可以相互转换的，对于典型二阶系统存在着明确的数学关系，对于高阶系统也有简单的近似关系。常用的时域、频域指标及其换算关系见表 6-1 和表 6-2。本书只介绍常用的频域校正方法。

表 6-1　二阶系统的时域和频域性能指标

类别	性能指标	计算公式
时域指标	超调量	$\sigma_p = e^{-\frac{\xi\pi}{\sqrt{1-\xi^2}}} \times 100\%$
	调节时间	$t_s = \frac{3}{\xi\omega_n}$　$(\Delta = 5\%)$；$t_s = \frac{4}{\xi\omega_w}$　$(\Delta = 2\%)$
频域指标	谐振峰值	$M_r = \frac{1}{2\xi\sqrt{1-\xi^2}}$　$(\xi \leqslant 0.707)$
	谐振频率	$\omega_r = \omega_n\sqrt{1-2\xi^2}$
	带宽频率	$\omega_b = \omega_n\sqrt{(1-2\xi^2)+\sqrt{2-4\xi^2+4\xi^4}}$
	剪切频率	$\omega_c = \omega_n\sqrt{\sqrt{4\xi^4+1}-2\xi^2}$
	相角裕度	$\gamma = \arctan\frac{\xi}{\sqrt{\sqrt{1+4\xi^4}-2\xi^2}}$
时频换算	调节时间	$t_s = \frac{6}{\omega_c \tan\gamma}$
	超调量	$\sigma_p = e^{-\pi\sqrt{\frac{M_r-\sqrt{M_r2-1}}{M_r+\sqrt{M_r2-1}}}} \times 100\%$

表 6-2　高阶系统性能指标的经验公式

性能指标	经验公式
谐振峰值	$M_r = \frac{1}{\sin\gamma}$　（或者 $\xi = 0.01\gamma$）
超调量	$\sigma_p = 0.16 + 0.4(M_r - 1)$　$(1 \leqslant M_r \leqslant 1.8)$
调节时间	$t_s = \frac{k\pi}{\omega_c}$，$k = 2 + 1.5\ (M_r - 1)\ + 2.5\ (M_r - 1)^2$　$(1 \leqslant M_r \leqslant 1.8)$

6.2 基本控制规律

在确定校正装置的具体形式时，应先了解校正装置所提供的控制规律，以便选择相应的元件。通常采用比例（P）、积分（I）、微分（D）等基本控制规律，或者采用它们的某些组合。例如，比例-微分（PD）、比例-积分（PI）、比例-积分-微分（PID）等，以实现对系统的有效控制。这些控制规律用有源模拟电路很容易实现，技术成熟。另外，数字计算机可把PID 等控制规律编成程序对系统进行实时控制。

6.2.1 比例（P）控制规律

具有比例控制规律的控制器，称为比例控制器，其特性和比例环节完全相同，它实质上是一个可调增益的放大器。比例控制只改变信号的增益而不影响相位。比例控制结构如图 6-4（a）所示。

动态方程为

$$m(t)=K_{\mathrm{p}}e(t) \tag{6-1}$$

传递函数为

$$\frac{M(s)}{E(s)}=K_{\mathrm{p}} \tag{6-2}$$

频率特性为

$$\frac{M(\mathrm{j}\omega)}{E(\mathrm{j}\omega)}=K_{\mathrm{p}} \tag{6-3}$$

式中，K_{p} 为比例系数，或称 P 控制器比例增益。

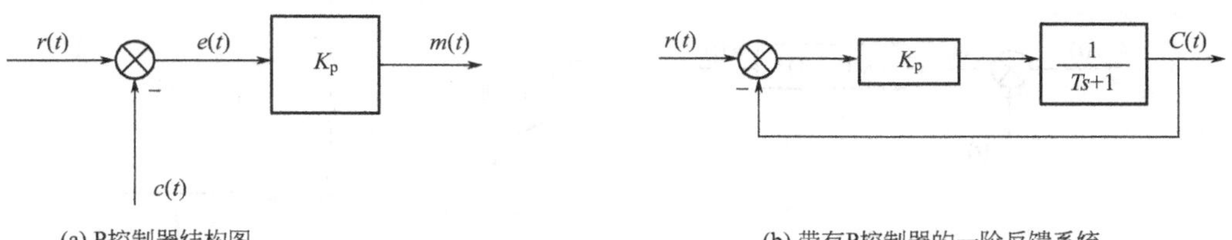

(a) P控制器结构图　　(b) 带有P控制器的一阶反馈系统

图 6-4　P 控制器用于一阶反馈系统

考虑如图 6-4（b）所示的带有比例 P 控制器的反馈系统，系统的闭环传递函数为

$$\frac{C(s)}{R(s)}=\frac{\dfrac{K_{\mathrm{p}}}{Ts+1}}{1+\dfrac{K_{\mathrm{p}}}{Ts+1}}=\frac{K_{\mathrm{p}}}{Ts+1+K_{\mathrm{p}}}=\frac{K_{\mathrm{p}}}{1+K_{\mathrm{p}}}\;\frac{1}{\dfrac{T}{1+K_{\mathrm{p}}}s+1}$$

显然，K_{p} 越大，稳态精度越高，系统的时间常数 $T'=\dfrac{T}{1+K_{\mathrm{p}}}$越小，意味着系统的反应速度越快。将系统的一阶惯性环节换成二阶振荡环节，仍可得到类似的结论。

比例控制器 K_{p} 的作用：

1）在系统中增大比例系数 K_{p}，可减少系统的稳态误差以提高稳态精度。

2）增大 K_{p} 可降低系统的惯性，减少系统的时间常数，可改善系统的快速性。

3）提高 K_{p} 往往会降低系统的相对稳定性，甚至会造成系统的不稳定，因此在调节 K_{p} 时，要加以注意。在系统校正设计中，很少单独采用比例控制。

6.2.2 比例-微分（PD）控制规律

具有比例-微分控制规律的控制器，称为比例微分控制器，又称 PD 控制器。其结构如图 6-5（a）所示。

动态方程为
$$m(t)=K_{\mathrm{p}}e(t)+K_{\mathrm{p}}\tau\frac{\mathrm{d}e(t)}{\mathrm{d}t} \tag{6-4}$$

传递函数为
$$\frac{M(s)}{E(s)}=K_{\mathrm{p}}(\tau s+1) \tag{6-5}$$

式中，K_{p} 为比列系数，τ 为微分时间常数。

由式（6-4）可以看出，微分控制器的输出 $\tau\frac{\mathrm{d}e(t)}{\mathrm{d}t}$ 与输入信号 $e(t)$ 的变化率成正比，即微分控制只在动态过程中才会起作用，对恒定稳态情况则起阻断作用。因此，微分控制在任何情况下都不能单独使用。通常微分控制总是和比例控制一起使用。

从图 6-5（b）微分控制的输出信号 $m(t)$ 在时间上比 $e(t)$“提前”了，这显示了微分控制的“预测作用”。正是由于这种对动态过程的“预测”作用，微分控制使得系统的响应速度变快，超调减小，振荡减轻。

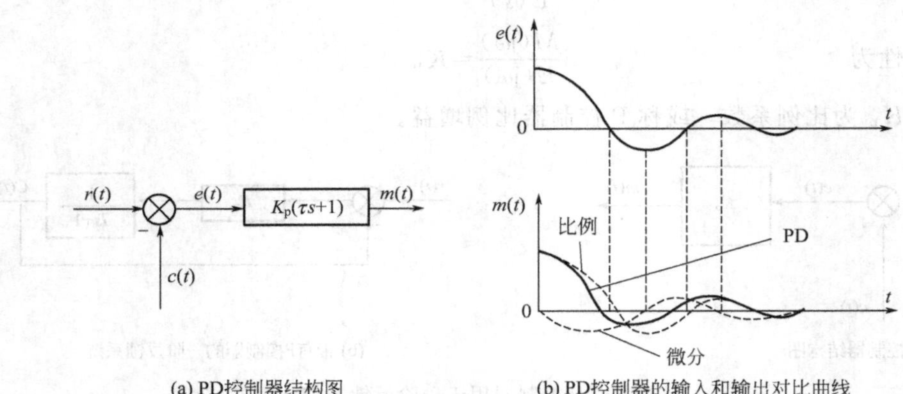

(a) PD控制器结构图　　(b) PD控制器的输入和输出对比曲线

图 6-5　PD 控制器及对系统的影响

例 6-1　设控制系统如图 6-6 所示，其中，$G_0(s)=\frac{1}{Js^2}$，试比较分析比例-微分控制器 $G_{\mathrm{c}}(s)=K_{\mathrm{p}}(\tau s+1)$ 对该系统性能的影响。

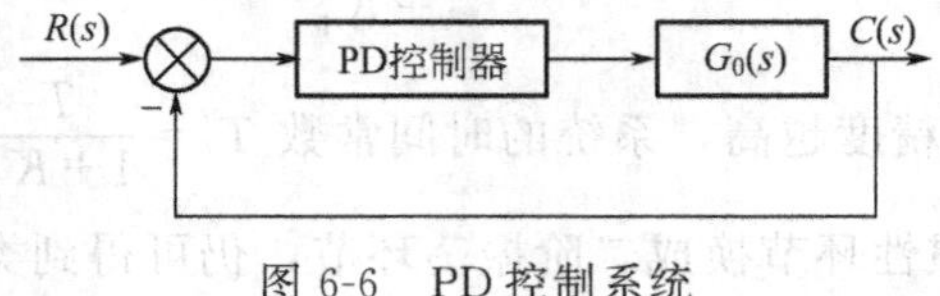

图 6-6　PD 控制系统

解　无 PD 控制器时，系统特性方程为 $Js^2+1=0$

从特征方程看，该系统的阻尼比等于零，其输出信号 $c(t)$ 为等幅振荡形式，系统处于临界稳定状态。

接入 PD 控制器后，系统特征方程变为 $Js^2+K_{\mathrm{p}}\tau s+K_{\mathrm{p}}=0$

这时系统的阻尼比为 $\xi=\frac{\tau\sqrt{K_p}}{2\sqrt{J}}$，阻尼比大于零，因此系统是稳定的。这是因为 PD 控制器的加入提高了系统的阻尼程度，使特征方程 s 项的系数由零增大，系统的阻尼程度可通过改变 PD 控制器参数 K_p 和 τ 来调整。从该例中可以看出，PD 控制器可以改善系统的稳定性，调节动态性能。

比例微分控制器 PD 的作用：

1）PD 控制器为系统中增加了一个 $-\frac{1}{\tau}$ 的开环零点，根轨迹右移提高了系统的稳定性，同时也提高了系统的响应速度，改善了系统的动态性能。

2）微分环节提供了一个正的超前相角，增加了相角裕度（使相频特性向上拉），提高了系统的相对稳定性。

3）微分环节增加了阻尼程度，减小了超调量，使系统的响应速度提高。微分控制器能反映输入信号的变化趋势，产生有效的早期修正信号，具有“预见”性，有提前调节作用，可以提高系统的快速性。但是微分控制器对噪声敏感，易将其他干扰信号引入控制系统中。在一般情况下微分控制器不单独使用。

6.2.3　积分（I）控制规律

具有积分控制规律的控制器，称为积分控制器，又称 I 控制器。积分控制器的输出信号 $m(t)$ 是输入量 $e(t)$ 对时间的积分，其结构如图 6-7 所示。

动态方程为

$$m(t)=K_i\int_0^t e(t)\mathrm{d}t \tag{6-6}$$

传递函数为

$$\frac{M(s)}{E(s)}=\frac{K_i}{s} \tag{6-7}$$

由于积分控制器的输出反映的是对输入信号的积累，因此，当输入信号为零时，积分控制仍然有不为零的输出。正是由于这一独特的作用，可以用它来消除稳态误差。

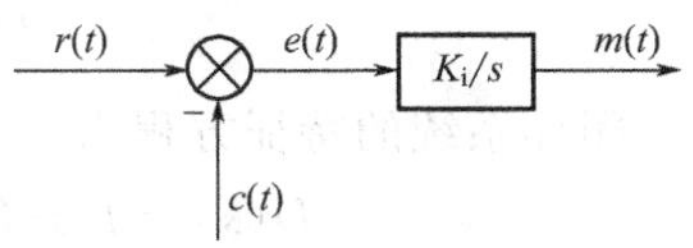

图 6-7　I 控制器结构图

积分控制器的作用：可以提高系统的型别，有利于改善系统的稳态性能。但是，积分控制器的引入，常会影响系统的稳定性。因此，积分控制器一般不单独采用，而是和比例控制器一起构成比例-积分控制器后再使用。

6.2.4　比例-积分（PI）控制规律

具有比例-积分控制规律的控制器，称为比例积分控制器，又称为 PI 控制器。PI 控制器的输出信号 $m(t)$ 能同时成比例地反应其输入信号 $e(t)$ 和它的积分，其结构如图 6-8 所示。

动态方程为

$$m(t)=K_pe(t)+\frac{K_p}{T_i}\int_0^t e(t)\mathrm{d}t \tag{6-8}$$

传递函数为

$$\frac{M(s)}{E(s)}=K_p\left(1+\frac{1}{T_is}\right)=\frac{K_p}{T_i}\frac{T_is+1}{s} \tag{6-9}$$

比例积分控制器 PI 的作用：在保证系统稳定的基础上提高系统的型别，从而提高系统的稳定精度，改善其稳态性能。在串联校正中，相当于在系统中增加一个位于原点的开环极点，同时增加了一个位于 s 左半平面的开环零点。位于原点的开环极点提高了系统的型别，减小了系统的稳态误差，改善了稳态性能；而增加的开环零点提高了系统的阻尼程度，减小了 PI 控制器极点对系统稳定性和动态过程产生的不利影响。比例-积分控制在工程实际中应用比较广泛。

例 6-2 设 PI 控制系统如图 6-9 所示，其中，$G_0(s)=\dfrac{K_0}{s(Ts+1)}$，试比较分析加入 PI 控制器 $G_c(s)=K_p\left(1+\dfrac{1}{T_i s}\right)$对系统性能的影响。

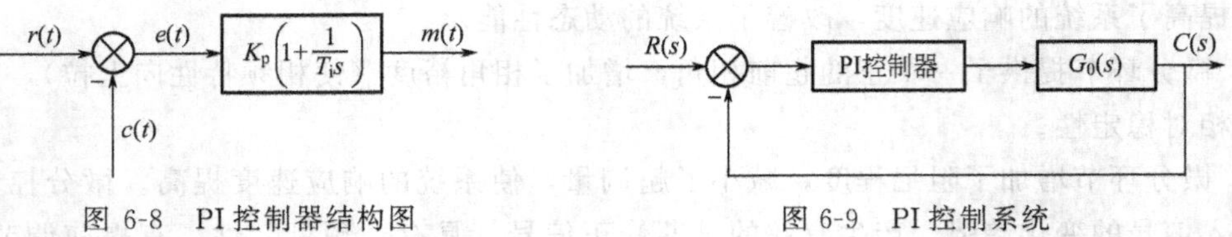

图 6-8 PI 控制器结构图　　图 6-9 PI 控制系统

解 1）稳态性能　未加 PI 控制器时，系统是Ⅰ型，加入 PI 控制器后，系统的开环传递函数为

$$G(s)=G_c(s)G_0(s)=\frac{K_0K_p(T_i s+1)}{T_i s^2(Ts+1)}$$

从上式看出，控制系统变为Ⅱ型，对阶跃信号、斜坡信号的稳态误差为零，如果参数选择合适，加速度响应的稳态误差也可以明显下降。说明 PI 控制器改善了系统的稳态性能。

2）稳定性

① 不加比例只加积分环节时，这时 $G_c(s)=\dfrac{K_p}{T_i s}$，系统的开环传递函数为

$$G(s)=G_0(s)G_c(s)=\frac{K_0K_p}{T_i s^2(Ts+1)}$$

闭环系统的特征方程为

$$D(s)=T_i s^2(Ts+1)+K_0K_p=T_iTs^3+T_i s^2+K_0K_p=0$$

显然，上式中缺 s 的一次项，系统不稳定。

② 加入比例—积分环节时，控制器的传递函数为$G_c(s)=\dfrac{K_p(T_i s+1)}{T_i s}$

系统的开环传递函数为　$G(s)=G_c(s)G_0(s)=\dfrac{K_0K_p(T_i s+1)}{T_i s^2(Ts+1)}$

闭环系统的特征方程为　$D(s)=1+G_c(s)G_0(s)=0$

$$T_i s^2(Ts+1)+K_0K_p(T_i s+1)=0$$

$$T_iTs^3+T_i s^2+K_0K_pT_i s+K_0K_p=0$$

从上式看出，只要合理选择参数就能使系统稳定。这说明 PI 控制器使系统的型别从Ⅰ型上升到Ⅱ型，并可满足系统稳定的要求。

6.2.5 比例-积分-微分（PID）控制规律

由比例、积分、微分环节组成的控制器称为比例-积分-微分控制器，简称为 PID 控制

器，其结构如图 6-10 所示。这种组合具有三种单独控制规律各自的特点。

动态方程为
$$m(t)=K_{\mathrm{p}}e(t)+\frac{K_{\mathrm{p}}}{T_{\mathrm{i}}}\int_0^t e(t)dt+K_{\mathrm{p}}\tau\frac{\mathrm{d}e(t)}{\mathrm{d}t} \tag{6-10}$$

传递函数为
$$\frac{M(s)}{E(s)}=K_{\mathrm{p}}\left(1+\frac{1}{T_{\mathrm{i}}s}+\tau s\right) \tag{6-11}$$

$$\frac{M(s)}{E(s)}=\frac{K_{\mathrm{P}}}{T_{\mathrm{i}}}\frac{T_{\mathrm{i}}\tau s^2+T_{\mathrm{i}}s+1}{s}$$

若 $4\tau/T_{\mathrm{i}}<1$，传递函数可以近似写成

$$\frac{M(s)}{E(s)}=\frac{K_{\mathrm{p}}}{T_{\mathrm{i}}}\frac{(\tau s+1)(T_{\mathrm{i}}s+1)}{s}$$

PID 控制器的作用：PID 具有 PD 和 PI 双重作用，能够较全面地提高系统的控制性能，是一种应用比较广泛的控制器。PID 控制器具有一个极点，除使系统提高一个型别之外，还提供了两个负实零点。PID 控制规律保持了 PI 控制规律提高系统稳态性能的优点，同时比 PI 控制器多提供一个负实零点，从而在动态性能方面比 PI 控制器更具有优越性。一般来说，PID 控制器在系统频域校正中，积分部分发生在系统频率特性的低频段，以提高系统的稳定性能；微分部分发生在系统频率特性的中频段，以改善系统的动态性能。

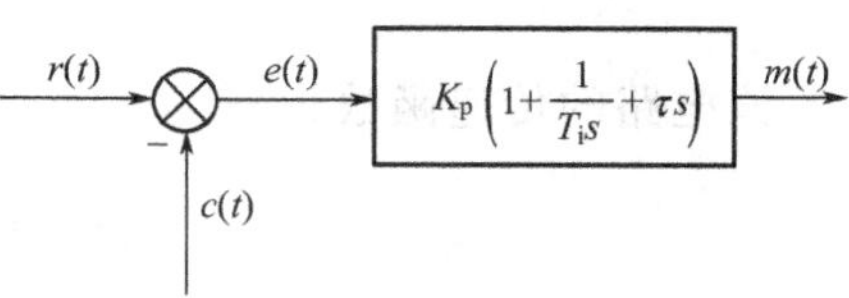

图 6-10　PID 控制器结构图

6.3　串联校正

6.3.1　串联超前校正（PD）

如果一个串联校正网络频率特性具有正的相位角，就称为超前校正。一般当系统的动态性能不满足要求时，采用超前校正。超前校正改善系统的动态性能指标，校正中频段部分，使相角变化平缓。

超前校正的基本原理：利用超前校正网络的相位超前特性来增大系统的相角裕度，改变原系统中频区的形状，使剪切频率 ω_{c} 处的直线斜率为 −20dB/dec，并且要求校正网络的最大相角出现在系统的剪切频率处。

PD 控制器属于超前校正。理想 PD 控制器在物理上很难实现，而且近似 PD 控制器比理想 PD 控制器的抗干扰能力强，因为在高频段理想 PD 控制器频率特性为 +20dB/dec 上升直线，而近似 PD 控制器在 $\omega=\frac{1}{T}$ 处，幅值衰减，相当于高频噪声信号衰减，抗干扰能力增强。因此，在实际工程中，一般采用近似 PD 控制器，其传递函数为

$$G_{\mathrm{c}}(s)=\frac{(1+\alpha Ts)}{(1+Ts)}\quad(\alpha>1) \tag{6-12}$$

(1) 超前校正网络及其幅频特性　有源超前校正网络如图 6-11 所示。从传递函数可知，要想提供超前相角，必须 $\alpha T>T$，即 $\alpha>1$。超前校正的零、极点分布如图 6-12 所示。其中，零点总是位于极点的右边，改变 α 和 T 的值，零、极点即可位于 s 平面负实轴上任意

位置，从而产生不同的校正效果。

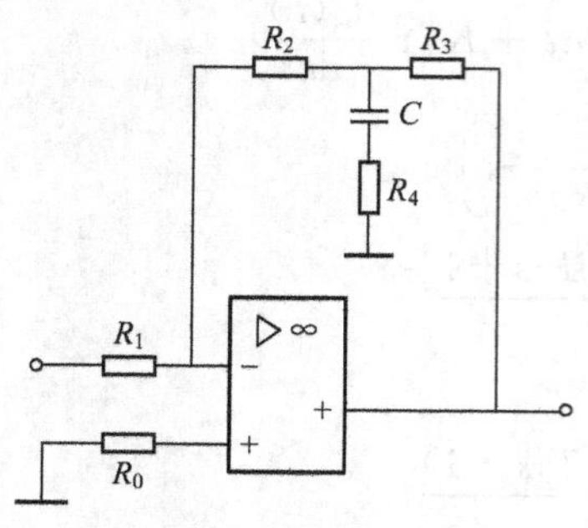

图 6-11 超前校正网络

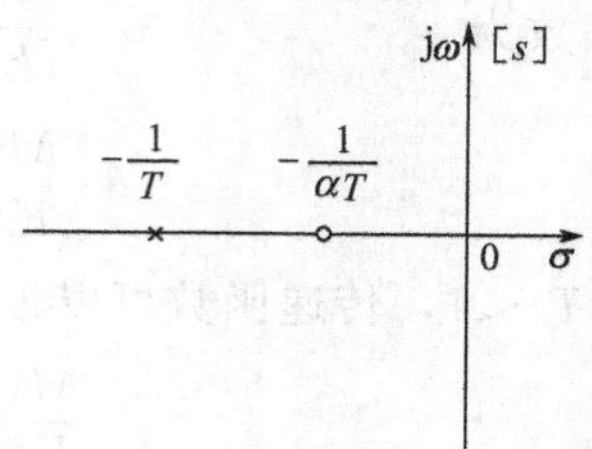

图 6-12 超前校正零、极点

该电路的传递函数为

$$G_c(s)=-\frac{k_c(1+\tau s)}{1+Ts} \qquad (\tau>T)$$

式中

$$k_c=\frac{R_2+R_3}{R_1},\ \tau=\left(\frac{R_2R_3}{R_2+R_3}+R_4\right)C,\ T=R_4C,\ R_0=R_1$$

令 $\tau=\alpha T$，不考虑 k_c，得超前校正传递函数为

$$G_c(s)=\frac{(1+\alpha Ts)}{(1+Ts)} \qquad (\alpha>1)$$

超前校正网络的频率特性为

$$G_c(j\omega)=\frac{1+j\alpha T\omega}{1+jT\omega} \qquad (\alpha>1) \tag{6-13}$$

其相频特性为

$$\varphi(\omega)=\angle G_c(j\omega)=\arctan\alpha T\omega-\arctan T\omega \tag{6-14}$$

即

$$\varphi(\omega)=\arctan\frac{\alpha T\omega-T\omega}{1+\alpha T^2\omega^2} \tag{6-15}$$

幅频特性为

$$20\lg|G_c(j\omega)|=20\lg\frac{\sqrt{1+(\alpha T\omega)^2}}{\sqrt{1+(T\omega)^2}} \tag{6-16}$$

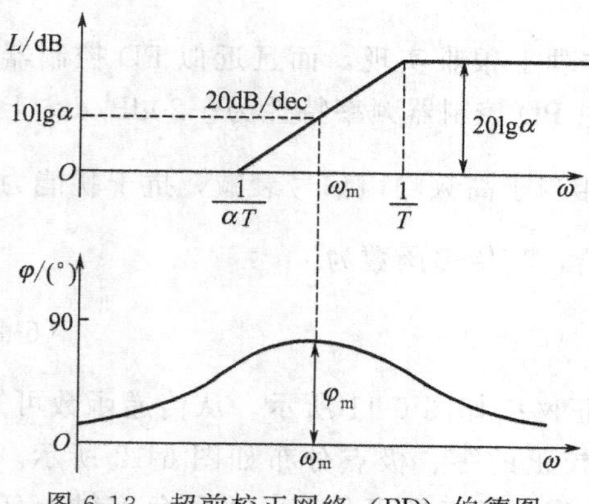

图 6-13 超前校正网络（PD）伯德图

超前校正装置的伯德图如图 6-13 所示。

由式（6-15）可看出，相频特性 $\varphi(\omega)$ 除了是角频率 ω 的函数外，还和 α 值有关，对于不同 α 值的相频特性曲线如图 6-14（a）所示。

从图 6-13 伯德图可以看出，超前校正对频率在$\frac{1}{\alpha T}$～$\frac{1}{T}$之间的输入信号有微分作用，具有超前相角，超前校正的名称由此而得。同时，在最大超前相角角频率 ω_m 处，具有最大超前相角 φ_m。

由式（6-14）对 $\varphi(\omega)$ 求导得

$$\frac{\mathrm{d}\varphi(\omega)}{\mathrm{d}\omega}=\frac{\alpha T}{1+\alpha^2 T^2\omega^2}-\frac{T}{1+T^2\omega^2} \tag{6-17}$$

令$\frac{\mathrm{d}\varphi(\omega)}{\mathrm{d}\omega}=0$，可求得相频特性 $\varphi(\omega)$的最大值 φ_{m} 及对应的角频率 ω_{m} 分别为

$$\omega_{\mathrm{m}}=\frac{1}{\sqrt{\alpha}T} \tag{6-18}$$

$$\varphi_{\mathrm{m}}=\arctan\frac{\alpha-1}{2\sqrt{\alpha}}=\arcsin\frac{\alpha-1}{\alpha+1} \tag{6-19}$$

$$\alpha=\frac{1+\sin\varphi_{\mathrm{m}}}{1-\sin\varphi_{\mathrm{m}}} \tag{6-20}$$

设 ω_1 为频率$\frac{1}{\alpha T}$和$\frac{1}{T}$的几何中心，则应有

$$\lg\omega_1=\frac{1}{2}(\lg\frac{1}{\alpha T}+\lg\frac{1}{T})$$

解得 $\omega_1=\frac{1}{\sqrt{\alpha}T}$，恰好与式（6-18）完全相同，故最大超前相角角频率 ω_{m} 是频率$\frac{1}{\alpha T}$和$\frac{1}{T}$的几何中心。

式（6-19）是最大超前相角计算公式，$\varphi_{\mathrm{m}}(\omega)$ 只与 α 有关。α 越大，$\varphi_{\mathrm{m}}(\omega)$ 越大，对系统补偿相角也越大，对高频干扰越严重，这是因为超前校正近似为一阶微分环节的原因。图 6-14（b）给出了 φ_m 与 α 的关系曲线。当 $\alpha>20$ 时，$\varphi_m(\omega)=65°$的增加就不显著了。一般取 $\alpha=5\sim20$，超前校正补偿的相角不超过65°。

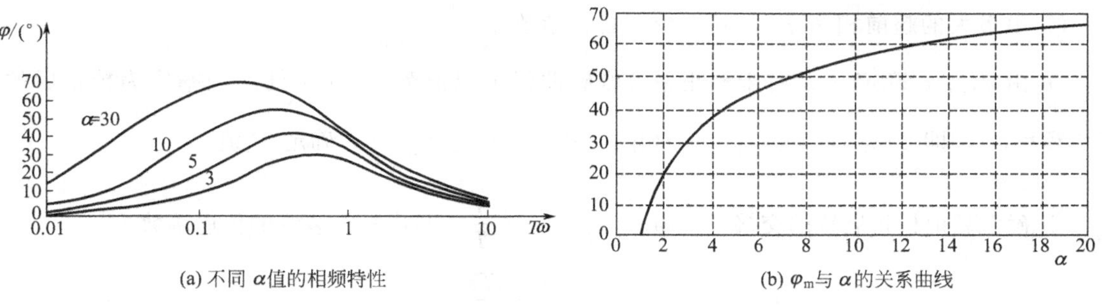

图 6-14 $\varphi(\omega)$、φ_{m} 与 α 的关系

（2）超前校正设计 基本思路：利用超前校正网络的相位超前特性来增大系统的相角裕度，要求校正网络的最大相位角出现在系统的剪切频率处。

利用伯德图的叠加特性，可以比较方便地在原系统伯德图上，添加超前校正网络的伯德图。由于在原系统的中频段加入校正装置 $G_{\mathrm{c}}(s)$，而 $G_{\mathrm{c}}(s)$ 中微分先起作用，叠加后就将系统原幅频特性曲线向上抬，所以校正后系统的剪切频率 ω_{c} 大于原系统的剪切频率 ω_{c0}，即 $\omega_{\mathrm{c}}>\omega_{\mathrm{c0}}$。需要将原幅频特性曲线抬高多少呢？由于系统校正后要在 ω_{c} 处过零，也就是校正前原幅频特性曲线与校正装置的幅频特性曲线在 ω_{c} 处叠加为零。由于校正装置的幅频特性曲线在 ω_{c} 处的高度为 $10\lg\alpha$，因此只要满足原幅频特性曲线在 ω_{c} 处的高度 $20\lg|G_0(\mathrm{j}\omega_{\mathrm{c}})|$ 与 $10\lg\alpha$ 相等，就可以使校正后的系统幅频特性曲线恰好穿过 ω_{c}，并且此时

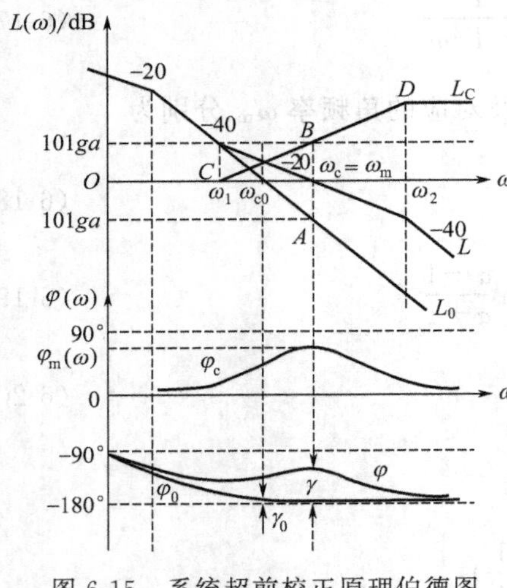

图 6-15 系统超前校正原理伯德图

$\omega_c=\omega_m$，满足校正后系统在 ω_c 处的相角达到最大值，系统超前校正原理伯德图如图 6-15 所示。

将 $\omega_m=\dfrac{1}{\sqrt{\alpha}\,T}$ 代入式（6-16）中，得其最大相角处所对应的幅值为

$$20\lg|G_c(j\omega)|=20\lg\sqrt{\alpha}=10\lg\alpha \tag{6-21}$$

校正后系统的传递函数用 $G(s)$ 表示，即

$$G(s)=G_0(s)G_c(s)$$

当 $\omega=\omega_c=\omega_m$ 时

$$20\lg|G(j\omega_c)|=20\lg|G_0(j\omega_c)|+20\lg|G_c(j\omega_c)|=0\text{dB}$$

所以 $$20\lg|G_0(j\omega_c)|=-20\lg|G_c(j\omega_c)|=-10\lg\alpha$$

当系统要求 $\omega_c>\omega_{c0}$ 时，可以采用超前校正方法，超前校正设计步骤如下：

① 根据稳态误差的要求，确定系统的型别和开环增益 K。

② 根据开环增益 K，绘制未校正系统的伯德图，确定原系统频率响应的 ω_{c0}、γ_0、K_{g0}。

③ 确定需要补偿的相位超前角 $\varphi_m=\gamma-\gamma_0+\Delta\gamma$。一般当未校正系统的剪切频率 ω_{c0} 处的斜率为 -40dB/dec 时，追加的超前相角 $\Delta\gamma=5°\sim15°$；如果当未校正系统的剪切频率 ω_{c0} 处的斜率为 -60dB/dec 时，追加的超前相角 $\Delta\gamma=15°\sim25°$。

④ 由最大的超前相角 φ_m，确定校正装置参数 $\alpha=\dfrac{1+\sin\varphi_m}{1-\sin\varphi_m}$。

⑤ 由 φ_m、α 确定 ω_c。将未校正系统幅频曲线上幅值为 $-10\lg\alpha$ 处的频率作为校正后的剪切频率 ω_c，即 $20\lg|G_0(j\omega_c)|=-10\lg\alpha$，由 $\omega_c=\omega_m=\dfrac{1}{T\sqrt{\alpha}}$，确定 T 值。

⑥ 确定超前校正装置的交接频率 $\omega_1=\dfrac{1}{\alpha T}$，$\omega_2=\dfrac{1}{T}$，写出校正装置的传递函数

$$G_c(s)=\frac{1+\alpha Ts}{1+Ts}$$

⑦ 画出校正后系统的伯德图，验算校正后系统的各项性能指标是否满足要求。如果不满足要求，则可改变 $\Delta\gamma$ 值，按照上述步骤重新设计。

若已知校正后剪切频率 ω_c，则上述步骤①和②不变，其余步骤即可改为：利用 $20\lg|G_0(j\omega_c)|=-10\lg\alpha$，确定出 α 值；再根据 $\omega_c=\omega_m=\dfrac{1}{T\sqrt{\alpha}}$ 确定 T 值，得到超前校正装置的交接频率 $\omega_1=\dfrac{1}{\alpha T}$，$\omega_2=\dfrac{1}{T}$，即得校正网络传递函数 $G_c(s)=\dfrac{1+\alpha Ts}{1+Ts}$。

例 6-3 考虑二阶单位负反馈控制系统，开环传递函数为 $G_0(s)=\dfrac{K}{s(0.5s+1)}$，给定设计要求为：系统的相角裕度不小于50°，系统斜坡响应的稳态误差为 5%。

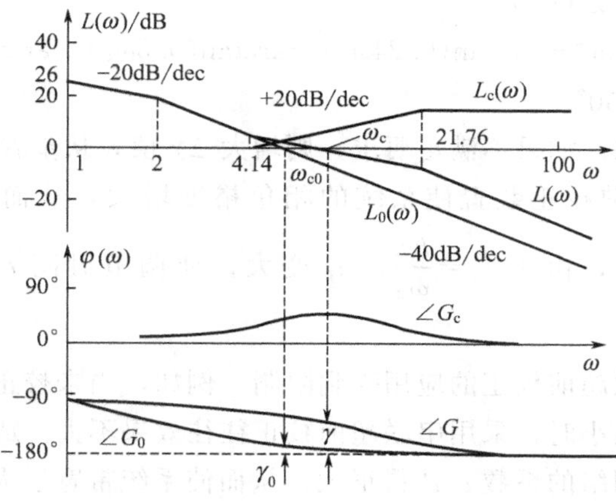

图 6-16　例 6-3 的伯德图

解　① 根据稳态误差的要求，求取 $K=20\text{s}^{-1}$。

② 画伯德图，求出未校正系统的频率响应。

当 $\omega=1$ 时，$20\lg K=20\lg 20=26\text{dB}$

开环传递函数伯德图如图 6-16 所示，由 $20\lg\dfrac{20}{\omega_{c0}\sqrt{(0.5\omega_{c0})^2+1}}=0$ 即 $\dfrac{20}{\omega_{c0}\times 0.5\omega_{c0}}=1$ 得剪切频率 $\omega_{c0}=6.3\text{rad/s}$

$\gamma_0=180°+\angle G_0(\text{j}\omega_{c0})=180°+(-90°-\arctan 0.5\times 6.3)=17.6°<50°$，$K_g=\infty$，可见未加校正时，系统是稳定的，但相角裕度低于性能指标的要求，因此采用超前校正。

③ 计算串联超前校正最大超前相角 φ_m 和 α 值。

取 $\Delta\gamma=10°$，$\varphi_m=\gamma-\gamma_0+\Delta\gamma=50°-17.6°+10.6°=43°$

$$\alpha=\frac{1+\sin\varphi_m}{1-\sin\varphi_m}=5.25$$

④ 由 φ_m 和 α 确定 ω_c

由
$$20\lg|G_0(\text{j}\omega_c)|=-10\lg\alpha$$

$$20\lg\frac{20}{\omega_c\sqrt{(0.5\omega_c)^2+1}}=-10\lg 5.25$$

解得剪切频率
$$\omega_c=9.5\text{rad/s}$$

根据 $\omega_c=\omega_m=\dfrac{1}{T\sqrt{\alpha}}$，解得 $T=0.046\text{s}$ $\left(\omega_2=\dfrac{1}{0.046}=21.76\right)$

$$\alpha T=0.24\text{s}\ \left(\omega_1=\frac{1}{0.24}=4.14\right)$$

可得串联超前校正的传递函数为 $G_c(s)=\dfrac{1+\alpha Ts}{1+Ts}=\dfrac{1+0.24s}{1+0.046s}$

⑤ 校验。校正后系统的开环传递函数为

$$G(s)=G_0(s)G_c(s)=\frac{20(0.24s+1)}{s(0.5s+1)(0.046s+1)}$$

当 $\omega_c=9.5\text{rad/s}$ 时，相角裕度

$$\begin{aligned}\gamma&=180°+\angle G(j\omega_c)\\&=180-90°+\arctan(0.24\omega_c)-\arctan(0.5\omega_c)-\arctan(0.046\omega_c)\\&=55°>50°\end{aligned}$$

经检验满足设计要求。如果不满足要求，则增大 $\Delta\gamma$ 值，从步骤③开始重新计算。

综上所述，串联超前校正装置使系统的相角裕度增大，从而降低了系统的超调量。系统校正完后，$\omega_c>\omega_{c0}$，由于 $t_s=\frac{k\pi}{\omega_c}$，$\omega_c$ 变大，使调节时间 t_s 下降，系统响应速度加快。

在有些情况下，串联超前校正的应用受到限制。例如，当未校正系统的相角在所需剪切频率附近向负相角急剧减小时，采用串联超前校正往往效果不大。或者，当需要超前相角的数量很大时，超前校正网络的系数 α 选得很大，从而使系统带宽过大，高频噪声能较顺利地通过系统，降低系统的抗干扰能力，严重时可能导致系统失控。在此类情况下，应当考虑其他类型的校正。

6.3.2 串联滞后校正（PI）

在控制系统中，采用具有滞后相角的校正装置对系统的特性进行校正，称为滞后校正。PI 控制器就属于滞后校正网络。其传递函数为

$$G_c(s)=\frac{(1+\beta Ts)}{(1+Ts)}\qquad(\beta<1)\tag{6-22}$$

（1）滞后校正网络及其幅频特性 有源滞后校正网络如图 6-17 所示。该电路的传递函数为

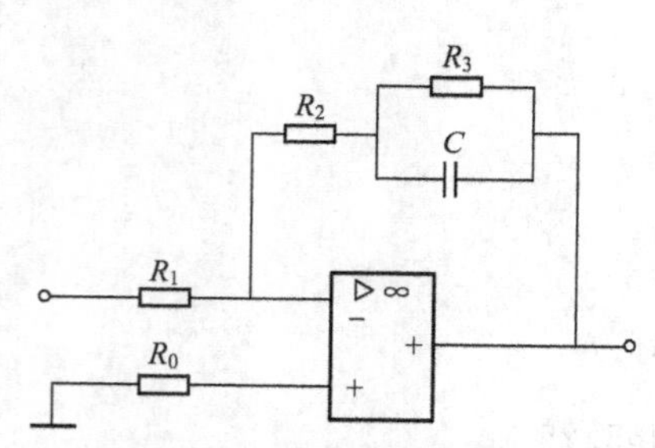

图 6-17 滞后校正网络

$$G_c(s)=-k_c\frac{(1+\beta Ts)}{(1+Ts)}\quad(\beta<1)\tag{6-23}$$

式中 $T=R_3C$，$\beta=\frac{R_2}{R_2+R_3}$，$k_c=\frac{R_2+R_3}{R_1}$，$R_0=R_1$

不考虑 k_c 得滞后校正网络传递函数为

$$G_c(s)=\frac{(1+\beta Ts)}{(1+Ts)}\quad(\beta<1)$$

频率特性为
$$G_c(j\omega)=\frac{1+j\beta T\omega}{1+jT\omega}\tag{6-24}$$

相频特性为
$$\angle G_c(j\omega)=\varphi(\omega)=\arctan\beta T\omega-\arctan T\omega\tag{6-25}$$

滞后校正装置的伯德图如图 6-18（a）所示，在 $\frac{1}{T}$ 和 $\frac{1}{\beta T}$ 之间，积分先起作用。

$\frac{1}{\beta T}$ 处的幅值为
$$L\left(\frac{1}{\beta T}\right)=-20\left(\lg\frac{1}{\beta T}-\lg\frac{1}{T}\right)=20\lg\beta\tag{6-26}$$

与超前校正类似，ω_m 也正好出现在频率 $\frac{1}{T}$ 和 $\frac{1}{\beta T}$ 的几何中心处。

令 $\frac{d\varphi(\omega)}{d\omega}=0$，求得

$$\omega_m=\frac{1}{\sqrt{\beta}T}\tag{6-27}$$

$$\varphi_m = \arcsin\frac{1-\beta}{1+\beta} \tag{6-28}$$

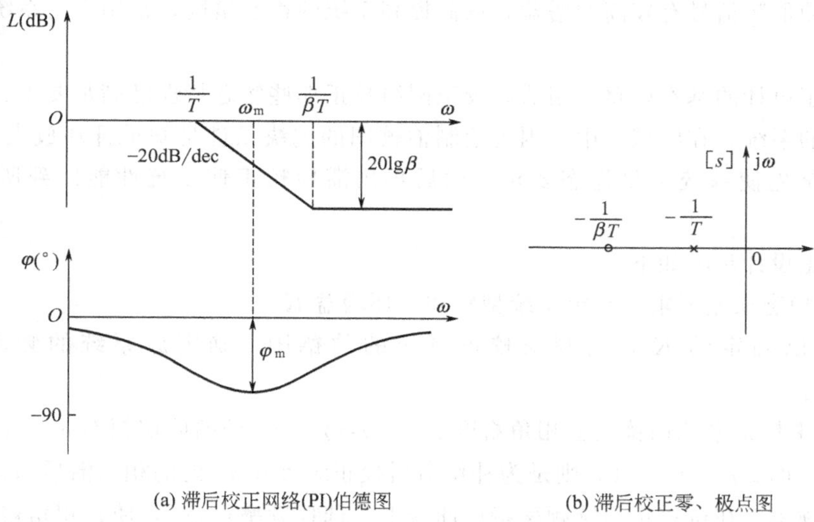

(a) 滞后校正网络(PI)伯德图　　(b) 滞后校正零、极点图

图 6-18　滞后校正网络伯德图和零、极点图

滞后校正零极点分布如图 6-18（b）所示。零点位于极点的左侧，实际上这对零、极点就是所谓的偶极子。改变 β 和 T 的值，即可以在 s 平面上合理配置偶极子，提高系统的开环增益，从而达到改善系统稳态性能的目的，而又不影响系统原有的动态性能。因此，滞后校正主要用于未校正系统或经串联超前校正系统的动态性能满足给定指标要求，而只需增大开环增益以提高控制精度的系统中。

从伯德图的相频特性曲线可以看出，在 $\omega=\frac{1}{T}\sim\frac{1}{\beta T}$ 频段，具有相位滞后，相位滞后会给系统特性带来不利影响。由于这对偶极子产生的滞后相角很小，尽量不影响中频段，因此滞后校正不影响系统的动态特性。

从串联滞后校正的频率响应来看，它本质是一种低通滤波器。经串联滞后校正的系统对低频信号具有较强的放大能力，从而可降低系统的稳态误差，提高系统的稳态性能；而对频率较高的信号具有衰减特性，削弱中高频噪声信号，增强抗干扰能力，防止系统不稳定。显然，在这种情况下，应避免使网络的最大滞后相角发生在系统的截止频率附近。由此可见，对于串联滞后校正，主要利用其对高频信号具有衰减能力的幅频特性，而不是着眼于相频特性。在这一点上，串联滞后校正与串联超前校正具有完全不同的概念。

由于串联滞后校正对高频信号具有明显的衰减特性，它将使控制系统的带宽变窄，从而降低了系统的响应速度。因此，若性能指标要求的剪切频率 ω_c 远小于未校正系统的剪切频率 ω_{c0}，在选择校正方案时，则首先应考虑采用串联滞后校正方案，然后再全面验算校正系统的性能指标。

（2）滞后校正设计　串联滞后校正的作用主要在于提高系统的开环放大倍数，从而改善系统的稳态性能，而不影响系统的动态性能。超前校正是利用超前网络的超前特性，但滞后校正并不是利用相位的滞后特性，而是利用滞后网络的高频幅值衰减特性，降低系统的截止频率，提高系统的相角裕度，以改善系统的暂态性能。或者说，是利用滞后网络的低通滤波特性，使低频信号有较高的增益，从而提高系统的稳态精度，常用于对系统稳态精度要求高的场合。

滞后校正设计的基本思路：用滞后校正网络校正那些暂态特性已满足要求，但稳态性能不满足要求的系统。在频域法中，因为绘制伯德图的先决条件是知道开环放大倍数，因此，频域法校正是先使系统满足稳态要求，然后再用滞后校正使系统性能回到所要求的动态性能。

滞后校正设计步骤如下：

① 根据稳态误差要求，确定系统型别和开环增益 K 。

② 利用已确定的 K，绘制未校正系统的伯德图，确定原系统的频率特性 ω_{c0}、$\gamma_0(\omega_{c0})$、K_{g0} 。

③ 求出未校正系统伯德图上相角裕度 $\gamma_0(\omega_c)=\gamma+\Delta\gamma$ 处的剪切频率 ω_c ，其中 γ 是要求的相角裕度，而 $\Delta\gamma=10°\sim15°$ 则是为补偿滞后校正装置在 ω_c 处的相角滞后。ω_c 即是校正后系统的剪切频率。在待校正系统频率特性曲线上，选择频率点 ω_c，使其相角裕度满足

$$\gamma_0(\omega_c)=180°+\angle G_0(j\omega_c)=\gamma+\Delta\gamma \tag{6-29}$$

④ 令未校正系统的伯德图在 ω_c 处的增益 $-20\lg\beta$ ，由此确定滞后校正网络参数 β

$$20\lg|G_0(j\omega_c)|+20\lg\beta=0 \tag{6-30}$$

⑤ 确定滞后校正网络的交接频率 $\omega_2=\dfrac{1}{\beta T}=(\dfrac{1}{10}\sim\dfrac{1}{5})\omega_c$ ，$\omega_1=\dfrac{1}{T}$ ，写出校正网络传递函数 $G_c(s)=\dfrac{1+\beta Ts}{1+Ts}$ 。

⑥ 画出校正后系统的伯德图，验算校正后系统的各项性能指标是否满足要求，若不能满足要求，可重新选择 β 值。

若条件给出了校正后的剪切频率 ω_c，当 $\omega_c>\omega_{c0}$ 时可以考虑超前校正。当 $\omega_c<\omega_{c0}$ 时，可以考虑采用滞后校正：如果 $\gamma'=\gamma_0(\omega_c)-\Delta\gamma>\gamma$ ，可以加入滞后校正；但是如果 $\gamma'=\gamma_0(\omega_c)-\Delta\gamma<\gamma$ ，则可以考虑其他方案，如滞后-超前校正。

例 6-4 设某控制系统不可变部分的开环传递函数为 $G_0(s)=\dfrac{K}{s(s+1)(0.5s+1)}$ ，要求系统具有如下性能指标：①开环增益 $K=5\text{s}^{-1}$ 。②相角裕度 $\gamma\geqslant40°$ 。③幅值裕度 $k_g(\text{dB})\geqslant10\text{dB}$ 。试确定串联滞后校正装置的参数。

解 ① 计算考虑开环增益的未校正系统的频率响应 ω_{c0} 、γ_0、K_{g0}。

由
$$\frac{5}{0.5\omega_{c0}^3}=1$$

解得
$$\omega_{c0}=2.1\text{rad/s}$$

则
$$\angle G_0(j\omega_{c0})=-90°-\arctan\omega_{c0}-\arctan0.5\omega_{c0}=-200°$$

得
$$\gamma_0=180°+\angle G_0(j\omega_{c0})=-20°$$

根据相位交界频率的定义有 $\angle G_0(j\omega_{g0})=-180°$ ，解得 $\omega_{g0}=1.4\text{rad/s}$

则　$K_{g0}=-20\lg\dfrac{5}{\omega_{g0}\sqrt{\omega_{g0}^2+1}\sqrt{(0.5\omega_{g0})^2+1}}\Bigg|_{\omega_{g0}=\sqrt{2}}=-4.4\text{dB}$

$\gamma_0(\omega_{c0})=-20°<40°$，$K_{g0}=-4.4\text{dB}<0\text{dB}$

系统不稳定，故需校正，且因 $\angle G_0(\mathrm{j}\omega_{c0})=-200°$ 相位负得较厉害，不能采用相位超前校正，故采用滞后校正方案。

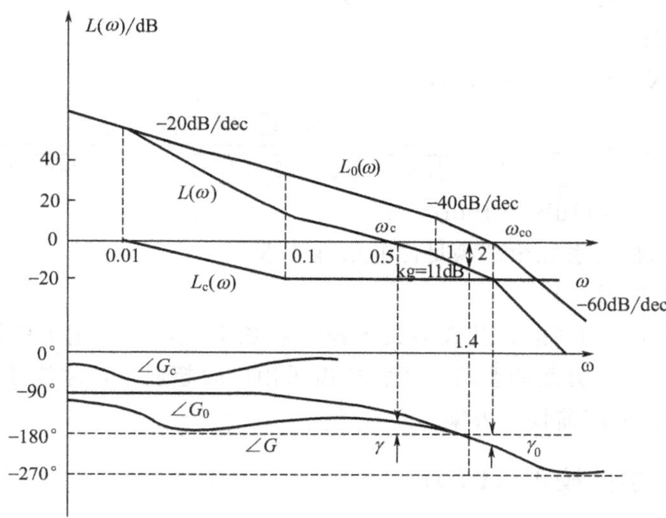

图 6-19　例 6-4 的伯德图

② 依据对相角裕度 $\gamma_0(\omega_c)=\gamma+\Delta\gamma=40°+10°=50°$ 的要求，确定剪切频率 ω_c。

由
$$\gamma_0(\omega_c)=180°+\angle G_0(\mathrm{j}\omega_c)=50°$$
$$180°-90°-\arctan\omega_c-\arctan0.5\omega_c=50°$$
得
$$\arctan\omega_c+\arctan0.5\omega_c=40°$$
$$\frac{\omega_c+0.5\omega_c}{1-0.5\omega_c^2}=\tan 40°$$
解得
$$\omega_c=0.5\text{rad/s}$$

③ 由 ω_c 确定 β。

$$20\lg\beta=-20\lg|G_0(\mathrm{j}\omega_c)|$$
$$=-20\lg\frac{5}{0.5\sqrt{0.5^2+1}\sqrt{(0.5\times0.5)^2+1}}$$
$$=-20\text{dB}$$

解得　$\beta\approx0.1$

④ 确定滞后校正网络的交接频率 ω_2 和 ω_1

$$\omega_2=\frac{1}{\beta T}=\frac{1}{5}\omega_c=\frac{1}{5}\times0.5=0.1,\ \beta T=10,\ T=100,\ \omega_1=0.01$$

滞后校正装置的传递函数为　$G_c(s)=\dfrac{1+\beta Ts}{1+Ts}=\dfrac{1+10s}{1+100s}$

⑤ 验算校正系统的性能指标

校正后，系统的开环传递函数为

$$G(s)=G_0(s)G_c(s)=\frac{5}{s(s+1)(0.5s+1)}\frac{(10s+1)}{(100s+1)}$$

其相频特性为 $\angle G(j\omega_c)=-90°-\arctan\omega_c-\arctan0.5\omega_c-\arctan100\omega_c+\arctan10\omega_c$

$$=-139.8°$$

则 $\gamma=180°+\angle G(j\omega_c)=180°-139.8°\approx40°$

由相角交接频率的定义有 $\angle G(j\omega_g)=-180°$

量得 $\omega_g=1.4\text{rad/s}$

因此 $K_g=-20\lg|G(j\omega_g)|$

$$=-20\lg\frac{5\sqrt{(10\times1.4)^2+1}}{1.4\sqrt{1.4^2+1}\sqrt{(0.5\times1.4)^2+1}\sqrt{(100\times1.4)^2+1}}$$

$$=11\text{dB}>10\text{dB}$$

从计算结果看出，已校正系统全部满足性能指标要求。

例 6-4 的伯德图见图 6-19。

对于 ω_c 稍小于 ω_{c0} 的情形，就大多数未校正系统来说，只采用串联滞后校正却很难满足性能指标关于动态性能方面的要求，通常还需采用串联超前校正才能使性能指标全面得到满足，这便是串联滞后-超前校正方案。

6.3.3 串联滞后-超前校正（PID）

由于滞后校正和超前校正各有特点，有时会把超前校正和滞后校正综合起来应用，这种校正网络称为滞后-超前校正网络。其传递函数为

$$G_c(s)=\frac{1+\alpha T_1s}{1+T_1s}\frac{1+\beta T_2s}{1+T_2s}\quad(\alpha>1,\ \beta<1)\tag{6-31}$$

（1）滞后-超前网络及其幅频特性 有源滞后-超前网络如图 6-20(a)，其零、极点配置如图 6-20（b）所示。

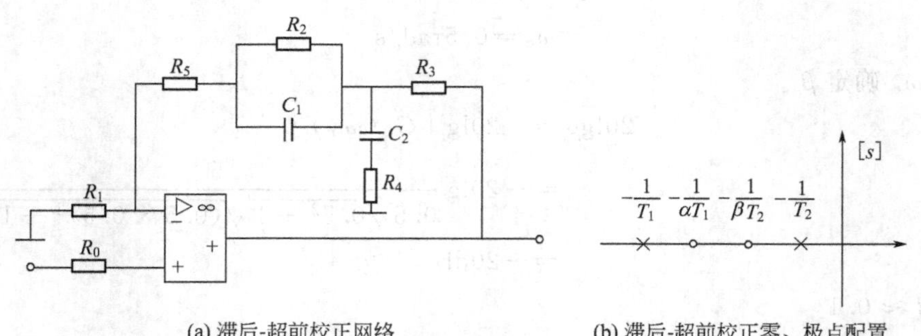

(a) 滞后-超前校正网络　(b) 滞后-超前校正零、极点配置

图 6-20 有源滞后-超前网络

其传递函数为 $G_c(s)=-k\dfrac{1+\alpha T_1s}{1+T_1s}\dfrac{1+\beta T_2s}{1+T_2s}\quad(\alpha>1,\ \beta<1)$

式中 $\beta T_2=\dfrac{R_1R_2}{R_1+R_2}C_1$，$T_1=R_4C_2$，$T_2=R_2C_1$

$$k=\frac{R_2+R_1}{R_1}\text{，}\alpha T_1=(R_3+R_4)C_2$$

当不考虑 k 时，PID 控制器的传递函数为式（6-31），由此式可知 PID 控制器的频率特性为

$$G_c(j\omega)=\frac{\mathrm{j}\alpha T_1\omega+1}{\mathrm{j}T_1\omega+1}\,\frac{\mathrm{j}\beta T_2\omega+1}{\mathrm{j}T_2\omega+1}\quad(\alpha>1,\ \beta<1)$$

分子分母的前一项构成了超前校正网络，分子分母的后一项构成了滞后校正网络。其伯德图如图 6-21 所示。

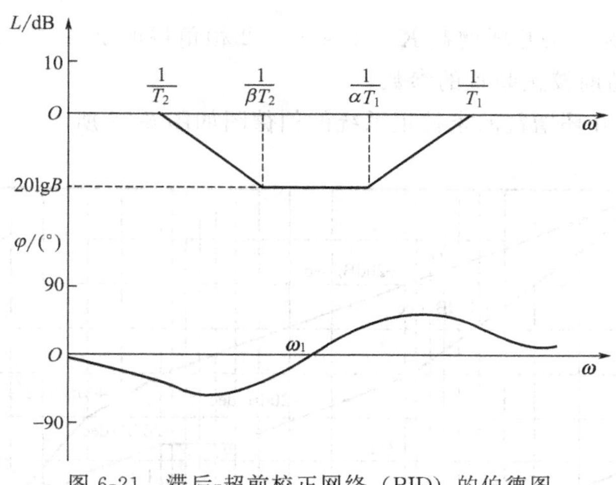

图 6-21　滞后-超前校正网络（PID）的伯德图

（2）滞后-超前校正设计　超前校正通常可以改善控制系统的快速性和超调量，主要用来改变未校正系统的中频段形状，以便提高系统的动态性能。而滞后校正主要用来校正系统的低频段，用来增大未校正系统的开环增益。如果既需要有快速响应特性，又要获得良好的稳态精度，则可以采用滞后-超前校正。滞后-超前校正具有互补性，滞后校正部分和超前校正部分既发挥了各自的长处，同时又用对方的长处弥补了自己的短处。

滞后-超前校正设计方案：滞后-超前校正的频域设计实际是滞后校正和超前校正的综合。若 $\omega_c>\omega_{c0}$，考虑采用超前校正。若 $\omega_c<\omega_{c0}$，并且 γ_0（ω_c）$>\gamma$，考虑采用滞后校正；若 $\omega_c<\omega_{c0}$，并且 γ（ω_c）$<\gamma$，则要加超前校正，即滞后-超前校正。合理选择剪切频率后，先设计滞后部分，再根据已经选定的 β 设计超前部分。

滞后-超前校正设计步骤如下：

① 根据稳态误差的要求，确定控制系统开环增益 K。

② 利用已确定 K，绘制未校正系统的伯德图，确定原系统的频率响应 ω_{c0}、γ_0、K_{g0}。

③ 根据响应速度，选择系统的剪切频率 ω_c，有时可选 ω_c 与 ω_{g0} 相等。

④ 确定滞后校正装置 $G_{c1}(s)=\dfrac{1+\beta T_2 s}{1+T_2 s}$，此时滞后部分的两个交接频率为 $\omega_1=\dfrac{1}{T_2}$，$\omega_2=\dfrac{1}{\beta T_2}=(\dfrac{1}{15}\sim\dfrac{1}{5})\omega_c$，一般取 $\beta=0.1$，$\omega_1=0.1\omega_2$。

⑤ 确定超前校正装置 $G_{c2}(s)=\dfrac{1+\alpha T_1 s}{1+T_1 s}$，此时超前部分的两个交接频率为 $\omega_3=\dfrac{1}{\alpha T_1}$，

$\omega_4=\dfrac{1}{T_1}$，取 $\alpha=10$，则 $\omega_3=0.1\omega_4$。过 $[\omega_c,\ L_c(\omega_c)]$ 点做 $+20\text{dB/dec}$ 直线，设该线与 0dB 直线相交点为 ω_4，与 $20\lg\beta$ 直线相交点对应为 ω_3。根据直线方程 $\dfrac{L_c(\omega_c)-0}{\lg\omega_c-\lg\omega_4}=+20$，求得 ω_4，即可得 ω_3。

⑥ 画出校正后系统的伯德图，验算校正后系统的性能指标是否满足要求。

例 6-5 设某控制系统不可变部分的开环传递函数为 $G_0(s)=\dfrac{K}{s(s+1)(0.5s+1)}$，要求系统具有如下性能指标：①开环增益 $K=10\text{s}^{-1}$ 。②相角裕度 $\gamma\geqslant 45°$。③幅值裕度 $K_g\geqslant$ 10dB 。试设计滞后-超前校正装置的参数。

解 ① 画出考虑开环增益的未校正系统的伯德图如图 6-22 所示。

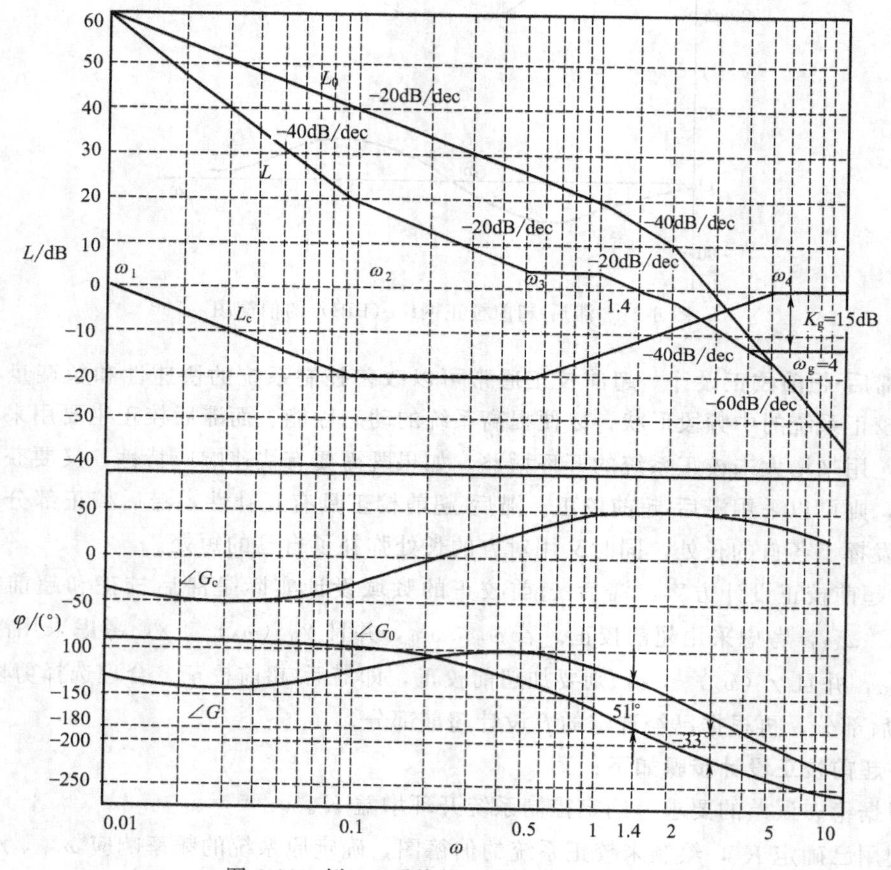

图 6-22 例 6-5 系统校正前、后的伯德图

由图并根据近似公式得 $\dfrac{10}{0.5\omega_c^3}\approx 1$ $\quad\omega_{c0}=2.7\text{rad/s}$

未校正系统的相角裕度

$$\gamma_0=180°+\angle G_0(j\omega_{c0})=180°-90°-\arctan\omega_{c0}-\arctan0.5\omega_{c0}=-33°$$

确定相角交越频率 ω_{g0}，幅值裕度 K_{g0}。

由　$\angle G_0(j\omega_g) = -90° - \arctan\omega_{g0} - \arctan 0.5\omega_{g0} = -180°$

解得　$\omega_{g0} = 1.4\text{rad/s}$，$K_{g0} = -20\lg \dfrac{10}{\omega_{g0}\sqrt{1+\omega_{g0}^2}\sqrt{1+0.25\omega_{g0}^2}} = -11 < 0\text{dB}$

性能指标不合乎要求，故需要校正。$20\lg|G_0(j\omega)|$ 以 -60dB/dec 过 0dB/dec 线，只加一个超前校正网络不能满足相角裕度的要求。如果让中频段（ω_{c0} 附近）特性衰减，再让超前校正发挥作用，可能使性能指标满足要求，中频段特性衰减正好由滞后校正完成。因此，决定采用滞后-超前校正。

② 选择校正后的频率 ω_c。若 ω_c 取值过大，则要补偿的相角过大，实现困难；若 ω_c 取值过小，则对系统响应的快速性不利，对完全复现输入信号也可能不利。当系统对 ω_c 无特殊要求时，一般可选对应 $\angle G_0(j\omega) = -180°$ 的频率，即 ω_{g0} 作为 ω_c，则 $\omega_c = 1.4\text{rad/s}$。

③ 确定滞后校正参数。

取 $\omega_2 = \dfrac{1}{\beta T_2} = \dfrac{1}{14}\omega_c$，得 $\omega_2 = 0.1$，$\beta T_2 = 10$，根据工程经验选 $\beta = 0.1$，$\omega_1 = 0.1\omega_2 = 0.01$，可得 $T_2 = 100$。由此可得，滞后校正的传递函数为

$$G_{c1}(s) = \frac{\beta T_2 s + 1}{T_2 s + 1} = \frac{10s+1}{100s+1}$$

④ 确定超前校正参数，确定超前校正部分参数的原则是要保证校正后的系统剪切频率 $\omega_c = 1.4\text{rad/s}$。由图 6-22 得

$$L_0(\omega_c) = 20\lg|G_0(j\omega_c)| = 20\lg \left.\frac{10}{\omega_c\sqrt{1+\omega_c^2}\sqrt{1+0.25\omega_c^2}}\right|_{\omega_c=1.4} = 11\text{dB}$$

所以
$$L_c(\omega_c) = 20\lg|G_c(j\omega_c)| = -11\text{dB}$$

在图 6-22 中，过 (1.4rad/s，-11dB) 点做 $+20$dB/dec 直线，设该线与 0dB 直线相交点为 ω_4

则
$$\frac{L_c(\omega_c)-0}{\lg\omega_c - \lg\omega_4} = +20,\quad \frac{-11-0}{\lg 1.4 - \lg\omega_4} = +20$$

求得　$\omega_4 = 5$，$\omega_3 = 0.5$，$T_1 = \dfrac{1}{\omega_4} = 0.2$，$\alpha T_1 = \dfrac{1}{\omega_3} = 2$

得超前校正部分的传递函数为　$G_{c2}(s) = \dfrac{1+\alpha T_1 s}{1+T_1 s} = \dfrac{1+2s}{1+0.2s}$

最后求得滞后-超前校正装置的传递函数为

$$G_c(s) = G_{c1}(s)G_{c2}(s) = \frac{(10s+1)}{(100s+1)}\frac{(2s+1)}{(0.2s+1)}$$

⑤ 校验性能指标，校正后系统的开环传递函数为　$G(s) = G_0(s)G_{c1}(s)G_{c2}(s)$

当 $\omega_c = 1.4\text{rad/s}$ 时，$\angle G_0(j\omega_c) = -180°$

则
$$\begin{aligned}\gamma &= 180° + \angle G(j\omega_c) = \angle G_{c1}(j\omega_c) + \angle G_{c2}(j\omega_c)\\ &= \arctan 10\omega_c + \arctan 2\omega_c - \arctan 100\omega_c - \arctan 0.2\omega_c\\ &= 51° > 45°\end{aligned}$$

校正后系统的传递函数为

$$G(s) = G_0(s)G_{c1}(s)G_{c2}(s) = \frac{10}{s(s+1)(0.5s+1)}\frac{(10s+1)}{(100s+1)}\frac{(2s+1)}{(0.2s+1)}$$

由图 6-22 得 $\omega_g=4\text{rad/s}$，幅值裕度 $K_g=15\text{dB}>10\text{dB}$。说明校正后的系统完全符合性能指标要求。

6.3.4 串联校正方式比较

（1）串联校正原理和思路的比较 见表 6-3。

表 6-3 相角超前校正网络和滞后校正网络的比较

项目	校正网络	
	超前校正网络	滞后校正网络
目的	在伯德图上提供超前角，提高相角裕度；在 s 平面上，使系统具有预期的主导极点	利用幅值衰减提高系统相角裕度；或伯德图上的相角裕度基本不变的同时，增大系统的稳态误差系数
效果	1. 增大系统的带宽 2. 增大高频段增益	减小系统带宽
优点	1. 能获得预期响应 2. 能改善系统的动态性能	1. 能抑止高频噪声 2. 能减小系统的误差，改善平稳性
缺点	1. 需附加放大器增益 2. 增大系统带宽，系统对噪声更加敏感 3. 要求 RC 网络具有很大的电阻和电容	1. 减缓响应速度，降低快速性 2. 要求 RC 网络具有很大的电阻和电容
适用场合	要求系统有快速响应时	对系统的稳态误差及稳定程度有明确要求时
不适用场合	在交接频率附近，系统的相角急剧下降时	在满足相角裕度的要求后，系统没有足够的低频响应时

（2）无源校正装置和有电源校正装置的比较 上述介绍的三种校正装置可以用无源器件（阻容元件）实现，也可以用有源器件实现。

应用无源器件组成的串联校正系统经常会遇到阻抗匹配问题，如果阻抗匹配问题解决不好，校正装置势必不能起到预期的效果。解决这一矛盾的有效方法，就是用有源装置代替无源装置。有源装置由线性集成运算放大器和少量的无源器件所组成，既经济实用，又有很好的效果。

另一方面由无源器件所组成的系统开环增益衰减厉害，为使系统获得必要的开环增益，往往需另加放大器；而如果采用有源装置，这一问题将能很好的解决。

近年来大规模集成电路的迅速发展，使运算放大器的性能得到了普遍的提高。在实际的校正装置中，更多使用的是由运算放大器和电阻、电容元件构成的有源校正装置。有源校正装置的特点是它与输入、输出设备之间的阻抗匹配特性好，参数调整方便，电路性能稳定。采用有源器件可以设计出比较复杂的校正装置。

6.4 串联校正综合法

前面介绍的串联校正分析法是先根据要求的性能指标和未校正系统的特性，选择串联校正装置的结构，然后设计它的参数，这种方法具有试探性，所以称为试探法和分析法。下面介绍串联校正综合法，它是根据给定的性能指标求出期望的开环频率特性，然后与未校正系统的频率特性进行比较，最后确定系统校正装置的形式及参数。综合法的主要依据是期望特性，所以又称为期望频率特性法。

6.4.1　期望频率特性法

(1) 期望频率特性法基本概念　期望频率特性法就是将对系统要求的性能指标转化为期望的对数幅频特性，然后再与原系统的幅频特性进行比较，从而得出校正装置的形式和参数。只有最小相位系统的对数幅频特性和相频特性之间有确定的关系，所以期望频率特性法仅适合于最小相位系统的校正。由于工程上的系统大多是最小相位系统，再加上期望频率特性法简单、易行，因此，期望频率特性法在工程上有着广泛的应用。

设希望的开环频率特性为 $G(\mathrm{j}\omega)$，原系统的开环频率特性为 $G_0(\mathrm{j}\omega)$，串联校正装置的频率特性为 $G_c(\mathrm{j}\omega)$，则有 $G(\mathrm{j}\omega)=G_0(\mathrm{j}\omega)G_c(\mathrm{j}\omega)$，即 $G_c(\mathrm{j}\omega)=\dfrac{G(\mathrm{j}\omega)}{G_0(\mathrm{j}\omega)}$

其对数幅频特性为

$$L_c(\mathrm{j}\omega)=L(\mathrm{j}\omega)-L_0(\mathrm{j}\omega) \tag{6-32}$$

式(6-32) 表明，对于期望的校正系统，当确定了期望对数幅频特性之后，就可以得到校正装置的对数幅频特性，从而写出校正装置的传递函数。

一般认为，开环对数幅频特性 $+30\sim-15\mathrm{dB/dec}$ 的范围称为中频段。典型系统的对数幅频特性，如图 6-23 所示。可将开环幅频特性分为三个区域：低频段主要反映系统的稳态性能，其增益要选的足够大，以保证系统稳态精度的要求；中频段主要反映系统的动态性能，一般应以 $-20\mathrm{dB/dec}$ 的斜率穿越 0dB 线，并保持一定的宽度，用 h 来表示，其大小为 $h=\dfrac{\omega_3}{\omega_2}$，以保证合适的相角裕度和幅值裕度，从而使系统得到良好的动态性能；高频段的增益要尽可能小，以抑制系统的噪声。与中频段两侧相连的直线斜率为 $-40\mathrm{dB/dec}$。

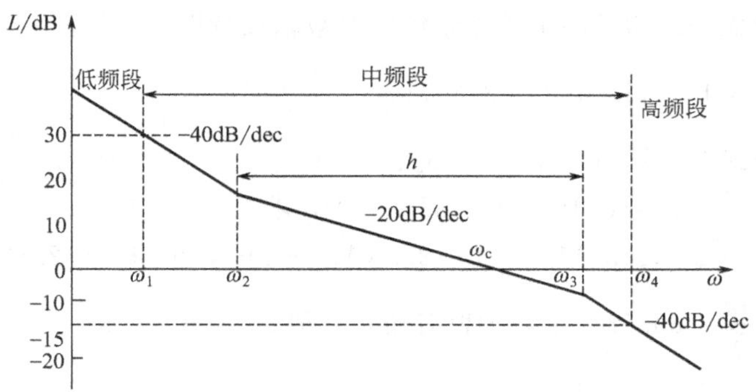

图 6-23　典型的对数幅频特性

在用“期望特性”进行校正时，常用相互转化的公式为

$$\sigma_p=0.16+0.4(M_r-1) \tag{6-33}$$

$$\omega_c=\frac{k\pi}{t_s} \tag{6-34}$$

$$k=2+1.5(M_r-1)+2.5(M_r-1)^2 \tag{6-35}$$

$$h=\frac{M_r+1}{M_r-1} \tag{6-36}$$

$$\omega_2 \leqslant \frac{2}{h+1}\omega_c \tag{6-37}$$

$$\omega_3 \geqslant \frac{2h}{h+1}\omega_c \tag{6-38}$$

$$\gamma = \arcsin\left(\frac{1}{M_r}\right) \tag{6-39}$$

(2) 期望频率特性法校正设计步骤

1）根据对系统型别及稳态误差的要求，确定型别及开环增益 K 。

2）绘制考虑开环增益后，未校正系统的幅频特性曲线①。

3）根据动态性能指标的要求，由经验公式计算频率指标 ω_c 和 γ 。

4）绘制系统期望幅频特性曲线②。

① 根据已确定型别和开环增益 K，绘制期望低频特性曲线。

② 根据 ω_c 、γ 、h 、ω_2、ω_3 绘制中频段特性曲线。为了保证系统具有足够的相角裕度，取中频段的斜率 -20dB/dec 。

③ 绘制期望特性低频、中频过渡曲线，斜率一般为 -40dB/dec 。一般高频和系统不可变部分斜率一致，以利于设计装置简单。

5）由曲线②－①得到曲线③，曲线③就是串联校正装置对数幅频特性曲线。由此写出校正传递函数 $G_c(s)$ 。

6）验算，检验校正系统后的性能指标是否满足要求。

例 6-6 设某控制系统不可变部分的传递函数为 $G_0(s)=\dfrac{K}{s(0.9s+1)(0.007s+1)}$，要求设计串联校正装置使系统满足性能指标：①开环增益 $1000s^{-1}$ 。②单位阶跃响应最大超调量 $\sigma_p \leqslant 30\%$。③调整时间 $t_s \leqslant 0.25$s 。

解 ① 绘制考虑开环增益的未校正系统的对数幅频特性图。如图 6-24 中曲线①所示。

由 $\dfrac{1000}{0.9\omega_{c0}^2}=1$，求得 $\omega_{c0}=33.3$rad/s 。

② 由"经验公式"计算 ω_c 、γ 、h 、ω_2、ω_3 。

由 $\sigma_p = 0.16 + 0.4(M_r - 1)$，求得 $M_r = 1.35$

由 $k = 2 + 1.5(M_r - 1) + 2.5(M_r - 1)^2$，求得 $k = 2.83$

$\omega_c = \dfrac{k\pi}{t_s} = \dfrac{2.83\pi}{0.25} = 35.5$rad/s，为留有裕量，取 $\omega_c = 40$rad/s

$\gamma = \arcsin\left(\dfrac{1}{M_r}\right) = \arcsin\dfrac{1}{1.35} = 47.8°$，为留有裕量，取 $\gamma = 50°$

$h = \dfrac{M_r+1}{M_r-1} = \dfrac{1.35+1}{1.35-1} = 6.7$

$\omega_2 \leqslant \dfrac{2}{h+1}\omega_c = \dfrac{2}{6.7+1}\times 40 = 10$rad/s，取 $\omega_2 = 8$rad/s

$\omega_3 \geqslant \dfrac{2h}{h+1}\omega_c = \dfrac{2\times 6.7}{6.7+1}\times 40 = 69$rad/s，取 $\omega_3 = 140$rad/s

③ 绘制期望频率特性图。

期望的低频段的斜率应为 -20dB/dec，已知未校正系统的型别为"I"，因此期望特性低频段与系统不可变部分的低频段重合。过 $\omega_c=40\text{dB/dec}$ 点作 -20dB/dec 的直线，其上下限频率分别为 $\omega_2=8\text{rad/s}$，$\omega_3=140\text{rad/s}$。过 ω_2 点作 -40dB/dec 的直线，与低频段交于频率 $\omega_1=0.33\text{rad/s}$；过 ω_3 点作 -40dB/dec 的直线，取 $\omega_4=200\text{rad/s}$（一般由经验确定）；为了使高频段与曲线①平行，过 ω_4 点作 -60dB/dec 直线，从而完成期望特性曲线②。

④ 确定校正环节对数幅频特性。

将曲线②与曲线①相减，并得到校正环节对数幅频特性曲线③，由曲线③写出校正装置曲线传递函数为

$$G_c(s)=\frac{(0.9s+1)(0.125s+1)}{(3s+1)(0.005s+1)}$$

⑤ 验算性能指标。

校正后系统的传递函数为

$$G(s)=G_c(s)G_0(s)=\frac{(0.9s+1)(0.125s+1)}{(3s+1)(0.005s+1)}\frac{1000}{s(0.9s+1)(0.007s+1)}$$

$$=\frac{1000(0.125s+1)}{s(3s+1)(0.005s+1)(0.007s+1)}$$

由　$h=\dfrac{\omega_3}{\omega_2}=\dfrac{140}{8}=17.5$　得

$$M_r=\frac{h+1}{h-1}=1.12\text{，}k=2+1.5(M_r-1)+2.5(M_r-1)^2=2.22$$

$$\sigma_p=0.16+0.4(M_r-1)=20.8\%<30\%$$

由　$\omega_c=40\text{rad/s}$ 求得　$t_s=\dfrac{k\pi}{\omega_c}=\dfrac{2.22\times3.14}{40}=0.17\text{s}<0.25\text{s}$

经检验最大超调量 σ_p，调节时间 t_s 都满足给定性能指标。

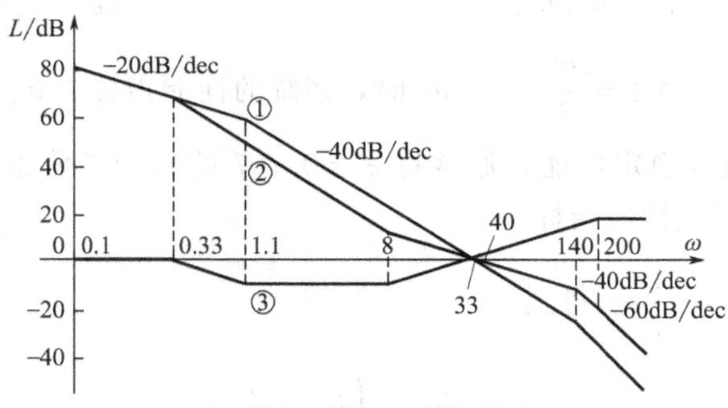

图 6-24　例 6-6 的伯德图

6.4.2　按最佳典型系统校正方法

工程上除了采用期望特性法以外，还可以按最佳典型系统校正，即通常把一个高阶系统近似地简化成二阶、三阶典型系统。只要知道典型系统与性能指标之间的关系以及被控对象的传递函数，就可以确定校正装置的结构和参数。这种工程设计方法，避免了频率法和根轨迹法中的多次试探和作图，简化了设计步骤，在自动控制系统设计中得到了广泛的应用。

(1) 按最佳二阶典型系统校正 在工程设计中，经常采用二阶典型系统来代替高阶系统（如采用主导极点、偶极子等概念分析问题），采用“最优”的综合校正方法来设计校正装置。二阶典型系统方框图如图 6-25 所示，对数幅频特性图如图 6-26 所示。

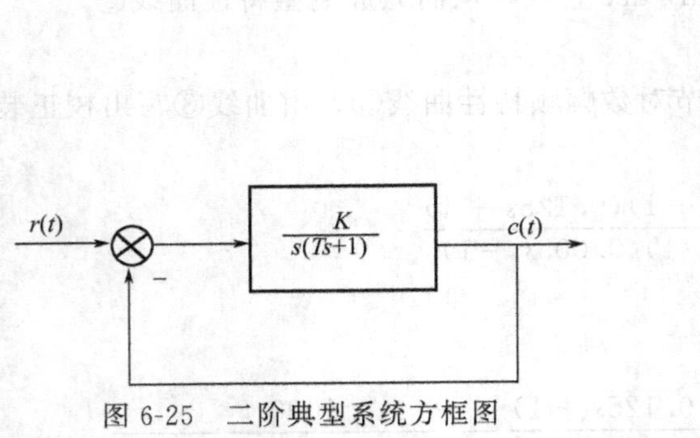

图 6-25 二阶典型系统方框图

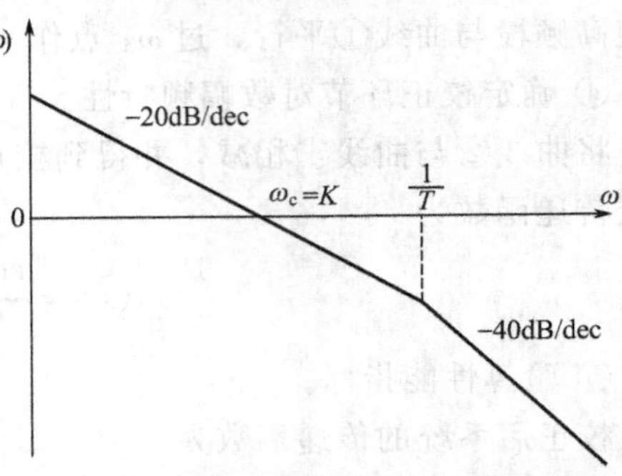

图 6-26 二阶典型系统对数幅频特性图

二阶典型系统开环传递函数为

$$G(s)=\frac{K}{s(Ts+1)}=\frac{\omega_n^2}{s(s+2\xi\omega_n)} \tag{6-40}$$

闭环传递函数为

$$\frac{C(s)}{R(s)}=\frac{\frac{K}{T}}{s^2+\frac{s}{T}+\frac{K}{T}}=\frac{\omega_n^2}{s^2+2\xi\omega_n s+\omega_n^2}$$

式中

$$\begin{cases}\omega_n^2=\dfrac{K}{T}\\ \xi=\dfrac{1}{2\sqrt{KT}}\end{cases} \quad 或 \quad \begin{cases}K=\dfrac{\omega_n}{2\xi}\\ T=\dfrac{1}{2\xi\omega_n}\end{cases}$$

在典型二阶系统中，当 $\xi=\frac{\sqrt{2}}{2}=0.707$ 时，系统的性能指标为 $\sigma_p=4.3\%$，$\gamma=65.5°$。这时兼顾了快速性和相对稳定性能，通常将 $\xi=0.707$ 的典型二阶系统称为“最佳二阶系统”，所对应的指标为最优性能指标。

把 $\xi=\frac{\sqrt{2}}{2}$ 代入 $\xi=\frac{1}{2\sqrt{KT}}$ 得到

$$T=\frac{1}{2K}\quad\left(K=\frac{1}{2T}\right) \tag{6-41}$$

将 T，K 代入式（6-40）中，得最佳二阶系统的开环传递函数为

$$G(s)=\frac{1}{2Ts(Ts+1)} \tag{6-42}$$

下面分几种情况按最佳二阶系统进行校正设计。

1）当系统固有部分为一阶惯性环节时

$$G_0(s)=\frac{K_1}{T_1 s+1}$$

按二阶典型系统设计时开环传递函数应为

$$G(s)=G_c(s)G_0(s)=G_c(s)\frac{K_1}{T_1s+1}=\frac{1}{2T_1s(T_1s+1)}$$

则

$$G_c(s)=\frac{1}{2K_1T_1s}$$

应串入积分控制器，其中 $T_1=T$

2）当系统固有部分为两个惯性环节串联时

$$G_0(s)=\frac{K_1K_2}{(T_1s+1)(T_2s+1)}\qquad (T_2>T_1)$$

期望特性为式（6-42），选参数时为了把小的时间常数消去，则

$$T=T_1,\ G_c(s)=\frac{G(s)}{G_0(s)}=\frac{T_2s+1}{2K_1K_2T_1s}=\frac{T_2}{2K_1K_2T_1}(1+\frac{1}{T_2s})$$

可见，应采用 PI 调解器，参数应整定为

$$K_p=\frac{T_2}{2K_1K_2T_1}\qquad T_1=T_2$$

3）当被控对象由若干小惯性环节组成时

$$G_0(s)=\frac{K_1}{(T_1s+1)}\frac{K_2}{(T_2s+1)}\cdots\frac{K_n}{(T_ns+1)}$$

这时，可用一个较大的惯性环节来近似，即令

$$G_0(s)=\frac{K}{(Ts+1)}$$

式中，$T=T_1+T_2+\cdots+T_n$；$K=K_1K_2\cdots K_n$

取期望模型为
$$G(s)=\frac{1}{2Ts(Ts+1)}$$

则
$$G_c(s)=\frac{G(s)}{G_0(s)}=\frac{1}{2KTs}$$

可见，应采用积分控制器。

4）当系统固有部分含有积分环节时

$$G_0(s)=\frac{K_1}{s(T_1s+1)}$$

期望模型为式（6-42），即时间常数与被控对象相同，则

$$G_c(s)=\frac{1}{2K_1T_1}$$

可见，应采用 P 调节器，其参数应该整定为 $K_p=\frac{1}{2K_1T_1}$

例 6-7　某二阶标准系统开环传递函数为 $G_0(s)=\frac{4}{s(s+2)}$。要求闭环系统性能指标为：超调量 $\sigma_p<5\%$；调节时间：$t_s\leqslant 1s$；静态速度误差系数 $K_v=10$，求校正元件的传递函数 $G_c(s)$。

解　① 原系统 $2\zeta\omega_n=2$，$\omega_n=2$，则 $\xi=1$，可见不符合最优模型，满足不了 $\sigma_p<5\%$，$K_v=10$ 的性能指标，需进行串联校正。

② 原系统传递函数为 $G_0(s)=\frac{4}{s(s+2)}=\frac{2}{s(0.5s+1)}$

按最佳二阶系统设计，即 $G(s)=G_0(s)G_c(s)=\dfrac{2}{s(0.5s+1)}G_c(s)=\dfrac{1}{2Ts(Ts+1)}$

则
$$G_c(s)=\frac{(0.5s+1)}{4T(Ts+1)}$$

根据题的要求得

$$\frac{1}{2T}=10\text{，}T=0.05$$

则得校正元件的传递函数为

$$G_c(s)=\frac{5(0.5s+1)}{0.05s+1}$$

系统开环传递函数为 $G(s)=G_0(s)G_c(s)=\dfrac{10}{s(0.05s+1)}$

③ 验算指标。

因为这是按最优模型设计的，肯定能满足性能要求。

(2) 按典型三阶系统校正 典型三阶系统模型的方框图和伯德图如图 6-27 和图 6-28 所示。这是一个Ⅱ型系统，具有较好的稳态跟踪性能。

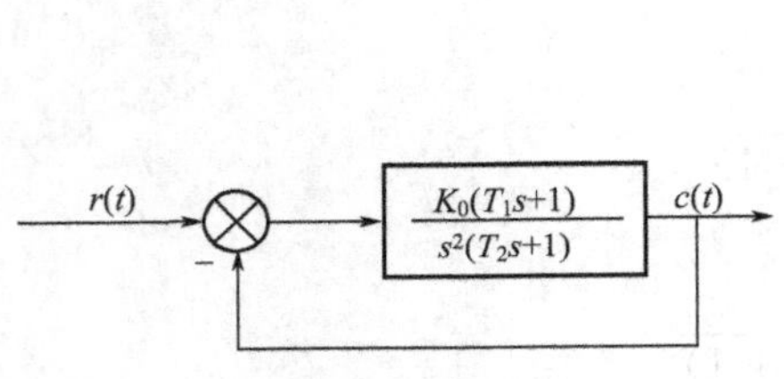

图 6-27 三阶系统方框图

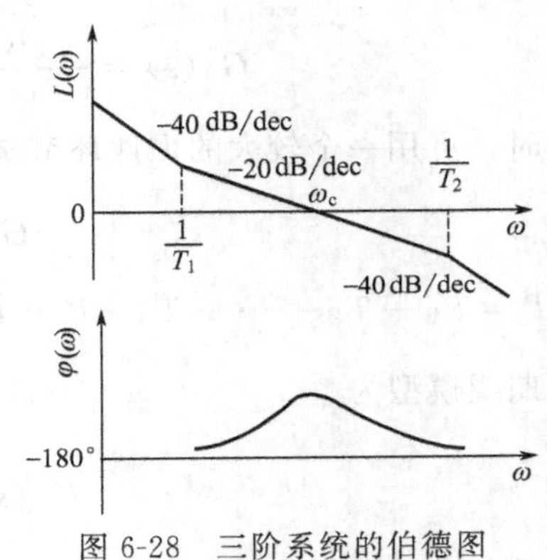

图 6-28 三阶系统的伯德图

具有最佳频比的典型三阶系统如下：

定义 $h=\dfrac{\omega_2}{\omega_1}=\dfrac{T_1}{T_2}$ 为中频宽度。由于中频段对系统的动态性能起决定性作用，所以 h 是一个重要参数。可以证明当系统参数满足式（6-43）时，所对应的闭环谐振值最小。因此称为“最佳频比”。

$$\begin{cases}\dfrac{\omega_2}{\omega_c}=\dfrac{2h}{h+1}\\[2ex]\dfrac{\omega_c}{\omega_1}=\dfrac{h+1}{2}\end{cases}\tag{6-43}$$

具有最佳频比的典型三阶模型为

$$G(s)=\frac{h+1}{2h^2T_2^2}\,\frac{hT_2s+1}{s^2(T_2s+1)}\tag{6-44}$$

考虑到参考输入和扰动输入两方面的性能指标，通常取中频宽度 $h=5$。

1）被控对象为
$$G_0(s)=\frac{K_2}{s(T_2s+1)}\tag{6-45}$$

则
$$G_c(s)=\frac{G(s)}{G_0(s)}=\frac{h+1}{2K_2hT_2}\left(1+\frac{1}{hT_2s}\right) \tag{6-46}$$

可见，应采用 PI 控制器，参数设定为　$K_p=\dfrac{h+1}{2K_2hT_2}$，$T_1=hT_2$

2）被控对象为
$$G_0(s)=\frac{K_2}{s(T_2s+1)(T_3s+1)}\quad (T_2<T_3) \tag{6-47}$$

则
$$G_c(s)=\frac{G(s)}{G_0(s)}=\frac{h+1}{2h^2T_2^2K_2}(hT_2+T_3)\left[1+\frac{1}{(hT_2+T_3)s}+\frac{hT_2T_3}{(hT_2+T_3)}s\right] \tag{6-48}$$

可见，应采用 PID 控制器，参数设定为

$$K_p=\frac{h+1}{2h^2K_2T_2^2}(hT_2+T_3),\quad T_i=hT_2+T_3,\quad T_d=\frac{hT_2T_3}{hT_2+T_3}$$

6.5 反馈校正

在工程实践中，通过附加局部反馈部件，以改变系统的结构和参量，可达到改善系统性能的目的，这种方法一般称作反馈校正或并联校正。控制系统采用反馈校正后，除了能得到与串联校正相同的效果外，反馈校正还具有改善控制性能的特殊功能。

6.5.1 反馈校正功能

(1) 比例负反馈可以减弱被反馈包围部分的惯性，从而扩展其频带，提高响应速度　如图 6-29(a)所示，当不加比例负反馈（$K_f=0$）时，其传递函数为

$$G(s)=\frac{K_0}{T_0s+1}$$

当加入比例负反馈（$K_f\neq 0$）时，其传递函数为

$$\frac{C(s)}{R(s)}=\frac{\dfrac{K_0}{T_0s+1}}{1+\dfrac{K_0}{T_0s+1}K_f}=\frac{K_0}{T_0s+1+K_0K_f}=\frac{\dfrac{K_0}{1+K_0K_f}}{\dfrac{T_0}{1+K_0K_f}s+1}=\frac{K}{Ts+1} \tag{6-49}$$

式中
$$T=\frac{T_0}{1+K_0K_f}<T_0,\quad K=\frac{K_0}{1+K_0K_f}<K_0$$

从闭环传递函数的形式看，此种情况仍是惯性环节。由于 $T<T_0$，其惯性将减弱，减弱程度与反馈系数 K_f 成反比，从而使调节时间 t_s 缩短，提高了系统或环节的快速性。从频域角度看，比例负反馈可使环节或系统的频带得到展宽，其展宽的倍数基本上与反馈系数 K_f 成正比。同时，放大倍数降低了 $1+K_0K_f$ 倍，这是不希望的。可通过提高放大环节的增益得到补偿，即可变为图 6-29(b)。只要适当地提高 K_1 的数值即可解决增益减小的问题。

(2) 负反馈可以减弱参数变化对系统性能的影响　在控制系统中，为了减弱系统对参数变化的敏感性，一般多采用负反馈校正。

比较图 6-30，无反馈和有反馈时系统输出对参数变化的敏感性。

如图 6-30(a) 所示的开环系统，假设由于参数的变化，系统传递函数 $G(s)$ 的变化量为

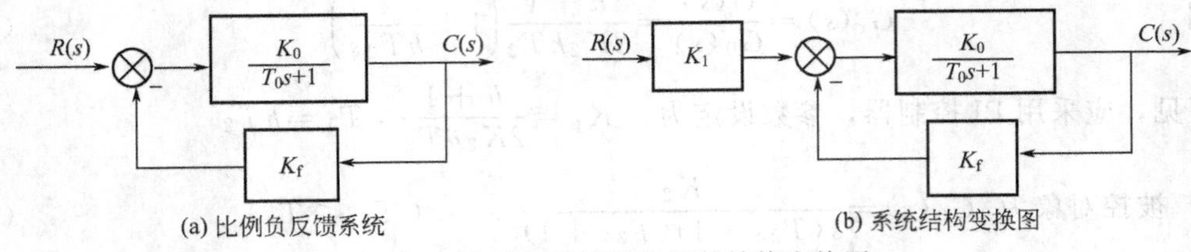

图 6-29　比例负反馈系统及其结构变换图

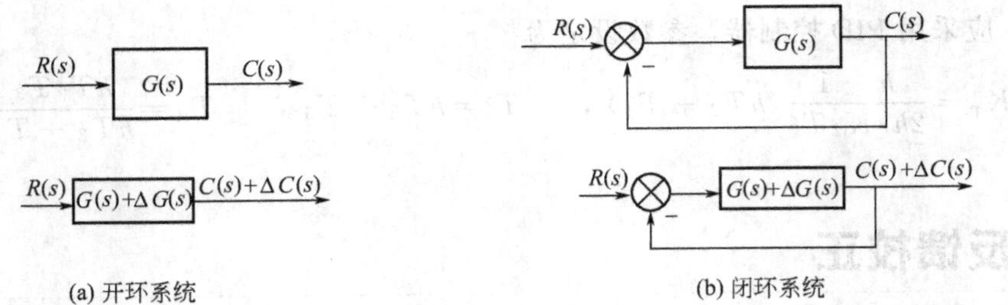

图 6-30　负反馈的影响

$\Delta G(s)$，相应的输出变化量为 $\Delta C(s)$。这时开环系统的输出为

$$C(s)+\Delta C(s)=[G(s)+\Delta G(s)]R(s)$$

因为

$$C(s)=G(s)R(s)$$

则有

$$\Delta C(s)=\Delta G(s)R(s) \tag{6-50}$$

式(6-50) 表明，对于开环系统，参数变化引起输出的变化量 $\Delta C(s)$ 与传递函数的变化量 $\Delta G(s)$ 成正比。而对于如图 6-30(b) 所示的闭环负反馈系统，如果也发生上述参数变化，则闭环系统的输出为

$$C(s)+\Delta C(s)=\frac{G(s)+\Delta G(s)}{1+G(s)+\Delta G(s)}R(s)$$

一般情况下，$|G(s)|\gg|\Delta G(s)|$，于是有

$$C(s)+\Delta C(s)\approx\frac{G(s)+\Delta G(s)}{1+G(s)}R(s)$$

由于

$$C(s)=\frac{G(s)}{1+G(s)}R(s)$$

则

$$\Delta C(s)\approx\frac{\Delta G(s)}{1+G(s)}R(s) \tag{6-51}$$

比较式(6-50)和式(6-51)表明，因参数变化，闭环系统输出的 $\Delta C(s)$ 是开环系统输出变化的 $\dfrac{1}{1+G(s)}$ 倍。在系统工作的主要频段内，通常 $|1+G(s)|$ 的值远大于 1，因此负反馈能明显地减弱参数变化对控制系统性能的影响，而串联校正不具备这个特点。如果说开环系统必须采用高性能的元件，以便减小参数变化对控制系统性能的影响，那么对于负反馈系统来说，就可选用性能一般的元件。用负反馈包围局部元、部件的校正方法在电液伺服控制系统中经常被采用。

(3) 微分负反馈可以增加系统的阻尼，改善系统的相对稳定性　图 6-31 是一个带微分负反馈的二阶系统。原系统的传递函数为

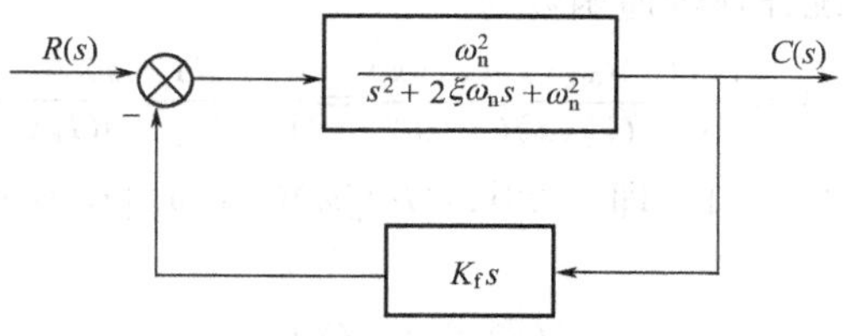

图 6-31 微分负反馈系统

$$G(s)=\frac{\omega_n^2}{s^2+2\xi\omega_n s+\omega_n^2}$$

其阻尼比为 ξ，固有频率为 ω_n，加入微分环节以后，系统的传递函数为

$$\frac{C(s)}{R(s)}=\frac{\omega_n^2}{s^2+(2\xi\omega_n+k_f\omega_n^2)s+\omega_n^2}$$

显然，微分反馈后的阻尼比为 $\xi_f=\xi+\frac{1}{2}k_f\omega_n$ (6-52)

和原系统相比，阻尼大为提高，且不影响系统的固有频率。微分负反馈在动态中可以增加阻尼比，改善系统的相对稳定性。微分负反馈是反馈校正中使用最广泛的一种控制方式。

(4) 负反馈可以消除系统固有部分中的不希望有的特性 如图 6-32 所示，原系统中 $G_2(s)$ 可能含有严重的非线性，或其特性对系统不利，是不希望有的特性，现用局部负反馈校正消除其对系统的影响。

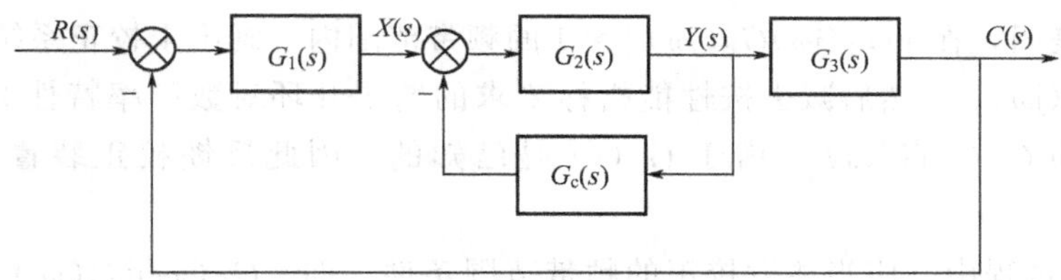

图 6-32 反馈校正控制系统

内反馈回路的闭环传递函数 $\frac{Y(s)}{X(s)}=\frac{G_2(s)}{1+G_2(s)G_c(s)}$ (6-53)

频率特性为 $\frac{Y(j\omega)}{X(j\omega)}=\frac{G_2(j\omega)}{1+G_2(j\omega)G_c(j\omega)}$

如果在常用的频段内选取 $|G_2(j\omega)G_c(j\omega)|\gg 1$

则在此频段内的频率特性为 $\frac{Y(j\omega)}{X(j\omega)}\approx\frac{1}{G_c(j\omega)}$ (6-54)

式(6-54)表明，在满足 $|G_2(j\omega)G_c(j\omega)|\gg 1$ 的频段内，如果 $G_2(j\omega)$ 是不希望的，那么就可以选择 $G_c(j\omega)$ 组成新的特性，消除 $G_2(j\omega)$ 对系统的影响。

6.5.2 用频率法分析反馈校正系统

如图 6-32 所示，未校正系统开环传递函数为

$$G_0(s)=G_1(s)G_2(s)G_3(s) \tag{6-55}$$

加入 $G_c(s)$ 后校正系统开环传递函数为

$$G(s)=\frac{G_1(s)G_2(s)G_3(s)}{1+G_2(s)G_c(s)}=\frac{G_0(s)}{1+G_2(s)G_c(s)} \tag{6-56}$$

1）当 $|G_2(j\omega)G_c(j\omega)|\ll 1$，即 $20\lg|G_2(j\omega)G_c(j\omega)|<0$ 时

由式(6-56) 可知

$$G(s)\approx G_0(s) \tag{6-57}$$

式(6-57) 表明，在 $|G_2(j\omega)G_c(j\omega)|\ll 1$ 的频带范围内，校正系统开环传递函数 $G(s)$ 近似等于未校正系统的开环传递函数，与反馈传递函数 $G_c(s)$ 无关。也就是说，在这个频带范围内反馈不起作用，局部闭环相当于开路。

2）当 $|G_2(j\omega)G_c(j\omega)|\gg 1$，即 $20\lg|G_2(j\omega)G_c(j\omega)|>0$ 时，

由式（6-53）可知局部闭环的传递函数为

$$\frac{Y(s)}{X(s)}=\frac{G_2(s)}{1+G_2(s)G_c(s)}\approx\frac{1}{G_c(s)} \tag{6-58}$$

式(6-58) 表明在 $|G_2(j\omega)G_c(j\omega)|\gg 1$ 的频带范围内，局部闭环的传递函数与固有特性 $G_2(s)$ 无关，仅取决于反馈通道 $G_c(s)$ 的倒数，这说明通过选择 $G_c(s)$，就能在一定的频带范围内改变系统的原有特性。

由式（6-56）还可知 $$G(s)\approx\frac{G_0(s)}{G_2(s)G_c(s)} \tag{6-59}$$

即 $$G_2(s)G_c(s)\approx\frac{G_0(s)}{G(s)} \tag{6-60}$$

式(6-60) 表明，在 $|G_2(j\omega)G_c(j\omega)|\gg 1$ 的频带范围内，画出未校正系统的开环对数频率特性 $20\lg|G_0(j\omega)|$，然后减去按性能指标要求的期望开环对数频率特性 $20\lg|G(j\omega)|$，可以获得近似的 $G_2(s)G_c(s)$。由于 $G_2(s)$ 是已知的，因此反馈校正装置 $G_c(s)$ 可立即求得。

在反馈校正过程中，应当注意校正的频带范围条件，即 $|G_2(j\omega)G_c(j\omega)|\gg 1$，同时要保证小闭环反馈回路的稳定性。

反馈校正设计步骤如下：

① 按稳态性能指标要求，绘制未校正系统的开环对数幅频特性

$$L_0(\omega)=20\lg|G_0(j\omega)|$$

② 根据给定性能指标要求，绘制期望开环对数幅频特性

$$L(\omega)=20\lg|G(j\omega)|$$

③ 由下式求得 $G_2(s)G_c(s)$ 传递函数

$$20\lg|G_2(j\omega)G_c(j\omega)|=L_0(\omega)-L(\omega),\qquad \forall[L_0(\omega)-L(\omega)]>0$$

④ 由 $G_2(s)G_c(s)$ 求出 $G_c(s)$，如例题 6-8。

若当 $G_1(s)G_3(s)=1$ 时，$G_0(s)=G_1(s)G_2(s)G_3(s)=G_2(s)$。由式（6—59）可知，在受校正的 $|G_0(j\omega)G_c(j\omega)|\gg 1$ 频段内，有 $G(j\omega)=\dfrac{1}{G_c(j\omega)}$，或 $G_c(j\omega)=\dfrac{1}{G(j\omega)}$。即期望特性 $20\lg|G(j\omega)|$ 的中频区特性的倒特性为反馈通道控制器频率响应 $G_c(j\omega)$ 的幅频特性。期望特性 $G(s)$ 的幅频特性与控制器 $G_c(s)$ 的幅频特性关于 0dB 线对称，画出 $G_c(s)$ 的幅频特性，由此可写出 $G_c(s)$ 的传递函数，如例题 6-10。

⑤ 验算，验证设计指标是否满足要求。

例 6-8　设系统方框图如图 6-33 所示，要求设计负反馈 $G_c(s)$ 使系统达到如下指标：稳态位置误差等于零，稳态速度误差系数 $K_v=200\text{s}^{-1}$，相角裕度 $\gamma(\omega_c)\geqslant 45°$。

解　① 根据系统稳态误差要求，选 $K_1K_2=200$，绘制下列对象特性的伯德图 $L_0(\omega)$ 如图 6-34 所示，有

$$G_0(s)=\frac{200}{s(0.1s+1)(0.01s+1)}$$

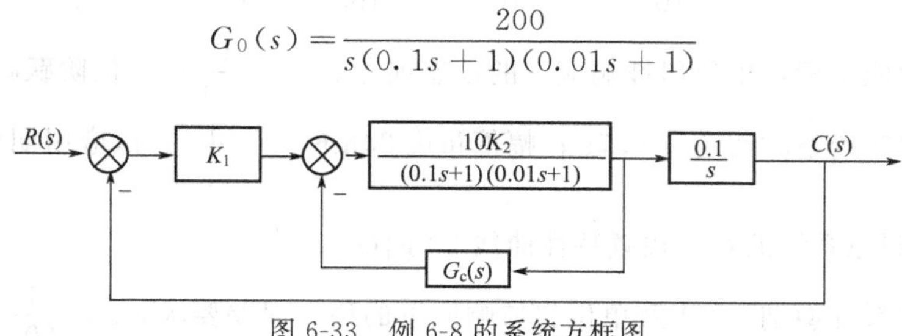

图 6-33　例 6-8 的系统方框图

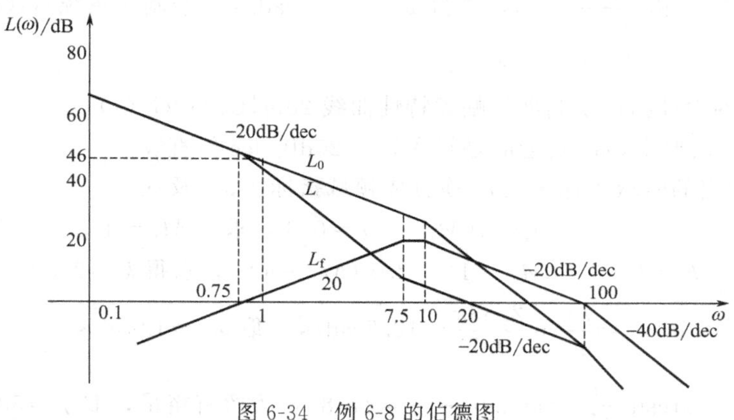

图 6-34　例 6-8 的伯德图

由图 6-34 可见，$L_0(\omega)$ 以 -40dB/dec 过 0dB 线，显然不能满足系统指标的要求。

② 期望特性的设计。低频段不变，中频段由于指标中未提 ω_c 的要求，可以根据经验选 $\omega_c=20\text{s}^{-1}$。

高中频部分：过 $\omega_c=20\text{s}^{-1}$ 点作 -20dB/dec 直线，交 $L_0(\omega)$ 线于 $\omega_2=100\text{s}^{-1}$ 高频部分同 $L_0(\omega)$。

低中频部分：考虑到中频区应有一定的宽度及 $\gamma(\omega_c)\geqslant 45°$ 的要求，预选 $\omega_1=7.5\text{s}^{-1}$，过 ω_1 作 -40dB/dec 的直线交 $L_0(\omega)$ 于 $\omega_0=0.75\text{s}^{-1}$，于是整个期望特性设计完毕。

③ 检验。从校正后的期望特性上很容易求得 $\omega_c=20s^{-1}$，$\gamma(\omega_c)=49°$，均满足要求。

④ 校正装置的求取。作 $L_0(\omega)-L(\omega)=L_f(\omega)$ 的曲线，得 $G_2(s)G_c(s)$ 的频率特性，

写出传递函数为

$$G_2(s)G_c(s)=\frac{\frac{1}{0.75}s}{\left(\frac{1}{7.5}s+1\right)\left(\frac{1}{10}s+1\right)\left(\frac{1}{100}s+1\right)}$$

则

$$G_c(s)=\frac{\frac{1}{7.5K_2}s}{\left(\frac{1}{7.5}s+1\right)}$$

$L_f(\omega)<0$ 部分，反馈作用可以忽略。为了简化校正结构，低频区采用微分环节；高频区采用 -40dB/dec 斜直线，整个 $L_f(\omega)$ 曲线如图 6-34 所示。

例 6-9 已知位置随动系统不可变部分的传递函数为

$$G_0(s)=\frac{K_V}{s\left(\frac{1}{10}s+1\right)\left(\frac{1}{50}s+1\right)\left(\frac{1}{100}s+1\right)\left(\frac{1}{200}s+1\right)}$$

要求满足性能指标：单位斜坡响应下的稳态误差 $e_{ss}\leqslant\frac{1}{200}$；单位阶跃响应超调量 $\sigma_p\leqslant 30$；单位阶跃响应调整时间 $t_s\leqslant 0.7\text{s}$；幅值裕度 $20\lg K_g\geqslant 6\text{dB}$。试应用期望频率特性法设计串联校正装置。

解 1）绘制原系统的对数幅频特性曲线 $20\lg|G_0(s)|$。

根据未校正系统型别 $v=1$ 及单位斜坡响应下的稳态误差要求 $e_{ss}\leqslant\frac{1}{200}$，由 $e_{ss}=\frac{1}{K_v}$，求得 $K_v=200\text{s}^{-1}$。由 $\frac{200}{0.1\omega_{c0}^2}=1$，求得 $\omega_{c0}=44.7\text{rad/s}$。绘制原系统 $G_0(s)$ 的对数幅频特性曲线 $20\lg|G_0(s)|$，如图 6-35 所示。

2）按要求的设计指标绘制期望幅频特性曲线 $20\lg|G_0(s)G_c(s)|$。

① 根据中频段要求，ω_c 附近应是斜率为 -20dB/dec 斜直线。

首先，将给定的时域指标 σ_p、t_s 换算成频域指标 γ、h 及 ω_c。

由 $\sigma_p=0.16+0.4(M_r-1)=0.3$，求得 $M_r=1.35$

由 $k=2+1.5(M_r-1)+2.5(M_r-1)^2$，求得 $k=2.83$

$$\omega_c=\frac{k\pi}{t_s}=\frac{2.83\pi}{0.7}=12.7\text{rad/s}，取 \omega_c=13\text{rad/s}$$

$$\gamma=\arcsin\frac{1}{M_r}=\arcsin\frac{1}{1.35}=47.8^\circ，为留有裕量，取 \gamma=50^\circ$$

计算中频区宽度 $h=\frac{M_r+1}{M_r-1}=\frac{1.35+1}{1.35-1}=6.7$

过 $\omega_c=13\text{rad/s}$ 作斜率为 -20dB/dec 斜直线，这便是期望特性的中频区特性。其上下限角频率为 ω_3 及 ω_2，其取值范围为

$$\omega_2\leqslant\frac{2}{h+1}\omega_c=\frac{2}{6.7+1}\times13=3.37，取 \omega_2=\frac{1}{10}\omega_c=1.3\text{rad/s}$$

$$\omega_3\geqslant\frac{2h}{h+1}\omega_c=\frac{2\times6.7}{6.7+1}\times13=22.6\text{rad/s}，取 \omega_3=50\text{rad/s}$$

由此取得中频区特性的实际宽度为 $h=\frac{\omega_3}{\omega_2}=\frac{50}{1.3}\approx38.5$

满足 $h\geqslant6.7$ 的要求，即根据上面初选的角频率 ω_2 及 ω_3 可以保证相角裕度 $\gamma=50^\circ$ 的要求。

② 绘制期望频率特性的低频段与中频段的衔接频段。

过点 $\omega_2=1.3\text{rad/s}$，作斜率等于 -40dB/dec 斜直线，该直线与低频区特性曲线相交，其交点对应的角频率为 $\omega_1=0.13\text{rad/s}$。

③ 绘制期望特性的高频区特性。

待校正系统的高频段，即 $\omega_3=50\text{rad/s}$ 以后斜率是 $-60\text{dB/dec}\sim-100\text{dB/dec}$ 的频段，因此具有良好的抑制高频干扰能力，故可使期望特性的高频段斜率与待校正系统的高频段一致。

④ 绘制期望特性中频与高频段之间的衔接频段。

过点 $\omega_3=50\text{rad/s}$，作斜率等于 -40dB/dec 斜直线。该条直线与高频区特性相交，其交点对应的角频率 $\omega_4=100\text{rad/s}$。角频率 $\omega_4=100\text{rad/s}$ 便是期望特性由中频到高频的第四个转折频率。它的第五个转折频率 ω_5 等于 200rad/s。

3）由期望幅频特性曲线求出期望系统的传递函数，写出校正装置 $G_c(s)$ 的传递函数。

由精确作图可知，$\omega_4=100\text{rad/s}$ 时，直线斜率由 -40dB/dec 变为 -80dB/dec，设计时一般采用的都是惯性环节，不用振荡环节，因此相当于出现了重极点。由期望幅频特性写出校正后系统的传递函数为

$$G(s)=\frac{200\left(\frac{1}{1.3}s+1\right)}{s\left(\frac{1}{0.13}s+1\right)\left(\frac{1}{50}s+1\right)\left(\frac{1}{100}s+1\right)^2\left(\frac{1}{200}s+1\right)}$$

又因为

$$G_0(s)=\frac{200}{s\left(\frac{1}{10}s+1\right)\left(\frac{1}{50}s+1\right)\left(\frac{1}{100}s+1\right)\left(\frac{1}{200}s+1\right)}$$

由　　$G_c(s)=\dfrac{G(s)}{G_0(s)}$，写出校正装置 $G_c(s)$ 的传递函数为

$$G_c(s)=\frac{G(s)}{G_0(s)}=\frac{\left(\frac{1}{1.3}s+1\right)\left(\frac{1}{10}s+1\right)}{\left(\frac{1}{0.13}s+1\right)\left(\frac{1}{100}s+1\right)}$$

或者由期望特性曲线 $20\lg|G_0(s)G_c(s)|$ 减去未校正系统特性曲线 $20\lg|G_0(s)|$，得到控制装置 $20\lg|G_c(s)|$ 特性曲线，由此写出控制装置的传递函数 $G_c(s)$。

4）检验性能指标

$$G(s)=\frac{200\left(\frac{1}{1.3}s+1\right)}{s\left(\frac{1}{0.13}s+1\right)\left(\frac{1}{50}s+1\right)\left(\frac{1}{100}s+1\right)^2\left(\frac{1}{200}s+1\right)}$$

由 $\omega_c=13\text{rad/s}$ 计算校正后系统开环频率响应 $G(j\omega)$ 相角裕度、中频区宽度及幅值裕度

$\gamma=180^\circ+\angle G(j\omega_c)=51.8^\circ>50^\circ$　　$h=38.5>7.5$，$20\lg K_g=8.7\text{dB}>6(\text{dB})$

例 6-10 对于例 6-9 所示的位置随动系统，试应用频率响应法设计反馈控制器及其结构参数。

解 反馈校正系统方框图如图 6-36 所示。应用频率响应法按下列步骤综合反馈校正 $G_c(s)$ 结构并确定其参数。

1）绘制系统期望特性 $20\lg|G(j\omega)|$。绘制过程见例 6-9，特性曲线示如图 6-37 所示。

2）初选期望特性 $20\lg|G(j\omega)|$ 的中频区特性的倒特性为反馈校正通道频率响应 $G_c(j\omega)$ 的幅频特性 $20\lg|G_c(j\omega)|$，如图 6-37 所示。

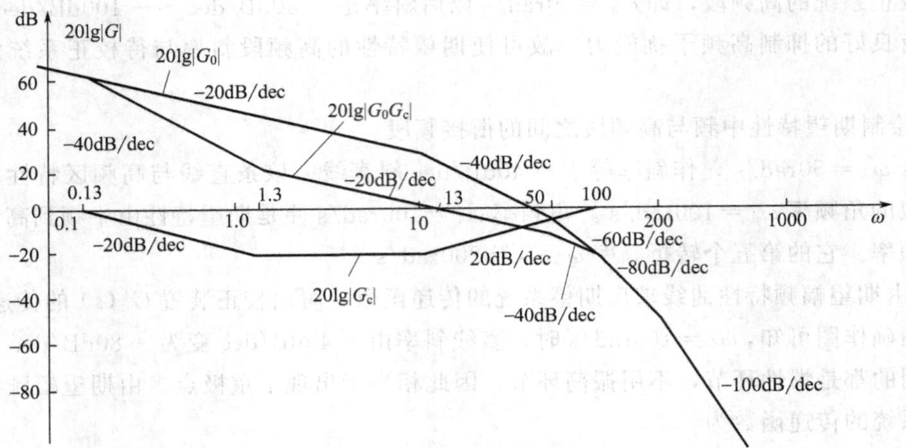

图 6-35　控制系统串联校正的开环幅频特性图

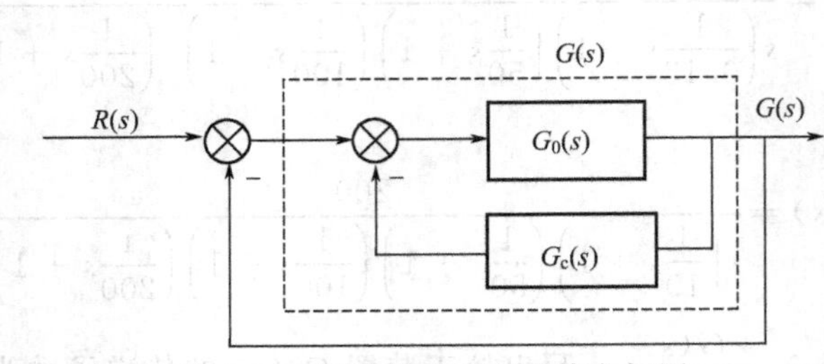

图 6-36　反反馈校正的系统方框图

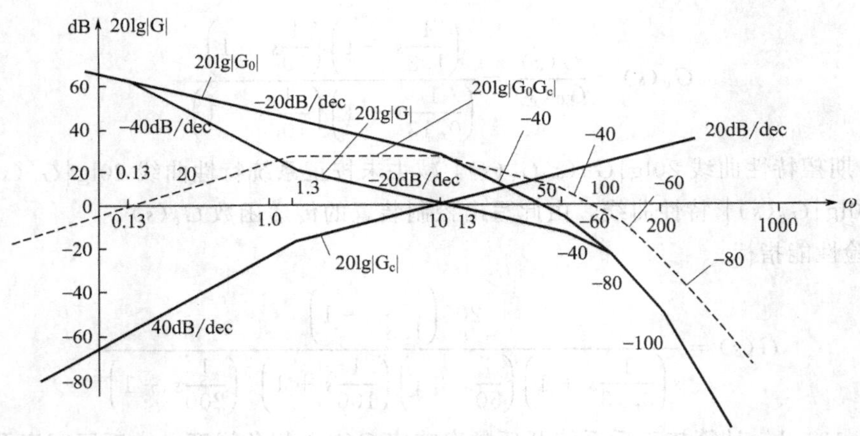

图 6-37　反馈校正系统开环幅频特性图

3）绘制幅频特性曲线 $20\lg|G_0(j\omega)G_c(j\omega)|$ 。从图 6-37 可见，$20\lg|G_0(j\omega)G_c(j\omega)|\geqslant 0$ 的频带为 0.13rad/s ～ 71rad/s；$20\lg|G_0(j\omega)G_c(j\omega)|\leqslant 0$ 的频带分别为 0 ～ 0.13rad/s 及 71rad/s～∞rad/s 。

4）期望特性 $20\lg|G(j\omega)|$ 的整个中频区乃至低、中频区特性间的过渡特性及中频、中频区特性间的过渡特性基本上位于频带 0.13rad/s ～ 71rad/s 之内。期望特性 $20\lg|G(j\omega)|$ 的低频区特性位于频带 0 ～ 0.13rad/s，其高频区特性位于频带 71rad/s ～ ∞ 。由此可见，反馈校

正初选的频率响应 $G_c(j\omega)$ 是合适的。

5）写出与图6—37所示的幅频特性 $20\lg|G_c(j\omega)|$ 相对应的传递函数为

$$G_c(s)=\frac{K_h s^2}{Ts+1}=\frac{0.0592s^2}{0.77s+1}$$

式中，$T=1/1.3=0.77\mathrm{s}$；在 $\omega=1\mathrm{rad/s}$ 处求得 $20\lg K_h=-24.6\mathrm{dB}$，由此解出反馈校正通道增益 $K_h=0.0592$。

小　　结

控制系统的校正是古典控制理论中最接近生产实际的内容之一。本章首先介绍了综合与校正的概念、校正的方式和方法，接着介绍了比例、积分、比例-微分等控制规律。

按校正装置与系统的连接方式，可分为串联校正、反馈校正和复合校正。串联校正是常用的校正方式。串联校正又分为超前校正、滞后校正和滞后-超前校正。重点介绍了串联校正各个校正装置的频率特性和用频率法对系统进行校正的基本思想和设计步骤。接着又介绍了串联校正综合法，即工程上适用的期望频率特性法和按典型环节校正的方法，同时对反馈校正进行了介绍。

系统的综合与校正是选择合适的校正装置与原系统连接，使系统的性能指标得到改善或补偿的过程。从某种意义上讲，系统的综合与校正是系统分析的逆问题，系统分析的结果具有惟一性，而系统的综合与校正是非惟一的，并且需要有一定的方法和经验通过多次试探才能收到较好的效果。

本章介绍的只是系统校正中的一些基本方法和思路，实际和工程问题可能要复杂得多，比起系统分析，系统的综合与校正的实践性更强，读者应注重理论联系实际，将自己所学的理论应用到实践中去，并在实际工程和科研中发挥更大的作用。

术语和概念

系统分析（system analysis）：在已知控制系统中加入测试输入信号测量系统的输出响应或性能指标的过程。

综合（synthesis）：构建新的物理系统的过程，把分离的元部件组合成一个有机的整体。

设计（design）：为达到特定的目的，构思或创建系统的结构、组成和技术细节的过程。

校正（compensation）：改变或调节控制系统，使之能获得满意的性能。

控制器设计（controller design）：设计系统中控制器的结构和参数的过程。

PID控制器（PID controller）：指由比例项、积分项和微分项三项之和组成的控制器，其中每项的增益均可调。相当于滞后超前校正环节。比例增益主要是提高系统响应速度和控制精度的作用，但要注意闭环系统的稳定性；积分系数主要是提高控制精度；微分系数可以增大系统阻尼，减小系统超调量。

PID参数整定（PID parameters tuning）：指PID控制器的比例、积分和微分三个可调参数的选取问题，它的选取是影响控制系统性能的主要因素之一，通常采用工程整定方法。

前置滤波器（prefilter）：在计算偏差信号之前，对输入信号 $R(s)$ 进行滤波的传递函数 $G(s)$。

鲁棒控制系统（robust control system）：在被控过程存在显著不确定的情况下设计的仍能具备预期性能的控制系统。

系统灵敏度（system sensitivity）：闭环系统传递函数的变化与引起这一变化的被控过程传递函数（或参数）的微小增量之比。

优化（optimization）：调整系统参数以获得最满意或最优设计。

控制与电气学科世界著名学者——伯德

伯德（1905—1982）是美国著名的应用数学家，1940 年，他首次引入了半对数坐标系，这样就使频率特性的绘制工作更加适用于工程设计。

伯德在美国贝尔电话实验室工作期间，以研究滤波器和均衡器开始了他的职业生涯。1938 年，他使用增益及相位频率响应法绘制复杂函数，通过研究增益和相角裕度得出了闭环系统稳定性的判断方法。第二次世界大战结束后，他致力于包括导弹武器系统在内的军事领域及现代通信理论方面的研究。1948 年美国总统杜鲁门为了表彰伯德在这一领域的突出贡献，亲自为伯德授予了总统奖章。

在很多科学和工程协会中伯德担任重要的会员或研究员，1969 年，他被美国电子电气工程协会授予“IEEE 爱迪生奖章”。

习　题

6-1　有源校正网络如习题 6-1 图所示，试写出传递函数，并说明可以起到何种校正作用。

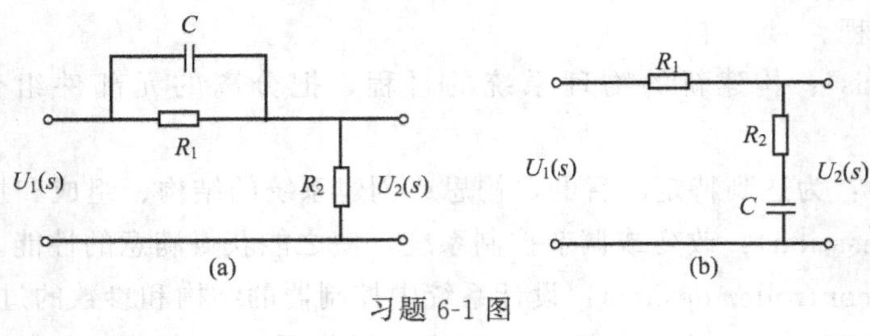

习题 6-1 图

6-2　已知一系统固有特性为 $G(s)=\dfrac{100(1+0.1s)}{s^2}$，设计的校正装置特性为 $G_c(s)=\dfrac{0.25s+1}{(0.01s+1)(0.1s+1)}$。

（1）画出原系统和校正装置的对数幅频特性。

（2）当采用串联校正时，求校正后系统的开环传递函数，并计算其相角裕度和幅值裕度。

6-3　校正前最小相位系统 $G_0(s)$ 的对数幅频特性如习题 6-3 图曲线①所示。串联校正后，系统 $G(s)$ 的开环对数幅频特性如曲线②所示。(1) 根据特性曲线写出 $G_0(s)$ 和 $G(s)$ 的传递函数；(2) 写出校正装置 $G_c(s)$ 的传递函数，画出 $G_c(s)$ 的开环对数幅频特性曲线。

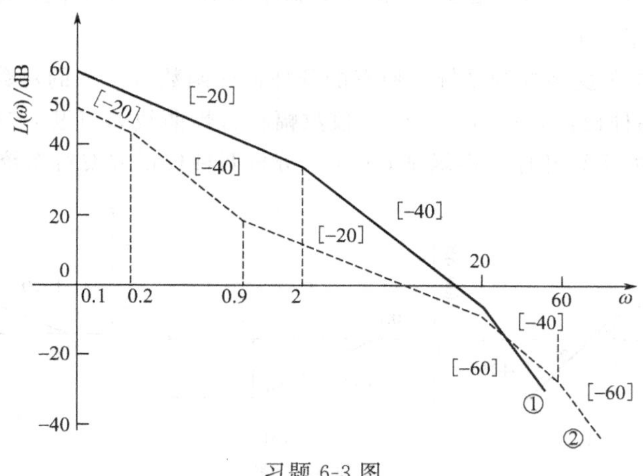

习题 6-3 图

6-4　单位负反馈控制系统的开环传递函数为 $G_0(s)=\dfrac{8}{s(2s+1)}$，校正装置的传递函数为 $G_c(s)=\dfrac{(10s+1)(2s+1)}{(100s+1)(0.2s+1)}$

(1) 画出原系统和校正装置及其校正后系统的对数幅频特性曲线。

(2) 试计算校正前后系统的剪切频率 ω_c 和相角裕度 γ，说明此校正是什么性质的校正。

6-5　设单位负反馈系统的开环传递函数为 $G_0(s)=\dfrac{K}{s(s+1)}$，要求系统在单位斜坡输入作用下稳态误差 $e_{ss}\leqslant 0.05$，开环剪切频率 $\omega_c\geqslant 7.5\text{rad/s}$，相角裕度 $\gamma\geqslant 45°$，幅值裕度 $K_g\geqslant 10\text{dB}$，试设计串联校正装置。

6-6　设单位负反馈控制系统的开环传递函数为 $G_0(s)=\dfrac{4K}{s(s+2)}$，试设计一串联校正装置使得系统在斜坡输入下的稳态误差 $e_{ss}\leqslant 0.05$，相角裕度 $\gamma\geqslant 54°$。

6-7　设单位负反馈系统的开环传递函数为 $G_0(s)=\dfrac{K}{s(s+1)(0.25s+1)}$，要求校正后系统的静态速度误差系数 $K_v\geqslant 5$，相角裕度 $\gamma\geqslant 45°$，试设计串联滞后校正装置。

6-8　设单位负反馈系统的开环传递函数为 $G_0(s)=\dfrac{K}{s(0.05s+1)(0.25s+1)(0.1s+1)}$，要求校正后系统的静态速度误差系数 $K_v\geqslant 12$，超调量 $\sigma_p\leqslant 30\%$，调整时间 $t_s\leqslant 6\text{s}$，试设计串联滞后校正装置。

6-9　某单位负反馈系统的开环传递函数为 $G_0(s)=\dfrac{Ke^{-0.03s}}{s(s+1)(0.2s+1)}$

要求系统的开环增益 $K=30$，截止频率 $\omega_c\geqslant 2.5\text{rad/s}$，相角裕度 $\gamma=40°\pm 5°$。

(1) 判断采用何种串联校正方式能达到系统要求，并说明理由。

(2) 若采用滞迟后-超前校正，校正装置的传递函数为 $G_c(s)=\dfrac{(2s+1)(s+1)}{(20s+1)(0.01s+1)}$

求校正后系统的截止频率 ω_c 和相角裕度 γ，检验能否满足系统要求。

6-10　设单位负反馈系统的开环传递函数为 $G_0(s)=\dfrac{K}{s(0.12s+1)(0.02s+1)}$，欲使校正后系统满足开环增益 $K\geqslant 70$，超调量 $\sigma_p\leqslant 40\%$，调节时间 $t_s\leqslant 1.0\text{s}$ 的性能指标，试采用期望频率特性法设计串联校正环节 $G_c(s)$。

6-11　已知一单位负反馈控制系统，原有的开环传递函数 $G_0(s)$ 的对数幅频特性曲线如习题6-11图（a）所示，两种校正装置 $G_c(s)$ 的对数数幅频特性曲线如习题6-11图（b）、（c）所示。试求出每种校正方案的系统开环传递函试 $G(s)$，分析两种校正方案对系统性能的影响。

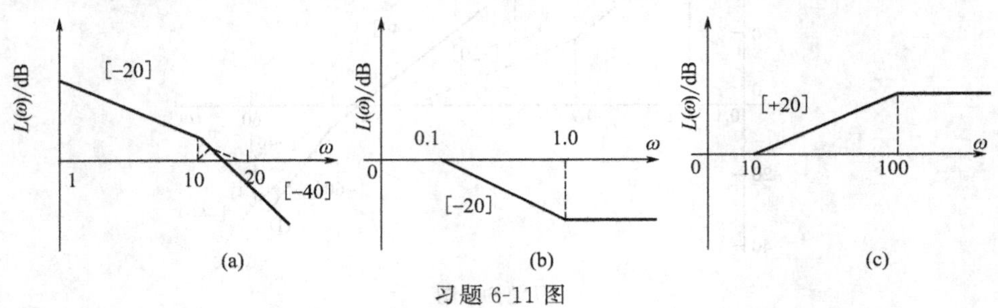

习题6-11图

6-12　单位负反馈系统的开环传递函数 $G_0(s)=\dfrac{K}{s(0.1s+1)(0.01s+1)}$，要求性能指标 $K=100$，相位裕度 $\gamma\geqslant 56°$，剪切频率 $\omega_c\geqslant 15\text{rad/s}$。试求串联补偿环节的传递函数 $G_c(s)$。

6-13　系统结构如图6-15所示，要求当输入信号 $r(t)=t$ 时，稳态误差 $e_{ss}\leqslant 0.01$，剪切频率 $\omega_c\geqslant 10\text{rad/s}$，相角裕度 $\gamma>40°$，试设计系统的开环放大倍数 K 和反馈装置的传递函数 $H(s)$。

第7章

非线性系统的分析

以上各章阐述了线性定常系统的分析与综合。如果系统中元、部件输入-输出静特性的非线性程度不严重，并满足可线性化条件，则可用线性系统理论对系统进行分析与设计。凡不能做线性化处理的非线性特性均称作“本质”型非线性，而能做线性化处理的非线性特性均称作“非本质”型非线性。

当控制系统中含有一个或一个以上“本质”型非线性元部件时，则称这种系统为“本质”非线性系统。本章讨论的非线性系统主要是本质非线性系统，将研究它们的一些基本特性和一般的分析方法。

【本章重点】

1）掌握描述函数的概念及使用条件，会求非线性系统的描述函数；

2）熟悉典型非线性环节的描述函数和负倒描述函数的特性，能用描述函数法分析非线性系统的稳定性，计算自然振荡频率和幅值；

3）掌握相平面法的有关概念和相平面图的性质；

4）掌握用解析法和等倾线法绘制相平面图，掌握用相平面法分析控制系统的性能。

7.1 非线性系统概述

在控制系统中，经常遇到的典型非线性特性有以下几种：其中一些特性是组成控制系统的元件所固有的，如饱和特性、死区特性、滞环特性等，这些特性一般来说对控制系统的性能是不利的；另一些特性则是为了改善系统的性能而人为加入的，如继电器特性、变增益特性等，在控制系统中加入这类非线性特性，一般来说，能使系统具有比线性系统更为优良的动态特性。

7.1.1 典型的非线性特性

(1) 饱和特性 饱和特性可以由放大器失去放大能力的饱和现象来说明，其特性如图7-1所示。它的数学表达式为

$$x(t)=\begin{cases}ka, & e(t)>a \\ ke(t), & -a\leqslant e(t)\leqslant +a \\ -ka, & e(t)<-a\end{cases} \tag{7-1}$$

式中，a 为线性区宽度，k 为线性区特性的斜率。

当放大器工作在线性工作区时，输入—输出关系所呈现的放大倍数为比例关系 k ；当输入信号的幅值超过 a 时，放大器的输出保持正的常数值 $+ka$ ，不再具有放大功能；当输入信号的幅值小于 $-a$ 时，放大器的输出保持负常数值 $-ka$ ，比例关系不成立。

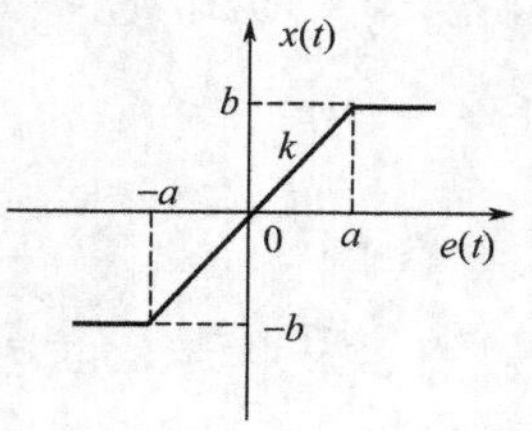

图 7-1　饱和特性

在放大器的线性工作区内，叠加原理是适用的。但是输入信号正反向过大时，放大器的工作进入饱和工作区，就不满足叠加原理了。从图 7-1 上可以看到，在饱和点上，信号虽然是连续的，但是导数不存在。

饱和特性在控制系统中普遍存在。调节器一般都是电子器件组成的，输入信号不可能再大时，就形成饱和输出。有时饱和特性是在执行单元形成的，如阀门开度不能再大、电磁关系中的磁路饱和等。因此在分析一个控制系统时，一般都要把饱和特性的影响考虑在内，如图 7-2 所示。

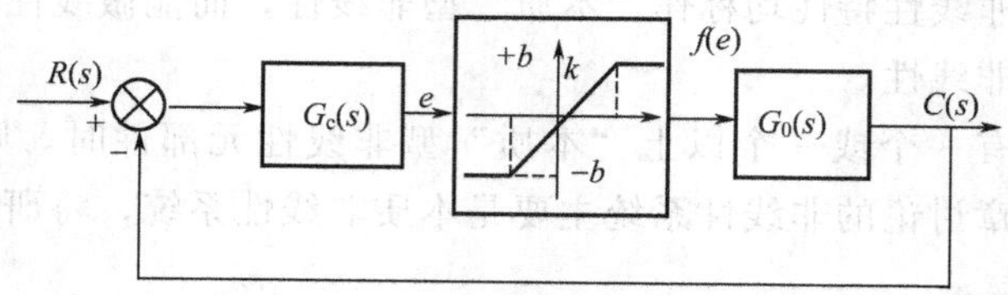

图 7-2　含饱和特性的控制系统

在控制系统中有饱和非线性特性存在时，将使系统在大信号作用下的等效增益降低，从而使其响应过程变长和稳态误差增大。对于条件稳定系统，甚至可能出现小信号时稳定，大信号时不稳定的现象。为避免饱和特性使系统动态性能变差，一般应尽量设法扩大系统的线性工作范围，同时为了充分发挥系统中各元件的作用，应使前级元件的线性区宽于后级元件的线性区。但需指出，在一些系统中饱和特性是作为有利因素加以利用的，如功率限制、行程限制等，这些特性保证系统或元件能在安全条件下运行。

(2) 死区特性　死区输入-输出关系如图 7-3 所示。它的数学表达式为

$$x(t)=\begin{cases}0, & |e(t)|\leqslant a \\ k[e(t)-a\,\mathrm{sign}e(t)], & |e(t)|>a\end{cases} \tag{7-2}$$

式中，a 为死区宽度，k 为线性输出的斜率。

$$\mathrm{sign}e(t)=\begin{cases}+1, & e(t)>0 \\ -1, & e(t)<0\end{cases}$$

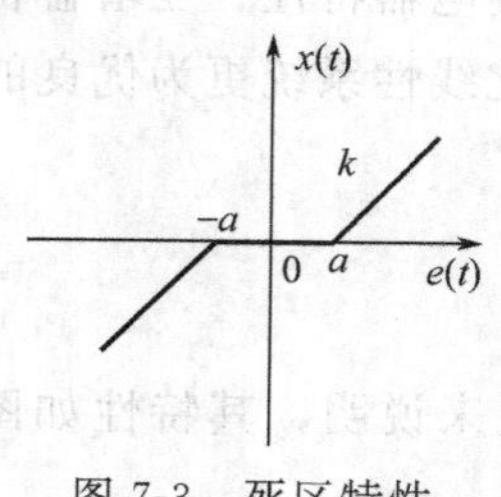

图 7-3　死区特性

死区又称不灵敏区，在不灵敏区内控制单元的输入端虽然有输入信号（$|e(t)|<a$），但是其输出为零。当输入信号大于一定数值（$|e(t)|>a$）时，其输出与输入是线性关系。死区特性常见于许多控制设备与控制装置中。当不灵敏区很小时，或者对于系统的运行无不良影响时，一般情况下可忽略不计。但是，对于控制精度要求很高的系统，测量值中的不灵敏区应引起重视。如伺服电动机的死

区电压，其测量元件的不灵敏区属于死区非线性特性，在控制系统设计时，需要考虑死区特性，通过改善闭环系统动态性能来消除或减弱死区特性带来的影响。

(3) 间隙特性　间隙特性也称为滞环特性，其输入-输出关系如图 7-4 所示。它的数学表达式为

$$x(t)=\begin{cases}k\left[e(t)-a\,\mathrm{sign}\dot{x}(t)\right], & \dot{x}\neq 0\\ b\,\mathrm{sign}e(t), & \dot{x}=0\end{cases}\tag{7-3}$$

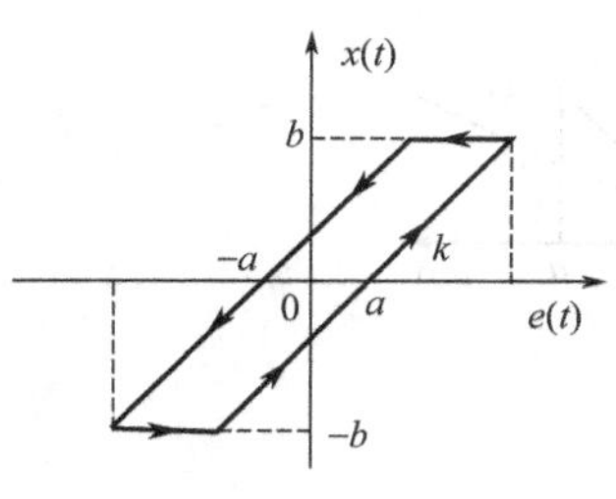

图 7-4　间隙特性

间隙特性一般是由机械装置造成的，齿轮传动的间隙及液压传动的油隙等都属于间隙特性。在齿轮传动中，当主动轮改变方向时，从动轮保持原位不动，直到间隙消除之后才改变方向。

控制系统中有间隙特性存在时，将使系统输出信号在相位上产生滞后，从而使系统的稳定裕度减少，稳定性变差。

(4) 继电器特性　继电器是广泛用于控制系统和保护装置中的器件。一般情况下的继电器非线性特性示于图 7-5。其数学表达式为

$$x(t)=\begin{cases}0, & -me_0<e(t)<e_0,\ \dot{e}(t)>0\\ 0, & -e_0<e(t)<me_0,\ \dot{e}(t)<0\\ M\,\mathrm{sign}e(t), & |e(t)|\geqslant e_0\\ M, & e(t)\geqslant me_0,\ \dot{e}(t)<0\\ -M, & e(t)\leqslant -me_0,\ \dot{e}(t)>0\end{cases}\tag{7-4}$$

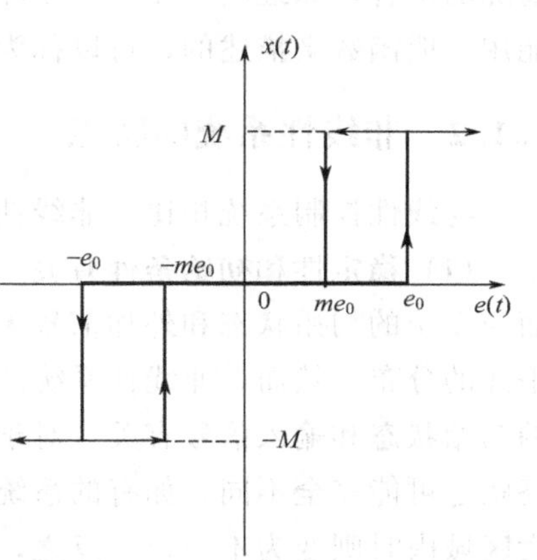

图 7-5　继电器特性

式中，e_0 为继电器吸上电压，me_0 为继电器释放电压，M 为饱和输出。

由图 7-5 可以看出，继电器的吸上电压和释放电压不相等，因此，继电器非线性特性不仅含有死区特性和饱和特性，而且还出现了滞环特性。若 $e_0=0$，即继电器吸上电压和释放电压均为零的零值切换，称为理想继电器，如图 7-6 (a)；若 $m=1$，即继电器吸上电压和释放电压相等，则称为有死区的继电器，如图 7-6(b)；若 $m=-1$，即继电器的正向释放电压等于反向吸上电压时，则称为具有滞环的继电器，如图 7-6(c)。死区的存在是由于继电器线圈需要一定数量的电流才能产生吸合作用。滞环的存在是由于铁磁元件特性使继电器的吸上电流与释放电流不相等。

(5) 变增益特性　变增益非线性的静特性如图 7-7 所示，其数学表达式为

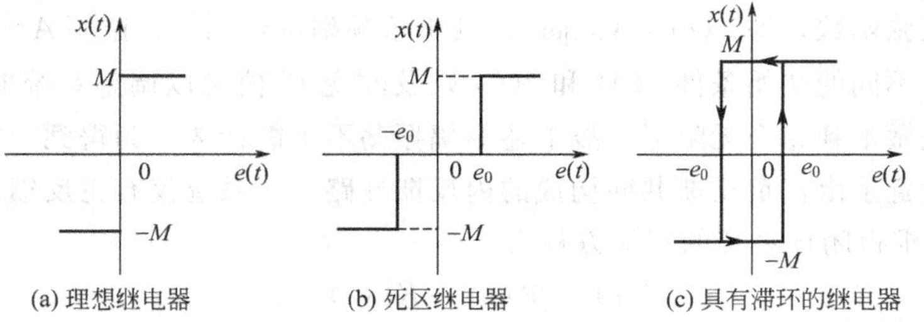

图 7-6　几种特殊继电器特性

$$x(t)=\begin{cases}k_1e(t), & |e(t)|\leqslant a\\ k_2e(t), & |e(t)|>a\end{cases}\tag{7-5}$$

式中，k_1，k_2 为变增益特性斜率，a 为切换点。

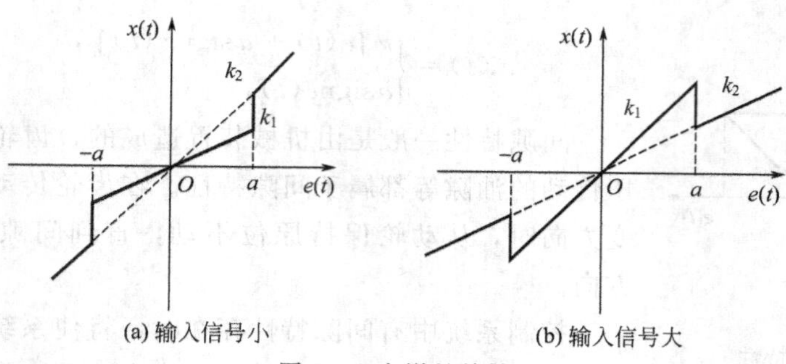

图 7-7　变增益特性

除上述的典型非线性特性外，实际上非线性系统还有许多复杂特性。有些属于前述各种情况的组合，如继电＋死区＋滞环特性、分段增益或变增益特性等，还有些非线性特性是不能用一般函数来描述的，可以称为不规则非线性特性。

7.1.2　非线性系统的特点

与线性控制系统相比，非线性控制系统具有如下的明显特点。

(1) 稳定性和初始条件有关　线性系统的稳定性只和系统本身的结构形式和参数有关，而与系统的初始状态和外加信号无关。对于线性定常系统，其稳定性仅取决于其特征根在 s 平面的分布。然而，非线性系统的稳定性不仅取决于系统本身的结构和参数，而且还与系统的初始状态和输入信号有关。对于相同结构和参数的系统，在不同的初始条件下，运动的最终状态可能完全不同。如有的系统当初始值处于较小区域内时是稳定的，而当初始值处于较大区域内时则变为不稳定。反之，也可能初始值大时系统稳定，而初始值小时系统反而不稳定，甚至还会出现更为复杂的情况。因此，在谈非线性系统是否稳定时，应说明系统的初始条件。

图 7-8 所示为一正弦信号发生器的振荡电路原理方框图。这是一个典型的非线性系统。该系统由两个积分器及必要的内反馈环路构成。其中内反馈环路有二，一为反馈系统为 β 的正反馈环路，另一个为由死区非线性实现的负反馈环路。当系统无内反馈时，闭环系统的特征方程为

$$\ddot{c}(t)+Kc(t)=0$$

其解为一正弦函数，即 $c(t)=A\sin\omega t$ 。其中角频率 $\omega=\sqrt{K}$ ，振幅 A 与初始条件有关。这样，通过设置不同的初始条件 $c(0)$ 和 $\dot{c}(0)$ 以及改变 K 值可以调整系统的输出 $c(t)$ 。实际上，由于系统做不到完全无阻尼，故上述等幅振荡不可能持久。为得到稳定的等幅振荡信号，在系统中设置了由正负反馈共同构成的内反馈环路。当系统仅有正反馈而无非线性负反馈时，从图 7-8 求得闭环系统的特征方程为

$$\ddot{c}(t)-\beta\dot{c}(t)+Kc(t)=0$$

上式表明，由于阻尼比为负，故系统不稳定，其输出将是一个发散的振荡过程。在这种

情况下，即使系统不设置初始条件，输出信号 $c(t)$ 的振幅也会越来越大。若在系统已具有正反馈的基础上再加入由死区非线性实现的负反馈，则当系统输出信号之一 $\dot{c}(t)$ 的振幅超出死区时，从图 7-8 求得闭环系统的特征方程为

$$\ddot{c}(t)-\beta\dot{c}(t)+k[\dot{c}(t)-a]+Kc(t)=0$$

从上式可以看出，当初始值 $\dot{c}(0)$ 小于非线性负反馈的死区时，系统的输出轨迹将由小向大发散，如图 7-9（a）所示。这是因为系统在实际上无负反馈的情况下，由于不稳定而输出发散。但系统输出发散到一定值后，由于非线性负反馈的作用，系统输出轨迹线不再继续发散而出现稳定极限环，这意味着在系统的输出端出现等幅振荡。若初始值 $\dot{c}(0)$ 大于非线性负反馈的死区，则系统输出轨迹线如图 7-9（b）所示。由于非线性负反馈的作用使系统变成为稳定，故系统输出轨迹线由大向小收敛。但当收敛到一定值而出现正、负内反馈作用相消致使系统完全无阻尼时，系统将输出等幅振荡，从而在输出轨迹图上出现与上述相同的稳定的极限环。改变非线性特性的死区将改变稳定极限环的大小，即改变系统输出信号的振幅；而改变增益 K 则改变输出信号的角频率 ω 。通过此例不难看出，非线性系统的稳定性确与初始条件密切相关。

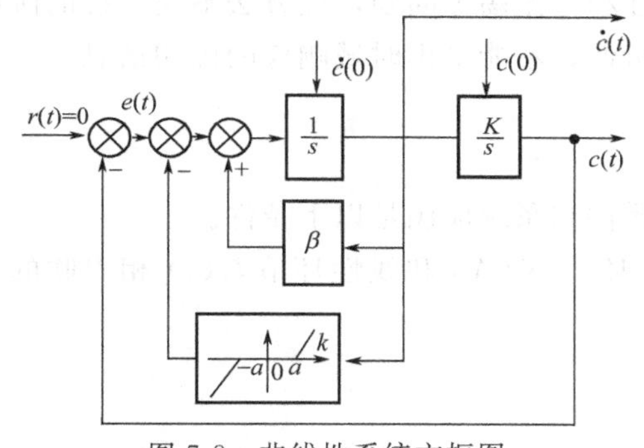

图 7-8　非线性系统方框图

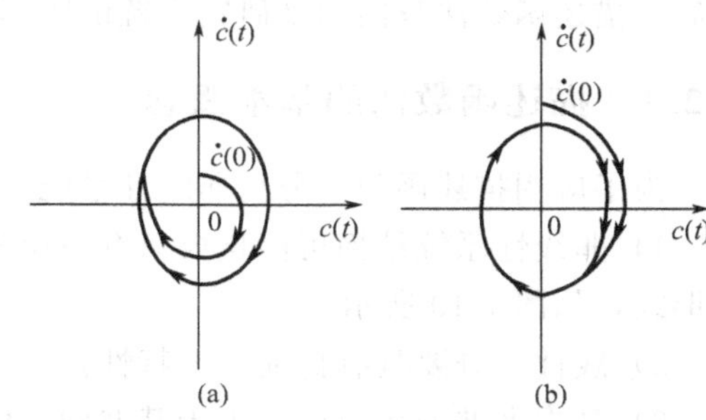

图 7-9　系统输出轨迹图

(2) 不能用纯频率方法分析和校正系统　在线性系统中，输入为正弦函数时，稳态输出也是同频率的正弦函数，输入和稳态输出之间仅在幅值和相位上有所不同，因而可以用频率特性法分析和校正系统。和线性系统相比，非线性系统输出的稳态分量在一般情况下并不具有与输入相同的函数形式。对于非线性系统，如输入为正弦函数，其稳态输出通常是包含有一定数量的高次谐波的非正弦周期函数。非线性系统有时可能出现跳跃谐振等现象，所以不能用纯频率方法分析和校正系统。

(3) 非线性系统存在自持振荡现象　线性系统的时域响应仅有两种基本形式，即稳定或不稳定，表现的物理现象为发散或收敛。然而，在非线性系统中，除了从平衡状态发散或收敛于平衡状态两种运动形式外，还存在即使无外部激励作用，也可能产生具有一定振幅和频率的振荡。称这种无外部激励作用时非线性系统内部产生的稳定等幅振荡为自持振荡，这是非线性系统独有的现象。改变非线性系统的结构和参数，可以改变自持振荡的振幅和频率，或消除自持振荡。自持振荡有时也简称为自振荡。

(4) 非线性系统不适用叠加原理　对于线性系统可以用叠加原理求解，而对于非线性系统，不能应用叠加原理。这是因为非线性系统不同于线性系统，需用非线性微分方程来描述，而叠加原理不能用于求解非线性微分方程。目前，还没有像求解线性微分方程那样求解

非线性微分方程的通用方法。需要指出，对于非线性控制系统来说，在许多实际问题中，并不需要求解其输出响应过程。通常是把讨论问题的重点放在系统是否稳定，系统是否产生自持振荡，计算自持振荡的振幅与频率值，消除自持振荡等有关稳定性问题的分析上。

现在尚无一般的通用方法来分析和设计非线性控制系统。在工程上，对于含非本质非线性的非线性控制系统，通常基于小偏差线性化概念作为线性控制系统来处理；对于含本质非线性的高阶控制系统，常常采用基于谐波线性化概念建立的描述函数法分析有关其稳定性一类问题；对于含本质非线性的二阶系统，一般可应用相平面法来分析和设计。

7.2 描述函数法

描述函数法是达尼尔（P. J. Daniel）于1940年首先提出的。**描述函数法的基本思路**：当系统满足一定的假设条件时，系统中非线性环节在正弦信号作用下的输出可用一次谐波分量即基波来近似，由此导出非线性环节的近似等效频率特性，即描述函数。这时非线性系统就近似等效为一个线性控制系统，并可用线性系统理论中的频率法对系统进行分析。主要用来分析在无输入作用的情况下非线性系统的稳定性和自振荡等问题，此方法不受系统的阶次限制。描述函数法只能用来研究系统的频率响应特性，不能给出时域响应的确切信息。

7.2.1 描述函数法的基本概念

为了应用描述函数法分析非线性系统，要求元件和系统应满足以下条件。

1）非线性系统结构可简化成只有一个非线性环节 $N(A)$ 和线性环节 $G(s)$ 相串联的典型形式，如图7-10所示。

2）线性部分要具有低通滤波特性。

3）高次谐波的幅值要远小于基波的幅值。

4）非线性原件输入输出信号同周期变化。

5）非线性特性是斜对称的，这样输出中的常值分量为零。

在图7-10所示的含有本质非线性环节的控制系统中，$G(s)$ 为控制系统的固有特性，其频率特性为 $G(j\omega)$。一般情况下，$G(j\omega)$ 具有低通特性，也就是说，信号中的高频分量受到不同程度的衰减，可以近似认为高频分量不能传递到输出端。由此，非线性环节的输出近似等于基波分量的值。

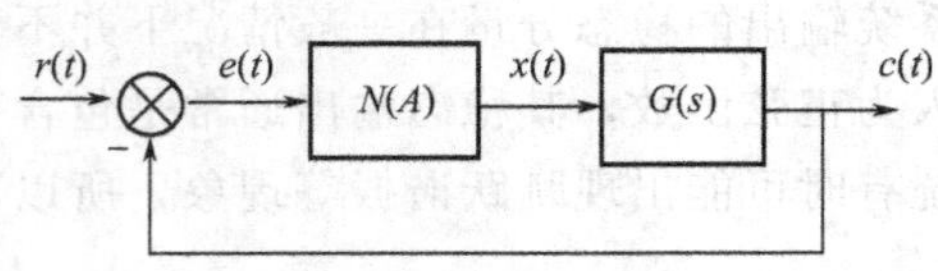

图7-10　典型非线性系统的方框图

设非线性环节的输入信号为正弦信号 $e(t)=A\sin\omega t$，式中 A 是正弦信号的幅值，ω 是正弦信号的频率。则对于许多非线性环节的输出信号 $x(t)$ 就是同周期的非正弦信号，可以将 $x(t)$ 展开为傅立叶级数，即

$$\begin{aligned} x(t) &= \frac{A_0}{2}+\sum_{n=1}^{\infty}(A_n\cos n\omega t+B_n\sin n\omega t) \\ &= \frac{A_0}{2}+\sum_{n=1}^{\infty}X_n\sin(n\omega t+\theta_n) \end{aligned} \tag{7-6}$$

式中

$$A_0=\frac{1}{\pi}\int_0^{2\pi}x(t)\mathrm{d}t$$

$$A_n = \frac{1}{\pi}\int_0^{2\pi} x(t)\cos n\omega t\,\mathrm{d}(\omega t) \qquad (n=1,\ 2,\ 3,\ \cdots) \tag{7-7}$$

$$B_n = \frac{1}{\pi}\int_0^{2\pi} x(t)\sin n\omega t\,\mathrm{d}(\omega t) \qquad (n=1,\ 2,\ 3,\ \cdots) \tag{7-8}$$

$$X_n = \sqrt{A_n^2 + B_n^2} \tag{7-9}$$

$$\theta_n = \arctan\frac{A_n}{B_n} \tag{7-10}$$

如果非线性是奇对称的，则式(7-6) 中 $A_0=0$，这时输出 $x(t)$近似等于基波 $x_1(t)$，即

$$x(t) \approx x_1(t) = A_1\cos\omega t + B_1\sin\omega t = X_1\sin(\omega t+\theta_1) \tag{7-11}$$

式中

$$A_1 = \frac{1}{\pi}\int_0^{2\pi} x(t)\cos\omega t\,\mathrm{d}(\omega t) \tag{7-12}$$

$$B_1 = \frac{1}{\pi}\int_0^{2\pi} x(t)\sin\omega t\,\mathrm{d}(\omega t) \tag{7-13}$$

$$X_1 = \sqrt{A_1^2 + B_1^2} \tag{7-14}$$

$$\theta_1 = \arctan\frac{A_1}{B_1} \tag{7-15}$$

仿照线性系统频率特性的概念，**描述函数定义**为非线性环节输出信号的基波分量 $x_1(t)$ 与正弦输入信号 $e(t)$ 的复数比，即

$$N(A,\ \omega) = \frac{x_1(t)}{e(t)} = \frac{X_1}{A}\angle\theta_1 = \frac{B_1 + \mathrm{j}A_1}{A} = \frac{\sqrt{A_1^2+B_1^2}}{A}\angle\arctan\frac{A_1}{B_1} \tag{7-16}$$

若非线性环节没有储能元件，则描述函数 $N(A,\ \omega)$ 仅是输入幅值 A 的函数，与 ω 无关，记为 $N(A)$。当非线性特性为单值奇函数时，由于这时的 $A_1=0$，从而 $\theta_1=0$，故其描述函数 $N(A)$ 为实函数，这说明 $x_1(t)$ 与 $e(t)$ 同相。

7.2.2　典型非线性特性的描述函数

求取描述函数的一般步骤：

1) 绘制输入、输出波形图，写出正弦输入时非线性环节输出的数学表达式；

2) 由波形分析输出量 $x(t)$ 的对称性，计算 A_1，B_1；

3) 描述函数为

$$N(A) = \frac{B_1+\mathrm{j}A_1}{A} = \frac{\sqrt{A_1^2+B_1^2}}{A}\angle\arctan\frac{A_1}{B_1}\text{。}$$

(1) 饱和特性的描述函数　饱和非线性特性以及它对正弦输入的输出波形如图 7-11 所示。

输入正弦信号 $e(t)=A\sin\omega t$ 时，输出信号为

$$x(t)=\begin{cases} kA\sin\omega t, & 0<\omega t<\varphi_1 \\ ka, & \varphi_1<\omega t<\pi-\varphi_1 \\ kA\sin\omega t, & \pi-\varphi_1<\omega t<\pi \end{cases} \tag{7-17}$$

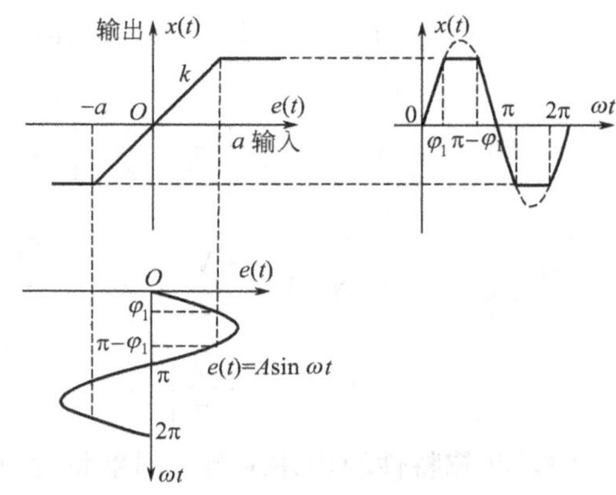

图 7-11　饱和非线性及其输入、输出波形

式中，$\varphi_1=\arcsin\dfrac{a}{A}$。

由于 $x(t)$ 是单值奇函数、关于原点对称，故 $A_0=0$，$A_1=0$。又

$$B_1=\frac{1}{\pi}\int_0^{2\pi}x(t)\sin\omega t\,\mathrm{d}(\omega t)=\frac{4}{\pi}\int_0^{\frac{\pi}{2}}x(t)\sin\omega t\,\mathrm{d}(\omega t)$$

$$=\frac{4}{\pi}\int_0^{\varphi_1}kA\sin\omega t\times\sin\omega t\,\mathrm{d}(\omega t)+\frac{4}{\pi}\int_{\varphi_1}^{\frac{\pi}{2}}ka\sin\omega t\,\mathrm{d}(\omega t)$$

$$=\frac{2kA}{\pi}\left[\arcsin\frac{a}{A}+\frac{a}{A}\sqrt{1-\left(\frac{a}{A}\right)^2}\right]$$

则

$$X_1=\sqrt{A_1^2+B_1^2}=B_1$$

式中，$\theta_1=\arctan\dfrac{A_1}{B_1}=0$，则求得饱和特性的描述函数为

$$N(A)=\frac{X_1}{A}\angle\theta_1=\frac{2k}{\pi}\left[\arcsin\frac{a}{A}+\frac{a}{A}\sqrt{1-\left(\frac{a}{A}\right)^2}\right]\qquad(A\geqslant a)\qquad(7\text{-}18)$$

可以看到，描述函数是输入正弦信号幅值 A 的函数。

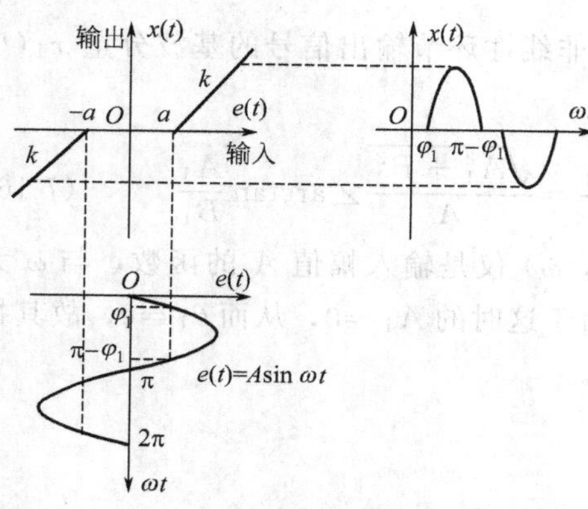

图 7-12　死区非线性及其输入，输出波形

(2) 死区特性的描述函数　死区特性以及它对正弦输入的输出波形如图 7-12 所示。

输入正弦信号 $e(t)=A\sin\omega t$ 时，输出信号 $x(t)$ 为

$$x(t)=\begin{cases}0, & 0\leqslant\omega t<\varphi_1\\ k(A\sin\omega t-a), & \varphi_1\leqslant\omega t\leqslant\pi-\varphi_1\\ 0, & \pi-\varphi_1<\omega t\leqslant\pi\end{cases}\qquad(7\text{-}19)$$

其中　　$\varphi_1=\arcsin\dfrac{a}{A}$。

由于死区特性输出 $x(t)$ 是对原点单值奇对称函数，所以 $A_0=0$，$A_1=0$。

$$B_1=\frac{4}{\pi}\int_0^{\frac{\pi}{2}}x(t)\sin\omega t\,\mathrm{d}\omega t=\frac{4}{\pi}\int_{\varphi_1}^{\frac{\pi}{2}}k(A\sin\omega t-a)\sin\omega t\,\mathrm{d}(\omega t)$$

$$=\frac{2kA}{\pi}\left[\frac{\pi}{2}-\arcsin\frac{a}{A}-\frac{a}{A}\sqrt{1-\left(\frac{a}{A}\right)^2}\right]\quad(A\geqslant a)$$

$$N(A)=\frac{X_1}{A}\angle\theta_1=\frac{\sqrt{A_1^2+B_1^2}}{A}\angle\arctan\frac{A_1}{B_1}=\frac{B_1}{A}\angle0^\circ$$

$$=\frac{2k}{\pi}\left[\frac{\pi}{2}-\arcsin\frac{a}{A}-\frac{a}{A}\sqrt{1-\left(\frac{a}{A}\right)^2}\right]\qquad(A\geqslant a)\qquad(7\text{-}20)$$

(3) 间隙特性的描述函数　间歇特性以及它对正弦输入的输出波形如图 7-13 所示。输入正弦信号 $e(t)=A\sin\omega t$ 时，输出信号 $x(t)$ 为

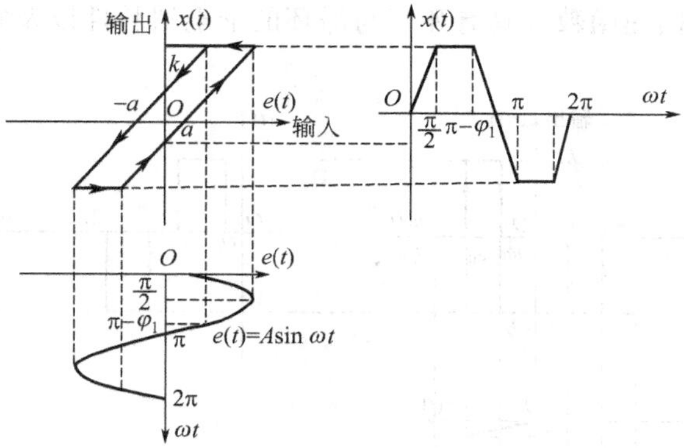

图 7-13　间歇非线性及其输入、输出波形

$$x(t)=\begin{cases} k(A\sin\omega t-a), & 0\leqslant\omega t<\dfrac{\pi}{2} \\ k(A-a), & \dfrac{\pi}{2}\leqslant\omega t\leqslant\pi-\varphi_1 \\ k(A\sin\omega t+a), & \pi-\varphi_1<\omega t\leqslant\pi \end{cases} \tag{7-21}$$

式中，$\varphi_1=\arcsin\dfrac{A-2a}{A}$。

由于间歇非线性特性是对原点多值奇对称，所以 $A_0=0$。由式(7-12)、式(7-13) 分别得

$$\begin{aligned} A_1&=\frac{2}{\pi}\int_0^{\pi}x(t)\cos\omega t\,\mathrm{d}(\omega t) \\ &=\frac{2}{\pi}\int_0^{\frac{\pi}{2}}k(A\sin\omega t-a)\cos\omega t\,\mathrm{d}(\omega t)+\frac{2}{\pi}\int_{\frac{\pi}{2}}^{\pi-\varphi_1}k(A-a)\cos\omega t\,\mathrm{d}(\omega t) \\ &\quad+\frac{2}{\pi}\int_{\pi-\varphi_1}^{\pi}k(A\sin\omega t+a)\cos\omega t\,\mathrm{d}(\omega t) \\ &=\frac{4ka}{\pi}\left(\frac{a}{A}-1\right)\qquad(A\geqslant a) \end{aligned}$$

$$\begin{aligned} B_1&=\frac{2}{\pi}\int_0^{\pi}x(t)\sin\omega t\,\mathrm{d}(\omega t) \\ &=\frac{2}{\pi}\int_0^{\frac{\pi}{2}}k(A\sin\omega t-a)\sin\omega t\,\mathrm{d}(\omega t)+\frac{2}{\pi}\int_{\frac{\pi}{2}}^{\pi-\varphi_1}k(A-a)\sin\omega t\,\mathrm{d}(\omega t) \\ &\quad+\frac{2}{\pi}\int_{\pi-\varphi_1}^{\pi}k(A\sin\omega t+a)\sin\omega t\,\mathrm{d}(\omega t) \\ &=\frac{kA}{\pi}\left[\frac{\pi}{2}+\arcsin\left(1-\frac{2a}{A}\right)+2\left(1-\frac{2a}{A}\right)\sqrt{\frac{a}{A}\left(1-\frac{a}{A}\right)}\right]\qquad(A\geqslant a) \end{aligned}$$

$$\begin{aligned} N(A)&=\frac{X_1}{A}\angle\theta_1=\frac{\sqrt{A_1^2+B_1^2}}{A}\angle\arctan\frac{A_1}{B_1} \\ &=\frac{k}{\pi}\left[\frac{\pi}{2}+\arcsin\left(1-\frac{2a}{A}\right)+2\left(1-\frac{2a}{A}\right)\sqrt{\frac{a}{A}\left(1-\frac{a}{A}\right)}\right] \\ &\quad+\mathrm{j}\,\frac{4ka}{\pi A}\left(\frac{a}{A}-1\right)\quad(A\geqslant a) \end{aligned} \tag{7-22}$$

(4) 继电器特性的描述函数 具有死区与滞环的继电器特性以及它对正弦输入的输出波形如图 7-14 所示。

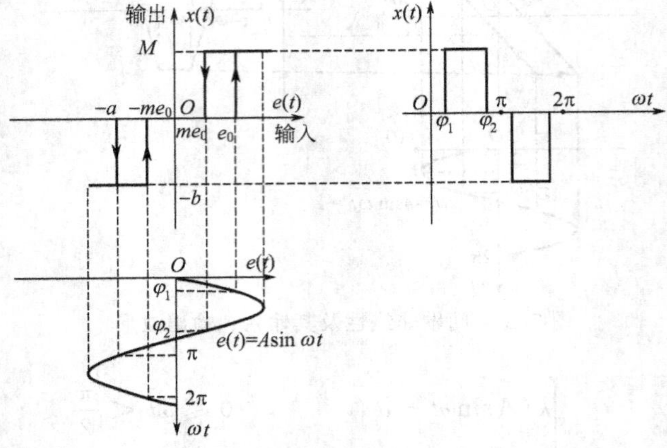

图 7-14　死区与滞环的继电器特性和正弦响应曲线

输入正弦信号 $e(t)=A\sin\omega t$ 时，输出信号 $x(t)$ 为

$$x(t)=\begin{cases}0 & 0\leqslant\omega t<\varphi_1\\ M & \varphi_1\leqslant\omega t\leqslant\pi-\varphi_2\\ 0 & \pi-\varphi_2<\omega t\leqslant\pi+\varphi_1\\ -M & \pi+\varphi_1<\omega t\leqslant 2\pi-\varphi_2\\ 0 & 2\pi-\varphi_2<\omega t\leqslant 2\pi\end{cases}\tag{7-23}$$

其中

$$\varphi_1=\arcsin\frac{e_0}{A}，\varphi_2=\pi-\arcsin\frac{me_0}{A}\qquad(0<m<1，A\geqslant e_0)$$

由图可见，$x(t)$ 为奇对称函数，故 $A_0=0$。

$$\begin{aligned}A_1&=\frac{1}{\pi}\int_0^{2\pi}x(t)\cos\omega t\,\mathrm{d}(\omega t)\\&=\frac{1}{\pi}\int_{\varphi_1}^{\pi-\varphi_2}M\cos\omega t\,\mathrm{d}(\omega t)+\frac{1}{\pi}\int_{\pi+\varphi_1}^{2\pi-\varphi_2}-M\cos\omega t\,\mathrm{d}(\omega t)\\&=\frac{2}{\pi}\int_{\varphi_1}^{\pi-\varphi_2}M\cos\omega t\,\mathrm{d}(\omega t)\\&=\frac{2Me_0}{\pi A}(m-1)\end{aligned}$$

$$\begin{aligned}B_1&=\frac{1}{\pi}\int_0^{2\pi}x(t)\sin\omega t\,\mathrm{d}(\omega t)\\&=\frac{1}{\pi}\int_{\varphi_1}^{\pi-\varphi_2}M\sin\omega t\,\mathrm{d}(\omega t)+\frac{1}{\pi}\int_{\pi+\varphi_1}^{2\pi-\varphi_2}-M\sin\omega t\,\mathrm{d}(\omega t)\\&=\frac{2M}{\pi}\left[\sqrt{1-\left(\frac{e_0}{A}\right)^2}+\sqrt{1-\left(\frac{me_0}{A}\right)^2}\right]\end{aligned}$$

$$N(A)=\frac{X_1}{A}\angle\theta_1=\frac{\sqrt{A_1^2+B_1^2}}{A}\angle\arctan\frac{A_1}{B_1}$$

即

$$N(A)=\frac{2M}{\pi A}\left[\sqrt{1-\left(\frac{e_0}{A}\right)^2}+\sqrt{1-\left(\frac{me_0}{A}\right)^2}\right]+\mathrm{j}\,\frac{2Me_0}{\pi A^2}(m-1)\qquad(0<m<1,\ A\geqslant e_0)\tag{7-24}$$

当 $e_0=0$，得图 7-6(a)所示理想继电器的描述函数为

$$N(A)=\frac{4M}{\pi A}\tag{7-25}$$

当 $m=1$，得图 7-6(b)所示不灵敏区继电器的描述函数为

$$N(A)=\frac{4M}{\pi A}\sqrt{1-\left(\frac{e_0}{A}\right)^2}\qquad(A\geqslant e_0)\tag{7-26}$$

当 $m=-1$，得图 7-6(c)所示滞环继电器特性描述函数为

$$N(A)=\frac{4M}{\pi A}\sqrt{1-\left(\frac{e_0}{A}\right)^2}-\mathrm{j}\,\frac{4Me_0}{\pi A^2}\tag{7-27}$$

7.2.3　组合非线性特性的描述函数

当非线性系统中含有 2 个以上典型非线性环节时，可求出等效的非线性特性的描述函数。

(1) 非线性特性的并联　设系统中有两个非线性环节并联，而且非线性特性都是单值函数，因此它们的描述函数 $N_1(A)$ 和 $N_2(A)$ 都是实函数，如图 7-15 和图 7-16 所示。当输入 $e(t)=A\sin\omega t$ 时，两个环节输出的基波分量分别为输入信号乘以各自的描述函数，即

$$x_1=N_1(A)A\sin\omega t$$

$$x_2=N_2(A)A\sin\omega t$$

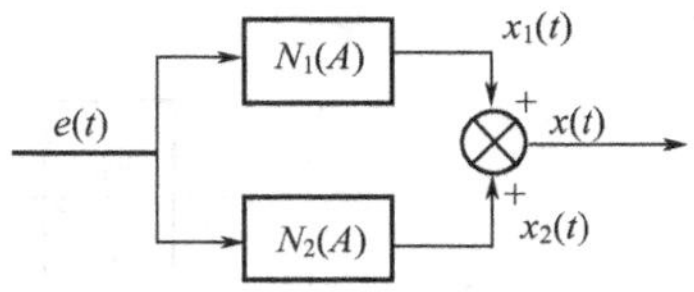

图 7-15　非线性环节并联

所以总的描述函数

$$N(A)=N_1(A)+N_2(A)$$

当 $N_1(A)$ 和 $N_2(A)$ 是复函数时，结论不变。总之，数个非线性环节并联后，总的描述函数等于各非线性环节描述函数之和。

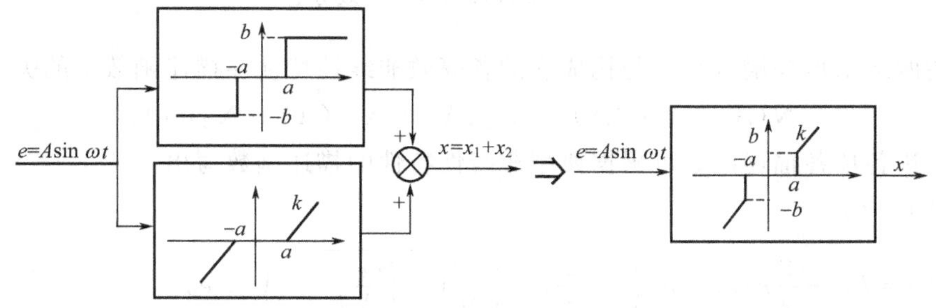

图 7-16　两个非线性特性并联及其等效非线性特性

例 7-1　如图 7-17 为一个变增益特性，其中 $e(t)=A\sin\omega t$，$M=k_2A\sin\alpha_1-k_1A\sin\alpha_1$，$\alpha_1=\arcsin(e_0/A)$，求该变增益特性的描述函数 $N(A)$。

解： 将图 7-17 变增益特性可等效分解成如图 7-18 所示的两种非线性特性之和。

设 $x(t)$、$x_1(t)$、$x_2(t)$ 分别为非线性特性的非正弦周期输出，并且有 $x(t)=x_1(t)+x_2(t)$，则可写出

$$N(A)=N_1(A)+N_2(A)$$

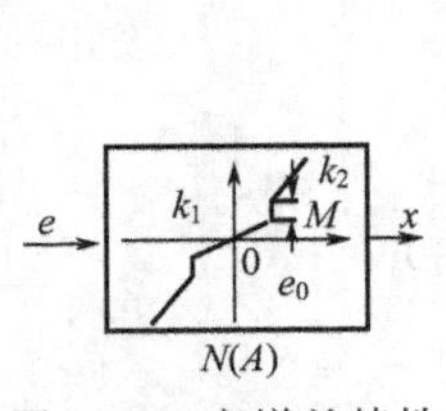

图 7-17 变增益特性

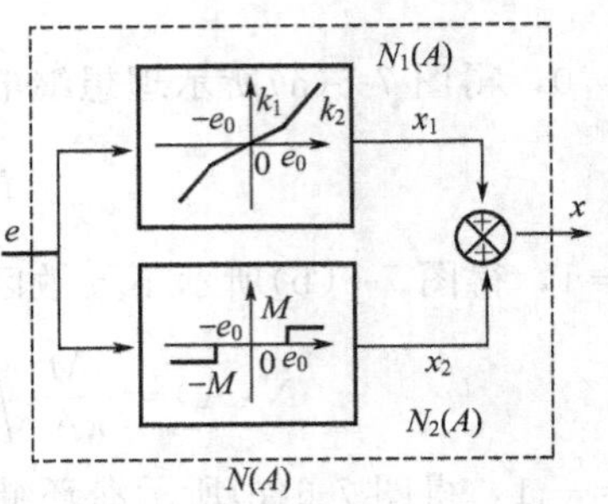

图 7-18 变增益特性的等效分解

其中 $N(A)$、$N_1(A)$、$N_2(A)$ 分别为变增益特性及其组成部分的描述函数。

具有描述函数 $N_1(A)$ 的非线性还可进一步等效分解如图 7-19 所示的线性增益特性与两种死区特性之代数和，其中 $e(t)=A\sin\omega t$ 。这种情况下，描述函数 $N_1(A)$ 可等效表示为

$$N_1(A)=N_{11}(A)-N_{12}(A)+N_{13}(A)$$

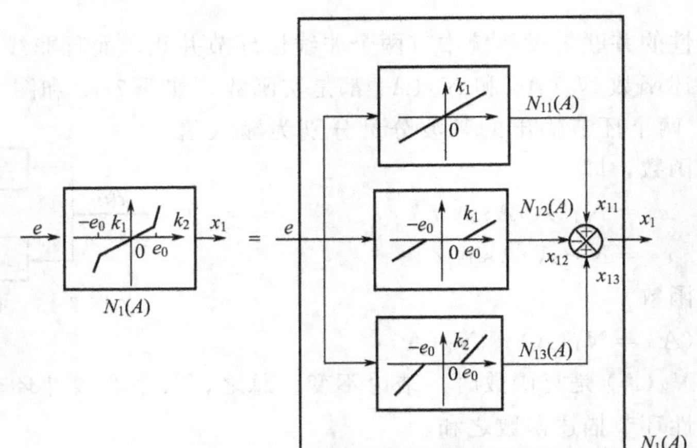

图 7-19 非线性特性的等效分解

由上述两式求得变增益特性与构成它的各等效非线性特性在描述函数上的关系为

$$N(A)=N_{11}(A)-N_{12}(A)+N_{13}(A)+N_2(A)$$

上式右边各项各描述函数可根据典型非线性特性的描述函数写出

$$N_{11}(A)=k_1$$

$$N_{12}(A)=k_1-\frac{2}{\pi}k_1\arcsin\frac{e_0}{A}-\frac{2}{\pi}k_1\frac{e_0}{A}\sqrt{1-\left(\frac{e_0}{A}\right)^2}\quad A\geqslant e_0$$

$$N_{13}(A)=k_2-\frac{2}{\pi}k_2\arcsin\frac{e_0}{A}-\frac{2}{\pi}k_2\frac{e_0}{A}\sqrt{1-\left(\frac{e_0}{A}\right)^2}\quad A\geqslant e_0$$

$$N_2(A)=\frac{4M}{\pi A}\sqrt{1-\left(\frac{e_0}{A}\right)^2}\quad A\geqslant e_0$$

最终求得变增益特性的描述函数为

$$N(A)=k_2+\frac{2}{\pi}(k_1-k_2)\left[\arcsin\frac{e_0}{A}+\frac{e_0}{A}\sqrt{1-\left(\frac{e_0}{A}\right)^2}\right]+\frac{4M}{\pi A}\sqrt{1-\left(\frac{e_0}{A}\right)^2} \quad A\geqslant e_0 \tag{7-28}$$

(2) 非线性特性的串联 当两个非线性环节串联时，其总的描述函数不等于两个非线性环节描述函数的乘积，这是因为在 $e(t)=A\sin\omega t$ 作用下 N_1 的输出 x_1 为非正弦周期函数，它除基波外还含有高次谐波，而这些高次谐波在未被滤掉的情况下便随同基波一起加到 N_2 的输入端，在这种情况下对于 N_2 来说不符合谐波线性化的条件，故不存在描述函数 $N_2(A)$。为此，需要通过等效换算。首先要求出这两个非线性环节的等效非线性特性，然后根据等效的非线性特性求总的描述函数，见图 7-20 和图 7-21。应注意的是，如果两个非线性环节的前后次序调换，等效的非线性特性并不相同，总的描述函数也不一样，这一点与线性环节串联的化简规则明显不同。表 7-1 给出了典型非线性环节的输入-输出波形及描述函数。

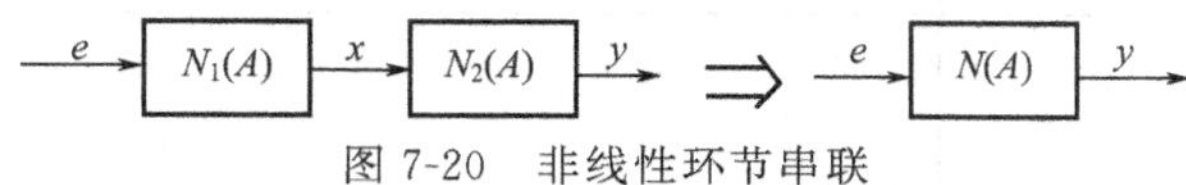

图 7-20 非线性环节串联

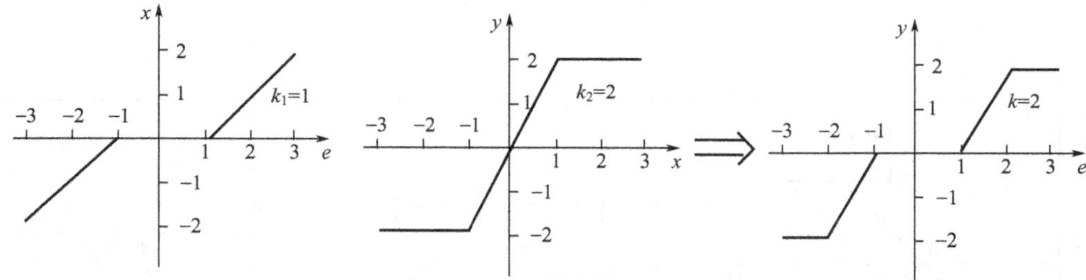

图 7-21 两个非线性特性串联及其等效非线性特性

例 7-2 求下面图 7-22(a) 所示两个非线性环节串联总的描述函数 $N(A)$。

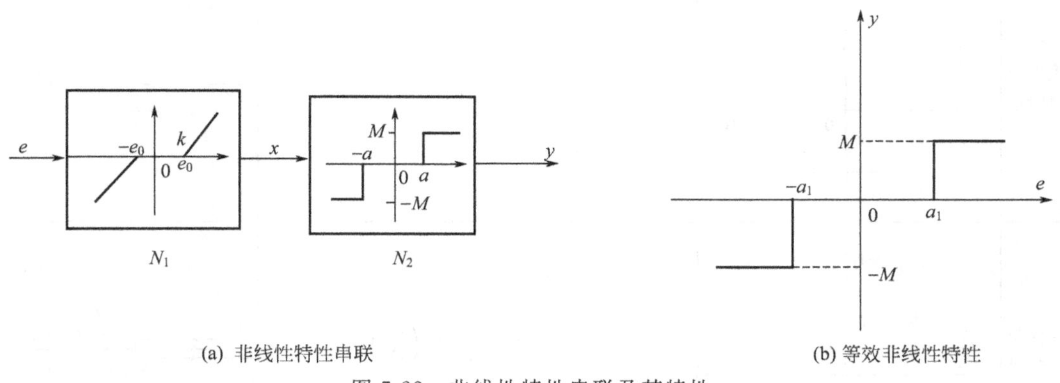

(a) 非线性特性串联　　(b) 等效非线性特性

图 7-22 非线性特性串联及其特性

解： 求出两个环节串联后等效非线性特性［如图 7-22(b)所示］。

对于图 7-22(a) 所示串联非线性特性 N_1 与 N_2，沿由 e 经 x 到 y 的信号流通方向，可以看出，串联的 N_1 与 N_2 可用一个具有死区无滞环的继电器特性 N_{12} 来等效，其中死区 $a_1=e_0+a/k$，输出为 M，如图 7-22(b) 所示。等效非线性特性 N_{12} 的描述函数为

$$N_{12}(A)=\frac{4M}{\pi A}\sqrt{1-\left(\frac{a_1}{A}\right)^2},\quad A>a_1$$

表 7-1　典型非线性环节的输入-输出波形及描述函数

名称	非线性特性	描述函数　$(A\geqslant a)$	$-\frac{1}{N(A)}$ 曲线
饱和特性	$x(t)$, b, k, $-a$, 0, a, $e(t)$, $-b$	$N(A)=\frac{2k}{\pi}\left[\arcsin\frac{a}{A}+\frac{a}{A}\sqrt{1-\left(\frac{a}{A}\right)^2}\right]$	Im, $-\frac{1}{k}$, 0, Re, $A=\infty$, $A=a$
死区特性	$x(t)$, k, $-a$, 0, a, $e(t)$	$N(A)=\frac{2k}{\pi}\left[\frac{\pi}{2}-\arcsin\frac{a}{A}-\frac{a}{A}\sqrt{1-\left(\frac{a}{A}\right)^2}\right]$	Im, $-\frac{1}{k}$, 0, Re, $A=a$, $A=\infty$
间隙特性	$x(t)$, b, $-a$, k, 0, a, $e(t)$, $-b$	$N(A)=\frac{k}{\pi}\left[\frac{\pi}{2}+\arcsin\left(1-\frac{2a}{A}\right)+2\left(1-\frac{2a}{A}\right)\sqrt{\frac{a}{A}\left(1-\frac{a}{A}\right)}\right]+\mathrm{j}\frac{4ka}{\pi A}\left(\frac{a}{A}-1\right)$	Im, -1, 0, Re, $A=\infty$, $A=a$
理想继电器特性	$x(t)$, M, 0, $e(t)$, $-M$	$N(A)=\frac{4M}{\pi A}$	Im, 0, Re, $A=\infty$, $A=0$
有死区继电器特性	$x(t)$, M, $-e_0$, 0, e_0, $e(t)$, $-M$	$N(A)=\frac{4M}{\pi A}\sqrt{1-\left(\frac{e_0}{A}\right)^2}$	Im, $A=e_0$, $-\frac{\pi e_0}{2M}$, 0, Re, $A=\infty$, $A=\sqrt{2}e_0$

续表

名称	非线性特性	描述函数　　$(A \geqslant a)$	$-\dfrac{1}{N(A)}$ 曲线
滞环继电器	图 7-6(c)	$N(A)=\dfrac{4M}{\pi A}\left[\sqrt{1-\left(\dfrac{e_0}{A}\right)^2}-\mathrm{j}\dfrac{e_0}{A}\right]$	$A=\infty$ ← $A=a$，$-\dfrac{\pi a}{4M}$

7.2.4　非线性系统的描述函数分析

应用描述函数法分析非线性系统主要包括判断系统是否稳定，是否产生自持振荡，确定自持振荡的振幅与频率以及对系统进行校正以消除自持振荡等内容。应用描述函数法，对任何阶次的非线性系统都可以进行分析。

为此，需要将非线性控制系统的线性部分与非线性部分进行等效变换，从而将整个非线性控制系统表示成线性等效部分 $G(s)$ 和非线性等效部分 $N(A)$ 相串联的标准结构形式。如果系统满足描述函数法的条件，在非线性元件的输出中主要是基波分量。那么非线性元件可以等效为一个具有描述函数 $N(A,\mathrm{j}\omega)$ 或 $N(A)$ 的线性环节，如图 7-23 所示，因此可以用频率法研究。注意，图 7-23 中不能用传递函数表示，因为这里的分析是在正弦输入信号下进行的。

(1) 非线性系统稳定性分析　利用描述函数法分析非线性系统的稳定性，实际上是线性系统中的奈奎斯特判据在非线性系统中的推广。如图 7-23 所示的非线性系统，由结构图可以得到谐波线性化后的闭环频率响应为

$$\frac{C(\mathrm{j}\omega)}{R(\mathrm{j}\omega)}=\frac{N(A)G(\mathrm{j}\omega)}{1+N(A)G(\mathrm{j}\omega)} \tag{7-29}$$

系统在 $s=\mathrm{j}\omega$ 时的闭环特征方程为

$$1+N(A)G(\mathrm{j}\omega)=0 \tag{7-30}$$

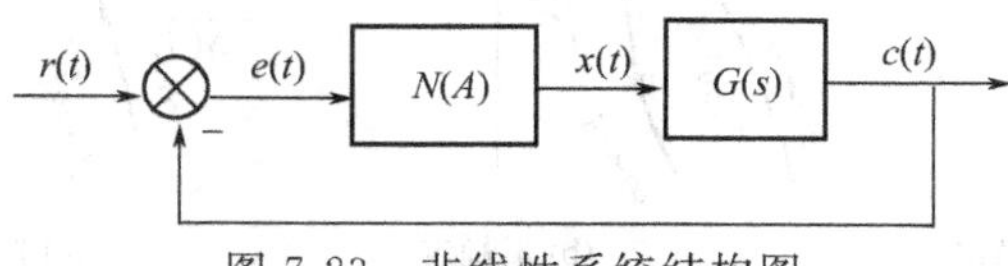

图 7-23　非线性系统结构图

得到

$$G(\mathrm{j}\omega)=-\frac{1}{N(A)} \tag{7-31}$$

式中，$-\dfrac{1}{N(A)}$ 称为非线性特性的负倒描述函数，方程 (7-31) 中有两个未知数，频率 ω 和振幅 A。如果方程 (7-31) 成立，相当于 $G(\mathrm{j}\omega)$ 与 $-\dfrac{1}{N(A)}$ 相交，有解 A_0 及 ω_0，这意

味着系统中存在着频率为 ω_0 和振幅为 A_0 的等幅振荡，即非线性系统的自持振荡。这种情况相当于在线性系统中，开环频率响应 $G(\mathrm{j}\omega)$ 穿过其稳定临界点 $(-1, \mathrm{j}0)$，只是这里 $-\dfrac{1}{N(A)}$ 不是一个点，而是临界点的一条随 A 变化的轨迹线。其稳定临界点并不像线性系统那样固定不变，而与非线性元件正弦输入 $A\sin\omega t$ 的振幅 A 有关，非线性特性的负倒描述函数曲线 $-\dfrac{1}{N(A)}$ 便是这种稳定临界点的轨迹。因此可以用 $G(\mathrm{j}\omega)$ 轨迹和 $-\dfrac{1}{N(A)}$ 轨迹之间的相对位置来判别非线性系统的稳定性。

只研究线性部分 $G(\mathrm{j}\omega)$ 是最小环节系统的情况。为了研究非线性系统的稳定性，首先在奈奎斯特图上画出频率特性 $G(\mathrm{j}\omega)$ 和负倒特性 $-\dfrac{1}{N(A)}$ 两条轨迹，在 $G(\mathrm{j}\omega)$ 曲线上标明 ω 增加的方向，在 $-\dfrac{1}{N(A)}$ 上标明 A 的增加方向。

非线性系统的奈奎斯特稳定判据：

1）如果 $G(\mathrm{j}\omega)$ 的轨迹不包围 $-\dfrac{1}{N(A)}$ 的轨迹，如图 7-24(a)所示，则非线性系统是稳定的，不可能产生自持振荡。$G(\mathrm{j}\omega)$ 距离 $-\dfrac{1}{N(A)}$ 越远，系统的相对稳定性越好。

2）如果 $G(\mathrm{j}\omega)$ 的轨迹包围 $-\dfrac{1}{N(A)}$ 的轨迹，如图 7-24(b)所示，则非线性系统是不稳定的，不稳定的系统其响应是发散的。在任何扰动作用下，该系统的输出将无限增大，直至系统停止工作。在这种情况下，系统也不可能产生自持振荡。

3）如果 $G(\mathrm{j}\omega)$ 的轨迹与 $-\dfrac{1}{N(A)}$ 的轨迹相交，如图 7-24(c)所示，交点处的 ω_0 和 A_0 对应系统中的一个等幅振荡。这个等幅振荡可能是自持振荡，也可能在一定条件下收敛或发散。这要根据具体情况分析确定。

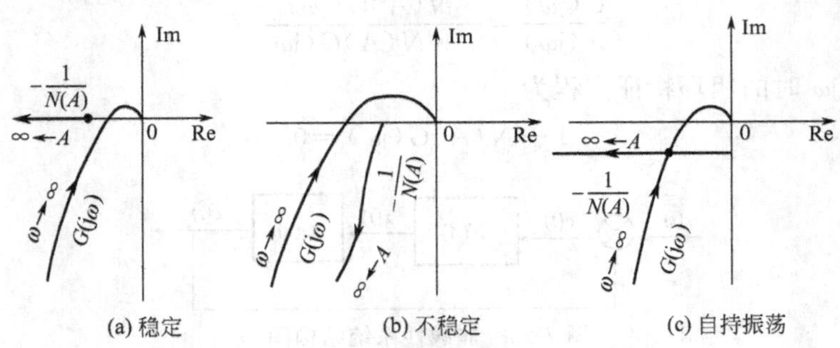

图 7-24　非线性系统的奈奎斯特稳定判据

(2) 自持振荡的确定　当 $G(\mathrm{j}\omega)$ 的轨迹与 $-\dfrac{1}{N(A)}$ 轨迹相交，即方程 $G(\mathrm{j}\omega)=-\dfrac{1}{N(A)}$ 有解，方程的解 ω_0 和 A_0 对应着一个周期运动信号的频率和振幅。只有稳定的周期运动才是非线性系统的自持振荡。注意，自持振荡的稳定性和系统的稳定性，是完全不同的两个概念。

所谓稳定的周期运动，是指系统受到轻微扰动作用偏离原来的运动状态，在扰动消失后，系统的运动又能重新恢复到原来频率和振幅的等幅持续振荡。不稳定的周期运动是指系统一经扰动就由原来的周期运动变为收敛、发散或转移到另一稳定的周期运动状态。

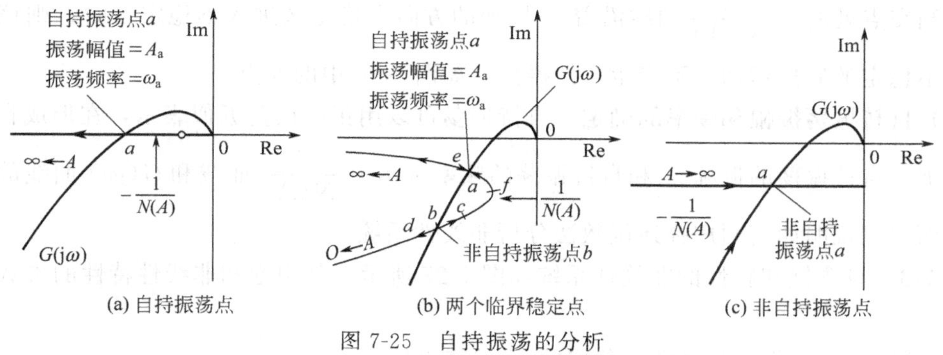

图 7-25　自持振荡的分析

在图 7-25(b)中，$G(j\omega)$ 与 $-\dfrac{1}{N(A)}$ 有两个交点 a 和 b 。a 点处对应的频率和振幅为 ω_a 和 A_a ，b 点处对应的频率和振幅为为 ω_b 和 A_b 。这说明系统中可能产生两个不同频率和振幅的周期运动，这两个周期运动能否维持，是不是自持振荡必须具体分析。

在图 7-25（b）中，假设系统原来工作在 b 点，如果受到一个轻微的外界干扰，致使非线性元件输入振幅 A 增加，则工作点沿着 $-\dfrac{1}{N(A)}$ 轨迹上 A 增大的方向移到 c 点，由于 c 点被 $G(j\omega)$ 曲线所包围，系统不稳定，响应是发散的。所以非线性元件输入振幅 A 将增大，工作点沿着 $-\dfrac{1}{N(A)}$ 曲线上 A 增大的方向向 a 点转移。反之，如果系统受到轻微扰动是使非线性元件的输入振幅 A 减小，则工作点将移到 d 点。由于 d 点不被 $G(j\omega)$ 曲线包围，系统稳定，响应收敛，振荡越来越弱，A 逐渐衰减为零。因此 b 点对应的周期运动不是稳定的，在 b 点不能产生自持振荡，或称为不稳定的自持振荡。

若系统原来工作点在 a 点，如果受到一个轻微的外界干扰，使非线性元件的输入振幅 A 增大，则工作点由 a 点移到 e 点。由于 e 点不被 $G(j\omega)$ 所包围，系统稳定，响应收敛，工作点沿着 A 减小的方向又回到 a 点。反之，如果系统受到轻微扰动使 A 减小，则工作点将由 a 点移到 f 点。由于 f 点被 $G(j\omega)$ 曲线所包围，系统不稳定，响应发散，振荡加剧，使 A 增加。于是工作点沿着 A 增加的方向又回到 a 点。这说明 a 点的周期运动是稳定的，系统在这一点产生自持振荡，或称为稳定的自持振荡，振荡的频率为 ω_a ，振幅为 A_a 。

由上面的分析可知，图 7-25(b)所示系统在非线性环节的正弦输入振幅 $A < A_b$ 时，系统收敛；当 $A > A_b$ 时，系统产生自持振荡，自持振荡的频率为 ω_a ，振幅为 A_a 。系统的稳定性与初始条件及输入信号有关，这正是非线性系统与线性系统的不同之处。

综上所述，在复平面上，将线性部分 $G(j\omega)$ 曲线包围的区域看成是不稳定区域，而不被 $G(j\omega)$ 曲线包围的区域看成是稳定区域，如图 7-26 所示。

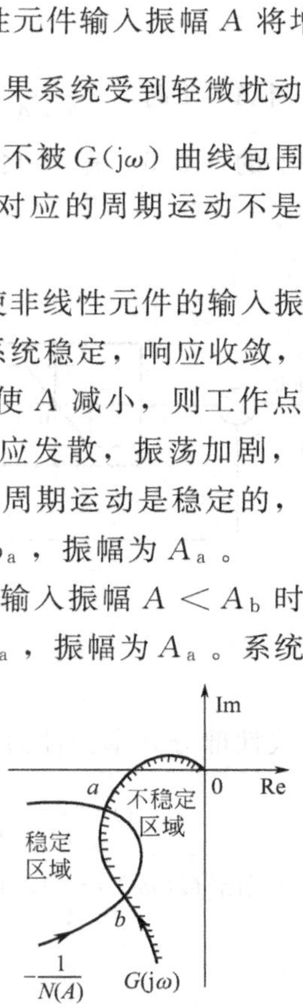

图 7-26　稳定区域和不稳定区域

①当交点处的 $-\dfrac{1}{N(A)}$ 曲线沿着 A 增加的方向由不稳定区进入稳定区时，则该交点代表的是稳定的周期运动，即产

生自持振荡。如图 7-26 中的 a 点。

②当交点处的 $-\dfrac{1}{N(A)}$ 曲线沿着 A 增加的方向由稳定区进入不稳定区时，则该交点代表的是不稳定的周期运动，不产生自持振荡。如图 7-26 中的 b 点。

(3) 自持振荡振幅和频率的确定 自持振荡可以用正弦振荡近似表示，在形成自持振荡的情况下，自持振荡的振幅 A 和自持振荡的频率 ω 由 $-\dfrac{1}{N(A)}$ 曲线和 $G(\mathrm{j}\omega)$ 曲线的交点确定。下面举例说明如何利用描述函数法分析非线性系统。

例 7-3 设含饱和特性的非线性系统如图 7-27 所示，其中饱和非线性特性的参数 $a=1$，$k=2$。

1）试确定系统稳定时线性部分增益 K 的临界值。

2）试计算 $K=15$ 时，系统自持振荡的振幅和频率。

解 饱和非线性的描述函数为

$$N(A)=\frac{2k}{\pi}\left[\arcsin\frac{a}{A}+\frac{a}{A}\sqrt{1-\left(\frac{a}{A}\right)^2}\right]\qquad (A\geqslant a)$$

本例中 $k=2$，$a=1$ 代入得

$$-\frac{1}{N(A)}=-\frac{\pi}{4\left[\arcsin\dfrac{1}{A}+\dfrac{1}{A}\sqrt{1-\left(\dfrac{1}{A}\right)^2}\right]}$$

当 $A=1$ 时，$-\dfrac{1}{N(A)}=-0.5$；当 $A=+\infty$ 时，$-\dfrac{1}{N(A)}=-\infty$，因此 $-\dfrac{1}{N(A)}$ 位于负实轴上的 $-0.5\sim-\infty$ 区段。如图 7-27(b)所示。

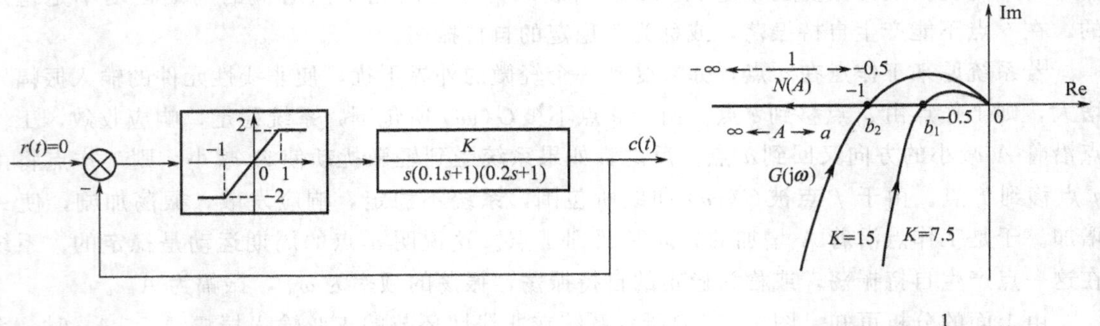

(a) 系统方框图

(b) $G(\mathrm{j}\omega)$ 曲线与 $-\dfrac{1}{N(A)}$ 曲线

图 7-27 例 7-3 系统

线性部分频率特性为

$$G(\mathrm{j}\omega)=\left.\frac{K}{s(0.1s+1)(0.2s+1)}\right|_{s=\mathrm{j}\omega}=\frac{K[-0.3\omega-\mathrm{j}(1-0.02\omega^2)]}{\omega(0.0004\omega^4+0.05\omega^2+1)}$$

令 $\mathrm{Im}[G(\mathrm{j}\omega)]=0$，即 $1-0.02\omega^2=0$，得 $G(\mathrm{j}\omega)$ 曲线与负实轴交点的频率为

$$\omega=\sqrt{\frac{1}{0.02}}=\sqrt{50}=7.07$$

将 ω 代入 $\mathrm{Re}[G(\mathrm{j}\omega)]$，可得 $G(\mathrm{j}\omega)$ 曲线与负实轴交点的幅值为

$$\mathrm{Re}[G(\mathrm{j}\omega)]=\left.\frac{K(-0.3)\omega}{\omega(0.0004\omega^4+0.05\omega^2+1)}\right|_{\omega=\sqrt{50}}=-\frac{0.3}{4.5}K=-\frac{K}{15}$$

1）若系统处于临界稳定，则令 $\mathrm{Re}[G(\mathrm{j}\omega)]=-0.5$，交点为 b_1 即 $-\frac{K}{15}=-\frac{1}{2}$，

解得 $K=7.5$

2）当 $K=15$ 时，$G(\mathrm{j}\omega)$ 曲线与 $-\frac{1}{N(A)}$ 曲线相交，交点 b_2 为稳定点，产生自持振荡，此时：

$$\omega=\sqrt{50}\qquad \mathrm{Re}[G(\mathrm{j}\omega)]=-1$$

令 $-\frac{1}{N(A)}=-1$，即

$$-\frac{\pi}{4\left[\arcsin\frac{1}{A}+\frac{1}{A}\sqrt{1-\left(\frac{1}{A}\right)^2}\right]}=-1$$

解得 $A=2.5$，所以当 $K=15$ 时系统自持振荡的振幅 $A=2.5$，频率 $\omega=7.07\mathrm{rad/s}$，所对应的周期运动为 $2.5\sin 7.07t$。

例 7-4　设某非线性控制系统方框图如图 7-28 所示。试应用描述函数法分析该系统的稳定性。

解　图 7-28 可等效化为图 7-29。

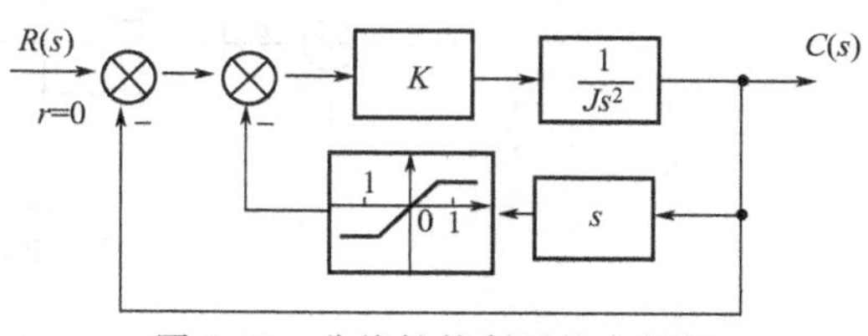

图 7-28　非线性控制系统方框图

1）绘出线性部分的 $G(\mathrm{j}\omega)$ 曲线。

由图 7-29 可得线性部分的传递函数为

$$G(s)=\frac{Ks}{Js^2+K}=\frac{\frac{K}{J}s}{s^2+\frac{K}{J}}$$

相对应的频率特性为

$$G(\mathrm{j}\omega)=\frac{\mathrm{j}\frac{K}{J}\omega}{\frac{K}{J}-\omega^2}$$

$G(\mathrm{j}\omega)$ 曲线分布在整个虚轴上，方向与虚轴方向相同，如图 7-30 所示。

若系统中不含非线性环节，则相应的线性系统的特征方程为

$$s^2+\frac{K}{J}s+\frac{K}{J}=0$$

对于任意的 $K>0$，$J>0$。特征方程的系数同号且不缺项，线性系统稳定，因此，$(-1,\mathrm{j}0)$ 所在的左半面为稳定区域。

2）绘出负倒描述函数 $-\frac{1}{N(A)}$ 曲线。

由图 7-29 可知，非线性部分为 $K=1$ 的饱和非线性，故其 $-\frac{1}{N(A)}$ 曲线分布在复实轴上 $(-\infty,\ -1)$ 段。如图 7-30 所示。

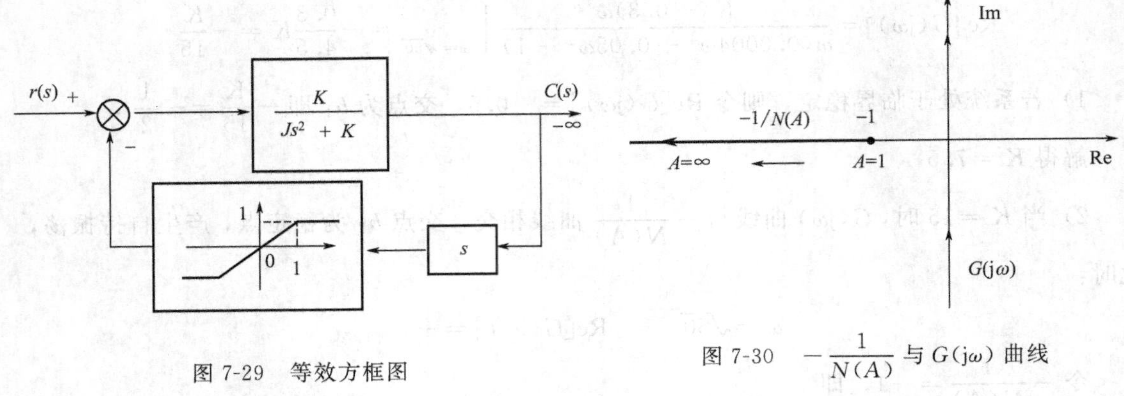

图 7-29 等效方框图

图 7-30 $-\dfrac{1}{N(A)}$ 与 $G(j\omega)$ 曲线

3）稳定性分析。

由于 $-\dfrac{1}{N(A)}$ 位于左半平面（稳定区域），开环频率响应不包围 $-\dfrac{1}{N(A)}$ 曲线，所以该非线性系统稳定。

例 7-5 设含理想继电器特性的系统方框图如图 7-31 所示。试确定其自持振荡的振幅和角频率。

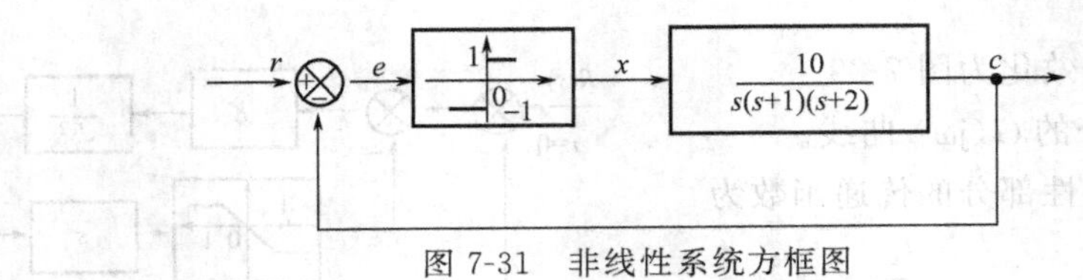

图 7-31 非线性系统方框图

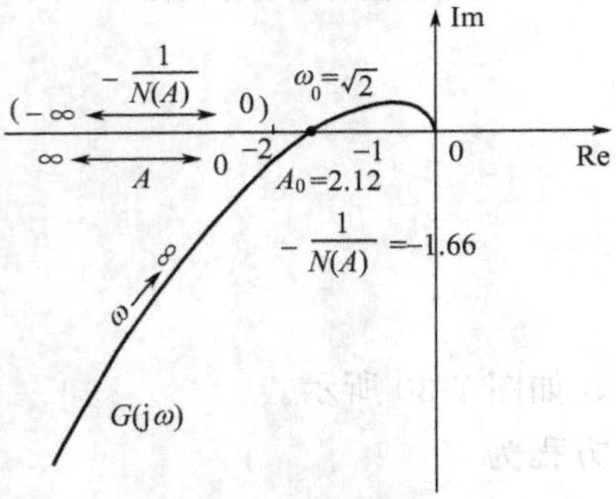

解 $M=1$ 情况下的理想继电器特性的负倒描述函数为

$$-\frac{1}{N(A)}=-\frac{\pi}{4}A$$

1）在奈奎斯特图上，$-1/N(A)$ 是其整个负实轴，给定系统的线性部分频率响应 $G(j\omega)$ 如图 7-32 所示，它和 $-1/N(A)$ 特性的交点为稳定交点，代表系统的自持振荡，其角频率 ω 可由

$$\mathrm{Im}[G(j\omega)]=\frac{10(\omega^2-2)}{\omega(\omega^4+5\omega^2+4)}=0$$

解得为 $\omega_0=\sqrt{2}\,\mathrm{rad/s}$

图 7-32 含理想继电器特性系统奈奎斯特图

2）确定自持振荡振幅 A_0

由

$$\mathrm{Re}[G(j\omega)]=-\frac{1}{N(A_0)}$$

求解 A_0，即由 $-\dfrac{30}{18}=-\dfrac{\pi}{4}A_0$，解出 $A_0=2.12$，其中 $\mathrm{Re}[G(j\omega)]=-30/18$。

例 7-6 设含具有死区无滞环继电器特性的系统方框图，如图 7-33 所示，其中继电器特性参数为 $e_0=1$ 及 $M=3$。1）试分析系统的稳定性。2）若使系统不产生自持振荡，继电器

参数 e_0 及 M 应如何调整。

解　1）具有死区继电器的描述函数为　$N(A)=\dfrac{4M}{\pi A}\sqrt{1-\left(\dfrac{e_0}{A}\right)^2}$　$(A \geqslant a)$

当 $e_0=1, M=3$ 时，负倒描述函数为

$$-\frac{1}{N(A)}=\frac{-\pi A}{4M}\frac{1}{\sqrt{1-\left(\dfrac{e_0}{A}\right)^2}}=-\frac{\pi A}{12\sqrt{1-\left(\dfrac{1}{A}\right)^2}}$$

$-\dfrac{1}{N(A)}$ 曲线如图 7-34 所示，其中 $-\dfrac{1}{N(A)}$ 特性在负实轴上的拐点坐标为

$$\frac{-\pi e_0}{2M}=-\frac{\pi}{2\times 3}=-\frac{\pi}{6}$$

拐点对应的振幅值为　$A=\sqrt{2}e_0=\sqrt{2}$

由 $-\dfrac{1}{N(A)}$ 公式可知，当 $A\to 1$ 时，$-\dfrac{1}{N(A)}\to -\infty$；当 $A\to\infty$ 时，$-\dfrac{1}{N(A)}\to -\infty$。负倒描述函数 $-\dfrac{1}{N(A)}$ 随着 A 的增加由 $-\infty$ 沿着负实轴从左到右，到达拐点 $-\dfrac{\pi}{6}$ 之后又沿着负实轴从右到左趋于 $-\infty$。

由线性部分频率响应 $G(\mathrm{j}\omega)$ 的虚部

$$\mathrm{Im}[G(\mathrm{j}\omega)]=\frac{2(0.5\omega^2-1)}{\omega(0.25\omega^4+1.25\omega^2+1)}=0$$

解出曲线 $G(\mathrm{j}\omega)$ 与负实轴相交点对应的角频率 $\omega=\sqrt{2}\,\mathrm{rad/s}$。计算

$$\mathrm{Re}[G(\mathrm{j}\omega)]\big|_{\omega=\sqrt{2}}=\frac{-3}{0.25\omega^4+1.25\omega^2+1}\bigg|_{\omega=\sqrt{2}}=-\frac{1}{1.5}$$

由于 $\mathrm{Re}[G(\mathrm{j}\sqrt{2})]<-\pi/6$，故曲线 $G(\mathrm{j}\omega)$ 与 $-\dfrac{1}{N(A)}$ 相交，且有两个交点，它们对应同一个角频率 $\omega=\sqrt{2}\,\mathrm{rad/s}$。由 $\mathrm{Re}[G(\mathrm{j}\sqrt{2})]=-\dfrac{1}{N(A)}$

即

$$-\frac{1}{1.5}=-\frac{\pi A}{12\sqrt{1-\left(\dfrac{1}{A}\right)^2}}$$

解出两个交点对应的振幅值分别为 $A_1=1.11$ 及 $A_2=2.33$。

当 A 值由 $1\to\sqrt{2}$ 时，$-\dfrac{1}{N(A)}$ 由 $-\infty\to -\dfrac{\pi}{6}$；当 A 值由 $\sqrt{2}\to\infty$ 时，$-\dfrac{1}{N(A)}$ 由 $-\dfrac{\pi}{6}\to -\infty$。交点处两个不同的 A 值对应着振幅不同，频率相同的两个周期运动。$A_1=1.11$ 对应着随着 A 的增加，$-\dfrac{1}{N(A)}$ 由稳定区进入不稳定区，此周期运动是不稳定的，不能产生自持振荡。$A_2=2.33$ 对应着随着 A 的增加，$-\dfrac{1}{N(A)}$ 由不稳定区进入稳定区，此周期运动是稳定的，即产生自持振荡。自持振荡的振幅 $A=2.33$ 及角频率 $\omega=\sqrt{2}\,\mathrm{rad/s}$。含具有死区无滞环继电器特性系统的奈奎斯特图如图 7-34 所示。

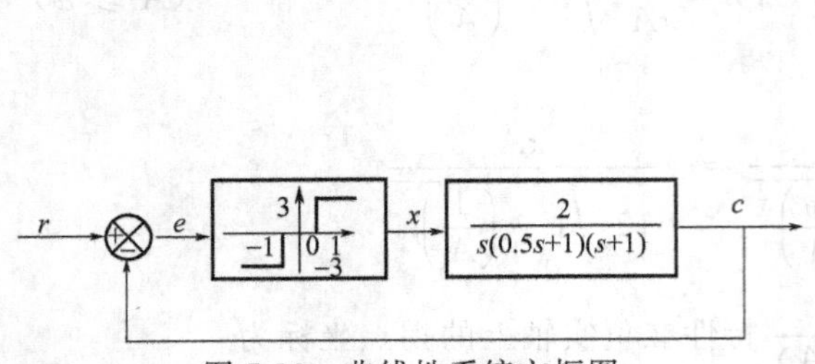

图 7-33　非线性系统方框图

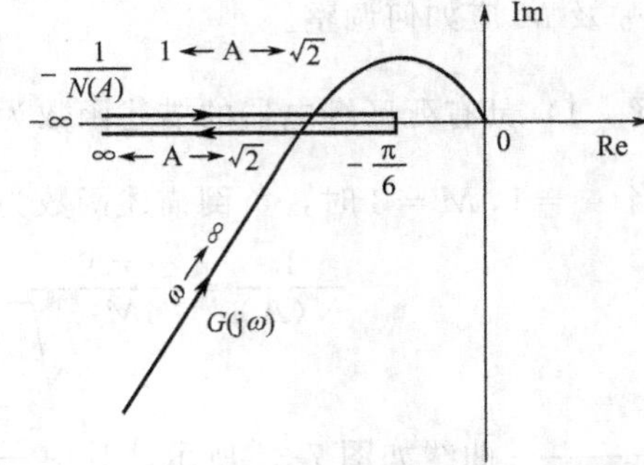

图 7-34　含死区无滞环继电器特性系统奈奎斯特图

2）为使给定系统不产生自持振荡，必须保证 $G(\mathrm{j}\omega)$ 轨迹与 $-\dfrac{1}{N(A)}$ 轨迹不相交，即保证 $-\dfrac{1}{N(A)}$ 特性在负实轴上的拐点坐标

$$\frac{-\pi e_0}{2M}<-\frac{1}{1.5}$$

即具有死区无滞环继电器特性参数间的关系应保持为

$$\frac{M}{e_0}<2.36$$

若选取 $M/e_0=2$，则 $\dfrac{-\pi e_0}{2M}=-\dfrac{\pi}{4}=-0.786<-\dfrac{1}{1.5}$，不产生自持振荡。当选取 $M/e_0=2$ 时，并保留 $M=3$，则继电器死区参数 $e_0=1.5$。

例 7-7　设含仅具有滞环的继电器特性的系统方框图如图 7-35 所示，其继电器特性参数为 $M=1$ 及 $e_0=1$。试计算自持振荡的振幅及角频率。

解　具有滞环的继电特性，其描述函数为　$N(A)=\dfrac{4M}{\pi A}\left[\sqrt{1-\left(\dfrac{e_0}{A}\right)^2}-\mathrm{j}\,\dfrac{e_0}{A}\right]$

则
$$-\frac{1}{N(A)}=-\frac{\pi A}{4M}\frac{1}{\sqrt{1-\left(\dfrac{e_0}{A}\right)^2}-\mathrm{j}\,\dfrac{e_0}{A}}=-\frac{\pi A}{4M}\left[\sqrt{1-\left(\frac{e_0}{A}\right)^2}+\mathrm{j}\,\frac{e_0}{A}\right]$$

其负倒特性 $-1/N(A)$ 为过点 $\left(0,\ -\mathrm{j}\,\dfrac{\pi}{4}\right)$ 且平行于实轴的直线，其虚部为常数 $-\dfrac{\pi}{4}$，如图 7-36。以 A 为自变量，从 $A=1$ 开始，计算 $-1/N(A)$ 的一系列数值。同时也对线性部分 $G(\mathrm{j}\omega)$ 计算出实部 $P(\omega)$ 及虚部 $Q(\omega)$，得各计算数值如表 7-2。

表 7-2　计算数值

A	1	$\sqrt{2}$	2	2.3	2.5	3	4	5	6
Re[−1/N(A)]	0	−0.758	−1.36	−1.63	−1.78	−2.22	−3.04	−3.85	−4.65

ω(rad/s)	0	0.2	0.6	1	1.25	2	2.5	3	4	5
P(ω)	9.23	8.66	5.36	2	0	−1.6	−1.8	−1.75	−1.2	−0.7
Q(ω)	0	−2.58	−5.71	−6	−5.13	−3.2	−1.9	−1.06	−0.14	−0.1

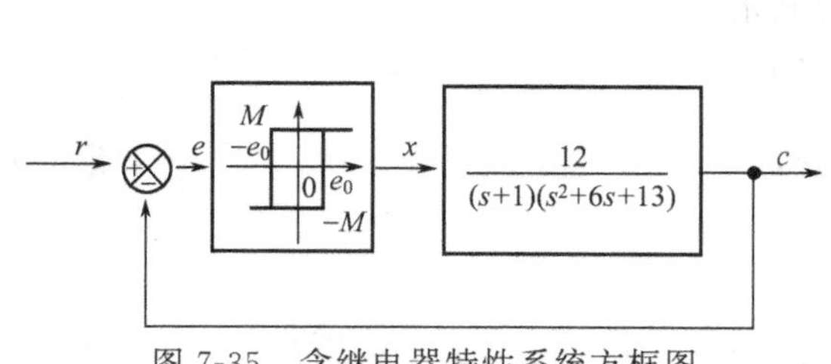

图 7-35　含继电器特性系统方框图

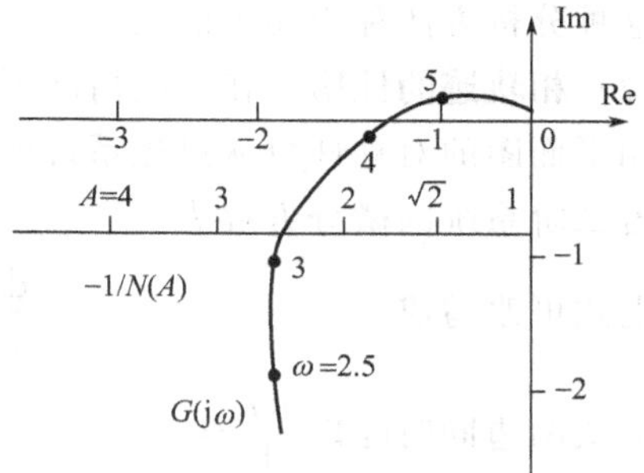

图 7-36　含继电器特性系统的奈奎斯特图

给定系统的线性部分频率响应曲线 $G(j\omega)$ 如图 7-36 所示。它与 $M=-1$ 继电器特性的负倒描述函数曲线 $-1/N(A)$ 相交，其交点为稳定交点，它所对应周期振幅与频率分别为 $A=2.3$ 及 $\omega=3.2\text{rad/s}$。这说明，在给定系统的继电器输入端存在自持振荡 $2.3\sin 3.2t$。

7.3　相平面分析法

1885 年庞加莱首先提出相平面法。相平面法是一种通过图解法求解二阶非线性系统的准确方法。它不仅能给出系统的稳定性信息和时间响应信息，还能给出系统运动轨迹的清晰图像。

7.3.1　相平面和相轨迹

(1) 相平面和相轨迹定义　设一个二阶系统可以用下列微分方程描述

$$\ddot{x}+f(x,\dot{x})=0 \tag{7-32}$$

式中，$f(x,\dot{x})$ 为 x 和 $\dot{x}$ 的线性函数或非线性函数。

该系统的时间响应可以用 $x(t)$ 和 $\dot{x}(t)$ 与 t 的关系图来表示，即求时间响应 $x(t)$ 和 $\dot{x}(t)$，通过响应曲线来分析系统。在响应曲线上很容易确定任意时刻 t 的位置 $x(t)$ 和速度 $\dot{x}(t)$，如图 7-37(a)，图 7-37(b)所示。

如果取 x 和 $\dot{x}$ 作为平面上的横、纵坐标轴，构成直角坐标平面，则系统在每一时刻上的运动状态都对应于平面上的一点，这个平面称为相平面。当时间 t 变化时，该点在 $x-\dot{x}$ 平面上描绘出的轨迹，表征系统状态的演变过程，该轨迹称为相轨迹，如图 7-37(c)所示。

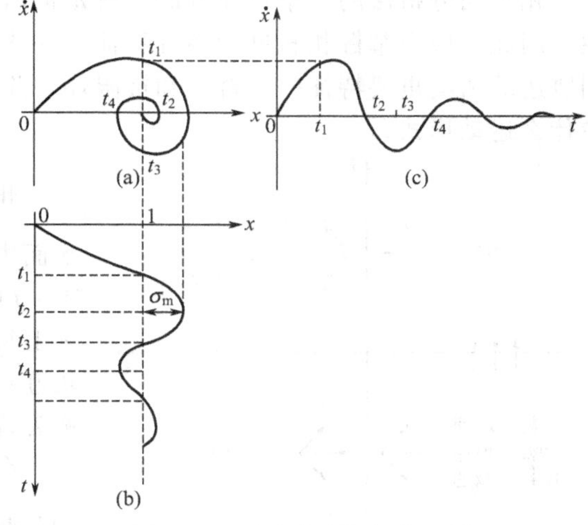

图 7-37　时域响应与相轨迹图

在相平面上，由不同初始条件对应的一簇相轨迹构成的图像，称为相平面图。所以，只要能绘出相平面图，通过对相平面图的分析，就可以完全确定系统所有的动态性能，这种分析方法称为相平面法。

(2) 相轨迹的性质 在一些情况下，相平面图对称于 x 轴、$\dot{x}$ 轴或同时对称于 x 轴和 $\dot{x}$ 轴。相平面图的对称性可从描述系统的微分方程确定。

若二阶系统的微分方程为 $\ddot{x}+f(x,\dot{x})=0$

上式可改写成
$$\frac{\mathrm{d}\dot{x}}{\mathrm{d}t}=-f(x,\dot{x}) \tag{7-33}$$

上式两边同时除以 $\frac{\mathrm{d}x}{\mathrm{d}t}=\dot{x}$ 有
$$\frac{\mathrm{d}\dot{x}}{\mathrm{d}x}=-\frac{f(x,\dot{x})}{\dot{x}} \tag{7-34}$$

式中，$\frac{\mathrm{d}\dot{x}}{\mathrm{d}x}$ 表示相轨迹在点 $(x,\dot{x})$ 处的斜率，相轨迹任一点均满足此方程，式 (7-34) 称为相轨迹的斜率方程。

根据相轨迹的斜率方程，可以得到相轨迹的性质如下。

1) 相轨迹的对称性。

若 $f(x,\dot{x})=f(x,-\dot{x})$，即 $f(x,\dot{x})$ 是 $\dot{x}$ 的偶函数，则相轨迹对称于 x 轴。

若 $f(x,\dot{x})=-f(-x,\dot{x})$，即 $f(x,\dot{x})$ 是 x 的奇函数，则相轨迹对称于 $\dot{x}$ 轴。

若 $f(x,\dot{x})=-f(-x,-\dot{x})$，则相轨迹称于原点。

2) 相轨迹的走向。

若 $\dot{x}>0$，则 x 增大；若 $\dot{x}<0$，则 x 减小。因此，在相平面的上半部，相轨迹从左向右运动，而在相平面的下半部，相轨迹从右向左运动。总之，相轨迹总是按顺时针方向运动。如图 7-38 所示。

3) 正交性。

相轨迹与 x 轴相交时，$\dot{x}=0$，由斜率方程 (7-34) 可知，斜率 $\frac{\mathrm{d}\dot{x}}{\mathrm{d}x}$ 无穷大，因此相轨迹总是以 $\pm 90^\circ$ 方向通过 x 轴，即相轨迹与 x 轴垂直正交，如图 7-38 所示。

4) 普通点和奇点。

相平面分析法的一个重要方面，就是根据系统相轨迹的一些特征可以分析系统的运动特性。因此，应当掌握相轨迹的各种特征，并熟知它们和系统运动形式间的关系。下面将介绍相轨迹的两类重要特征——奇点和极限环，并说明系统的相轨迹具有这些特征时，系统将存在什么运动形式。

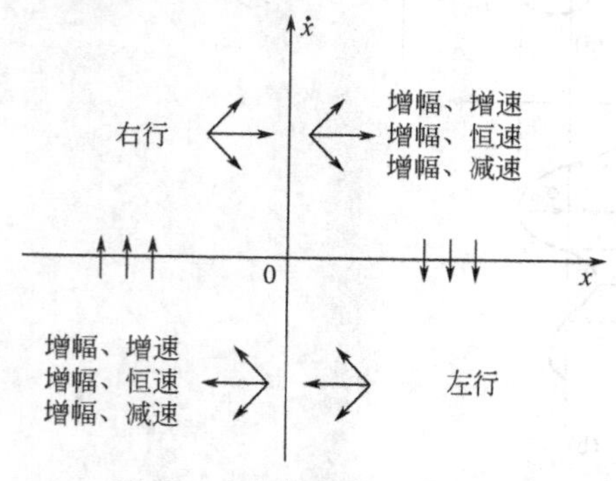

图 7-38 相轨迹的运动方向

相轨迹的斜率为 $\frac{\mathrm{d}\dot{x}}{\mathrm{d}x}=-\frac{f(x,\dot{x})}{\dot{x}}$，可见，相平面中任意一点 $(x,\dot{x})$，只要不同时满足 $\dot{x}=0$ 和 $\ddot{x}=f(x,\dot{x})=0$ 的点称为普通点。在普通点，相轨迹上每一点的斜率是唯一确定的，即通过该点的相轨迹只有一条，相轨迹不会在该点相交，这样的点称为普通点。

在相平面上，同时满足 $\dot{x}=0$ 和 $\ddot{x}=f(x,\dot{x})=0$ 的特殊点称为奇点。奇点处的斜率 $\frac{\mathrm{d}\dot{x}}{\mathrm{d}x}=\frac{0}{0}$ 不确

定，这说明可以有无穷多条相轨迹以不同的斜率进入、离开或包围该点。在奇点处，$\dot{x}=0$，$\ddot{x}=-f(x, \dot{x})=0$，即速度和加速度同时为零，这表示系统不再运动，处于平衡状态，所以奇点也称为平衡点。因为奇点处 $\dot{x}=0$，所以奇点只能出现在 x 轴上。令 $\dot{x}=0$，$\ddot{x}=0$ 即可确定奇点的坐标。

如果在一条线上满足 $\dot{x}=0$ 和 $f(x, \dot{x})=0$，则称该直线为平衡线。

7.3.2　极限环

以上讨论了奇点问题，对于线性系统，奇点的类型完全确定了系统的性能，或者说，线性系统的奇点的类型完全确定了系统整个相平面上的运动状态。但对于非线性系统，奇点的类型不能确定系统在整个相平面上的运动状态，只能确定奇点（平衡点）附近的运动特征，所以还要研究离开奇点较远处的相平面图的特征，其中，极限环的确定具有特别重要的意义。

极限环是指相平面图中存在的孤立的封闭相轨迹。所谓孤立的封闭相轨迹是指在这类封闭曲线的邻近区域内只存在着卷向它或起始于它而卷出的相轨迹。自激振荡是非线性系统中一个很重要的现象，前面曾用描述函数法加以研究，自激振荡反映在相平面图上，是相轨迹缠绕成的一个环，即极限环。极限环对应着周期性的运动，相当于描述函数分析法中 $G(\mathrm{j}\omega)$ 曲线与 $-\dfrac{1}{N(A)}$ 曲线有交点的情况，即自持振荡。极限环把相平面分为内部平面和外部平面。相轨迹不能从环内穿越极限环进入环外，也不能从环外进入环内。

应当指出的是，并不是相平面上所有封闭相轨迹都是极限环。奇点的性质是中心点时，对应的相轨迹也是封闭曲线，但这时相轨迹是封闭的曲线族，不存在卷向某条封闭曲线或由某条封闭曲线卷出的相轨迹，在任何特定的封闭曲线附近仍存在着封闭的曲线。所以这些封闭的相轨迹曲线不是孤立的，不是极限环。

极限环有稳定、不稳定和半稳定之分，分析极限环邻近相轨迹的运动特点，可以判断极限环的类型。

(1) 稳定极限环　当 $t\rightarrow\infty$时，无论是从极限环内部还是从外部起始的相轨迹均渐进地趋向这个极限环，任何较小的扰动使系统的状态离开极限环后，最后仍将回到这个极限环，这样的极限环称为稳定的极限环。相平面中出现稳定的极限环对应着描述函数法分析中，$G(\mathrm{j}\omega)$ 与 $-\dfrac{1}{N(A)}$ 相交，交点为稳定交点的情况。$-\dfrac{1}{N(A)}$ 在交点处沿着 A 增加的方向由不稳定区进入稳定区，产生自持振荡。因为稳定极限环内部的相轨迹都发散至极限环，而外部的相轨迹都收敛于极限环，从这种意义上讲，极限环内部为不稳定区域，而外部为稳定区域。对具有稳定极限环的控制系统，设计准则通常是尽量减小极限环的大小，使自持振荡的振幅尽量减小，以满足准确度的要求。如图 7-39 所示。

(2) 不稳定极限环　当 $t\rightarrow\infty$时，极限环内外两侧的相轨迹均以螺旋状从极限环离开，任何较小的扰动都会使系统的状态远离极限环，即相轨迹或收敛于原点，或发散至无穷，所以称为不稳定极限环。不稳定极限环对应着描述函数分析中，$G(\mathrm{j}\omega)$ 与 $-\dfrac{1}{N(A)}$ 相交，而交点是不稳定交点的情况。$-\dfrac{1}{N(A)}$ 在交点处沿 A 增加的方向由稳定区进入不稳定区，不产生自持振荡。在相平面上，不稳定极限环内部是稳定区域，外部是不稳定区域。对具有不稳定极限环的非线性系统，会出现小偏差时系统稳定，太偏差时系统不稳定，设计时应尽量扩大极限环，以增大系统的稳定范围。如图 7-40 所示。

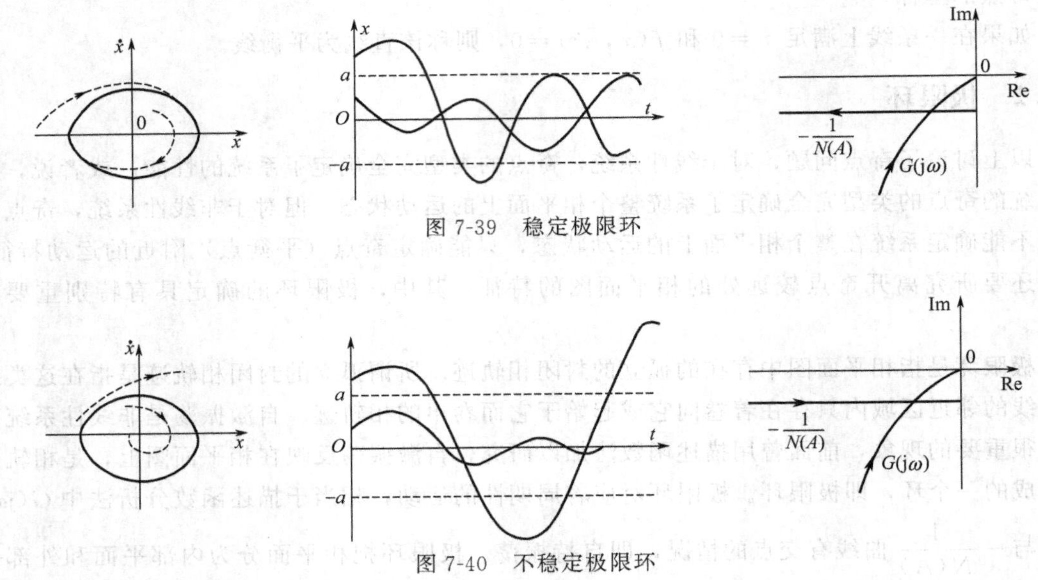

图 7-39　稳定极限环

图 7-40　不稳定极限环

(3) 半稳定极限环　图 7-41(a)和图 7-41(b)所示为半稳定极限环。极限环一侧的相轨迹离开极限环，另一侧趋向极限环，它对应于半稳定的自激振荡，这种振荡实际上是不能保持的。因此，图 7-40(a)它反映的是小偏差时系统等幅振荡，大偏差时系统不稳定，可以认为是不稳定系统，图 7-40(b)它反映小偏差时系统稳定，大偏差时系统等幅振荡，可以认为是稳定系统。

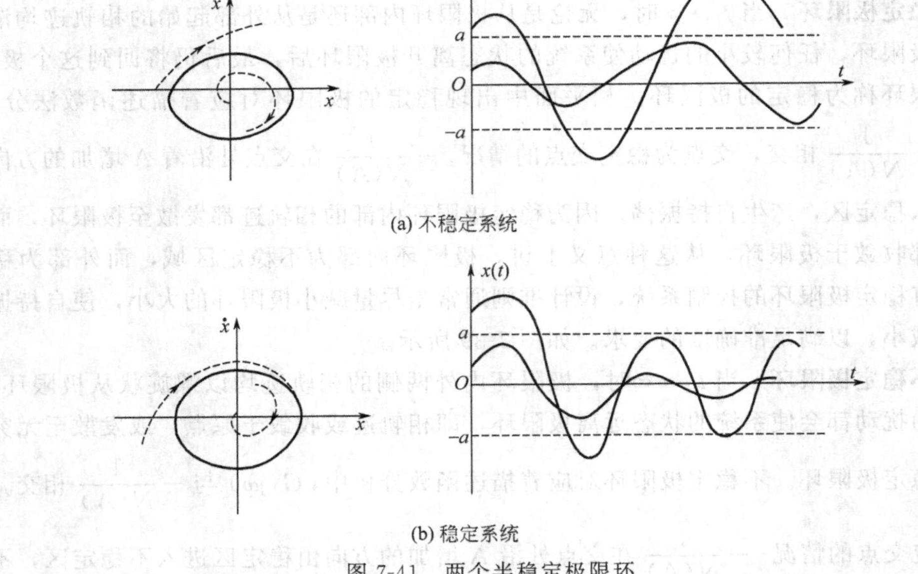

(a) 不稳定系统

(b) 稳定系统

图 7-41　两个半稳定极限环

(4) 双极限环

实际系统可能没有极限环，也可能有几个极限环。相平面中的极限环与描述函数法中的 $-\dfrac{1}{N(A)}$ 与 $G(\mathrm{j}\omega)$ 的交点都描述了系统的自激振荡，它们之间有一些对应关系。非线性系统中可能没有极限环，也可能存在一个或多个极限环。有一个极限环就对应着 $G(\mathrm{j}\omega)$ 与 $-\dfrac{1}{N(A)}$ 有一个交点。图 7-42 是双极限环的情况，相平面图中里面的小环是不稳定极限环，对应着 $G(\mathrm{j}\omega)$ 与 $-\dfrac{1}{N(A)}$ 的不稳定交点 b；外面的大环是稳定极限环，对应着 $G(\mathrm{j}\omega)$ 与 $-\dfrac{1}{N(A)}$ 的稳定交点 a。

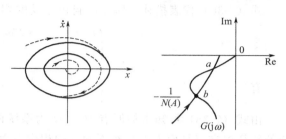

图 7-42　双极限环

7.3.3 线性系统的相轨迹

线性系统是非线性系统的特例，而许多非线性系统可分段线性化来描述，或在平衡点附近线性化来描述，为此有必要讨论线性系统的相轨迹。

(1) 一阶线性系统的相轨迹

例 7-8　设一阶线性系统为 $\dot{x}+ax=0$，$x_0=b$，试画出其相平面图。

解　由方程得到相轨迹方程为　　$\dot{x}=-ax$

相轨迹为过点 $x=b$，斜率为 $-a$ 的直线，如图 7-43 所示。当斜率 $-a<0$ 时，相轨迹收敛于原点；当斜率 $-a>0$ 时，相轨迹沿直线发散趋于无穷远处。

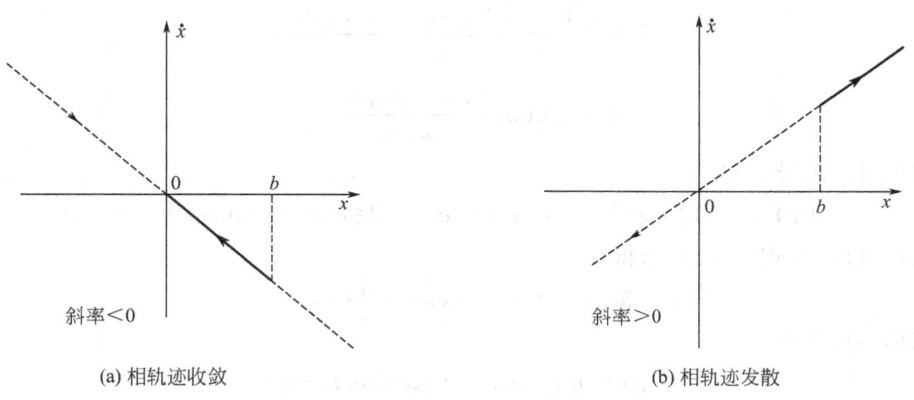

(a) 相轨迹收敛　　(b) 相轨迹发散

图 7-43　一阶系统的相轨迹图

(2) 二阶线性系统的相轨迹　设二阶系统的微分方程为

$$\ddot{x}+f(x,\dot{x})=0$$

若 $f(x,\dot{x})$ 是 x 及 $\dot{x}$ 的线性函数，则二阶线性微分方程的一般形式为

$$\ddot{x}+2\xi\omega_{\mathrm{n}}\dot{x}+\omega_{\mathrm{n}}^{2}x=0 \tag{7-35}$$

分别取 x 及 $\dot{x}$ 为相平面的横坐标与纵坐标，并将上列方程改写成

$$\frac{\mathrm{d}\dot{x}}{\mathrm{d}x}=-\frac{2\xi\omega_n\dot{x}+\omega_n^2 x}{\dot{x}} \tag{7-36}$$

式（7-36）代表描述二阶系统自由运动的相轨迹各点处的斜率。

令
$$\begin{cases} f(x,\ \dot{x})=2\xi\omega_n\dot{x}+\omega_n^2 x=0 \\ \dot{x}=0 \end{cases} \tag{7-37}$$

有
$$\begin{cases} x=0 \\ \dot{x}=0 \end{cases} \tag{7-38}$$

由式（7-38）可知坐标原点（0，0）为系统的奇点。当二阶系统的阻尼比 ξ 不同时，系统的特征根在复平面上的分布不同，则相应有六种性质不同的奇点，对应有六种不同形式的相轨迹。因此，根据线性系统的奇点类型，就可以确定系统相平面上的运动状态。

1）无阻尼（$\xi=0$）系统的奇点与相轨迹　这时，式（7-36）变成

$$\frac{\mathrm{d}\dot{x}}{\mathrm{d}x}=-\frac{\omega_n^2 x}{\dot{x}} \tag{7-39}$$

对式(7-39) 取积分，求得相轨迹方程为

$$x^2+\frac{\dot{x}^2}{\omega_n^2}=A^2 \tag{7-40}$$

其中 $A=\sqrt{\dot{x}_0^2/\omega_n^2+x_0^2}$ 为由初始条件 x_0 及 $\dot{x}_0$ 决定的常数。当 x_0 及 $\dot{x}_0$ 取不同值时，式（7-40）在相平面上代表同心的椭圆簇，见表 7-3 图（a）。对应 $\xi=0$ 的二阶线性系统的奇点（0，0）称为中心点。

2）欠阻尼（$0<\xi<1$）系统的奇点与相轨迹　在阻尼情况下，式（7-35）的解为

$$x(t)=Ae^{-\xi\omega_n t}\cos(\omega_d t-\varphi) \tag{7-41}$$

式中　$\omega_d=\omega_n\sqrt{1-\xi^2}$——有阻尼自振频率；

$$A=\frac{\sqrt{\dot{x}_0^2+2\xi\omega_n x_0\dot{x}_0+\omega_n^2 x_0^2}}{\omega_d};$$

$$\varphi=\arctan\frac{(\dot{x}_0+\xi\omega_n x_0)}{\omega_d x_0}。$$

对式(7-41)求导，得到

$$\dot{x}(t)=-A\xi\omega_n e^{-\xi\omega_n t}\cos(\omega_d t-\varphi)-A\xi\omega_d e^{-\xi\omega_n t}\sin(\omega_d t-\varphi) \tag{7-42}$$

由式(7-41) 及式(7-42) 求得

$$\dot{x}(t)+\xi\omega_n x(t)=-A\omega_d e^{-\xi\omega_n t}\sin(\omega_d t-\varphi) \tag{7-43}$$

由式(7-41)求得

$$\omega_d x(t)=A\omega_d e^{-\xi\omega_n t}\cos(\omega_d t-\varphi) \tag{7-44}$$

由式(7-43)及式(7-44)求得

$$[\dot{x}(t)+\xi\omega_n x(t)]^2+[\omega_d x(t)]^2=A^2\omega_d^2 e^{-2\xi\omega_n t} \tag{7-45}$$

$$\tan(\omega_d t-\varphi)=-\frac{\dot{x}(t)+\xi\omega_n x(t)}{\omega_d x(t)} \tag{7-46}$$

由式(7-46)解出时间 t 的表达式，即

$$t=\frac{1}{\omega_d}\left[-\arctan\frac{\dot{x}(t)+\xi\omega_n x(t)}{\omega_d x(t)}+\varphi\right] \tag{7-47}$$

将式(7-47)代入式(7-45)，求得

$$[\dot{x}(t)+\xi\omega_n x(t)]^2+[\omega_d x(t)]^2=C\exp\left[\frac{2\xi\omega_n}{\omega_d}\arctan\frac{\dot{x}(t)+\xi\omega_n x(t)}{\omega_d x(t)}\right] \tag{7-48}$$

式中 $C=A^2\omega_d^2\exp\left(-\frac{2\xi\omega_n}{\omega_d}\varphi\right)$

$$\begin{aligned} r^2(t)&=C\exp\left\{\frac{2\xi\omega_n}{\omega_d}[-\theta(t)]\right\}\\ r(t)&=\sqrt{C}\exp\left\{\frac{\xi\omega_n}{\omega_d}[-\theta(t)]\right\}\end{aligned} \tag{7-49}$$

式(7-49)所示为极坐标中的对数螺线方程，其中由于

$$\tan\theta(t)=-\frac{\dot{x}(t)+\xi\omega_n x(t)}{\omega_d x(t)}$$

考虑到式(7-46)，故得

$$\theta(t)=\omega_d(t)-\varphi \tag{7-50}$$

从式(7-49) 及式(7-50) 看出，随时间 t 的推移，$\theta(t)$ 增大，而 $r(t)$ 减小，即相轨迹的运动方程是由外向内，最终趋向坐标原点，见表 7-3 图 (b)。从图中可见，无论系统的初始条件 x_0、$\dot{x}_0$ 取何值，经过一段时间的衰减振荡，系统终将趋向平衡状态。对应 $\xi<1$ 的二阶线性系统的这类奇点 (0, 0) 称为稳定焦点。

3) 过阻尼 ($\xi>1$) 系统的奇点与相轨迹　在过阻尼情况下，式 (7-35) 的解为

$$x(t)=A_1e^{\lambda_1 t}+A_2e^{\lambda_2 t} \tag{7-51}$$

式中　$\lambda_{1、2}=-\xi\omega_n\pm\omega_n\sqrt{\xi^2-1}$ ——二阶系统的特征根；

$$A_1=\frac{\dot{x}_0-\lambda_2x_0}{\lambda_1-\lambda_2};$$

$$A_2=\frac{\dot{x}_0-\lambda_1x_0}{\lambda_2-\lambda_1}。$$

对式 (7-51) 求导，得到

$$\dot{x}(t)=A_1\lambda_1e^{\lambda_1 t}+A_2\lambda_2e^{\lambda_2 t} \tag{7-52}$$

由式(7-51)及式(7-52)求得

$$\dot{x}(t)-\lambda_2x(t)=A_1(\lambda_1-\lambda_2)e^{\lambda_1 t} \tag{7-53}$$

$$\dot{x}(t)-\lambda_1x(t)=A_2(\lambda_2-\lambda_1)e^{\lambda_2 t} \tag{7-54}$$

当初始条件 x_0、$\dot{x}_0$ 满足 $\dot{x}_0-\lambda_2x_0=0$ 时，则 $A_1=0$。这时从式 (7-53) 求得直线方程

$$\dot{x}(t)-\lambda_2x(t)=0$$

该直线代表相平面上的一条特殊的相轨迹，如图 7-40 (c) 两直线中的斜率大者。同理，当初始条件 x_0、$\dot{x}_0$ 满足 $\dot{x}_0-\lambda_1x_0=0$ 时，则 $A_2=0$。这时从式 (7-54) 得到直线方程

$$\dot{x}(t)-\lambda_1x(t)=0$$

它所代表的相轨迹为表 7-3 图(c)两直线中的斜率小者。当常数 A_1 及 A_2 都不为零时，由式

$$[\dot{x}(t)-\lambda_1x(t)]^{\lambda_1}=C\,[\dot{x}(t)-\lambda_2x(t)]^{\lambda_2}$$

看出，相平面图上的相轨迹是过坐标原点的一族“抛物线”，如表 7-3(c) 所示。这里常数

$$C=\frac{A_2^{\lambda_1}\ (\lambda_2-\lambda_1)^{\lambda_1}}{A_1^{\lambda_2}\ (\lambda_1-\lambda_2)^{\lambda_2}}$$

从图中看出，由任何一组初始值 x_0、$\dot{x}_0$ 出发的相轨迹，经过一段时间的单调衰减而最终趋向系统的平衡状态。对应 $\xi>1$ 的二阶线性系统的这类奇点 (0，0) 称为稳定节点。

4）负阻尼（$-1<\xi<0$）系统的奇点与相轨迹　系统在负阻尼 $-1<\xi<0$ 时的相平面轨迹也是一簇对数螺线，见表 7-3 图 (d)，只是图中相轨迹的移动方向与 $0<\xi<1$ 的相轨迹移动方向相反，这表明随时间 t 的推移系统的运动形式是发散振荡过程。这类奇点 (0，0) 称为不稳定焦点。

5）负阻尼运动形式（$\xi<-1$）　系统在负阻尼 $\xi<-1$ 时的相平面轨迹为不稳定的单调发散过程，见表 7-3 图 (e)。此时，对应两个不等的正实特征根 $\lambda_1=|\xi|\omega_n-\omega_n\sqrt{\xi^2-1}$，$\lambda_2=|\xi|\omega_n+\omega_n\sqrt{\xi^2-1}$。这类奇点 (0，0) 称为不稳定节点，

6）二阶线性系统 $\ddot{x}(t)+2\xi\omega_n\dot{x}(t)-\omega_n^2x(t)=0$ 的奇点与相轨迹　由线性微分方程

$$\ddot{x}(t)+2\xi\omega_n\dot{x}(t)-\omega_n^2x(t)=0$$

描述的二阶系统，其特征根为两个符号相反的实根，它们分别是

$$\lambda_1=-\xi\omega_n-\omega_n\sqrt{\xi^2+1}<0$$

$$\lambda_2=-\xi\omega_n+\omega_n\sqrt{\xi^2+1}>0$$

在这种情况下，系统的运动过程由表 7-3 图 (f) 所示相平面图来描述。这时的奇点 (0，0) 称为鞍点，代表不稳定的平衡状态。

表 7-3　二阶线性定常系统奇点的性质

阻尼比取值	特征根分布	时间响应	相轨迹及奇点的性质
$\xi=0$	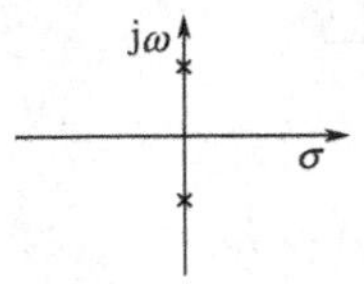	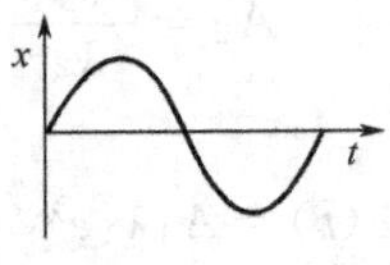	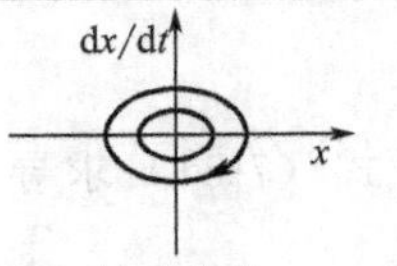 (a) 中心点
$0<\xi<1$	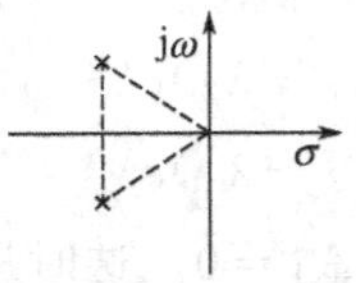	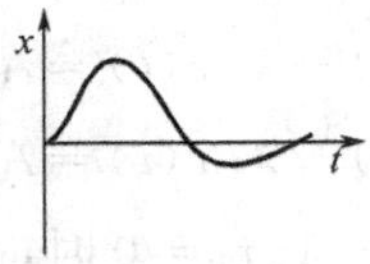	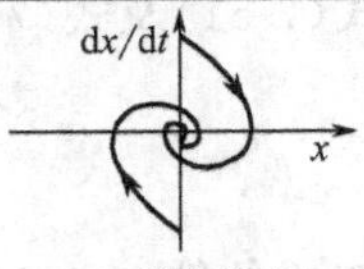 (b) 稳定焦点
$\xi>1$	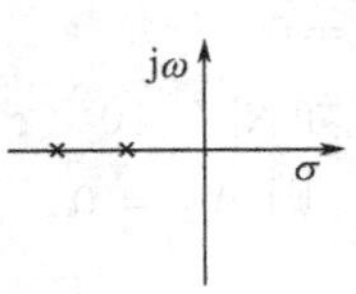	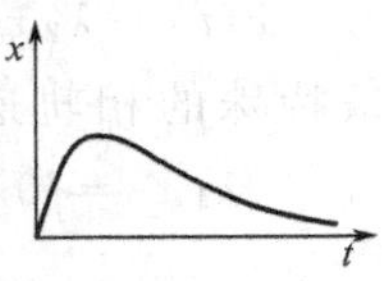	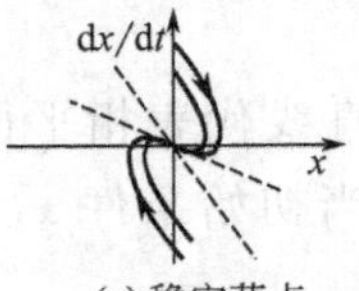 (c) 稳定节点
$-1<\xi<0$	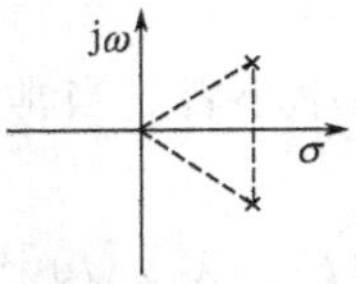	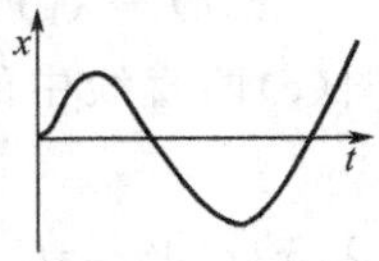	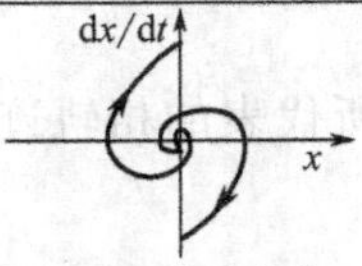 (d) 不稳定焦点

续表

阻尼比取值	特征根分布	时间响应	相轨迹及奇点的性质
$\xi < -1$	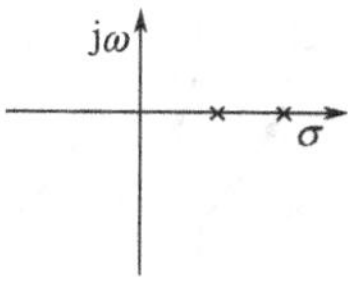	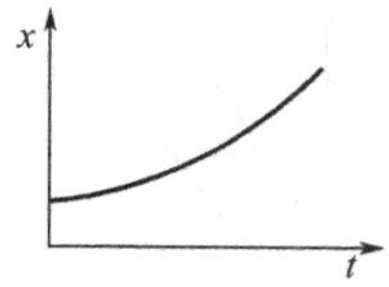	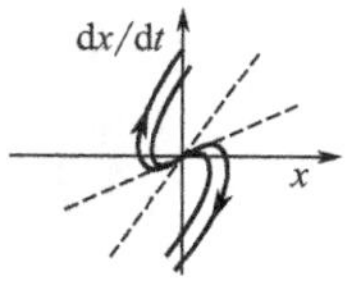 (e) 不稳定节点
$\ddot{x} + 2\xi\omega_n\dot{x} - \omega_n^2 x = 0$	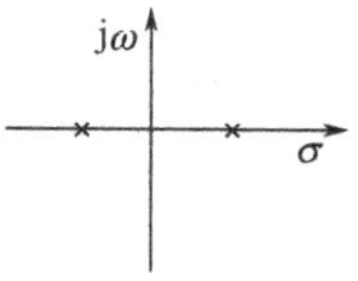	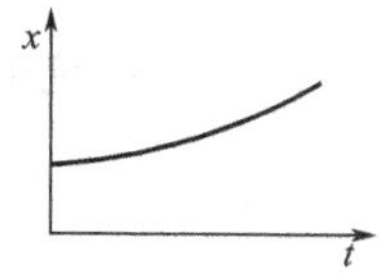	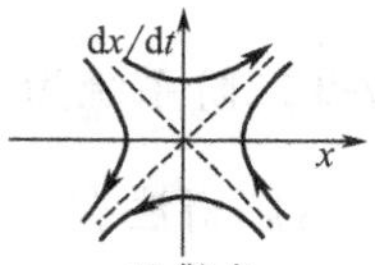 (f) 鞍点

7.3.4　相轨迹的绘制方法

应用相平面法分析非线性系统，首先要绘制相轨迹。绘制相轨迹常用的方法有解析法、等倾线法和定性绘图法等。

(1) 解析法　一般来说，当描述系统的微分方程比较简单，或可以分段线性化时，通常采用解析法绘制相轨迹。用求解微分方程的方法找出 x 和 $\dot{x}$ 之间的关系，从而可在相平面上绘制相轨迹，这种方法称为解析法。

应用解析法绘制相轨迹一般有两种方法，当方程不显含 $\dot{x}$ 时，可以采用一次积分法求得相轨迹方程来作图，即方程为

$$\ddot{x} + f(x) = 0 \tag{7-55}$$

因为

$$\ddot{x} = \dot{x}\frac{\mathrm{d}\dot{x}}{\mathrm{d}x} \tag{7-56}$$

将式(7-56)代入式(7-55)，进行积分得

$$\int \dot{x}\,\mathrm{d}\dot{x} = -\int f(x)\,\mathrm{d}x \tag{7-57}$$

另一种方法是根据给定的微分方程分别求出 $\dot{x}$ 和 x 对时间 t 的函数关系，然后再从这两个关系式中消去变量 t，便得相轨迹方程。例如，对微分方程 $\ddot{x} = -M$ 积分一次，求得

$$\dot{x} = -Mt \tag{7-58}$$

对上式再进行一次积分，得到

$$x = -\frac{1}{2}Mt^2 + x_0 \tag{7-59}$$

在上列 $\dot{x}$、x 与 t 的关系式中消去变量 t，最终求得相轨迹方程为

$$\dot{x}^2 = -2M(x - x_0) \tag{7-60}$$

根据相轨迹方程，在相平面 $x - \dot{x}$ 上分为绘制 $M = \pm 1$ 时的相轨迹示于图 7-44。从图可见，给定系统的相平面图有一簇对称于 x 轴的抛物线构成。

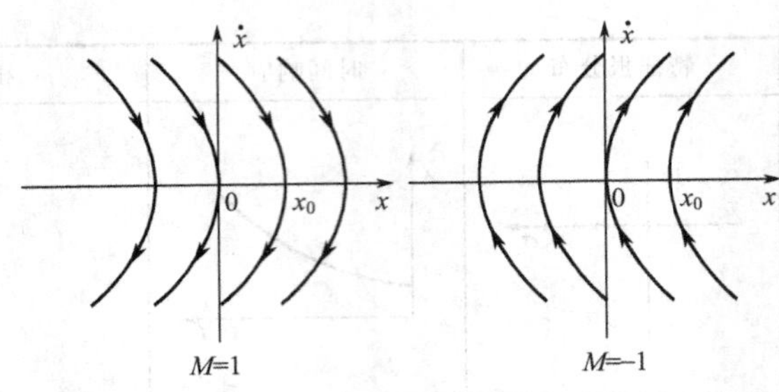

图 7-44　相平面图

例 7-9 二阶系统为 $\ddot{x}+\omega_0^2 x=0$，作该系统的相平面图。

解　由解析法有

$$\dot{x}\frac{\mathrm{d}\dot{x}}{\mathrm{d}x}+\omega_0^2 x=0$$

即

$$\dot{x}\,\mathrm{d}\dot{x}=-\omega_0^2 x\,\mathrm{d}x$$

方程两边作一次积分，得

$$\int \dot{x}\,\mathrm{d}\dot{x}=-\int \omega_0^2 x\,\mathrm{d}x$$

$$\frac{1}{2}\dot{x}^2=-\frac{1}{2}\omega_0^2 x^2+c$$

$$\dot{x}^2+\omega_0^2 x^2=2c$$

这是一个椭圆方程，如果以 $\dfrac{\dot{x}(t)}{\omega_0}$ 为纵坐标，则在不同的初始条件下的相轨迹如图 7-45 所示，系统的相轨迹为同心圆。

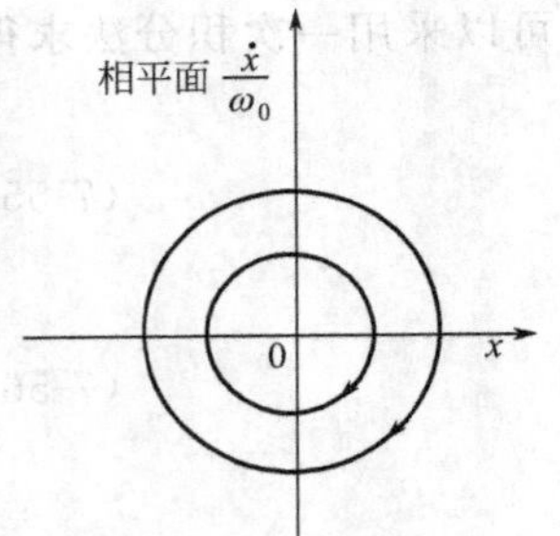

图 7-45　相平面与相轨迹

(2) 等倾线法　等倾线是指在相平面内对应相轨迹上具有等斜率点的连线。等倾线法是一种不必求解微分方程，而通过作图求取相轨迹的方法。

由于 $\ddot{x}=\dot{x}\dfrac{\mathrm{d}\dot{x}}{\mathrm{d}x}$，将其代入 $\ddot{x}+f(x,\dot{x})=0$ 二阶非线性系统方程式（7-32），得到相轨迹的斜率方程为

$$\frac{\mathrm{d}\dot{x}}{\mathrm{d}x}=-\frac{f(x,\dot{x})}{\dot{x}} \tag{7-61}$$

令 $\alpha=\dfrac{\mathrm{d}\dot{x}}{\mathrm{d}x}$，即用 α 表示相轨迹的斜率，则相轨迹的等倾线方程为

$$\dot{x}=-\frac{f(x,\dot{x})}{\alpha} \tag{7-62}$$

给定一个斜率值 α，根据等倾线方程（7-62），便可以在相平面上作出一条等倾线。改变 α 的值，便可以作出若干条等倾线，即等倾线簇。如在这些等倾线上的各点画出斜率等于该等倾线所对应 α 值的短线段，则这些短线段便在整个相平面构成了相轨迹切线的方向场，如图 7-46 所示。由此，只需由初始条件确定的点出发，沿着切线场方向将这些短线段用光滑连续曲线连接起来，便得到给定系统的相轨迹。

线性定常系统的等倾线为过原点的一次曲线。

设线性定常系统为

$$\ddot{x}+c\dot{x}+bx=0 \tag{7-63}$$

将 $\ddot{x}=\dot{x}\alpha$ 代入式(7-63)有

$$\dot{x}\alpha+c\dot{x}+bx=0$$

所以有

$$\dot{x}=-\frac{b}{\alpha+c}x \tag{7-64}$$

给定不同的 α 值时，等倾线为若干条过原点的直线。

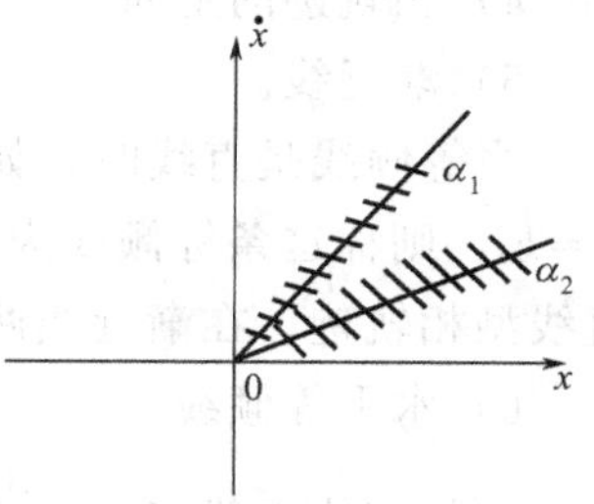

图 7-46　等倾线和表示切线方向场的短线段

当线性系统运动方程不显含 x 时，例如运动方程为

$$\ddot{x}+c\dot{x}=K \tag{7-65}$$

其中 c，K 均为常数，则等倾线方程为

$$\dot{x}=\frac{K}{c+\alpha} \tag{7-66}$$

等倾线为水平线充满整个相平面。

非线性系统的等倾线方程是直线方程时，采用等倾线法作图更为方便。

例 7-10 二阶系统为 $\ddot{x}+\dot{x}+x=0$，试用等倾线法作该系统的相平面图。

解　将 $\ddot{x}=\dot{x}\dfrac{\mathrm{d}\dot{x}}{\mathrm{d}x}=\alpha\dot{x}$ 代入方程，得等倾线方程为

$$\dot{x}=-\frac{1}{1+\alpha}x$$

方程为过原点的直线方程，等倾线的斜率为

$$k=-\frac{1}{1+\alpha}$$

上式为等倾线斜率与相轨迹斜率的关系，给定一系列相轨迹斜率 α 的值，便得到一系列等倾线斜率的 k 值，可以作出等倾线如图 7-47 所示。

等倾线作出后，从给定的初值出发，依照相轨迹斜率作分段折线，就可以画出系统的相轨迹如图 7-47 所示。

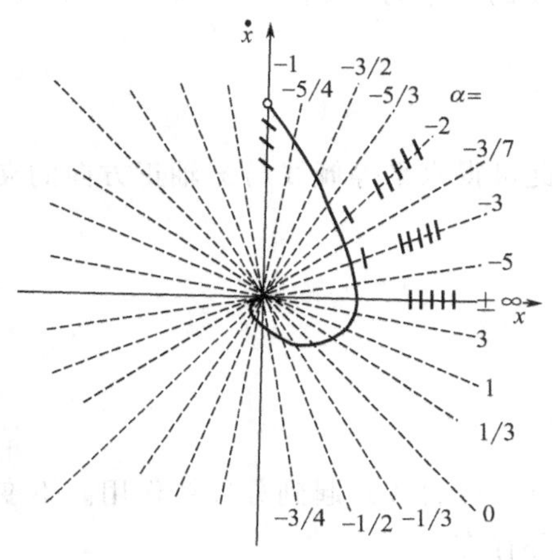

图 7-47　等倾线法作相轨迹图

(3) 定性绘图法　定性绘图法的基本思想：先找出决定相轨迹形状的一些特征量，并利用相轨迹的性质，概略地绘制出系统的相轨迹。如果需要，还可结合其他方法使相轨迹进一步精确。采用定性绘图法绘制相轨迹通常需要考虑以下几个方面。

1）奇点的类型。

前面介绍了线性系统的六种奇点：中心点、稳定焦点、稳定节点、不稳定焦点、不稳定节点、鞍点。只要知道了奇点的类型，就可以知道线性系统的相轨迹图及其运动规律。有些非线性系统是分段线性的在相平面上是分段线性的，在相平面上分为几个区域，每个区可能有一个奇点，决定了这个区相轨迹运动的规律。

2）极限环。

3）相轨迹的对称性。

4）相轨迹的走向。

5）渐近线。

当等倾线是直线时，如果在其中的一条等倾线上，等倾线的斜率等于相轨迹的斜率，即 $\alpha=k$，则称这条等倾线为相轨迹的渐近线。在渐近线上，相轨迹与等倾线重合，形成一条直线型相轨迹。在渐近线两侧相轨迹的斜率趋向于这条渐近线的斜率。

6）水平等倾线。

它是相轨迹斜率 $\alpha=\frac{d\dot{x}}{dx}=-\frac{f(x,\dot{x})}{\dot{x}}=0$，即 $f(x,\dot{x})=0$ 的曲线，在这条等倾线上，相轨迹的斜率为 0，即相轨迹与 x 轴的正方向夹角为 0°。

7）铅垂等倾线。

相轨迹与横轴正交。横轴 $\dot{x}=0$ 正好对应一条等倾线，在这条等倾线上，相轨迹的方向是铅垂的，所以称为铅垂等倾线。

例 7-11 绘制线性系统 $\ddot{x}+3\dot{x}+2x=0$ 的相平面图

解 ① 确定奇点的性质和位置。

由给定系统可求得系统的特征值为 $\lambda_1=-1,\lambda_2=-2$，奇点的性质为稳定节点。

相轨迹的斜率方程为 $\alpha=\frac{d\dot{x}}{dx}=-\frac{f(x,\dot{x})}{\dot{x}}=-\frac{2x+3\dot{x}}{\dot{x}}$

令 $\begin{cases}\ddot{x}=f(x,\dot{x})=2x+3\dot{x}=0\\ \dot{x}=0\end{cases}$ 解得 $\begin{cases}x=0\\ \dot{x}=0\end{cases}$

可确定奇点的位置在 $x-\dot{x}$ 平面坐标原点。

② 确定对称性。

$f(x,\dot{x})=2x+3\dot{x}$。因为 $f(x,\dot{x})=-f(-x,-\dot{x})$，所以相轨迹对称于原点。

③ 求渐近线（直线形相轨迹），若 k 无实数解，表示没有渐近线。

等倾线方程为 $\dot{x}=kx=\frac{-2}{\alpha+3}x$，等倾线方程斜率为 $k=\frac{-2}{\alpha+3}$。

令 $\alpha=k$，有 $k^2+3k+2=0$，可求得两条渐近线的斜率为 $k_1=-1,k_2=-2$。因此，相轨迹有两条不变直线 $\dot{x}=-x$ 和 $\dot{x}=-2x$。

④ 求水平等倾线。

令 $\alpha=\frac{d\dot{x}}{dx}=0$，即 $2x+3\dot{x}=0$ 或者 $\dot{x}=\frac{-2}{3}x$，由此可得水平等倾线与 x 轴正方向的夹角为 $\theta=\arctan(-\frac{2}{3})=-33.7^{\circ}$

⑤ 铅垂等倾线。

令 $\alpha=\frac{d\dot{x}}{dx}=\infty$，即 $\dot{x}=0$，x 轴是一条等倾线。

由于解的唯一性，相轨迹不能相交，因此渐进直线（不变直线）起到分界线作用。不变直线的存在说明没有绕原点的封闭相轨迹，即没有极限环存在。

在第一象限和第三象限，没有说明相轨迹特征，所以，为了根轨迹画得更精确，可根据等倾线斜率方程 $\alpha=-\frac{2x+3\dot{x}}{\dot{x}}$ 再画出几条等倾线。

当 $\alpha=-3$ 时，$x=0$，即 $\dot{x}$ 为等倾线，斜率为 $\alpha=\tan\theta=-3$。倾角为 $\theta=-71.56^{\circ}$

当 $\alpha=-5$ 时，等倾线方程为 $\dot{x}=x$，倾角为 $\theta=\arctan(-5)=-78.7^{\circ}$

根据上述特征，可以勾画出相轨迹，如图 7-48 所示。

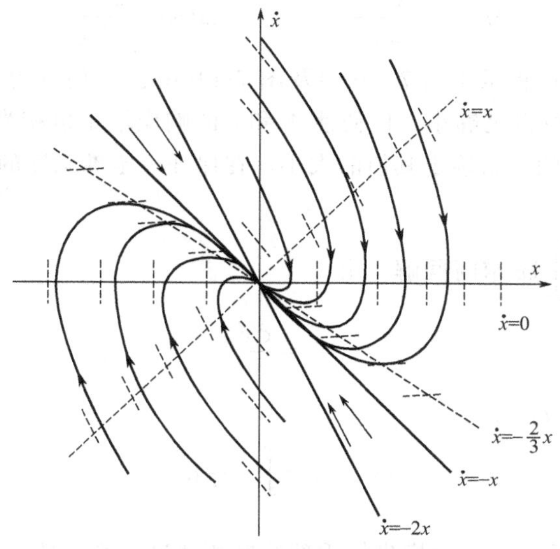

图 7-48　例题 7-11 的相轨迹

7.3.5　由相平面图求时间解

相平面图反映初始条件下，由二阶微分方程描述的系统的状态点的运动轨迹，即系统的时间响应。下面简单介绍由相轨迹求时间解以及极限环等基本概念。

(1) 根据 $\Delta t=\dfrac{\Delta x}{\dot{x}}$ 求时间解　x - $\dot{x}$ 相平面上的相轨迹，是 $\dot{x}$ 作为 x 的函数的一种图像，在这里时间信息没有得到清晰的显示。为了分析和研究系统与时间有关的性能指标，需要在相轨迹的基础上求时间信息。

设系统的相平面图如图 7-49 (a) 所示。由图可看出，对于小增量 Δx 和 Δt，其平均速度为 $\dot{x}=\dfrac{\Delta x}{\Delta t}$，或写成

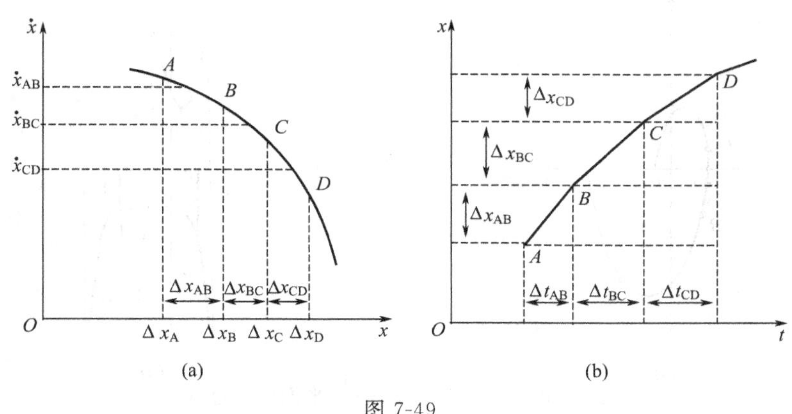

图 7-49

$$\Delta t=\frac{\Delta x}{\dot{x}} \tag{7-67}$$

按式(7-67)，可分别求得函数 $x(t)$ 由点 A 至点 B 以及由 B 到 C 的时间 Δt_{AB} 及 Δt_{BC}，即

$$\Delta t_{AB}=\frac{\Delta x_{AB}}{\dot{x}_{AB}} \qquad \Delta t_{BC}=\frac{\Delta x_{BC}}{\dot{x}_{BC}}$$

求取系统时间解的过程示于图 7-49(a)及图 7-49(b)。为使求得的时间解有足够的准确度，位移增量 Δx 必须取得足够小，以便使 $\dot{x}$ 和 t 的响应增量也相当小，但 Δx 并非一定取常值，也可根据相轨迹的形状确定其值的大小，在保证一定准确度的前提下使作图、计算工作量减至最小。

(2) 根据 $t=\int\left(\frac{1}{\dot{x}}\right)\mathrm{d}x$ 求时间解 由

$$\dot{x}=\frac{\mathrm{d}x}{\mathrm{d}t}$$

求得时间间隔 t_2-t_1 为

$$t_2-t_1=\int_{x_1}^{x_2}\frac{1}{\dot{x}}\mathrm{d}x \tag{7-68}$$

如果以 $\frac{1}{\dot{x}}$ 为纵坐标、以 x 为横坐标重新绘制相轨迹，则新轨迹线下面由 x_1 到 x_2 区间的面积便代表相应的时间间隔 t_2-t_1。这便是式(7-68) 的几何含义。图 7-50 所示分别为在相平面 $x-\dot{x}$ 及 $x-\frac{1}{\dot{x}}$ 内描述系统运动过程的轨迹线。

在图 7-50 (a) 所示相轨迹上，从点 A 运动到点 B 所需时间 t_{AB} 可根据 (7-68) 计算为

$$t_{AB}=\int_{x_A}^{x_B}\left(\frac{1}{\dot{x}}\right)\mathrm{d}x$$

上式右项的几何含义便是图 7-50(b)中的阴影部分面积。利用一般的解析方法或图解法均可求出这块面积。

对于相平面 $x-\frac{\dot{x}}{\omega}$ 上的相轨迹，式 (7-68) 可改写为

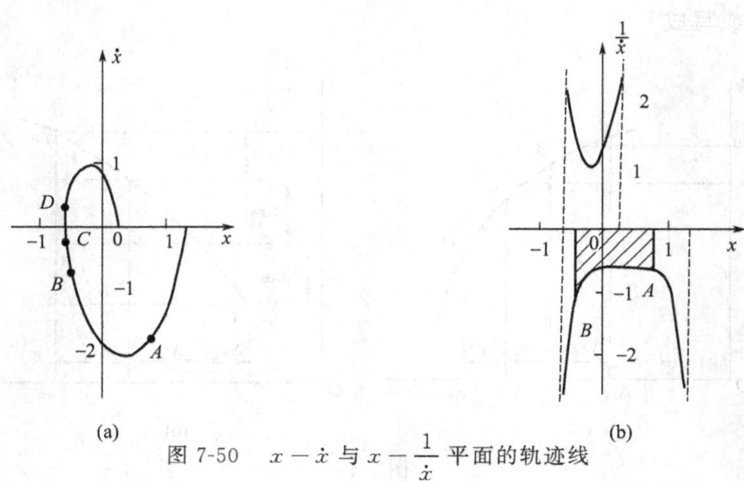

图 7-50　$x-\dot{x}$ 与 $x-\frac{1}{\dot{x}}$ 平面的轨迹线

$$t_2 - t_1 = \frac{1}{\omega}\int_{x_1}^{x_2}\left(\frac{1}{\dfrac{\dot{x}}{\omega}}\right)\mathrm{d}x \tag{7-69}$$

按式(7-69)计算时间间隔的过程与在相平面 $x-\dot{x}$ 上的计算过程相同，求得面积后再除以 ω 便得时间间隔。

需指出，如果在按式（7-68）计算时间间隔的区内出现 $\dot{x}$ 等于零的点时，则相应的 $\dfrac{1}{\dot{x}}$ 为无穷大，于是式（7-68）所示积分便无法进行。如在图 7-50（a）所示的相轨迹上，计算从点 C 到 D 所需时间，便属于这种情况。在这种情况下，需采用其他方法来计算时间间隔。

7.3.6　非线性系统相平面分区线性化分析方法

在非线性系统中，虽然所含非线性特性有所不同，但大多数非线性系统都可通过几个分段的线性系统来近似。这时，整个相平面将相应地划分成若干个区域，其中每个区域对应一个线性工作状态。每个区域都具有一个奇点，该奇点可以位于该区域之内，也可能处于该区域之外。前者称为实奇点；在后种情况下，由于相轨迹永远不能达到这个奇点，故后者称虚奇点。在二阶非线性系统中，只能有一个实奇点，而在该奇点所在区域之外的其他区域都只能有虚奇点。每一个奇点的类别和位置取决于支配该区域工作状态的微分方程。奇点的位置还与输入信号的形式与大小有关。如将相邻区域的相平面图上的相轨迹根据在两区分界线上的点应具有相同工作状态的原则连接起来，便获得整个非线性系统的相轨迹。

作出系统的相平面图，就可以利用相平面图进行系统分析了。尤其是对于那些具有间断特性的非线性系统，利用相平面图进行分析更为方便，如继电特性、死区特性等。

按非线性特性为相平面划分区域、实虚奇点及极限环等概念应用相平面法分析含各种非线性特性的非线性系统，其步骤一般为：

1）将非线性特性用分段的直线特性来表示，写出相应线段的数学表达式。

2）首先在相平面上选择合适的坐标，一般常用误差 e 及其导数 $\dot{e}$ 分别为横坐标及纵坐标。然后将相平面根据非线性特性划分成若干区域，使非线性特性在每个区域内都呈线性特性。

3）确定每个区域的奇点类别和在相平面上的位置。要注意，在一些情况下奇点与输入信号的形式及大小有关。

4）在各个区域内分别画出各自的相轨迹。

5）将相邻区域的相轨迹，根据在相邻两区分界线上的点对于相邻两区具有相同工作状态的原则连接起来，便得到整个非线性系统的相轨迹。基于该相轨迹，可以全面分析二阶非线性系统的动态及稳态特性。

例 7-12　设含饱和非线性特性的非线性系统方框图如图 7-51 所示，其中饱和特性的数学表达式为

$$x=\begin{cases} M & e>e_0 \\ e & |e|\leqslant e_0 \\ -M & e<-e_0 \end{cases} \tag{7-70}$$

分析系统的动态和稳态特性。

解 由图 7-51 可知，描述系统运动过程的微分方程为

$$\begin{cases} T\ddot{c}+\dot{c}=Kx \\ c=r-e \end{cases}$$

由上列方程组写出以误差 e 为输出变量的系统运动方程为

$$T\ddot{e}+\dot{e}+Kx=T\ddot{r}+\dot{r} \tag{7-71}$$

其中变量 x 与误差 e 的关系如式（7-70）所示。

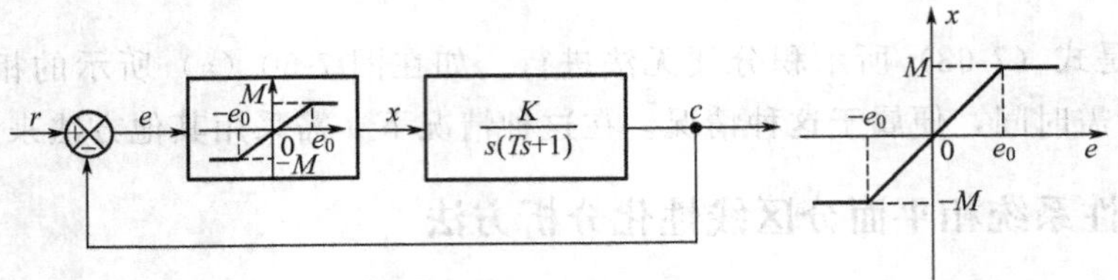

图 7-51 非线性系统方框图

1）取输入信号 $r(t)=R\times 1(t)$，$R=$常值。

在这种情况下，由于在 $t>0$ 时，有 $\ddot{r}=\dot{r}=0$，故式（7-71）可写成

$$T\ddot{e}+\dot{e}+Kx=0 \tag{7-72}$$

根据饱和非线性特性，相平面可分成三个区域，即Ⅰ区（$|e|<e_0$）、Ⅱ区（$e>e_0$）及Ⅲ区（$e<-e_0$），如图 7-52 所示。

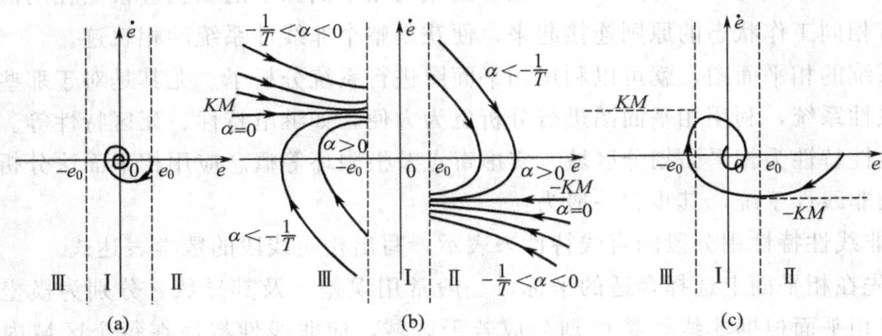

图 7-52 非线性系统相轨迹图

非线性系统工作在Ⅰ区，即线性区时的运动方程为

$$T\ddot{e}+\dot{e}+Ke=0, \quad |e|<e_0 \tag{7-73}$$

将

$$\ddot{e}=\dot{e}\frac{\mathrm{d}\dot{e}}{\mathrm{d}e}$$

代入式（7-73），求得Ⅰ区相轨迹的斜率方程为

$$\frac{\mathrm{d}\dot{e}}{\mathrm{d}e}=-\frac{1}{T}\frac{\dot{e}+Ke}{\dot{e}}$$

以 $e=0$ 及 $\dot{e}=0$ 代入上式，得到 $\frac{\mathrm{d}\dot{e}}{\mathrm{d}e}=\frac{0}{0}$

这说明相平面 e-$\dot{e}$ 的原点（0，0）为Ⅰ区相轨迹的奇点，该奇点因位于Ⅰ区内，故为实奇点。从式(7-73）看出，若 $1-4TK<0$，则系统在Ⅰ区工作于欠阻尼状态，这时的奇点（0，0）为稳定焦点，如图 7-52(a) 所示；若 $1-4TK>0$，则系统在Ⅰ区工作于过阻尼状

态，这时的奇点（0，0）为稳定节点。

非线性系统工作在Ⅱ、Ⅲ区，即非线性特性的饱和区时的运动方程由式(7-72）及式(7-70）求得为

$$\begin{cases} T\ddot{e}+\dot{e}+KM=0, & e>e_0 \\ T\ddot{e}+\dot{e}-KM=0, & e<-e_0 \end{cases} \tag{7-74}$$

由式(7-74）求得Ⅱ、Ⅲ区相轨迹的斜率方程为

$$\begin{cases} \dfrac{d\dot{e}}{de}=-\dfrac{1}{T}\dfrac{\dot{e}+KM}{\dot{e}}, & e>e_0 \\ \dfrac{d\dot{e}}{de}=-\dfrac{1}{T}\dfrac{\dot{e}-KM}{\dot{e}}, & e<-e_0 \end{cases} \tag{7-75}$$

若记 $d\dot{e}/de=\alpha$ ，则分别求得Ⅱ、Ⅲ区的等倾线方程为

$$\begin{cases} \dot{e}=-\dfrac{KM}{T\alpha+1}, & e>e_0 \\ \dot{e}=\dfrac{KM}{T\alpha+1}, & e<-e_0 \end{cases} \tag{7-76}$$

应用等倾线法，基于式（7-76)，在相平面图的Ⅱ、Ⅲ区分别绘制的一簇相轨迹如图 7-52（b）所示，其中直线

$$\dot{e}=-KM\text{（Ⅱ区）}$$

$$\dot{e}=KM\text{（Ⅲ区）}$$

分别为Ⅱ、Ⅲ区内 $\alpha=0$ 的等倾线。从图 7-52（b）可见，由于Ⅱ区的全部相轨迹均渐近于 $\dot{e}=-KM$ ，以及Ⅲ区的全部相轨迹渐近于 $\dot{e}=KM$ ，故称 $\alpha=0$ 的两条等倾线为相轨迹的渐近线。图 7-52（c）所示为基于图 7-52（a)、(b）绘制的在阶跃输入信号作用下含饱和特性的非线性系统的完整相轨迹图，其中相轨迹的初始点由

$$e(0)=r(0)-c(0)$$

$$\dot{e}(0)=\dot{r}(0)-\dot{c}(0)$$

来确定。图 7-52（c）所示为 $e(0)>e_0$ 及 $\dot{c}(0)=0$ 的情况。

2）取输入信号 $r(t)=R+vt$ 。

在这种情况下，由于在 $t>0$ 时有 $\ddot{r}=0$、$\dot{r}=v$ ，故式（7-71）可写成

$$T\ddot{e}+\dot{e}+Kx=v \tag{7-77}$$

考虑到式（7-70)，含饱和特性的非线性系统工作在Ⅰ、Ⅱ、Ⅲ区的运动方程分别为

$$\begin{cases} T\ddot{e}+\dot{e}+Ke=v & |e|<e_0 \\ T\ddot{e}+\dot{e}+KM=v & e>e_0 \\ T\ddot{e}+\dot{e}-KM=v & e<-e_0 \end{cases} \tag{7-78}$$

从式(7-78）描述非线性系统工作于饱和特性线性区，即Ⅰ区时的运动方程写出相轨迹的斜率方程为

$$\frac{d\dot{e}}{de}=-\frac{1}{T}\frac{\dot{e}+Ke-v}{\dot{e}} \tag{7-79}$$

由式（7-79）根据 $d\dot{e}/de=0/0$ 求得奇点坐标为 $e=\dfrac{v}{K}$ 、$\dot{e}=0$，它可能是稳定焦点或稳定

节点。

非线性系统工作于饱和特性饱和区，即Ⅱ、Ⅲ区时的等倾线方程分别由式（7-78）求得为

$$\begin{cases}\dot{e}=\dfrac{v-KM}{T\alpha+1} & e>e_0\\[2mm] \dot{e}=\dfrac{v+KM}{T\alpha+1} & e<-e_0\end{cases} \tag{7-80}$$

由式(7-80）求得斜率 $\mathrm{d}\dot{e}/\mathrm{d}e=\alpha=0$ 时的渐近线方程分别为

$$\begin{cases}\dot{e}=v-KM & e>e_0\\ \dot{e}=v+KM & e<-e_0\end{cases} \tag{7-81}$$

下面分三种情况讨论给定非线性系统相轨迹的绘制问题。

① $v>KM$ 及 $M=e_0$

在这种情况下，奇点坐标为 $e>e_0$ 及 $\dot{e}=0$。由于奇点位于Ⅱ区，故对Ⅰ区来说它是一个虚奇点。又由于 $v>KM$，故从式（7-81）可见，相轨迹的两条渐近线均位于横轴之上，见图 7-53。图 7-53 绘出包括Ⅰ、Ⅱ、Ⅲ三个区的相轨迹簇，以及始于初始点 A 的含饱和特性的非线性系统响应输入信号 $R+vt$ 时的完整相轨迹 ABCD。从图 7-53 看到，因为是虚奇点，所以给定非线性系统的平衡状态不可能是奇点（$e>e_0$，$\dot{e}=0$），而是当 $t\to\infty$ 时相轨迹最终趋向渐近线 $\dot{e}=v-KM$ 。这说明，给定非线性系统响应 $R+vt$ 的稳态误差为无穷大。

② $v<KM$ 及 $M=e_0$

在这种情况下，奇点坐标为 $e<e_0$ 及 $\dot{e}=0$，可见是实奇点；Ⅱ区的渐近线 $\dot{e}=v-KM$ 位于横轴之下，而Ⅲ区的渐近线 $\dot{e}=v+KM$ 位于横轴之上，见图 7-54 图中绘出始于初始点 A 的含饱和特性的非线性系统响应输入信号 $R+vt$ 时的完整相轨迹 $ABCP$ 。由于是实奇点，故相轨迹最终将进入Ⅰ区而趋向奇点（$e<e_0$，$\dot{e}=0$），从而使给定非线性系统的稳态误差取得小于 e_0 的常值。

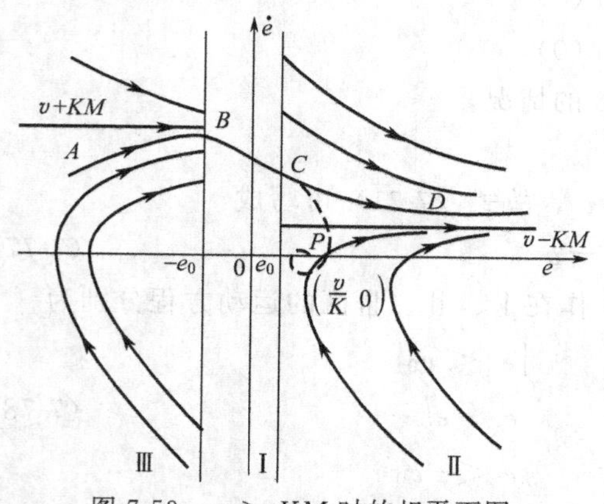

图 7-53　$v>KM$ 时的相平面图

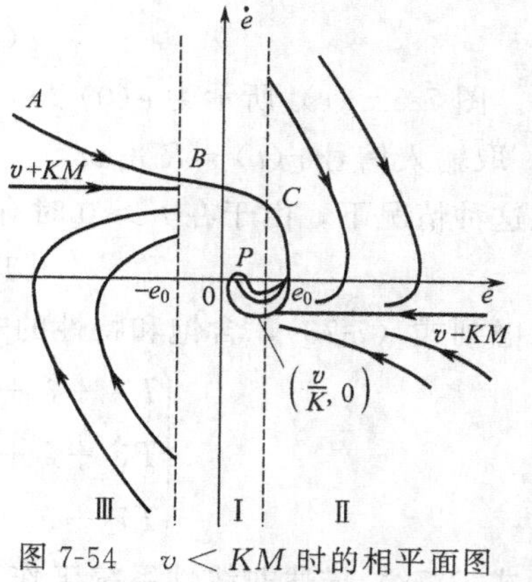

图 7-54　$v<KM$ 时的相平面图

③ $v=KM$ 及 $M=e_0$

在这种情况下，奇点坐标为 $e=e_0$ 及 $\dot{e}=0$，恰好位于Ⅰ、Ⅱ两区的分界线上。对于Ⅱ区，从式(7-78）求得其运动方程为 $T\ddot{e}+\dot{e}=0$　($e>e_0$)

或写成

$$\dot{e}\left(T\frac{\mathrm{d}\dot{e}}{\mathrm{d}e}+1\right)=0 \quad (e>e_0) \tag{7-82}$$

式(7-82) 说明，在 $e>e_0$ 的Ⅱ区，给定非线性系统的相轨迹或为斜率等于 $-1/T$ 的直线，或为 $\dot{e}=0$ 的直线，即横轴的 $e>e_0$ 区段，见图 7-55。

从图 7-55 所示始于初始点 A 的给定非线性系统的相轨迹 $ABCD$ 可见，相轨迹由Ⅰ区进入Ⅱ区后不可能趋向奇点 $(e_0,\ 0)$，而是沿斜率等于 $-1/T$ 的直线继续向前运动，最终止于横轴上的 $e>e_0$ 区段内。由此可见，在这种情况下给定非线性系统的稳态误差介于 $e_0\sim\infty$ 之间，其值与相轨迹的初始点的位置有关。

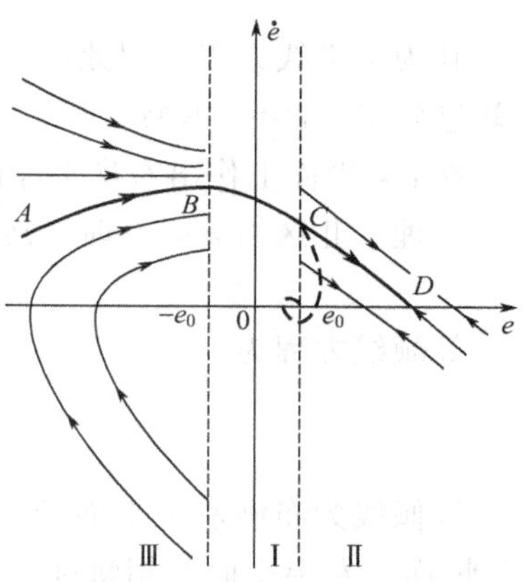

图 7-55　$v=KM$ 时的相平面图

注意在上述三种情况下相轨迹初始点 A 的坐标均由初始条件来确定。

$$e(0)=r(0)-c(0)=R-c(0)$$
$$\dot{e}(0)=\dot{r}(0)-\dot{c}(0)=v-\dot{c}(0)$$

综上分析可见，含饱和特性的二阶非线性系统，响应阶跃输入信号时，其相轨迹收敛于稳定焦点或节点 (0，0)，系统无稳态误差；但响应匀速输入信号时，随着输入匀速值 v 的不同，所得非线性系统在 $v>KM$、$v<KM$、$v=KM$ 情况下的相轨迹及相应的稳态误差也各异，甚至在 $v\leqslant KM$ 时系统的平衡状态并不唯一，其确切位置取决于系统的初始条件与输入信号的参数。

例 7-13　继电型控制系统如图 7-56 所示，系统在阶跃信号作用下，试用相平面法分析该系统的运动。

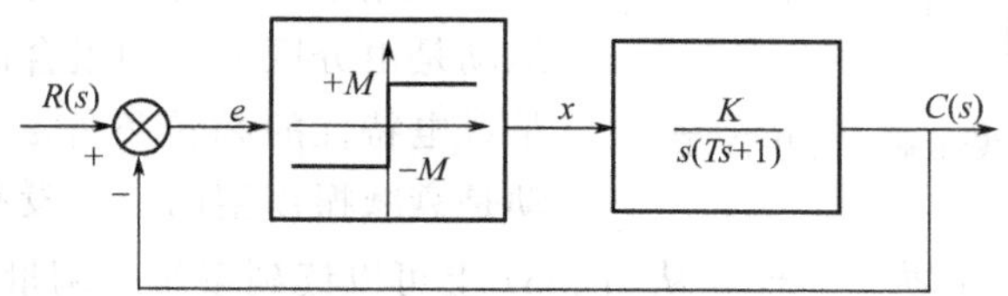

图 7-56　继电型非线性控制系统

解　系统的线性部分为

$$T\ddot{c}+\dot{c}=Kx \tag{7-83}$$

非线性部分为

$$x=\begin{cases}M & e>0\\ -M & e<0\end{cases} \tag{7-84}$$

误差方程为

$$e(t)=r(t)-c(t) \tag{7-85}$$

对于阶跃信号，$r(t)=1(t)$，$\dot{r}(t)=0$，$\ddot{r}(t)=0$，所以有 $c(t)=1(t)-e(t)$，$\dot{c}(t)=-\dot{e}(t)$，$\ddot{c}(t)=-\ddot{e}(t)$，代入原方程得到以误差 $e(t)$ 为运动变量的方程为

$$T\ddot{e}+\dot{e}=-KM \tag{7-86}$$

由于 x 为继电器型非线性的输出，代入上式可以得到两个运动方程。

Ⅰ区，当 $e>0$ 时，运动方程为

$$T\ddot{e}+\dot{e}=-KM \quad (e>0) \tag{7-87}$$

等倾线方程为

$$\dot{e}=-\frac{KM/T}{\alpha+1/T} \tag{7-88}$$

其为水平线方程，因此，等倾线为布满右半平面的水平线，且 $\alpha=0$ 时等倾线斜率等于相轨迹斜率，$\dot{e}=-KM$。

在 e-$\dot{e}$ 平面上作出右半平面的相轨迹如图 7-57 所示。

同理，Ⅱ区当 $e<0$ 时，运动方程为

$$T\ddot{e}+\dot{e}=KM \quad (e<0) \tag{7-89}$$

等倾线方程为

$$\dot{e}=\frac{KM/T}{\alpha+1/T} \tag{7-90}$$

等倾线为布满左半平面的水平线。且 $\alpha=0$ 时等倾线斜率等于相轨迹斜率，$\dot{e}=KM$。e-$\dot{e}$ 平面上左半平面的相轨迹如图 7-57 所示。

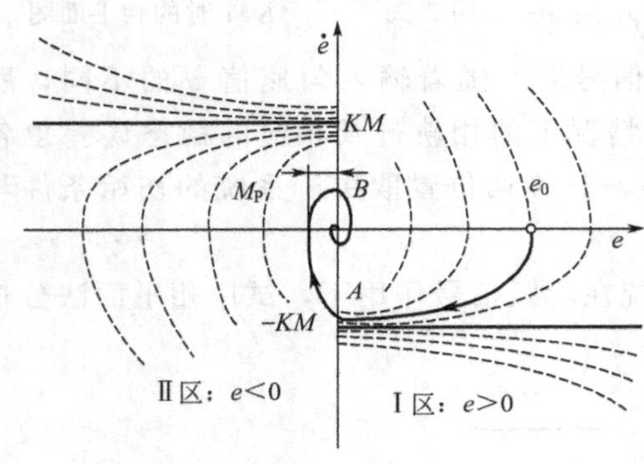

图 7-57　继电型非线性系统的相轨迹

当给定初始条件，系统的运动从 $(0,\ e_0)$ 开始在第Ⅰ区，依照第Ⅰ区的运动方程式 (7-87)，运动进入第Ⅳ象限，如图中实线所示。到达误差 $e=0$ 的界面（图 7-57 中的 A 点）后，系统的运动进入第Ⅱ区。在第Ⅱ区，系统的运动服从第Ⅱ区的运动方程式 (7-89) 沿实线运动到 B 点，之后又进入到第Ⅰ区。

从相平面图的运动可以看到，相轨迹的整体运动是由分区的运动组合而成的。分区的边界就是继电特性的翻转条件 $e=0$。该系统的组合运动是衰减振荡型的，且没有极限环出现。当时间趋于无穷大时，误差趋于零。另外，从图 7-57 上可以读到系统超调量的大小为 M_p。

上述理想继电器制的二阶系统，虽然控制是开关型的，但是系统的运动从整体上来看与线性二阶系统的运动相类似。开关型控制器的结构与成本都要大大低于线性控制器，因此，在许多控制应用中，经常采用继电器型控制方法。

小　结

本章首先介绍了几种典型的非线性特性及其它们的特点。重点介绍了两种工程上常用的非线性系统的设计方法：描述函数法和相平面法。

描述函数法是在一定的条件下频率法在非线性系统中的应用，核心是计算非线性特性的描述函数和它的负倒特性，并利用它来分析系统的稳定性和自持振荡。

相平面法是一种用图解法来求解二阶非线性系统的分析方法。不仅可以判定系统的稳定性、自持振荡，还可以计算其动态响应。

术语和概念

非线性系统（nonlinear system）：指不能使用叠加原理描述的系统。

谐波线性化（harmonic linearization）：非线性系统在一定条件时，以及非线性环节在正弦输入信号作用下，利用傅里叶级数仅考虑非线性环节特性输出中的基波分量，这样可将非线性环节近似等价为在一定条件下的线性系统环节来描述。

描述函数法（describing function）：正弦输入信号作用下，非线性环节的稳态输出中一次谐波分量和输入信号的复数比为非线性环节的描述函数。

相平面（phase plane）：指以系统某个变量为横坐标，以该变量的导数为纵坐标的平面。

相轨迹（phase locus）：指系统的某个变量及其导数在相平面上随时间变化的轨迹，它可以反映系统的稳定性、准确性以及暂态特性。它主要用于描述一阶、二阶系统的性能。

自持振荡（self-excited oscillation）：指系统在没有外加激励作用下，系统输出响应仍然会存在某一固定振幅和频率的振荡过程。

极限环（limiting loop）：在相平面上的一个闭合形状的封闭轨迹。

控制与电气学科世界著名学者——钱学森

钱学森（1911—2009）是中国空气动力学家、中国科学院院士、中国工程院院士、中国两弹一星功勋奖章获得者。他为我国的导弹和航天计划曾做出过重大贡献，被誉为“中国航天之父”“中国自动化控制之父”和“火箭之王”。

钱学森毕业于交通大学，曾任美国麻省理工学院和加州理工学院教授。钱学森在美国师从世界著名空气动力学家，冯·卡门教授，并与导师建立了“卡门-钱”近似公式，在28岁时就成为世界知名的空气动力学家。1954年，钱学森在美国用英文出版《工程控制论》。他是工程控制论的创始人，也是举世公认的人类航天科技的重要开创者和主要奠基人之一。

他在空气动力学、航空工程、喷气推进、工程控制论等技术科学领域做出了开创性贡献，著有《工程控制论》《论系统工程》《星际航行概论》等。

习　题

7-1　设某非线性控制系统如习题 7-1 图所示，试确定自持振荡的幅值和频率。

7-2　非线性系统的结构图如习题 7-2 图所示，试应用描述函数法分析该系统的稳定性，若存在自持振荡，求出振幅和频率。

7-3　设习题 7-3 图所示非线性系统，试应用描述函数法分析当 $K=12$ 时系统的稳定性，并确定临界稳定时增益 K 的值。

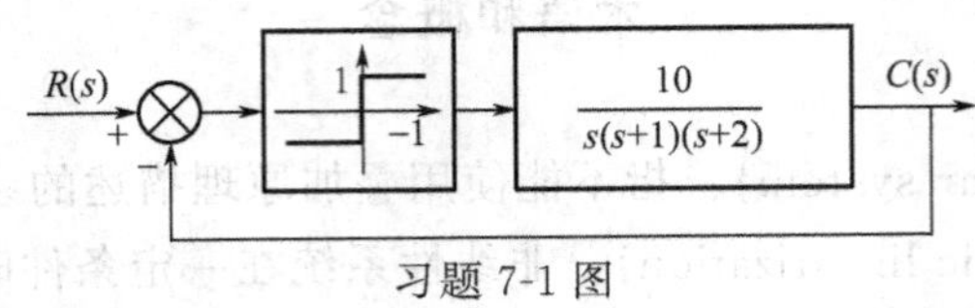

习题 7-1 图

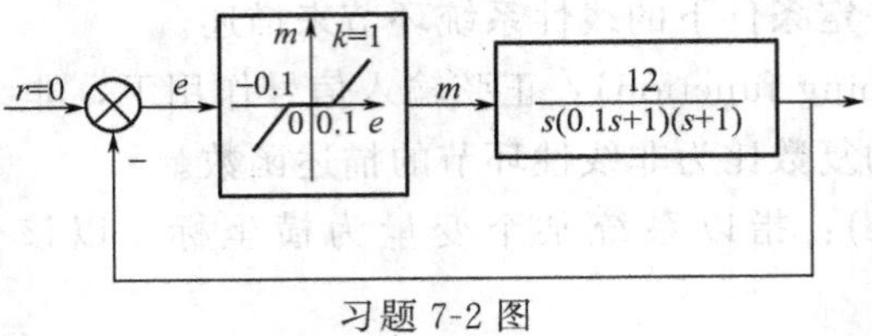

习题 7-2 图

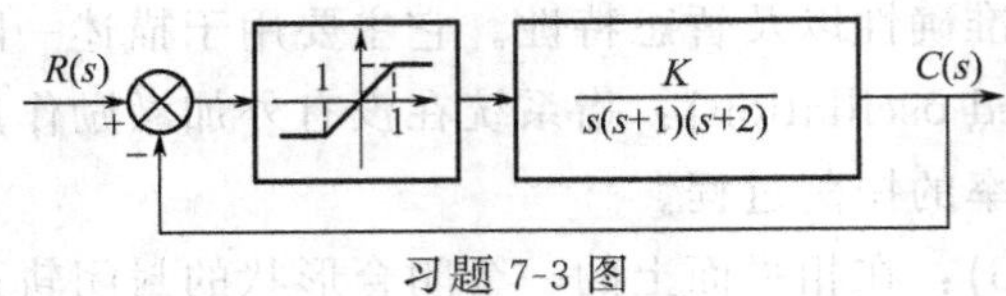

习题 7-3 图

7-4　设某非线性控制系统的结构图如习题 7-4 图所示，试应用描述函数法分析该系统的稳定性。为使系统稳定，非线性参数 a，b 应如何调制？

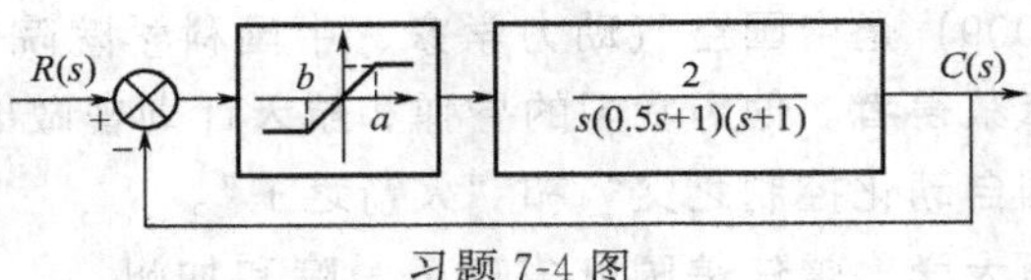

习题 7-4 图

7-5　设有非线性控制系统，其中非线性特性为斜率 $k=1$ 的饱和特性。当不考虑饱和特性时，闭环系统稳定。试分析该非线性控制系统是否有产生自持振荡的可能性。

7-6　设三个非线性控制系统具有相同的非线性特性，而线性部分各不相同，它们的传递函数分别为

$$G_1(s)=\frac{2}{s(0.1s+1)}$$

$$G_2(s)=\frac{2}{s(s+1)}$$

$$G_3(s)=\frac{2(1.5s+1)}{s(s+1)(0.1s+1)}$$

试判断应用描述函数法分析非线性控制系统稳定时，哪个系统的分析准确度高。

7-7　设非线性控制系统方框图如习题 7-7 图所示，其中 $G(s)$ 为线性部分的传递函数，N_1、N_2 分别为描述死区特性与继电器特性的典型非线性特性。试将串联的非线性特性 N_1 与 N_2 等效变换为一个等效非线性特性 N。

7-8　试将图如习题 7-8 图所示非线性控制系统简化成非线性特性 N 与等效线性部分 $G(s)$ 相串联的典型结构，并写出等效线性部分的传递函数 $G(s)$。

7-9　试用等倾线法画出下列方程的相平面草图：

(1) $\ddot{x}+\dot{x}+|x|=0$　(2) $\ddot{x}+A\sin x=0$

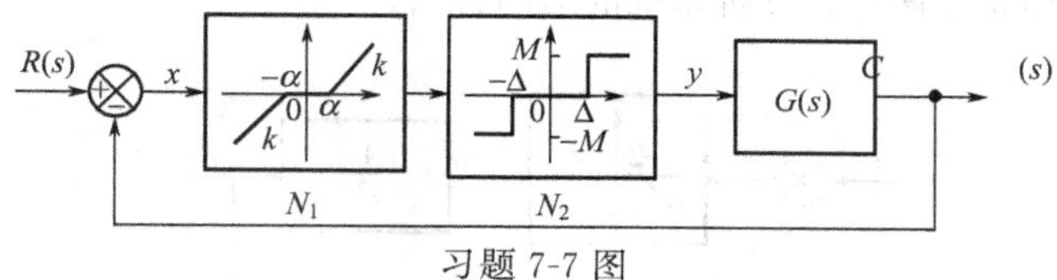

习题 7-7 图

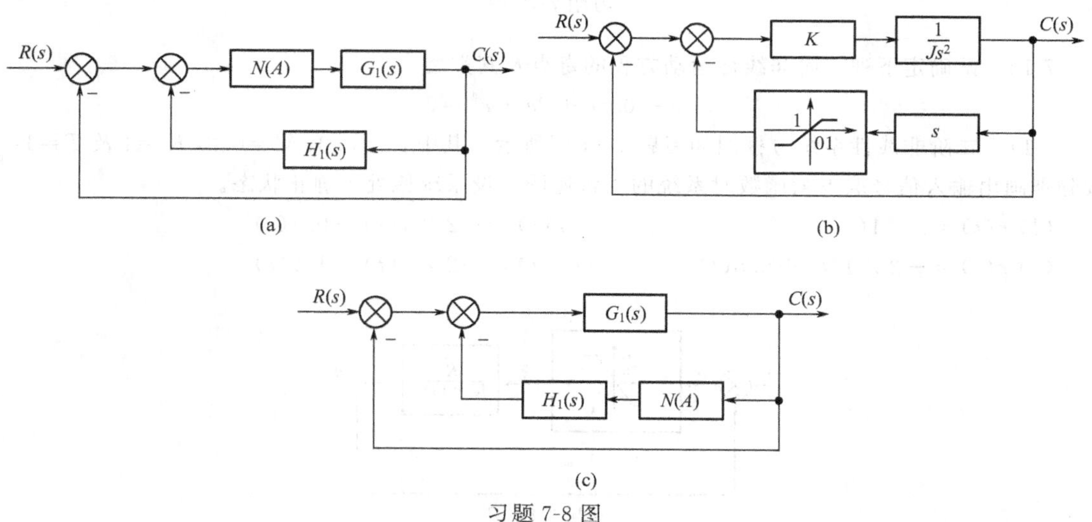

习题 7-8 图

7-10　设某二阶非线性系统结构图如习题 7-10 图所示，给定初始条件

$$\begin{cases} e_0=0.2 \\ \dot{x}_0=0 \end{cases}$$

试用等倾线法作出系统的相轨迹图。

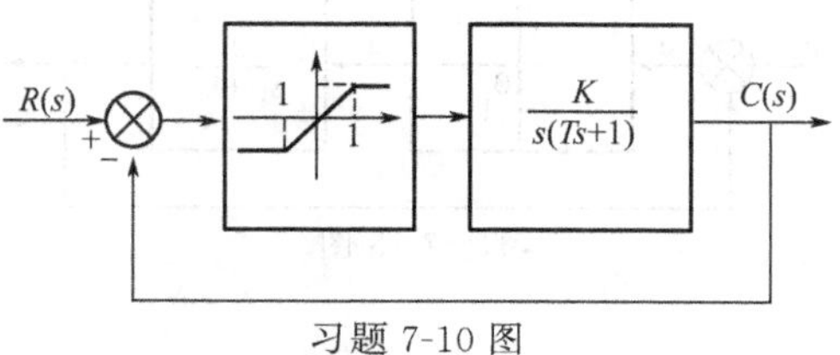

习题 7-10 图

7-11　设采用了非线性反馈的某控制系统结构图如习题 7-11 图所示，试采用等倾线法绘制输入信号为 $r(t)=R\times 1(t)$ 时系统的相轨迹图，其中 R 为常值。

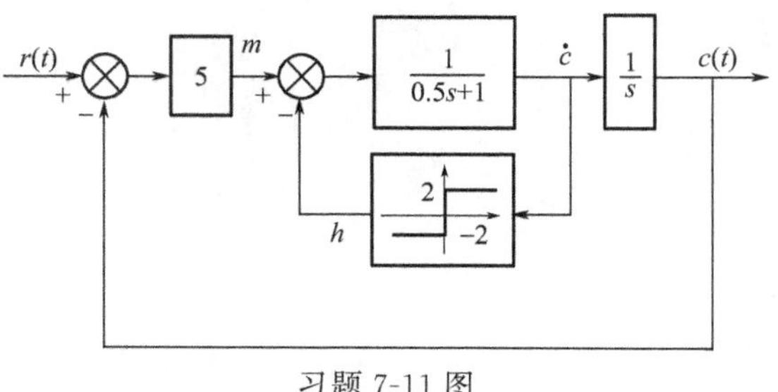

习题 7-11 图

7-12　非线性系统的结构图如习题 7-12 图所示，系统开始时是静止的，输入信号 $r(t)=4\times 1(t)$。试画出系统的相轨迹图，并分析系统的运动特点。

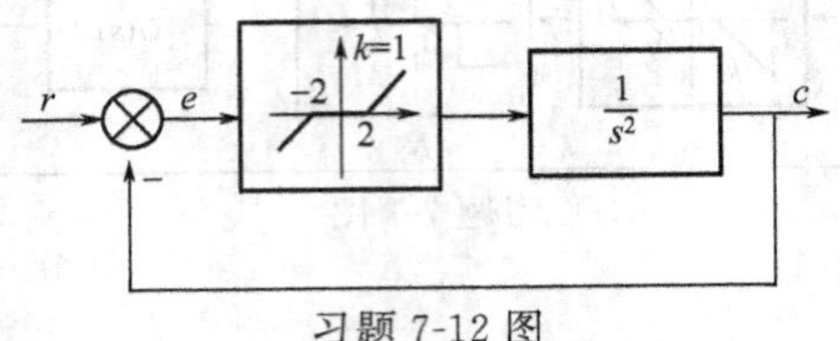

习题 7-12 图

7-13　试确定下列二阶非线性运动方程的奇点及其类型。

$$\ddot{e}+0.5\dot{e}+2e+e^2=0$$

7-14　二阶非线性系统方框图如习题 7-14 图所示，其中 $e_0=0.2$，$M=0.2$，$K=4$ 及 $T=1s$。试分别画出输入信号取下列函数时系统的相轨迹图。设系统原处于静止状态。

(1) $r(t)=2\times 1(t)$　　(2) $r(t)=-2\times 1(t)+0.4(t)$

(3) $r(t)=-2\times 1(t)+0.8(t)$　　(4) $r(t)=-2\times 1(t)+1.2(t)$

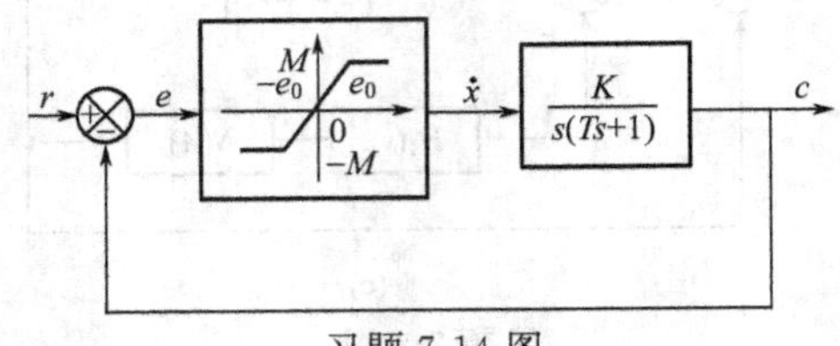

习题 7-14 图

7-15　设某非线性控制系统的方框图如习题 7-15 图所示。试绘制当输入信号分别为

(1) $r(t)=R\times 1(t)$　　(2) $r(t)=R\times 1(t)+Vt$

时 e-$\dot{e}$ 平面相轨迹图，设 R、V 为常数及初始条件 $c(0)=\dot{c}(0)=0$。

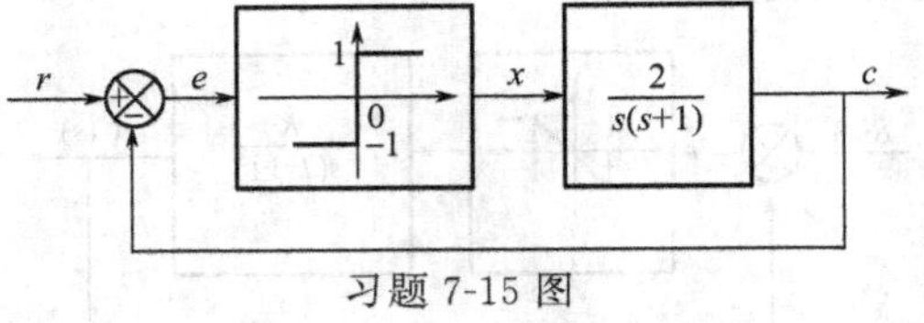

习题 7-15 图

第8章

线性离散系统的分析

随着计算机、数字信号技术的发展，特别是微机的发展与应用，采样及数字控制系统在控制中的应用越来越普及。在前面几章中主要讨论的控制系统是连续系统，即系统中所有的信号都是时间 t 的连续函数。在本章主要介绍采样系统的基本特性。首先介绍采样过程及采样定理，然后通过Z变换法及脉冲传递函数对采样系统进行数学描述，最后分析采样系统的性能。

【本章重点】

1）掌握离散控制系统的相关概念、采样过程、采样定理和零阶保持器的含义与传递函数；

2）掌握Z变换的概念、性质和Z变换与Z反变换的求取方法；

3）熟悉差分方程的特点及求解方法。理解脉冲传递函数的概念，会求采样系统开环、闭环脉冲传递函数；

4）掌握离散系统稳定性的判别方法；

5）掌握离散控制系统稳态误差计算方法；了解采样系统极点分布与瞬态响应之间的关系；

6）了解最小拍系统的设计思想与方法。

8.1 概述

在时间和幅值上都连续的信号通常称为模拟信号或连续信号，由此构成的系统称为模拟控制系统或连续控制系统，如图8-1(a)所示。按照一定的时间间隔对连续信号进行采样，得到时间上离散而幅度上连续的信号，称为离散信号或采样信号。如果一个系统中有一处或几处信号是离散信号，这样的系统称为离散系统，也称为采样系统，如图8-1(b)所示。时间上离散，幅值上也离散的信号称为数字信号。如果一个系统中的变量有数字信号，则称这个系统为数字控制系统，如图8-1(c)所示。

在图8-1(b)中，$e(t)$是连续信号，采样开关将$e(t)$离散化，转换为一脉冲序列$e^*(t)$。送给脉冲控制器，其输出为离散信号，经过保持器后又变成一个连续信号，以控制控制

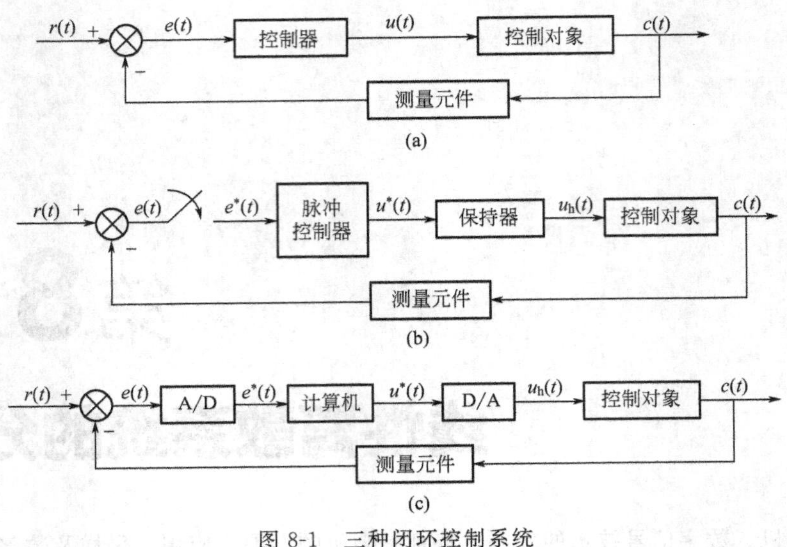

图 8-1　三种闭环控制系统

对象。

在图 8-1(c) 中，采样开关用 A/D 转换器来代替，保持器用 D/A 转换器来代替，用计算机来代替脉冲控制器，实现对偏差信号的处理，就构成了数字控制系统，它是离散控制的另外一种形式。系统中的连续误差信号 $e(t)$通过 A/D 转换装置转换成数字量 $e^*(k)$，经计算机处理后再经 D/A 装置转变成模拟量 $u(t)$，然后对被控对象进行控制。虽然采样控制系统和数字控制系统的构成及部件上存在区别，但它们的分析和设计方法是一样的。因此本章是针对采样系统的，但同样适用于数字控制系统。

8.2　采样过程和采样定理

8.2.1　采样过程

将连续信号转变成离散信号的过程称为采样过程，实现该过程的装置称为采样器或采样开关。采样器的采样过程可以用一个周期性闭合的采样开关形象地表示，开关合上才有输出，其值等于采样时刻的模拟量 $e(t)$，开关打开时没有输出。该开关闭合的周期为 T，每次闭合的时间为 τ。如图 8-2 所示的连续信号 $e(t)$经过采样开关后，就变成周期为 T，宽度为 τ 的采样信号，即脉冲序列 $e^*(t)$。

实际上采样开关每次闭合的时间 τ 远小于采样周期 T，也远小于系统中连续部分的最大

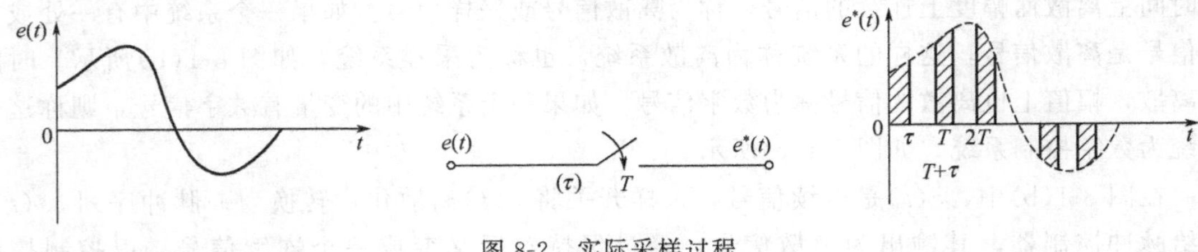

图 8-2　实际采样过程

时间常数，因此在分析采样控制系统时可认为 τ 趋向于零。这样采样开关的输出可以看成是理想的脉冲序列 $e^*(t)$，如图 8-3 所示。

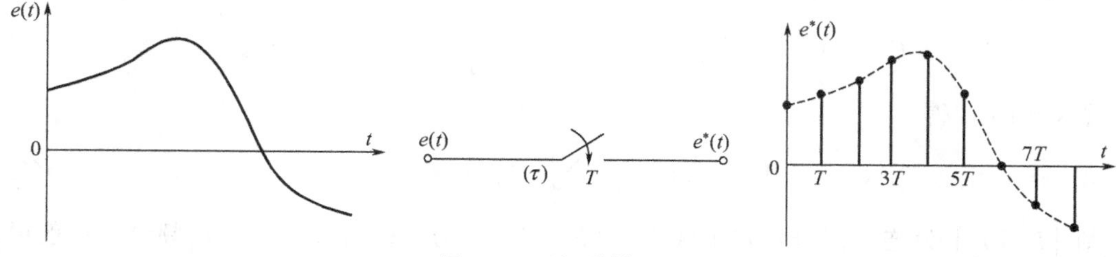

图 8-3　理想采样过程

根据采样开关闭合的规律，可以将采样进行分类。如果采样开关是等时间间隔采样，则称为周期采样。如果采样开关采样的时间间隔是随机的，则称为随机采样。若在一系统中存在多个采样开关，如果所有采样开关同时采样，则称为同步采样，否则称为非同步采样。本章只研究同步周期采样系统。

对采样系统的定量研究，就必须用数学表达式描述信号的采样过程。根据图 8-3，可以写出 $e^*(t)$ 的数学表达式

$$e^*(t)=e(0)\delta(t)+e(T)\delta(t-T)+e(2T)\delta(t-2T)+\cdots$$
$$=\sum_{n=0}^{\infty}e(nT)\delta(t-nT) \tag{8-1}$$

式中，函数 $\delta(t-nT)$ 称为单位冲激函数（又称狄拉克 δ 函数）。由于当 $t\neq nT$ 时，$\delta(t-nT)=0$，所以

$$e^*(t)=e(t)\sum_{n=0}^{\infty}\delta(t-nT) \tag{8-2}$$

定义
$$\delta_T(t)=\sum_{n=0}^{\infty}\delta(t-nT) \tag{8-3}$$

则
$$e^*(t)=e(t)\delta_T(t) \tag{8-4}$$

式（8-1）或式（8-4）就是采样信号的数学表达式。对式（8-1）进行拉氏变换，得

$$E^*(s)=\sum_{n=0}^{\infty}e(nT)\mathrm{e}^{-nTs} \tag{8-5}$$

下面对式(8-4)进行拉氏变换，可以得到另一形式的采样信号的拉氏变换表达式。由于 $\delta_T(t)$ 是周期函数，所以可以展开为复数形式的傅里叶级数。

$$\delta_T(t)=\sum_{n=-\infty}^{\infty}C_{\mathrm{n}}\mathrm{e}^{\mathrm{j}n\omega_s t} \tag{8-6}$$

其中，$\omega_{\mathrm{s}}=\dfrac{2\pi}{T}$，称为采样角频率。由傅里叶变换公式有

$$C_{\mathrm{n}}=\frac{1}{T}\int_{-\frac{T}{2}}^{\frac{T}{2}}\delta_T(t)\mathrm{e}^{-\mathrm{j}n\omega_s t}\mathrm{d}t=\frac{1}{T} \tag{8-7}$$

由此可得 $\delta_T(t)=\sum\limits_{n=-\infty}^{\infty}\dfrac{1}{T}\mathrm{e}^{\mathrm{j}n\omega_s t}$，将之代入式（8-4），可得

$$e^*(t)=e(t)\delta_T(t)=\frac{1}{T}\sum_{n=-\infty}^{\infty}e(t)e^{jn\omega_s t} \tag{8-8}$$

对式（8-8）取拉氏变换，有

$$E^*(s)=\frac{1}{T}\sum_{n=-\infty}^{\infty}E(s-jn\omega_s)=\frac{1}{T}\sum_{n=-\infty}^{\infty}E(s+jn\omega_s) \tag{8-9}$$

令 $s=j\omega$，得

$$E^*(j\omega)=\frac{1}{T}\sum_{n=-\infty}^{\infty}E(j\omega+jn\omega_s) \tag{8-10}$$

则 $|E(j\omega)|$ 为连续信号 $e(t)$ 的频谱，$|E^*(j\omega)|$ 为采样信号 $e^*(t)$ 的频谱。一般说来，连续信号 $e(t)$ 的频谱 $|E(j\omega)|$ 是单一的连续频谱，如图 8-4（a）所示，其中 ω_{max} 为连续频谱 $|E(j\omega)|$ 中的最高角频率；而采样信号 $e^*(t)$ 的频谱 $|E^*(j\omega)|$，则是以采样角频率 ω_s 为周期的无穷多个频谱之和。$n=0$ 的频谱称为采样频谱的主分量，它与连续频谱 $|E(j\omega)|$ 形状一致，其幅值是连续信号频谱的 $\frac{1}{T}$ 倍，其余频谱（$n=\pm1, \pm2, \cdots$）都是由于采样而引起的高频频谱，称为采样频谱的频谱分量。

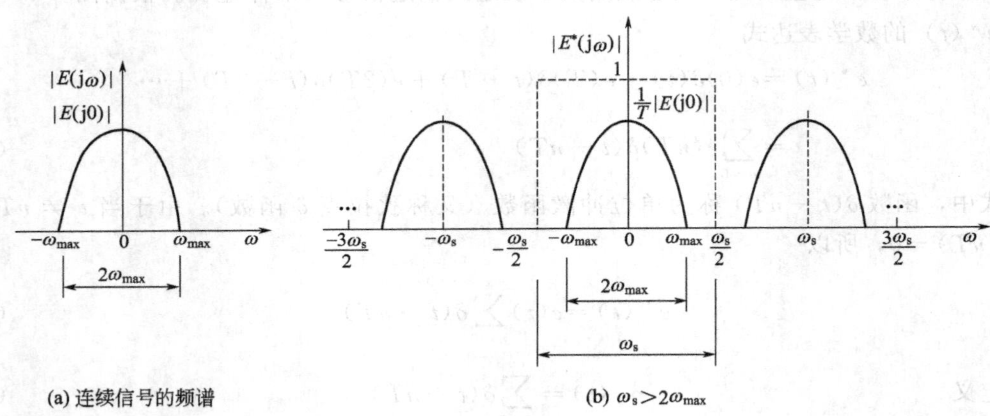

(a) 连续信号的频谱　　(b) $\omega_s>2\omega_{max}$

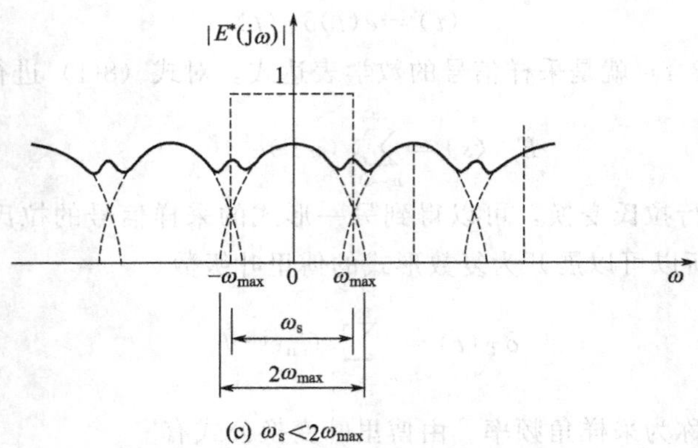

(c) $\omega_s<2\omega_{max}$

图 8-4　信号的输入和输出频谱

8.2.2　采样定理

经过采样，将连续信号转换成离散脉冲序列，但仍希望离散脉冲序列能保留原连续信号的信息。直观地看，脉冲序列能否保留原连续信号的信息，与采样频率有密切关系。采样频率越高，连续信号的信息丢失的越少；反之，采样频率过小，即采样周期过长，就可能丢失较多信息，从脉冲信号就不能恢复原连续信号。那么采样频率保持多大才合适呢？这是采样定理要解决的问题。

香农（Shannon）采样定理：若采样器的采样频率 ω_s 大于或等于其输入连续信号 $e(t)$ 的频谱中最高频率 ω_{max} 的两倍，即 $\omega_s \geqslant 2\omega_{max}$，则能够从采样信号 $e^*(t)$ 中完全复现 $e(t)$。

采样定理的结论可从频谱分析所得到的结论中得到直观说明。当 $\omega_s \geqslant 2\omega_{max}$ 时，可以用一个理想滤波器（如图 8-4b 中虚线画出的矩形）滤去 $n=0$ 以外的频率响应，只留下主频谱，这时信号的频谱和原信号频谱形状一样，在幅值上是原信号频谱的 $\frac{1}{T}$ 倍，经过一个 T 倍的放大器就可得到原连续信号的频谱。

若 $\omega_s < 2\omega_{max}$，不同的频率分量之间发生重叠，如图 8-4(c) 所示，即使用一个理想滤波器滤去高频部分，也不能无失真地恢复原连续信号。

应当指出，采样定理只是给出了选择采样频率的指导原则，因为一般信号的 ω_{max} 很难求出，且带宽有限，也很难满足。选择 ω_s 时是根据具体问题和实际条件通过实验方法确定的，并且在实际中总是取 ω_s 比 $2\omega_{max}$ 大得多。

8.2.3　采样周期的选取

采样周期 T 对系统的稳定性和稳态精度都有影响，所以是采样控制系统的一个关键问题。采样定理只给了采样周期选择的基本原则，没有给出采样周期的具体计算公式。采样周期 T 的选择要根据实际情况综合考虑。

在工业过程控制的计算机控制中，目前大都还是通过实际试验来确定采样周期，根据表 8-1 给出的参考数据，再通过调试确定最佳采样周期值。但是对于伺服系统，采样周期的选择很大程度上取决于系统的性能指标。

表 8-1　工业过程采样周期的选择

控制过程	采样周期 T/s	控制过程	采样周期 T/s
流量	1	温度	20
压力	5	成分	20
液面	5		

从频域性能指标来看，控制系统的闭环频率特性通常具有低通滤波特性。当伺服系统输入信号的角频率高于其闭环幅频特性的谐振频率 ω_r，信号通过系统将会很快地衰减，因此可以近似认为通过系统的控制信号最高频率分量为 ω_r。在伺服系统中，一般认为开环系统的幅值穿越频率 ω_c 与闭环系统的截止频率 ω_b 较接近，近似地有 $\omega_c=\omega_b$。这就是说，通过伺服系统的控制信号的最高频率分量为 ω_c，超过 ω_c 的频率分量通过系统时将被大幅度地衰减掉。根据工程实践经验，伺服系统的采样频率 ω_s 可选为

$$\omega_s \approx 10\omega_c \tag{8-11}$$

由于 $T=2\pi/\omega_s$，所以采样周期可按式(8-12)选取

$$T=\frac{\pi}{5}\times\frac{1}{\omega_c} \tag{8-12}$$

从时域性能指标来看，采样周期 T 可通过单位阶跃响应的上升时间 t_r 或调节时间 t_s 按下列经验公式选取

$$T=\frac{1}{10}t_r \tag{8-13}$$

$$T=\frac{1}{40}t_s \tag{8-14}$$

8.3 信号的复现

将离散信号转换为原来连续信号的过程通常称为信号的复现，是通过加入保持器实现的。保持器有零阶、一阶、二阶等形式，最常用的是零阶保持器。由于一阶以上的保持器实现较复杂，比零阶保持器有更大的相角滞后，所以很少使用。零阶保持器保持采样信号的幅值从一个采样状态持续到下一个采样状态，即

$$e(t)=e(nT),\qquad nT\leqslant t<(n+1)T \tag{8-15}$$

零阶保持器的输入-输出信号如图 8-5 所示。

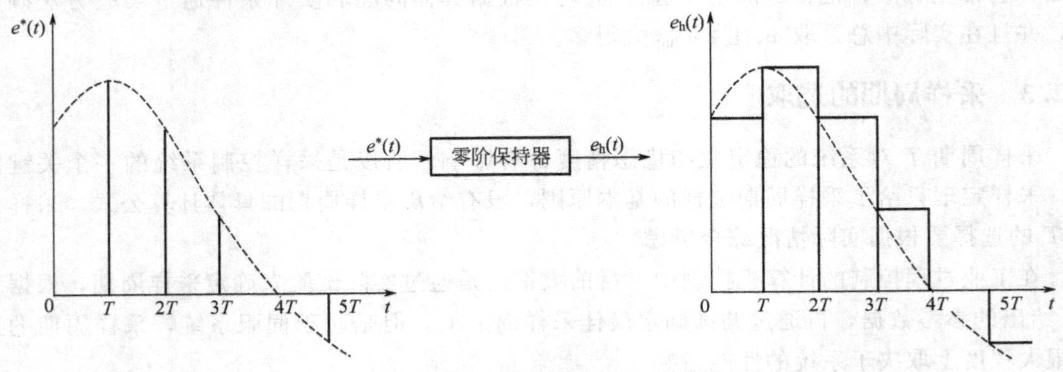

图 8-5　零阶保持器的输入-输出信号

给零阶保持器输入一个理想单位脉冲 $\delta(t)$，如图 8-6 所示，则其脉冲响应函数为

$$g_h(t)=1(t)-1(t-T) \tag{8-16}$$

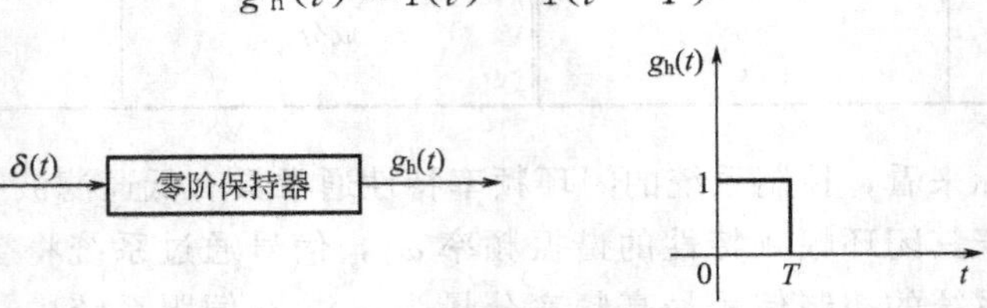

图 8-6　零阶保持器的单位脉冲响应

T 为采样脉冲信号的周期。上式清楚地表明了零阶保持器的特性。$g_h(t)$ 是高度为 1 宽度为 T 的方波，在一个采样周期内，采样值经过保持器保持，既不放大，也不衰减，对其他采样周期内的输出没有影响。

零阶保持器的传递函数为

$$G_h(s)=\frac{1}{s}-\frac{1}{s}e^{-Ts}=\frac{1}{s}(1-e^{-Ts}) \tag{8-17}$$

在式（8-17）中令 $s=\mathrm{j}\omega$，则零阶保持器的频率特性为

$$G_{\mathrm{h}}(\mathrm{j}\omega)=\frac{1}{\mathrm{j}\omega}(1-\mathrm{e}^{-\mathrm{j}\omega T}) \tag{8-18}$$

将上式写成指数形式

$$G_{\mathrm{h}}(\mathrm{j}\omega)=\frac{2\mathrm{e}^{-\mathrm{j}\frac{\omega T}{2}}(\mathrm{e}^{\mathrm{j}\frac{\omega T}{2}}-\mathrm{e}^{-\mathrm{j}\frac{\omega T}{2}})}{2\mathrm{j}\omega}=\frac{2T\mathrm{e}^{-\mathrm{j}\frac{\omega T}{2}}\sin\frac{\omega T}{2}}{\omega T}$$

$$=T\frac{\sin\frac{\omega T}{2}}{\frac{\omega T}{2}}\mathrm{e}^{-\mathrm{j}\frac{\omega T}{2}} \tag{8-19}$$

幅频

$$|G_{\mathrm{h}}(\mathrm{j}\omega)|=T\frac{\left|\sin\frac{\omega T}{2}\right|}{\frac{\omega T}{2}} \tag{8-20}$$

相频

$$\angle G_{\mathrm{h}}(\mathrm{j}\omega)=-\frac{\omega T}{2}=-\frac{\omega}{\omega_{\mathrm{s}}}\pi \tag{8-21}$$

其幅频特性、相频特性分别如图 8-7 所示。从幅频特性看，其幅值随频率值的增大而迅速衰减，说明零阶保持器是低通滤波器，但没有截止频率，高频分量仍能通过一部分。从相频特性看，零阶保持器产生相角滞后，随 ω 的增大而加大，在 $\omega=\omega_{\mathrm{s}}$ 处，相移达 $-180°$，所以零阶保持器会对闭环系统的稳定性产生不利因素。

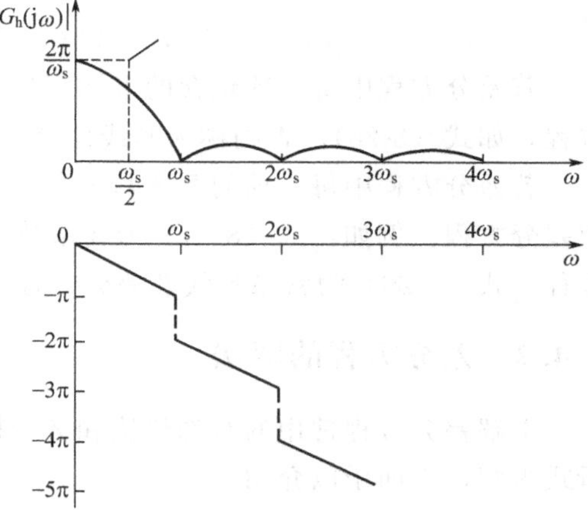

图 8-7　零阶保持器的幅频特性和相频特性图

8.4　差分方程

连续控制系统所处理的信息都是连续函数，用微分方程来描述输入输出关系，用拉氏变换求解微分方程，用传递函数对系统进行动态分析。而采样控制中某些地方的信号是断续的或采样的，所以用差分方程来描述输出与输入的关系，用 Z 变换来求解差分方程，用脉冲传递函数对离散系统进行动态分析。

8.4.1　差分方程的定义

差分方程由未知序列 $c(k)$ 及其移位序列 $c(k+1),c(k+2),\cdots$ 或 $c(k\text{-}1),c(k\text{-}2),\cdots$，以及激励 $r(k)$ 及其位移序列 $r(k+1),r(k+2),\cdots$ 或 $r(k\text{-}1),r(k\text{-}2),\cdots$ 构成。可以把这种关系描述为

$$c(k+n)+a_{n-1}c(k+n-1)+\cdots+a_1c(k+1)+a_0c(k)$$
$$=b_mr(k+m)+b_{m-1}r(k+m-1)+\cdots+b\ 1r(k+1)+b_0r(k)\quad m\leqslant n \tag{8-22}$$

若差分方程中的未知序列是递增方式，即由 $c(k),c(k+1),c(k+2)\cdots$ 等组成的差分方程，如式(8-22)，称为前向差分方程，该方程描述了 $(k+n)$ 时刻输出值与此时刻之前的输出值和输入值之间的关系。因为方程中用到了当前时刻（即 k 时刻）之后的系统输入、输出值，故该模型被称做系统的预测模型。若差分方程中的未知序列是递减方式，即由 $c(k)$，$c(k-1),c(k-2)\cdots$ 等组成的差分方程，如式(8-23)，称为后向差分方程。

$$
\begin{aligned}
&c(k)+a_1c(k-1)+\cdots+a_nc(k-n)\\
&=b_0r(k)+b_1r(k-1)+\cdots+b_mr(k-m)\quad m\leqslant n
\end{aligned}
\tag{8-23}
$$

差分方程的阶数定义为未知序列的自变量序号中最高值与最低值之差：例如式(8-24)、式(8-26) 是三阶差分方程，式(8-25) 是二阶差分方程。

$$kc(k+3)-c^2(k)=r(k) \tag{8-24}$$

$$3c(k+2)-2c(k+1)c(k)=r(k) \tag{8-25}$$

$$c(k)-7c(k-1)+16c(k-2)-12c(k-3)=r(k) \tag{8-26}$$

若差分方程中每一项包含的未知序列或其移位序列仅以线性形式出现，则称为线性差分方程，如式 (8-26)，否则称为非线性差分方程，如式(8-24)、式(8-25)。

若差分方程中每一项的系数与离散变量 k 无关，则称为常系数差分方程，否则称为变系数差分方程。例如，式 (8-24) 为变系数非线性差分方程，式 (8-25) 为常系数非线性差分方程，式 (8-26) 为常系数线性差分方程。

8.4.2 差分方程的解法

求解差分方程常用的有迭代法和 Z 变换法。前者适用于计算机数值解法，后者可利用解析式求解，下面予以介绍。

(1) 迭代法 迭代法是已知离散系统的差分方程和输入序列、输出序列的初始值，利用递推关系逐步计算出所需要的输出值的方法。

例 8-1 已知采样系统的差分方程是 $y(k)+y(k-1)=u(k)+2u(k-2)$，初始条件是 $u(k)=\begin{cases}k & k>0\\ 0 & k\leqslant 0\end{cases}$ 以及 $y(0)=2$。

解 令 $k=1$，有

$$y(1)+y(0)=u(1)+2u(-1)$$

$$y(1)+2=1+0$$

因此

$$y(1)=-1$$

令 $k=2$，有

$$y(2)+y(1)=u(2)+2u(0)$$

$$y(2)+(-1)=2+0$$

因此

$$y(2)=3$$

同理，可求出 $y(3)=2$，$y(4)=6$ 等。

(2) Z 变换法 对于高阶的数字采样系统，用上述方法有时是相当不便的。Z 变换法是分析和设计线性数字采样系统的一种简便有效的方法，具体方法见 8.5.5 节。

8.5 Z 变换

在连续时间系统中，拉氏变换在微分方程求解中获得了广泛的应用，拉氏变换把问题从时域变换到频域中，把解微分方程转化为解代数方程，从而使求解微分方程得以简化。同样，在采样系统中，对于差分方程也存在类似的变换，通过 Z 变换把问题从离散的时间域转到 Z 域中，把解常系数线性差分方程转化为求解代数方程。

8.5.1　Z 变换的定义

设连续时间信号 $x(t)$ 可进行拉氏变换，其拉氏变换函数为 $X(s)$。考虑到 $t<0$ 时，$x(t)=0$，则 $x(t)$ 经过周期为 T 的等周期采样后，得到离散时间信号

$$x^*(t)=\sum_{n=0}^{\infty}x(nT)\delta(t-nT)$$

对上式表示的离散信号进行拉氏变换，可得

$$X^*(s)=\sum_{n=0}^{\infty}x(nT)\mathrm{e}^{-nTs} \tag{8-27}$$

$X^*(s)$ 称为离散拉氏变换式。因复变量 s 含在指数函数 e^{-nTs} 中不变计算，引进一个新的复变量 z，即

$$z=\mathrm{e}^{Ts} \tag{8-28}$$

将式(8-28) 代入式(8-27) 中，得到以 z 为变量的函数 $X(z)$，即

$$X(z)=\sum_{n=0}^{\infty}x(nT)z^{-n} \tag{8-29}$$

$X(z)$ 即为离散信号 $x^*(t)$ 的 Z 变换，常记为

$$X(z)=Z[x^*(t)]=Z[x(nT)]=\sum_{n=0}^{\infty}x(nT)z^{-n}$$

通常情况下，一个连续函数如果可求其拉氏变换，则其 Z 变换即可相应求得，如果拉氏变换在 s 域收敛，则其 Z 变换通常也在 z 域收敛。

8.5.2　Z 变换的方法

下面介绍几种常用的求取 Z 变换的方法。

(1) 级数求和法　级数求和法是根据 Z 变换的定义而来的，将式(8-29) 展开可得

$$X(z)=x(0)+x(T)z^{-1}+x(2T)z^{-2}+\cdots \tag{8-30}$$

可见，只要得到 $x(t)$ 在各采样时刻的值，便可按式 (8-30) 直接写出 Z 变换的级数展开式，然后把它写成闭合形式，就求得 $x(t)$ 的 Z 变换。

例 8-2　已知 $x(t)=1(t)$，求其 Z 变换 $X(z)$。

解　当 $|Z^{-1}|=1$，即当 $|Z|>1$ 时，则

$$X(z)=\sum_{n=0}^{\infty}x(nT)z^{-n}=1+z^{-1}+z^{-2}+\cdots=\frac{z}{z-1}$$

例 8-3　已知 $x(t)=\mathrm{e}^{-at}$，求其 Z 变换 $X(z)$。

解

$$x(z)=\sum_{n=0}^{\infty}\mathrm{e}^{-anT}z^{-n}=1+\mathrm{e}^{-aT}z^{-1}+\mathrm{e}^{-2aT}z^{-2}+\cdots$$

$$=\frac{1}{1-\mathrm{e}^{-aT}z^{-1}}=\frac{z}{z-\mathrm{e}^{-aT}}$$

(2) 部分分式法 利用部分分式法求 Z 变换时，先求出已知连续函数的拉氏变换式 $X(s)$，通过部分分式法可以展开成一些简单函数的拉氏变换式之和，使每一部分分式对应简单的时间函数，然后分别求取每一项的 Z 变换，最后做化简运算，求得 $X(s)$ 对应的 Z 变换 $X(z)$。

有时可以直接由 $X(s)$ 的部分分式，再通过查表的方法，求得部分分式拉氏变换所对应的 Z 变换，最后化简，求得 $X(s)$ 对应的 Z 变换。为了书写方便，这一过程常表示为

$$G(z)=Z[G(s)]$$

但注意 $G(z)$ 实际对应的是 $g^*(t)$ 的 Z 变换。

例 8-4 已知 $G(s)=\dfrac{a}{s(s+a)}$，求 $G(z)$。

解 $G(s)=\dfrac{A}{s}+\dfrac{B}{s+a}=\dfrac{1}{s}-\dfrac{1}{s+a}$

对上式取拉氏反变换求得

$$L^{-1}[G(s)]=1(t)-\mathrm{e}^{-at}$$

进行 Z 变换

$$G(z)=\frac{z}{z-1}-\frac{z}{z-\mathrm{e}^{-aT}}=\frac{z(1-\mathrm{e}^{-aT})}{(z-1)(z-\mathrm{e}^{-aT})}$$

例 8-5 已知 $e(t)=\sin\omega t$，求 $E(z)$。

解 对 $e(t)=\sin\omega t$ 取拉氏变换得

$$E(s)=\frac{\omega}{s^2+\omega^2}$$

展开为部分分式，即

$$E(s)=\frac{1}{2\mathrm{j}}\left[\frac{1}{s-\mathrm{j}\omega}-\frac{1}{s+\mathrm{j}\omega}\right]$$

查 Z 变换表，得 Z 变换为

$$E(z)=\frac{1}{2\mathrm{j}}\left(\frac{z}{z-\mathrm{e}^{\mathrm{j}\omega T}}-\frac{z}{z-\mathrm{e}^{-\mathrm{j}\omega T}}\right)$$
$$=\frac{1}{2\mathrm{j}}\left[\frac{z(\mathrm{e}^{\mathrm{j}\omega T}-\mathrm{e}^{-\mathrm{j}\omega T})}{z^2-z(\mathrm{e}^{\mathrm{j}\omega T}+\mathrm{e}^{-\mathrm{j}\omega T})+1}\right]$$

化简后得

$$E(z)=\frac{z\sin\omega T}{z^2-2z\cos\omega T+1}$$

(3) 留数计算法 若已知连续信号 $x(t)$ 的拉氏变换 $X(s)$ 和它的全部极点 $s_i\ (i=1,2,\cdots,n)$，可用下列的留数计算公式求 $X(z)$

$$X(z)=\sum_{i=1}^{n}\mathrm{Res}\left[X(s)\frac{z}{z-\mathrm{e}^{sT}}\right]_{s=s_i} \tag{8-31}$$

当 $X(s)$ 具有非重极点 s_i 时

$$\mathrm{Res}\left[X(s)\frac{z}{z-\mathrm{e}^{sT}}\right]_{s=s_i}=\lim_{s\to s_i}\left[X(s)\frac{z}{z-\mathrm{e}^{sT}}(s-s_i)\right] \tag{8-32}$$

当 $X(s)$ 在 s_i 处具有 r 重极点时

$$\operatorname{Res}\left[X(s)\frac{z}{z-e^{sT}}\right]_{s=s_i}=\frac{1}{(r-1)!}\lim_{s\to s_i}\frac{d^{r-1}}{ds^{r-1}}\left[X(s)\frac{z}{z-e^{sT}}(s-s_i)^r\right] \tag{8-33}$$

例 8-6　已知 $X(s)=\dfrac{s(2s+3)}{(s+1)^2(s+2)}$，求其 Z 变换 $X(z)$。

解　$X(s)$ 的极点为 $s_{1,2}=-1$，$s_3=-2$

$$\begin{aligned}X(z)&=\frac{1}{(2-1)!}\lim_{s\to-1}\frac{d}{ds}\left[\frac{s(2s+3)}{(s+1)^2(s+2)}\frac{z}{z-e^{sT}}(s+1)^2\right]\\&\quad+\lim_{s\to-2}\left[\frac{s(2s+3)}{(s+1)^2(s+2)}\frac{z}{z-e^{sT}}(s+2)\right]\\&=\frac{-Tze^{-T}}{(z-e^{-T})^2}+\frac{2z}{z-e^{-2T}}\end{aligned}$$

上面介绍三种求 Z 变换的方法。级数求和法和留数法的适用范围广，而部分分式法是针对有理函数 $X(s)$ 较为简单时使用。常用函数的拉氏变换，可用部分分式分解为几个简单函数的拉氏变换之和，通过查表可以得到其 Z 变换，所以在工程计算中常采用部分分式法。

表 8-2　给出了常用函数的 Z 变换表。

表 8-2　常用函数的 Z 变换表

序号	$x(t)$ 或 $x(k)$	$X(s)$	$X(z)$
1	$\delta(t)$	1	1
2	$1(t)$	$\frac{1}{s}$	$\frac{z}{z-1}$
3	t	$\frac{1}{s^2}$	$\frac{Tz}{(z-1)^2}$
4	t^2	$\frac{2}{s^3}$	$\frac{T^2z(z+1)}{(z-1)^3}$
5	e^{-at}	$\frac{1}{s+a}$	$\frac{z}{z-e^{-aT}}$
6	te^{-at}	$\frac{1}{(s+a)^2}$	$\frac{Tze^{-aT}}{(z-e^{-aT})^2}$
7	$1-e^{-at}$	$\frac{a}{s(s+a)}$	$\frac{(1-e^{-aT})z}{(z-1)(z-e^{-aT})}$
8	$\sin\omega t$	$\frac{\omega}{s^2+\omega^2}$	$\frac{z\sin\omega T}{z^2-2z\cos\omega T+1}$
9	$\cos\omega t$	$\frac{s}{s^2+\omega^2}$	$\frac{z(z-\cos\omega T)}{z^2-2z\cos\omega T+1}$
10	$e^{-at}\sin\omega t$	$\frac{\omega}{(s+a)^2+\omega^2}$	$\frac{ze^{-aT}\sin\omega T}{z^2-2ze^{-aT}\cos\omega T+e^{-2aT}}$
11	$e^{-at}\cos\omega t$	$\frac{s+a}{(s+a)^2+\omega^2}$	$\frac{z^2-ze^{-aT}\cos\omega T}{z^2-2ze^{-aT}\cos\omega T+e^{-2aT}}$
12	a^k		$\frac{z}{z-a}$
13	$\delta(t-kT)$	e^{-kTs}	z^{-k}

8.5.3　Z 变换的性质

在求函数的 Z 变换的过程中，适当利用 Z 变换的性质可以使计算大为简化。

(1) 线性性质　若 $X_1(z)=Z[x_1(t)]$，$X_2(z)=Z[x_2(t)]$，$X(z)=Z[x(t)]$，并设 a

为常数或为与 t 和 z 无关的变量，则有

$$Z[ax(t)]=aX(z) \tag{8-34}$$

$$Z[x_1(t)\pm x_2(t)]=X_1(z)\pm X_2(z) \tag{8-35}$$

证明：由 Z 变换定义得

$$Z[ax(t)]=\sum_{n=0}^{\infty}ax(nT)z^{-n}=a\sum_{n=0}^{\infty}x(nT)z^{-n}=aX(z)$$

$$\begin{aligned}Z[x_1(t)\pm x_2(t)]&=\sum_{n=0}^{\infty}[x_1(nT)\pm x_2(nT)]z^{-n}\\&=\sum_{n=0}^{\infty}x_1(nT)z^{-n}\pm\sum_{n=0}^{\infty}x_2(nT)z^{-n}\\&=X_1(z)\pm X_2(z)\end{aligned}$$

(2) 位移定理 实数位移定理又称平移定理，实数位移的含义是指整个采样序列在时间轴上左右平移若干采样周期，向左平移为超前，向右平移为延迟。定理如下

设 $x(t)$ 的 Z 变换为 $X(z)$，则

$$Z[x(t-nT)]=z^{-n}X(z) \tag{8-36}$$

$$Z[x(t+nT)]=z^{n}[X(z)-\sum_{k=0}^{n-1}x(kT)z^{-k}] \tag{8-37}$$

式中，n 为正整数。

按照移动的方式，式（8-36）称为迟后定理，式（8-37）称为超前定理。其中，算子 z 有明确的物理意义，z^{-n} 表明采样信号迟后 n 个采样周期，z^{n} 表示采样信号超前 n 个采样周期。但是，z^{n} 仅用于计算，在物理系统中并不存在。

实数位移定理在用 Z 变换求解差分方程时经常用到，它可将差分方程转化为 z 域的代数方程。

例 8-7 计算 $e^{-a(t-T)}$ 的 Z 变换，其中 a 为常数。

解 由实数位移定理

$$Z[e^{-a(t-T)}]=z^{-1}Z[e^{-at}]=z^{-1}\frac{z}{z-e^{-aT}}=\frac{1}{z-e^{-aT}}$$

(3) 初值定理 设 $x(t)$ 的 Z 变换为 $X(z)$，且有极限 $\lim\limits_{z\to\infty}X(z)$ 存在，则 $x(t)$ 的初始值为

$$x(0)=\lim_{t\to 0}x(t)=\lim_{z\to\infty}X(z) \tag{8-38}$$

证明：由 Z 变换的定义

$$X(z)=\sum_{k=0}^{\infty}x(kT)z^{-k}=x(0)+x(T)z^{-1}+x(2T)z^{-2}+\cdots$$

所以

$$\lim_{z\to\infty}X(z)=x(0)$$

(4) 终值定理 如果 $x(t)$ 的终值 $x(\infty)$ 存在，则

$$x(\infty)=\lim_{t\to\infty}x(t)=\lim_{z\to 1}(z-1)X(z) \tag{8-39}$$

证明：由实数位移定理

$$Z[x(t+T)]=zX(z)-zx(0)$$

$$Z[x(t+T)]-Z[x(t)]=\sum_{n=0}^{\infty}\{x[(n+1)T]-x(nT)\}z^{-n}$$

所以 $$(z-1)X(z)-zx(0)=\sum_{n=0}^{\infty}\{x[(n+1)T]-x(nT)\}z^{-n}$$

上式两边取 $z\to1$ 时的极限，得

$$\lim_{z\to1}(z-1)X(z)-zx(0)=\lim_{z\to1}\sum_{n=0}^{\infty}[x(n+1)T-x(nT)]z^{-n}$$
$$=\sum_{n=0}^{\infty}[x(n+1)T-x(nT)]$$

当 $n=N$ 为有限项时，上式右端为

$$\sum_{n=0}^{N}\{x[(n+1)T]-x(nT)\}=x[(N+1)T]-x(0)$$

令 $N=\infty$，则

$$\sum_{n=0}^{N}\{x[(n+1)T]-x(nT)\}=\lim_{N\to\infty}\{x[(N+1)T]-x(0)\}$$
$$=\lim_{n\to\infty}x(nT)-x(0)$$

即 $$\lim_{n\to\infty}x(nT)=\lim_{z\to1}(z-1)X(z)$$

(5) 卷积定理　设 $Z[x_1(t)]=X_1(z)$，$Z[x_2(t)]=X_2(z)$，则其离散卷积

$$g(nT)=x_1(nT)*x_2(nT)=\sum_{k=0}^{\infty}x_1(kT)x_2[(n-k)T]$$

则有 $$G(z)=X_1(z)X_2(z) \tag{8-40}$$

证明：由 Z 变换定义

$$X_1(z)=\sum_{k=0}^{\infty}x_1(kT)z^{-k}\qquad X_2(z)=\sum_{n=0}^{\infty}x_2(nT)z^{-n}$$

则 $$X_1(z)X_2(z)=\sum_{k=0}^{\infty}x_1(kT)z^{-k}X_2(z)$$

由实数位移定理有

$$z^{-k}X_2(z)=Z\{x_2[(n-k)T]\}=\sum_{n=0}^{\infty}x_2[(n-k)T]z^{-n}$$

故 $$X_1(z)X_2(z)=\sum_{k=0}^{\infty}x_1(kT)\sum_{n=0}^{\infty}x_2[(n-k)T]z^{-n}$$

交换求和次序，得

$$X_1(z)X_2(z)=\sum_{n=0}^{\infty}\left\{\sum_{k=0}^{\infty}x_1(kT)x_2[(n-k)T]\right\}z^{-n}$$
$$=\sum_{n=0}^{\infty}[x_1^*(nT)*x_2^*(nT)]z^{-n}=Z[x_1(nT)*x_2(nT)]$$

又因为 $$G(z)=Z[g(nT)]=Z[x_1(nT)*x_2(nT)]$$

所以 $$G(z)=X_1(z)X_2(z)$$

卷积定理的意义在于，将两个采样函数卷积的 Z 变换等价于函数 Z 变换的乘积。

8.5.4　Z 反变换

由函数 $X(z)$求出离散序列 $x(k)$的过程就是 Z 反变换，记为 $x(k)=Z^{-1}[X(z)]$，下面

介绍求 Z 反变换的三种常用方法。

(1) 长除法 用长除法将 $X(z)$ 展开成 z^{-1} 的无穷级数，然后根据负位移定理可以得到 $x(k)$，即

$$X(z)=\frac{b_0z^m+b_1z^{m-1}+\cdots+b_m}{a_0z^n+a_1z^{n-1}+\cdots+a_n}\qquad n>m$$

将 $X(z)$ 展开 $$X(z)=c_0z^0+c_1z^{-1}+c_2z^{-2}+\cdots \tag{8-41}$$

对应原函数为 $$x(nT)=c_0\delta(t)+c_1\delta(t-T)+c_2\delta(t-2T)+\cdots \tag{8-42}$$

例 8-8 已知 $X(z)=\dfrac{z}{z^2-4z+3}$，求 $x(kT)$。

解 用长除法

$$\begin{array}{r l}
z^2-4z+3\,\big) & z \qquad\qquad\qquad z^{-1}+4z^{-2}+13z^{-3}+\cdots \\
& \underline{z-4+3z^{-1}} \\
& 4-3z^{-1} \\
& \underline{4-16z^{-1}+12z^{-2}} \\
& 13z^{-1}-12z^{-2} \\
& \underline{13z^{-1}-42z^{-2}+39z^{-3}} \\
& 30z^{-2}-39z^{-3}
\end{array}$$

$$X(z)=\frac{z}{z^2+4z+3}=z^{-1}+4z^{-2}+13z^{-3}+\cdots$$

则 $$x(kT)=\delta(t-T)+4\delta(t-2T)+13\delta(t-3T)+\cdots$$

(2) 部分分式法 把 Z 变换函数式 $X(z)$分解为部分分式，再通过查表，对每一个分式分别做反变换。考虑到在 Z 变换表中，所有 Z 变换函数在其分子上普遍都有因子 z，所以通常将 $X(z)$展成 $X(z)=zX_1(z)$ 的形式，即

$$X(z)=zX_1(z)=z\left[\frac{A_1}{z-z_1}+\frac{A_2}{z-z_2}+\cdots+\frac{A_i}{z-z_i}\right] \tag{8-43}$$

式中系数 A_i用下式求出

$$A_i=[X_1(z)(z-z_i)]_{z=z_i} \tag{8-44}$$

例 8-9 已知 $X(z)=\dfrac{z}{z^2-4z+3}$，求其 Z 反变换 $x(kT)$。

解 $$X(z)=\frac{z}{(z-3)(z-1)}=\frac{1}{2}\left(\frac{z}{z-3}-\frac{z}{z-1}\right)$$

因为 $$Z^{-1}\left[\frac{z}{z-a}\right]=a^k$$

所以 $$x(kT)=\frac{1}{2}(3^k-1^k)=\frac{1}{2}(3^k-1)\qquad (k=0,1,2,\cdots)$$

(3) 留数法 在留数法中，离散序列 $x(kT)$ 等于 $X(z)z^{k-1}$ 各个极点上留数之和，即

$$x(kT)=\sum_{i=1}^{n}\operatorname{Res}\left[X(z)z^{k-1}\right]_{z\to z_i} \tag{8-45}$$

式中，z_i 表示 $X(z)$ 的第 i 个极点。极点上的留数分两种情况求取。

单极点的情况

$$\operatorname{Res}\left[X(z)z^{k-1}\right]_{z\to z_i}=\lim_{z\to z_i}\left[(z-z_i)X(z)z^{k-1}\right] \tag{8-46}$$

n 阶重极点的情况

$$\operatorname{Res}\left[X(z)z^{k-1}\right]_{z\to z_i}=\frac{1}{(n-1)!}\lim_{z\to z_i}\frac{\mathrm{d}^{n-1}\left[(z-z_i)^n X(z)z^{k-1}\right]}{\mathrm{d}z^{n-1}} \tag{8-47}$$

例 8-10　用留数法求 $E(z)=\dfrac{z}{(z-1)^2(z-2)}$ 的反变换。

解　$E(z)$ 有两个极点：$z=1$，$z=2$，分别求其留数。

当 $z=1$ 时

$$\begin{aligned}&\operatorname{Res}\left[\frac{z\times z^{k-1}}{(z-1)^2(z-2)}\right]_{z=1}\\&=\frac{1}{(2-1)!}\lim_{z\to 1}\frac{\mathrm{d}}{\mathrm{d}z}\left[(z-1)^2\frac{z^k}{(z-1)^2(z-2)}\right]\\&=\lim_{z\to 1}\frac{\mathrm{d}}{\mathrm{d}z}\left[\frac{z^k}{(z-2)}\right]=\lim_{z\to 1}\frac{kz^{k-1}(z-2)-z^k}{(z-2)^2}=-k-1\end{aligned}$$

当 $z=2$ 时

$$\operatorname{Res}\left[\frac{z\times z^{k-1}}{(z-1)^2(z-2)}(z-2)\right]_{z=2}=\lim_{z\to 2}\left[\frac{z^k}{(z-1)^2}\right]=2^k$$

$$e(kT)=-k-1+2^k,\quad k=0,1,2,\cdots$$

8.5.5　用 Z 变换法求解差分方程

用 Z 变换法解差分方程和用拉氏变换解微分方程类似，把线性常系数差分方程两端取 Z 变换，并利用 Z 变换的实数位移定理，可得到以 z 为变量的代数方程，然后对代数方程的解 $C(z)$取 Z 反变换，求得输出序列 $c(k)$。

例 8-11　试用 Z 变换法解下列二阶微分方程

$$c(k+2)+3c(k+1)+2c(k)=0$$

初始条件 $c(0)=0,c(1)=1$。

解　根据实数位移定理

$Z[c(k+2)]=z^2C(z)-z^2C(0)-zC(1)=z^2C(z)-z$

$Z[3c(k+1)]=3zC(z)-3C(0)=3zC(z)$

$Z[2c(k)]=2C(z)$

代入原式，得

$$(z^2+3z+2)C(z)=z$$

$$C(z)=\frac{z}{z^2+3z+2}=\frac{z}{z+1}-\frac{z}{z+2}$$

查 Z 变换表，求出 Z 反变换

$$c(kT)=(-1)^k-(-2)^k,\qquad k=0,1,2,\cdots$$

8.6　脉冲传递函数

脉冲传递函数是离散系统的一种数学模型。如果说离散系统差分方程对应于连续系统的微分方程，那么离散系统脉冲传递函数则对应于连续系统的传递函数，它们是对离散系统的数学描述，直接反映了离散系统的特征。

8.6.1 脉冲传递函数的定义

线性开环采样系统如图 8-8 所示，$G(s)$是连续部分的传递函数，它的输入信号是采样信号 $r^*(t)$，输出信号 $c(t)$是连续信号，$c(t)$经(虚拟的)同步采样器后得到采样信号$c^*(t)$。则线性离散系统的脉冲传递函数定义为，在零初始条件下，系统输出采样信号的Z变换与输入采样信号的Z变换之比，记作

$$G(z)=\frac{C(z)}{R(z)} \tag{8-48}$$

对于大多数实际系统而言，输出信号往往是连续信号 $c(t)$ 而不是采样信号 $c^*(t)$，如图 8-8 所示。此时

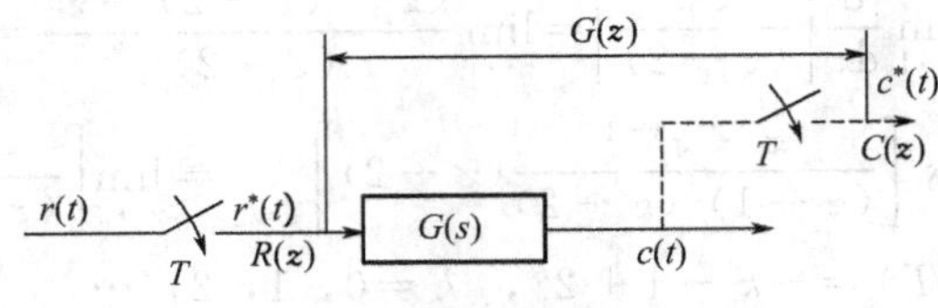

图 8-8 线性开环采样系统

$$C(s)=R^*(s)G(s) \tag{8-49}$$

式(8-49)中，$R^*(s)$是输入采样信号的拉氏变换，由式(8-9) 可得

$$R^*(s)=\frac{1}{T}\sum_{n=-\infty}^{\infty}R(s+\mathrm{j}n\omega_\mathrm{s})$$

同样由式(8-8) 可得输出采样信号的拉氏变换为

$$C^*(s)=\frac{1}{T}\sum_{n=-\infty}^{\infty}C(s+\mathrm{j}n\omega_\mathrm{s})=\frac{1}{T}\sum_{n=-\infty}^{\infty}R^*(s+\mathrm{j}n\omega_s)G(s+\mathrm{j}n\omega_s) \tag{8-50}$$

采样信号的频谱是采样角频率 ω_s的周期函数，因而

$$R^*(s+\mathrm{j}n\omega_\mathrm{s})=R^*(s) \tag{8-51}$$

将式(8-51) 代入式(8-50) 则为

$$C^*(s)=R^*(s)\frac{1}{T}\sum_{n=-\infty}^{\infty}G(s+\mathrm{j}n\omega_\mathrm{s})$$

又

$$G^*(s)=\frac{1}{T}\sum_{n=-\infty}^{\infty}G(s+\mathrm{j}n\omega_\mathrm{s})$$

$$C^*(s)=R^*(s)G^*(s)$$

将 $z=\mathrm{e}^{Ts}$代入求Z变换，得

$$C(z)=G(z)R(z)$$

所以

$$G(z)=\frac{C(z)}{R(z)}$$

可使用这个结果来求图 8-8 所示实际系统的脉冲传递函数。

例 8-12　设图 8-8 所示线性开环采样系统中 $G(s)=\dfrac{1}{s(s+1)}$，试求相应的开环脉冲传递函数$G(z)$。

解
$$G(s)=\frac{1}{s}-\frac{1}{s+1}$$

则
$$G(z)=Z\left[\frac{1}{s}-\frac{1}{s+1}\right]$$
$$=\frac{z}{z-1}-\frac{z}{z-e^{-T}}=\frac{z(1-e^{-T})}{(z-1)(z-e^{-T})}$$

8.6.2　开环系统脉冲传递函数

离散系统中，n 个环节串联时，串联环节间有无同步采样开关，脉冲传递函数是不相同的。

(1) 串联环节间无采样开关　图 8-9(a) 所示串联环节间无同步采样开关时，由脉冲传递定义有

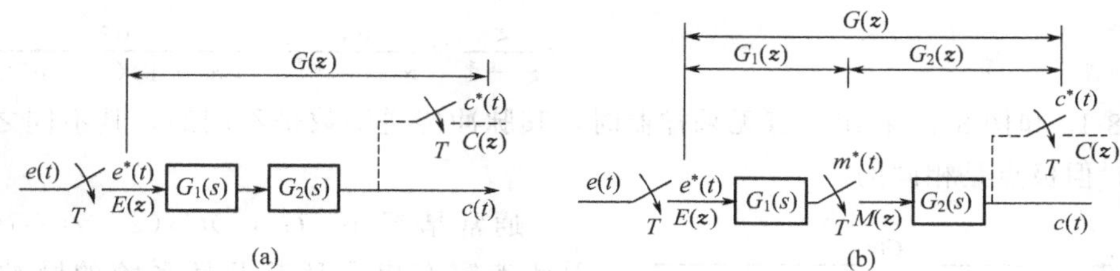

图 8-9　串联环节框图

$$C(s)=E^*(s)G_1(s)G_2(s)$$

对 $C(s)$ 离散，并由采样拉氏变换的性质得
$$C^*(s)=E^*(s)[G_1G_2(s)]^*$$

取 Z 变换，得
$$C(z)=E(z)G_1G_2(z)$$

即
$$G(z)=G_1G_2(z) \tag{8-52}$$

上式表明，没有理想采样开关隔开的两个线性连续环节串联时的脉冲传递函数，等于这两个环节传递函数乘积后的相应 Z 变换，该结论同样可推广到类似的 n 个环节串联时的情况。

例 8-13　设开环离散系统如图 8-9 (a) 所示，其中 $G_1(s)=\dfrac{1}{s}$，$G_2(s)=\dfrac{a}{s+a}$，求出其串联环节等效的脉冲传递函数 $G(z)$。

解　$$G(z)=Z[G_1(s)G_2(s)]=G_1G_2(z)=Z\left[\frac{a}{s(s+a)}\right]=Z\left[\frac{1}{s}-\frac{1}{s+a}\right]$$
$$=\frac{z}{z-1}-\frac{z}{z-e^{-aT}}=\frac{z(1-e^{-aT})}{(z-1)(z-e^{-aT})}$$

(2) 串联环节间有采样开关 图 8-9(b) 所示串联环节间有同步采样开关时，由脉冲传递定义有

$$M(z)=E(z)G_1(z)$$
$$C(z)=M(z)G_2(z)$$

所以

$$C(z)=E(z)G_1(z)G_2(z)$$

开环系统脉冲传递函数为

$$G(z)=G_1(z)G_2(z) \tag{8-53}$$

上式表明，有理想采样开关隔开的两个线性环节串联时的脉冲传递函数，等于这两个环节各自的脉冲传递函数之积，该结论可推广到 n 个环节串联的情况。

例 8-14 开环离散系统如图 8-9（b）所示，其中 $G_1(s)=\dfrac{1}{s}$，$G_2(s)=\dfrac{a}{s+a}$，求出其串联环节等效的脉冲传递函数 $G(z)$。

解

$$G(z)=G_1(z)G_2(z)=\mathrm{Z}\left[\frac{1}{s}\right]\mathrm{Z}\left[\frac{a}{(s+a)}\right]$$
$$=\frac{z}{z-1}\times\frac{az}{z-e^{-aT}}=\frac{az^2}{(z-1)(z-e^{-aT})}$$

从例 8-13 和例 8-14 看出，有无采样器时，其脉冲传递函数是不同的，其不同之处在于零点不同，但极点是相同的。

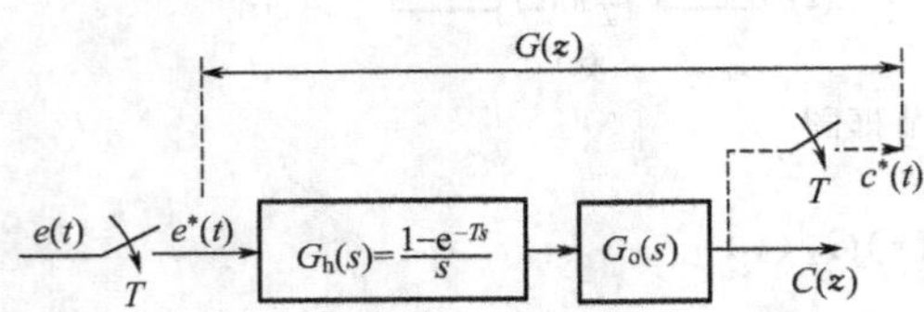

图 8-10 有零阶保持器的开环离散系统

通常情况下，$G_1(z)G_2(z)\neq G_1G_2(z)$，因此考察有串联环节开环系统的脉冲传递函数时，必须区别其串联环节间有无采样开关。

(3) 环节与零阶保持器串联 当有零阶保持器与环节串联的情况，如图 8-10 所示。图中零阶保持器的传递函数 $G_h(s)=\dfrac{1-e^{-Ts}}{s}$，$G_0(s)$ 为连续部分的传递函数，两环节之间无同步采样开关相隔。由图 8-10 中可知

$$G(s)=G_h(s)G_0(s)=\frac{1-\mathrm{e}^{-Ts}}{s}G_0(s)=(1-\mathrm{e}^{-Ts})\frac{G_0(s)}{s}=G_1(s)G_2(s)$$

其中，$G_1(s)=1-\mathrm{e}^{-Ts}$，$G_2(s)=\dfrac{G_0(s)}{s}$

$$G(s)=G_1(s)G_2(s)=(1-e^{-Ts})G_2(s)=G_2(s)-\mathrm{e}^{-Ts}G_2(s)$$
$$C(s)=E^*(s)G(s)=E^*(s)G_2(s)-E^*(s)\mathrm{e}^{-Ts}G_2(s)$$

由采样信号拉氏变换的性质

$$C^*(s)=E^*(s)G_2{}^*(s)-E^*(s)\left[\mathrm{e}^{-sT}G_2(s)\right]^*$$

取 Z 变换得

$$C(z)=E(z)G_2(z)-E(z)G_2(z)z^{-1}=(1-z^{-1})E(z)G_2(z)$$

则相应的系统脉冲传递函数为

$$G(z)=(1-z^{-1})G_2(z)=(1-z^{-1})Z\left[\frac{G_0(s)}{s}\right] \tag{8-54}$$

例 8-15　设系统如图 8-10 所示，与零阶保持器串联的环节为 $G_0(s)=\dfrac{a}{s(s+a)}$，求系统的脉冲传递函数 $G(z)$。

解

$$\begin{aligned}G(z)&=(1-z^{-1})Z\left[\frac{a}{s^2(s+a)}\right]\\&=(1-z^{-1})Z\left[\frac{1}{s^2}-\frac{1}{as}+\frac{1}{a(s+a)}\right]\\&=\frac{(aT-1+\mathrm{e}^{-aT})z+(1-\mathrm{e}^{-aT}-aT\mathrm{e}^{-aT})}{a(z-1)(z-\mathrm{e}^{-aT})}\end{aligned}$$

8.6.3　闭环系统脉冲传递函数

由于在闭环系统中采样器的位置有多种放置方式，因此闭环离散系统没有唯一的结构图形式。图 8-11 是一种比较常见的误差采样闭环离散系统结构图。

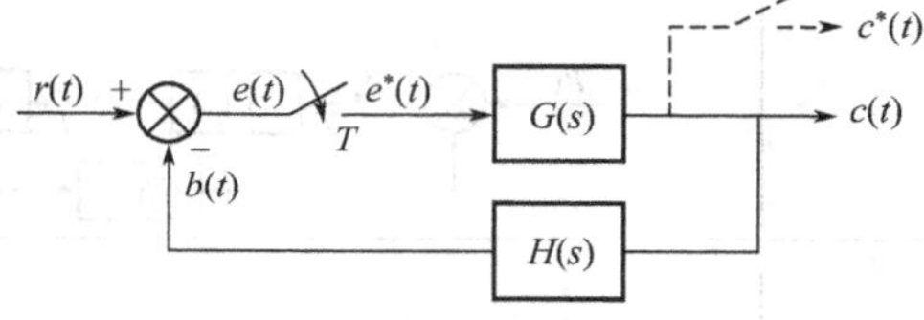

图 8-11　闭环离散控制系统

由图 8-11 可见，连续输出信号和误差信号拉氏变换的关系为

$$C(s)=G(s)E^*(s)$$

又　$E(s)=R(s)-H(s)C(s)$

所以　$E(s)=R(s)-H(s)G(s)E^*(s)$

对误差采样信号 $e^*(t)$ 取拉氏变换，得

$$E^*(s)=R^*(s)-HG^*(s)E^*(s)$$

整理得

$$E^*(s)=\frac{R^*(s)}{1+HG^*(s)} \tag{8-55}$$

由于

$$C^*(s)=[G(s)E^*(s)]^*=G^*(s)E^*(s)=\frac{G^*(s)}{1+HG^*(s)}R^*(s) \tag{8-56}$$

对式 (8-55) 和式 (8-56) 取 Z 变换，得

$$E(z)=\frac{1}{1+HG(z)}R(z) \tag{8-57}$$

$$C(z)=\frac{G(z)}{1+HG(z)}R(z) \tag{8-58}$$

根据式(8-57)，定义

$$\Phi_{\mathrm{e}}(z)=\frac{E(z)}{R(z)}=\frac{1}{1+HG(z)} \tag{8-59}$$

为闭环离散系统对于输入量的误差脉冲传递函数。

根据式(8-58)，定义

$$\Phi(z)=\frac{C(z)}{R(z)}=\frac{G(z)}{1+HG(z)} \tag{8-60}$$

为闭环离散系统对于输入量的脉冲传递函数。

与连续系统一样，令 $\Phi(z)$ 或 $\Phi_{\mathrm{e}}(z)$ 的分母多项式为零，可得闭环离散系统的特征方程

$$D(z)=1+GH(z)=0 \tag{8-61}$$

表 8-3 列出了几种闭环采样系统输出的 Z 变换。

表 8-3 典型闭环离散系统及输出 Z 变换函数

序号	系统框图	$C(z)$
1	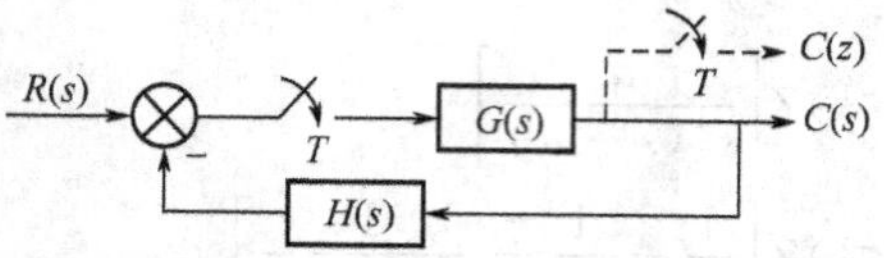	$\dfrac{G(z)R(z)}{1+GH(z)}$
2	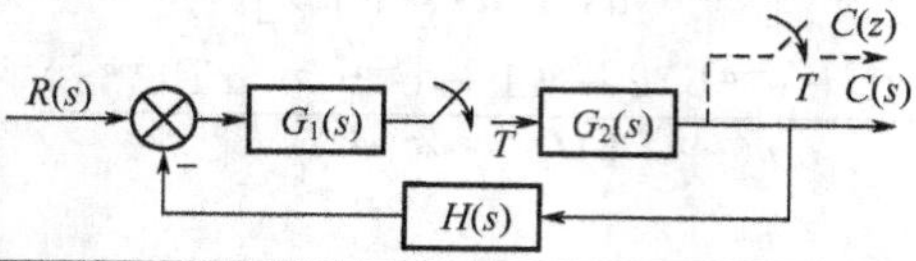	$\dfrac{RG_1(z)G_2(z)}{1+G_1G_2H(z)}$
3	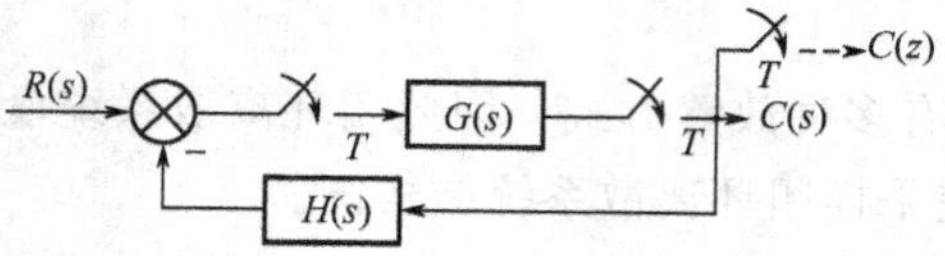	$\dfrac{G(z)R(z)}{1+G(z)H(z)}$
4	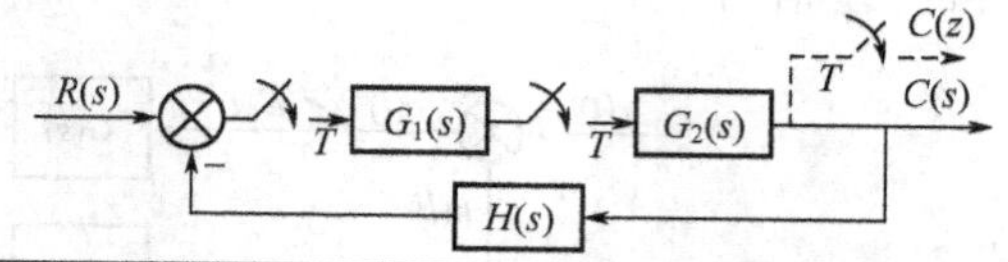	$\dfrac{G_1(z)G_2(z)R(z)}{1+G_1(z)G_2H(z)}$
5	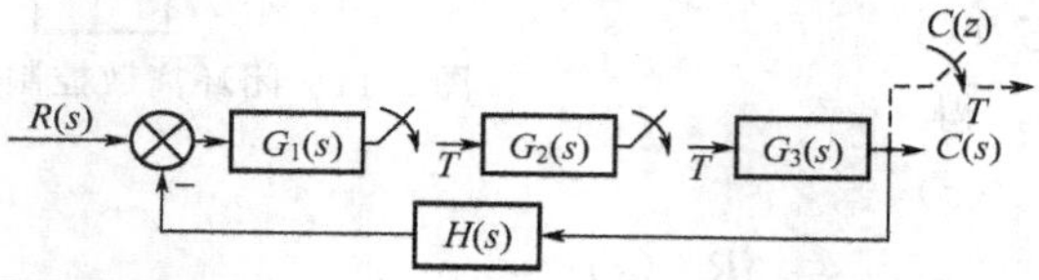	$\dfrac{RG_1(z)G_2(z)G_3(z)}{1+G_2(z)G_1G_3H(z)}$
6	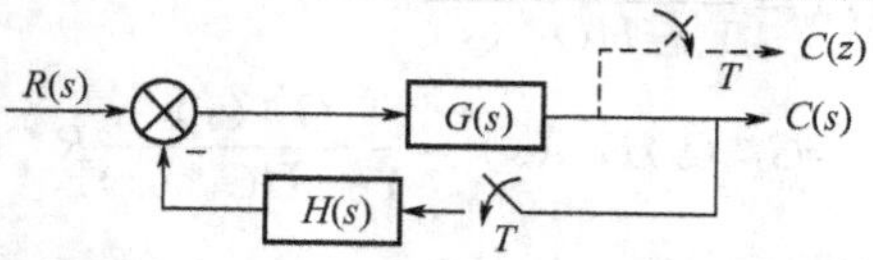	$\dfrac{RG(z)}{1+GH(z)}$
7	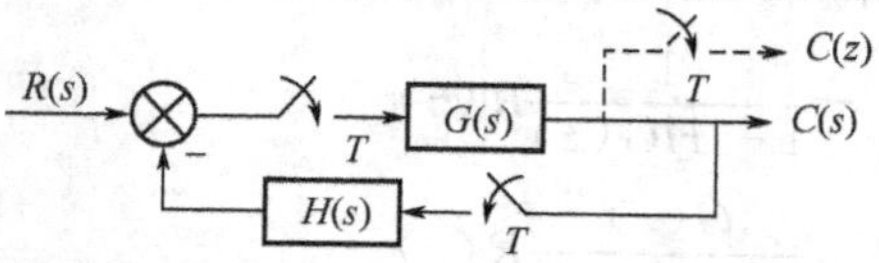	$\dfrac{G(z)R(z)}{1+G(z)H(z)}$
8	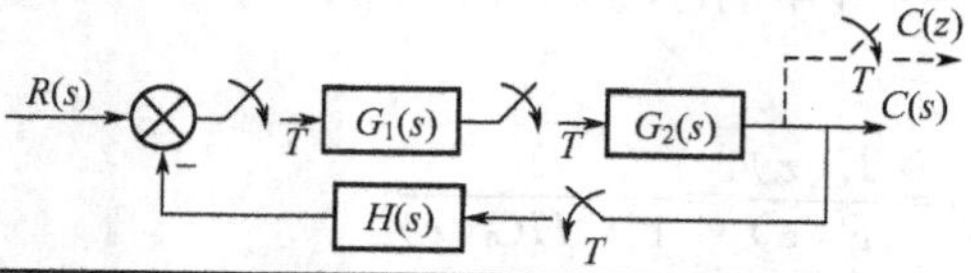	$\dfrac{G_1(z)G_2(z)R(z)}{1+G_1(z)G_2(z)H(z)}$

例 8-16 闭环离散系统结构图如图 8-12 所示，求系统被控信号 $C(s)$ 的 Z 变换。

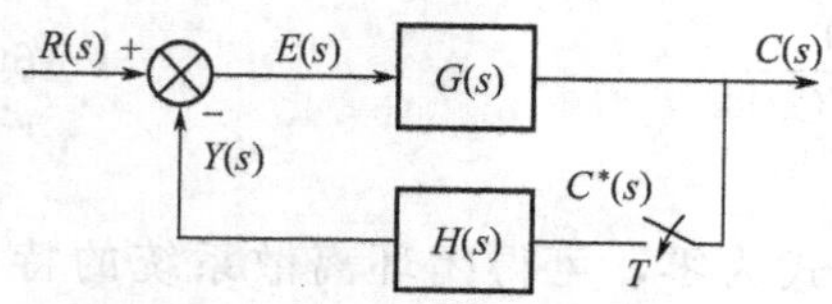

图 8-12 例 8-16 闭环离散系统

解 从图中可得

$$C(s)=E(s)G(s)$$

$$E(s)=R(s)-H(s)C^*(s)$$

$$C(s)=[R(s)-H(s)C^*(s)]G(s)$$

$$=RG(s)-HG(s)C^*(s)$$

对上式求 Z 变换

$$C(z)=RG(z)-HG(z)C(z)$$

所以，输出信号的 Z 变换为

$$C(z)=\frac{RG(z)}{1+HG(z)}$$

由上题可见，该系统写不出闭环脉冲传递函数。如果偏差信号不是以离散信号的形式输入到前向通道的第一个环节，则一般写不出闭环脉冲传递函数，只能写出输出的 Z 变换的表达式。

例 8-17　试求图 8-13 所示的离散控制系统的闭环脉冲传递函数。

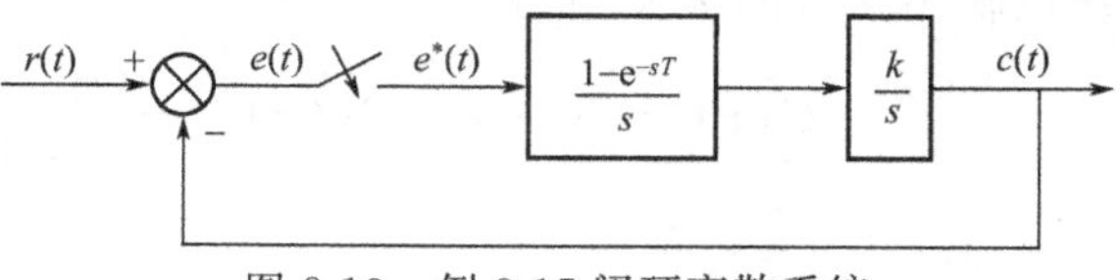

图 8-13　例 8-17 闭环离散系统

解　前向通道的传递函数为

$$G(s)=\frac{1-e^{-Ts}}{s}\ \frac{k}{s}$$

对上式取 Z 变换，得

$$G(z)=Z[G(s)]=(1-Z^{-1})Z\left[\frac{k}{s^2}\right]=\frac{kTz}{(z-1)^2}-z^{-1}\ \frac{kTz}{(z-1)^2}=\frac{kT}{z-1}$$

因此，闭环采样系统的脉冲传递函数为

$$\Phi(z)=\frac{C(z)}{R(z)}=\frac{G(z)}{1+GH(z)}=\frac{\dfrac{kT}{z-1}}{1+\dfrac{kT}{z-1}}=\frac{kT}{z-1+kT}$$

例 8-18　闭环离散控制系统如图 8-14 所示，试求参考输入 $R(s)$ 和扰动输入 $F(s)$ 同时作用时，系统输出信号 $C(s)$ 的 Z 变换。

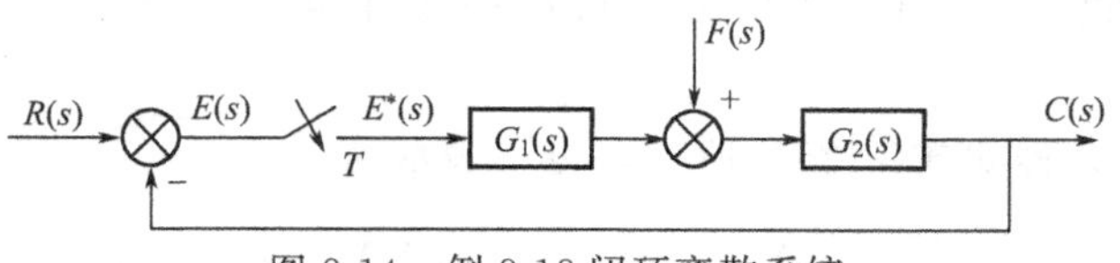

图 8-14　例 8-18 闭环离散系统

解　① 设 $F(s)=0$，$R(s)$ 单独作用，输出为 $C_R(s)$

$$C_R(s)=G_1(s)G_2(s)E^*(s)$$

$$E(s)=R(s)-C_R(s)$$

对上面两式取 Z 变换

$$C_R(z)=G_1G_2(z)E(z)$$

$$E(z)=R(z)-C_R(z)$$

得

$$C_R(z)=\frac{G_1G_2(z)}{1+G_1G_2(z)}R(z)$$

② 当 $R(s)=0$，$F(s)$ 单独作用，输出为 $C_F(s)$

$$C_F(s)=G_2(s)F(s)+G_1(s)G_2(s)E^*(s)$$

$$E(s)=-C_F(s)$$

对上两式取 Z 变换，得

$$C_{\mathrm{F}}(z)=G_2F(z)+G_1G_2(z)E(z)$$
$$E(z)=-C_{\mathrm{F}}(z)$$

整理，得

$$C_{\mathrm{F}}(z)=\frac{G_2F(z)}{1+G_1G_2(z)}$$

系统的输出信号的 Z 变换为

$$C(z)=C_{\mathrm{R}}(z)+C_{\mathrm{F}}(z)=\frac{G_1G_2(z)}{1+G_1G_2(z)}R(z)+\frac{G_2F(z)}{1+G_1G_2(z)}$$

8.7 采样系统的性能分析

和连续控制系统一样，离散控制系统的性能分析也包括三个方面：稳定性、稳态性能和动态性能。

8.7.1 稳定性分析

在连续系统中，介绍了用劳斯稳定判据和奈奎斯特稳定判据来判断系统的稳定性。线性连续系统稳定的充要条件是系统闭环特征方程的所有根都位于 s 平面虚轴的左面，也就是闭环特征根都具有负实部。同样，可以根据线性离散系统的特征值或者闭环系统的脉冲传递函数的极点分布判断系统的稳定性。

(1) 离散系统稳定的充要条件 若离散系统在有界输入序列作用下，其输出序列也是有界的，则称该离散系统是稳定的。而在线性定常连续系统中，系统在时域稳定的充要条件是指：系统齐次微分方程的解是收敛的，或者系统特征方程的根均具有负实部。对线性定常离散系统来说，从时域中的数学模型即线性定常差分方程，同样可以求得其稳定的充要条件。

设线性定常差分方程如式(8-23) 所示，也可表示为

$$c(k)=-\sum_{i=1}^{n}a_ic(k-i)+\sum_{j=0}^{m}b_jr(k-j)$$

其齐次差分方程为

$$c(k)+\sum_{i=1}^{n}a_ic(k-i)=0$$

设通解为 $A\alpha^l$ ，代入齐次方程得

$$A\alpha^l+a_1A\alpha^{l-1}+a_2A\alpha^{l-2}+\cdots+a_nA\alpha^{l-n}=0$$

或

$$A\alpha^l(\alpha^0+a_1\alpha^{-1}+a_2\alpha^{-2}+\cdots+a_n\alpha^{-n})=0$$

因为 $A\alpha^l\neq 0$，故有

$$\alpha^0+a_1\alpha^{-1}+a_2\alpha^{-2}+\cdots+a_n\alpha^{-n}=0$$

以 α^n 乘以上式，得差分方程的特征方程如下

$$\alpha^n+a_1\alpha^{n-1}+a_2\alpha^{n-2}+\cdots+a_n=0 \tag{8-62}$$

不失一般性，设特征方程式(8-62) 有各不相同的特征根 α_1，α_2，…，α_n ，则差分方程

式(8-23) 的通解为

$$c(k)=A_1\alpha_1^l+A_2\alpha_2^l+\cdots+A_n\alpha_n^l=\sum_{i=1}^{n}A_i\alpha_i^l \quad (k=0,1,2,\cdots)$$

式中，系数 A_i 可由给定的 n 个初始条件决定。

当特征方程式(8-62) 的根 $|\alpha_i|<1$，$(i=1, 2, \cdots, n)$，必有 $\lim c(k)=0$，故离散系统稳定的充分必要条件是：当且仅当差分方程式(8-23) 所有特征根的模 $|\alpha_i|<1(i=1, 2, \cdots, n)$，相应的离散系统是稳定的。

离散系统在时域中稳定的充要条件已经知道，下面来看一下其在 z 域中稳定的充要条件。由脉冲传递函数和差分方程的关系，对于如式 (8-23) 所示的系统其脉冲传递函数为

$$G(z)=\frac{C(z)}{R(z)}=\frac{\sum_{j=0}^{m}b_jz^{-j}}{1+\sum_{i=1}^{n}a_iz^{-i}}$$

上式的特征方程为 $$1+\sum_{i=1}^{n}a_iz^{-i}=0$$

两端乘以 z^n 得 $$z^n+a_1z^{n-1}+a_2z^{n-2}+\cdots+a_n=0$$

上式与系统的差分方程对应的特征方程式 (8-62) 形式完全相同，即同一系统的差分方程与脉冲传递函数具有相同的特征方程。

因此，由线性定常离散系统在时域稳定的充要条件可得到其在 z 域稳定的充要条件为：当脉冲传递函数的特征方程的所有特征根 z_i 的模 $|z_i|<1(i=1, 2, \cdots, n)$，即均处于 z 平面的单位圆内时，该系统是稳定的。

上述结论除了可以从差分方程的通解得到外，还可以由 s 平面与 z 平面之间的映射关系来进一步说明。

(2) s 平面到 z 平面的映射关系 定义 Z 变换时，规定复变量 s 与复变量 z 的转换关系为

$$z=\mathrm{e}^{Ts} \tag{8-63}$$

式中，T 为采样周期。

$$s=\sigma+\mathrm{j}\omega$$

将上式代入式 (8-63) 中，得

$$z=\mathrm{e}^{(\sigma+\mathrm{j}\omega)T}=\mathrm{e}^{\sigma T}\mathrm{e}^{\mathrm{j}\omega T}=|z|\mathrm{e}^{\mathrm{j}\omega T} \tag{8-64}$$

于是得到 s 平面到 z 平面的基本映射关系式为

$$|z|=\mathrm{e}^{\sigma T}, \quad \angle z=\omega T$$

因此，在 s 域中任意一点 $s=\sigma+\mathrm{j}\omega$ 相应地在 z 域上对应一点，其模为 $\mathrm{e}^{\sigma T}$，角度为 ωT。

对于 s 平面的虚轴，复变量 s 的实部 $\sigma=0$，其虚部 ω 从 $-\infty$ 到 $+\infty$。从上式可见，$\sigma=0$ 对应 $|z|=1$；ω 从 $-\infty$ 变到 $+\infty$ 对应复变量 z 的幅角 $\angle z$ 也从 $-\infty$ 变到 $+\infty$。当 ω 从 $-\frac{1}{2}\omega_s$ 变到 $\frac{1}{2}\omega_s$ 时，$\angle z$ 由 $-\pi$ 变化到 $+\pi$，变化了一周。因此 s 平面虚轴由 $s=-\mathrm{j}\frac{1}{2}\omega_s$ 到 $s=+\mathrm{j}\frac{1}{2}\omega_s$ 区段，映射到 z 平面为一单位圆，如图 8-15 所示。当虚轴上 $s=-\mathrm{j}\frac{3}{2}\omega_s$ 变化到

$s=-\mathrm{j}\dfrac{1}{2}\omega_{\mathrm{s}}$ 以及 $s=+\mathrm{j}\dfrac{1}{2}\omega_{\mathrm{s}}$ 到 $s=+\mathrm{j}\dfrac{3}{2}\omega_{\mathrm{s}}$ 等区段在 z 平面上的映象同样是 z 平面上的单位圆。实际上 s 平面虚轴频率差为 ω_{s} 的每一段都映射为 z 平面上的单位圆，当复变量 s 从 s 平面虚轴的 $-\mathrm{j}\infty$ 到 $+\mathrm{j}\infty$ 时，复变量 z 在 z 平面上将按逆时针方向沿单位圆重复转过无数多圈。也就是说，s 平面的虚轴在 z 平面的映象为单位圆。

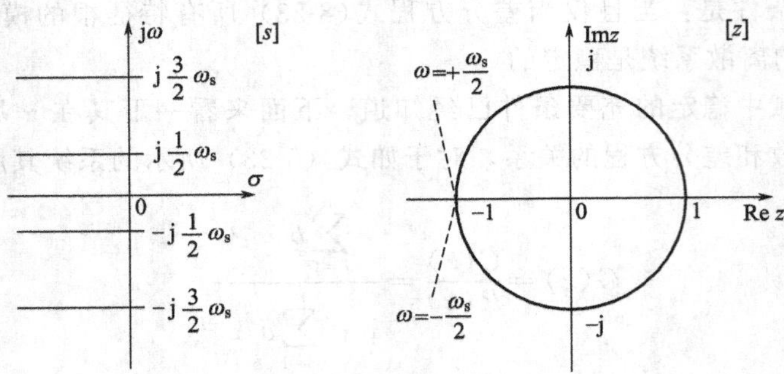

图 8-15　s 平面到 z 平面的映射

在连续系统中，闭环传递函数的极点位于 s 平面的左半平面时（即 $\sigma_i<0$），系统是稳定的。所以，由式(8-64) 的关系可得

在 s 平面内		在 z 平面内
$\sigma_i>0$	系统不稳定	$\lvert z_i\rvert>1$
$\sigma_i=0$	临界稳定	$\lvert z_i\rvert=1$
$\sigma_i<0$	系统稳定	$\lvert z_i\rvert<1$

由此可见，s 平面的左半平面对应于 z 平面以原点为圆心的单位圆内，s 平面虚轴映射为 z 平面单位圆边界，s 平面的右半部，在 z 平面的映象为单位圆外部区域。

s 平面左半部可以分成宽度为 ω_{s}，频率范围为 $\dfrac{2n-1}{2}\omega_{\mathrm{s}}\sim\dfrac{2n+1}{2}\omega_{\mathrm{s}}$（$n=0$，$\pm1$，$\pm2$，…）平行于横轴的无数多条带域，每一个带域都映射为 z 平面的单位圆内的圆域。其中的带域 $-\dfrac{1}{2}\omega_{\mathrm{s}}<\omega<\dfrac{1}{2}\omega_{\mathrm{s}}$ 称为主频带，其余称为次频带。

(3) 线性离散系统稳定的充分必要条件　设闭环线性离散系统的特征方程的根，或闭环脉冲传递函数的极点为 z_1，z_2，…，z_n，则线性离散系统稳定的充分必要条件为：

线性离散系统的全部特征根 z_i（$i=1$，2，…，n）都分布在 z 平面的单位圆之内，或者说全部特征根的模都必须小于1，即 $\lvert z_i\rvert<1$（$i=1$，2，…，n）。如果在上述特征根中，有位于 z 平面单位圆之外者时，则闭环系统将是不稳定的。

例 8-19　已知单位采样系统如图 8-16 所示，$G(z)=\dfrac{0.368z+0.264}{(z-1)(z-0.368)}$，判断该系统的稳定性。

解
$$\frac{C(z)}{R(z)}=\frac{G(z)}{1+G(z)}$$

该采样系统的特征方程为 $1+G(z)=0$

即
$$1+\frac{0.368z+0.264}{(z-1)(z-0.368)}=0$$

$$z^2-z+0.632=0$$

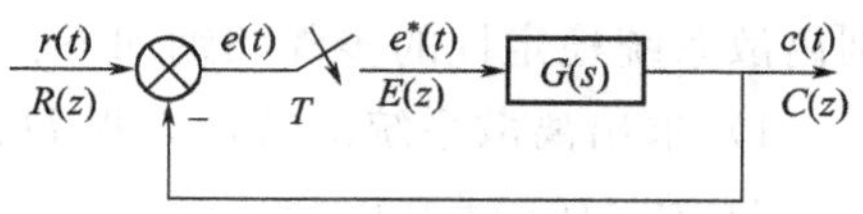

图 8-16　单位反馈误差采样定理

特征根为

$$z_{1,2}=\frac{1\pm\sqrt{1-4\times 0.632}}{2}=0.5\pm \mathrm{j}0.618$$

该系统的两个特征根 z_1 和 z_2 是一对共轭复根，模是相等的，即

$$|z_1|=|z_2|=\sqrt{0.5^2+0.618^2}=0.795<1$$

由于两个特征根 z_1 和 z_2 都分布在 z 平面单位圆内，所以该系统是稳定的。

(4) 劳斯稳定判据　离散系统稳定的充分必要条件是其特征方程的根全部位于 z 平面上以原点为圆心的单位圆内。但对于高阶系统来说，求解特征方程是很困难的，所以必须找出简单实用的判别离散系统稳定性的方法。

在分析连续系统稳定性时，采用劳斯稳定判据，由特征方程的各项系数直接判断它的根是否全具有负实部，从而判断出系统是否稳定。但劳斯稳定判据不能判别特征方程的根是否落在单位圆内，所以不能直接用来判断离散系统的稳定性，需要引用一个新的坐标变换。采用 ω 变换，将 z 平面的单位圆内的部分映射到 ω 平面的左半部。

做变量代换，令

$$z=\frac{\omega+1}{\omega-1} \tag{8-65}$$

则有

$$\omega=\frac{z+1}{z-1} \tag{8-66}$$

上两式表明，复变量 z 和 ω 互为线性变换，故 ω 变换又称为双线性变换。

将复变量 z 写成

$$z=x+\mathrm{j}y \qquad \omega=u+\mathrm{j}v$$

按照式(8-66)，应有

$$\omega=u+\mathrm{j}v=\frac{z+1}{z-1}=\frac{(x+1)+\mathrm{j}y}{(x-1)+\mathrm{j}y}=\frac{x^2+y^2-1}{(x-1)^2+y^2}-\mathrm{j}\,\frac{2y}{(x-1)^2+y^2} \tag{8-67}$$

由于 $x^2+y^2=|z|^2$，由式 (8-67) 可知，分母永远大于零。因此，若 $x^2+y^2=1$，则 $u=0$，表明 ω 平面的虚轴对应于 z 平面上的单位圆周。若 $x^2+y^2<1$，则 $u<0$，表明 ω 平面左半部对应于 z 平面上的单位圆内。若 $x^2+y^2>1$，则 $u>0$，表明 ω 平面右半部对应于 z 平面上的单位圆外。ω 平面与 z 平面的这种对应关系如图 8-17 所示。由于有这样的对应关系，就可以由复变量 s 的实部是否大于零来判断 $|z|$ 是否小于 1。

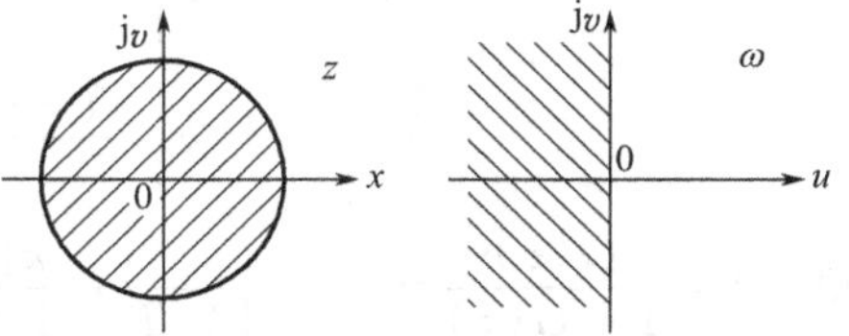

图 8-17　z 平面到 ω 平面的映射

如此，得到以下结论：若离散系统的特征方程为 $D(z)=0$。在特征方程中用式 (8-65) 作变量代换，得到关于 ω 的方程 $D(\omega)=0$。如果 $D(\omega)$ 的根全部具有负实部，则 $D(z)=0$ 的根全部在 z 平面的单位圆内，离散系统是稳定的；反之，系统是不稳定的。

判断方程式 $D(\omega)=0$ 的根是否全具有负实部，可以采用劳斯稳定判据。用劳斯判据判别离散系统稳定性的步骤归纳如下：

1）求出离散系统的特征方程 $D(z)=0$。

2）在 $D(z)=0$ 中令 $z=(\omega+1)/(\omega-1)$，得到方程式 $D(\omega)=0$。

3）利用劳斯稳定判据，判断 $D(\omega)=0$ 的根是否全部具有负实部，从而判别离散系统是否稳定。

例 8-20 已知采样系统的闭环特征方程为 $D(z)=45z^3-117z^2+119z-39$，使用双线性变换，并用劳斯判据确定稳定性。

解 对 $D(z)$ 做双线性变换，即将 $z=\dfrac{\omega+1}{\omega-1}$ 代入 $D(z)$ 中得

$$D(\omega)=45\left(\frac{\omega+1}{\omega-1}\right)^3-117\left(\frac{\omega+1}{\omega-1}\right)^2+119\left(\frac{\omega+1}{\omega-1}\right)-39=0$$

化简后，得 ω 域特征方程为

$$\omega^3+2\omega^2+2\omega+40=0$$

列出劳斯表如下

$$\begin{array}{lll}
\omega^3 & 1 & 2 \\
\omega^2 & 2 & 40 \\
\omega^1 & \dfrac{2\times 2-40}{2}=-18 & 0 \\
\omega^0 & 40 &
\end{array}$$

由劳斯表第一列系数可以看出，符号变化 2 次，说明系统是不稳定的，在 ω 域右半平面有 2 个极点，也就是 z 域上单位圆外有 2 个特征根。

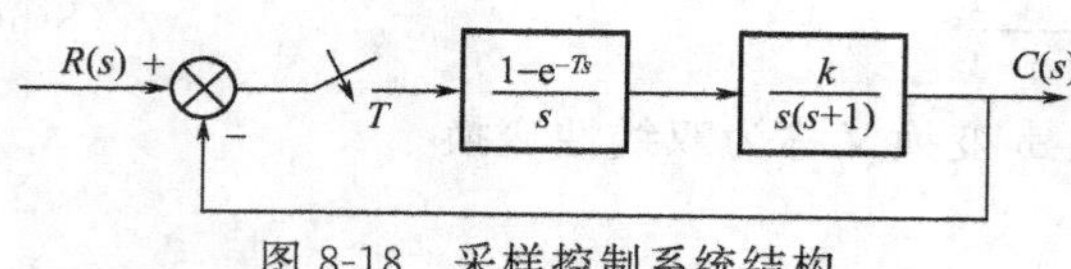

图 8-18 采样控制系统结构

例 8-21 采样控制系统结构如图 8-18 所示。当采样周期 $T=1$ 时，试确定使系统稳定的 k 值范围。

解 先求系统的闭环脉冲传递函数

$$G(z)=Z\left[\frac{1-e^{-Ts}}{s}\frac{k}{s(s+1)}\right]=\frac{z}{z-1}Z\left[\frac{k}{s^2(s+1)}\right]$$

$$=k\left[\frac{(T-1+e^{-T})z+(1-e^{-T}-Te^{-T})}{(z-1)(z-e^{-T})}\right]$$

$$\Phi(z)=\frac{G(z)}{1+G(z)}=\frac{k[(T-1+e^{-T})z+(1-e^{-T}-Te^{-T})]}{z^2+[k(T-1+e^{-T})-(1+e^{-T})]z+[k(1-e^{-T}-Te^{-T})+e^{-T}]}$$

特征方程为

$$D(z)=z^2+[k(T-1+e^{-T})-(1+e^{-T})]z+[k(1-e^{-T}-Te^{-T})+e^{-T}]=0$$

将采样周期 $T=1$ 代入上式，得

$$D(z)=z^2+(0.368k-1.368)z+(0.264k+0.368)=0$$

将 $z=\dfrac{\omega+1}{\omega-1}$ 代入上式并整理得

$$D(\omega)=0.632k\omega^2+(1.264-0.528k)\omega+(2.763-0.104k)=0$$

劳斯表为

ω^2　　$0.632k$　　$2.736-0.104k$

ω^1　　$1.264-0.528k$

ω^0　　$2.736-0.104k$

将劳斯表的第一列系数全大于零，k 的取值范围为

$$0<k<2.394$$

(5) 朱利稳定判据 朱利（Jury）判据是直接在 z 域内应用的稳定性判据。类似于连续系统中的霍尔维茨判据，它是根据离散系统的闭环特征方程 $D(z)=0$ 的系数，检验其根是否全部位于 z 平面上以原点为圆心的单位圆内，从而判别离散系统是否稳定的。

设离散系统的闭环特征方程为

$$D(z)=a_0+a_1z+a_2z^2+\cdots+a_nz^n \qquad (a_n>0)$$

利用特征方程的系数，按照下述方法构造$(2n-3)\times(n+1)$朱利矩阵。

行＼列	z^0	z^1	z^2	…	z^{n-k}	…	z^{n-2}	z^{n-1}	z^n
1	a_0	a_1	a_2	…	a_{n-k}	…	a_{n-2}	a_{n-1}	a_n
2	a_n	a_{n-1}	a_{n-2}	…	a_k	…	a_2	a_1	a_0
3	b_0	b_1	b_2	…	b_{n-k}	…	b_{n-2}	b_{n-1}	
4	b_{n-1}	b_{n-2}	b_{n-3}	…	b_{k-1}	…	b_1	b_0	
5	c_0	c_1	c_2	…	c_{n-k}	…	c_{n-2}		
6	c_{n-2}	c_{n-3}	c_{n-4}	…	c_{k-2}	…	c_0		
…	…	…	…						
$2n-5$	l_0	l_1	l_2	l_4					
$2n-4$	l_3	l_2	l_1	l_0					
$2n-3$	m_0	m_1	m_2						

可见第一行是从 a_0 到 a_n 的原有系数组成，第二行则是由同样的系数按相反的顺序构成，1、2 行构成一个行对，3、4 行构成一个行对，注意到下一个行对系数的序号总比上一个行对小 1，当一行中只有 3 个数值时，矩阵就结束了。

不同的系数可按下式估算出

$$b_k=\begin{vmatrix} a_0 & a_{n-k} \\ a_n & a_k \end{vmatrix} \qquad k=0,1,\cdots,n-1$$

$$c_k=\begin{vmatrix} b_0 & b_{n-k-1} \\ b_{n-1} & b_k \end{vmatrix} \qquad k=0,1,\cdots,n-2$$

$$d_k=\begin{vmatrix} c_0 & c_{n-k-2} \\ c_{n-2} & c_k \end{vmatrix} \qquad k=0,1,\cdots,n-3$$

$$m_0=\begin{vmatrix} l_0 & l_3 \\ l_3 & l_0 \end{vmatrix} \qquad m_1=\begin{vmatrix} l_0 & l_2 \\ l_3 & l_1 \end{vmatrix} \qquad m_2=\begin{vmatrix} l_0 & l_1 \\ l_3 & l_2 \end{vmatrix}$$

朱利稳定判据，即离散线性定常系统稳定的充分必要条件是：

1) $D(1)=D(z)\big|_{z=1}>0$ (8-68)

2) $(-1)^n D(-1)=(-1)^n D(z)\big|_{z=-1}>0$ (8-69)

3) 朱利矩阵中的元素满足下列$(n-1)$ 个约束条件

$$|a_0|<a_n\;;\;|b_0|>|b_{n-1}|\;;\;|c_0|>|c_{n-2}|\;;\cdots;\;|l_0|>|l_3|\;;\;|m_0|>|m_2| \tag{8-70}$$

例 8-22 和例 8-20 相同的系统，用朱利稳定判据判定系统的稳定性。

解 $D(1)=8>0$， $D(-1)=-320<0$ $(n=3)$

列朱利矩阵

行数	z^0	z^1	z^2	z^3
1	-39	119	-117	45
2	45	-117	119	-39
3	-504	624	-792	
4	-792	624	-504	

表中第三行元素

$$b_0=-504\,,\,b_1=624\,,\,b_2=-792$$

$$|b_0|=504<|b_2|=792$$

不满足稳定的条件，所以系统不稳定。

8.7.2 稳态性能分析

在连续系统中，系统的稳态性能是用系统响应的稳态误差来表征。对离散系统，也可以采用采样时刻的稳态误差来评价控制精度。离散系统稳态误差和系统本身及输入信号都有关系，在系统特性中起主要作用的是系统的型别及开环增益。稳态误差的计算通常采用建立在Z变换基础上的终值定理来求取。

离散系统误差信号的脉冲序列 $e^*(t)$ 反映在采样时刻，即系统希望输出与实际输出之差。当 $t\geqslant t_s$时，即过渡过程结束之后，系统误差信号的脉冲序列就是离散系统的稳态误差，一般记为

$$e_{ss}^*(t) \qquad (t\geqslant t_s)$$

$e^*(t)$ 是一个随时间变化的信号，当时间 $t\to\infty$时，可以求得线性离散系统在采样点上的稳态误差终值 $e_{ss}^*(\infty)$

$$e_{ss}^*(\infty)=\lim_{t\to\infty}e^*(t)=\lim_{t\to\infty}e_{ss}^*(t)$$

如果误差信号的Z变换为 $E(z)$，在满足Z变换终值定理使用条件的情况下，可以利用Z变换的终值定理求离散系统的稳态误差终值 $e_{ss}^*(\infty)$。

$$e_{ss}^*(\infty)=\lim_{t\to\infty}e^*(t)=\lim_{z\to1}(z-1)E(z) \tag{8-71}$$

由于离散系统没有唯一的典型结构图形式，所以对于误差脉冲传递函数 $\Phi_E(z)$ 也给不出一般的计算公式。离散系统的稳态误差需要针对不同形式的离散系统来求取。这里，仅针对单位反馈的离散系统进行讨论。

如图 8-16 所示的单位负反馈误差采样系统。其中，$G(s)$为连续部分的传递函数，$e(t)$为系统连续误差信号，$e^*(t)$为系统采样误差信号。

该系统的开环脉冲传递函数为

$$G(z)=Z[G(s)]$$

系统闭环脉冲传递函数为

$$\Phi(z)=\frac{C(z)}{R(z)}=\frac{G(z)}{1+G(z)}$$

系统闭环误差脉冲传递函数为

$$\Phi_{\mathrm{E}}(z)=\frac{E(z)}{R(z)}=\frac{1}{1+G(z)}$$

系统误差信号的 Z 变换为

$$E(z)=R(z)-C(z)=\Phi_{\mathrm{E}}(z)R(z)$$

如果离散系统是稳定的，即系统的闭环脉冲传递函数 $\Phi(z)$ 或误差脉冲传递函数 $\Phi_{\mathrm{E}}(z)$ 的全部极点位于 z 平面以原点为圆心的单位圆内，并且 $(z-1)E(z)$ 满足终值定理的应用条件，则应用 Z 变换的终值定理可以计算离散系统的稳态差

$$e_{\mathrm{ss}}^{*}(\infty)=\lim_{t\to\infty}e^{*}(t)=\lim_{z\to1}(z-1)E(z)=\lim_{z\to1}\frac{(z-1)}{1+G(z)}R(z) \tag{8-72}$$

连续系统以开环传递函数 $G(s)$ 中含有 $s=0$ 的开环极点个数 v 作为划分系统型别的标准，分别把 $v=0$、1、2 的系统称为 0 型、Ⅰ型和Ⅱ型系统。由 Z 变换的定义 $z=\mathrm{e}^{sT}$ 可知，若 $G(s)$ 有一个 $s=0$ 的开环极点，$G(z)$ 则有一个 $z=1$ 的开环极点。因此，在线性离散系统中，也可以把开环脉冲传递函数 $G(z)$ 具有 $z=1$ 的开环极点的个数 v 作为划分离散系统型别的标准，即把 $G(z)$ 中 $v=0$、1、2 的系统分别称为 0 型、Ⅰ型和Ⅱ型离散系统。

为了评价系统的稳态精度，通常用典型输入信号作用下稳态误差的大小或者用称之为系统的静态误差系数来表示。

(1) 阶跃（位置）**输入时的稳态误差**

$$r(t)=A\times1(t)$$

$$R(z)=A\frac{z}{z-1}$$

系统的稳态误差为

$$e(\infty)=\lim_{z\to1}(z-1)\frac{1}{1+G(z)}\times A\frac{z}{z-1}=\lim_{z\to1}\frac{Az}{1+G(z)}$$

$$=\frac{A}{1+\lim\limits_{z\to1}G(z)}=\frac{A}{1+K_{\mathrm{p}}} \tag{8-73}$$

其中

$$K_{\mathrm{p}}=\lim_{z\to1}G(z) \tag{8-74}$$

称为系统的**静态位置误差系数**。

(2) 斜坡（速度）**输入时的稳态误差**

$$r(t)=Bt$$

$$R(z)=B\frac{Tz}{(z-1)^2}$$

系统的稳态误差为

$$e(\infty)=\lim_{z\to 1}(z-1)\frac{1}{1+G(z)}\times B\frac{Tz}{(z-1)^2}=\lim_{z\to 1}\frac{BTz}{(z-1)+(z-1)G(z)}$$

$$=\frac{BT}{\lim\limits_{z\to 1}(z-1)G(z)}=\frac{B}{K_v} \tag{8-75}$$

其中

$$K_v=\frac{1}{T}\lim_{z\to 1}(z-1)G(z) \tag{8-76}$$

称为系统的**静态速度误差系数**。

(3) 抛物线（加速度）输入时的稳态误差

$$r(t)=\frac{1}{2}Ct^2$$

$$R(z)=C\frac{T^2z(z+1)}{2(z-1)^3}$$

系统的稳态误差为

$$e(\infty)=\lim_{z\to 1}(z-1)\frac{1}{1+G(z)}\times C\frac{T^2z(z+1)}{2(z-1)^3}$$

$$=\lim_{z\to 1}\frac{CT^2z(z+1)}{2[(z-1)^2+(z-1)^2G(z)]}$$

$$=\lim_{z\to 1}\frac{CT^2}{(z-1)^2G(z)}=\frac{C}{K_a} \tag{8-77}$$

其中

$$K_a=\frac{1}{T^2}\lim_{z\to 1}(z-1)^2G(z) \tag{8-78}$$

称为系统的**静态加速度误差系数**。

在三种典型信号作用下，0 型、Ⅰ型和Ⅱ型负反馈离散系统当 $t\to\infty$ 时的稳态误差如表 8-4 所示。

表 8-4　离散系统稳态误差

稳定系统的型别	位置误差 $r(t)=A\times 1(t)$	速度误差 $r(t)=Bt$	加速度误差 $r(t)=\frac{1}{2}Ct^2$
0 型	$\frac{A}{1+K_p}$	∞	∞
Ⅰ型	0	$\frac{B}{K_v}$	∞
Ⅱ型	0	0	$\frac{C}{K_a}$

类似地可以讨论离散系统的动态误差系数，由于推导过程中需要涉及较多工程数学的知识，这里不再讨论。

例 8-23　采样系统结构如图 8-19 所示，采样周期 $T=0.2\text{s}$，输入信号 $r(t)=1+t+\frac{1}{2}t^2$，试计算系统的稳态误差。

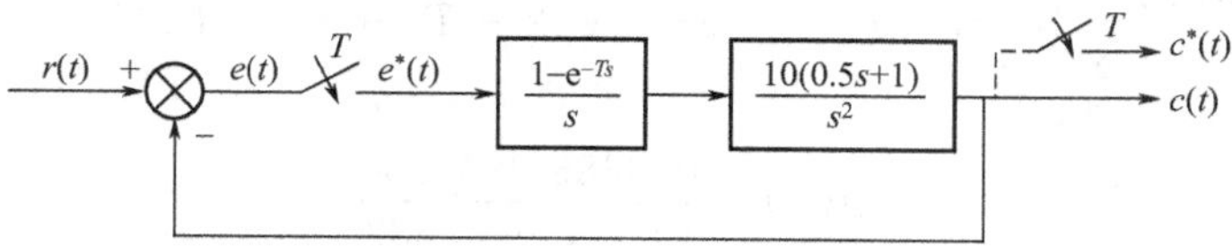

图 8-19　闭环离散系统结构图

解　$G(z)=\dfrac{z-1}{z}Z\left[\dfrac{10(0.5s+1)}{s^3}\right]=\dfrac{z-1}{z}Z\left[\dfrac{10}{s^3}+\dfrac{5}{s^2}\right]$

$$=\frac{z-1}{z}\left[\frac{5T^2z(z+1)}{(z-1)^3}+\frac{5Tz}{(z-1)^2}\right]$$

将采样周期 $T=0.2\text{s}$ 并化简得

$$G(z)=\frac{1.2z-0.8}{(z-1)^2}$$

经判断系统稳定，且系统为Ⅱ型系统，所以

$$K_p=\infty,\quad K_v=\infty,\quad K_a=\frac{1}{T^2}\lim_{z\to1}(z-1)^2G(z)=\frac{0.4}{0.04}=10$$

系统的稳态误差为

$$e(\infty)=\frac{1}{K_p}+\frac{1}{K_v}+\frac{1}{K_a}=0+0+\frac{1}{10}=0.1$$

8.7.3　动态性能分析

和连续系统一样，不仅要求系统是稳定的，而且还希望它具有良好的动态性能。如果可以建立控制系统的数学模型（差分方程、脉冲传递函数等），然后通过求解系统的差分方程，或者 Z 反变换，求出典型输入信号作用下的系统输出信号的脉冲序列 $c^*(t)$，根据动态性能指标的定义，确定出超调量、超调时间、调解时间以及稳态误差等性能指标。

例 8-24　设有零阶保持器的采样系统如图 8-20 所示，其中 $r(t)=1(t)$，$T=1\text{s}$，$k=1$。试分析该系统的动态性能。

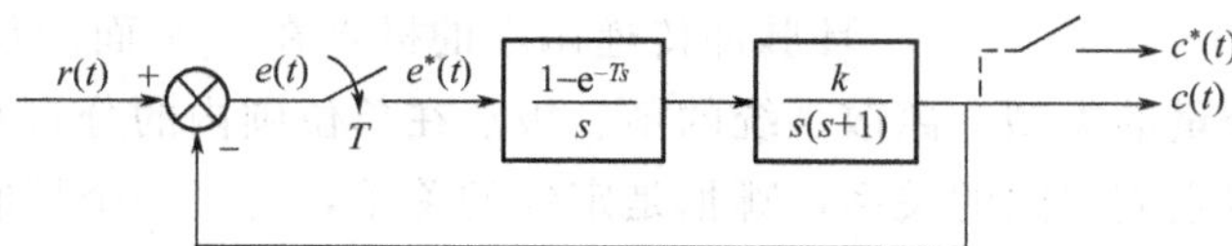

图 8-20　闭环离散系统

解　开环脉冲传递函数 $G(z)$

$$G(z)=\frac{z-1}{z}\times Z\left[\frac{1}{s^2(s+1)}\right]=\frac{z-1}{z}\times Z\left[\frac{1}{s^2}-\frac{1}{s}+\frac{1}{s+1}\right]$$

$$=\frac{z(T+e^{-T}-1)+(1-Te^{-T}-e^{-T})}{z^2-z(1+e^{-T})+e^{-T}}$$

闭环脉冲传递函数

$$\Phi(z)=\frac{G(z)}{1+G(z)}=\frac{z(T+\mathrm{e}^{-T}-1)+(1-T\mathrm{e}^{-T}-\mathrm{e}^{-T})}{z^2-z(2-T)+(1-T\mathrm{e}^{-T})}$$

将 $T=1\mathrm{s}$ 代入得

$$\Phi(z)=\frac{0.368z+0.264}{z^2-z+0.632}$$

将 $R(z)=\dfrac{z}{z-1}$ 代入，得单位阶跃响应的Z变换

$$C(z)=\Phi(z)R(z)=\frac{0.368z^{-1}+0.264z^{-2}}{1-2z^{-1}+1.632z^{-2}-0.632z^{-3}}$$

利用长除法，将 $C(z)$ 展成无穷级数形式，即

$$C(z)=0.368z^{-1}+z^{-2}+1.4z^{-3}+1.4z^{-4}+1.147z^{-5}+0.895z^{-6}$$
$$+0.802z^{-7}+0.868z^{-8}+0.993z^{-9}+1.077z^{-10}+\cdots$$

由Z变换的定义，得 $c(t)$ 在各采样时刻的值 $c(kT)(k=0,1,2,\cdots)$ 为

$c(0)=0$　　$c(T)=0.368$　　$c(2T)=1$

$c(3T)=1.4$　　$c(4T)=1.4$　　$c(5T)=1.147$

$c(6T)=0.895$　　$c(7T)=0.802$　　$c(8T)=0.868$

$c(9T)=0.993$　　$c(10T)=1.077\cdots$

阶跃响应的离散信号即脉冲序列 $c^*(t)$ 为

$$c^*(t)=0.368\delta(t-T)+\delta(t-2T)+1.4\delta(t-3T)+1.4\delta(t-4T)$$
$$+1.147\delta(t-5T)+0.895\delta(t-6T)+\cdots$$

根据 $c(kT)(k=0,1,2,\cdots)$ 的值，可以绘出单位阶跃响应 $c^*(t)$，如图8-21所示。由图求得系统的近似性能指标为上升时间 $t_s=2\mathrm{s}$，峰值时间 $t_p=3\mathrm{s}$，调节时间 $t_s=12\mathrm{s}$，超调量 $\sigma=40\%$。

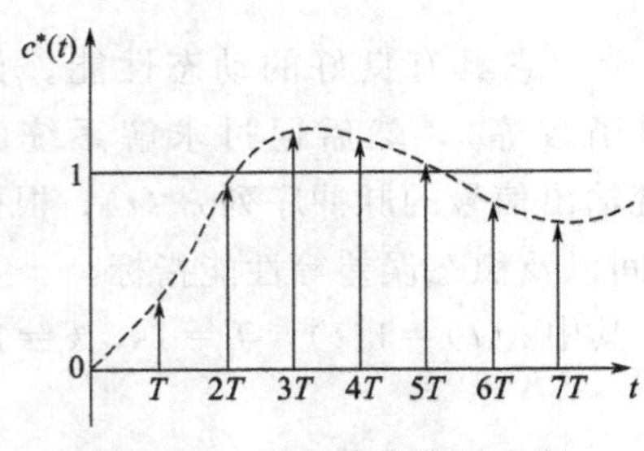

图8-21　系统单位阶跃响应

8.7.4　离散系统极点分布与动态响应的关系

在连续系统中，闭环极点在 s 平面上的位置与系统的瞬态响应有着密切的关系。同样，在离散系统中，闭环脉冲传递函数的极点在 z 平面的位置决定了系统时域响应中瞬态响应各分量的类型。离散系统的零、极点在单位圆内的分布对系统的动态性能具有重要的影响，确定它们之间的关系，哪怕是定性的关系，对于一个控制工程师来说，都是有指导意义的。

设系统的闭环脉冲传递函数为

$$\Phi(z)=\frac{M(z)}{D(z)}=\frac{k\prod_{j=1}^{m}(z-z_j)}{\prod_{i=1}^{n}(z-p_i)}\quad(n>m)\tag{8-79}$$

式中，z_j 为系统的闭环零点，p_i 为系统的闭环极点。

当 $r(t)=1(t)$，$R(z)=\dfrac{z}{z-1}$ 时，系统输出的Z变换为

$$C(z)=\Phi(z)R(z)=\frac{k\prod_{j=1}^{m}(z-z_j)}{\prod_{i=1}^{n}(z-p_i)}\frac{z}{z-1}$$

当特征方程无重根时，$C(z)$ 可展开为

$$C(z)=\frac{Az}{z-1}+\sum_{i=1}^{n}\frac{B_i z}{z-p_i} \tag{8-80}$$

式中

$$A=\left.\frac{M(z)}{D(z)}\right|_{z=1}$$

$$B_i=\left.\frac{M(z)(z-p_i)}{D(z)(z-1)}\right|_{z=p_i}$$

对式（8-80）进行 Z 反变换可得

$$c(kT)=A+\sum_{i=1}^{n}B_i p_i^k$$

系统的瞬态响应分量为

$$\sum_{i=1}^{n}B_i p_i^k$$

下面讨论系统 Z 传递函数的极点位置与脉冲响应的关系。

(1) 实轴上的单极点　当闭环脉冲传递函数的极点位于实轴上，则在瞬态响应中将含有一个相应的分量

$$c_i(kT)=B_i p_i^k$$

① 当 $0<P_i<1$，$c(kT)$ 为单调衰减正脉冲序列，且 P_i 越接近 0，衰减越快。

② 当 $P_i=1$，$c(kT)$ 为等幅脉冲序列。

③ 当 $P_i>1$，$c(kT)$ 为发散脉冲序列。

④ 当 $-1<P_i<0$，$c(kT)$ 为交替变号的衰减脉冲序列。

⑤ 当 $P_i=-1$，$c(kT)$ 为交替变号的等幅脉冲序列。

⑥ 当 $P_i<-1$，$c(kT)$ 为交替变号的发散脉冲序列。

因此，当 p_i 位于 z 平面上不同位置时，其对应的脉冲响应序列也不相同。如图 8-22 所示。

(2) 共轭复数极点　如果闭环脉冲传递函数有共轭复数极点 $p_{i,i+1}=a\pm \mathrm{j}b$，可以证明这一对共轭复数极点所对应的瞬态响应分量为

$$c_i(kT)=A_i\lambda_i^k\cos(k\theta_i+\varphi_i)$$

式中，A_i 和 φ_i 是由部分分式展开式的系数所决定的常数。

$$\lambda_i=\sqrt{a^2+b^2}=|p_i|$$

$$\theta_i=\arctan\frac{b}{a}$$

① 当 $|p_i|<1$，$c(kT)$ 为衰减振荡脉冲序列。

② 当 $|p_i|=1$，$c(kT)$ 为等幅振荡脉冲序列。

③ 当 $|p_i|>1$，$c(kT)$ 为发散振荡脉冲序列。

复数极点的瞬态响应如图 8-23 所示。

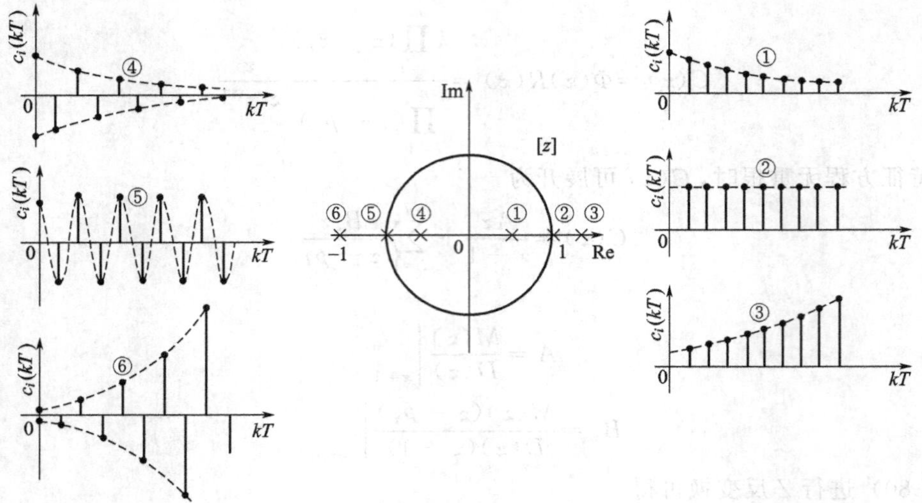

图 8-22　实数极点的瞬态响应

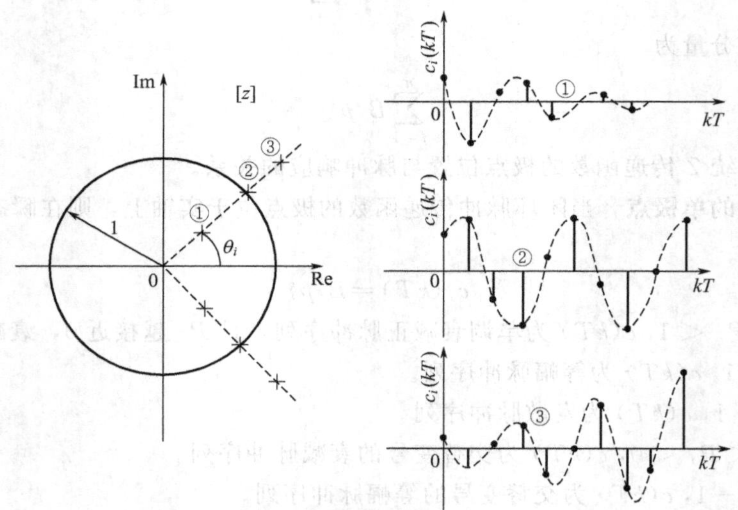

图 8-23　复数极点的瞬态响应

从上面的分析和图 8-22、图 8-23 可以看出，若极点位于单位圆外，输出序列是发散的，系统不稳定，显然，这样的系统是不能正常工作的。但即使极点位于单位圆内，其动态过程的性质也很不一样。当极点位于负实轴上时，虽然输出序列是收敛的，但它是正负交替的衰减振荡过程，过渡过程的振荡频率最高，等于采样频率的一半，在稳定的系统中，它的特性最坏。例如，它将导致机械系统强烈地振动。当极点是共轭复数极点时，输出是振荡衰减的，也不太令人满意。从图上明显地看出，极点最好分布在单位圆内的正实轴上，这时系统的输出为指数衰减.而且不出现振荡。尤为理想的是极点分布在正实轴靠近原点的地方，这时过渡过程快，离散系统具有快速响应的性能。这一结论很重要，它是以后配置离散系统闭环极点的理论依据。

8.7.5　采样系统的频域分析

与连续系统频率法类似，可以采用对数频率特性（即伯德图）分析离散系统的性能。若

将 ω 变换公式式(8-65) 和式(8-66) 改为

$$z=\frac{1+\omega}{1-\omega} \text{和} \omega=\frac{z-1}{z+1} \tag{8-81}$$

也可以得到类似的映射关系。

利用式(8-81) 的 ω 变换公式，将系统的开环传递函数 $G(z)$ 变成 $G(\omega)$。设复变量 $\omega=u+\mathrm{j}\nu$，ν 称为虚拟频率，令 $\omega=\mathrm{j}\nu$，代入 $G(\omega)$ 得到 $G(\mathrm{j}\nu)$，$G(\mathrm{j}\nu)$ 称为离散系统的开环虚拟频率特性。然后绘制系统的开环对数幅频特性曲线 $20\lg|G(\mathrm{j}\nu)|$ 和相频特性曲线 $\angle G(\mathrm{j}\nu)$。按照绘制的对数频率特性曲线，可以用连续系统中的分析方法判断离散系统的稳定性，计算幅值裕度和相角裕度，确定静态误差系数，以评价系统的动态性能和稳态性能。

虚拟频率 ν 与实际频率 ω 之间的关系如下

$$\omega=u+\mathrm{j}\nu=\frac{z-1}{z+1}=\frac{\mathrm{e}^{sT}-1}{\mathrm{e}^{sT}+1}=\frac{\mathrm{e}^{\sigma T+\mathrm{j}\omega T}-1}{\mathrm{e}^{\sigma T+\mathrm{j}\omega T}+1}$$

由于 z 平面上的单位圆与 s 平面上的虚轴（$\sigma=0$）以及 ω 平面上的虚轴（$u=0$）相对应，所以

$$\mathrm{j}\nu=\frac{\mathrm{e}^{\mathrm{j}\omega T}-1}{\mathrm{e}^{\mathrm{j}\omega T}+1}=\frac{\mathrm{e}^{\mathrm{j}\frac{\omega T}{2}}-\mathrm{e}^{-\mathrm{j}\frac{\omega T}{2}}}{\mathrm{e}^{\mathrm{j}\frac{\omega T}{2}}+\mathrm{e}^{-\mathrm{j}\frac{\omega T}{2}}}=\mathrm{j}\frac{\sin\frac{\omega T}{2}}{\cos\frac{\omega T}{2}}=\mathrm{j}\tan\frac{\omega T}{2}$$

求得 ν 与 ω 之间的关系为

$$\nu=\tan\frac{\omega T}{2} \tag{8-82}$$

式(8-82) 表明，ν 是 ω 的函数。其周期就是采样角频率 ω_s。当 ω 很小时，$\nu=\frac{\omega T}{2}$。

在利用离散系统的开环虚拟频率特性作出的伯德图中，若求得虚拟截止频率 ν_c，利用式(8-82) 就可求得截止频率 ω_c。

在频域中，用伯德图法仍是比较直观的，这里主要介绍伯德图法。伯德图是按频率变化以 lg 标注幅值及相角的图形，使用连续系统中的方法即可绘制伯德图。在 ω 域应用伯德图的基本步骤归纳如下：

① 求出系统的开环脉冲传递函数 $G(z)$。

② 采用 ω 变换，将 $G(z)$ 变换成 $G(\omega)$。

③ 令 $\omega=\mathrm{j}\nu$，绘出 $G(\mathrm{j}\nu)$ 的对数幅频特性和相频特性。

例 8-25　画出图 8-24 所示系统的伯德图，图中 $K=1$，$T=1\mathrm{s}$。

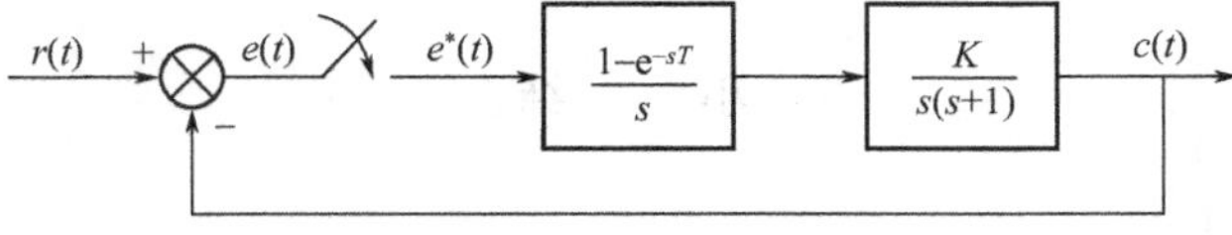

图 8-24　闭环离散系统

解　系统的开环脉冲传递函数为

$$G(z)=Z\left[\frac{1-\mathrm{e}^{-Ts}}{s}\frac{K}{s(s+1)}\right]=(1-z^{-1})Z\left[\frac{K}{s^2(s+1)}\right]$$
$$=0.01873\frac{K(z+0.9356)}{(z-1)(z-0.8187)}$$

经过 ω 变换

$$z=\frac{1+\omega T/2}{1-\omega T/2}=\frac{1+0.5\omega}{1+0.5\omega}$$

令 $K=1$，得

$$G(\omega)=G(z)\bigg|_{z=\frac{1+0.5\omega}{1-0.5\omega}}=\frac{0.368\left[\frac{1+0.5\omega}{1-0.5\omega}\right]+0.264}{\left[\frac{1+0.5\omega}{1-0.5\omega}\right]^2-1.368\left[\frac{1+0.5\omega}{1-0.5\omega}\right]+0.368}$$

$$=\frac{0.0381(\omega-2)(\omega+12.14)}{\omega(\omega+0.924)}$$

将 $\mathrm{j}\nu$ 代入 $G(\omega)$，得

$$G(\mathrm{j}\nu)=\frac{0.0381(\mathrm{j}\nu-2)(\mathrm{j}\nu+12.14)}{\mathrm{j}\nu(\mathrm{j}\nu+0.924)}=\frac{\left(\frac{\mathrm{j}\nu}{2}-1\right)\left(\frac{\mathrm{j}\nu}{12.14}+1\right)}{\mathrm{j}\nu\left(\frac{\mathrm{j}\nu}{0.924}+1\right)}$$

由此式绘出伯德图如图 8-25 所示。

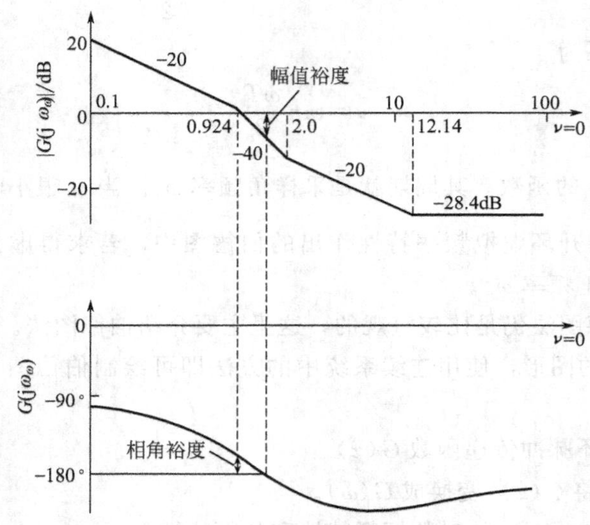

图 8-25　例 8-25 系统的伯德图

小　　结

本章主要讨论了离散控制系统的基础理论。分析了连续系统和离散系统的不同，采样开关把连续信号转换为离散信号，采样周期的选择要遵守香农采样定理。零阶保持器把离散信号转换成连续信号，去控制被控对象。

线性离散系统的数学模型是建立在 Z 变换基础上的，而 Z 变换在离散系统中所起的作用和拉氏变换在连续系统中起的作用相类似，所以 Z 变换是使系统的分析由 s 域转至 z 域的重要工具。本章介绍了 Z 变换的性质、求 Z 变换的方法和求 Z 反变换的方法。给

出了典型离散系统的闭环脉冲传递函数，通过脉冲传递函数对采样系统进行分析。

在采样系统的稳定性分析方面，主要介绍了劳斯稳定判据和朱利判据，前者需要使用双线性变换，变换到 w 域进行，而后者可直接在 z 域使用。在稳态误差方面主要介绍了稳态误差终值定理、三种典型输入信号的静态误差系数。

在采样系统的动态性能分析方面，主要介绍了闭环极点对系统暂态性能的影响，举例定量分析系统的动态性能，同时简单介绍了频率响应法在采样系统中的应用。

术语和概念

数字计算机校正网络（digital computer compensator）：将数字计算机当做校正元件使用的系统。

数字控制系统（digital control system）：采用数字信号和数字计算机来调节被控过程的控制系统。

采样过程（sampling process）：通过采样开关将连续信号变为离散信号的过程。

采样周期（sampling period）：计算机总是在相同、固定的周期接受或输出数据，这个周期称为采样周期。所有的采样变量在采样周期内保持不变。

采样数据（sampled data）：仅在离散时间点上获得的系统变量的数据，通常每个采样周期获得一个数据。

z 平面（z-plane）：其水平轴为 z 的实部、垂直轴为 z 的虚部的复平面。

Z 变换（Z-transform）：由关系式 $z=e^{sT}$ 定义的从 s 平面到 z 平面的保角映射，它是从 s 域到 z 域的变换。

采样系统的稳定性（stability of a sampled-data system）：当线性定常离散系统的闭环脉冲传递函数的所有极点都处于 z 平面的单位圆内时，采样系统是稳定的。

差分方程（difference equations）：描述离散时间系统的一种数学模型，类似于连续时间系统的微分方程数学模型。

控制与电气学科世界著名学者——香农

香农（1916—2001）是美国数学家、电子工程师和密码学家，被誉为信息论的创始人。1940 年在麻省理工学院获得硕士和博士学位，进入贝尔实验室工作。香农提出了信息熵的概念，为信息论和数字通信奠定了基础。他发表的划时代的论文——通信的数学原理，奠定了现代信息理论的基础。

香农还被认为是数字计算机理论和数字电路设计理论的创始人。第二次世界大战期间，香农为军事领域的密码分析——密码破译和保密通信，做出了很大贡献。

他是美国科学院院士、美国工程院院士、英国皇家学会会员、美国哲学学会会员，获得过众多荣誉和奖励。

习　题

8-1　已知理想采样开关的采样周期为 T 秒，求下列连续信号采样后的输出信号 $x^*(t)$。

(1) $x(t)=1-t$　　(2) $x(t)=t\mathrm{e}^{-at}$

8-2　求下列函数的 Z 变换。

(1) $X(s)=\dfrac{1}{(s+a)(s+b)}$　　(2) $X(s)=\dfrac{1}{s(s+1)^2}$

(3) $X(s)=\dfrac{1}{s^2}$　　(4) $X(s)=\dfrac{1-\mathrm{e}^{-Ts}}{s^2(s+a)}$

8-3　用 Z 变换法解下列差分方程。

(1) $c(k+2)-3c(k+1)+2c(k)=r(k)$，$r(t)=1(t)$，$c(0)=c(1)=0$

(2) $c(k+2)-6c(k+1)+8c(k)=r(k)$，$r(k)=k(k=0,1,2,\cdots)$，$c(0)=c(1)=0$

8-4　求下列函数的 Z 反变换。

(1) $X(z)=\dfrac{z^3+5z+1}{z(z-1)(z-0.2)}$　　(2) $X(z)=\dfrac{10z}{(z-1)(z-2)}$

(3) $X(z)=\dfrac{z}{(z-\mathrm{e}^{-T})(z-\mathrm{e}^{-2T})}$　　(4) $X(z)=\dfrac{2z(z^2-1)}{(z^2+1)^2}$

8-5　求习题 8-5 图示系统的开环脉冲传递函数。

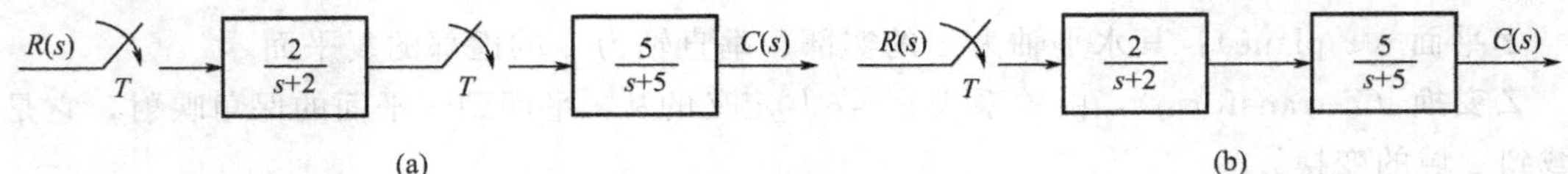

习题 8-5 图　开环离散系统

8-6　求习题 8-6 图示系统的闭环脉冲传递函数。

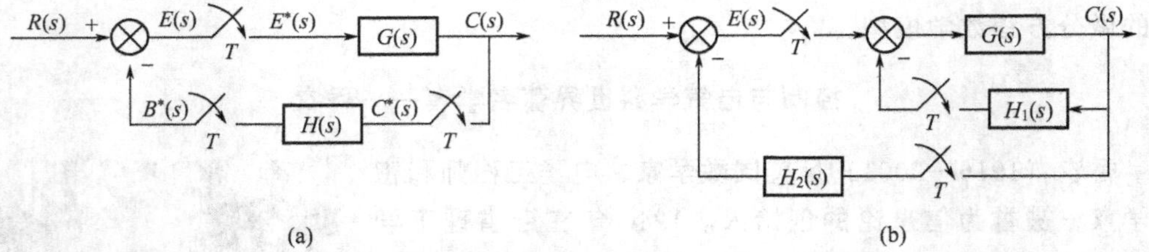

习题 8-6 图　闭环离散系统

8-7　采样系统如习题 8-7 图所示，采样周期 $T=1\text{s}$。试分析

(1) $K=8$ 时求系统的稳定性。

(2) 求使系统稳定的 K 值范围。

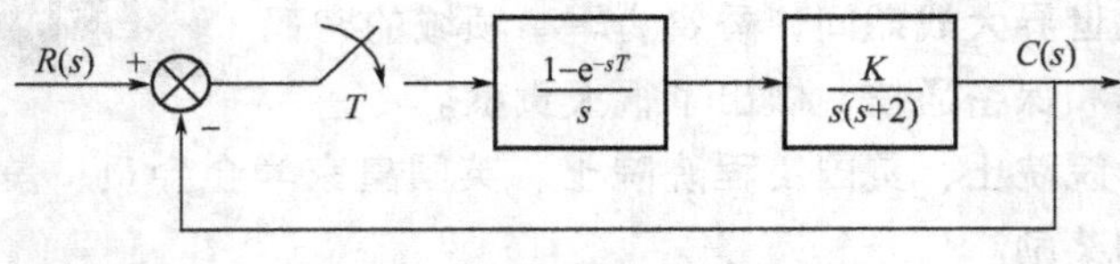

习题 8-7 图　闭环离散系统

8-8　设离散系统如习题 8-8 图所示，其中 $T=0.1$，$K=1$，$r(t)=t$，试求静态误差系数 K_p，K_v，K_a，并求稳态误差 $e(\infty)$。

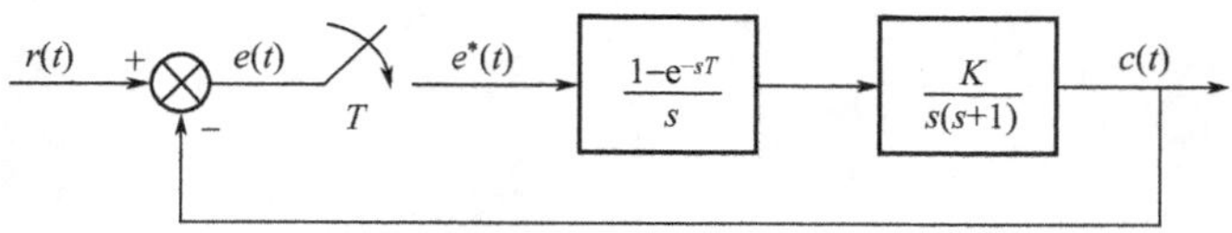

习题 8-8 图　闭环离散系统

8-9　已知采样系统如习题 8-9 图所示，$T=0.25\text{s}$。

(1) 求使系统稳定的 k 值范围。

(2) 当 $r(t)=2+t$ 时，欲使稳态误差小于 0.1，试求 k 值。

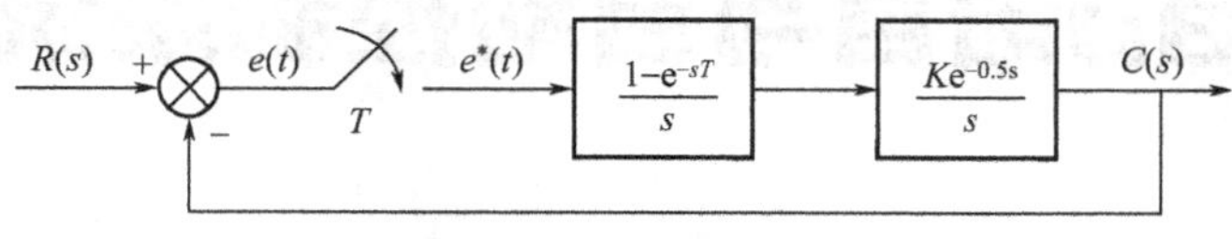

习题 8-9 图　闭环离散系统

8-10　设某闭环离散系统如习题 8-10 图所示，试求其单位阶跃响应。已知 $T=1\text{s}$。

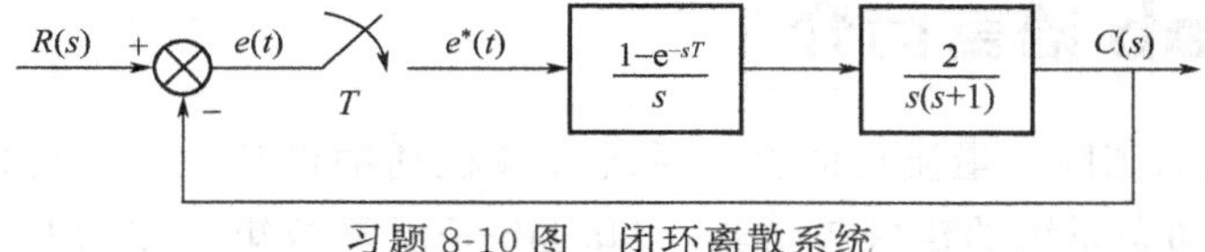

习题 8-10 图　闭环离散系统

第 9 章

Matlab语言与自动控制系统设计

9.1 Matlab 语言简介

Matlab 已经成为国际上最流行的控制系统计算机辅助设计软件，可以进行高级的数学分析与运算，用作动态系统的建模与仿真。Matlab 是以复数矩阵作为基本编程单元的一种程序设计语言，它提供了各种矩阵运算与操作，并具有强大的绘图功能，如控制系统、信号处理、最优控制、鲁棒控制及模糊控制工具箱等。本章主要介绍 Matlab 常用的命令以及控制系统工具箱等。在控制科学的发展进程中，控制系统的计算机辅助设计对于控制理论的研究和应用一直起着很重要的作用。

9.1.1 Matlab 的数值运算基础

(1) 常量 Matlab 中使用的常量有实数常量与复数常量两类。在 Matlab 中，虚数单位 j 或 i=sqrt（-1），在工作空间显示为

```
j=
ans=
    0 +1.0000j
```

复数常量的生成可以利用如下语句

Z=a+bj　　　或　　　z=r * exp(θ * j)

其中 r 是复数的模，θ 是复数幅角的弧度数。

(2) 变量 Matlab 里的变量无需事先定义。一个程序中的变量，以其名称在语句命令中第一次合法出现定义。Matlab 变量名称的命名不是任意的，其命名规则如下：

① 变量名可以由英语字母、数字和下划线组成。

② 变量名应以英语字母开头。

③ 组成变量名的字符长度不大于 31 个。

④ Matlab 区分大小写英语字母。

Matlab 的部分特殊变量与常量：

ans	默认变量名,以应答最近一次操作运算结果
i,j	虚数单位,定义为 $\sqrt{-1}$
pi	圆周率
eps	浮点数的相对误差
realmax	最大的正实数
realmin	最小的正实数

Matlab 中还可以设置全局变量。在变量前添加 Matlab 的关键字“global”就可以将该变量设定为全局变量。全局变量必须在使用前声明，即这个声明必须放在主程序的首行。作为一个惯用的规则，在 Matlab 程序中尽量用大写英语字母书写全局变量。

(3) 运算符　Matlab 可完成基本代数运算操作＋、－、*、\、/、^（^表示平方)、标准三角函数、双曲线函数、超越函数（log 为自然对数，log10 为以 10 为底的对数）及开平方等。Matlab 主要进行多种矩阵运算：

矩阵的加、减、乘、除和乘方运算——在矩阵 A、B 满足维数条件时，可直接用下列指令进行矩阵加、减运算

C＝A＋B　　C＝A－B

矩阵乘、除运算

C＝A * B　　C＝A/B

矩阵乘方

B＝A^2　　C＝A^(－1)　　D＝A^(0.5)

Matlab 还可以完成其他的矩阵函数运算，例如求行列式（det)、矩阵求反（inv)、求矩阵特征值（eig)、求秩（rank)、求迹（trace）和模方（norm）等。强大的矩阵运算函数是 Matlab 运算功能的核心。其他运算功能还有，求一个数的实部（real)、求一个数的虚部 (imag)、求一个数的绝对值（abs)（复数的绝对值或幅值）和求共轭运算（conj)。

9.1.2　矩阵及矩阵函数

Matlab 的基本元素是双精度的复数矩阵。这不仅是它的一般表达方法，而且也包含了实数、复数与常数，还间接地包含了多项式与传递函数。在 Matlab 环境下，输入一行矢量很简单，只需要使用括号，并且每个元素之间用空格或用逗号隔开即可。

矩阵元素定位地址方式为

A(m,n)

其中，m 为行号，n 为列号。例如，A(3，4）表示第三行第四列元素；A(:，2）表示所有的第二列元素；A(1：2，1：3）表示从第一行到第二行和第一列到第三列的所有元素。

如果在原矩阵中一个不存在的地址位置设定一个数，则该矩阵自动扩展行列数，并在该位置上添加这个数，而在其他没有指定的位置补 0。

(1) 一维数组　用户可以在 Matlab 工作环境中键入命令，也可以由它定义的语言编写一个或多个应用程序，Matlab 基本的赋值语句结构为

变量名＝表达式

行向量

A=[1,2,3,4]　　或

A=[1 2 3 4]

列向量

A=[1;2;3;4]

输出结果：

```
A=

    1
    2
    3
    4
```

(2) 多维数组　在 Matlab 中输入数组需要遵循以下基本规则：

① 把数组元素列入括号 [] 中。

② 每行内的元素间用逗号或空格分开。

③ 行与行之间用分号或回车隔开。

例如输入矩阵

A=[1 3 5;2 4 6;8 9 7]

表示矩阵

```
A=

    1    3    5
    2    4    6
    8    9    7
```

矩阵的转制用 A′表示，如

```
>>A'
ans=

    1    2    8
    3    4    9
    5    6    7
```

ans 是英文单词“answer”的缩写，如果不定义变量，Matlab 会将结果放在默认变量 ans 中。在 Matlab 中，冒号“:”是很有用的命令符。例如

>>t=[0:0.1:10]

它将产生一个从 0 到 10 的行矢量，而且元素之间间隔为 0.1。如果增量为负值，可以得到一个递减的顺序矢量。

矩阵的输入需要逐行输入，每个行矢量之间要用分号隔开或者回车。例如

```
>>A=[1 2 3; 4 5 6; 7 8 9]
ans=

    1    2    3
    4    5    6
    7    8    9
```

每个数据之间的空格数可以任意设定。

(3) 矩阵函数　多项式表示以降阶排列含有多项式系数的矢量。利用求根（root）命令，可以求得多项式的根。例如，求 $2s^3+3s^2+4s+5$ 的根可用下列命令

```
>>P=[2 3 4 5];
>>roots(P)
ans=
  -1.3711
  -0.0644+1.3488i
  -0.0644-1.3488i
```

求多项式（poly）命令的功能是由多项式的根求得一多项式。其结果是由多项式系数组成的行矢量。其命令如下

```
>>P2=poly([-1 -2])
P2=
    1   3   2
```

如果 poly 的命令输入参数为矩阵，则可得到那个矩阵的特征多项式（行矢量）[特征多项式是 $A=\det(\lambda I-A)$]。

9.1.3　Matlab 的绘图功能

Matlab 具有较强的绘图功能，只需键入简单的命令，就可绘制出用户所需要的图形。下面介绍几种常用的绘图命令。

(1) polt 命令　polt（x，y）

该命令是绘制 y 对应 x 的轨迹的命令。y 与 x 均为矢量，且具有相同的元素数量。如果其中有一个参数为矩阵，则另一个矢量参数分别对应该矩阵的行或者列的元素可绘制出一簇曲线（究竟是对应行还是列绘制函数曲线，取决于哪个参数排在前面）。如果两个参数都是矩阵，则 x 的列对应 y 的列绘制出一簇曲线。

如果 y 是复数矢量，那么 polt（y）将绘制该参数虚部与实部对应的曲线。该命令的这个特点在绘制奈奎斯特图时是很有用的。

在 Matlab 中通过函数 Polyval（p，v）可以求得多项式在给定点的值，该函数的调用格式为

Polyval(p,v)

例 9-1　画出在 t=0：0.1：10 范围内的正弦曲线。

应用如下命令：

```
>>t=0:0.1:10;
>>y=sin(t);
>>plot(t,y)
```

运行结果见图 9-1。

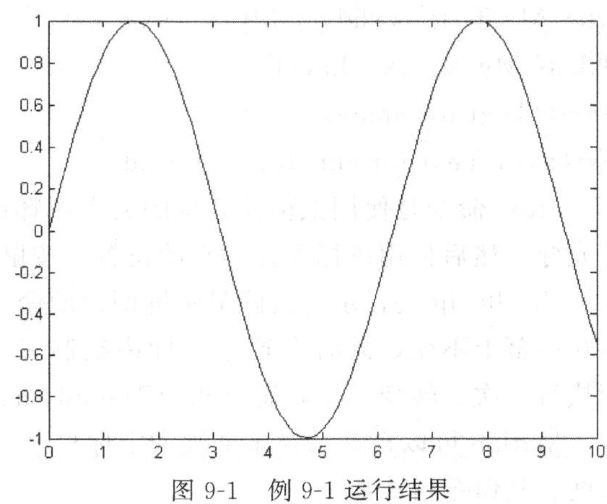

图 9-1　例 9-1 运行结果

如果在同一坐标内绘制多条曲线（对应某一坐标轴，具有相同的取值点），可以由

数据组成一个矩阵来同时绘制多条曲线。如下例共有三套数据，要求在同一坐标轴内同时绘制三条曲线。其命令格式如下：

plot(t,[x1 x2 x3])

如果多重曲线对应不同的矢量绘制，可使用如下命令格式：

plot(t1,x1,t2,x2,t3,x3)

式中表示 x1 对应 t1，x2 对应 t2 等。在这种情况下，t1、t2 和 t3 可以具有不同的元素数量，但要求 x1、x2 和 x3 必须分别与 t1、t2 和 t3 具有相同的元素数量。

（2）semilogx 和 semilogy 命令　命令 semilogx 绘制半对数坐标图形，x 轴取以 10 为底的对数，y 轴为线性坐标。命令 semilogy 绘制半对数坐标图形，y 轴取以 10 为底的对数，x 轴为线性坐标。

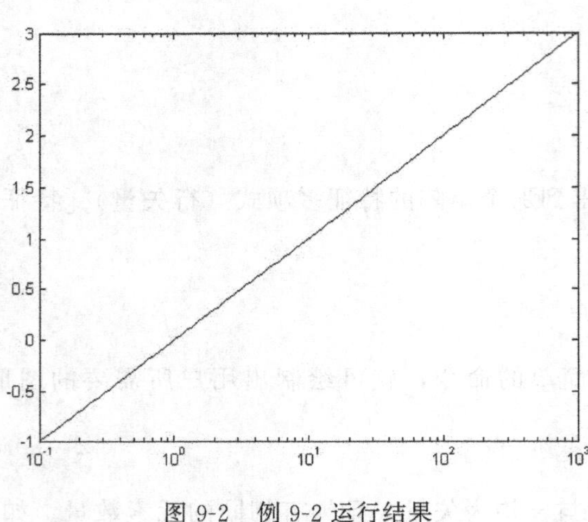

图 9-2　例 9-2 运行结果

例 9-2　在对数极坐标上显示 $y=\lg(x)$ 的图像。

解：

```
>>w=logspace(-1,3,100);
>>y=log10(w);
>>semilogx(x,y)
```

运行结果见图 9-2。

（3）其他常用命令　subplot 命令使得在一个屏幕上可以分开显示 n 个不同坐标，且可分别在每一个坐标中绘制曲线。其命令格式如下：

subplot(r c p)

该命令将屏幕分成 r＊c 个窗口，而 p 表示在第几个窗口。例如：subplot(2，1，2)，将屏幕分成两个窗口。subplot(2，1，1) 与 subplot(2，1，2) 命令常用于控制系统伯德图(Bode) 德绘制。窗口的排号是从左到右，自上而下。

执行如下命令可以再在图中加入题目、标号、说明和分格线等。这些命令有 title、xlabel、ylabel、gtext 和 text 等。它们的命令各式如下：

```
title('My Title'),xlabel('My X－axis Label')
ylabel('My X－axis Label')
gtext('Text for annotation')
text(x,y,'Text for annotation'),rgid
```

gtext 命令是使用鼠标器定位的文字注释命令。当你输入命令后，可以在屏幕上得到一个光标，然后使用鼠标器控制它的位置。按鼠标器的左键，即可确定文字设定的位置。

shg 和 clg 是显示与清除显示屏图形的命令。hold 是图形保持命令，可以把当前图形保持在屏幕上不变，同时在这个坐标内绘制另外一个图形。hold 命令是一个交替转换命令，即执行一次，转变一个状态（相当于 hold on、hold off)。

Matlab 可以自动选择坐标轴的定标尺度，也可以使用 axis 命令定义坐标轴的特殊定标尺度。其命令格式如下：

axis([x－min,x－max,y－min,y－max])

它可置坐标轴为特殊刻度。设置坐标轴以后,plot 命令必须重新执行才能有效。axis 命令的另一个作用是控制纵横尺度的比例。例如,输入 axis('square')后,可得到一个显示方框。此时再在该框内绘制一个圆形时,如 plot(sin(x),cos(x)),在屏幕上可以看到一个标准的圆(一般情况下,由于屏幕不规则,只能看到一个椭圆)。再次输入 axis('normal')命令,屏幕返回到一般状态。

9.2 自动控制系统设计

本节将介绍一些在经典控制系统分析中常用的命令。这些控制系统分析的常用命令被置于控制系统工具箱中。在自动控制系统分析中,主要讨论系统的脉冲响应、阶跃响应、一般输入响应、频率响应及由传递函数表示的系统根轨迹。传递函数 $G(s)$ 是由其分子的多项式与分母的多项式分别定义而确立的。Matlab 将这些多项式在命令中解释为传递函数。

9.2.1 时域分析命令

许多控制系统命令在没有引用左面变量(即输出变量)情况下,会自动绘制图形。基于极点与零点的位置,自动选取算法会找到最佳的时间或频率。然而自动绘图的结果不会生成数据,这种命令适用于初始的分析与设计。对于深入问题的分析,应该使用带有输出变量形式的命令。

单输入单输出 SISO 系统 $G(s)$=num(s)/den(s) 的阶跃响应 $y(t)$可以由 step 命令得到。命令格式如下:

```
y=setp(num,den,t)
```

注意,时间 t 轴是事先定义的矢量。阶跃响应矢量与矢量 t 有相同的维数。对于单输入多输出(SIMO)系统,输出结果将是一个矩阵,该矩阵应有与输出数量相同数量的列。对于这种情况,setp 将用其他命令格式。

例 9-3 计算并绘制下面传递函数的阶跃响应

$$G(s)=\frac{1}{s^2+0.4s+1}$$

试求其单位阶跃响应曲线。

解 Matlab 程序代码如下。

```
num=[1]
den=[1,0.4,1]
T=[0:0.1:10]
[y,x,t]=step(num,den,t)
plot(t,y)
grid
xlabel('Time[sec]t')
ylable('y')
```

运行结果见图 9-3。

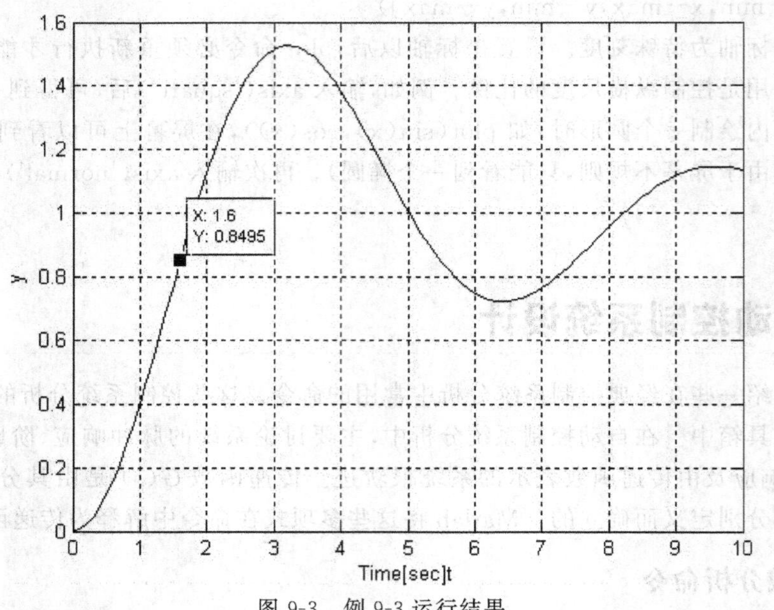

图 9-3　例 9-3 运行结果

二阶系统时域响应举例如下。

例 9-4　已知一个二阶系统，其开环传递函数 $G(s)=\dfrac{K}{s(Ts+1)}$，其中 $T=1$，试绘制 K 分别为 0.1，0.2，0.5，0.8，1.0，2.4 时其单位负反馈系统的单位阶跃响应曲线。

解　Matlab 程序代码如下。

```
T=1
k=[0.1,0.2,0.5,0.8,1.0,2.4]
t=linspace(0,20,200)'
num=1;
den=conv([1,0],[T,1]);
for j=1:6 ;
    s1=tf(num*k(j),den)
   sys=feedback(s1,1)
    y(:,j)=step(sys,t);
end
plot(t,y(:,1:6))
grid
gtext('k=0.1')
gtext('k=0.2')
gtext('k=0.5')
gtext('k=0.8')
gtext('k=1.0')
gtext('k=2.4')
```

运行结果见图 9-4。

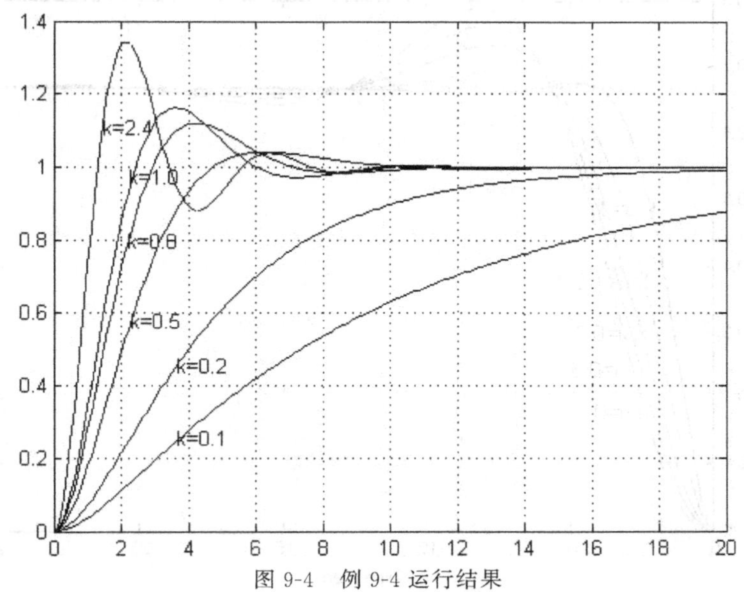

图 9-4　例 9-4 运行结果

例 9-5　$G(s)$ 为三阶对象：

$$G(s)=\frac{1}{(s+1)(s+2)(s+5)}$$

$H(s)$ 为单位反馈，采用比例微分控制，比例系数 $K_p=2$，微分系数分别取 $\tau=0$，0.3，0.7，1.5，3，试求各比例微分系数下系统的单位阶跃响应，并绘制响应曲线。

解　Matlab 程序代码如下。

```
G=tf(1,conv(conv([1,1],[2,1]),[5,1]));
kp=2
tou=[0,0.3,0.7,1.5,3]
for i=1:5;
    G1=tf([kp*tou(i),kp],1)
    sys=feedback(G1*G,1);
    step(sys)
    hold on
end
gtext('tou=0')
gtext('tou=0.3')
gtext('tou=0.7')
gtext('tou=1.5')
gtext('tou=3')
```

单位阶跃响应曲线如图 9-5 所示。

从图中可以看出，仅有比例控制时系统阶跃响应有相当大的超调量和较强烈的振荡，随着微分作用的加强，系统的超调量减小，稳定性提高，上升时间减小，快速性提高。

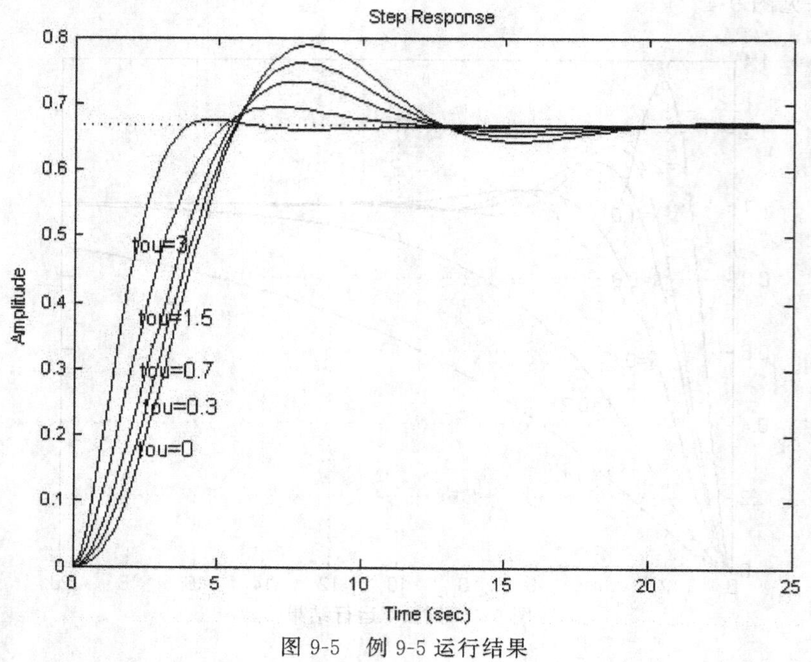

图 9-5　例 9-5 运行结果

9.2.2　频率域命令

频率特性是控制系统的一个重要特性，通过频率特性可间接地对系统动态性能和稳态性能进行分析。使用 bode、nyquist 与 nichols 命令可以得到系统的频率响应。如果命令中没有使用输出变量，这些命令可以自动地生成响应图形。

当不包含左端变量时，函数可以由下面的格式来调用

bode(num,den)

当包含左端变量时，该函数可以由下面的格式来调用

[mag,phase,w]=bode(num,den)

[mag,phase]=bode(num,den,w)　%命令中 w 表示频率 ω

上述第一个命令在同一屏幕中的上下两部分分别生成伯德幅值图（以 dB 为单位）与伯德相角平面图（以 rad 为单位）。在另外的格式中，返回的幅值与相角值为列矢量。此时幅值不是以 dB 为单位的。第二种形式的命令自动生成一行矢量的频率点。在第三种形式中，由于用在定义的频率范围内，如果比较各种传递函数的频率响应，第三种方式显得更方便一些。

margin 命令可以求得相对稳定性参数（幅值裕度，相角裕度）。它的命令格式为

[gm,pm,wpc,wpc]=margin(mag,phase,w)

margin(mag,phase,w)

命令的输入参数为幅值（不是以 dB 为单位）、相角与频率矢量。它们是由 bode 或 nichols 命令得到的。命令的输出参数是增益裕量（不是以 dB 为单位的）、相角裕量（以角度为单位）和它们所对应的频率。第二个命令格式中没有左参数，它可以生成带有裕量标记的（垂直线）伯德图。如果在轴上有多个穿越频率，图中则标出稳定裕量最坏的那个标记。

第一种命令格式就没有绘出最坏的裕量。请注意，用 margin 命令有时计算出的结果是不准的。

应用举例如下。

例 9-6　已知系统开环传递函数 $G(s)=\dfrac{100}{(s+5)(s+2)(s^2+4s+3)}$，试画出该系统的伯德图。

解　Matlab 程序代码如下。

```
num=100;
den=[conv(conv([1 5],[1 2]),[1 4 3])];
w=logspace(-1,2);
[mag,pha]=bode(num,den,w);
magdB=20*log10(mag);
subplot(211),semilogx(w,magdB)
grid on
xlabel('Frequency(rad/sec)')
ylabel('Gain dB')
subplot(212),semilogx(w,pha)
grid on
xlabel('Frequency(rad/sec)')
ylabel('Phase deg')
```

运行结果见图 9-6。

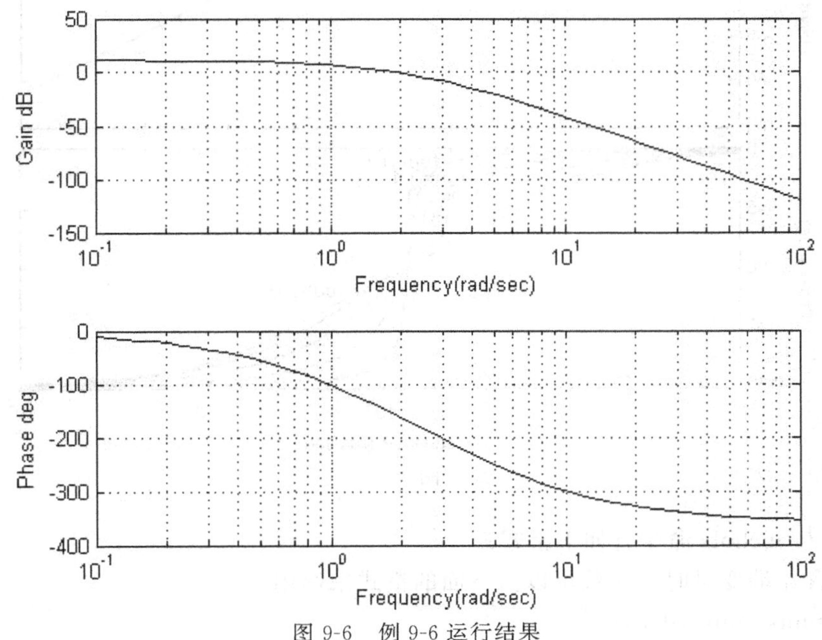

图 9-6　例 9-6 运行结果

例 9-7　已知一个系统的传递函数为 $G(s)=\dfrac{\omega_n}{s^2+2\xi\omega_n s+\omega_n^2}$，其中 $\omega_n=0.7$，试分别

绘制 $\xi=0.1$，0.4，1.0，1.6，2.0 时的伯德图。

解 Matlab 程序代码如下。

```
w=[0,logspace(-2,2,200)]
wn=0.7
tou=[0.1,0.4,1.0,1.6,2.0]
for j=1:5;
    sys=tf([wn*wn],[1,2*tou(j)*wn,wn*wn])
    bode(sys,w)
    hold on
end
gtext('tou=0.1')
gtext('tou=0.4')
gtext('tou=1.0')
gtext('tou=1.6')
gtext('tou=2.0')
```

运行结果见图 9-7。

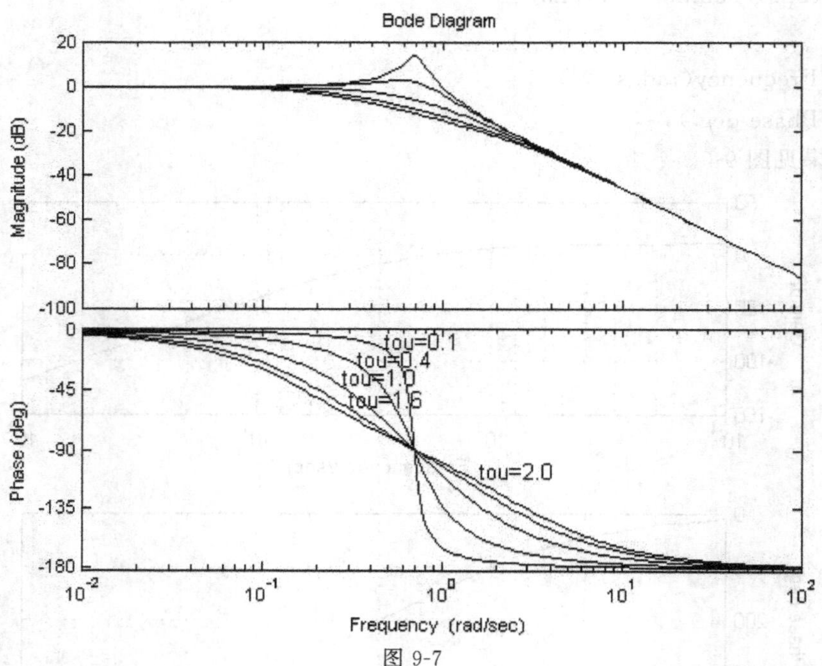

图 9-7

nyquist 与 nichols 命令有如下格式。

当不包含左端变量时，函数可以由下面的格式来调用

```
[re,im]=nyquist(num,den,w)
```

当包含左端变量时，函数可以由下面的格式来调用

```
[mag,phase]=nichols(num,den,w);
magdb=20*log10(mag);
```

nyquist 命令可计算 $G(j\omega)$ 的实部与虚部。在复平面上绘制虚部与实部的轨迹，也可得到其奈奎斯特图形。nichols 命令可计算幅值与相角值（以 rad 为单位）。如果你已经执行了 bode 命令，可以通过绘制幅值与相角值直接得到相同的结果。使用 ngrid 命令可以在 Nichols 图上加画格线，即在提示符下输入 ngrid。

例 9-8 已知系统的传递函数为 $G(s)=\dfrac{5}{s^3+2s^2+3s+2}$，试绘制系统的奈奎斯特图。

解 Matlab 程序代码如下。

```
num=5;
den=[1,2,3,2];
nyquist(num,den)
```

运行结果见图 9-8。

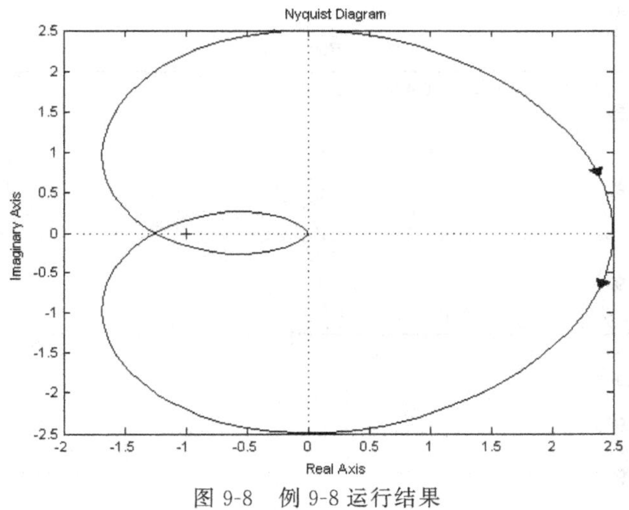

图 9-8 例 9-8 运行结果

9.2.3 根轨迹法命令

rlocus 命令可以得到连续的单输入单输出系统的根轨迹。该命令有两种基本形式。

rlocus(num,den)或 rlocus(num,den,k)

在这些命令中，根轨迹图是自动生成的。如果这第三个参数（矢量 k）是指定的，命令将按照给定的参数绘制根轨迹图，否则增益是自动确定的。

```
clpoles=rlocus(num,den)
或 clpoles=rlocus(num,den,k)
plot(real(clpoles),imag(clpoles),3*3)
```

上面的命令可求得系统的闭环极点。可以通过使用所选择的一个符号，绘制闭环极点的实部与虚部，得到一个系统的根轨迹图。

应用举例如下。

例 9-9 已知开环传递函数为 $G(s)=\dfrac{K}{s(s+1)(0.5s+1)}$，绘制系统根轨迹。

解 Matlab 程序代码如下。

```
num1=1;
den1=[conv(conv([1 0],[1 1]),[0.5 1])];
rlocus(num1,den1);
```

由开环传递函数知，三条根轨迹都趋向于无穷远处，这三条趋向无穷远的根轨迹的渐近线与实轴的交点等于－1。输入以下命令，在上述根轨迹上绘制根轨迹的渐近线。

```
hold on
num2=1;
den2=[conv(conv([1 1],[1 1]),[1 1])];
rlocus(num2,den2)
axis([-4 4 -3 3])
grid on
```

运行结果见图 9-9。

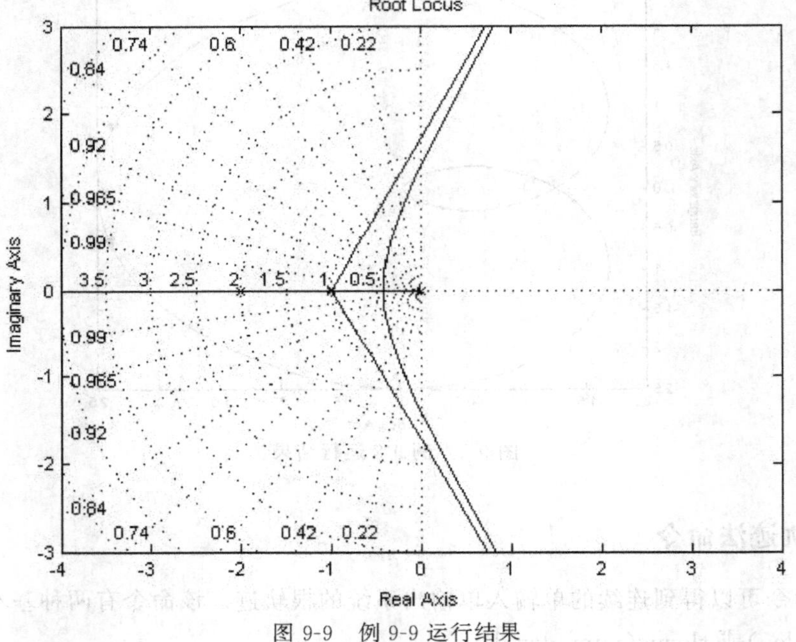

图 9-9 例 9-9 运行结果

例 9-10 已知系统的开环传递函数为$G(s)=\dfrac{K(s+8)}{s(s+2)(s^2+8s+32)}$，绘制其根轨迹。

解 Matlab 程序代码如下。

```
num=[1,8];
den=conv([1,2,0],[1,8,32]);
sys=tf(num,den)                  %计算根轨迹图
rlocus(num,den)                  %调整绘制区
axis([-15 5 -10 10])             %计算增益值和极点
[k,poles]=rlocfind(sys)
title('根轨迹图')
```

运行结果见图 9-10。

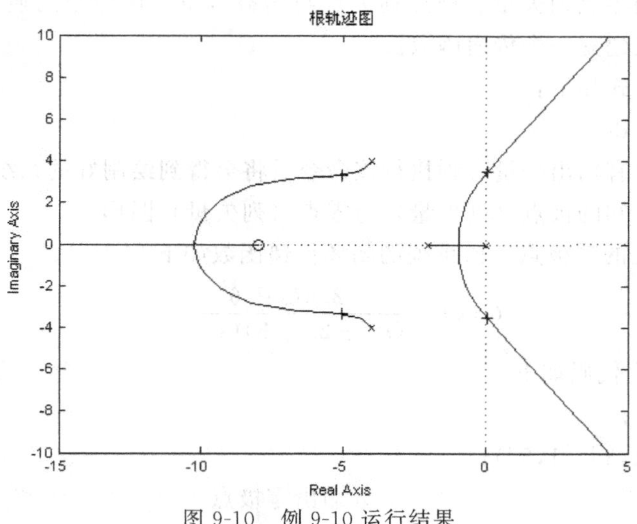

图 9-10　例 9-10 运行结果

第二种形式允许指定阻尼系数与自然频率的范围，下列命令为绘制系统 $G(s)$ 的根轨迹命令。绘制的区域为靠近虚轴的上半平面，且在平面上同时绘制阻尼比线（ξ 从 0.5 至 0.7）与自然频率线（0.5rad/s）：

```
ng=1,dg=[1 3 2 0 ]
rlocus( ng,dg )
sgrid( [ 0.5:0.1:0.7 ],0.5 )
```

在系统内的分析过程中，常常希望确定根轨迹上某一点的增益值。rlocfind 命令就可以完成该项工作。

9.2.4　传递函数的常用命令

本节介绍一些常用于对数函数进行分析与变换的命令。

printsys 命令是传递函数显示命令。其格式如下：

```
printsys(num,den)
```

例如：

```
ng=[1 2];
dg=[6 5 4 8];
printsys(ng,dg);
num/den=

          s+2
    -------------
    6 s^3 +5 s^2 +4 s +8
```

求传递函数的极点与零点有多种方法。例如，可以使用 roots 命令分别求得分子多项式与分母多项式的根；也可以使用 tf2zp 或者 pzmap 命令。tf2zp 命令格式如下：

```
[z,p,k]=tf2zp(num,den)
```

该命令可以得到零点列矢量、极点列矢量与增益常量。该命令的逆命令为 zp2tf，它将用已知的零点与极点建立一个传递函数。

pzmap 的命令格式如下：

```
[p,z]=pzmap(num,den)
```

如果该命令中没有输出变量，则执行该命令后将会得到绘制好的系统零。极点图。该命令也可以用于绘制已知的极点（列矢量）与零点（列矢量）图形。

例 9-11 求系统的零极点，该系统的闭环传递函数如下

$$G(s)=\frac{2.5(s+6)}{(s^2+2s+3)(s+5)}$$

解 Matlab 程序代码如下。

```
num=[2.5,15];
den=conv([1,2,3],[1,5]);
pzmap(sys)                              %输出零极点
[p,z]=pzmap(sys)
```

运行结果：

```
Transfer function:
          2.5 s + 15
——————————————
s^3 +7 s^2 +13 s +15
 p =
  -5.0000
  -1.0000 +1.4142i
  -1.0000 -1.4142i
 z =
    -6
```

当一个传递函数不是互质的（即有互相可以抵消的零、极点）时，可以使用 minreal 命令抵消它们的公共项而得到一个较低阶的模型，其命令格式如下：

```
[numr,denr]=mineral(num,den,tol)
```

命令中第三个输入参数是容差（可选的）。当零、极点不是完全相等，但是却非常接近时，仍然可以通过改变容差的大小，强迫让它们抵消掉。

最常见的对传递函数进行变换的命令为传递函数的乘、加与反馈连接命令。系统框架可以使用 Simulink 命令进行分析和仿真。简单的框图分析可以使用 series、parallel、feedback 与 cloop 命令，采用传递函数的形式进行分析与处理。这些命令的格式如下：

```
[nums,dens]=series(num1,den1,num2,den2)
[nump,denp]=parallel(num1,den1,num2,den2)
[numf,denf]=feedback(num1,den1,num2,sign)
[numc,denc]=cloop(num,den,sign)   %对应于单位反馈系统。
```

每一条命令分别对应的情况如下。

串联 $$G_s(s)=G_1(s)G_2(s)$$

并联　　$G_p(s)=G_1(s)+G_2(s)$

反馈　　$G_f(s)=\dfrac{G(s)}{1+G_1(s)G_2(s)}$

单位反馈　　$G_c(s)=\dfrac{G(s)}{1+G(s)}$

sign 是可选参数，sign＝－1 为负反馈，而 sign＝1 对应为正反馈。缺省值为负反馈。

9.2.5　控制系统分析举例

例 9-12　已知系统的传递函数模型为，$G(s)=\dfrac{2s^2+8s+6}{s^3+8s^2+16s+6}$，求系统的状态空间模型。

解　Matlab 程序代码如下。

```
num=[2,8,6];
den=[1,8,16,6];
[A,B,C,D]=tf2ss(num,den)
```

运行结果如下：

```
A=
    -8    -16    -6
     1      0     0
     0      1     0
B=
     1
     0
     0
C=
     2     8     6
D=
     0
```

由运算结果可知，系统的状态空间表达式为

$$\dot{x}=\begin{bmatrix}-8 & -16 & -6\\ 1 & 0 & 0\\ 0 & 1 & 0\end{bmatrix}x+\begin{bmatrix}1\\0\\0\end{bmatrix}u$$

$$y=[2\quad 8\quad 6]\,x$$

例 9-13　某系统的传递函数为 $G(s)=\dfrac{6.8s^2+61.2s+95.2}{s^4+7.5s^3+22s^2 19.5s}$，求其零、极点。

解　对应的零、极点格式可由下面的命令得出：

```
num=[6.8,61.2,95.2];
den=[1,7.5,22,19.5,0];
G=tf(num,den);G1=zpk(G)
```

显示结果：

```
Zero/pole/gain:
        6.8 (s+7) (s+2)
--------------------
  s (s+1.5) (s^2  +6s+13)
```

可见，在系统的零、极点模型中若出现复数值，则在显示时将以二阶因子的形式表示相应的共轭复数对。

例 9-14 给定系统的传递函数 $G(s)=\dfrac{s^3+7s^2+24s+24}{s^4+10s^3+35s^2+50s+24}$，试对 $\dfrac{G(s)}{s}$ 进行部分分式展开。

解

```
num=[1,7,24,24];
den=[1,10,35,50,24];
[r,p,k]=residue(num,[den,0])
r =
   -1.0000
   2.0000
   -1.0000
   -1.0000
   1.0000
p =
   -4.0000
   -3.0000
   -2.0000
   -1.0000
        0
k =
   []
```

输出函数 $C(s)$ 为

$$C(s)=\frac{-1}{s+4}+\frac{2}{s+3}-\frac{1}{s+2}-\frac{1}{s+1}+\frac{1}{s}+0$$

拉普拉斯变换得

$$c(t)=-e^{-4t}+2e^{-3t}-e^{-2t}-e^{-t}+1$$

例 9-15 已知系统的状态空间表达式为

$$\begin{cases}\dot{x}=\begin{bmatrix}-5 & 8 & 0 & 0\\ -4 & 7 & 0 & 0\\ 0 & 0 & 0 & 4\\ 0 & 0 & -2 & 6\end{bmatrix}x+\begin{bmatrix}4\\ -2\\ 2\\ 1\end{bmatrix}u\\ y=\begin{bmatrix}2 & -2 & -2 & 2\end{bmatrix}x\end{cases}$$

求传递函数。

解 Matlab 程序代码如下。

```
A=[-5 8 0 0;-4 7 0 0;0 0 0 4;0 0 -2 6];
B=[4;-2;2;1];
C=[2 -2 -2 2];D=0;
[num,den]=ss2tf(A,B,C,D,1)
num =
          0   10.0000   -96.0000   302.0000  -312.0000
den =
     1     -8     17     2    -24
```

例 9-16 已知某系统的开环传递函数为 $G(s)=\dfrac{2}{s(1+0.25s)(1+0.1s)}$，利用根轨迹设计法确定超前校正环节的传递函数，使校正后系统的静态速度误差系数小于 $K_v=10$，闭环主导极点满足阻尼比 $\xi=0.3$ 和自然频率 $\omega_n=10.5\text{rad/s}$。

解 解析法的子函数程序：

```
function Gc=ggjx(G,s1,kc)
numG=G.num{1};
denG=G.den{1};
ngv=polyval(numG,s1);
dgv=polyval(denG,s1);
g=ngv/dgv;
theta_G=angle(g);
theta_s=angle(s1);
MG=abs(g);
Ms=abs(s1);
Tz=(sin(theta_s)-kc*MG*sin(theta_G-theta_s))/ kc*MG*Ms*sin(theta_G));
Tp=- (kc*MG*(theta_s)+sin(theta_G+theta_s))/(Ms*sin(theta_G)
Gc=tf([Tz1],[Tp1]);
```

主程序

```
num=2;
den=con([1 0],conv([0.25 1],[0.1 1]));
G=tf(num,den);
zeta=0.3;
wn=10.5;                              %建立二阶系统分子项和分母项
[num,den]=ord2(wn,zeta);
s=roots(den);
s1=s(1);
kc=5;
Gc=ggjx(G,s1,kc)                      %超前校正环节
GGc=G*Gc*kc;
```

```
Gy_cl=feedback(G,1)                    %原系统的闭环传递函数
Gx_cl=feedback(GGc,1)                  %校正后的闭环传递函数
figure(1)
step(Gx_cl,'b'3.5);
hold on;
impulse(Gy_cl,'r'3.5);
figure(2)
step(Gx_cl,'b'3.5);
hold on;
impulse(Gy_cl,'r'3.5)
```

运行结果：

超前校正环节传递函数

```
Teansfer  function:
  0.3055s+1
 -----------
 0.03429s+1
```

原系统闭环传递函数

```
Teansfer  function:
              2
 ----------------------
0.025s^3+0.35s^2+s+2
```

校正后系统闭环传递函数

```
Teansfer  function:
                  3.055s+10
 ------------------------------------------------
0.0008572s^4+0.037s^3+0.3843s^2+4.055s+10
```

校正前后闭环系统单位阶跃和单位脉冲响应的运行结果曲线如图 9-11 和图 9-12 所示。

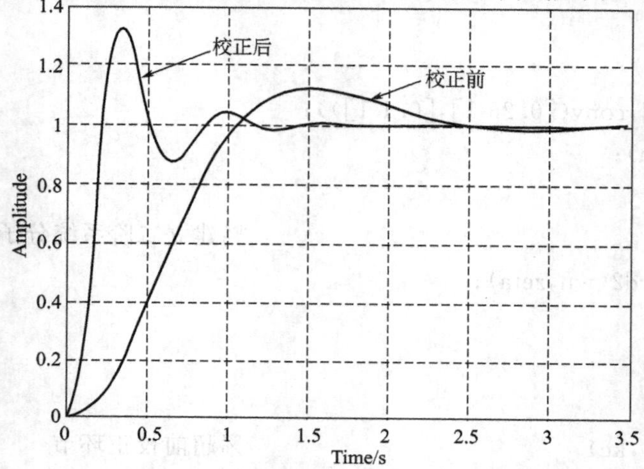

图 9-11　校正前后闭环系统的单位阶跃响应曲线

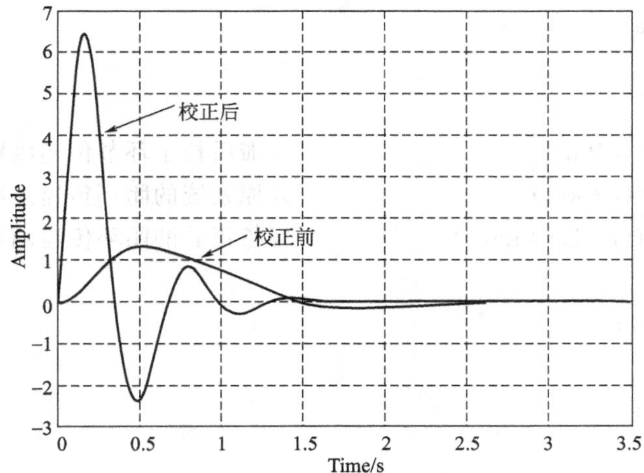

图 9-12　校正前后闭环系统的单位脉冲响应曲线

由运行结果可知，超前环节传递函数为 $G_c = \dfrac{0.3055s + 1}{0.03429s + 1}$ 。由运行结果曲线可知，校正前系统的超调量为 $\sigma = 12.1\%$，上升时间 $t_r = 1.06s$ ，调节时间 $t_s = 2.06s$ ，系统稳定幅值为 1。校正后系统的超调量为 $\sigma = 32\%$，上升时间 $t_r = 0.225s$ ，过渡过程时间 $t_s = 0.792s$ ，系统稳定幅值为 1。由以上性能参数数据可知，经过超前校正后的系统，调节时间减小，超调量偏大，满足系统的设计要求。

例 9-17　已知某系统的开环传递函数为 $G(s) = \dfrac{4}{s(s+3)}$ ，利用频率响应设计法确定滞后校正环节的传递函数。要求 $\xi = 0.4$，自然频率 $\omega_n = 1.5\text{rad/s}$。

解　直接设置 kc=10，子函数程序：

```
function Gc=plzh(G，kc,dPm)
G=tf(G)；
num=G.num{1}；
denG=G.den{1}；
[mag,phase,w]=bode(G*kc)；
wcg=spline(phase(1,:),w',dPm-180)；
magdb=20*log10(mag)；
Gr=-spline(w',magdb(1,:),wcg)；
alpha=10^(Gr/20)；
T=10/(alpha*wcg)；
Gc=tf([alpha*T1],[T1])；
```

主程序：

```
num=4；
den=[1 3 0]
G=tf(num,den)；
```

```
zeta=0.4;
Pm=2 * sin(zeta) * 180/pi;
dPm=Pm+5;
kc=10
Gc=plzh(G, kc ,dPm)                        %滞后校正环节传递函数
Gy_c=feedback(G * kc,1)                    %原系统的闭环传递函数
Gx_c=feedback(G * Gc * kc,1)               %校正后的闭环传递函数
figure(1)
step(Gx_c,'b',6);
hold on;
step(Gy_c,'r'6);
figure(2)
bode(G * Gc * kc,'b');
hold on;
bode(G * kc,'r')
```

运行结果：

滞后校正环节传递函数

```
Teansfer  function:
 3.92s+1
-----------
 15.61s+1
```

原系统闭环传递函数

```
Teansfer  function:
            40
---------------------
      s^2+3s+40
```

校正后系统闭环传递函数

```
Teansfer  function:
                 156.8s+40
-------------------------------------
15.61s^3+47.83s^2+159.8s+40
```

校正前后闭环系统单位阶跃响应运行结果曲线如图 9-13 所示，校正前后开环系统的伯德图如图 9-14 所示。

由运行结果可知，超前校正环节传递函数为$G=\dfrac{3.92s+1}{15.61s+1}$。由运行结果曲线可知，校正前系统的超调量为$\sigma=46.4\%$，上升时间$t_r=0.295\text{s}$，过渡过程时间$t_s=1.72\text{s}$，系统稳定幅值为 1。校正后系统的超调量为$\sigma=26.2\%$，上升时间$t_r=0.7\text{s}$，过渡过程时间$t_s=1.84\text{s}$，系统稳定幅值为 1。由开环系统伯德图可知，在低频段相位被滞后；同时，经滞后环节的校作用，系统的幅值减小了。

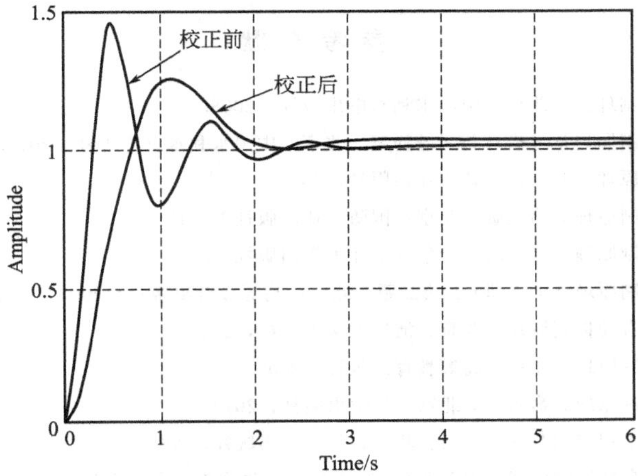

图 9-13 校正前后闭环系统的单位阶跃响应曲线

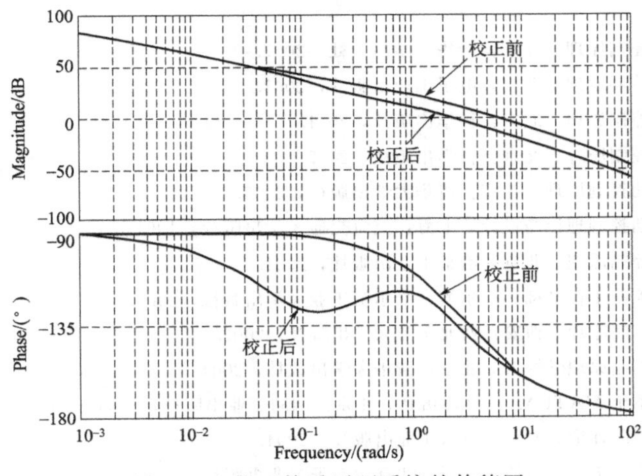

图 9-14 校正前后开环系统的伯德图

小 结

本章简单介绍了 Matlab 软件在控制系统分析中的应用，目的是使读者对 Matlab 如何分析控制系统有一个初步了解，以便今后更深入地使用 Matlab 解决控制系统的分析与设计问题。虽然可以直接使用 Matlab 这样强大的软件来解决控制系统问题，但决不能放弃反馈控制理论的学习，而一味依赖于 Matlab。只有打好理论基础，才能更好地利用 Matlab 解决新问题，直至自己编写程序为己所用。

参考文献

［1］ 田思庆主编．自动控制理论．北京：中国水利水电出版社，2008.

［2］ 田思庆主编．自动控制原理学习指导与习题详解．北京：中国水利水电出版社，2011.

［3］ 刘胜主编．自动控制原理．北京：国防工业出版社，2012.

［4］ 李友善主编．自动控制原理．第三版．北京：国防工业出版社，2012.

［5］ 鄢景华主编．自动控制原理．哈尔滨：哈尔滨工业大学出版社，2000.

［6］ 黄家英主编．自动控制原理（上下册）．第二版．北京：高等教育出版社，2003.

［7］ 杨智，范正平主编．自动控制原理．北京：清华大学出版社，2010.

［8］ 吴仲阳主编．自动控制原理．北京：高等教育出版社，2005.

［9］ 胡寿松主编．自动控制原理．第六版．北京：科学出版社，2013.

［10］ 杨叔子等主编．机械工程控制基础．武汉：华中科技大学出版社，2000.

［11］ 裴润，宋申民主编．自动控制原理（上下册）．哈尔滨：哈尔滨工业大学出版社，2006.

［12］ Richard C. Dorf Robert H. Bishop editor. MODERN CONTROL SYSTEMS. 第 10 版．北京：高等教育出版社，2008.

［13］ 张秀玲主编．自动控制原理．北京：清华大学出版社，2007.

［14］ 田玉平主编．自动控制原理．北京：电子工业出版社，2002.

［15］ 王万良主编．自动控制原理．北京：科学出版社，2001.

［16］ 梅晓榕主编．自动控制原理．北京：科学出版社，2002.

［17］ 蒋大明等主编．自动控制原理．北京：清华大学出版社，2003.

［18］ 徐薇莉等主编．自动控制理论与设计．上海：上海交通大学出版社，1991.

［19］ 王建辉主编．自动控制原理．北京：冶金工业出版社，2001.

［20］ 董玉红主编．机械控制工程基础．哈尔滨：哈尔滨工业大学出版社，2003.

［21］ 卢京潮主编．自动控制原理．西安：西北工业大学出版社，2003.

［22］ 何光明主编．自动控制原理学练考．北京：清华大学出版社，2004

［23］ 黄忠霖主编．控制系统 MATLAB 计算及仿真．北京：国防工业出版社，2004.

［24］ 邹伯敏主编．自动控制理论．北京：机械工业出版社，2004.

［25］ 绪芳胜彦著．现代控制工程．卢伯英等译．北京：电子工业出版社，2000.

［26］ 孙优贤，王慧主编．自动控制原理．北京：化学工业出版社，2012.

［27］ 李书臣．自动控制原理知识要点及典型习题详解．北京：化学工业出版社，2011.

［28］ 孙优贤等．工业过程控制技术（方法篇）．北京：化学工业出版社，2006.

［29］ 孙优贤等．工业过程控制技术（应用篇）．北京：化学工业出版社，2006.